Derrotero De Las Islas Antillas, De Las Costas De Tierra Firme Y De Las Del Seno Mexicano

by Spain. Dirección De Hidrografía

Address:
HardPress
8345 NW 66TH ST #2561
MIAMI FL 33166-2626
USA
Email: info@hardpress.net

A A A / A°
B- A

0

DERROTERO

DE LAS ISLAS ANTILLAS,

DE LAS COSTAS DE TIERRA FIRME,

Y DE LAS DEL SENO MEXICANO,

Corregido y aumentado y con un apéndice sobre las corrientes del Océano Atlantico á Mandado Reimprimir.

POR

EL EXMO. SR. D. GUADALUPE VICTORIA,

Primer Presidente de la República Mexicana.

MEXICO:
Año de 1825.

ADVERTENCIA.

PARA la formacion del DERROTERO que ahora reimprime la Direccion de Hidrografía se han tenido presentes el publicado en 1810, las observaciones y noticias comunicadas á esta dependencia por navegantes españoles, las que han podido recogerse de las academias de Pilotos y otros archivos de la Armada, y lo mas esencial que se halla en los Derroteros, tanto impresos como manuscritos, que han estado en uso hasta ahora en la Marina española, como asimismo los posteriores hechos en los reconocimientos de las costas de Tierra firme. Pero como no todos los elementos que se han empleado merecen igual confianza, y muchas veces tampoco concuerdan entre si las noticias que se refieren á un mismo parage, dadas por distintos navegantes, resulta que esta obra, lejos de considerarse aun como perfecta, solo puede mirarse como capaz de grandes mejoras, que procederán de nuevas observaciones hechas con prolijidad, y sobre los mismos preceptos que aquí se establecen. Estas observaciones solo puede hacerlas el navegante, y por lo tanto es de espera que cada uno de por si, interesándose en los adelantamientos de la navegacion, y en la perfeccion de una obra de la naturaleza de esta, comunicará oportunamente á la Direccion de Hidrografía los yerros que note, ó las observaciones que haya hecho, y puedan ilustrar alguno de los artículos que contiene el Derrotero sobre vientos, corrientes ó descripciones de costas; cumpliendo igualmente de este modo con una obligacion en que se hallan constituidos todos los navegantes españoles por una órden superior, que tiene por objeto el beneficio público; con este motivo hemos añadido al fin de esta obra una memoria sobre las corrientes del Océano Atlántico, publicada por el Depósito Hidrográfico de Lóndres, con otras noticias de navegantes españoles.

NOTAS. 1.ª *Todos los rumbos, marcaciones y demoras que se dan en este Derrotero son verdaderos, corregidos de la variacion de la aguja.*

2.ª *Las longitudes estan referidas al meridiano del observatorio antiguo de Cadiz, que se halla 8º 37', 45" al occidente de Paris, y 6º, 17', 30" de Greenwich.*

INDICE

De los Artículos Contenidos en esta Obra.

ARTICULO PRIMERO.

Nociones preliminares sobre los vientos y corrientes que se experimentan en el globo, y particularmente en las costas y mares que abraza este derrotero, y advertencias generales para hacer la navegacion de travesía desde los puertos de Europa á las costas de América.

SE ha observado que hay en nuestro globo un viento que puede mirarse como primitivo, y que dimana de la accion del sol, y del movimiento diurno de la tierra, el cual se dirige del E. al O., y reina siempre en una zona comprendida entre los 30° de latitud septentrional y 30° de latitud meridional á corta diferencia, y se le da el nombre de viento general, porque se encuentra siempre en los grandes mares. La teórica, aunque hasta ahora imperfecta, no deja de explicar los fenómenos que se observan en los vientos generales; pero sin detenernos á manifestar los principios que establece, pasarémos desde luego á dar una idea de lo que se experimenta.

En la region de los vientos generales no se experimentan temporales : estos vientos soplan siempre con constante regularidad, y son algo mas frescos de dia que de noche. En la parte septentrional declinan algo al N., y en la meridional al S., esto es, soplan en la primera como del ENE., y en la segunda como del ESE. : del choque de estos dos vientos se produce en la línea el del E. fijo, pero calmoso; y en los dos límites de la region de los generales con los variables resulta en la parte septentrional el NE., y en la meridional el SE. ; pero es necesario advertir que como el sol no corre siempre por la equinoccial, sino que se separa de ella al N. y al S., de aquí se sigue que los fenómenos enunciados sufren alguna variacion, esto es, que las calmas que se experimentan en la línea pasan al N. ó al S. de ella siguiendo al sol, y entónces reina en el

ecuador el viento del ENE. si el astro se halla en los sig-
nos meridionales, ó del ESE. si está en los septentrionales. Tambien varían los límites de la zona de los variables
con los generales; y cuando el sol está en el hemisferio
del S., no se hallan entablados los vientos generales en
los 30° N., sino en paralelos mas inmediatos á la equinoccial. Es digno de notarse que los vientos del ENE. no se
propasan del ecuador sino hasta los 2° de latitud S., cuando los del ESE. se extienden á veces hasta los 8 y 9° de
latitud N.

Todo lo que acabamos de referir acerca del viento general del E. se experimenta siempre que una causa poderosa no altera las leyes generales. En las costas ó islas de
corta extension como las Antillas menores, la isla de Francia, y las inumerables del mar Pacífico corren sin obstáculo las brizas ó vientos generales; pero no sucede así en
las costas occidentales de la América, y en las de Africa
y Nueva Holanda, situadas en la region de los generales;
pues por lo que respecta á la costa de Africa constantemente existen los vientos de la mar, y varían la direccion
segun corre la costa; de modo que en la de Marruecos
sopla el viento al NO.; en la de Guinea del S. y SO., y
en la de Angola el del O. Estos vientos de la mar no solo
se experimentan en las inmediaciones de las costas, sino
tambien á mucha distancia de ellas, y van perdiendo gradualmente su fuerza hasta que contraidos del todo por los
vientos generales del E. son reemplazados por ellos. Los
parages en que se verifica este contraste estan sujetos á
grandes calmas y turbonadas, y esta es la razon por qué
todo navegante que desde Europa va á cortar la línea debe
procurar separarse cuanto pueda de las costas de Africa,
como contrarias á la brevedad de su derrota.

En las costas occidentales de la América los vientos toman casi la misma direccion que ellas, llamándose ó inclinándose en las del N. del NNO. al NNE., y en las del S.
del SSE. al SSO.; y en la estacion de invierno reinan á

veces, especialmente en la parte del N., vientos del seguddo y tercer cuadrante, que soplan con violencia.

En las costas orientales de la América y sus islas no se interrumpe el curso general del viento al E., aunque sufre algunas modificaciones en direccion y fuerzá. A corta distancia de las tierras calma la briza de mar de noche, y se reemplaza por el terral; y esta variacion periodica se verifica todos los dias, á excepcion de aquellos en que sopla un viento fuerte del N. ó del S. Los primeros se experimentan desde Octubre hasta Marzo; y los seguudos en Julio, Agosto y Setiembre.

En las costas orientales del Asiá y sus islas reinan los vientos conocidos con el nombre de monzones, que son del SO. ó NE. en la parte septentrional, y del SE. ó NO. en la meridional; de modo que cuando en el hemisferio septentrional reina el viento del NE., en el meridional es del NO., y cuando es del SO. al N. del ecuador, reina el SE. al S. de él. Tampoco es igual la extension de estos vientos ó monzones; porque al N. de la linea reinan sucesivamente desde el ecuador hasta el fondo del golfo de Bengala y mar de China por 20° de latitud; siendo así que la monzon del NO. no se extiende al S. mas que hasta los 8 ó 9° de latitud, excepto hácia la Nueva Holanda, en donde se alarga hasta los 12 ó 13°. Los vientos del NE. en la parte septentrional y sus correspondientes del NO. duran desde mediados de Octubre hasta mediados de Abril; entónces los vientos del SO. al N. de la línea, y los del SE. al S. de ella duran otros seis meses desde mediados de Abril hasta mediados de Octubre. Así que, el viento general del NE. sopla en la parte septentrional cuando el sol está en el hemisfero austral, y se llama al SO. cuando el sol pasa al hemisferio boreal; y en la parte meridional sopla el viento general del SE. cuando el sol está en el hemisferio boreal, y el viento del NO. lo reemplaza cuando el sol se halla en el hemisferio austral.

Hemos dicho que en la zona comprendida entre los

30º N. y 30º S. reina el viento general del E.; pero en las otras latitudes del globo se experimentan vientos variables que no guardan ley alguna conocida: no obstante se nota que reinan con mas frecuencia los vientos de la parte del O., y que son mas seguros y constantes miéntras mayor es la latitud.

Descendiendo ahora de estas consideraciones generales á exponer lo que se verifica en las costas y mares que abraza este derrotero, advertirémos que el viento general del E. que reina entre·trópicos, se experimenta tambien en las costas de la Guayana, y en las del mar de las Antillas y seno Mexicano; pero con las variaciones de un período diario, que es constante y regular, y otro que puede llamarse anuo. El período diario es el que causa el viento á la mar, que hiere á las costas con un ángulo á la mar como de dos cuartas mas ó ménos, segun la localidad y otras circunstancias, y el viento al terral, que saliendo del interior de las tierras, sopla desde las costas hácia la mar. El viento á la mar se entabla entre 9 y 10 de la mañana, y sopla en tanto que el sol se halla sobre el horizonte, aumentando de fuerza á proporcion que aquel astro aumenta de altura, y disminuyéndola en la misma razon; por manera que cuando el sol está en el meridiano, entónces la fuerza del viento casi es la·máxima, y cuando llega al horizonte casi la ha perdido enteramente: el terral se establece antes de la media noche, y sopla hasta salir el sol y aun algo despues, mediando entre el terral y el viento á la mar un espacio de algunas horas, en que se experimenta una calma completa.

El período anuo se produce por la proximidad ó lejanía del sol, el cual causa las dos estaciones únicas que se conocen entre trópicos, y son la *lluviosa* y la *seca*: la primera se verifica cuando el sol está en el trópico de Cáncer, y entónces se experimentan recios aguaceros acompañados de fuertes tronadas. En esta estacion llaman los vientos generales al segundo cuadrante, que son calmosos en lo ordinario, aunque algunas veces soplan con fuerza y obscurecen la atmósfera.

Cuando el sol se aleja al trópico de Capricornio empieza la estacion seca, y entónces se entablan los vientos generales de la parte del NE., que son fresquitos y agradables. Tambien en esta estacion se experimentan vientos N. y NO., que soplan con mucha fuerza, y mantienen cierta alternativa con los vientos generales, siendo mas frecuentes en Noviembre y Diciembre que en Febrero y Marzo.

En el cambio de las estaciones hay una notable diferencia, pues en Abril y Mayo no se experimenta novedad en la atmósfera, y se goza generalmente de un tiempo hermoso! pero en Agosto, Setiembre y Octubre hay de ordinario calmas ó vientos muy flojos, y se experimentan tambien recios huracanes, que hacen peligrosa la navegacion en estos meses. Exceptúanse no obstante la isla de Trinidad, las costas de Tierra firme, los golfos del Darien y Honduras, y el saco de Veracruz, adonde no llega el rigor de estos vientos huracanados. En el espacio de mar comprendido entre las Antillas mayores y la costa firme, reina con regularidad el viento general del NE.; mas al acercarse á las costas tienen lugar las particularidades siguientes :

En las Antillas mayores como Puerto-Rico, Santo Domingo, Jamaica y Cuba reina siempre con constante regularidad la briza ó viento de mar de dia, y el terral de noche. Los terrales son los mas frescos que se conocen, y sirven mucho para navegar al E. y remontarse á barlovento, cosa que sin ellos seria impracticable. En las Antillas menores como Dominica, Martinica, Santa Lucía &c. no hay terrales.

En las costas de las Guayanas nunca hay terral, ni mas viento que el que generalmente se experimenta entre trópicos. En Enero, Febrero y Marzo los vientos soplan del N. al ENE. y el tiempo está claro : en Abril, Mayo y

Junio los vientos son de E. al SE.: en Julio, Agosto y Setiembre no hay mas que calmas y turbonadas del S. al SO.; y por último, en Octubre, Noviembre y Diciembre hay lluvias continuas, y el cielo está por lo general nublado. En la estacion seca, que es desde Enero hasta Junio, los calores son muy fuertes, y en la húmeda son continuos, y muy recios los aguaceros y las tronadas.

En las costas de Cumaná y Caracas hasta cabo la Vela sigue la briza su órden regular: pero desde este cabo hasta punta de San Blas varía la direccion del viento general, pues sopla como del NE. ó NNE., ménos en los meses de Marzo, Abril, Mayo y Junio, que se llama al ENE. entónces tiene una fuerza increible, en términos que es menester capearlo. Estas brizas fuertes, que son muy conocidas de los navegantes de aquellas costas, se extienden desde medio canal hasta dos ó tres leguas de la costa, en donde pierden mucho de su fuerza, especialmente de noche. En esta misma costa, y hasta el golfo de Nicaragua, hay vientos del O., que los prácticos del pais llaman vendavales, en los meses desde Julio hasta Diciembre y Enero; pero estos vientos no pasan del paralelo de 13° para el N., ni soplan constantemente sino alternados con los de la briza.

En la costa de Mosquitos, Trujillo, Honduras y Bacalar se experimentan en Febrero, Marzo, Abril y Mayo brizas ó vientos generales, interrumpidas en los dos meses primeros por algun N.: en Junio, Julio y Agosto los vientos son del segundo y tercer cuadrante, con muchas turbonadas y calmas: en Setiembre, Octubre, Noviembre, Diciembre y Enero los vientos son del tercero y cuarto cuadrante, con frecuentes temporales desde el OSO, al ONO, y N.

En la parte de la costa de Yucatan, comprendida entre el cabo Catoche y la punta de Piedras ó Desconocida, y la que continúa al S. hasta Campeche, no hay mas viento que el general del NE. interrumpido de nortes duros

cer la comparacion de varias derrotas egecutadas por buques de España, desde Acapulco á Manila. Por lo tanto el medio mas seguro de conducirse en la materia es observar frecuentemente la longitud, pues así no solo se acredita la situacion de la nave, sino que se puede conocer la corriente que haya habido, consiguiendo luz suficiente para maniobrar con acierto.

Los adelantos á la estima, que decimos se notan en las navegaciones de golfo que se hacen entre trópicos, se experimentan tambien en las de altas latitudes, y generalmente se observa que en toda navegacion de golfo, si se tienen vientos constantes de la cuadra para popa, hay adelantos; pero si los vientos son de la cuadra para proa, hay atrasos. Se dice generalmente, porque no siempre sucede lo mismo, pues hay ocasiones en que se experimenta todo lo contrario.

El movimiento que da á las aguas la continuacion de soplar siempre el viento por una misma parte, parece que es la razon que mejor explica la causa de las corrientes que se experimentan en los mares y costas orientales de la América y sus islas, de que trata este Derrotero, y que forman un fenómeno que no se ve en ningun otro parage del globo, dando lugar á que se le distinga, especialmente en la costa NE. de los Estados-Unidos, con el nombre de corriente del golfo.

En efecto, los vientos de la parte del E., que soplan todo el año dentro de trópicos y en el Océano, impelen las aguas para el O., hasta que encontrando el continente de América, varían de curso, y toman la direccion del NO., con la cual continúan á lo largo de las costas de Guayana, aumentando su caudal y rapidez con el desagüe de los muchos y grandes rios que desembocan en esta costa; y entrando unas por el golfo de Paria, y corriendo las demas por el E. de Trinidad, embocan todas en el mar de las Antillas por los freus mas meridionales hasta Martinica; dirigiéndose despues como al ONO. van

á buscar el canal entre cabo Catoche y cabo San Antonio,
desde donde declinando al NE. y ENE. salen finalmente
por el canal de Bahama; y siguiendo casi toda la costa de
los Estados-Unidos, se pierden en el banco de Terranova,
que puede mirarse como la barra de este gran rio.

La direccion y fuerza de esta corriente general sufre
varias alteraciones por la diversa configuracion y naturaleza
de los parages del mar por donde pasa; pero no es posible
asignarlas con exactitud, porque no hay datos suficientes
para ello. En algunos parages, tales como el canal de Bahama, se conoce con regular exactitud la direccion y fuerza
de la corriente; pero no sucede así en el mar de las Antillas,
en el que hay algunos trozos sin corriente; otros en que
ya es sensible, y finalmente otros en que se experimenta
muy rápida. Por esta razon tratarémos particularmente de
cada pedazo de costa de por sí, y despues presentarémos el
catálogo de observaciones que poseemos, y sobre el que
hemos fundado nuestros asertos.

En las costas de la Guayana hay dos corrientes, una
la general, que es de la que vamos hablando, y otra la
que producen las mareas: la primera tiene por límite las 12
leguas de la costa, ó las 9 brazas de fondo, desde cuyo
punto para tierra se experimenta la de la marea, que en la
vaciante corre como al NE., y en la creciente va para tierra. En el golfo de Paria hay tambien marea que influye en
la corriente; pero de esta tratarémos particularmente en la
descripcion de la isla Trinidad.

En los canales ó freus meridionales de las Antillas la
corriente tiene tal velocidad, que no baja de una milla por
hora; pero sufre tantas vicisitudes, que ni se puede decir
cuál sea su verdadera direccion, ni tampoco establecer regla general en cuanto á su velocidad. En el curioso extracto que de ellas formó Don Cosme Churruca, é insertamos á continuacion, hallará el navegante cuanto necesita
para dirigirse en cada caso particular que le ocurra: tambien notará la corriente que se experimenta en las costas

de Puerto-Rico, en parte de las de Santo Domingo, y en el freu entre dichas islas; y por lo que á nosotros toca, únicamente añadirémos que segun el sentir de otros navegantes, en el resto de la costa meridional de Santo Domingo, ni en las de Jamayca y parte meridional de Cuba hasta el cabo de Cruz, hay corriente sensible y general, pues la que puede experimentarse será particular á algun trozo de costa, y dependiente de circunstancias variables. Desde cabo de Cruz se advierte ya que hay corriente constante al O. con alguna inflexion para el S. ó para el N., que algunas veces se ha experimentado de 20 millas por singladura.

En la costa septentrional de Santo Domingo, y en el mar llamado de los Desemboques, no se experimenta corriente sensible, aunque en las inmediaciones de algun punto de costa se hallan extraordinarias; pero de estos pormenores se trata particularmente en la descripcion de cada parage.

En el canal viejo hay mareas constantes todo el año, cuyo establecimiento en los diversos puntos de él se ve marcado en las cartas de este depósito con números romanos: estas observaciones fueron hechas en comision particular por el capitan de correos Don Juan Henrique de la Rigada, empleando para ello ocho meses en las dos distintas estaciones del año; y es de sentir no hubiese hecho uso de los relojes marinos para establecer con toda exactitud un punto tan esencial como el de las corrientes para la navegacion del canal. Lo que se deduce no obstante de las observaciones de la Rigada, y de otras hechas por Don Cosme Churruca y Don Tomas Ugarte, es que la corriente de este canal está sujeta á muchas variaciones.

En la costa firme desde Trinidad hasta cabo la Vela verilea la corriente las islas fronterizas, inclinándose algun tanto al S. segun los freus que forman, y corriendo con la velocidad de milla y media á corta diferencia. Entre dichas islas y la costa, y especialmente en las proximidades de esta, se nota la variedad de que á veces corren para el O., y otras para el E. Desde cabo la Vela, lo principal de la corriente sigue el rumbo del ONO.; y como se esparce mas, disminuye de velocidad: ademas hay derrame que corre con la velocidad de cerca de una milla, y en direccion próximamente de la costa hasta Cartagena de Indias. Desde este punto, y en el espacio de mar comprendido entre los 14° de latitud y la costa, se advierte en la corriente la variacion de que en tiempo de brizas corre para el O., y en la estacion de vendavales para el E.

En la costa de Mosquitos, golfo de Honduras y Bacalar, hay alteraciones que no guardan regla fija; pudiéndose solo asegurar que á bastante distancia de ellas las aguas se dirigen como al NO., que es el rumbo que llevan segun la corriente general.

En las travesías que desde la Costa Firme y Cartagena de Indias se hacen á las islas, se ha observado que desde la Guayra á la parte oriental de Santo Domingo, habiendo navegado en Diciembre, se halló una diferencia de 106 millas al O., contraida en siete dias que duró la navegacion: las corrientes experimentadas desde Cartagena de Indias á la isla de Cuba se hallan anotadas en el extracto de la derrota que hizo el Brigadier Don Dionisio Galiano, que tambien insertamos despues.

En el canal entre cabo Catoche y cabo San Antonio, igualmente que en la sonda de Campeche, seno Mexicano y canal de Bahama, se experimentan las corrientes que indicían las derrotas de Don Tomas Ugarte y Don Francisco Alcedo, cuyos extractos ponemos al fin; á los cuales solo añadiremos, que las del canal de Bahama son las mas conocidas, pues se dirigen al ENE. hasta el placer de los Roques, donde forman su recodo, hasta que dirigidas al N. salen al Océano libremente, y forman un rio que se abre camino en medio de él, por el cual conduce las aguas del mar de las Antillas y seno Mexicano hasta el banco de Terranova. Este fenómeno es muy conocido de los navegantes anglo-americanos, que lo llaman *Gulf Stream* (corriente de golfo,) y se notan en él las particularidades siguientes:

1.º Que costea la orilla de los Estados-Unidos á una distancia que los vientos hacen variar, pero que se le puede asignar como medio término la de 20 leguas. 2.º Que á proporcion que se aleja de su orígen, aumenta su anchura, y disminuye su velocidad. 3.º Que desde que se entra en él se pierde sonda, ó no se coge sino con gran número de brazas.

La señal para conocer cuando se entra en él es la del agua cuyo color es azul turquí, siendo la del Océano de azul celeste, y la de sonda que orillea la costa verdosa. Esta agua vista en un vaso no tiene color, como le sucede á la de trópicos, y es mas salada que la del Océano que la rodea. El encontrar muchas yerbas sobre el agua es un dato, que aunque no seguro para decir que se halla la embarcacion en la corriente, es no obstante un suficiente indicio de su proximidad.

El calor de esta agua es mayor que el de la del Océano, como lo comprueban las experiencias que hizo Jonatás Williams, que en Diciembre de 1783 salió de Cheapeak, y observó el calor del agua como sigue:

	Termómetro de Fahrenheit.	Termómetro de Reaumur.
En el Océano y sobre la sonda de la costa.	47	06¾
Un poco ántes de entrar en la corriente.	60	12⅗
En la corriente.	70	17¼
Antes de llegar á Teranova, en la corriente.	66	15¼
Sobre Terranova fuera de la corriente.	54	10

4

	Termómetro de Farenheit.	Termómetro de Reaumur.
Rebasado el banco y en alta mar. .	60	12$\frac{4}{5}$
Despues aproximándose á las costas de Inglaterra bajó el termómetro gradualmente á.	48	07$\frac{1}{3}$
En Junio de 1791 el Capitan Billing sobre la costa de América y en la sonda halló.	61	13
En la corriente.	77	20

Esto es una diferencia de 16° del termómetro de Farenheit, ó de 7° del de Reaumur: en invierno Mr. Williams habia hallado la de 23° del termómetro de Farenheit, ó 10° del de Reaumur. Fuera de los límites de esta corriente de golfo no se conoce otra en aquel Océano.

Observaciones de corrientes hechas en el bergantin Descubridor del mando de Don Cosme Churruca en la comision hidrográfica del mar de las Antillas en las épocas y lugares que se citan.

Año de 1793.

Entre Trinidad y Granada.

Epocas.	Lugar donde se verificó la observacion.	Vientos.	Rumbo de la corriente.	Velocidad bor. en millas.
FEBRERO.				
26..	Desde medio dia hasta las seis de la tarde por el ENE. de la punta de la Galera. . .	briza fresca. . .	N. 73° O.	1,07
27..	Desde las 6 de la tarde del 26 hasta las 7¼ de la mañana del 27, entre la punta Galera y Roclkey.	briza fresca. . .	N. 38° O.	1,15
27..	Desde las 7¼ de la mañana hasta medio dia, en las inmediaciones de Roclkey.	briza bonancible.	S. 61° O.	1,20
28..	Desde las 5½ de la tarde del 28 hasta las 9¼ de la mañana del 1º de Marzo, costa O. de Tábago.	briza calmosa. . .	S. 48° O.	0,54
MARZO.				
1..	Desde el medio dia hasta las 6 de la mañana del 2, travesía de Tábago á Granada.	briza fresca. . . .	S. 73° O.	1,05
2..	Desde las 6 de la mañana hasta médio dia, sobre la costa meridional de la Granada.	briza floja.	S. 78° O.	1,80
2..	Desde el medio dia hasta las 6 de la mañana del 3, en			

Continuacion de la tabla antecedente.

· Año de 1793.

Epocas.	Lugar donde se verificó la observacion.	Vientos.	Rumbo de la corriente.	Velocidad hor. en millas.
MARZO.				
	la misma costa· · · · · · · · · ·	briza bonancible.	S. 17° O.	1,16
3..	Desde las 6 de la mañana hasta el medio dia, costa occidental de la Granada. . .	briza fresca.	S. 46° O.	0,91
3..	Desde el medio dia hasta las 6 de la tarde, en la misma costa. . . . · . · . . .	briza bonancible.	S. 66° O.	1,43
ABRIL.				
4..	Desde las 6 de la tarde del 3 hasta el medio dia del 4, en la costa occidental de la Granada. . . . ·	briza fresca. . . .	S. 50° O.	0,67
5..	Desde las 2 de la tarde del 4 hasta las 10 de la mañana del 5, travesía de Granada á Trinidad.	briza fresca. . . .	N. 82° O.	0,61
5..	Desde las 10 de la mañana hasta medio dia, en la costa norte de Trinidad . . .	briza bonancible.	N. 82° O.	1,25
5..	Desde medio dia hasta las 4 de la tarde entre Chuparas y las bocas de Dragos. . .	briza bonancible.	S. 81° O.	0,75

Año de 1793.

Travesía desde Granada á Puerto-Rico.

JUNIO.	Latitud.	Longitud.			
28..	12° 8'. . . .	55° 32'. . .	briza fresca. . . .	N. 55° O.	1,0
29..	14 6. . . .	56 4....	briza fresca. . . .		

1

Continuacion de la travesía á Puerto-Rico.

Año de 1793.

Epocas.	Lugar donde se verificó la observacion.		Vientos.	Rumbo de la corriente.	Veloci- dad hor. en millas.
JUNIO.	Latitud.	Longitud.			
30..	16° 25'. . .	56° 43'. .	briza fresca. . . .	N. 73° O.	0,91
JULIO.					
1..	17 59. . .	57 35...	briza fresca. . . .	N. 63° O.	0,50
2..	18 15. . .	58 26...	briza bonancible.	S. 74° O.	0,63
3..	18 31. . .	59 18...	briza bonancible.	S. 51° O.	0,22

Año de 1794.

Navegacion desde Puerto-Rico á Santo Domingo, y la vuelta.

MARZO.	Latitud.	Longitud.	Vientos.	Rumbo / Vel.
11..	18° 33'. . .	59° 55'. .	briza fresquita. . .	
12..	18 30. . .	62 3...	briza flojo.	S. 62° O. 0,50
13..	A la vista del rio de Santo			S. 37° O. 1,01
	Domingo.		NNE. fresco. . .	
14..	Fondeado.			
15..	A la vela sobre el rio de			
	Santo Domingo. . . .		NE.¼N. fresco . .	
16..	18 12. . .	62 43. .	biza fresca	S. 40° O. 0,24
17.	. . . .	. .	briza fresca. . . .	S. 22° O. 0,40
18..	17 49. . .	61 45. .	NE.¼E. fresquito.	
19..	. . . .	. .	briza fresca. . . .	N. 52° O. 0,27
20..	A una milla al SE. de la			
	Mona.		ventolinas del E.	N. 14° O. 0,30
21..	18 52. . .	61 29. .	briza fresca. . . .	N. 45° O. 0,60
22..	29 47. . .	61 22. .	duro del E.	N. 84° O. 0,77
23..	18 37. . .	61 6. .	duro del E.	
24..	Fondeado en Mayagües.			
25..	Idem.			
27..	Idem.			

Continuacion de la tabla antecedente.

Año de 1794.

Epocas.	Lugar donde se verificó la observacion.	Vientos.	Rumbo de la corriente.	Velocidad hor. en millas.
MARZO.	Latitud. Longitud.			
27..	Salida de Mayagües. . . .	ventolinas variabl.	S. 85° E. 0,14	
28..	18 50. . . 60 · 37 . . .	briza fresquita. . .		
29.·	. . . .	briza fresquita. . .	N. 44° O. 0,34	
30.·	A la boca de Puerto-Rico.	briza fresquita. . .		

Año de 1794.

Corrientes experimentadas en las Antillas menores.

ABRIL.			
20..	Desde el medio dia hasta las 6 de la tarde, sobre la costa N. de Puerto-Rico. . .	NNO. bonancible.	S. 18° E. 0,75
21..	Desde las 6 de la tarde hasta las 5½ de la mañana al NO. de San Tomas, y á su vista.	N. muy flojo. . . .	S. 27° E. 0,45
21..	Hasta el medio dia al N. de las Vírgenes, y á su vista.	idem.	estacionaria.
21..	Hasta las 6 de la tarde, poço al E. del meridiano oriental de Tórtola por el N., y á la vista de ella.	idem.	S. 57° E. 0,33
22..	Hasta las 6 de la mañana del 22 al N. de las Vírgenes y por meridianos de Spanistown, y á su vista.	briza bonancible.	S. 56° E. 0,22
22..	Hasta el medio dia, entre Spanistown y la Anegada por el NO. de la última, y		

Continuacion de la tabla antecedente.

Año de 1794.

Epocas.	Lugar donde se verificó la observacion.	Vientos.	Rumbo de la corriente.	Velocidad hor. en millas.
ABRIL.				
	á su vista.	briza fresquita. . .	estacionaria.	
22.	Hasta las 6 de la tarde, costa N. de la Anegada.	idem.	N. 87° O.	0,26
23..	Hasta el medio dia del 23 del N. al NE. de Spanistown, y á su vista.	briza fresquita. .	S. 73° O.	0,48
25..	Hasta las 9 de la mañana del 25 entre la Anegada y el Sombrero, y al N. de ellas.	idem.	N. 78° O.	0,68
26..	Hasta el medio dia entre el Sombrero y la Anguila. . . .	NE. fresquito.	N. 82° O.	0,52
27..	Hasta el medio dia entre San Martin y Barbudo.	NE.¼ E. fresquito.	N. 81° O.	0,30
MAYO.				
5.	Desde las 6 de la tarde del 5 hasta las 6 de la mañana del 6 entre San Cristóbal y Nieves.	S. bonancible. . .	S. 18° E.	0,63
6..	Hasta medio dia entre Nieves y Redonda.	S. bonancible. . .	S. 77° O.	0,26
7..	Hasta las 5 de la mañana, entre Redonda y Guadalupe	briza fresquita. . .	S. 80° O.	0,09
7..	Hasta medio dia, entre Monserrat y Guadalupe.	idem.	O.	0,14
7..	Hasta las 6 de la tarde, costa NO de Guadalupe. . .	idem.	N. 28° E.	0,88
21..	Desde las 6 de la tarde			

Continuacion de la tabla antecedente.

Año de 1794.

Epocas.	Lugar donde se verificó la observacion.	Vientos.	Rumbo de la corriente.	Velocidad hor. en millas.

MAYO.

	del 20 hasta las 6 de la mañana del 21, costa occidental de Guadalupe.	SE. fresco	N.	0,57
21..	Hasta medio dia costa NO. de Guadalupe.	idem.	N. 49° E.	0,90
21..	Hasta las 7 de la tarde, entre Guadalupe y la Redonda.	idem.	N. 42° O.	0,30
22.	Hasta las 3 de la mañana, del 22 sobre la Redonda.	ENE. fresco. . . .	S. 53° O.	0,56
22..	Hasta las 6 de la tarde, entre San Cristóbal y San Eustaquio.	idem.	N. 11° O.	0,87
23..	Hasta las 6 de la mañana, entre parelelos de San Cristóbal y San Bartolomé á barlovento de esta isla.	SE. fresquito. . .	N. 72° O.	0,36
23..	Hasta el medio dia por el S. de San Bartolomé, pero cerca de su paralelo á barlovento, y á su vista.	SE. fresquito. . .	N. 58° O.	0,40
23..	Hasta las 6 de la tarde en los paralelos de San Bartolomé por barlovento, y á su vista.	idem.	N. 24° O.	0,53
24..	Hasta las 6 de la mañana en los paralelos de San Bartolomé por barlovento, y á su vista.	SE. muy flojo. . .	N. 34° O.	0,42

Continuacion de la tabla antecedente.

Año de 1794.

Epocas.	Lugar donde se verificó la observacion.	Vientos.	Rumbo de la corriente.	Velocidad hor. en millas.
MAYO.				
24..	Hasta el medio dia, al S. de los paralelos de San Bartolomé cerca de ellos por barlovento, y á su vista. . .	SE. muy flojo. .	N. 13° E.	0,31
25..	Hasta las 10 de la mañana, sobre los paralelos de San Bartolomé, y cerca de su medianía oriental. . . .	SSE. fresquito. .	S. 77° O.	0,21
25..	Hasta la una de la tarde, en la canal de San Bartolomé y San Martin.	idem.	N. 23° E.	1,53
JUNIO.				
5..	Desde las 8 de la noche del 4 hasta medio dia del 5 navegando de San Eustaquio para el SSO. hasta el paralelo de 16°.	ENE. flojo. . . .	S. 21° E.	0,60
6..	Hasta el medio dia, sobre el banco de Saba, y al Sur de él.	E. bonancible. .	N. 46° O.	0,75
7..	Hasta el medio dia, entre el banco de Saba é isla de Aves.	E. frescachon. .	N. 63° O.	0,26
8..	Hasta el medio dia, entre el banco de Saba ó isla de Aves.	E.¼NE. fresco. .	S. 12° O.	0,62
9..	Hasta el medio dia, entre el banco de Saba ó isla de Aves.	E.¼NE. fresquito.	S. 65° O.	0,48

5

Continuacion de la tabla antecedente.

Año de 1794.

Epocas.	Lugar donde se verificó la observacion.	Vientos.	Rumbo de la corriente.	Velocidad hor. en millas.

JUNIO.

11.. Desde el medio dia hasta las 10 de la noche, al S. de Saba y San Eustaquio entre sus paralelos, y á su vista. . . . . E. fresco. . . . . N. 65° O. 0,38

12.. Desde el medio dia hasta las 6 de la tarde, en la derrota de Saba á las Virgenes entre paralelos de San Bartolomé y Spanis Town. . . . . idem. . . . . . . N. 67° O. 1,04

16.. Desde las 3 de la tarde del 15 hasta las 6 de la mañana, en la travesía de Normand á Santa Cruz. . . . . . E.¼NE. fresquito. N. 45° O. 0,45

16.. Desde medio dia hasta las 7 de la noche, sobre la costa N. de Santa Cruz. . . . idem. . . . . . . S. 0,14

17.. Hasta las 5 de la mañana, en la costa N. de Santa Cruz. ENE. fresco. . . S. 63° O. 0,43

25.. Desde las 5 de la tarde del 24 hasta medio dia, entre Santa Cruz y las Virgenes. . . . . ENE. muy fresco. N. 21° O. 0,24

27.. Desde las 5 de la tarde del 24 hasta el medio dia, en la derrota de Santa Cruz á Dominica, y hasta 16° 10'. E. muy fresco. . S. 60° O. 0,15

28.. Hasta el medio dia en la dicha travesía, y hasta el pa-

Continuacion de la tabla antecedente.

Año de 1794.

Epocas.	Lugar donde se verificó la observacion.	Vientos.	Rumbo de la corriente.	Velocidad hor. en millas.
JUNIO.				
	ralelo de 16° 15'.	E. muy fresco.	S. 51° O.	0,60
29..	Hasta el medio dia, en la misma travesía hasta el paralelo de 15° 28'. . . .	ENE. fresco. . .	N. 51° O.	1,01
30..	Hasta el medio dia, en la misma travesía, y hasta el paralelo de 14° 48'. . . .	E¼SE. bonancible.	N. 27° O.	0,22
JULIO.				
1..	Hasta el medio dia, en la misma travesía, y hasta la vista de Dominica. . . .	E.¼SE. fresquito.	S. 49° O.	0,73
3..	Desde el medio dia del 2 hasta el medio dia del 3, entre Dominica y Martinica. .	idem.	N. 17° O.	0,34
4..	Desde el medio dia hasta las 3¼ de la tarde, en la costa occidental de Martinica. . .	idem.	N. 57° O.	1,25
4..	Desde las 3½ hasta las 6¼ en la misma costa, y algo mas al S.	idem.	estacionaria.	
16..	Desde el medio dia hasta las 6¼ de la tarde, cerca de la punta SO. de Santa Lucía por el N. de ella.	ENE. flojo. . .	N. 17° E.	0,48
18..	Desde las 3 de la mañana del 15 hasta las 10 de la mañana del 18, en toda la travesía de Martinica á Trinidad.	idem.	N. 70° O.	0,38

Continuacion de la tabla antecedente.

Año de 1795.

Epocas.	Lugar donde se verificó la observacion.	Vientos.	Rumbo de la corriente.	Velocidad hor. en millas.

MAYO.

10.. Desde las 4¼ de la tarde del 9 hasta las 6 de la mañana del 10, bordeando entre meridianos de la boca grande y la ensenada de las Cuevas en la costa N. de la isla de Trinidad. . . . . briza bonancible. . N. 9° E. 0,64

10.. Hasta el medio dia, entre meridianos del Corozal y las Cuevas, de 20 á 40 millas de la costa. . . . . . idem. . . . . . . N. 66° O. 1,64

11.. Hasta el medio dia, entre Trinidad y Granada. . . . idem. . . . . . . N. 17° E. 0,40

12.. Hasta las 5 de la mañana, entre paralelos de San Vicente y canal de Santa Lucía. . . . . briza desigual. . . N. 8° O. 3,05

12.. Hasta el medio dia, en paralelos del canal é isla de Santa Lucía. . . . . . briza desigual. . . N. 31° E. 3,13

13.. Hasta el medio dia, en paralelos del canal é isla de Martinica, por barlovento. . . briza fresca. . . . . N. 4° E. 2,03

13.. Hasta las 6¼ de la tarde, sobre la costa meridional de Martinica, muy cerca de tierra. . . . . briza fresquita. . N. 15° O. 0,20

14.. Hasta las 5¼ de la mañana, en la ensenada é islote

Continuacion de la tabla antecedente.

Año de 1795.

Epocas.	Lugar donde se verificó la observacion.	Vientos.	Rumbo de la corriente.	Velocidad hor. en millas.
MAYO.	del Diamante.	briza fresquita...	N. 16° E.	0,81
16..	Desde el medio dia hasta las 6 de la tarde, sobre la ensenada de Roseaux, y muy cerca de tierra.	briza fresca....	N. 19° O.	1,63
17..	Hasta las 9 de la mañana, entre Dominica y Martinica á sotavento.	desigual....	N. 17o O.	0,82
27..	Desde las 6½ de la tarde del 26 hasta las 5½ de la mañana del 27, entre las radas de San Pedro y fuerte real de Martinica, cerca de tierra.	desigual..	S. 36° O.	0,53
27..	Hasta el medio dia, en frente de la bahía de Fuerte Real.	desigual..	N. 63° O.	1,18
27..	Hasta las 6½ de la tarde, en los paralelos de la bahía de Fuerte Real, y á su vista.	desigual..	N. 16° O.	2,27
28..	Hasta las 6 de la mañana, en el mismo sitio.	desigual..	N. 47° O.	1,60
28..	Haciendo el resúmen de los dos períodos precedentes.		N. 39° O.	1,27
28..	Hasta el medio dia, entre los paralelos extremos de Martinica y Santa Lucía por sotavento y cerca de			

Continuacion de la tabla antecedente.

Año de 1795.

Epocas.	Lugar donde se verificó la observacion.	Vientos.	Rumbo de la corriente.	Velocidad hor. en millas.

MAYO.

ellas. . . . . . ENE. bonancible. S. 39° O. 0,40

28.. Hasta las 4¼ de la tarde, en la costa occidental de Santa Lucía muy cerca de tierra. idem. . . estacionaria.

29.· Hasta las 5¼ de la mañana, atravesando la canal entre Santa Lucía y San Vicente. . . . . briza bonancible. N. 45° O. 1,32

30.. Hasta las 6¼ de la mañana, recorriendo de cerca la costa occidental y meridional de San Vicente. . . briza floja. . . N. 59° O. 0,76

31.. Hasta las 6 de la mañana, recorriendo los Granadillos por sotavento entre San Vicente y Bequia. . . briza frequita. . N. 32° O. 0,41

31.. Hasta el medio dia, entre los paralelos de Bequia y Cariabacou por sotavento. . briza bonancible. S. 87° O. 0,45

31.. Hasta las 6¼ de la tarde, entre los Granadillos y la Granada por el Sur de Cariabacou. . . . briza bonancible. N. 74° O. 0,90

JUNIO.

1.. Hasta las 6 de la mañana, costa occidental de la Granada. . . . . briza floja. . . N. 63° O. 0,75

1.. Hasta el medio dia, costa S. de la Granada. . . briza bonancible. N. 87° O. 0,85

Continuacion de la tabla antecedente.

Año de 1795.

Epocas.	Lugar donde se verificó la observacion.	Vientos.	Rumbo de la corriente.	Velocidad hor. en millas.
JUNIO.				
1..	Hasta las 6½ de la tarde, costa S. de Granada. . .	briza débil. .	. N. 73° O.	1,00
2..	Hasta el medio dia entre 4 y 11 leguas de Granada. . .	desigual. .	. N. 82° O.	1,13
2..	Hasta las 6 de la tarde, bordeando sobre la costa SO. de Granada. . .	bonancible. .	. N. 66° O.	1,48
3..	Hasta las 6 de la tarde, travesía de Granada á Trinidad. . .	briza fresquita.	. S. 86° O.	0,96

Corrientes observadas por Don Cosme Churruca en el canal viejo de Bahama año de 1795.

Epocas.	Latitud.	Longitud.	Vientos.	Rumbo de la corriente.	Velocidad hor. en millas.
JULIO.					
5..	20° 15'.	. . 67° 44'	. . briza fresquita.	N. 72° O.	0,64
6..	21 21.	. . 70 2.	. . idem. . .		
8..	22 24.	. . 71 31.	. . briza y terral.	. S. 80° E.	0,15
9..	23 5.	. . 73 13.	. . idem flojo. .	. N. 66° O.	0,47
10..	23 21.	. . 74 47.	. . bonanzas. .	. N. 54° O.	0,38

Corrientes observadas por Don Tomas Ugarte en el canal viejo de Bahama año de 1794.

Epocas.	Latitud.	Longitud.	Vientos.	Rumbo de la corriente.	Velocidad hor. en millas.
ENERO.					
15..	20° 43'.	. . 68° 14'.	. . . .	. N. 63° O.	1,08
16..	21 59.	. . 71 7.	. . NE. fresco. .	. N. 72° E.	1,25
17..	23 14.	. . 73 42.	. . ENE. fresquito.	. N. 57° O.	0,95
18..	23 20.	. . 75 03.	. . ENE. bonancible.	agua estacionaria.	
19..	23 10.	. . 76 16.	. . E. fresquito. .	.	

Segunda derrota de Ugarte en el mismo año.

Epocas.	Latitud.	Longitud.	Vientos	Rumbo de la corriente.	Veloci- dad hor. en millas.
JUNIO.					
7..	19° 54'.	65° 54'.		O.	0,78
8..	20 43.	68 38.	E. bonancible.	N. 88° E.	1,50
9..	21 25.	70 12.	ESE. galeno.	agua estacionaria.	
10..	21 58.	71 10.	SE. calmoso.	S. 75° E.	0,77
11..	22 28.	71 49.	variable.	S. 73° E.	0,70
12..	22 58.	73 06.	variable.	S. 46° O.	0,35
13..	23 13.	73 44.	variable.	N. 84° O.	0,40
14..	23 13.	76 7.	variable.		

Corrientes experimentadas en la costa firme desde la isla de Trinidad hasta Cartagena de Indias, deducidas de la derrota de la fragata Leocadia del mando de Don Josef Ezquerra en los años de 1788 y 1789.

Epocas.	Latitud.	Longitud.	Vientos	Rumbo de la corriente.	Veloci- dad hor. en millas.
DICIEMBRE.					
30..	11° 00'.	55° 51'.	briza fresca.	O. 5° S.	2,0
31..	11 54.	58 9.	briza fresca.	S. 40° O.	1,0
ENERO.					
1..	12 11.	60 42.	idem.	O.	1,7
2..	12 33.	63 23.	idem.	S. 52° O.	1,3
3..	12 12.	66 7.	idem.	S. 36° O.	0,8
4..	11 1.	69 5.	idem.		

Corrientes experimentadas en la travesía de Cartagena de Indias á la costa de Cuba en el navío San Fulgencio del mando de Don Dionisio Galiano en 1799.

Epocas.	Latitud.	Longitud.	Vientos	Rumbo de la corriente.	Veloci- dad hor. en millas.
ENERO.					
24..	10° 19'.	69° 32'.	briza.	N. 29° O.	0,8
25..	11 33.	70 19.	briza.	N. 19° O.	0,9
26..	13 49.	70 53.	briza.	N. 56° O.	1,4
27..	16 25.	72 16.	briza.	N. 67° O.	1,9
28..	18 21.	75 45.	briza.		

Continuacion de la tabla antecedente.

Año de 1799.

Epocas.	Latitud.	Longitud.	Vientos.	Rumbo de la corriente.	Veloci- dad hor. en millas.

ENERO.

29..	20° 33'. .	. 78° 40'.	. . briza.	N. 82° O.	1,2
30..	22 9. .	. 80 14.	. . briza.	N. 30. O.	1,4

Derrota de Don Dionisio Galiano hecha en el mar de las Antillas por entre 15 y 16° de latitud, sin haber experimentado corrientes hasta llegar á los puntos que se citan.

16. .	. 15° 38'.	. . 68° 4'.	. . . .		
17. .	. 16 24.	. . 71 35.	. . briza. . . .	S. 6° O.	0,5
18. .	. 17 26.	. . 74 7.	. . briza. . .	N. 51. O.	0,4
19. .	. 18 47.	. . 76 1.	. . briza. . . .	N. 56. O.	1,7
20. .	. 19 43.	. . 77 58.	. . briza. .	S. 62. O.	0,7
21. .	. 21 43.	. . 79 55.	. . briza. .	N. 47. E.	0,5

Corrientes experimentadas en el navio San Lorenzo del mando de Don Toms Ugarte en su navegacion desde la Havana á Veracruz en 1794.

JUNIO.

26. .	. 23° 12'.	. . . 76° 49'.	. E. galeno. . .	S.¼ NE.	0,82
27. .	. 22 58.	. . 78 57.	. NE. galeno. .	N. 66. E.	0,64
28. .	. 22 13.	. . 80 27.	. NE. bonancible. .	N. 28. E.	1,50
29. .	. 22 5.	. . 81 48.	. ENE. bonancible.	N.	0,33
30. .	. 21 52.	. . 83 38.	. idem.	N. 59. O.	0,36

JULIO.

1. .	. 21 25.	. . 85 25.	. NE.¼E. bonancib.	S. 23. O.	0,46
2. .	. 21 30.	. . 86 26.	. SE.¼S. fresco. .	sin corriente.	
3. .	. 20 14.	. . 87 59.	. SE. galeno. . .	idem.	
4. .	. 20 4.	. . 89 13.	. E. bonancible. .	E.	0,20
5. .	. 20 3.	. . 89 38.	. variable. . . .	sin corriente.	

Continuacion de la tabla antecedente.

Año de 1794.

Epocas.	Latitud.	Longitud.	Vientos.	Rumbo de la corriente.	Velocidad hor. en millas.
JULIO.					
6. . . 19° 28'.	. . 89° 42'.	. . variable. . . .	sin corriente.		
7. . . 19 12.	. . 90 2.	. . SE. calmoso.	idem.		

Corrientes experimentadas en el mismo navío desde Veracruz á la Havana, año de 1794.

Epocas.	Latitud.	Longitud.	Vientos.	Rumbo de la corriente.	Velocidad hor. en millas.
JULIO.					
31. . . 219 4'.	. . 88° 55'.	. . ESE. fresco.	.	N. 54° E.	1,11
AGOSTO.					
1. . . 22 33.	. . 88 8.	. . SE¼E. fresco.	.	N. 7. E.	0,80
2. . . 23 47.	. . 87 13.	. . ESE. galeno.	.	N. 39. E.	1,00
3. . . 24 48.	. . 86 26.	. . ESE. calmoso.	.	N. 10. E.	0,37
4. . . 25 8.	. . 86 00.	. . SE calmoso.	.	S. 85. E.	0,43
5. . . no se pudo observar.		. E¼SE. calmoso.		N. 46. E.	0,90
6. . . 26 9.	. . 83 56.	. . var.e del 2.º c.te			
7. . . 25 42.	. . 81.	. NE. calmoso.	.	S. 81. E.	1,20
8. . . 25 17.	. . 79 56.	. . NNO. fresco.	.	S. 32. E.	1,30
9. . . 25 30.	. . 79 15.	. . huracan del 3.ºy4.º	.	S. 62. O.	1,00
10. . . 25 32.	. . 78 18.	. SE. galeno.	.	S.	0,5
11. . . 25 40.	. . 78 6.	. E¼SE. calmoso.		O.	0,20
12. . . 24 57.	. . 77 47.	. N¼NE. calmoso.		S. 46. O.	0,45
13. . . 23 39.	. . 76 42.	. NE. galeno.	.	S. 40. E.	1,40

Corrientes experimentadas en el crucero que hizo la fragata Perpetua en el cabo de San Antonio en Octubre de 1794, observadas por Don Tomas Ugarte.

Epocas.	Latitud.	Longitud.	Vientos.	Rumbo de la corriente.	Velocidad hor. en millas.
OCTUBRE.					
19. . . 231° 1'.	. . 76° 36'.	. . ENE. fresco.		N. 64° E.	1,96
20. . . 23 4.	. . 77 2.	. . E. fresquito.			
21. . . no se pudo observar.		. . . ESE. calmoso.		N. 80. E.	2,56

Continuacion de la tabla antecedente.

Año de 1794.

Epocas.	Latitud.	Longitud.	Vientos	Rumbo de la corriente.	Veloci- dad hor. en millas.
OCTUBRE.					
22..	23° 3'...	77° 23'.	E. bonancible...		
23..	23 7...	77 3.	NE. bonancible.	S. 86° E.	2,00
24..	22 46...	79 8.	ENE. bonancible.	S. 50. E.	0,62
25..	21 19...	78 26.	NE. fresquito...	N. 2. E.	0,90
26..	21 34...	78 8.	NNE. calmoso.	S. 63. O.	1,00
27..	no se pudo observar.		N. calmoso...	S. 47. O.	0,58
28..	21 33...	78 52.	ventolinas.		
29..	no se pudo observar.		ENE. calmoso.	N. 12. E.	1,06
30..	22 55...	79 7.	E. calmoso.		
31..	23 16...	77 48.	ESE. fresquito.	N. 64. E.	1,00
NOVIEMBRE.					
1..	23 47...	76 39.	SE. fresquito...	N. 72. E.	1,61
2..	23 34...	76 19.	SSE. fresquito.	N. 70. E.	2,54

Corrientes experimentadas en el canal de Bahama por D. Francisco Alcedo en Marzo de 1795 desde la Havana.

MARZO.					
2..	24° 14'...	75° 7'.	E. bonancible...	N.	0,75
3..	24 42...	73 55.	E. bonancible...	ENE.	3,85
4..	26 55...	73 17.	SE. bonancible.	N. 16. E.	4,08
5..	29 9...	72 57.	2.º y 3.º c.te bon.e	N. 2. E.	4,08
6..	28 40...	71 33.	3.º cuad.te flojo.	aguas paradas.	
7..	28 17...	68 13.	3.º cuad.te fresco.	NE.¼E.	1,2

ADVERTENCIAS PARA HACER LA NAVEGACION DE TRAVESI, DESDE LOS PUERTOS DE EUROPA A LAS COSTAS DE AMERICA.

Antes de pasar á describir las costas de la América, parece muy oportuno nos detengamos á hacer algunas advertencias sobre el modo mas propio de trasladarse á ellas; y aunque estas no sean mas que unas sencillas aplicaciones de los principios que acabamos de sentar en las nociones preliminares de los vientos, pueden no obstante mirarse como una derrota genera para la travesía del Océano Atlántico.

A no haber el viento constante de la parte del oriente que reina entre trópicos, el comercio marítimo entre los dos mundos sin duda no hubiera existido jamas; pero por su medio no solo se han hecho muy sencillas las travesías que de otro modo serian interminables, sino que por el se comunican con suma facilidad los hombres que habitan regiones las mas distantes : así que, el navegante que en el grande Océano quisiese dirigirse al occidente, no tiene mas que ponerse en la region del viento general, seguro que de este modo lo verificará con la mayor presteza posible. Tal es la primera regla invariable que debe tenerse presente para estas navegaciones. La segunda regla general se deriva de la primera, y consiste en que todo el que tiene que navegar en el Océano hácia el oriente, debe salir de la zona de los vientos generales, y colocarse en la de los variables. He aqui los dos únicos preceptos que dirigen las operaciones de los navegantes en los grandes golfos; y ateniéndonos á ellos, tendremos que todo el que de puertos de la península sale para las costas orientales de la América, debe buscar los vientos generales, y meterse en la zona de ellos cuanto antes pueda; teniendo presente una advertencia que puede colocarse en la clase de los preceptos, y es que en las navegaciones de golfo' nunca debe ceñirse el viento, sino procurar navegar á viento largo, y lo ménos en siete cuartas.

Supuesto que el primer cuidado del que navega á la América ha de ser el de colocarse en la region de los vientos generales, es claro que con vientos escasos la bordada en rumbo del tercer cuadrante es la mas ventajosa, y la que debe seguirse con preferencia siempre que se pueda. Todo el empeño pues ha de reducirse á entrar cuanto antes en dicha region, sin pararse en los medios, y sin ceñirse á verificarlo por entre la costa de Africa y Canarias, sino tomando el embocadero que mejor se proporcione, bien sea por entre Canarias y Madera, ó entre Madera y Terceras, seguro de que cualquiera de ellos es preferible al de Canarias porque la proximidad de la costa de Africa amortigua mucho las fuerzas del viento, y por consiguiente es contrario á la brevedad de la navegacion.

Habiendo alcanzado los vientos generales, procurará el navegante tomar las precauciones conducentes para prevenir el error de su situacion al recalar á su destino; porque si bien el que navega por observaciones está expuesto á tenerlo de solo 10 leguas, el que lo egecute sin mas que la estima, es posible llegue á encontrar un error de 6°; por tanto, importa mucho prevenir este error; teniendo presente que asi como será facil tomar el puerto á aquel que recale 10 leguas á barlovento de el, le será dificil al que lo verifique á sotavento en un mar donde el viento y la corriente le son contrarios.

Aun cuando la navegacion sea para las costas de los Estados-Unidos de América, convendrá descender á la region de los vientos generales para ganar al occidente con la mayor brevedad; y aunque este proceder parezca largo, á causa de tener despues que aumentar de latitud bastará tener presente para convencerse de lo contrario el principio evidente de que el tiempo que se emplea en la navegacion está en razon directa de la distancia, é inversa de la velocidad con que se camina hácia el punto á que se ha de trasladar la nave.

Habrá no obstante muchas ocasiones en que una em-

barcacion puede trasladarse á dicha costa sin bajar de latitud;
y estás ocasiones deberán ser frecuentes en los 40 ó 50 dias
que siguen á los dos equinoccios, como épocas en las que
reina casi con generalidad el viento del NE. : por tanto á
los buques que se les proporcione hacer su travesía en estas
épocas, pueden desde luego seguir su derrota por paralelos
altos, sin necesidad de descender á latitudes bajas.

En el verano, como que la region de los vientos generales
se extiende hasta los 23 y 30º de latitud, resulta que
el rodeo es muy corto; y esta circunstancia debe tenerse
presente para pesarla en la balanza de la combinacion particular que debe hacer todo Capitan de buque antes de
determinar su derrota.

Recapitulando cuanto hemos dicho acerca del rumbo
qne conviene seguir para trasladarse á la costa de los
Estados-Unidos desde los puertos de la península, resulta
que el rumbo preferente debe ser, si los vientos lo permiten, el del O. ; y que en caso de no poderlo verificar, la
bordada mas conveniente será la que mas se le aproxime,
si la travesía se intenta en las épocas mencionadas de los
equinoccios; pero si es en otra cualquiera, debe preferirse
la bordada en el tercer cuadrante, porque esta llevará la
embarcacion hasta encontrar los vientos generales, con los
cuales ganará brevemente la longitud necesaria.

ARTICULO II.

DESCRIPCION DE LA GUAYANA.

La Guayana es un vasto pais de la América situado en
tre los rios Orinoco y el de las Amazonas: sus limites son
por el N. el Orinoco, por el S. el de las Amazonas, por el
oriente el Océano Atlántico, y por el occidente el rio Negro. Todo este terreno es muy llano, y tan bajo que puede mirarse como el delta ó desagüe de la mayor parte de
los rios de la América Meridional. Basta echar una mirada sobre la carta, para convencerse de que no hay peda-

zo alguno de costa conocida en donde desagüen tantos ni
tan caudalosos rios como los de la Guayana. Las costas de
esta, que se extienden desde el cabo Norte hasta la boca
grande del Orinoco, que está en 8º 41′ de latitud N., son
muy bajas, y todas ellas despiden sonda á mucha distancia á la mar, cuya circunstancia es la única guia que tiene el navegante para cerciorarse de su proximidad. Por
otra parte el reconocimiento de la tierra es mny dificil,
pues en dias claros no se puede descubrir sino á distancia
de cinco leguas; y ademas la misma naturaleza de la costa impede su aproximacion á menos de dos, por no haber
fondo suficiente, y estar todo él obstruido por grandes
bancos de arena y lodo, de los cuales es menester huir.
Los puertos que hay en ella no son mas que las abras de
los rios, los que tienen barras mas ó menos navegables,
y que piden conocimiento práctico para entrar en ellos.
Para describir esta costa empezaremos por el cabo Norte,
subiendo al septentrion, segun el método que nos hemos
propuesto, dejando la descripcion de la parte restante para
cuando se trate del Brasil.

Desde el cabo Norte hasta el cabo Casipur la tierra Costa des-
de el cabo
Norte y
cabo Casi-
pur.
es muy baja y anegadiza, y está cubierta de espesa arbo-
leda, sin mas marca de reconocimiento que la colina ó
montecillo de Mayez, que es una especie de plataforma
aislada y montuosa, que puede descubrirse á distancia de
cinco ó seis leguas en tiempo claro : su latitud es de 3º 5′
Esta costa despide sonda muy á la mar, y se puede atracar á tres leguas de ella : á esta distancia hay de 8 á 10
brazas; aumenta á 12, 15 y 20 á 10 leguas, y á 25 y 30
fondo lama, y arena fina de varios colores á 15 y 20 leguas. La corriente se dirige al NNO. ; pero inmediato á
la costa sufre variacion por la marea que en la creciente
sigue al ONO., y en la vaciante al NE. : su rapidez es de
tres millas por hora, y el establecimento á las 6ʰ; el agua
sube de 12 á 15 pies: la velocidad de la corriente general
fuera de la de marea se puede regular á dos millas por

hora. De aqui nace la necesidad de recalar á esta costa por menor latitud que la del puerto del destino, siendo práctica que los que van á Cayena aterren y busquen la sonda como al NE. del cabo Norte, y á 20 ó 30 leguas de distancia, en cuyo punto se encuentran de 40 á 50 brazas.

Cabo Ca-sipur. El cabo Casipur está en latitud de 3° 50'. Proximo á él hay un gran banco de fango, que sale cinco ó seis leguas á la mar; su extension de N. á S. es como de cuatro leguas, con fondo de cuarto y cinco brazas de agua. Por esto las embarcaciones que de la parte del S. vienen á reconocer este cabo no deben atracarlo á ménos de cinco ó seis leguas. Luego que se ha rebasado este banco, demora el cabo Orange al O.¼NO. distancia de seis á siete leguas; y aunque desde este punto no se puede descubrir, se reconoce sin embargo, porque manteniendo la proa al N., aumenta el agua cayendo de pronto de cinco brazas á diez en menos de una milla de distancia que se ande: luego que se coja este braceage se debe gobernar al ONO., y al O. si fuere menester para mantenerlo. Se debe advertir que cuando se halle una embarcacion sobre el cabo Casipur, y en cinco brazas de agua, no se debe seguir el rumbo á mantener este poco fondo, sino que es preciso gobernar al N. y aun al N.¼NE. hasta coger las siete brazas: entónces se pierde la tierra de vista desde la cubierta, porque es muy baja; y despues de haberse mantenido un poco con la proa dicha se irá enmendando para el NNO. y NO. sobre el referido braceage: estos rumbos aproximan insensiblemente á la tierra y al cabo de Orange á distancia de dos ó tres leguas, y por ocho ó nueve brazas de agua. Entre este cabo y el Casipur desemboca el rio de este nombre.

Cabo Orange. El cabo Orange se reconoce por una punta cortada que tiene del lado de la mar, y mas alta que la tierra del SE. del mismo cabo, y tambien por las montañas de la Plata, que forman varios picos, que parecen aislados y separados los unos de los otros; siendo tanto mas notables

cuanto que son las primeras tierras altas que se descubren
viniendo del cabo Norte. Aproximándose á cabo Orange se
descubren por encima de la punta que forma la boca del rio
Oyapok varias colinas notables.

Pasado el cabo de Orange forma la costa una ensenada **Rio de Oyapok.**
de cuatro leguas de ancho, donde desemboca el gran rio de
Oyapok; y en la cual descargan tambien sus aguas otros dos
rios poco considerables, el uno al E. llamado Coripi, y el
otro al O., que es el de Ouanari. Las montañas de la Plata
no solo sirven de reconocimiento para el cabo de Orange,
sino tambien para el de esta ensenada, pues empezando á
elevarse en la costa occidental en un terreno anegadizo se
avanzan hasta la orilla del mar.

El Oyapok tiene dos leguas de ancho en su embocadura, **Descripcion del fondeadero del rio de Oyapok.**
y se puede fondear en él por cuatro brazas de agua sobre
fango, demorando el monte de Lucas al O. á distancia de
tres cuartos de legua. Monte Lucas es una colina pequeña
y de bastante altura, que forma la punta que divide el rio de
Ouañari del Oyapok: una legua rio adentro hay una isla
baja llamada de Venados, que la cubre el agua en las mareas
vivas; se debe pasar por el O. de ella, donde se encuentran
cuatro brazas pegado á la tierra. Despues de la isla de
Venados hay otras mas pequeñas que no embarazan la
navegacion. Luego que se ha remontado el rio como cinco
ó seis leguas, se encuentra una hermosa ensenada que sirve
de puerto, donde se fondea por cuatro, cinco ó seis brazas
de agua, y tan cerca de tierra como se quiera. En este sitio
hay un fuertecito y una aldea.

Como á doce leguas del rio de Oyapok está el de **Rio de Aprouak, su entrada, y fondeadero.**
Aprouak, que tambien es de consideracion. Su boca tie-
ne unas dos leguas de ancho, y en ella se hallan tres y
cuatro brazas de agua: las tierras que la forman son muy
bajas, anegadizas, y estan cubiertas de manglares. Dos leguas dentro del rio, y en medio de él, hay una isla baja
como de una y media milla de largo y muy estrecha, cubierta de arboleda, que llaman de Pescadores. Arroja al N

un banco de areña que se extiende mas de dos millas, y al que es menester dar resguardo cuando se entra en el rio : esta isla forma dos canales ; el de E. tiene tres y media brazas de fondo, y el del O. no tiene mas que dos.

Los Con- .. A cinco leguas al N. de la boca de este rio hay un is-
destables. lote bastante alto y pelado en figura de media naranja, que se llama el gran Condestable, para distinguirlo de otro mas pequeño que está á media legua de él mas hácia la costa, y casi á flor de agua, que se llama el chico Condestable : el 1.° se descubre desde ocho ó diez leguas á la mar. A estos islotes se dirige la navegacion desde el cabo Orange cuando el destino es á Cayena : demoran desde dicho cabo como al ONO., y distan de él 18 leguas : en esta travesía se debe mantener el fondo de ocho y nueve brazas. El gran Condestable tiene por todas partes tres brazas de agua, y es muy limpio : el chico está ENE., OSO. con el grande : se pasa entre los dos por ocho y nueve brazas, atracando al mayor como á dos tiros de fusil, y dejando el chico á babor.

Al NNO. del gran Condestable hay un bajo de piedra, que unos colocan á dos millas, otros á tres, y otros á cuatro : esta incertidumbre en la distancia de dicho escollo es el motivo por que se pasa entre los dos Condestables para librarse de él. El buque frances de la Marina Real la Gironde, yendo á Cayena el año de 1738, despues de haber pasado entre los dos Condestables dejando el grande á estribor, puso la proa al NO.₄O. para ir á las islas de Remire, y á poco tiempo descubrió una rompiente, por la que se veian las peñas, que le demoraba al N.¼NO., y como á una legua de distancia : al mismo tiempo marcó el grande Condestable al E.¼SE., y al chico S.¼SE.: de aquí resulta que este bajo está al N. 39° O. del gran Condestable distancia de cuatro millas : puede tener de extension como cinco cables, y su direccion es **Islotes de** NO., SE.
Remire. Desde el gran Condestable se hace el rumbo del

NO. 1O. para pasar. por fuera de los islotes de Remire que distan de él como seis leguas: á este rumbo disminuye el agua, y no se hallan mas que seis brazas hasta el Malingre, á la parte del NNE., del cual, y á distancia de dos millas, se da fondo en tres brazas á baja mar.

A seis leguas al NO. del Aprouak está el rio de Caux, y desde este al de Ouya se cuentan cinco leguas. El rio de Ouya separa la isla de la Cayena de la tierra firme por su parte oriental: es un rio hermoso, cuya boca tiene cerca de una legua de ancho con tres brazas de agua en baja mar: sus orillas son bastante altas, y estan cubiertas de grandes árboles.

Rio de Caux y de Ouya.

La isla de Cayena podrá tener seis leguas de N. á S., y tres ó cuatro en su mayor anchura: al N. la baña el mar, al O. el rio de Cayena, al E. el de Ouya y al S. un brazo formado por el Ouya y el Cayena, que los une. La ciudad y fortaleza de Cayena está situada sobre la punta septentrional de la isla: la parte N. de esta tiene varias colinas y alturas, y su parte S. es baja, y queda anegada en la estacion de lluvias: el puerto está al O. de la cuidad y en la embocadura del rio Cayena; las colinas ó tierras altas de que hemos hablado se llaman la del Puente, Remontavo, monte Joly y Mahuri, y todas estan inmediatas á la costa del norte. Un poco tierra adentro estan las de Baduel, Tigres, Papaguay, y la de Mathory, y en la orilla del Ouya la de los Franciscanos.

Isla de Cayena.

A una legua, ó legua y media cuando mas, de la costa de la isla de Cayena estan los islotes de Remire. Son cinco, á saber: el Malingre ó el Niño, el Padre, la Madre, y las dos Hijas: estas son dos pequeños farallones muy inmediatos entre sí, y distantes como una milla al ESE. de la Madre: el Padre es el mayor de todos, y demora al ENE. de monte Joly, distancia de cuatro millas: puede tener media de largo del ESE. al ONO.

Descripcion de los islotes de Remire.

El Malingre es muy chico, y está á una legua al ENE. de Remontayo, y á cuatro millas del Padre; se pasa por fuera de ellos, y como á tres millas y aun ménos, sin riesgo alguno, seguros de encontrar cinco y seis brazas de agua. Eutre estos islotes y la costa hay 15 pies de agua en baja mar; pero este paso es arriesgado por un bajo de piedra casi á flor de agua que hay á medio canal, y por el traves del Padre y Malingre: este bajo demora al NNO. de monte Joly, y al E. 5º S. de Remontavo. El Malingre es muy raso, y á su parte del O. dicen que despide uha restinga que corre al NNO. la distancia de dos cables.

Entrada en el fondeadero de Cayena. Cuando se quiere entrar en Cayena es preciso fondear ántes entre el Malingre y el Niño perdido, á fin de tomar práctico, y esperar marea para pasar el bajo fondo de su entrada. Este fondeadero entre el Malingre y el Niño perdido es muy incómodo, pues como los vientos del NE. son travesía, levantan mucha mar, la cual cogiendo atravesadas á las embarcaciones, las hace balancear tanto como si corrieran un temporal: las anclas garran á menudo, por lo que es preciso echar fuera del escoben un ayuste, y hay muchas ocasiones en que se está tres y cuatro dias sin comunicar con la tierra: se hallan en él 20 ó 25 pies de agua fondo fango en baja mar. Por lo regular se fondea al ENE., NE. ó N. del Malingre á distancia de dos millas aunque hay algunos que lo verifican cerca del Niño perdido como al ENE. ó NE. de él á distancia de dos millas. Desde el E. para el S. del Niño perdido el fondo disminuye á 15, 12 y 10 pies, y se debe cuidar mucho de no ponerse entre él y la costa, porque aun hay ménos fondo. La márea en este parage sube de siete ó ocho pies, y su establecimiento es á las cinco.

Islotes del Diablo ó de la Salud. Desde el Niño perdido demoran al NO. ¼N. y á distancia de ocho á nueve leguas tres islotes pequeños, que forman entre sí un triángulo, llamados antiguamente del Diablo, y ahora de la Salud, los cuales ofrecen un hermoso y abrigado puerto. El mejor fondeadero de él es al ESE. de la isla mas meridional por cinco ó seis brazas de agua, fango duro, y á distancia de ella como de un tiro de fusil: en esta isla hay una cisterna de agua dulce; pero es menester hacerla con barriles de mano, pues la maleza y pendiente del terreno impide se haga con pipas ó cuarterolas. Entre estas islas y el Niño perdido se hallan cinco, seis y siete brazas de agua á tres ó cuatro leguas de la tierra, y nueve aproximándose á las islas de la Salud: luego que se rebasa de ellas, y quedan al S. ó SE. se encuentran 20, 30 y 40 brazas, aumentándose el fondo á proporcion que se alejan de ellas.

A seis leguas al NO. de Cayena está el rio de Macouria: toda esta costa es baja, llana y poblada de hermosas habitaciones. Rio de Macouria.

A 15 leguas al NO. de Macouria está el rio de Sinamari: este rio ofrece á dos ó tres leguas de su embocadura un excelente fondeadero, en que las embarcaciones al ancla no son molestadas por la mar, á causa de que el fondo es de fango muy suelto. Rio de Sinamari, y su fondeadero.

A 19 leguas al NO.¼O. de Sinamari está el rio de Maroni, que es muy considerable: su boca tendrá dos leguas de ancho; pero su entrada es difícil por los muchos bajos fondos de arena y fango que hay en ella. En este pedazo de costa desembocan los rios de Comenaba, Argatnabo y Amanibo, y en toda ella hay bajos y bancos de fango que salen hasta tres leguas á la mar, por lo que es preciso mantenerse á cuatro de tierra, y por fondo de cinco ó seis brazas. Debe tambien advertirse que desde Cayena hasta Maroni hay muchas piedras perdidas, algunas de las cuales salen hasta á dos leguas á la mar. Rios de Comenaba, Argatnabo, Amanibo y Maroni.

Desde el rio de Maroni á el de Surinan, hay como unas 34 leguas: la costa corre al O.¼NO. tan igual y tan baja, que es imposible distinguir un punto marcable para rectificar la situacion del buque: por esto se hace absolutamente preciso tomar conocimiento de Maroni para asegurar la recalada á Surinan. Esta costa despide varios bancos de fango, por lo que es preciso navegar á cuatro Rio de Surinan.

leguas de ella. La entrada del rio de Surinan, viniendo
del E., se distingue por una especie de cabo ó pico corvo
que se deja ver de cuatro á cinco leguas, y es la única tierra
que en tal circunstancia se descubre. La orilla oriental es la
que se ve, pues no se descubre la orilla opuesta hasta que se
está en su embocadura, por ser una tierra sumamente baja
que se esconde hácia el O.

Fondeadero y entrada en Surinan. Para fondear en la embocadura es preciso enfilar la
punta oriental, de que hemos hablado, al SE. ó SE.¼S.
á distancia de tres leguas, quedando entónces por tres y
media brazas en baja mar. Las mareas son á las 6ʰ, y hallándose fondeado en la embocadura, la corriente de la
creciente tiene su direccion del S. al SSE., y la de la vaciante al N. ó NNO. La menor agua es de dos brazas y
media, y cuando el viento es favorable para entrar en el rio,
se gobierna al SE. ó SE.¼E. hasta que la punta oriental
queda al E., y entónces se gobierna al ESE. para ir á dar
fondo en las cinco brazas fondo fango, demorando dicha
punta oriental, que se llama Brams, al N. 5° O. y á un
cuarto de legua de ella.

Rio de Comewine dentro del de Surinan. Una legua rio adentro, y á su parte oriental, desagua
el rio Comewine, cuya embocadura está defendida por el
fuerte Amsterdan del lado del S., y por una batería que
hay en la parte del N., situados de modo que defienden
tambien el rio de Surinan : en la orilla occidental de este
hay varias baterías que cruzan sus fuegos con los del fuerte Amsterdan. Algo mas arriba está la barra, sobre la que
no hay mas que dos brazas de agua en baja mar : pasada
esta se encuentra en la orilla occidental el fuerte Zelandia y
la ciudad de Paramaribo, que es la metrópoli de esta colonia
holandesa.

Rios de Sarameca y Copename. Cuatro leguas al O. del rio Surinan desaguan en el mar
por una misma boca el rio de Sarameca y el de Copename :
sus orillas estan despobladas ; y en su boca hay dos brazas
de agua en baja mar.

Rio de Corentin. Diez leguas al O. de estos rios desemboca el de Co-

rentin, que los ingleses llaman del Diablo: su boca tiene
mas de una legua de ancho; pero se hace dificil la entrada
por los bajos fondos de arena que despide hasta tres leguas á la mar. Dentro del rio hay tres islitas muy limpias
tendidas de N. á S., en cuyo traves se puede fondear por
cinco brazas de agua: la pasa y fondeadero estan á la parte
occidental. En la misma boca de este rio descarga sus aguas
otro pequeño llamado de Nikesa.

Cinco leguas al O. de Corentin está el rio de Berbice, *Rio de*
cuya boca tiene como una legua de ancho; sus orillas son *Berbice, y su entrada.*
muy bajas y estan cubiertas de arboledas. En la misma boca
hay una isla llamada Craben, que divide su entrada en dos:
es baja, muy frondosa, y está cercada de un bajo de arena y
fango, que impide atracarla á menos de un tiro largo de fusil:
su longitud será como de una milla, y su ancho como de
media: el banco que la rodea sale al N. como una legua: la
punta oriental despide un bajo de piedra, al que es menester
dar mucho resguardo, pues la entrada debe hacerse por el
canal oriental, en cuya barra no hay mas que dos brazas de
agua en baja mar.

Veinte leguas al NO. de Berbice estan los rios de De- *Rios de*
merari y de Esequivo, que desaguan en una misma bahía. *Demerari de Ese-*
La tierra en las cercanías de Demerari es la mas notable *quivo.*
de toda esta costa, pues los bosques se hallan quemados
y talados en muchas partes para el cultivo del terreno, y
forman grandes manchones en que se ven distintamente las
casas y habitaciones; y si hubiese algunos buques fondeados
en el rio, se descubren sus arboladuras por encima de los
árboles.

Si el destino fuese á Demerari se deberá seguir al O. *Entrada*
hasta que se ponga la entrada del rio al SSO, ó S.¼SO. y *en el rio de*
esta rumbo se gobernará para entrar, ó se fondeará en cua- *Demerari.*
tro brazas para esperar la marea al ancla. Se deberá cuidar de no caer al O. de dichas enfilaciones, porque la creciente corre con mucha fuerza en el rio Esequivo; en cuya
boca, y á gran distancia de tierra, hay bancos de arena muy

peligrosos, sobre los cuales no hay mas que nueve ó diez pies de agua.

En las mareas vivas no sube el agua mas que ocho ó nueve pies. Desde cada una de las puntas sale á tres leguas á la mar un gran banco de lodo, sobre que no hay mas que ocho ó diez pies de agua en plea mar: entre estos bancos está la entrada y barra del rio, sobre la que en las mareas mas vivas hay 20 pies de agua, pero el fondo es de fango suelto. Se debe cuidar mucho no caiga la embarcacion sobre el banco occidental, porque tiene sus manchones de arena dura, atracándose mas bien al oriental, porque todo él es de fango blando, y no se recibirá daño aunque se toque en él. Como seis millas rio arriba hay un árbol alto bastante notable, y cuyas ramas aparecen como blanquecinas; y tres ó cuatro millas mas arriba hay un grupo de árboles muy marcable. Para entrar en el rio se debe gobernar al S.⅘O. de la aguja, procurando mantener enfilado el árbol blanquecino con la parte mas occidental del grupo de arboles, pues entonces se va por medio canal: el ancho de este en la entrada es de dos millas: el mejor fondeadero es á la parte de adentro de la punta oriental en cuatro brazas de agua en baja mar, fondo fango suelto: la barra se habrá rebasado cuando punta Sprit venga abierta al norte de punta Corrobana.

El de Esequivo, que es muy considerable, tiene tres leguas de ancho en su boca, pero está llena de islas y bajos que la obstruyen y dificultan la entrada; y aunque forman canales con agua para todo género de embarcaciones, se necesita cuidado y práctica para entrar en él. Estas islas son muchas, muy bajas y frondosas: la mayor parte de ellas son largas como de una y dos leguas, pero muy angostas, y estan tendidas casi norte sur. Hay dos canales para entrar en el rio, el uno oriental y el otro occidental: el oriental es el mejor: se halla en él desde 15 á 36 brazas de agua. Despues de rebasadas las islas de la entrada se ve otra hilada de ellas, que es menester atracar por la parte

Entrada en el de Esequivo.

oriental, donde se forma canal tan profundo que se hallan desde 40 á 70 brazas. A 10 leguas de la boca está situado el fuerte en una islita que hay en medio del rio. La poblacion está sobre la orilla occidental y frente del fuerte.

A 15 ó 16 leguas del rio Esequivo está el desembo- *Rio Poumaron.* cadero del rio Poumaron, que es el límite occidental de la Guayana holandesa: la boca de este rio tendrá como media legua de ancho: sus orillas son bajas, y estan cubiertas de arboleda: la punta oriental de la boca se llama cabo Nasau. A seis leguas y sobre la misma orilla está el fuerte llamado de la Nueva Zelanda: la poblacion llamada Midelburgo está al pié de la fortaleza.

Desde el rio Poumaron sigue la costa de la Guayana *Punta de* sin variar nada de la anterior hasta la punta de Cocales, *Cocales.* que se distingue por formar una ensenada al S., y tener al O. unos cocales muy altos, que son los únicos que hay en toda esta costa, poblada en lo demas de mangles. Desde dicha punta debe gobernarse al NO. y NNO. con la precaucion de mantenerse en cinco ó seis brazas de agua para evitar un bajo de lama, que está como dos leguas y media al NNO. de ella, y andadas que sean como 12 leguas á dichos rumbos, se descubrirá la boca de Guayma situa- *Boca de* da en latitud de 8° 25′ N. El reconocimiento de esta boca, *Guayma.* única en toda esta costa, es muy interesante para los que buscan la boca grande del Orinoco, por no haber otro punto donde poder balizarse con seguridad, y su configuracion es inequivocable, no solo por la entrada ó abra que presenta, sino por tres cerritos ó mogotes, que se avistarán tierra adentro como al SO., si el dia es claro.

Al NE. de estas bocas, y como á tres leguas, se halla un placer de arena fina de dos y media brazas, y para evitarlo se deberá tener gran cuidado de no bajar de las cinco brazas lama.

Desde la boca de Guayma sigue una costa de arbole- *Punta de* da pareja y rasa, que se extiende como ocho leguas al *Mocomoco* NO. en que se halla la punta de Mocomoco: á esta sigue *y Costa de Sabaneta.*

la costa llamada de Sabaneta, que se dirige al O. como cuatro leguas, tambien de arboleda pareja, mas rasa y ménos hondable que la anterior. La punta de Sabaneta está en latitud de 8° 44′ 30″, rodeada ella y su costa de un placer poco hondable de lama suelta con conchuela y arena lamosa y conchuela.

Isla Cangrejos. La isla Cangrejos, cuya punta mas N. y E. está en latitud de 8° 51′, tiene un placer de arena dura de color de café molido, que se extiende seis leguas por su parte del E., y como dos por la del N., el cual hace peligrosa la entrada del rio, pues entre él y la costa de Sabaneta se forma

Barra de la boca grande del Orinoco. la barra de la boca grande del Orinoco, cuyo fondo en baja mar es de 15 pies, y de 16 en la pleamar, lama suelta: la barra tiene tres leguas de N. á S., y algo ménos de E. á O.

Desde la punta de Sabaneta sigue la costa de arboleda pareja mas alta que la anterior, con direccion al SO. como **Punta de Barima.** tres leguas, que remata en la punta de Barima, que sirve de término á esta costa seguida, pues desde ella se forma una grande ensenada en que se interna el rio.

Costa al NO. de la boca grande. La costa que sigue desde la isla de Cangrejos para sotavento es bien distinta de la anterior, rasa, toda quebrada, formando diferentes bocas, por las que desembocan los demas caños del Orinoco, solo capaces para barcos chicos que tengan prácticos, pues estan llenos de placeres de arena peligrosos.

Recalo á boca grande, y modo de entrar en el rio. Con conocimiento de lo dicho, reconocida que sea la boca de Guayma, se correrá la costa á distancia de cinco ó seis leguas, no bajando de las cuatro ó cinco brazas lama hasta que la punta de Barima demore al S.¼SO., que se hará rumbo sobre ella en demanda de la barra, sin dejar de sondar para conservar el fondo de lama, aunque sea á costa de poca agua, pues es preferible barar en lama que exponerse á caer sobre el placer de arena dura de la isla Cangrejos. Si se cogiere esta calidad de fondo, se meterá inmediatamente para el S. hasta recobrar el de lama: de este modo se seguirá aproximándose á la punta de Barima, y así que se esté como á dos leguas de ella se avistará por sotavento una isla grande de arboleda, que es la de Cangrejos, y se empezará á aumentar de fondo por haber rebasado la barra hasta coger cinco brazas : en esta situacion se gobernará del SO.¼S. al SO.¼O para mantener la medianía del canal; en inteligencia de que si se cogiesen ménos de cinco brazas lama habrá sido aconchado el buque sobre la Costa Firme, y se deberá hacer rumbo mas al O. para volver á la medianía del canal; pero si se cogiesen ménos de las cinco brazas dichas, fondo arena, se habrá aconchado sobre el placer de isla Cangrejos, y en este caso se harán rumbos mas al S. para volver á medio canal, por el cual, y con la advertencia única del fondo que acabamos de decir, se dejará ir para adentro, hasta que la punta mas S. y E. de isla Cangrejos cubra unos islotitos de arboleda que hay en la punta mas N. y E. de ella, que podrá atracarse á la dicha isla y dar fondo por cinco ó seis brazas de agua, fondo lama, dando cabo en tierra, en cuyo sitio estará muy abrigado y seguro todo buque, y en él es forzoso aguardar á que un práctico conduzca la embarcacion rio arriba, pues sin él seria exponerse á una desgracia inevitable : cualquiera barco del pais puede proveer de práctico.

En toda esta costa hay mareas muy vivas é irregulares, y se dejan sentir en el rio hasta Imataca, pequeña poblacion de Indios Guaraumos : acerca del establecimiento de ellas solo se observa por los prácticos, que tienen un tercio de menguante á la salida de la luna.

El Orinoco crece desde Abril hasta Setiembre, y mengua en los restantes meses, siendo navegable hasta la capital para buques grandes desde Mayo hasta Diciembre, y en el restante tiempo se quedan á 16 leguas de ella por no poder subir mas arriba de una barra ó pasa llamada del Mamo, que en este tiempo solo tiene cuatro ó cinco piés de agua, y los buques de comercio para sus cargas y descargas tienen que valerse de embarcaciones menores, que

Mareas del Orinoco, y navegacion rio arriba.

aunque no faltan, ofrecen muchos gastos.　La variacion de la aguja en la boca de este rio es de 4° NE.

Desde esta boca se extiende el delta ó desagüe del Orinoco hasta lo interior del golfo de Paria, quedando esta porcion de costa inútil para todo tráfico y navegacion, pues no es mas que un laberinto de islas bajas de fango, y anegadas en la estacion de la creciente, que ni se pueden numerar, ni ha sido fácil levantar el plano de ellas, pues todas son formadas por los diversos caños en que se divide el Orinoco, y que pueden mirarse como incapaces de ser frecuentados sino por botes ó canoas : así la terminacion de esta costa debe fijarse en la boca grande que acabamos de describir, reservando particularmente la del golfo de Paria é isla de Trinidad para darla despues de algunas advertencias generales propias para navegar en las costas de las Guayanas, que son las siguientes :

Advertencias generales.

1ª　Aunque el todo de esta costa no tenga sensibles diferencias en su situacion, no por esto debe creerse que cada uno de los puntos de ella está bien situado, pues se ha hallado que la punta de Barima tenia en latitud un error de 22' : los puntos observados son los siguientes :

	Latitudes.	Longitudes.
Cabo Norte.	N. 1° 57. . . .	43° 49' O. de Cadiz.
San Luis Oyapok. . .	N.. 3 57. . . .	45　19
Cayena.	N.. 4 56. . . .	45　59
Paramaribo.	N.. 5 49. . . .	48　55
Punta Brams. . . .	N.. 5 56. . . .	48　56
Punta Corrobana. . .	N.. 6 48. . . .	51　41
Boca de Guayma. . .	N.. 8 25	
Punta de Sabaneta. .	N. 8 44	
Punta Barima. . .	N. 8 41. . .	53　44
Punta NE. de isla　Cangrejos. . .	N. 8 51	

En la situacion de estos puntos puede confiar el navegante ; y esto es preciso prevenirlo así, porque en una costa en que apénas hay mas dato seguro de reconocimiento que el de la latitud, seria muy fácil se sotaventase una embarcacion del punto de su destino por hallarse mal situado : así es de absoluta necesidad correr la costa de barlovento para sotavento, tomando conocimiento, y por decirlo así, balizándose en las bocas ó desagües de los rios, lo cual se hace mas y mas preciso en la estacion de lluvias, en que hay dias que no se puede observar la latitud.

2ª Si en cuanto á la situacion de los puntos hay tanta incertidumbre, no la hay menor en el braceage de las bocas ó entradas de los rios. Lo que se debe tener muy presente es que todo rio forma barra, y que en las barras suele haber muy poca agua : lo mas acertado será, para quien no tenga conocimiento práctico, tomarlo con sus botes, ó no entrar por los rios sin práctico.

3ª El viento que desde el ENE. ó NE. hasta el ESE. ó SE. reina siempre en esta costa, y la corriente que siempre se dirige al ONO., hacen sea barlovento la situada en ménos latitud ; y así resulta que en toda esta costa es muy fácil subir de latitud, pero muy difícil bajarla.

4ª La corriente general de que hemos hablado no debe confundirse con la que producen las mareas : el influjo de estas se siente cerca de la costa, y puede asignársele por límite las doce leguas á la mar, ó nueve brazas de fondo ; de modo que desde dicho límite para la mar no hay mas que la corriente general ; pero desde él para tierra no se experimenta otra corriente que la de la marea, que en la creciente tira hácia la costa, y en la vaciante para fuera de ella. El establecimiento de la marea es á las siete cerca del cabo N., á las seis en la costa de Mayez, á las cinco en la de Cayena, y á las seis en el Surinam.

5ª Mediante lo dicho es conveniente que todo el que va desde Europa á la Guayana procure aterrar sobre la costa de Mayez ; pero huyendo de las proximidades del rio de las Amazonas, que produce grandes oleadas, que se sienten á mucha distancia á la mar, y que cerca del desagüe del rio podrian ser fatalísimas á una embarcacion. A este fenómeno, que es conocido en el Gánges y en otros rios caudalosos por el nombre de Bore ó Barra, se le llama en este Pororoca.

6ª Aterrado, y reconocida que sea la costa, es menester prolongarla, llevando el escandallo en la mano para dirigirse por las siete, ocho ó nueve brazas, procurando no bajar á ménos agua por el riesgo de barar en los bajos fondos que despide la costa ; y aunque en algunos parages desde dicho braceage no se la descubrirá aun en tiempo claro, no por esto hay inconveniente, pues en las proximidades de los puntos del destino de la embarcacion puede meterse sobre babor para avistar la tierra ; ni tampoco lo hay en tomar conocimiento de ella siempre que se quiera, pues no hay mas que guiñar sobre babor ; pero en estos casos se debe tener mas y mas cuidado con el escandallo. Cuando estando próximo al puerto del destino cogiese la noche, es preciso dar fondo, cuya práctica debe tambien seguirse en tiempo de calma estando dentro del límite de las mareas, pues la corriente en la entrante le aconcharia á uno sobre la costa.

7ª El barar en esta costa no ofrece riesgo, porque el fondo es de fango mas ó ménos suelto ; pero no por esto se debe navegar con descuido y abandono, pues una barada produciria pérdida de tiempo, y el trabajo consiguiente de anclas para salir á flote. Advertimos que cuando la embarcacion lleva regular salida, aunque se vaya por nueve brazas de agua, se remueve el fango del fondo en términos que parece que se va arando con la quilla, y podria causar cuidado á quien por la primera vez viese una cosa que es muy natural suceda.

Los islotes de Remire, Condestables, y las islas de la Salud, son los únicos puntos en toda esta costa que podrian producir la pérdida de una embarcacion, si se barase en ellos : por tanto es menester precaver el efecto de las corrientes para que no aconchen sobre ellos ; y por decontado el paso entre los dos Condestables no debe hacerse sino con viento que sea uno dueño de la embarcacion, pues de lo contrario vale mas dar fondo á tres leguas de ellos, ó pasar por fuera, y á bastante distancia, para dar resguardo al bajo de que hemos hablado.

8ª Como la mayor incertidumbre de la situacion de la nave es producida por los errores que necesariamente ha de tener la estima á causa de las corrientes, para disminuirlos mucho, y aun poder tener una estima bastante exacta, conviene echar la corredera sin barquilla, y poniéndole un escandallo de cuatro, seis ú ocho libras, que tomando fondo no se venga tan fácilmente hácia la embarcacion : de este modo es indudable que la corredera señalará la total distancia que ande la nave, tanto por efecto del viento como por el de las corrientes : despues de haber visto el número de millas que se navegan, haciendo firme el cordel para que quede tirante, se marcará el rumbo á que demora, y su opuesto será á el que navega la embarcacion : es claro que obtenido de este modo el rumbo y la distancia, la estima debe ser tan exacta como si no hubiese corrientes. Si se echase la corredera con barquilla por el estilo ordinario, y se comparase la distancia de ella, y el rumbo deducido de la aguja que hace la nave, con la distancia y rumbo hallados por el método explicado, se tendrian los datos suficientes para conocer el rumbo y velocidad de la corriente, que es problema que sabrá resolver todo el que tenga idea de la composicion y descomposicion de las fuerzas.*

9ª En esta costa no hay mas puertos que las bocas de los rios, que por la mayor parte piden práctica y conocimiento para entrar por las barras ó bajos fondos que por lo regular despiden ; pero como en toda ella no hay tem-

---

* Véanse en el tratado de Máquinas y Maniobras de Don Francisco Ciscár los párrafos desde el 34 hasta el 47, ambos inclusive.

porales, ni el menor riesgo en fondear donde á uno la acomode, nunca puede ocurrir la necesidad de forzar uno de
estos fondeaderos, quedando cuanto tiempo se quiera para
esperar el práctico, ó para tomar con los botes el conocimiento necesario para dirigir la embarcacion.

10ª Cuando se quiera barloventear en esta costa, ó
lo que es lo mismo, los que desde el Orinoco ó Surinam
quieran ir á Cayena, conviene bordeen sobre la costa en las
vaciantes desde las tres y media ó cuatro brazas hasta las
ocho ó nueve, pues respaldados hácia el NE. por la corriente ganarán muy bien en vuelta del SE. ó ESE.; pero
en la marea creciente debe darse fondo, porque entónces
se tendria que vencer viento y corriente, y seria irremediable irse sobre la costa.

11ª Los que desde las Antillas quieran ir á cualquiera
puerto de la Guayana, deben ceñir por babor hasta ponerse en conveniente latitud para aterrar por una que sea menor que la del puerto del destino, y que deberá ser mas ó
menos baja segun sea el tiempo y práctica del sugeto que
dirija la derrota; bien que en esta costa, especialmente
desde Cayena al Orinoco, aun los mas experimentados no
son capaces de conocer por la configuracion de ella
donde se hallan, y sin el auxilio de la latitud ó de la prudente conjetura que da el reconocerla de barlovento á sotavento, se hallarian las mas veces con equivocaciones bien
perjudiciales. Las cercanías de Demerari son las que pueden conocerse por hallarse los bosques quemados y talados
en muchas partes para el cultivo, y formar claros ó manchones en que se distinguen las casas y habitaciones. Lo
mejor es fondear miéntras que no se tiene seguridad y
certeza de la situacion, pues aunque así se pierde el tiempo que se está dado fondo, no el barlovento, que es lo que
interesa y que costaria mucho recobrar.

ARTICULO III.

Descripcion del golfo de paria é Isla de Trinidad.

Entre la isla de Trinidad y la Costa Firme hay un gran golfo llamado de Paria, que ofrece seguro abrigo á las embarcaciones, pues pueden fondear en cualquiera parte de él sin el menor riesgo, y por el número de brazas que acomode. Se entra á este gran golfo por dos canales, uno al N., y otro al S.: el del N. está dividido en varios boquetes por algunas islas, y en el del S. hay un islote que despide bajos fondos de piedra que son peligrosos. En todo el circuito de este golfo no hay mas establecimiento europeo que el de Puerto España en la costa occidental de la isla, que es la cabeza y metrópoli de toda ella, y en el cual se reune todo el comercio de exportacion é importacion, y que por tanto es el destino de cuantos van al golfo, y al que desde luego deben dirigirse. Nada seria mas fácil que entrar en el golfo de Paria, bien fuese por el N. ó por el S., y navegar dentro de él si las corrientes que se experimentan, dimanadas no solo de la corriente general que en toda la costa de la Guayana se direge al NO., sino de otra particular que causan las mareas, no ofreciesen algun estorbo, que aunque pequeño, es menester precaverlo con el conocimiento del efecto que causan en los diversos puntos de él.

Hemos dicho que desde Julio hasta Noviembre es en estos parages la estacion de las lluvias, en que las brizas ó vientos generales sobre ser muy calmosos llaman al ESE. y SE., y que en los restantes meses sopla la briza fresca del NE. ó ENE.: esto, y el haber dos bocas para entrar en el golfo de Paria, induce á preferir en la estacion lluviosa la del S., y á entrar por la del N. en la seca : por tanto deberá proporcionarse el recalo á Trinidad con consideracion á la estacion en que se va para hacerlo á la punta de la Galera desde Diciembre hasta Junio, y á la de la Galeota desde Julio hasta Diciembre. Dichas dos puntas

Golfo de Paria.

Puerto España.

Advertencia pra el recalo á Trinidad,

9

son las mas orientales de la isla ; la primera en su extremo septentrional, y la segunda en el meridional, y por tanto inequivocables en su reconocimiento.

La cordillera de montañas elevadas que se extienden por toda la costa del N. de esta isla de oriente á occidente continúan en la del E. hasta la punta de Salivé : tienen su mayor altura en la del N., próximamente en las inmediaciones del meridiano de las Cuevas, y en la del E. cerca de la punta de Salivé. Aunque desde el paralelo de la medianía de Tábago por su parte oriental se verá en dias despejados con bastante claridad la de Trinidad, no puede reconocerse la punta de la Galera á mas de tres leguas por esta parte, porque es baja, y se proyecta en la costa : viniendo del E. se verán las montañas inmediatas á la punta de la Galera á 11 ó 12 leguas de distancia. Todo el resto de la costa del E. desde Salivé hasta cabo Galeota será como dos tercios mas baja que la anterior, á excepcion de las inmediaciones á la punta de manzanillo, en donde se elevan al OSO. de ella cuatro montañas, dentro de las cuales se distingue la porcion de la punta de Manzanillo á ocho ó nueve leguas, y se llaman las barrancas de Manzanillo. Cabo Guataro asi por lo que se avanza al mar, como por la elevacion casi igual de toda la lengua de tierra que la forma, se hace notable desde cinco ó seis leguas ; y cabo Galeota se verá distintamente á distancia de seis ó siete. Desde este último vuelven á elevarse las montañas por toda la costa del S., y la mayor se halla un poco al occidente de la punta de Casacruz, disminuyendo considerablemente desde las inmediaciones de la de Herin hasta la de Icacos, de modo que esta última es playa bien rasa.

Toda la costa occidental de Trinidad es baja, y solo se levanta en ella el monte de Naparima, que se presenta redondo y alto, capaz de poderse ver á 10 leguas de distancia en dias claros, y por tanto sirve para balizarse dentro del golfo.

La costa de la Tierra-firme es baja y anegadiza, abierta por un gran número de caños y rios que desaguan dentro de este golfo, de los cuales el mas hondable y frecuentado es el Guarapiche, por el que sa hace comercio con lo interior de Cumaná, y recibe goletas y balajues de los mayores.

Los mejores puntos de la costa del N. para fondear son las bahías del Toco, rio grande, punta de Chuparas, las Cuevas, Maracas, y á sotavento de la punta de Marabaral, en los cuales se encuentra aguada y playa que facilita hacerla. En toda esta costa del N. y hasta la distancia de dos ó tres millas de ella corre el agua para el NE., ó E. cuando la marea mengua, y para el NO. cuando crece: fuera de estos límites el agua corre siempre para el NO. con mas rapidez cuando la marea sube que cuando baja; y esta misma direccion tiene en el canal de esta isla y la de Tábago.

En toda la costa del E. no hay parage donde proveerse de agua, porque aunque en las ensenadas de Manzanillo y Guataro desaguan rios caudalosos, son de barra en su boca, que no permite paso sobre ellas ni aun á las canoas: en toda esta costa el agua corre siempre como al N., pero con mucha menor fuerza cuando la marea baja; habiendo siempre en ella una gran mar, que levanta la briza, y que la hace muy dificil de abordar.

En la costa del S. solo puede hacerse aguada, aunque con algun trabajo, en la costa del S. al O. de la punta de Casacruz, y como á una milla de ella, donde se encuentra un torrente, que precipitándose de las montañas cae á una poza que hay en la playa. La corriente en esta costa se dirige siempre como al O., y su ordinaria velocidad es como de dos à dos y media millas.

En la costa occidental puede hacerse aguada en muchas partes de ella; desde punta de Icacos hasta la de la Brea, cuando la marea sube con el agua al tercer cuadrante, y cuando baja, se dirige al primero: desde cabo la Brea hasta Puerto España sigue la direccion de la costa con cortísima diferencia ; esto es, se dirige al S. cuando la marea llena, y al N. cuando mengua.

Es bien ocioso detenerse mas en describir las costas de esta isla, cuando puede el navegante consultar la excelente carta de ella en que hasta los menores escollos que despide la costa estan marcados con la mas escrupulosa exactitud : asi se procederá desde luego á dar una instruccion sobre su recalo, y medios de tomar el golfo de Paria y Puerto España en las dos distintas estaciones del año.

Recalo á Trinidad.

La sonda que despide la costa oriental de la isla hasta la distancia de 17 leguas, ofrece un seguro medio de rectificar la situacion de cualquier buque que vaya desde Europa, ahorrándole en las cirunstaucías de noche, ó tiempo muy obscuro, de capas y resguardos que le hagan perder tiempo, pues colocado en paralelos de ella, es preciso que se encuentre en la sonda, sin que le resulte mas atraso ó incomodidad que la de sondar, desde que se considere en sus proximidades, á cada 20 millas que se anden, y es bien cierto que la sonda y latitud le dirán con la mayor exactitud el lugar de la nave ; y sabido este no hay mas que dirigirse á cabo Galera ó cabo Galeoto para entrar en el golfo, ó por el N. ó por el S., segun sea la estacion ; pero como sucede á menudo que se pasan dos ó tres dias sin tener altura meridiana, en este caso es muy factible que creyéndose el navegante en paralelos de Trinidad, se halle en los de Tábago, y aun en los de Granada, pues las aguas tiran con violencia para el NO. : asi es menester no desperdiciar coyuntura de observar la latitud, ó bien sea por estrella ó por alturas de sol fuera del meridiano, y aun asi procurar siempre recalar mas bien al S. que al N. del cabo á que se dirija la derrota, pues las corrientes siempre favorecen para barloventear al N., y con la mayor facilidad se va en tiempo de NE. desde cabo Galeota á cabo

Galera; y aunque tambien se va desde el segundo al primero, no es con tanta facilidad. Reconocido que sea uno de dichos cabos, se dirigirá la navegacion á las bocas del golfo como sigue;

Desde la punta de la Galera debe atracarse la costa á distancia de dos millas; en la inteligencia de que es limpia, y puede abordarse á media milla hasta la punta de Corozal, donde conviene aterrarse mas para tomar con mas facilidad las bocas. Navegacion desde punta Galera á bocas de Drago, y entrada por ellas el golfo y Puerto España.

Estas son cuatro: la primera, llamada de Monos, formada por el extremo NO. de Trinidnd é islote de Monos: la segunda, de Huevos, formada por el islote de Monos y el de Huevos: la tercera, de Navios, formada por el islote de Huevos y el de Chacachacares; y la cuarta, boca Grande, formada por Chacachacares y la Costa Firme.

En la boca de Monos cuando la marea mengua corren las aguas para afuera con una velocidad de una y media á dos millas, y algo menos cuando la marea crece; de suerte que siempre sale el agua por ella: por esto, por ser muy expuesta á calmas á causa de la gran altura de sus costas, por ser la mas angosta, larga y tortuosa, y de consiguiente llena de remolinos, y por ser la unica que tiene bajos, debe abandonarse, aunque sea la de mas barlovento, prefiriendo cualquiera de las otras: su establecimiento es á las 3ʰ 50′. Boca de Monos.

En la boca de Huevos cuando la marea mengua sale el agua con alguna menos velocidad que la anterior, pero en la creciente casi está parada; esto, y el ser la mas corta de todas, el hallarse á barlovento de las otras dos siguientes, y el ser enteramente limpia, la hacen mirar como la mas propia para entrar en el golfo, y se procurará atracar mas bien á la isla de Huevos que á la de Monos, pues la corriente se inclina al NE. Boca de Huevos.

En la de Navíos sale siempre el agua en la creciente con velocidad de milla y media, y en la menguante hasta de cuatro millas: es muy limpia, y su establecimiento es Boca de Navios.

á las 3ʰ 80′: la entrada por este boca solo es asequible cuando la marea llena; pero en cambio es la mas propia para salir.

Boca Grande. En la boca Grande sale el agua en marea vaciante con menor velocidad que en las otras tres; y en la creciente queda casi parada; es tambien bastante limpia, y su amplitud permite bordear como se quiera; pero por hallarse á sotavento de todas, solo se entra por ella en el caso de no haberlo podido verificar por alguna de las otras.

En ninguna de las cuatro bocas se halla fondo con 100 brazas en medio de sus canales; y en todas, exceptuando los puntos que se ven en la carta marcados con escollos, pueder atracarse un navío hasta tocar con sus penoles en las orillas.

Entrada por la boca de Huevos. Despues de lo dicho sobre las bocas, se ve que la que se debe tomar para entrar en el golfo es la segunda, ó de Huevos; que debe proporcionarse el entrar por ella con marea creciente, y con viento que asegure el manejo de la embarcacion; y si el viento proporciona entrar de la bordada, y es tal que haga andar mas de cuatro millas, no hay necesidad de esperar á marea favorable. Si es de noche como esta sea clara no hay inconveniente en tomar las bocas, pues no hay mas riesgo que el de tropezar con alguno de los islotes, lo que es imposible; pero si la calma ó poco viento, falta de marea, noche obscura, ó sobra de precaucion, aunque sea clara, decidiesen á esperar coyuntura mas propia ó adecuada, puede darse fondo á dos tercios de milla de la costa sobre 22 brazas, menos en el caso de ser el viento al NE., que metiendo mucha mar conviene mas mantenerse en bordos muy cortos sobre la misma costa. A lo largo de esta, y desde la punta del Toco hasta la de Chuparas, el fondo es de lama; en el meridiano de esta es de cascajo menudo y arena gruesa, y desde el O. de ella hasta las bocas es de lama de color verdoso, cuyas diferencias de fondo darán muy bien á conocer el punto de la costa en que se está. Luego que se esté dentro de bocas se debe ceñir el viento de la mura de babor, con el fin de separarse de las bocas y atracar la costa de Trinidad; y en lo ordinario deberá seguirse esta bordada mientras suba la marea, para tomar la amura de estribor luego que empiece á bajar, seguros de que con ella se conseguirá el fondeadero, ó faltará muy poco para tomarlo. Quizá parecerá á algunos mas conveniente ponerse de vuelta y vuelta luego que han entrado en el golfo, y mas si la bordada de babor no es la mas ventajosa; pero es menester no olvidarse de que las aguas donde mas corren es en las angosturas y sus proximidades; y asi, habiéndose quedado muy cerca de las bocas con el entretenimiento de bordear, no será nada extraño que la marea vaciante les haga desembocar, ó para impedirlo les obligue á fondear; y aun cuando nada de esto suceda, se encuentren con que la marea vaciante es contraria para ganar á Puerto España: al contrario, habiendo prolongado la bordada para dentro del golfo, si es menester hasta el paralelo del monte de Napurina, desde tal situacion la marea vaciante favorece la bordada de estribor ventajosísimamente, y tanto que con ella quizá se proporcionará el fondeadero, ó con un corto repiquete se cogerá. Siempre que por calmar el viento, ó ser este muy flojo no se gane nada, se dará fondo á fierro chico, que sea suficiente para contrarestar el esfuerzo de la marea, evitando cuanto se pueda el uso de anclas grandes, porque enterrándose mucho en el fango cuesta gran trabajo el levarlas. En Puerto España se fondeará como al SO. de él por las cuatro ó cinco brazas de agua, segun el porte de la embarcacion, teniendo las amarras NO., SE. el ayuste al SE.

Reconocido que sea el cabo Galeota se atracará la costa de la isla á dos millas, á cuya distancia se irá por fondo de ocho ó diez brazas y zafo de todo riesgo; y aunque se vea que el agua varía de color, particularmente al E. de la punta Herin y en sus inmediaciones, no debe tenerse recelo de bajo fondo, pues lo origina la corriente. Lue-

Navegacion desde cabo Galeota al canal del sur, y entrada por él en el golfo y

go que se rebase á punta Quemada se atracará la costa á un cuarto de milla, sin recelo alguno, para tomar el canal que mas acomode segun las circunstancias.

El primero es el que forma la punta de Icacos, y un bajo que hay al O. de ella á distancia de media milla, y que de E. á O. tiene come dos cables de extension, y una y media brazas de agua sobre piedra: el canal tiene 10 brazas de agua, y la punta de Icacos, que es una lengua de arena que se avanza al mar en forma circular, es tan acantilada que á medio cable de ella hay ocho ó nueve brazas. La corriente en este canal se dirige al SO. en la creciente con velocidad de dos y media millas, y al NO. en la vaciante con la de tres y tres y media.

El segundo canal es el formado por dicho bajo de piedra, y un placer de cascajo y piedra que le demora al NO., sobre el que hay cuatro brazas.: dicho placer demora de punta de Gallos al S. 66º O., distancia tres millas, y de la de Icacos al N. 73º O., distancia dos millas: su mayor extension es de tres cuartos de milla en direccion NOSE. Las corrientes en este canal tienen casi la misma direccion que en el anterior, y su anchura será de una milla.

El tercer canal es el formado por dicho placer, y el islote del Soldado y sus arrecifes y bajos del S. y SE.: este canal tendrá de extension de E. á O. dos millas escasas. A dos cables y medio de los arrecifes de la parte del E. del Soldado se hallan siete brazas de agua, en la mediania del canal nueve, y cerca del placer seis: las aguas corren en la creciente al O.¼SO. con velocidad de tres y media millas, y en la vaciante al NO. y ONO. con la de cuatro y cuatro y media.

El cuarto canal es el formado por el islote del Soldado, sus arrecifes y bajos del S. y la Tierra-firme: tiene de extension cuatro millas: la corriente en él siempre se dirige al NO. ó ONO. con velocidad de cuatro y media á cinco millas, en medio del canal é inmediaciones del

Soldado; pero á media milla de la Costa-firme su velocidad solo es de una y media á dos millas.

Para entrar por el primer canal no hay mas que atracar á ménos de un cable la punta de Icacos, orzando á proporcion que se vaya doblando esta hasta ceñir el viento ó poner la proa al N. para pasar á distancia conveniente de las puntas del Corral y de Gallos. Este paso nunca puede ser arriesgado, ni de dia ni de noche, especialmente en marea vaciante, que la corriente ayuda á rebasar el bajo de la orzada; y aunque diese la casualidad de tener que dar fondo, nunca podria correrse el riesgo de barar quedando el bajo lo ménos á tres cables de la embarcacion.

Para entrar por el segundo canal es menester desde que se haya rebasado punta Quemada, y atracado la costa á un cuarto de milla, poner la proa al Soldado, y mantenerla hasta que toda la punta de Gallos se descubra por la del Corral, en cuyo punto se orzará, pero sin pasar al NNE. hasta estar EO. con la del Corral, que se ceñirá á atracar la costa de Trinidad.

Para entrar por el tercer canal se debe poner la proa al Soldado como para entrar por el segundo, y se mantendrá hasta marcar la punta de Gallos al N. 67° E., desde cuyo punto se orzará al N. hasta que demore el fronton S. de punta de Icacos al SE.¼E., y la punta de Gallos al N. 83° E., y ya entónces se ceñirá á atracar la costa de la isla.

Para entrar por el cuarto canal no hay mas que dirigirse á pasar á dos millas al S. del Soldado, y cuando este demore al NE. se orzará al N. para ir despues orzando sucesivamente, y poco á poco, hasta ceñir para atracar la costa de Trinidad. Debe cuidarse mucho de no estar mas cerca del Soldado que las dos millas, dichas, teniendo gran cuenta con la corriente, que arrastra con fuerza para el NO.

De todo lo dicho resulta que en cualquiera tiempo se puede entrar en el golfo por las bocas del S., y aun de

10

noche, como esta sea clara; que la mejor boca es la primera, no solo porque está á barlovento, sino porque con una
simple orzada se rebasa todo el riesgo que ofrece, especialmente en marca vaciante, no habiendo nunca alguno si se
lleva pronto un fierro para darle fondo en caso de calma
repentina, ú otro accidente que arrastre la embarcacion
hácia el bajo; y que de noche tampoco hay boca mas facil
de tomar que esta primera, porque pidiendo de necesidad el
pasar á ménos de un cable de la punta, es circunstancia que
deja nulos los estorbos de la obscuridad; porque es bien
notorio que á tan corta distancia no puede ménos de verse
con toda distincion.

Pero si á pesar de la facilidad de entrar en el golfo
por estas bocas hubiese circunstancias que obliguen á dife-
rirla, bien sean las de calma ó de esperar el dia, se puede
dar fondo en la costa S. de la isla de Trinidad, no cabien-
do el recurso de bordear, porque la corriente siempre va
para adentro, y será muy dificil mantenerse en determinado
punto.

Una vez rebasados los canales, y hallándose dentro del
golfo, se hará rumbo á atracar la costa occidental de la isla, que se costeará á distancia de dos y media ó tres millas
hasta el cabo la Brea.   Desde este cabo apenas dista Puerto
España nueve leguas, y gobernando al NNE. bien pronto se descubrirán los edificios de él. En caso que no se pueda hacer este rumbo, se grangeará de vuelta y vuelta sin
rendir las bordadas mas que á tres millas de la costa, que
despide un bajo fondo; y si se quisiesen prolongar dentro
de la ensenada de Naparima, es menester virar á cuatro
millas de la costa, y dar resguardo á dos bajos que hay en
ella, el uno al O. del monte como á dos y media millas,
y el otro al S. 75º O. del dicho monte, y á distancia de
cuatro millas.

ARTICULO IV.

DESCRIPCION DE LAS ANTILLAS MENORES.

Las Antillas, que tambien se llaman Caribes, forman un cordon de islas en línea circular, que se extiende desde los 11 grados de latitud septentrional hasta los 19 próximamente. Bajo este nombre de Antillas son tambien conocidas las cuatro grandes islas de Puerto-Rico, Santo Domingo, Jamayca y Cuba; distinguiéndose unas de otras en que las primeras se llaman Antillas menores, y las segundas Antillas grandes ó mayores.

Las Antillas menores se subdividen tambien en Antillas menores de barlovento, y Antillas menores de sotavento : las primeras son las comprendidas entre Tábago y el Barbudo, incluyendo en en ellas á la Barbada, y las segundas las comprendidas entre Monserrate y el archipiélago de las Vírgenes.

Las Antillas menores de barlovento colocadas casi en meridiano, y las Antillas menores de sotavento y grandes Antillas en paralelo, dejan encerrado un gran espacio de mar, al cual se de el nombre de mar de las Antillas : este se comunica con el seno Mexicano por un estrecho ó freu formado por la costa occidental de la isla de Cuba y la oriental de la península de Yucatan.

Al N. de las Antillas mayores hay un gran banco llamado de Bahama, sobre el cual se levantan las islas Lucayas ó de Bahama, y que está separado de las primeras por un estrecho ó canal conocido por el nombre de canal viejo de Bahama : los veriles occidentales de este banco estan separados de la costa oriental de la Florida por otro canal llamado canal nuevo de Bahama : ambos canales nuevo y viejo se comunican entre sí y con el seno Mexicano por el freu que forman la costa septentrional de Cuba y la meridional de la Florida oriental.

Para describir estas islas y dar instrucciones sobre su re-

calo y navegacion, empezaremos por las mas meridionales
para ir subiendo al N. La descripcion de ellas será bien
corta, porque pudiendo el navegante consultar la excelente
carta levantada fundamentalmente por la comision hidrográfica del mando del Brigadier Don Cosme Churruca,
nada queda que hacer mas que decir cuáles son los principales puertos de comercio; qué precauciones ó reglas de
ben seguirse para entrar en ellos; á qué distancias podrán
descubrirse las tierras, y si acaso hablar de alguna corriente particular, ó cualquier otro fenómeno que se note y sea
digno de advertencia; y para mayor claridad y órden se
tratará con separacion de las Antillas menores y mayores.

ANTILLAS MENORES DE BARLOVENTO.

La Barbada.

Esta isla, que está fuera de la línea ó cordon de las
demas Antillas menores y á barlovento de todas ellas, es
de una moderada altura, sin ninguna eminencia que pueda ser visible á mas de siete leguas. Desde su punta oriental, llamada Kitriges, hasta la mas meridional ó punta
sur, está circundada la costa de un arrecife llamado por
algunos *de los Zapateros de viejo*, que sale como á una
milla de ella. Desde la punta S. corre la costa al O. con
alguna inclinacion para el N. hasta la punta de Needhams,
que es la mas meridional de una gran ensenada llamada
de Carlisle, en el fondo de la cual está la poblacion de
Ensenada y fondeadero de Carlisle y ciudad de Bridgetown. Bridgetown, que es la capital de la isla; y como en ella
se encierra el principal comercio, á ella se dirigen todas
las embarcaciones. Para fondear en dicha bahia se procurará atracar como á tres millas la costa meridional desde la
punta sur, y pasar como un cuarto ó tercio de milla de
punta Needhams, cuidando de no atracarse mas para evitar un arrecife que despide como á un cable de ella; bien
que la rompiente que siempre hay sobre él avisa del peli-

gro. La bahía de Carlisle es muy hondable y capaz de 400
embarcaciones; pero su fondo está sembrado de piedras
que rozan los cables. En esta bahía se está al abrigo de
las brizas; pero de no los huracanes, que son muy temibles:
hay buena agua, y los del pueblo proveen de ella á las em
barcaciónes, pagándole cinco reales de vellon por cada pipa
la leña es muy escasa, y es preciso proveerse de ella en San
Vicente, Tábago ú otras islas. La variacion es de 5° NE.,
y no hay marea.

Tábago.

Esta isla se extiende NESO.: en su extremo septentrional tiene varios islotes llamados de San Gil, y en el
oriental una islita llamada pequeña Tábago. Toda su costa
es abordable á una legua de distancia; y solo en la del E.,
y un trozo de la mas meridional del oeste, hay algunos
arrecifes que saldrán como á dos ó dos y media millas. La
principal poblacion está en la ensenada de Rockly, y este
fondeadero está sujeto á la gran mar de la briza, especialmente cuando esta llama del E. para el S. En toda la costa occidental hay excelentes surgideros; y como esta isla
no sufre huracanes, estan las embarcaciones muy seguras
en todos tiempos del año. La punta mas meridional de esta isla se llama de Arenas; y entre esta y la de la Galera,
que es lo mas estrecho del freu que forman Tábago y Trinidad, hay 17 millas. En este freu hay un placer en que
se han sondado cinco y media brazas de agua; y asegu-
rando los prácticos que aun habia en él parages de ménos
agua, se sondó con gran escrupulosidad, y nunca se halló
menor fondo que el referido. Esto no obstante conviene
ir con cuidado, pues no será extraño que haya alguna
piedra de muy corta extension que no haya podido verse.
En este canal ó freu corre el agua como al O. la distancia
de dos millas por hora; pero de modo que acercándose á
Trinidad la direccion de la corriente es en el cuatro cuadrante, y acercándose á Tábago en el tercero. En la parte

Placer que
hay en el
canal entre
Tábago y
Trinidad.

NE. de Tábago la corriente tira con mas fuerza que la dicha
para el cuarto cuadrante. Las tierras de Tábago podrán
descubrirse á 15 leguas á la mar.

Granada.

Toda la costa de esta isla puede atracarse á ménos de dos
millas sin riesgo alguno. En su costa occidental hay muchas
ensenadas propias para ancladeros, y la principal es en la

Poblacion
y puerto
de San
Jorge ó
Fuerte
Real.

que está la poblacion y puerto de San Jorge ó Fuerte Real.
Esta ensenada está casi en el extremo meridional de dicha
costa, y como á una legua de la punta de Salinas; entre dicha
punta y el fuerte hay un bajo de piedras y dos placeres:
el bajo está tendido NE., SO., y tiene en esta direccion
media milla, y en su mayor anchura como dos cables: en
todos sus veriles hay seis y siete brazas: demora de punta
de Salinas al N. 25° E. distancia de tres cuartos de milla, y
lo mas norte de él está casi EO. con la punta del Cabrito,
que es la mas meridional de la ensenada, y sale como á tres
cables de ella.

El primer placer está tendido del E¼NE. á el O¼SO.,
y tiene en esta direccion como una milla: su mayor anchura será de tres cables: este placer no es peligroso, pues
la menor agua es de cuatro brazas y media, que se halla
en su extremo occidental: por todo el resto de él hay cinco, y en sus inmediaciones siete, y entre él y la costa aumenta el fondo hasta diez brazas: el extremo occidental,
que es el de menor agua, está casi NS. con la punta del
Cabrito y á distancia de media milla. El segundo placer,
sobre el que no hay mas que tres brazas y media de agua,
está al S. 59° O. del castillo á distancia de media milla:
la mayor extension de este placer es de tres cables. Detras
de la punta en que está la fortaleza hay una ensenada que
se interna como tres cables, y que forma una ria como de
un cable de ancho, en la que entran las embarcaciones á
cargar y descargar ó á carenar: alli estan abrigadas como
en el mejor puerto, y pueden atracar á tierra aun las del

mayor porte, pues hay fondo de ocho y diez brazas. En
esta isla no se experimentan huracanes: podrá descubrirse
á siete ú ocho leguas á la mar; y como el puerto principal está en la punta sur y oeste, lo mas acertado es reconocerla y atracarla por su parte del sur : toda su costa se
puede recorrer á distancia de dos millas sin riesgo alguno.
Al sur de la punta de Piraguas hay unas piedras á flor de
agua llamadas las piraguas, y que salen de dicha punta
como dos tercios de milla; es menester ir con acierto de
noche para no dar con ellas. Al O. de dicha punta de Piraguas, y á distancia de dos millas, hay una isla llamada
de Ramier muy limpia, y con fondo de cuatro brazas y Isla Ra-
media á un cable de ella. Para tomar la bahía de Fuerte   mier.
Real debe procurarse hacer rumbo á pasar como á una
milla de esta isla, y á media de la punta de Salinas, y gobernar al N. luego que se haya rebasado esta, hasta que la
del Cabrito demore al E. ; y entónces ya se puede meter
mas al E., y poner la proa á la punta de San Eloy, que
está como una milla al N. del Fuerte, con la cual se irá
zafo de los placeres y por fuera de ellos : luego que la pun
ta sobre que está el Fuerte demore al E., se habrá rebasado del último placer, y se podrá bordear entre ella y
la de San Eloy, cuidando de no prolongar las bordadas ni
al sur del Fuerte, ni á ménos de dos cables de la de San
Eloy, que despide unos bajos al O. El fondeadero está al
O. de la ciudad, y como á media milla de la costa, donde
se puede dejár caer el ancla por seis ó nueve brazas de
fondo; siendo de advertir que este es muy vario, pues tan
pronto se halla en él lama como arena y piedra. Las embarcaciones que van por poco tiempo dan fondo en este
parage á una sola ancla; pero las que tienen que demorarse y descargar entran en el puerto, donde se amarran en
cuatro.

Las antiguas cartas pintaban un placer y bajo al SO.
de la punta de Salinas; pero habiéndolo sondado no se ha
hallado menor agua que la que se ve en la sonda practica-

da al intento, y marcada en las cartas de este Depósito. En el freu que forman Tábago y Granada corre el agua al S. 70° O. con velocidad de 1, 5 millas por hora.

Granadillos.

Desde el N. de la Granada hasta el S. de la isla de San Vicente se extienden una porcion de islotes llamados los Granadillos : los principales son Cariobacou y Bequia. En Cariobacou hay un grande y abrigado puerto; pero carece de agua dulce. En Bequia hay tambien una hermosa bahía. En la parte occidental de la isla llamada del Almirantazgo, con agua dulce en cacimbas á 50 varas de la playa.

Todos estos freus ó pasos, aunque algunos muy angostos, son navegables para todo género de embarcaciones pues no solamente hay en ellos mucho fondo, sino que por la mayor parte son muy limpios. Para esto consúltese la carta del Depósito, y ella muestra cuáles son los islotes que despiden restingas : no obstante debe navegarse de noche con cuidado, pues no pueden descubrirse mas que á cinco ó seis leguas. Las corrientes que se experimentan entre ellos son mucho menores que en los demas freus ya descritos, y se dirigen para adentro del mar de las Antillas.

San Vicente.

Esta isla podrá verse á siete ú ocho leguas á la mar ; es muy limpia, y se puede atracar á cualquiera parte de su costa á distancia de una milla : su bahía principal es la del Rey en su parte meridional ; no hay que hacer advertencia alguna para tomarla y fondear en ella.

Santa Lucia.

Esta isla representa alta y amogotada, con varios picachos muy visibles, en particular dos que tiene en su extremo del sudoeste llamados los Pitones, que pueden verse á distancia de 16 leguas ; son negros y cubiertos de arboleda : en la misma parte sudoeste hay un volcan de azufre, cuya boca está en una eminencia entre dos montañas, que á primera vista parece un horno de cal, y estando á regular distancia de ella se percibe la evaporacion : sus erupciones causan poca incomodidad ; pero alguna vez promueve terremotos.

En la punta NO. de esta isla hay un islote llamado el grande Islote, distante de ella una milla larga : entre dicha punta, que se llama de Salinas y el Islote, hay un peñasco llamado de Burgots. Al S. de este islote está la bahía del gran Islote ó rada de Santa Cruz, con excelente fondea- Rada de Santa Cruz ó del gra Islote. dero para toda clase de embarcaciones, y fondo desde 17 brazas hasta cinco, que se hallan á media milla de la costa. Entre esta y el gran Islote no hay paso mas que para embarcaciones menores, pues, despide un bajo sobre el que solo hay dos brazas de agua : el grande Islote es sucio, y no puede atracarse á ménos de dos cables. La punta Berlata, que es la meridional de está bahía, tiene á su inmediacion un islote que forma freu capaz de cualquiera embarcacion, pues tiene siete brazas de fondo. esta islote es tambien sucio como el grande, y no conviene atracarlo á ménos de dos cables ; la costa al contrario es limpia, y despide, como á un cable, un peñasco tambien limpio. En toda esta costa hay de ocho á diez brazas á media milla de ella, y se puede fondear en cualquiera parte, aunque el fondeadero mas seguro es dentro de la rada de Santa Cruz, donde se está en gran abrigo de mar. Al S. de la punta de Berlata, y como á milla y media de ella, hay un bajo de piedra tendido casi NS., que tiene una milla de largo, y como dos cables de ancho, y sale de la costa mas de media milla, siendo el único riesgo que hay en toda esta costa del O., en la que se encuentran excelentes fondeaderos, pero principalmente el puerto del Carenero, que está co- Puerto del Carenero. mo á tres leguas al S. del grande Islote, y que es el mejor puerto de todas las Antillas, con excelente fondeadero, muy limpio, y con tres calas interiores formadas por la na-

11

turaleza con costas tan tajadas, que sirven de muelles donde pueden dar de quilla los mayores navíos. Este puerto tiene la incomodidad de no poder entrar en él sino ayudados del remolque, por ser imposible bordear á causa de su angostura; pero en cambio la salida es franca y fácil, aunque sea para una escuadra numerosa. Como la entrada debe hacerse a remolque ó á la espía, bastará decir que la punta meridional despide como al NO. una lengua de arena de poco fondo; y que la punta septentrional es hondable y limpia, y se puede atracar á un cuarto de cable de ella sin dar resguardo mas que á los peñotes que se ven.

El freu ó canal que forma esta isla con la de San Vicente es propenso á turbonadas y fuertes corrientes para el ONO.; y como el puerto del Carenero y rada de Santa Cruz estan casi en el extremo N. de la isla, conviene aterrarla por dicha parte para dirigirse á ellos.

Martinica.

La tierra de esta isla es alta y fragosa, y puede descubrirse como á 15 leguas á la mar. Su parte oriental está llena de ensenadas que ofrecen poco abrigo, y no son frecuentadas sino de las embarcaciones del cabotage. Desde la punta meridional ó punta del Diablo, y desde la septentrional ó de Macubá, puede atracarse la costa á distancia de una milla sin riesgo alguno: la punta del Diablo tiene al S., y como á una milla, dos farallones ó islotes, que son muy limpios.

Los principales fondeaderos de esta isla, que es la metrópoli de las colonias francesas en las Antillas, son los de Fuerte Real y San Pedro; ambos estan en la costa occidental, el primero al S., y el segundo al N. El de San Pedro es donde está la ciudad principal y el comercio de la isla, y es por tanto el frecuentado por las embarciones de comercio; pero siendo una rada abierta, que solo ofrece abrigo de la briza, tienen que pasar á Fuerte Real á in-

Fondeadero de S. Pedro.

vernar las embarcaciones que se ven obligadas á permanecer en la Martinica en la estacion de los huracanes. En
Fuerte Real hay un arsenal y departamento de la Marina
militar. La fortaleza de Fuerte Real está en una península
ó lengua de tierra, que sale al mar y en direccion NS.
como media milla: esta lengua de tierra despide por su
parte sur y oeste un bajo fondo de arena y piedra, que se
distingue bien por el color del agua. A la parte oriental
de esta punta está el puerto y arsenal donde las embarcaciones fondean en la mayor seguridad; pero solo se entra
en él en la época de los huracanes, ó con motivo de carenar: su fondo es hermoso desde seis hasta diez brazas, y
podrá tener tres cuartos de milla de N. á S., y como media milla del E. al O. La ciudad está como un cuarto de
milla al N. de esta punta; y á la orilla del mar por la parte del O. en la ensenada llamada de los Flamencos, que es
por tanto el fondeadero de las embarcaciones del comercio,
y el mas ordinario para toda embarcacion que no ha de estar largo tiempo en Martinica. No solo se conoce por el
nombre de Fuerte Real· la fortaleza, puerto y poblacion
dichos, sino tambien toda la gran ensenada que forma la
costa desde la punta de Negros, que es la mas septentrional de ella, hasta punta Blanca, que es la mas meridional:
á tres cuartos de milla de esta última punta, y como al N.,
hay una islita llamada de Ramier, que es muy limpia. En
la parte septentrional de esta ensenada, que podrá tener
cinco millas de abra, está la ciudad, fortaleza y puerto de
Fuerte Real. Toda ella es de buen fondo, y el mayor braceage que se halla en ella es de 20 brazas; pero tiene algunos placeres de arena y piedra con fondo de cuatro y
cuatro y media brazas hasta seis.

Si se atraca á Martinica por su banda del N., y se quiere fondear en la rada de San Pedro, debe atracarse la punta de Macubá á la distancia que se quiera, y se correrá
luego la costa á pasar por fuera de un islote que hay en
la punta NO. de la isla, y desde él se rascará como á

medio cable la punta del Predicador, que es la mas septentrional de la ensenada para ir á dar fondo enfrente de la poblacion de San Pedro, ó un poco al S. de ella ; teniendo advertido que es tan acantilada esta costa, que á medio cable de ella hay cuatro ó cinco brazas de agua, y 35 ó 40 á tres cables. Las embarcaciones se amarran con dos anclas, la una al O. en 35 ó 40 brazas, y la otra al E. en cuatro ó cinco : lo mejor es dar cabo á tierra en vez de ancla del E. para no garrar con las fuertes fugadas que vienen por encima de la tierra.

Si el destino de la embarcacion fuere á Fuerte Real se buscará desde la punta del Predicador la de Carbet, que es la meridional de la ensenada de San Pedro, y desde ella se irá barajando la costa á rascar la punta de Negros, desde la cual se ceñirá el viento todo lo que diere, en el supuesto que desde la citada punta hasta la ensenada ó fondeadero de Flamencos puede rascarse la costa sin riesgo alguno. Como para ir desde punta de Negros al fondeadero es menester bordear, se advierte que el bajo fondo que despide la punta de Fuerte Real se extiende al O. hasta el meridiano de un arroyo que desagua al mar por la parte occidental de la ciudad ; y así cuando se esté tanto avante con el citado arroyo, ó que se marque al N., no se prolongará la bordada del sur mas que lo preciso para no llegar á marcar la punta de Fuerte Real del E. para el N., y aun poco ántes de llegar á ponerla al E. conviene virar de la otra vuelta, en la que se dará fondo frente de la ciudad : si se hubiere de entrar en el puerto conviene tomar práctico que conduzca la embarcacion.

Si se atracare á Martinica por su parte del S. se gobernará á pasar inmediato del islote y punta del Diamante para rascar la de Salomon, desde la cual se gobernará al N. sin meter nada para el E., hasta que la punta gorda, que es la mas saliente hácia el N. de la costa meridional de la ensenada, demore al. E., desde cuya situacion se ceñirá el viento para tomar la ensenada de los Flamencos, ó entrar en el puerto segun se quiera; bien entendido que en cualquier sitio de esta grande ensenada se puede fondear. Si viniendo por el sur fuere el destino á San Pedro, se gobernará desde la punta de Salomon á la de Carbet, procurando atracarla para ir á dar fondo al SO. de la poblacion, como se ha dicho.

Es tan corta la ventaja que ofrece el recalo á Martinica por una ú otra parte, que puede mirarse como indiferente; y solo en el caso de ser los vientos al NE. francos, puede admitirse como preferible el recalo por el norte. El freu entre Santa Lucía y Martinica no ofrece riesgo alguno : en él la briza está siempre entablada, y casi no se experimentan corrientes.

Dominica.

Esta isla es muy montuosa y desigual, y la mas alta de todas las Antillas; está muy poblada de arboleda, y es muy fértil y abundante. Todas sus costas son muy limpias, y pueden atracarse á ménos de una milla. En la costa occidental se experimentan grandes calmas, que se extienden á seis millas á la mar, y es menester navegar en ellas con aparejo proporcionado y mucha precaucion para que no cojan de improviso las fuertes fugadas que despiden las abras y cañadas de los montes, pues seria muy fácil experimentar grandes averías.

No tiene esta isla puertos ni fondeaderos seguros, y los ménos malos son los de Rosseau en la parte S. de la costa occidental, y el de Ruperto en la parte N. de la misma. En el primero está la cuidad del mismo nombre, que es la capital de la isla y el centro del comercio, y en el segundo la poblacion de Porsmouth : en ambas radas se fondea á ménos de dos cables de la costa y enfrente de las poblaciones, no habiendo necesidad de instruccion particular para dirigirse á ellos, pues no hay riesgo que no esté muy á la vista. Mediante lo que hemos dicho de los recal-

(nota marginal:) Fondeaderos de Rosseau y de Ruperto.

mones y fugadas que se experimentan en la costa occidental, parece lo mas oportuno para evitarlas que las embarcaciones que tengan destino á la bahía de Ruperto recalen en la parte N. de la isla, y en la del S. las que vayan á Rosseau. El canal que forma con Martinica no presenta riesgo alguno á la navegacion, y las corrientes se dirigen al NO., aunque son de poca consideracion.

Guadalude.

Esta isla, cuyas alturas pueden verse en dias claros á 20 leguas, está dividida en dos partes casi iguales por un canalizo solo navegable para guairos y canoas. La parte oriental se llama gran Tierra, y la occidental se subdivide en dos : la oriental llamada Cabesterre, y la occidental pequeña ó baja Tierra. La capital de esta isla es Fort Luis ó punta Pitre en la parte occidental de la gran Tierra y entrada meridional del canalizo que la separa de la Cabesterre. El fondeadero de punta Pitre es abrigado, y en él invernan las embarcaciones que tienen que permanecer en Guadalupe. En la estacion de los huracanes para tomar este fondeadero es menester práctico, el cual se buscará dirigiendose á la ciudad de Fort Luis, y cuidando de no ponerse al O. de ella, sino quedándose del S. al E., esto es, marcándola del N. para el O. En la punta SO. de *Basseterre* ó pequeña Tierra está la ciudad del mismo nombre, que es la mas considerable de toda la isla, y el centro del comercio, lo cual es causa de que las embarcaciones se dirijan á ella con preferencia : el surgidero es de una rada muy incómoda y desabrigada, donde siempre se siente mar de leva : su fondo es tan acantilado que á dos cables de la orilla hay 80 y 100 brazas de fondo no muy bueno, por lo que es preciso atracarse mucho á la ribera, y dejar caer una ancla en 20 ó 30 brazas fango, y quedar sobre ella sin dar segunda para ponerse á la vela en el momento que recalen los vientos del segundo cuadrante. Desde este fon-

Marginal notes:

Ciudad y fondeadero de punta Pitre.

Ciudad y fondeadero de Basseterre, ó pequeña Tierra.

deadero se puede atracar la costa occidental cuanto se quiera hasta un morro llamado el *gros morn*, que es el extremo NO. de esta parte de la isla.

En el canal que forma con la Dominica está en la parte oriental de él la isla de Marigalante, y en la occidental un grupo de islotes llamados los Santos. La Marigalante es La Mariga-
lante. sucia por su parte oriental y meridional, especialmente esta última, á la que no se debe atracar á ménos de dos leguas. Los Santos son dos islas pequeñas, de las cuales la mas Los San-
tos. oriental se llama Tierra de arriba, y la occidental Tierra de abajo: al N. del freu que forman estas dos islas hay dos islotes, que con ellas forman una excelente bahía bien abrigada y con buen fondo: á esta bahía se entra por el canal que hay entre los islotes y la Tierra de abajo. Al SE. del freu de las dos islas hay otros islotes, y por los dos canales que forman con ellas hay paso, no debiendo emprenderlo por los canales que forman estos entre sí.

Al N. de la punta oriental de Guadalupe está la isla La Desea-
da. Deseada, que es muy limpia; y como al SE. de la misma punta hay otra isltia llamada pequeña Tierra, que tiene fondeadero en se costa occidental.

Los freus entre la Deseada, Guadalupe, pequeña Tierra, Marigalante, Santos y Dominica son todos muy limpios y navegables.

Todo el que se dirige á Guadalupe debe recalar á la Recalo á
Guada-
lupe, y
modo de
tomar fon-
deadero en
punta
Pitre. parte meridional de ella, que es donde estan los puertos principales de comercio: si el destino es á punta Pitre se debe atracar la costa de la gran Tierra como á dos millas, y seguir á esta distancia hasta la punta y ensenada de Fergeaut, en que está la poblacion de Fort Luis, y desde la que debe tomarse práctico para dirigirse á punta Pitre. En esta costa encontrará dos radas con poblacion, llamadas la primera de San Francisco, y la segunda de Santa Ana: entre esta última y Fort Luis hay, un poco tierra adentro. otra poblacion llamada el Golier, que está casi NS. con un islote del mismo nombre: desde este islote para el O. hay una y dos millas de la costa de seis á ocho brazas de agua.

Modo de fondear en Cabesterre. Si el destino fuere á Fort-Royal ó *Basseterre*, se dirigirá la derrota á atracar á Cabesterre, como por la punta de San Salvador para seguirla á distancia de una milla, y pasar de la punta de Fuerte-Viejo, que es la mas meridional de pequeña Tierra, á medio cable, y orzar inmediatamente que se haya rebasado para conservar la distancia dicha de medio cable de la costa, hasta que puesto enfrente de la poblacion se deje caer el ancla.

Abvertencia para navegar por la costa occidental de Guadalupe. Debe advertirse que para pasar por sotavento de Guadalupe, sea del S. para el N., ó al contrario, conviene entrar de noche en los paralelos de la isla, y no alejarse de tierra á distancia de dos millas; pues con esta precaucion se logra un terralito, que basta casi siempre para rebasarle antes del dia, y en apartándose mas es muy frecuente estar cinco ó seis dias en absoluta calma. Todo el que no pueda atracar la costa occidental de Guadalupe á la mencionada distancia, es preciso que pase á siete ú ocho leguas de ella para evitar las calmas.

Antigua.

Esta es una isla pequeña, que podrá verse desde 10 leguas á la mar: sus costas son muy sucias, especialmente las de norte y nordeste, que despiden bajos de piedra á mas de una legua, y por entre ellos y la costa hay paso para toda clase de embarcaciones, pero se necesita de práctico para emprenderlo. En la parte oriental puede navegarse á distancia de una milla. En la parte SE. se forma una gran **Bahía de Willoughby.)** bahía llamada de Willonghby, cuya punta oriental despide un gran bajo de piedra en direccion del SO., y como de milla y media de extension; y debe tenerse gran cuidado cuando se venga por esta costa de no poner la proa al N. de la punta occidental y meridional de esta bahía, pues el que tenga que fondear en ella debe tomar práctico que

conduzca la embarcacion por los canales que forman los
bajos que hay en ella. Desde esta bahía sigue la costa muy
limpia, y en ella se halla primeramente la bahía Inglesa,
que es un excelente puerto, donde hay arsenal y carenero
para toda clase de embarcaciones : la entrada de este puerto tiene como un cable de ancho, y hay en ella cuatro y
cinco brazas de agua en su medianía, y tres á un cuarto de
cable de las puntas. Despues de la bahía Inglesa se halla
la de Falmout, desde la cual empieza á ser la costa sucia,
despidiendo á mas de dos cables de ella arrecifes de piedra peligrosos, y asi continúa por espacio de dos y media
millas hasta la bahía de Carlisle ó Rada vieja : desde esta
bahía hasta la punta SO. de la isla, que se llama de Jonson, roba la costa para el N., pero tiene un bajo de piedra del largo de dos millas y media, que sale milla y media de la costa : entre ella y el bajo hay paso para toda
clase de embarcaciones; pero no debe emprenderse sin
práctico. Desde cabo Jonson sigue la costa para el N. hasta las cinco Islas, y entre dichos puntos se extiende otro
bajo de arena y piedra que sale de la costa cerca de milla
y media ; y por entre ella y él hay mucha desigualdad de
fondo, y por tanto mucho riesgo. Desde las cinco Islas
forma la costa una grande ensenada llamada bahía de cinco Islas, cuya punta septentrional se llama de Pelícano.
Cerca de dos millas al N. de esta punta está la de Popa
de Navío, que es la mas meridional de la bahía de San
Juan, y entre las dos hay un bajo de arena que sale una
milla larga de la costa, y está casi norte sur con la isla
de Arenas, que es una islita que está al O. de punta de
Popa de Navío, y como á milla y media de distancia : esta
islita despide á su parte del SO. un arrecife que se extiende como dos tercios de milla. A dos millas al NE. de
la punta de Popa de Navío hay dos islitas llamadas las
Hermanas, distantes de la punta de Corbizons como media milla. En punta Corbizons hay un fuerte. Entre las
dos Hermanas y la isla de Arenas, y casi dentro de su en-

12

Bahía Inglesa.

Bahía de Falmout.

Bahía de cinco Islas.

Isla de Arenas.

Las Hermanas.

filacion, hay un bajo de piedra de media milla de extension, llamado de Warrington, que no tiene mas que tres
pies de agua.

La ciudad de San Juan, situada en el fondo de la bahía
del mismo nombre, es la capital de la isla y el centro del
comercio, lo que hace que esta bahía sea la mas frecuentada:
así darémos una instruccion que pueda servir de guia para
dirigirse y fondear en ella.

Hemos dicho que la costa septentrional de esta isla es
muy sucia, por tanto conviene mas recalar á ella por su
parte del sur, y dirigirse á pasar como á dos millas al sur
de sus puntas mas meridionales, y seguir gobernando al
oeste, sin meter nada para el N., hasta que la isla mas
occidental de las cinco islas demore al N., desde cuyo
punto se orzará al NNO., con cuyo rumbo se pasará a
una milla de lo mas saliente del bajo de arena y piedra, ó
banco de Irlanda, y se seguirá con él hasta que las cinco
islas demoren al E., desde cuya situacion, si el viento lo
diere, se dirigirá á pasar por la parte del SE. de la isla de
Arenas, y como á dos cables de ella; procurando no pasar
nada al E. del NE.$\frac{1}{4}$N., á fin de resguardarse del bajo de
arena que hay entre punta del Pelícano y punta de Bahía
honda, hasta que la isla de Arenas demore al N., en cuyo
caso ya se puede ceñir el viento cuanto diere, y poner la
proa si se pudiese á punta de Popa de Navio, que es
muy limpia, y seguir para adentro á dejar caer el ancla en
cinco ó seis brazas de agua, y como al sur del bajo de
Warrington. Si pasando por entre la isla de Arenas y la
costa no diese el viento para atracar la punta de Popa de
Navío, se seguirá la bordada hasta que el fuerte Hamilton, que es el de en medio de tres que hay en la costa
al N. de la ciudad, demore al E., que se virará de la
otra vuelta, y se seguirá bordeando; teniendo presente
no prolongar la bordada del N. mas que hasta marcar al
E. dicho fuerte Hamilton, ó mejor un poco ántes de entrar en dicha marcacion, y la del sur, se podrá seguir á

rendirla sobre la costa de punta de Popa de Navío á un cable de ella, que es muy limpia.

Si estando EO. con las cinco Islas el viento no diese lugar á pasar por el SE. de isla de Arenas, se gobernará al N. hasta que la punta N. de isla de Arenas demore del E. para el S., y entónces se ceñirá el viento, y se prolongará la bordada hasta que de la otra vuelta pueda montarse la isla de Arenas; y montada que sea se seguirá bordeando, como se ha dicho, en vuelta del N. hasta estar EO. con fuerte Hamilton, ó un poco ántes, y en vuelta del sur hasta á un cable de la costa.

Cuando desde el fondeadero de San Juan se quiera subir al N. es menester resguardarse de unos bajos de piedra llamados los Diamantes, qoe se extienden al O. casi hasta el meridiano de isla de Arenas, y dista lo mas N. de ellos de punta de Popa de Navío cinco millas: para esto se gobernará desde el fondeadero como al NO.$\frac{1}{4}$N., sin meter mas para el N., hasta que la isla de Arenas demore del S. para el E.: y entónces se podrá ya poner la proa al N., que se conservará hasta que demoren las Hermanas al SE.$\frac{1}{4}$S., que se podrá ceñir el viento y hacer derrota para su destino.

Si habiendo recalado en la parte N. de la Antigua se quisiere fondear en San Juan, se deberá gobernar al O., pasando por fuera de todos los bajos, esto es, desatracado de la costa del N. como cuatro millas, hasta que la isla de Arenas demore del S. para el E., que se podrá poner la proa á ella y mantenerla hasta estar EO. con la tierra mas septentrional de la Antigua; y gobernando entónces á la punta de Popa de Navío, se mantendrá la proa, hasta que estando algo al S. de fuerte Hamilton se pueda ceñir el viento, ó hacer el rumbo conveniente para coger el fondeadero.

El canal entre Antigua y Guadalupe es excelente, y no ofrece el menor riesgo.

Barbudo.

Esta isla, que es la mas septentrional de las Antillas menores de barlovento, es tan sucia y tan peligroso atracar á ella, que en sus proximidades con mucha frecuencia se sonda á proa en cincuenta y sesenta brazas, y á popa en cuatro ó cinco : el arrecife de piedra que la circuye se extiende al SE. mas de siete millas, y continúa al sur la sonda de piedra hasta medio freu entre ella y la Antigua, donde se encontrarán nueve brazas del mismo fondo, y desde este punto hasta la Antigua ya no se encuentra sonda. Es ademas esta isla tan baja, que sus eminencias no pueden descubrirse á mas de seis leguas, cuyas circunstancias hacen muy peligrosas sus inmediaciones, por lo que se debe aconsejar se huya de ellas.

Se aconseja no se pase nunca por el canal entre Antigua y el Barbudo.

De lo dicho en la descripcion de Antigua y el Barbudo resulta que el canal entre las dos debe evitarse; pero se encarga muy particularmente que desde Mayo hasta Noviembre no se pase por él, á causa de que suele haber muchas calmas alternadas de chubascos de mucho viento, y siendo el braceaje de la canal muy desigual, y su fondo frecuentemente de piedra, no se puede dejar caer el ancla cuando sobreviene la calma, y se corre el peligro de ser arrojado por la corriente que puede haber á los escollos que estan delante de las costas de ambas islas.

ANTILLAS MENORES DE SOTAVENTO.

Monserrate.

Esta isla, que está tendida con corta diferencia del SE. al NO., es un gran peñasco formado por dos montañas; la parte del NE. es sumamente alta, escarpada y limpia : no tiene la menor ensenada, ni hay mas rompientes que las de tierra, á la que se puede atracar casi á tocarla sin el menor recelo. La punta NO. es tambien alta y escarpada, y algo gruesa: las mayores alturas de esta isla pueden descubrirse á distancia de 15 leguas en tiempos claros. La parte del SE. es mas alta que la del NO.; pero tiene una pendiente mas suave, y en el batiente del mar es bastante baja: la parte del sur es tambien muy limpia; pero cuando suestea la briza rompe en ella la mar con mucha fuerza: la supuesta ensenada ó fondeadero es una abra de mucho fondo, que solo ofrece abrigo cuando son las brizas del NE. Se hace impracticable á las embarcaciones grandes el surgir en ella, y solo la frecuentan algunas pequeñas que extraen los frutos que produce la isla, y que conducen á la Antigua: en la costa sur hay un pueblecito.

Redonda.

Este es un islote redondo, inculto, y terminado en un pico bien elevado, que se descubre desde la Antigua: es abordable por todas sus riberas, y de fondo tan acantilado, que por partes no se coge sonda: tiene un islotillo en la parte sur casi unido á la isla.

Nieves y San Cristóbal.

Estas son dos islas bastante elevadas, y sus eminencias pueden descubrirse á 18 leguas: estan separadas por un canal de legua y media, que aunque tiene fondo para toda clase de embarcaciones, no debe emprenderse su paso sino con práctico, á causa de los muchos bajos que la obstruyen. El fondeadero de la isla de Nieves está en su parte occidental, y es una rada arenosa, en cuya orilla está la ciudad de San Cárlos, única poblacion de la isla. Para tomar este fondeadero debe atracarse la costa á distancia de una milla, y no orzar hasta que el fuerte, que está al sur de la poblacion, demore al NE., que se seguirá para ganar las cinco ó seis brazas de agua enfrente de la poblacion, donde se dará fondo.

Ciudad y fondeadero de S. Cárlos.

Todas las costas de San Cristóbal son hondables, limpias, y en parte escarpadas, con algunos surgideros para embarcaciones chicas: solo en la punta de Arenas, que es la NO. de la isla, hay un bajo de piedras que sale á media milla de ella: el fondeadero donde está la capital es una gran rada muy abierta, en una gran llanura, donde **Ciudad y fondeadero de Bajatierra.** está situado el pueblo que se llama Bajatierra: hay en este fondeadero una gran mar producida por los vientos del E. y SE., que incomoda mucho por los grandes balances que dan las embarcaciones, que por lo regular estan aproadas á la marea, y en gran peligro de dar á la costa, si por alguno de dichos rumbos refresca un poco el viento, como se ha verificado ya, que con viento de sobrejuanetes se fueron á la playa varias embarcaciones, en la que rompe la mar con tanta furia, que los grandes recursos de un comercio tan activo como tienen los ingleses, no han podido vencer las dificultades para construir un muelle que facilite y asegure el embarco y desembarco de los efectos.

Para dirigirse á este fondeadero no hay necesidad de instruccion particular, y solo se debe dar resguardo á un bajo de piedra que se ve marcado en la carta; las enfilaciones de su menor agua, que es de cuatro brazas, son el declive de sotavento de la montaña de San Eustaquio con el centro de Bristonhille, y la cima de la colina meridional de la punta sur de San Cristóbal con la parte sur del monte de San Antonio. A mas de este bajo hay otro en la costa de barlovento de isla de Nieves, que no está bien situado: lo único que se sabe es que sobre él tocó una balandra inglesa estando á dos leguas de tierra. Un navío ingles tocó tambien en una roca que está próximamente á dos millas al SSE. de Nieves.

San Eustaquio.

Esta isla vista de la parte del SO. presenta su mayor extension: la única altura que tiene está situada en el ex-

tremo SE., y se extiende al O., descendiendo con ·alguna
suavidad; de modo que llegá á terminar en playa sobre la
que estan el pueblo y fondeadero, tan malo el último, que
descubierto á los vientos del S. y SO., en suesteando la briza,
entra mucha mar de leva, que incomoda á las embarcaciones,
y no permite desembarcar con comodidad en la playa : el
fondo de esta rada es de siete á doce brazas arena, y se debe
quedar en ella sobre una ancla, para dar la vela inmediatamente que entre el viento de travesía, que por ser poco
frecuente permite largas mansiones. El canal que forma
con San Cristobal es excelente y sin riesgo alguno.

Sabá.

Esta isla es alta por todas partes, escarpada y limpia :
en la parte sur hay una pequeña poblacion en bastante altura, y al pie de la montaña mas elevada, que está casi en
el centro de las isla, hay tambien algunas otras casitas sueltas donde lo permite el terreno, que por todas partes es
muy pendiente. Las antiguas cartas pintaban un gran ban- Banco de
co que se extendia desde Sabá hasta el islote de Aves, Sabá.
que está en los 15° 50' de latitud ; pero habiéndolo sondado y reconocido, se ha hallado el fondo que se expresa
en la carta particular de las Caribes de sotavento, publicada por este Deposito ; siendo advertencia que desde las
últimas sondas para el sur se perdió el fondo, y no se volvió á coger sino inmediato al islote de Aves, quedando
por tanto cortado el referido banco ó placer, y pertene-
ciente solo á la isla Sabá ; y aunque en la mencionada sonda no se ve menor agua que la de nueve y media brazas,
debe tenerse presente, que una fragata inglesa que navegaba
de Jamayca á Martinica, vió el 6 de Marzo de 1794 un bergantin perdido al sur de Sabá, y no hizo marcaciones que
pudieran situar dicho peligro ; esta fragata no sondó en
ménos de diez brazas de agua.

El canal que forma Sabá con San Eustaquio no tiene bajo
ni riesgo alguno.

Isla de Aves.

Estas pequeña isla, denominada asi por la multitud de pájaros marinos de que está siempre cubierta, es sumamente baja, rodeada de playa de arena, por su medianía algo mas alta que por los extremos, y tiene arrecifes poco salientes por la parte del SE. y NO. donde rompe la mar. Los holandeses de San Eustaquio y Sabá van á ella á pescar tortugas y coger huevos de pájaros : tiene tres cables de N. á S., y á corta diferencia la misma extension de E. á O. : se elevará sobre el nivel del mar de 12 á 15 pies ; en su parte occidental tiene un buen abrigo de mar, donde se puede dar fondo por 10 ó 12 brazas arena. La isla se peude ver en dias claros á tres y media ó cuatro leguas, pudiendo servir de anuncio para su reconocimiento la vista de pájoros, cuya direccion á la puesta del soles una excellente demora de la isla.

San Bartolomé.

Esta isla es de regular altura, poco quebrada y muy estéril : puede verse á 10 leguas : en la costa del N. tiene un excelente fondeadero, en donde hay una pequeñna poblacion : el fondo es de siete á nueve brazas arena, y la mayor parte de las costas de este puerto son escarpadas, sobre las que se levantan algunas colinas que descienden basta el mar, y en las que solo vegetan algunos arbustos : no hay agua ni leña, por lo que su poblacion es muy corta y precaria : la costa del sur no tiene rompiente que no se halle muy cerca de tierra, y sus islotes son muy limpios ; pero debe pasarse por fuera de todos ellos. En la costa del N. hay tambien varios islotes que permiten paso entre ellos y la costa, y que pueden atracarse á media milla.

San Martin.

Esta isla es mas alta que San Bartolomé, y presenta muchas colinas y quebradas; pero no tiene monte alguno de consideracion.   En su extremo sur tiene una bahía llamada de Philips-Bourg, donde se fondea con mas comodidad que en ninguna otra de la isla: la poblacion es la capital de la parte holandesa, y se extiende en direccion de la playa.   En la costa oriental del puerto está el fuerte San Pedro de ocho cañones, y en la punta sur y oeste el de Amsterdan, con los cuales se halla defendido el fondeadero: este tiene de tres á cuatro brazas de agua arena fina, y de seis á nueve en la enfilacion de sus dos puntas exteriores, por lo que las embarcaciones de gran cala no pueden pasar mas adentro de dicha enfilacion. Al sur de esta bahía, como una milla, hay una piedra llamada el Navío de Guerra, con solos 10 pies de agua encima, que tendrá como dos y medio cables de circunferencia: el punto de su menor agua se encuentra enfilando la punta oriental de la bahía de Simpson, que está al O. de la de Philips-Bourg con el punto elevado del monte mas occidental de San Martin; y por otro lado enfilando el asta de bandera de la casa del Gobernador, que está en el extremo oriental del pueblo, con otra casa grande que se ve en la cima de los montes que estan al N. de la bahía; y para que esta última casa no se confunda, se advierte que se halla al E. de un gran árbol de tamarindo, que se halla aislado y separado de las demas arboledas: á mas de estas enfilaciones téngase presente que el referido bajo se halla exactamente al S. 38º O. de la punta Blanca, que es la mas occidental de la bahía, y al S. 6º 30′ E. del fuerte de Amsterdan: á un tercio de cable en contorno de este bajo se encuentran seis, siete y ocho brazas de piedra. En la costa NO. hay otra ensenada llamada de Marigot, descubierta solo á los vientos del cuarto cuadrante, y con fondo de cuatro

Bahía pe Philips Bourg.

Bajo llamado el Navío de Guerra.

Poblacion y fondeadero de Marigot

13

á siete brazas arena : en el fondo de ella está la poblacion de Marigot, que pertenece á los franceses, y se halla defendida por un fuerte que hay al N. de ella.

Al E del extremo N. de esta isla hay una islita llamada de Tintamarra, muy rasa y rodeada de arrecifes pegados á su costa : el canal que forma con la isla grande es intransitable, y á una milla larga al ONO. de la Tintamarra hay un bajo llamado el Bajo Español : este es una piedra, cuya menor agua es de tres pies, y muy pequeña : cuando se pasa por el N. de la Tintamarra, y cerca de ella, es preciso para resguardarse gobernar desde los meridianos de ella al NO. hasta descubrir freu entre la punta de la Corte y el islote contiguo á ella llamado Fragata ; y conseguido que sea, gobernar al O., teniendo cuidado de no guiñar nada para el sur hasta estar con meridianos de San Martin.

Es muy dificil hacer aguada en San Martin, y aun para la leña hay sus dificultades. El freu ó canal entre esta isla y San Bartolomé es de 11 millas, sin bajos, piedras ahogadas, ni riesgo alguno que no esté muy á la vista ; pero como el que hace navegacion, y no se dirige á alguna de estas islas, tendrá que dejar al sur todos los islotes de San Bartolomé, y al N. todos los de San Martin, resulta que el canal es solo de cinco millas en su mayor angostura. El fondeadero ordinario hasta tocar los islotes es de 13 á 20 brazas casi siempre sobre piedras ; y como estos se pueden atracar á media milla, la navegacion por este canal es excelente, no solo para los que van de barlovento á sotavento, sino tambien para los que remontan de sotavento á barlovento : debiendo solo cuidar de dar resguardo al bajo denominado Navío de Guerra, del que hemos hablado.

Anguila.

Esta isla situada al N. de la de San Martin, y separada de esta por un canal, cuya menor amplitud es de cua·

tro millas, pertence á los ingleses : es extremadamente
baja ; no tiene la menor colina ni prominencia, y su altura
máxima es con corta diferencia como la del Barbudo : su
terreno es arenoso y muy estéril, y es muy escasa de agua
y leña. En la costa oriental, y próximo al extremo NE.
está la poblacion que es muy pequeña, y no tiene comercio. La bahía está casi cerrada de arrecifes, que hacen muy
difícil su entrada, y que por tanto es muy despreciable.
Al NE. del extremo oriental hay otra islita pequeña y
mucho mas baja llamada la Anguilita : esta es muy limpia   Anguilita.
y acantilada, y el canal que la separa de la Anguila es de
una milla escasa, y segun noticias hay en él 12 brazas de
agua fondo de arena. Cuando se va de barlovento á sotavento se confunde y proyecta la Anguilita con la Anguila, y
no se descubre el freu hasta que se está en meridianos mas
occidentales que los de la primera : al E. de ella hay cuatro
piedras en qne rompe la mar con fuerza ; pero no se alejan
á mas de dos cables, y á media milla no hay mas de 24
brazas arena.

Al N. de la Anguila despide la costa cinco islotes llama-   Los Perros
dos los Perros, que son estériles é inhabitables, los cuales se
unen con la costa de la isla por un arrecife que los circunda ;
y aunque entre los dos mas occidentales hay paso, no debe
emprenderse sino navegar por fuera de todos ellos.

El canal entre San Martin y la Anguila es excelente
para toda clase y número de embarcaciones, pues no se
hallarán ménos de 13 brazas de agua, siendo el fondo en
general desde 13 hasta 20 sobre arena y cascajo, y próximo
á ambas costas no baja de siete. Lo único á que debe darse
resguardo es al Bajo Español, que está cerca de Tintamarra,
y del cual ya se ha hablado largamente.

Sombrero.

Esta isla es una piedra estéril y baja, cuya mayor dimension apénas llega á un tercio de milla: en su medianía

es un poco mas alta; pero no tiene la menor colina ni planta alguna : sus riberas son tajadas á pique, y en su figura no se ve nada que se parezca á un sombrero : es muy limpia; y no hay riesgo en atracarla por cualquiera parte.

Archipielago de las Vírgenes.

Este es un grupo de islas que casi se unen con la parte oriental de Puerto Rico : las principales son Vírgen Gorda, Tórtola, San Juan y San Tomas, á las cuales debe agregarse la Anegada, que por el peligro que ofrece á la navegacion, merece se haga de ella particular mencion : despues de hacer una descripcion de estas islas principales, dirémos cuáles son los pasos mas frecuentados y seguros entre los demas.

Vírgen Gorda. Esta isla prolongada en direccion del ENE., OSO. tiene casí en su medianía un monte de regular altura, y fácil de reconocer por ser solo : puede descubrirse á siete leguas en dias claros : esta isla tiene dos puertos en su parte del O. : el primero, llamado Bahía de Pedro, tiene en su medianía un arrecife corrido de sur á norte, que lo estrecha mucho ; lo cual, y haber muchas piedras en el fondo que cortan los cables, hace se mire con preferencia el segundo llamado Puerto Grande, que no es mas que una gran ensenada, que forma la continuacion de la misma costa para el N., la cual tiene abrigo por unos islotes llamados los Perros ; á mas de esto su tenedero es muy bueno, y su fondo de ocho á diez brazas arena y lama.

Anegada. Esta isla es sumamente baja, sin tener en toda su superficie la menor colina : está rodeada de playa de arena muy blanca, y contornada de arrecifes, que aunque en su parte norte salen poco, en la del SE. los extiende á mucha distancia, de modo que solo deja un freu de 10 millas entre él y la Vírgen Gorda : en él hay desde 7 á 12 brazas fondo piedra lleno de altos y bajos. Como esta isla es tan baja, que estando al N. de ella se decubre la Vírgen Gorda, sin que ella aparezca, y como sus proximidades ofrecen un arrecife peligroso, especialmente de noche, es menester darle mucho resguardo, y mirarla, mas que como isla, como un bajo de mucho peligro.

Esta isla tiene algunas eminencias mas elevadas que las de Vírgen Gorda. El puerto y poblacion estan en la costa del sur : desde la punta occidental del puerto se extiende un arrecife sobre el cual rompe la mar : dentro de él tambien se siente alguna que incomoda á las embarcaciones : el fondo es de nueve brazas arena. En la costa del N. hay otro puertecito, que por lo obstruido que está de arrecifes, y por lo descubierto á la mar y viento del N., es muy arriesgado y despreciable ; pero tiene la ventaja de desaguar en él un riachuelo, que es el único que hay en todas las Vírgenes. *Tórtola.*

Las alturas ó eminencias de etsa isla son de poca consideracion : sus costas N. y S. son escarpadas ; la del N. es algo sucia, y tambien lo es la del E. : en la del O. tiene un pequeño puertecito con dos y media y tres brazas de agua : hay en él un fuertecito con ocho cañones, y una poblacion pequeña, que es la capital de la isla : es de corto comercio, y carece de agua. *San Juan*

Las eminencias de esta isla son casi como las de San Juan, y descienden con suavidad hasta la orilla : tiene dos excelentes puertos ; el principal está en la costa meridional, y es capaz de 40 navíos de guerra : su fondo es de ocho y nueve brazas arena y conchuela : no tiene mas riesgos que un corto arrecife como de dos cables de largo, cuyo veril mas saliente está á cinco cables de la ensenada del NE., que se halla ántes de llegar á la punta oriental del puerto, desde la cual demora como al S.¼SE. : la entrada del puerto es bastante fácil y cómoda : su comercio es el mayor de todas las Vírgenes, y la poblacion está siempre muy abastecida, siendo un almácen ó depósito de ricas mercancías : tiene un regular carrenero y dos castillos. El otro puerto está en la costa del N. ; es muy profundo, y hace la fi- *San Tomas.*

gura de un saco; es tambien muy hondable y limpio, con fondo desde seis hasta nueve brazas arena y lama: en él hay una corta poblacion.

Descripcion de los pasos entre las Virgenes.

La Vírgen Gorda y varias islitas que despide al SO., y la Tórtola, con otras que despide al E., forman una bahía ó golfo llamado de Drake; y aunque para entrar y salir de él, y para navegar generalmente por todos los freus que forman las islas mayores y menores de este archipiélago, no hay mas que consultar la carta, pondrémos sin embargo algunas noticias para recomendar el paso por algunos canales que son preferibles á los demas.

Los freus entre los Perros y la Vírgen Gorda son todos excelentes, y los que dan entrada á la bahía de Drake por la parte septentrional: por la meridional se entra á ella por entre la isla Redonda y la de Ginger, por entre la isla de Sal y el Ataud, por entre la isla de Pedro y la de Normand, y por entre esta y cayo Consejos. Por la parte occidental no hay mas que un paso general entre la costa septentrional de San Juan y los cayos Frances grande, Frances chico, é isla Thach. El paso entre el Ataud é isla de Sal, cuando se sale de la bahía de Drake, exige una briza entablada que no pase del ESE. para el sur, pues de lo contrario seria expuesto á empeñarse con la isla de Pedro, pues las aguas chupan bastante hácia el freu que esta forma con el Ataud, á lo que tambien ayuda la mar, que se suele encontrar gruesa si ha habido viento fresco, pues disminuyendo el andar aumenta el abatimiento.

Cuando se navega por el sur de las Vírgenes se pasa comunmente entre cayo de Aves é isla Broken; así como tambien pasan entre el Bergantin y el Cabrito todos los que desde el sur de las Vírgenes van á buscar la cabeza de San Juan de Puerto Rico.

Por último, advertimos que en toda la parte occidental

de Vírgen Gorda está la mar muy tranquila durante las
brizas, y que en todo lo largo de la costa se puede fondear con la seguridad de no tener mas que 16 brazas de
fondo, ni ménos de ocho á una milla de la tierra; la calidad del fondo es comunmente arena. En la costa occidental de la isla Normand hay un puerto, que es mucho mas
abrigado y seguro que el de Vírgen Gorda, pues en él,
y hasta la isla ó islote Consejo, está la mar como una bal-
sa en el tiempo de las brizas: dentro del puerto no se experimentan rachas de viento, y aun parece que la briza es
muy floja cuando fuera está muy fresca. Como el fondo
del puerto está á barlovento de sus puntas, y su amplitud
no es mas que de media milla, no pueden bordear las
embarcaciones grandes, por lo que cuando estas vengan
del N. es preciso rasquen la punta y den fondo sobre la
orzada en media boca, espiándose ó dirigiéndose al remolque para adentro, en caso que se haya de hacer larga man-
sion; pues de no, en la misma boca se está muy bien como no sea en el tiempo de los huracanes. Si se va del sur
es preciso prolongar el bordo del norte con la seguridad de
no hallar riesgo que no esté á la vista, y sobre la bordada
del sur se maniobrará como se ha dicho. Si el viento con
que se vaya á tomar el puerto fuere del N., se podrá entrar
con él mas adentro, y se estará como en una dársena; pero
es menester aferrar con viveza el aparejo, porque con norte
hay fuertes rachas que podrian hacer garrar, y no hay
amplitud para maniobrar.

Téngase muy presente que como una legua al SSE. de la
punta SO. de Normand hay una piedra de muy corta extension, que no tiene mas que nueve pies de agua, en la cual
se perdió la fragata de guerra inglesa la Mónica: esta piedra
no está bien situada; y aunque los bergantines del mando
de Don Cosme Churruca hicieron las mas vivas diligencias
para encontrarla, nunca la pudieron hallar.

Bajo que
hay al SSE
de Nor-
mand.

Santa Cruz.

Esta isla está al S. de las Vírgenes: se prolonga sensiblemente del E. al O., presentando en su costa del N. una cadena de eminencias casi iguales á las de las Vírgenes. Como en el tercio oriental de la costa del N. hay una islita llamada Bok, que cuando se mira del N. no se ve por estar proyectada con la costa, y entre esta y la isla hay paso, aunque muy malo y poco frecuentado, hasta entrar en los canales que forman los bajos de la entrada del puerto capital de la isla. La punta oriental de esta isla despide un arrecife para el ESE. á una y cuarto milla de distancia; la costa occidental es limpia; la del sur es muy sucia, y se necesita de mucha práctica, tanto para navegar en sus inmediaciones, como para entrar en dos ensenadas que tiene: otra ensenada hay en el fronton del O. Esta isla es poco fértil, carece de aguas, pero está muy bien cultivada. Para entrar en el puerto capital es menester mucha práctica, y así debe tomarse práctico que conduzca la embarcacion: la leña y agua son artículos muy escasos en esta isla, y no se consiguen sino á precio muy subido.

Advertencias para recalar y navegar en las antillas menores.

Todo buque que va de Europa á las Antillas se encuentra en lo ordinario con cuatro ó seis grados de longitud de adelanto á su estima: esto se entiende cuando en la corredera que usan se ha dado á cada milla la extension de 55$\frac{3}{4}$ piés de Búrgos correspondientes á ampolleta de 30"; pues si se usa de la corredera corta ó de 50 piés de Búrgos, entónces son muy cortas las diferencias, y aun suele haberlas en atraso. Mediante este conocimiento, debe precaverse el navegante que no practica las observaciones astronómicas, previniendo á barlovento los errores que pueda tener la estima, esto es, procurando ponerse en el paralelo de su destino, con anticipacion de 50, 100 ó 150 leguas, pues este es el medio de que se encuentre con él quien navega tan aventuradamente.

Acerca de la parte N. ó S. de cualquiera de las Antillas que se debe elegir para el recalo, debe atenderse primero á que este se verifique á la parte que diste ménos del puerto ó rada del destino, y segundo á la estacion en que se va; pues en la seca, como ya hemos dicho, los vientos generales se llaman al primer cuadrante, y en la húmeda pican en el segundo: así en la estacion seca será mas conveniente recalar la parte N., y en la húmeda en la parte del sur; pero siempre con consideracion, y sin perder de vista el punto primero.

El reconocimiento de las Antillas es inequivocable; y solo en el recalo á San Bartolomé y San Martin podria padecerse alguna equivocacion por presentarse á la vez eminencias ó alturas de varias islas, y para que no la haya se tendrá presente la siguiente instruccion.

Cuando se está sobre los paralelos de San Bartolomé á ménos de cuatro leguas, si no hay cerrazon, aparecen muy claras las islas de San Eustaquio, Sabá, San Cristóbal, Nieves y la de San Martin. La montaña de San Eustaquio forma una especie de meseta con pendientes uniformes al E. y al O.: la cima es plana, y en la parte oriental de este plano presenta un pico que la hace muy notable: por el O. de la montaña aparece un gran freu, por estar anegadas las tierras inmediatas, y la parte del O. se presenta entónces como otra isla larga y baja, cuya mayor altura es la del NO.; pero es menester no engañarse, porque toda esta tierra es de la isla de San Eustaquio. Desde tal posicion aparece la de Sabá mas al NO., algo ménos elevada que la montaña de San Eustaquio, y con ménos extension aparente que la parte O. de San Eustaquio que se ve aislada. La parte NO. de San Cristóbal se ve tambien formada de gruesas montañas, en la apa-

Instruccion para reconocer la tierra en el recalo á San Bartolomé y San Martin.

14

riencia tan altas como las de San Eustaquio, con tierra baja por el E.: por el E. de esta tierra baja se descubrirá á Nieves con mas altura aparente que todas.

. Las tierras de San Martin son notablemente mas altas que las de San Bartolomé, y lo aparecen tambien aun cuando se está algunas leguas mas léjos de ella que San Bartolomé.

Cuando hay algunas nubes que no permiten ver á San Martin se puede padecer equivocacion en el reconocimiento de San Bartolomé; y así es preciso advertir que esta última isla, vista sobre sus paralelos, aparece pequeña y con cuatro picos prolongados de N. á S., que ocupan casi toda su extension ; y si no se está á mas de ocho leguas, se verá tambien la apariencia de un islote por el N. y otro por el S. á muy corta distancia. Como esta isla no tiene arboleda, montes elevados, ni bosques, se halla ménos expuesta á cerrazones, y podrá verse en mas ocasiones que San Martin, San Cristóbal, Nieves, San Eustaquio y Sabá, y conviene por tanto tener muy presente su figura.

A ocho leguas al E. de San Bartolomé se verá á Nieves muy alta: desde ella para el O. un gran freu, y luego tierras de San Cristóbal anegadas, que van elevándose sucesivamente para el O.; de modo que la mayor altura ó el monte mas elevado de dos que hay en la parte occidental será el de mas O. Este monte, mas alto que el monte llamado de la Miseria, tiene para el O. una pendiente bastante suave que termina en tierra baja, y no se puede equivocar con otra alguna. Al O. de esta tierra se verá tambien un freu bastante grande hasta San Eustaquio, isla de la cual no suele verse en la posicion indicada sino la parte alta del SE., ó por mejor decir la montaña ; por consiguiente en tal caso parecerá una isla muy pequeña, y su monte aparentemente ménos elevado que el de la Miseria, pero de fácil reconocimiento por la meseta que hace su cima, por la igualdad de sus dos pendientes, y por el pico que presenta en la parte del SE. Sabá ofrece en tal posicion una magnitud aparentemente igual á la parte visible de San Eustaquio, pero no presenta mas que una eminencia sin picos, con pendientes uniformes, y casi redonda.

Si por el O. de San Estaquio y cerca de esta isla apareciese álgun islote pequeño, no hay que confundirse, pues es el extremo NO. de San Eustaquio, y en acercándose mas se verá la tierra que lo une con la parte del SE. El monte de la Miseria, que tiene un pico muy alto y agudo en la parte oriental de su cumbre, se parece de léjos al de San Eustaquio; pero no se podrá equivocar si se atiende á que dicho monte tiene una superficie ménos igual que la meseta de San Eustaquio, y otro monte por el E. ménos elevado, y con pendientes suaves, que hacen ver mucha tierra para el E. y O. del punto alto.

En el pico del monte de la Miseria, ni en parte alguna de su figura, se ve cosa que parezca á un hombre que lleva á otro acuestas, y que segun quieren decir dió lugar á que Colon llamase la isla de San Cristóbal.

Cuando se está seis leguas al E. de San Bartolomé aparece su extremo NO. aislado, y tiene el aspecto de un islote bastante crecido, en cuya cima tiene cuatro pequeños escalones con freu considerable por el sur entre ella y la isla principal: en medio de este freu se podrá tambien ver otro islote mas pequeño: este es realmente uno de los muchos que contornan la isla; pero el primero no es sino su punta NO. por el N. de la cual se verán tambien algunos islotes; pero todos ellos estan mucho mas cerca de San Bartolomé que de San Martin.

Finalmente, para navegar de unas Antillas á otras no hay mas trabajo que el que ofrece cualquiera otra navegacion sencilla, y el cual se aumenta alguna cosa cuando haya necesidad de remontar á barlovento; pero este queda reducido á muy poca cosa si la navegacion se hace por los freus que estan al N. de Martinica, en los que las corrientes son cortísimas; y no sucede lo mismo en los freus mas meridionales, que las aguas tienen mas viveza para

Navegacion para remontar á barlovento.

el O.; y seria impracticable por los de Tábago, Granada y San Vicente, en donde su rapidez no baja de dos millas por hora.

ARTICULO V.

DESCRIPCION DE LAS GRANDES ANTILLAS.

Puerto Rico.

Esta isla se halla tendida del E. al O. por espacio de 31 leguas, y tiene 11 en su mayor ancho. Lo mas NE. de ella es lo que llaman Cabeza de San Juan, de donde comienzan á elevarse unas sierras nombradas de Luquillo, cuyo punto mas elevado, denominado el Yunque, puede verse á distancia de 68 millas, y continúan para el O. con muchas quebradas, que rematan en una sierrecilla que llaman Silla de Caballo, que está al S. de Aresivo.

Cabeza de San Juan.

En la costa septentrional, y como á 30 millas de la Cabeza de San Juan, está el puerto de San Juan de Puerto Rico, que es la capital de la isla : este puerto, si se atiende á las dificultades que presenta para entrar y salir de él, es muy malo; pues aunque su extension aparente sea grande, queda para las embarcaciones grandes reducido à un estrecho canal que exige continuas enfilaciones y gran cuidado, pues hay parages en que con regular salida no podria hacerse la siavoga sin riesgo de barar en los cantiles. Es bien excusado dar instrucciones sobre este puerto, pues el navegante puede consultar el excelente plano que hay publicado de él, en el cual se da toda la idea posible para dirigirse en su entrada; asi cualquiera cosa que aquí se dijese sería una repeticion de aquello; y solo advertirémos que lo mas conveniente para quien vaya á él por la primera vez es tomar práctico, pues no dando lugar la corta distancia á la menor detencion en las variaciones de rumbo que exige la tortuosidad de su canal, por poco que fuese el tanteo que se necesitase para quedar cerciorado de los

Puerto de San Juan, capital de la isla.

puntos que deben enfilarse, es muy posible barase la embarcacion en alguno de los cantiles.

En la misma costa septentrional, y como á nueve leguas al O. de Puerto Rico, se halla el de Aresivo, con un corto pueblo en la parte occidental, y un buen rio, el cual es poco frecuentado por lo desabrigado que está á los vientos del N. Desde este puerto sigue la costa casi al O. toda de playa hasta la punta de Peña agujereada, en la que empieza un fronton de tierra alta corrido NE., SO. en distancia de poco mas de una milla hasta la punta de Bruquen, qne es la mas NO. de esta isla, desde la cual sigue la costa de playa formando arco hasta la punta de Peñas blancas. Desde esta, que es la septentrional de la ensenada de la Aguadilla, hace saco la costa hasta el pueblo de la Aguadilla, que dista de ella como dos millas. Fondeadero de Aresivo.

Esta gran ensenada puede servir de fondeadero á cualesquiera embarcacion por dar abrigo de la briza, y por la facilidad que hay de tomarla á cualquiera hora del dia, pero no de la noche, en que calma el viento: tiene muy buena agua en un riachuelo que pasa por medio del pueblo; y es muy frecuentada de las embarcaciones que de Europa van á Cuba, ó al Seno Mexicano, por la facilidad con que toman refrescos, y porque hay siempre prácticos del canal viejo. Fondeadero de la Aguadilla.

Viniendo por la punta de Bruquen con ánimo de fondear en la Aguadilla, se pasará como á tres cables de la costa para dar resguardo al bajo que despide la punta de las Palmas, hasta que puesto con la de Peñas blancas se pueda atracar mas la costa; en inteligencia que es muy limpia, y que á medio cable de ella se hallan cuatro brazas de agua. El mejor fondeadero es frente de una casa que está en el extremo norte del pueblo, llamada la Cabeza de Zerezo, en 11 ó 15 brazas arena, y distante de la playa de dos y medio á tres cables, mas bien ménos que mas, por ser el fondo muy acantilado. Modo de fondear en la Aguadilla.

Punta de San Francisco.

Al S. 60° O., y á siete y media millas del pueblo de la Aguadilla, está la punta de San Francisco con varias piedras al rededor; toda la costa es de playa muy aplacerada por los muchos rios que desaguan en ella, encontrándose cuatro brazas arena y piedra á distancia de dos cables de la costa, y no hay ningun fondeadero.

Punta de Gigüero.

Al SO.½S. y á ménos de media milla está la punta de Gigüero, que es la mas occidental de la isla, tambien muy aplacerada y con muchas piedras que la rodean. Despues de esta punta sigue la costa al S. 29° E., distancia de tres y media millas hasta la de la Cadena, haciendo una pequeña ensenada llamada del Rincon, que aunque abriga de la briza, tiene un fondo muy desigual y lleno de piedras. Despues de la punta de la Cadena sigue la del Algarrobo, que dista de la primera seis millas al S. 85° E.,

Ensenada de Añasco.

formando entre ámbas la gran ensenada de Añasco, capaz para cualquiera embarcacion, que encontrará en ella grande abrigo de los nortes: el placer ó baje fondo que despide la costa, que es toda de playa, se aleja á mas de media milla, y la causa de él puede ser el rio que en ella desagua llamado de Añasco

Ensenada y fondeadero de Mayagües.

La referida punta del Algarrobo es la septentrional de la ensenada de Mayagües, y corre con la meridional llamada de Guanajivo N.¼NES. ¼SO., distando enire sí cerca de cuatro millas. El fondeadero de la ensenada de Mayagües es de mucho abrigo para los nortes, y capaz para bergantines y fragatas, como no sean muy grandes; pero es menester buen conocimiento de su entrada para no irse sobre el bajo que despide la punta del Algarrobo, como á distancia de media milla, dando tambien resguardo á la puntilla por un arrecife que despide como á dos cables. Al O. de la punta del Algarrobo, y como á una milla larga de la costa, hay un placer de piedra llamado las Manchas, con fondo de cuatro brazas, por entre el cual y la costa se puede pasar muy bien. Un poco afuera de la enfilacion de las dos puntas de esta ensenada, y como á media distancia de ellas, hay un bajo de piedra tendido de N. á S., en cuyo sentido tendrá media milla de extension, y poco ménos en su mayor ancho, llamado Bajo de Rodriguez.

Para tomar el fondeadero, que el mejor por lo mas abrigado está al redoso de la puntilla, se pondrá en situacion tal, que poniendo la popa á la isla del Desecheo, se lleve la proa al camino de la villa de San German, que está en un monte bastante alto y agudo: dicho camino se verá de tierra roja y culebreado, y no cabe equivocacion por no haber otro: así se seguirá, hasta que estando algo al S. de la puntilla se pueda orzar para dejar caer el ancla al redoso de ella, y en tres ó cuatro brazas, segun se quiera: en el fondo de esta ensenada desagua el rio de Mayagües, y á ella van á invernar la mayor parte de las goletas y balandras, por ser el mejor fondeadero que hay en toda la costa occidental de esta isla. *Modo de tomar el fondeadero de Mayagües.*

Al S.¼O. de la punta de Guanajivo, á distancia de cinco y media millas, está el Puerto Real de cabo Rojo. Su figura es casi circular, y tiene de extension de occidente á oriente tres cuartos de milla: su fondo es de tres brazas á su entrada, y de 16 pies en su medianía: la entrada es un canal muy estrecho, próximo á la punta S. del puerto, y de la del N. sale un gran arrecife, que doblando el cayo Fanduco tiene su fin en la punta de Varas. *Puerto Real de cabo Rojo.*

Al SSO. de este puerto, distancia de dos millas, está la punta de Guaniquilla, que es la septentrional de una gran ensenada llamada del Boqueron, que no permite se fondee en ella la porcion de arrecifes de que está llena. La punta de Melones, que es la meridional de dicha ensenada, dista de la primera poco mas de dos millas y media, y casi al O. de esta punta, y como á seis y media millas, está el bajo Gallardo de que despues hablarémos. *Ensenada del Boqueron.*

En toda esta costa occidental se descubre el monte de la Atalaya, que es el pico mas alto y septentrional de dos que se ven en la cumbre de la serranía, y que está situado *Monte de la Atalaya* al SE.¼E. de la punta de San Francisco, no variando de figura en su aspecto, aunque se esté al S. de la isla de Desecheo.

Costa meridional de la isla. Desde los Morrillos hasta el cabo de Mala Pascua, que es la extremidad SE. de la isla, es la costa de tierra doblada, con muchas quebradas, y muy sucia de arrecifes, islotes, y placeres que despide. En medio de ella se halla una isla **Caja de muertos.** llamada Caja de muertos, distante de la costa cuatro millas, sucia por su parte del NE. y O.

Puerto de Guanica. En esta costa el mejor fondeadero es el de puerto de Guanica, distante cinco leguas al E. de los Morrillos: es capaz para toda clase de embarcaciones, con fondo de seis y media hasta tres brazas que hay en lo mas interior; su calidad arena y cascajo. La boca de este puerto está en la medianía de una gran ensenada que forman la punta y fronton de la Brea al O., y la de Picua al E.: esta última tiene á su inmediacion dos islotes; y desde ellos hasta la punta de la Meseta, que es la oriental de la boca del puerto, hay un arrecife que sale de la costa cerca de una milla, y que casi forma un arco de círculo, uniéndose con los islotes y con la punta de la Meseta. Entre la punta de la Brea y la de Pescadores, que es la occidental de la boca del puerto, hace la costa otra ensenada, cuya boca está cerrada por un arrecife, que saliendo de la punta de Pescadores remata en la costa meridional de dicha ensenada, y como á media milla mas adentro de la punta y fronton de la Brea. En la costa oriental, de que ya se ha hablado, hay que dar resguardo no solo al arrecife corrido desde la punta Picua hasta la de la Meseta, sino tambien á un bajo de piedra que sale como media milla escasa de él, debiendo para tomar el puerto gobernar por fuera de todos estos bajos. Para ello se enfila exactamente la punta de la Meseta con una de las tetas de Cerrogordo, que se ven tierra adentro: si se enfila con la teta del O., se pasará rascando el bajo, pero por 11 brazas de agua; y si la enfilacion se hace con la teta del E., se pasará sin riesgo alguno:

dicho bajo se habrá rebasado cuando se marquen al E. los islotes de la punta Picua, y aun algo ántes. Si se viniese al puerto desde el fronton de la Brea, que se podrá á un cable, se gobernará algo adentro de la punta de la Meseta; pasando de ella, si se quiere, á un cuarto de cable, y desde ella se dirigirá para adentro del puerto, atracando mas bien la costa del sur que la del norte, y se dará fondo donde acomode por cinco ó cuatro brazas de agua.

La costa oriental de esta isla despide varios islotes é islas Advertencia sobre la costa oriental de la isla. chicas, de las que las principales son la Culebra y Vieque : por todas ellas hay buen fondo, pero para pasar entre ellas hay necesidad de mucha práctica.

Las costas del S. y del N. de esta isla de Puerto Rico Nocion general sobre las costas septentrional y meridional. son seguidas sin formar grandes ensenadas ó golfos, y pueden correrse sin riesgo alguno la del N. á distancia de tres millas, y la del S. á cinco, cuidando en esta última de pasar siempre por fuera de la Caja de muertos, á ménos que por la práctica que se tenga sea indiferente otra determinacion.

La costa occidental está ya descrita con bastante prolijidad, y asi solo resta decir que al N. 84° O. distancia de once Descripcion de los bajos que despide la costa occidental. Isla del Desecheo. Bajo Negro. millas y media de la punta de San Francisco está la isla del Desecheo, de bastante altura, y muy limpia. Hay ademas en esta costa occidental los bajos siguientes :

Primero, el denominado Negro, que es una piedra de muy corta extension, y sobre la que siempre rompe la mar : dista de la costa mas inmediata tres millas y media, y demora de la punta de Guanajivo al S. 78° E., y de la de Gigüero al S. 5° E.

Segundo, el denominado Media Luna, que es un ar- Bajo de Media Luna. recife como de dos tercios de milla de largo en direccion NS., y dos cables y medio de ancho, sobre el cual siempre rompe la mar, y sale de la costa cinco millas : como al ENE. de él, y á media milla, hay tres peñas que salen fuera del agua, en las que tambien rompe siempre la mar. Lo mas N. de este arrecife demora de la punta de Guanajivo al S. 62° O., y de la de Gigüero al S. 5° O.

15

Bajo las Coronas. Tercero, el denominado las Coronas, que son unos placeres de arena en que á veces rompe la mar, y tendrán de extension en todos sentidos media milla escasa, y salen de la costa á distancia de tres y media : demoran de la punta de Guanajivo al S. 39o., y de la de Gigüero al S. 1o E.

Otro Bajo. Cuarto, un bajo que está al O. de la punta de Guaniquilla, y á distancia de dos millas : podrá tener dos cables de extension, y se hallan sobre él tres brazas piedra : demora al S. 23o O. de Guanajivo, y al S. 5o E. de Gigüero.

Bajo Gallardo. Quinto, el bajo Gallardo, que está casi al O. de la punta de Melones, y á seis y media millas de ella, tendrá de extension tres cables, y su menor fondo es de tres brazas piedra : demora al S. 19o E. de la isla del Desecheo, al S. 22o 30′ O del monte de la Atalaya, y al N. 65o O. del extremo meridional de los Morillos.

Recalo á Puerto Rico.

Es un principio sencillísimo y conocido de cuantos navegan, que cuanto mas altas son las tierras, y á mayor distancia se descubren, tanto mas tiempo tiene el navegante para precaverse de un empeño con ellas, rectificando su situacion ; y al contrario, mientras mas bajas son las tierras, mas aumenta el riesgo de atracarlas ; y este riesgo llega á su máximo cuando las tierras estan cubiertas con el agua, que es lo que se llaman bajos. Cuando hablamos de la Anegada dijimos, que mas que por una isla debia mirársela como un bajo peligroso, y por tanto aconsejamos se huyese de ella : ahora, que vamos á hablar del recalo á Puerto Rico, nos toca tambien decir, que deberá egecutarse de modo que se eviten las proximidades de la Anegada, pues esta se halla, por decirlo asi, en medio de la ruta que va desde Europa á Puerto Rico.

Si se navega con exactitud y certeza de la situacion

de la nave, nada hay mas fácil que cortar los meridianos
de la Anegada por paralelos mas altos, y bajar despues á
los de Puerto Rico por meridianos orientales á los de este
puerto, como es necesario para recalar por barlovento de
él, y no verse precisado á ganar á punta de bolina, y á
costa de tiempo y de trabajo el puerto del destino por
haberse propasado de él. Pero como pueda suceder que
entre la multitud de los que navegan haya alguno, que careciendo de otro dato mas que el erróneo que da la estima,
se encuentre en tan apurada situacion, advertirémos á los
que naveguen de este modo, que para evitar los riesgos
que ofrece la Anegada, y no exponerse á propasarse de
Puerto Rico, será bueno que en todo tiempo hagan derrota á recalar sobre las islas de San Bartolomé y San Martin;
pues siendo tierras altas y muy limpias, no cabe perderse
en ellas, aunque se navegue de noche ó en tiempo obscuro, con tal que haya una legua de horizonte, pues se
tiene distancia muy sobrada para gobernar á embocar sus
canales, ó para ceñir el viento, y esperar la claridad en caso
que se prefiera tomar este partido : no cabe tampoco propasarse de ellas sin avistarlas; y aun cuando por un conjunto de circunstancias, que serian muy originales, suce-
diese así al dia siguiente no podria ménos de tomarse
conocimiento de alguna de las Vírgenes para rectificar el
punto y situacion de la nave. En la eleccion de los canales
entre San Bartolomé y San Martin, y entre esta y la Anguila, dirémos que en algun modo nos parece preferible
este último, porque no tiene islotes destacados de las tierras principales, y por tanto ménos cuidados ofrece la navegacion que por él se haga de noche. Desembocado de
estos canales debe dirigirse la derrota por el sur de las
Vírgenes, y embocando por entre el Bergantin y el Cabrito se irá á buscar la cabeza de San Juan de Puerto Rico,
reconocida la cual nada queda que hacer mas que dirigirse
como mejor acomode al puerto del destino.

Desde cualquier punto de la isla de Puerto Rico se

puede navegar á salir de la region de los vientos generales, y colocarse en la de los variables, sin mas que gobernar al N., pues no hay estorbo ni impedimento alguno
de tierras ó bajos : y como esta isla está tan á barlovento,
es muy fácil ganar al E. lo necesario para dirigirse á cualquiera de las Antillas menores. Puede grangearse este barlovento bordeando con la briza, y sin necesidad de subir
á latitudes altas á coger los variables. En toda la isla de
Puerto Rico no se puede contar con terrales que faciliten
ir á barlovento, pues en la costa occidental lo mas que
sucede es calmar la briza de noche, pero no sopla el terral. Por último, desde esta isla se coge de la bordada
cualquiera punto de la Costa-firme desde la Guayra para
sotavento.

Freu entre Puerto Rico y Santo Domingo.

Este es un canal espacioso y limpio, que no presenta
riesgo alguno á la navegacion : entre la tierra mas occidental de Puerto Rico y la oriental de Santo Domingo hay
sesenta y cinco millas de distancia, y no hay mas islas,
bajos ni peligros que los ya mencionados cerca de la costa
occidental de Puerto Rico; y únicamente como á medio
freu se halla una isla llamada la Mona, con un islote inmediato llamado el Monito. La Mona es una isla casi plana, poco elevada y sin ninguna prominencia : no está ha-
bitada, y su superficie aparece cubierta de maleza, sin árboles de altura considerable : sus costas del NE. y O. son
de roca blanca, tajadas á pique, extremamente limpias, y
abordables á la distancia que se quiera : la del S. es notablemente mas baja, pero tan limpia como las demas. Cerca de la punta occidental suelen fondear para proveerse de
pasto algunas embarcaciones de las que se emplean en el
tráfico de ganados. Carece esta isla de agua. y puede descubrirse á distancia de seis leguas.

Isla Mona y Monito.

El Monito es un islote cuya máxima dimension apénas llega á dos tercios de cable : es bastante mas bajo que la Mona, y de figura parecida á una horma de zapato : en su superficie no se ve árbol alguno, y es la morada perpetua de un número inmenso de pájaros bobos. Los prácticos de aquellas costas aseguran que hay paso franco y hondable entre la Mona y el Monito.

Santo Domingo, su costa norte.

Esta grande isla, que por su magnitud ocupa el segundo lugar en las grandes Antillas, es de figura muy irregular por las grandes ensenadas ó golfos que forman sus costas : y como estas son tan extendidas, para describirlas las dividirémos en tres partes, la del N., la del S., y la del occidente : la descripcion de las costas del N. comprenderá desde cabo Engaño, que es el mas oriental de la isla, hasta la península de San Nicolas, que es lo mas occidental de la costa N.: la de la costa del S. comprenderá desde dicho cabo Engaño hasta el de Tiburon. A la descripcion de las costas seguirá una instruccion para navegar en ellas tanto de barlovento para sotavento, como de sotavento para barlovento, concluyendo despues con las noticias necesarias para navegar por el mar del N. de esta isla, que generalmente se conoce con el nombre de *mar de los desemboques.*

La costa oriental de Santo Domingo puede descubrirse à distancia de 10 leguas ; el cabo Engaño, que es el mas oriental de toda la isla, es de tierra baja, que despide un arrecife al NE. á distancia de dos millas: desde este cabo corre la costa como al NO ¼ O. hasta el cabo Rafael ; toda esta costa es baja hasta tres leguas al S. del cabo Rafael, que empieza á elevarse de modo que el dicho cabo ya es bien alto, y aparece de léjos como si fuese una isla : es fácil reconocerlo por una montaña ó pico cónico que se ve en lo interior, y se semeja á un pilon de azúcar. No solo es baja esta costa, sino tambien sucia, por lo que no

Cabo Engaño.

Cabo Rafael.

Punta y poblacion de Macao.

conviene atracarla à ménos de una legua : casi en su medianía hay una punta llamada de Macao con poblacion que toma el mismo nombre.

Bahía de Samaná.

Desde el cabo Rafael corre la costa como al O., y forma una gran bahía cerrada al NO. por la península de Samaná, cuya punta mas oriental, llamada de Samaná, demora del cabo Rafael al NO.¼O. distancia de siete leguas. Esta bahía, que de E. á O. tiene 14 leguas, y de N. á S. cuatro, está obstruida, ó casi cerrada por un gran arrecife que sale de la costa meridional, y se extiende al N. en términos que entre él y la costa de la península de Samaná solo hay un canal de tres millas de ancho: el extremo septentrional de este arrecife está marcado por unos cayos ó islotes, de los que el mas grande se llama cayo de Le-

Cayos de Levantados.

vantados, el cual debe dejarse por babor para entrar en la bahía. Dentro de ella hay diversos fondeaderos de cortísimo ó ningun comercio, y por tanto poco frecuentados ; y para describirlos nos valdrémos de algunas noticias, de cuya exactitud no salimos responsables.

Fondeadero del Carenero chico, y modo de tomarle.

El primer fondeadero está en la costa de la península de Samaná, y casi á la entrada de la bahía: se llama del Carenero chico : para entrar en la bahía y fondear en él es menester atracar como á media milla la punta de Balandras, que es la mas meridional de la península, y se seguirá esta distancia verileando la costa hasta tomar abrigo de la punta de Viñas, y se dará fondo por seis brazas de agua, teniendo cuidado de quedarse á media milla de un cayo llamado del Carenero chico, que está en la punta occidental de la ensenada, y tiene á su parte del sur otros cuatro ó cinco islotitos: al redoso de este cayo, y entre él y la costa está el fondeadero verdadero; pero sobre ser muy estrecho hay algunos bajos, y para entrar en él seria preciso ir á la espía. La punta de Viñas es muy conocida por ser la que está al N. del extremo occidental del cayo de Levantados, y ántes de llegar á ella hay un islotito muy inmediato, llamados punta y cayos de Campeche : en esta

entrada nada hay que temer, pues no hay riesgo que no
esté muy á la vista, y solo desde la punta de Viñas para
adentro hay un bajo con dos pies de agua muy aplacerado : para libertarse de él téngase presente que 'demora de
la punta de Viñas al E., distancia de una milla larga : siguiendo la costa, como se ha dicho, á distancia de media
milla se va zafo de él ; y para mayor seguridad téngase cuidado de meter algo sobre estribor cuando se sonden cinco
brazas de agua, pues en el canal, entre él y la costa hay seis
y media y siete brazas.

 Legua y media al O. del Carenero chico está el puerto y poblacion de Samaná : este fondeadero es muy estrecho en su entrada, que está formada por un gran arrecife, que en direccion EO. despide la punta Escondida, que
es la meridional del puerto, y sobre el cual se levantan
varios cayos é islotes, de los que el de mas afuera se llama
del Tropezon ; el segundo, que es el mas grande del Carenero ; y el tercero, que es el mas inmediato á la punta, se
llama cayo Escondido. No es este solo el arrecife que hay
en la entrada, pues la costa del N. despide dos que se
avanzan mucho al S., y que forman dos ensenadas, la primera que se llama de la Aguada con la punta de Gomero,
que es la septentrional de la entrada, y la segunda entre
sí : en la ensenada de la Aguada hay buen fondeadero sobre seis brazas fango : la segunda es muy estrecha, y tiene
siete brazas : al O. de estos arrecifes y de las dos ensenadas que forman, está el puerto y fondeadero principal con
fondo de cinco y seis brazas fango, que se hallan al S. de
la poblacion. Para entrar en este puerto es menester atracar la costa del N. á distancia de medio cable, y gobernar
al O., procurando no alejarse ni acercarse á ménos de medio cable de la punta de Gomero, pues así se va por medio freu ; y si se alejasen correrian riesgo de caer en los arrecifes del sur ; y si se acercasen, en los de la punta del Gomero, que salen como á un tercio de cable : luego que se
haya rebasado la punta de Gomero se descubrirá un ria-

Puerto y poblacion de Samaná.

chuelo en la ensenada de la Aguada; y ya entónces se debe poner la proa al extremo occidental del cayo del Carenero, hasta que marcada la punta Escondida, ó su cayo al O., se pueda gobernar libre y zafo de los arrecifes del N. como al O.¼NO., y hácia el fondo del puerto, en el que se dejará caer el ancla al S. de la poblacion, y por cinco ó seis brazas sobre fango. Si se quisiese fondear en la ensenada de la Aguada, luego que se rebase la punta del Gomero se irá orzando al N. para dar fondo en el medio de ella, y como al S. del riachuelo de la Aguada.

Desde este fondeadero sigue la costa de la península muy hondable y con ancladeros, en que no hay que temer mas que algunos vientos del sur, que en su estacion suelen ser violentos. Dos leguas mas al O. de él está la punta Española con un islotito, y desde ella para adentro no hay establecimiento alguno; por lo que, y para evitar los bajos fondos de fango que hay en lo interior de esta bahía, que salen á mas de dos leguas, parece oportuno prevenir que desde dicha punta Española, en que se está muy al occidente del arrecife de la entrada de la bahía, se gobierne

Bahía de Perlas ó San Lorenzo.

al S. para buscar la bahía de Perlas ó de San Lorenzo, en la cual no hay necesidad de meterse muy adentro, y bastará fondear en su entrada, y como al S. de la punta de arenas, que es la septentrional de la bahía; pues aunque mas adentro hay fondo suficiente, hay tambien algunos bancos de arena sobre los que seria muy fácil barar. Para buscar esta bahía es mejor recalar al E. de ella que al O., pues la costa meridional de Samaná desde la bahía de Perlas para el O. es sumamente salvage, y está empedrada de islotes, que la hacen muy expuesta. Gobernando desde punta Española al sur se recalará al E. de la bahía, y sobre una poblacioncita llamada Sábana la-mar, que solo ofrece fondeadero á las embarcaciones muy pequeñas; y así luego que en esta travesía se descubra la punta de Arenas se pondrá la proa á ella, y se puede atracar á distancia de un cable.

La entrada en la bahía de Samaná se hace con brizas, pero Cabo Samaná. la salida no puede verificarse sino con terrales, que como hemos dicho soplan de noche.

El cabo Samaná es de bastante altura, y tajado á pi- Cabo Gabron. que : aterrándolo se descubre tambien el cabo Cabron, que está como al NO. de él ; el cabo Cabron es aun mas elevado y escarpado que el de Samaná y la costa entre ellos es muy poblada de arboleda : en ella se ven algunos islotitos, y siendo bastante sucia, no debe atracarse á ménos de una legua. Desde el cabo Cabron hurta la costa para el sur, y forma una gran ensenada llamada bahía Es- Bahía Escocesa. cocesa : las costas de esta ensenada son bajas y muy sucias, por lo que, y no habiendo poblacion ni establecimiento alguno en ellas, no hay motivo que llame á las embarcaciones, que deberán buscar directamente desde el cabo Cabron el cabo viejo Frances que está como al ONO. de aquel.

El cabo viejo Frances puede verse á distancia de 10 Cabo viejo Frances. leguas en tiempo claro : se le reconoce por una montaña que hay tierra adentro, la cual puede verse á distancia de 15 leguas : al O del cabo Viejo está el de la Roca, y la Cabo la Roca. costa entre ellos es baja, escarpada, cubierta de arboleda, y algo sucia, por lo que conviene no atracarla á ménos de una legua al O.$\frac{1}{4}$NO. del cabo la Roca está la punta de Macuris, Punta de Macuris y abra de Santiago. que es elevada y muy limpia, y es ménester aterrarla para entrar en el puerto de Santiago, que está á sotavento de ella, y que no pasa de ser una abra de poca consideracion y sin poblacion alguna.

Al O. del puerto de Santiago está el de Plata, para Puerto de Plata. cuyo reconocimiento sirve una montaña elevada que se ve en lo interior y que parece aislada : el fondeadero es bueno, y á la entrada del puerto hay varios islotes cubiertos de mangles, que es menester atracar dejándolos por babor : á la banda interior de ellos se deja caer el ancla por 17 ó 20 brazas. La costa entre el puerto Santiago y el de Plata es sucia, y no debe atracarse á ménos de una milla.

16

Ensenada de Caballos. Desde el puerto de Plata sigue la costa abordable á una milla, y sin fondeadero alguno hasta el cabo ó punta del Algarrobo, desde la cual demora la punta Isabelica como al O. 7º N., entre las dos hay una ensenada llamada de Caballos. La punta Isabelica tiene á su parte del E. una ensenada, en la que por dentro de los arrecifes pueden fondear embarcaciones que no calen mas de doce pies : tambien tiene á su parte occidental un fondeadero mas grande y fácil de tomar ; pero su fondo no es limpio, y se hallan de cinco á siete brazas.

Punta de la Granja. Desde la punta Isabelica demora la de la Granja al O. 10º S., y la costa entre las dos está llena de arrecifes que salen á una legua á la mar : por lo que, y por no haber poblacion ni fondeadero que llame á las embarcaiones, se debe ir en derechura desde la punta Isabelica á la de la Granja : esta es de fácil reconocimento por una montaña del mismo nombre que se descubre á mucha distancia ántes que se vean las costas del mar. La montaña de que acabamos de hablar es aislada, y se levanta sobre una península que forma la punta en su figura se parece al techo de una casa : esta punta se puede atracar por su parte del N. á una milla : como al N. 20º E. de esta punta, y á **Placer de cinco brazas.** distancia de seis millas largas, hay un placer de cinco brazas de agua, que en su mayor extension tendrá media milla, y sobre el cual hay sitio donde no se hallan mas que 25 pies de agua : en él tocó el navío frances la Ciudad de París el año de 1781 : en el veril de este placer hay diez brazas de agua, y de pronto se pierde sonda, no habiéndola entre él y la costa. Pegado á la punta de la Granja, y á su parte del O., hay un islote ó farallon llamado el Frayle, y á su parte del SO., y á distancia de tres cables, otro algo mayor llamado de Cabras : á la parte del O. de estos islotes, y como á tres cables de ellos, se puede **Placer y fondeadero de Montechristi.** fondear por seis y siete brazas de agua, y á esto se le llama el placer ó rada de Montechristi, que es tambien el nombre de la poblacion que hay en la playa en este fon-

deadero debe tenerse cuidado con un bajo que hay al O.
algunos grados para el sur de isla de Cabras, y á distancia de una milla larga : para librarse de él cuando se
entra y sale del fondeadero conviene no ponerse en disposicion de marcarla del E. para el N., sino al contrario
del E. para el S. Este placer de Montechristi se extiende
al O. la distancia de 14 millas, y al sur hasta la punta de
Manzanillo, y sigue despues verileando la costa á distancia de media milla mas ó ménos segun las senosidades de
ella. En este placer se levantan siete islotes llamados los **Los Her-**
Hermanos, los cuales son bajos y cubiertos de mangles, **manos.**
siendo el mas visible de todos el llamado el Monte Grande,
porque en él hay arboleda alta. Este placer, que como
otros muchos que hay en estos mares, son de fondo muy
blanco, y por eso se llaman *placeres blancos*, es muy arriesgado y expuesto, pues siendo el fondo de peñas muy
desigual, tan pronto se encuentran ocho brazas como tres :
por esto se debe evitar navegar sobre estos placeres blancos á ménos que no se sepa estar muy reconocidos y son-
dados, como le sucede á una parte de este de que estamos
hablando.

Al E. de la punta de Manzanillo hay un excelente **Bahía de**
fondedearo llamado bahía de Manzanillo : desde él se in- **Manzanillo**
terna la costa al SE., y corre luego al O. hasta cerca de
la punta de Picolet, que sube al norte, y forma con dicha
punta de Picolet y la de la Granja una gran ensenada, en
la que, á mas de la bahía de Manzanillo, hay otros dos
puertos, el primero al SO. de la punta de Manzanillo, y
á dos leguas de ella, llamado Bahiajá ó puerto Delfin, y
el segundo en el extremo occidental de la ensenada conocido por el Guarico ó ciudad del Cabo. Acerca de esta en
senada nada hay que decir sino que la costa desde Bahiajá
para el O. está cercada de placer blanco y arrecife, en
cuyo veríl hay 50 y 80 brazas de agua : entre el arrecife
y la costa hay canal con dos y tres brazas de agua, al cual
se entra por varios pasos que hace el mismo arrecife, y

que no se describen por no ser de nuestro objeto, y sí solo peculiar su conocimento á la navegacion práctica y de cabotage : asi nos contentarémos con dar instrucciones para entrar en los tres puertos mencionados de Manzanillo, Bahiajá, y Guarico ó ciudad del Cabo.

Entrada en Manzanillo · En la bahía de Manzanillo no hay dificultad alguna para entrar ó salir : lo único que pide conocimiento es la navegacion desde la punta de la Granja hasta la de Manzanillo, pues debe hacerse sobre el placer blanco de los siete Hermanos, y por tanto es muy necesario conocer el canal ; y aunque podria irse por fuera de los Hermanos y del placer, como este se extiende tanto al O., resultaria que las embarcaciones se sotaventarian mucho, y tendrian luego que ganar sobre bordos el fondeadero. No es tanto el atraso cuando el destino es á Bahiajá; pero siendo muy seguro el canal que ahora describirémos para atravesar el placer, no parece debe darse el menor rodeo, sino dirigirse siempre por la ruta siguiente.

Atracada que sea la punta de la Granja, se gobernará al O. sin bajar nada al S. hasta que se esté tanto avante ó NS. con la punta de Yuna, que es la que sigue al S. y O. del rio de Santiago, que desagua en la costa de Montechristi : llegado que sea el buque á esta situacion, se gobernará al sur poniendo la proa á dicha punta Yuna, hasta que marcando al O. el islote llamado Monte chico, que es el mas oriental de los siete Hermanos, se gobierne al SO., dejando por estribor al islote ó cayo Tororu, que es el mas meridional de los siete Hermanos; y luego que se marque este como al NNE. se volverá á gobernar al sur, hasta que puesto EO. con la punta de Manzanillo se ciña el viento por babor para tomar el fondeadero, si acaso lo diere, y si no, se prolongará la bordada hácia el sur, tanto cuanto sea menester, para que del otro bordo se vaya dentro de la bahía; en inteligencia que toda la costa meridional puede atracarse á media milla, y aun ménos. Yendo por el camino que hemos dicho se ha-

Harán sobre el placer de 7 á 8 brazas lama arenosa; advirtiendo que en cualquiera parte se puede fondear cómodamente, y en especial al SO. de los cayos Monte chico y Tororu, y aun convendrá dejar caer una ancla, si acaso coje la noche, con lo cual se evitan los inconvenientes que siempre ofrece la obscuridad, especialmente á los poco prácticos. El veril de este placer es tan acantilado, que de 12 á 20 brazas se pasa rápidamente á 100; y de esta misma naturaleza es el fondo de la bahía de Manzanillo, pues desde 7 brazas se pasa á 100 en el corto espacio de cinco cables de extension, por lo que nunca se dejará caer el ancla sin haber ántes tomado conocimiento del fondo con el escandallo; teniendo presente que desde las 6 hasta las 10 brazas es el mejor fondeadero sobre un fango tenaz en que se entierran las anclas, y á ménos de media milla de tierra. En el rio Tapion y en el de Ajabon se hace cómodamente la aguada; y para proveerse de leña no hay mas que cortarla en cualquier parage de la costa, que está desierta é inculta. En esta ensenada hay siempre terrales bastante frescos, con los cuales se facilita mucho la comunicacion con Bahiajá y Montechristi, pues á los que para su navegacion, les es contraria la briza, navegan de noche al favor del terral: en la bahía de Manzanillo no se experimentan huracanes, que es prerogativa de mucha monta.

El puerto de Bahiajá es de los mejores que pueden presentarse, pues á su gran extension reune un abrigo como el de una dársena, y un fondo excelente de fango, que ni pasa de 12 brazas, ni baja de 5, que se hallan á ménos de medio cable de la costa; pero á pesar de estas singulares calidades, si se considera la gran dificultad que para entrar y salir ofrece su angosta y sucia boca ó canal, se verá que no puede acomodar á buque alguno de servicio activo encarcelarse en un puerto del que no puede salir sino de noche á favor del terral, exponiéndose no solo á los riesgos de barar en los bajos de su entrada, sino a que faltándole el terral pierda con él la coyuntura de la

Entrada en el puerto de Bahiajá.

salida y el objeto de ella. Lo interior del puerto nada tiene que describir; y así solo dirémos que su entrada es tan
angosta, que solo tiene de costa á costa un cable y dos tercios de extension : esta angostura continúa para adentro
por espacio de una milla corta, y las varias puntas que hay
en este tránsito hacen recodos, que dificultan mas y mas
la entrada : el riesgo de esta consiste en que ambas costas
del canal despiden un cantil de poco fondo, el cual en las
puntas sale mas de medio cable, y queda por tanto reducido el canal á la extension de solo un cable : y como este
es culebreado, es menester ir tomando con el buque las
vueltas con gran destreza y prontitud, so pena de barar
en alguno de los cantiles. Por tanto es menester para en
trar en este puerto que la briza sea del ENE. para el N.,
pues si es mas escasa no debe emprenderse la entrada por
ser impracticable : promediada bien la boca, se debe rascar el placer blanco que despide la punta de barlovento
de ella; y luego que quede por la aleta de babor, se orzará á poner la proa á la punta segunda de barlovento para
libertarse del cantil que despide la segunda punta de sotavento; y luego que se tenga esta por el través, se pondrá la proa á la tercera punta de sotavento para resguardarse del cantil de la segunda punta de barlovento; y
puesta que sea esta por la aleta de babor, se orzará á poner la proa á la última punta de barlovento, hasta que rebasados de la tercera punta de sotavento pueda dirigirse á
fondear entre fuerte Delfin y la isla de Tunantes, sin
atracarse mucho á esta por su parte del NE., porque despide placer de poco fondo. Mediante lo dicho se ve que
la entrada de este puerto no pide mas direccion que la de
un ojo acostumbrado á promediar siempre el canal por mas
recodos que haya : el que sepa hacer esto nunca barará,
pues su misma vista, por la simple inspeccion de las costas, le dirá cuando debe orzar y cuando arribir, sín necesidad de esperar á cumplir enfilaciones, que acortándole
mas el espacio, le dificulten los movimientos, especial-

mente si la embarcacion es grande. Desde la boca hasta la tercera punta de sotavento no se puede dar fondo por no haber trecho para hacer siaboga, y porque el fondo es de peña cortante. El establecimiento de este puerto es á las siete de la mañana, y sube la marea en las aguas vivas cinco pies y medio, y en las ordinarias tres y medio.

El puerto del Guarico, ó ciudad del Cabo, no es mas que una bahía formada al O. y S. por la costa de Santo Domingo, y cerrada al E. y N. por una porcion de arrecifes que se levantan sobre el placer blanco, que en esta parte se extiende á mas de una legua. Los que tengan destino á este puerto deben dirigirse desde la punta de la Granja á la de Picolet por fuera del placer de los siete Hermanos, y situarse de modo que se dirijan á la citada punta de Picolet con la proa del sur ó SSO. : bajo esta direccion no hay recelo alguno para atracarlo hasta un tiro de fusil, y á la distancia de ella que acomode se puede esperar el práctico; pero si se viesen obligados á tomar el fondeadero sin él, se gobernará desde la punta de Picolet al SE. y SE.¼E., dejando sobre babor una bandera blanca, que colocada en el extremo N. de un arrecife sirve de valiza; procurando llevar mucho aparejo para poder montar francamente una bandera roja, que se verá poco despues, y que es menester dejar por estribor, y como á medio cable; y luego que se tenga esta valiza por el través, se gobernará sobre la ciudad, y se dará fondo en siete ó nueve brazas. No obstante que las valizas advierten el peligro, es muy conveniente tomar práctico que dirija la entrada. Los que salgan de Manzanillo ó Bahiajá deben gobernar al N. hasta marcar la punta de Picolet del O. para el S., y entónces ya dirigirán su navegacion al O. segun les acomode, pues estarán zafos del placer blanco de la punta de Picolet; pero si se dirigen al E. tendrán que gobernar al N. hasta marcar la punta de la Granja del E. para el S., á fin de quedar zafos del placer de los siete Hermanos.

Puerto del Guarico ó ciudad del Cabo.

Desde la punta de Picolet corre la costa al O. hasta la de San Honorato, que es la septentrional de puerto Frances : esta punta despide un arrecife á un cable de ella, desde el N. hasta el O., al pie del cual hay tres brazas de agua : el fondeadero de puerto Frances es una pequeña bahía, que tendrá como cuatro cables de extension entre sus puntas, y en la que hay buen abrigo de las brizas.: para entrar en ella es menester verilear el arrecife de la punta de San Honorato ; y despues de haber andado como dos cables al sur, se dejará caer el ancla en ocho ó diez brazas arena fangosa, y como al ESE. de la fortaleza. Desde la punta meridional de esta bahía corre un arrecife, hasta la entrada de la bahía de Acul, que no deja paso alguno practicable.

La bahía de Acul es muy grande : la isla de Ratas, y una islita de Arena, que es el límite de los arrecifes que vienen desde puerto Frances, cierran la entrada por el N. y NE. : por el NO. la cierran unos arrecifes y bajos, que aunque no dejan entre sí mas que pasos dificiles y estrechos, forman excelente canal con la costa occidental de la bahía : para entrar en ella hay tres canales, el del E., el de en medio, y el del O. ó de Limbé. Para tomar cualquiera de estos canales es menester ántes venir por fuera del placer blanco que despide la costa entre puerto Frances y la bahía de Acul, hasta marcar la isla de Ratas al SSO. : desde esta situacion, si se quiere entrar por el canal del E. se gobernará al SSO. ; y luego que se esté á una legua de la islita de Arena se verá claramente la punta de Tres Marías, que es la oriental de la bahía ; y acercándose mas se verá tambien una punta baja que hay en lo interior de la bahía llamada de Belie, la cual es conocida por un manchon de árboles que hay en ella : reconocidas que sean estas puntas se enfilará la primera con el manchon de árboles ; y conservando dicha enfilacion, y manteniendo con pequeñas guiñadas el fondo de 10 brazas, se irá por medio canal que no tiene mas que un cable de ancho, y el fondo es de fango : á ambos lados hay placeres blancos con cuatro brazas de agua en sus veriles. Es menester advertir que es absolutamente preciso tener reconocidas las puntas que sirven de enfilacion á dos millas de distancia de la punta de Tres Marías, pues desde esta distancia es menester venir por la enfilacion, y así en caso de niebla ú obscuridad, que no permita el poderlas reconocer á esta distancia, no se debe emprender la entrada por este canal. Luego que se navega por él como cuatro cables, se empieza á ensanchar, y así que se marque la isla de Ratas, que se deja por estribór al NO., se puede dar fondo en 14 ó 18 brazas: todos los arrecifes que hay por la parte interior de isla de Ratas son visibles.

Para entrar por el canal de en medio es menester navegar, por fuera del placer hasta marcar la isla de Ratas al S.¼SE., y poniéndola la proa gobernando á dicho rumbo, y manteniéndose por nueve brazas de agua, se pasará muy inmediato á unos arrecifes que hay como á un cuarto de legua al N. de la isla de Ratas, los cuales se ven bien, y es menester atracarlos por babor como á un cable de distancia, y orzar hasta el SE. ó SE.¼E. para montar el que despide la isla de Ratas al E., que es menester dejar por estribor: una vez puesto al SE. de isla de Ratas se dará fondo como ántes se ha dicho. Todos estos arrecifes se descubren bien, y así no hay riesgo en emprender este paso cuando el viento permite hacer los rumbos prefijados, pues de lo contrario no debe emprenderse por no haber lugar para maniobrar ; y en caso que dentro del canal se escasease el viento, se dará fondo al momento, y se estará sin riesgo, pues el tenedero es muy bueno, de fango duro, y hay abrigo de la mar de la briza.

El canal del O. ó de Limbé es el mejor y mas ancho, pues se puede bordear en él : para entrar por este canal es menester gobernar por fuera de los bajos hasta poner la punta de Icagüe al sur : esta punta es la que está entre la de Limbé y la del gran Boucand, que es la occidental de

17

la bahía : la de Limbé es la mas septentrional y occidental
de la ensenada, y tiene á su inmediacion una islita : la punta de Icagüe es de fácil reconocimiento, por las rocas escarpadas que la forman, y por ser la única de alguna elevacion
que hay al sur de la de Limbé. Luego que, como hemos
dicho, se marque la punta de Icagüe al sur, se gobernará
poniéndole la proa, y á proporcion que se acerque á ella s^e
verá por babor la rompiente de un arrecife considerable llamado Coquevielle, en cuyo veril hay cinco brazas de agua :
reconocido este arrecife se procurará pasar á media distancia entre él y la punta de Icagüe por 10 ó 15 brazas de
agua, y con rumbo como del SE., que se irá enmendando
sucesivamente un poco al E. para pasar como á tres ó cuatro
cables de la punta del gran Boucand, y se dará fondo al
O. de la punta de Tres Marías. Si fuere preciso bordear,
se prolongarán las bordadas hasta bien cerca de los arrecifes;
en el supuesto que su misma rompiente es la mejor marca
para evitarlos, y que á pique de ellos hay cinco y seis brazas
de agua : tambien pueden prolongarse los bordos hasta un
cable de la costa sin riesgo alguno, pues aunque la punta del
gran Boucand es sucia, los arrecifes velan, y hay á pique de
ellos 8 y 10 brazas.

Este fondeadero ó sitio que hemos asignado para dejar
caer el ancla entre la isla de Ratas, la punta de Tres Marías y la de Boucand, no es propiamente lo que se llama
bahía de Acul ; pero como se está en él con mucho abrigo
de la mar, los que no tengan que hacer larga demora ó
descargar, se ahorran de entrar en la bahía. Para entrar en
ella es menester no atracar la punta de Tres Marías á menos de tres cables, porque es sucia y de poco fondo ; y luego que se haya rebasado se pondrá la proa á la de Morro
Rojo, de la que se pasará como á medio cable, para dar
resguardo á un bajo que hay inmediato á la de Belie : rebasada la punta de Morro Rojo se verá una hermosa cala
llamada de Lombardo, en la que se dará fondo por siete
brazas de agua, y como á un cable de tierra. Desde esta

ensenada para adentro del puerto ó bahía hay muchos bajos, y así no se pasará de ella sin conocimiento práctico. En la mencionada ruta se hallan siempre de 10 á 15 brazas de fango. Entre la punta de Tres Marías y la de Morro Rojo, en la enfilacion de ellas, y como á media milla de la primera, hay un bajo de muy corta extension, que se evitará cuidando de no pasar á ménos de tres cables de la punta de Tres Marías, y de no poner la proa á la de Morro Rojo, hasta estar como á media distancia entre dichas dos puntas. Este fondeadero de la cala de Lombardo es propiamente una dársena : en la bahía de Acul es dificil hacer la aguada : la mejor agua está en el fondo de la cala que hay entre la punta de Tres Marías y Morro Rojo. A la punta de Limbé sigue la de Margot, que tiene tambien un islote redondo, y que sale algo mas que el de Limbé : el reconocimento de este islote es muy útil para dirigirse á la ensenada de Chouchoux, que está dos millas al O. de él : en esta ensenada hay buen fondo de seis y siete brazas : para entrar en ella es menester atracar la punta oriental, en la que ha seis brazas de agua á pique de ella ; y luego que rebasa, y se deja perder la salida á la embarcacion, se da fondo, pues inmediatamente que se entra al abrigo de la punta, calma la briza, y la poca qne hay se llama de proa, y esto sucede aun cuando el viento esté muy fresco afuera. Ensenada y fondeadearo de Chonchoux.

Al O. de esta ensenada hay otra muy pequeña, llamada de rio Salado, con poco fondo, y solo propia para embarcaciones pequeñas. Ensenada de rio Salado.

A cuatro millas de la ensenada de Chouchoux está la de Fond la Granja, cuya punta occidental, llamada Palmista, se distingue por una cordillera de arrecifes, que se extienden por una legua corta al O. y casi hasta la punta de Icngüe : la bahía de Fond la Granja es buena, y en caso de necesidad puede surgir en ella un navío : su boca será como de media milla, y su fondo bueno, pues en toda ella no se hallan ménos de seis brazas de agua, y á ménos Ensenada fondeadero de Fond la Granja.

de un cable de tierra : para entrar en ella es menester atracar la punta oriental, y dejar caer el ancla como en media bahia por siete brazas arena fangosa.

Punta Icagüe. A una legua corta de la punta Palmista está la de Icagüe, y la costa entre las dos es sucia con arrecifes ahogados, que se avanzan hasta media legua á la mar.

Puerto Paz. A ocho millas de la punta de Icagüe está la del Carenero de Puerto Paz, que es la mas septentrional de esta costa, y que desde léjos se confunde con la de Icagüe : la costa entre las dos es muy limpia. Desde esta punta del Carenero corre la costa al SO.¼S. para formar la ensenada de Puerto Paz ; y para fondear en ella es menester desatracarse de su costa oriental, porque en una punta que forma algo al norte del pueblo, hay un arrecife que sale como un cable, al pié del cual se hallan 13 brazas : para libertarse de él conviene promediar la boca de la ensenada, que solo tiene tres cables de abra, y dar fondo como al N. del pueblo por 12 ó 13 brazas arena fangosa, y como á cable y medio de tierra.

Isla Tortuga. Casi NS. con la punta de Icagüe está la punta oriental de la isla Tortuga, que corre casi EO., y tiene en este sentido seis leguas, y una en el de NS. : toda su costa septentrional es muy tajada á pique, y la del sur está por la mayor parte cercada de placer blanco y arrecifes. **Fondeadero de Bajatierra.** El único fondeadero que hay en la Tortuga es el de Bajatierra en su costa meridional, á legua y media de su punta oriental : lo forman la costa y los arrecifes que esta despide, y solo pueden entrar en él embarcaciones que calen de 14 á 16 pies. El canal que forma la Tortuga con la isla de Santo Domingo es de seis millas de ancho, y muy practicable para todo género de buques, que pueden bordear en él cómodamente, y con grandes ventajas, para barloventear cuando las corrientes se dirigen en él para el E. ; lo cual se verifica la mayor parte del año, pues es muy raro, y solo se experimenta en el tiempo de los sures, que estas cambien de dreccion al O. ; en cuyo caso es

indespensable ganar al N., y colocarse á seis ó siete leguas
de la Tortuga para barloventear. Cuando se bordee por
este canal debe procurarse rendir las bordadas cerca de
ambas costas, y á ménos de una milla de ellas, pues en sus
proximidades se experimenta corriente mas fuerte y viento
mas largo, cuando al contrario á medio canal, ni la corriente
ni el viento son tan favorables.

A cuatro leguas de Puerto Paz está la bahía de Mos- Bahía de
quito, y la costa entre las dos es muy limpia y escarpada: Mosquito.
la había de Mosquito apénas tendrá de abra cuatro cables:
su fondo es desigual, y está sembrado de peñas, por lo que
es menester gran cuidado de reconocerlo con el escandallo
ántes de dejar caer el ancla, pues entre las dos puntas con
40 brazas no se coge sonda.

A legua y media de la bahía de Mosquito está la del Bahía del
Escudo, y la costa entre las dos es muy escarpada. La ba- Escudo.
hía del Escudo es mejor que la de Mosquito; pero su entrada es mas estrecha, á causa de un arrecife que despide
su costa oriental á distancia de dos cables, y sobre el que
no hay mas de tres brazas de agua: para tomar este fondeadero es menester atracar el arrecife de su punta oriental, y ceñir el viento para dejar caer el ancla por 8 ó 10
brazas fango, en medio de la bahía, y como al NNE. de una
casa que hay en el fondo de la ensenada.

A 6 millas de la bahía del Escudo está la de Juan Rabel Bahía de
que es buena, segura y fácil de tomar, para lo cual debe Juan Ra-
atracarse sin cuidado alguno el arrecife de su costa oriental, bel.
que tiene á pique 10 brazas: el fondeadero para las embar-
cáciones grandes está como á dos cables de los arrecifes del
E. por 12 ó 15 brazas de agua, y se tendrá cuidado de no
cubrir las dos puntas que hay en la costa del E., pues aunque se podria entrar mas, no es conveniente, porque el
fondo disminuye de pronto, y no es muy limpio.

Desde Juan Rabel hasta el cabo de la península de
San Nicolas hurta la costa para el sur, y no ofrece ancladero ni abrigo alguno: en ella hay siempre corrientes bas-

tante sensibles, que arrastran para tierra, y á dos leguas de
la costa son ménos fuertes, y se dirigen al NE. ; pero á proporcion que se acerca uno al freu entre Santo Domingo y
Cuba, toman incremento, y se dirigen al N.

Descripcion de la costa meridional.

Punta Es-
pada.
Desde cabo Engaño corre la costa al sur y O. hasta
punta Espada, que es baja, y cercada de placer blanco y
arrecife : desde dicha punta forma la costa una gran ensenada llamada de Higuey, y despues otra ménos considerable llamada de Calamite : ambas son muy sucias, y estan
llenas de arrecifes, que hacen impracticable el canal que
Isla Saona. forma la isla Saona ; de modo que siempre es menester ir
por fuera de esta isla, que está tendida EO., y tendrá en
este sentido cinco leguas escasas, y dos y media en el de
NS. : la costa meridional de ella es tambien sucia, y no se
puede atracar á ménos de dos millas : en su extremo SO.
hay varios islotitos, y desde dicho extremo hasta el cabo
Cabo Cau-
cedo.
Caucedo hay 16 leguas, y la costa intermedia es bastante
limpia, pues solo hay un pedazo que llaman playas de Andres, con arrecife que sale al mar como una legua. A
Isla de San-
ta Catalina.
cuatro de la Saona está la isla de Santa Catalina, que es
pequeña, y muy sucia por su parte occidental.
Rio Oza-
ma, ciudad
y fon-
deadero de
Santo Do-
mingo.
Desde cabo Caucedo, en cuya parte occidental hay un
fondeadero con abrigo á la briza llamado la Caleta, roba la
costa al N. para formar una grande ensenada, en cuyo fondo desagua el rio Ozama, y en cuya orilla occidental está
la ciudad de Santo Domingo : en todo el frente de esta
hay un placer llamado de los Estudios con cinco, seis y
ocho brazas arena, que sale como media milla á la mar, en
el cual fondean las embarcaciones, pero con riesgo, especialmente en el tiempo de los sures, por la gruesa mar que
hay, y ningun abrigo del viento, á que se agrega ser la
costa brava de peñas y sin playa alguna, en la cual rompe
la mar con violencia : el fondeadero seguro es dentro del

rio; pero como este tiene barra, solo pueden entrar en el embarcaciones que no pasen de 14 pies de calado, y aun estas en tiempo de sures corren riesgo de perderse sobre ella. Para fondear en el placer de los Estudios es necesario costear la tierra de barlovento desde cabo Caucedo, á distancia de tres cables ó media milla, que es muy limpia y hondable, y solo en la punta oriental del rio hay un placer de poco fondo, que saldrá como dos cables, y para resguardarse de él no se meterá para el N. hasta estar NS. con la punta occidental del rio.

La punta de Nisao es la occidental de la gran ensenada de Santo Domingo; y para montarla, saliendo de dicho fondeadero, es menester gobernar al S.½SO. ó SSO.: andando á dichos rumbos la distancia de 14 millas, se estará algo al sur de ella; y á distancia de seis millas si se ha navegado por el primero, y á la de dos si por el segundo: **Punta de Nisao.**

Desde la punta de Nisao corre la costa como al SO. y OSO. hasta la de Salinas, y toda ella es limpia, en términos que puede atracarse á ménos de dos millas. Desde la punta de Salinas roba la costa á el N. pora formar la ensenada de Ocoa, en la cual hay varios puertos y fondeaderos, que vamos á describir. **Punta de Salinas y ensenada de Ocoa.**

Desde la punta de Salinas corre la costa como al NE. hasta la de la Caldera, mediando entre las dos la distancia de milla y media: en la punta de la Caldera empieza á formar un gran saco como de dos millas al E., en el cual puede fondear toda clase de embarcacion con la mayor seguridad, y al abrigo de toda mar y viento. La boca de este puerto, esto es, el espacio que media entre la punta de la Caldera y la costa mas proxima, es de media milla; pero el canal hondable y bueno está reducido á un cable de ancho, pues la costa despide un placer de piedra, en cuyo veril hay cuatro y media brazas de agua, y sale como tres cables, y la punta de la Caldera otro con el mismo fondo y calidad en su veril, el cual sale á medio cable de ella: el fondo del canal es de siete á ocho brazas arena lamosa. **Puerto de la Caldera.**

Aunque este puerto es muy grande, el veril de piedra que despide la costa lo rodea todo por su parte interior, y lo reduce mucho : aun queda mas reducido por varios bajos de piedra que hay en el mismo fondeadero, y que forman entre sí pasos muy buenos y hondables. Como estos bajos lo obstruyen tanto, es sumamente dificil, aun con buena práctica, entrar en él á la vela, y absolutamente imposible no teniéndola : á mas de esto, como por la estrechez de su canal no se puede cordear, nada se pierde en aconsejar generalmente que nadie intente entrar en él sino á la espía ó remolque, dando fondo ántes al N. de la punta de la Caldera, y como á un cable de ella : para esto se atracará la punta de Salinas á distancia de dos cables, y se mantendrá esta misma distancia hasta rebasar una puntita que forma la costa entre punta de Salinas y la de la Caldera, que es sucia, y despide un bajo de piedra, en que no hay mas que dos y tres brazas de agua. Rebasada dicha punta, que se llama de Rancheros, se atracará la costa á ménos de un cable si se quiere, para buscar la de la Caldera y dar fondo á su inmediacion como se ha dicho. Si el viento no diere para ir en derechura, se bordeará, teniendo cuidado de virar en ambas vueltas sobre las ocho ó diez brazas para librarse de los cantiles. Una vez fondeados fuera se tiende una espía con las embarcaciones menores, tomando con ellas mismas conocímiento del canal, y con espiarse dos ó tres cables mas adentro se estará ya en un fondeadero muy seguro y abrigado.

Fondeadero de Ocoa Desde el puerto de la Caldera corre la costa como al NO. hasta la punta y rio de Ocoa, que revuelve para el NE., y forma una rada de mucha extension, abrigada de las brizas ; pero es una playa de arena tan acantilada, que con mucha facilidad garran las anclas, y tambien suelen faltar los cables, porque hay algunas piedras sueltas en el fondo. Por esta razon se fondea muy próximo á tierra, y se da cable á ella, donde se amarra en las palmas que hay en la orilla, dando tambien cable afuera

para las virazones del O. y NO. que hay de noche, y
las cuales obligan á que para tomar este fondeadero se espere á que se entable la briza, que se verifica á las 10 de
la mañana: con ella es menester navegar desde la punta
de Ocoa muy preparado de aparejo para recibir las fugadas de viento que vienen sobre la costa, pues son muy
pesadas.

Despues de la rada de Ocoa sigue la costa para el
norte por espacio de cuatro millas; y dirigiéndose despues para el O. en distancia de otras ocho, empieza á bajar
para el sur á formar la costa occidental de la gran ensenada. Casi donde principia á bajar para el sur la costa hay
un puerto llamado Puerto Escondido, cuya boca tiene de Puerto Escondido.
ancho mas de media milla: para entrar en él es menester
atracarse á su punta meridional, que es limpia, y tan hondable, que á medio cable de ella hay cinco y media y seis
brazas: la punta septentrional despide arrecife á un cable
de ella. Media milla dentro del puerto, y en direccion de
la medianía de su boca, hay un bajo de piedra que tendrá
dos cables de extension en el sentido norte sur, y uno en el
de EO., y sobre el cual se iria una embarcacion si promediando la boca del puerto gobernaran al NO.: para
evitarlo conviene atracar la costa meridional á distancia
de dos cables, dando fondo como á media milla dentro del
puerto, y sin internarse mas con embarcaciones de gran
cala; pues el fondo va disminuyendo en términos que dos
cables mas adentro solo hay 15 pies de agua. A la parte
del N. del bajo tambien se puede fondear por cinco brazas
de agua, no internándose mas que á tres ó cuatro cables
de la boca. En fin este puerto es excelente para embarcaciones que no calen mas de 14 pies, las cuales pueden entrar y abrigarse de todos los vientos: las fragatas y navíos
siempre quedarán expuestos á sufrir alguna mar del SE.,
y mejor estarán en este caso hácia la parte del sur, que
hácia la del N. El Puerto Escondido demora desde la punta
de Salinas como al NO.

Cabo Mongon. Desde la ensenada de Ocoa corre la costa como al SSO. la distancia de 10 leguas hasta cabo Mongon, que es la punta mas meridional de la isla de Santo Domingo. Al **Isla Beata.** sur de esta punta, y á legua y media de ella, está la isla Beata, la cual tendrá como una legua de extension norte sur y media de E. á O.: el canal que forma con la punta de Mongon está casi cerrado por un placer blanco y arrecife que despide la Beata, y el estrecho paso que queda solo tiene tres brazas de agua: á dos y media leguas al sur **Alto Vela.** de la Beata hay un islote llamado Alto Vela, muy limpio y acantilado; y como no hay el menor motivo para pasar entre él y la Beata, lo mejor es pasar siempre por el sur de él; y así los que salen de Ocoa con direccion al O. deberán gobernar al S. 6 al S. 30° O.: andando al primer rumbo la distancia de 22 leguas y media, y gobernando despues al O., se pasará á dos leguas y media al S. de Alto Vela; y andando al segundo rumbo la distancia de 24 leguas y media, y gobernando despues al O. se pasará al S. de Alto Vela á la misma distancia de dos y media leguas: conviene mejor hacer el primer rumbo para no verse aconchado en caso que el viento se escasee, ó que las aguas, como suele suceder, tiren para el O.

Cabo Falso. Desde cabo Mongon corre la costa al ONO. hasta cabo Falso; á legua y media al S. de este cabo hay unos islotes llamados los Frailes, los cuales no conviene atracar á ménos de una milla. Desde cabo Falso corre la costa al NE., y forma la ensenada llamada Sin fondo: desde ella corre como al NO., y á nueve leguas de cabo **Ensenada de Pedernales.** Falso se halla la ensenada de Pedernales, donde hay buen fondeadero y muy fácil de tomar, para lo que no hay riesgo alguno en atracar la costa: se fondea enfrente de la tierra baja y llana de la ensenada, ó bien al sur de una puntita que hay en la boca del rio, el cual no puede ménos de verse fácilmente, pues es caudaloso: hay en él un buen abrigo de mar, y el fondo es de seis y ocho brazas, y muy cerca de la tierra de cuatro.

A seis leguas de la ensenada de Pedernales está la poblacion de Sale-Trou, donde hay buen fondeadero para
embarcaciones que no calen mas de 16 pies : las mas grandes pueden fondear, pero á mucha distancia de la tierra,
donde el fondo no es tan bueno : la costa intermedia es muy
limpia y sin riesgo alguno : al O. de Sale-Trou está el
Morro Rojo, y la costa es igualmente limpia.

Desde el Morro Rojo sigue la costa al O.¼SO. hasta el
cabo Jaquemel, que es la punta meridional del fondeadero del mismo nombre : la de Mariscales, que es la septentrional, demora de la primera al NNE. distancia de una
legua escasa : el cabo Jaquemel es escarpado á pique : la
costa del sur de la bahía es sumamente acantilada y sin fondo,
y el fondeadero está en la del N. : cuando se está entre cabo
Jaquemel y el de Mariscales, y como al medio de la bahía,
se descubre un arrecife, que es menester dejar por estribor
para fondear entre él y la tierra por 12 ó 15 brazas : para
coger este fondo es menester atracar mucho la tierra, pues
si no, se cae en mucha agua.

A cinco leguas del cabo Jaquemel está el de Bayanet, el
cual forma una gran bahía que presenta su boca al SE. : esta
se llama de Bayanet ; es muy limpia y hondable, pero no
hay abrigo alguno en ella.

Desde el cabo Bayanet corre la costa al O.¼NO.
hasta la punta de Morro Rojo : este cabo dista de Bayanet diez leguas, y la costa intermedia es limpia y muy
hondable, pero no hay en ella abrigo alguno de la briza :
cerca del cabo Bayanet la costa es muy acantilada y de
gran fondo. La punta de Morro Rojo es de fácil reconocimiento por tres manchones blancos de bastante altura,
que se llaman los manchones de Aquin : ellos forman una
punta gorda, bajo la cual hay buen fondeadero por 10
y 12 brazas á buena distancia de la tierra : este fondo continúa así hasta la bahía de Flamencos, que está
al ENE. 5º E., y á legua y cuarto de los manchones de
Aquin.

Bahías de
Aquin y
de San
Luis,

Al O. de la punta de Morro Rojo, y á distancia de dos cables, hay un islote llamado el Diamante : al O. de este islote, y como á tres cables, hay una isla llamada el gran cayo de Aquin, la cual corre casi EO., y tiene en este sentido tres cuartos de legua, y uno en el de sur á norte. Al sur de la punta occidental de esta isla hay un islote llamado la Anguila : al OSO., y á tres cuartos de legua de la misma punta hay otro islote llamado cayo Ramier : al NE. de cayo Ramier, y como á media legua, hay otro islote llamado la Regala, y al norte de la Regala está otro islote llamado la Engañosa. Al O.$\frac{1}{4}$, al SO., y á distancia de dos millas del cayo Ramier está el de Mosquitos; y al mismo rumbo, y distancia de legua y media del cayo Mosquitos, está el de Orange ; tambien hay al N. del cayo de Mosquitos otro llamado la Tiñosa, que está á media distancia entre él y la costa. Al O. del islote Orange, y á media legua, está la punta Pascal. La costa comprendida entre Morro Rojo y la punta Pascal forma dos bahías con fondeadero, la primera llamada de Aquin, y la segunda de San Luis.

Entrada en
Aquin.

Para entrar en la de Aquin se debe pasar, ó por los canales que forma el Diamante con Morro Rojo y el gran cayo de Aquin, ó por el que hay entre cayo Mosquitos y cayo Ramier: en el canal que forma el Diamante con Morro Rojo hay cinco brazas, y en el que forma con el cayo Aquin hay desde seis á ocho. Para entrar por el de Ramier es menester resguardarse de un placer que este islote despide como media legua al S., y sobre el cual no hay mas que tres brazas de agua, para lo cual se procurará atracar el de Mosquitos, que es muy limpio. El canal entre Mosquitos y Ramier es muy hondable; y desde él, y luego que se haya doblado el islote Ramier, se verá el de Regala, que es de arena, y muy bajo, y se debe hacer derrota á dejarlo por estribor; y poniéndose á media distancia entre él y la costa, y rebasado que sea, se hará rumbo á atracar el gran cayo de Aquin cuanto el viento

lo permita, en el supuesto que el mejor fondeadero está al N.
de esta isla por seis y siete brazas, sin que haya obstáculo
para meterse mas adentro si se quisiere. Por el canal que
foman Ramier y Aquin no hay paso sino para embarcaciones
qne no calen mas de 15 pies, á causa de un placer que
despide la Anguila, y que es peligroso.

Para entrar en la bahía de San Luis es menester atracar la Entrada en San Luis.
punta Pascal, pasando entre ella y el cayo de Orange; y
siguiendo despues la costa del O. de dicha bahía por ocho y
diez brazas, se dará fondo al O. de Fuerte Viejo a ménos de
tres cables de tierra; y procurando descubrir la ciudad por
el N. de dicho Fuerte Viejo, que está situado sobre unas
rocas aisladas, entre las que, y la tierra, tambien se puede
pasar para buscar un fondeadero enfrente de la ciudad, en
donde el mayor fondo es de cinco brazas. Al S.$\frac{1}{4}$SE. de
Fuerte Viejo, y á un cuarto de legua de él, hay un bajo llamado el Carnero: entre él y la costa hay buen paso, y tambien lo hay entre él y el Fuerte Viejo; pero el primer paso
que hemos descrito por el O. de Fuerte Viejo es preferible á
estos otros.

Desde la punta Pascal sigue la costa como al O.$\frac{1}{4}$SO.
por espacio de seis leguas; y tomando despues la direccion
del S. y SE. por espacio de otras tres, termina en la punta Punta de Abacou ensenada de los Cayos.
de Abacou, formando una gran ensenada llamada de los
Cayos. Al sur de esta costa hay una isla llamada de Vacas,
cuya punta oriental está casi NS. con la de Pascal, y EO.
con la de Abacou: la costa meridional de esta isla corre
al O. como á dos leguas, y subiendo despues al NO. como cinco millas, baja al E.$\frac{1}{4}$SE. á terminar su contorno,
formando con él la figura de un triángulo. Esta isla es
montuosa, y á distancia de seis ó siete leguas se presenta
como dividida en una porcion de islotes: desde su punta
SO. bácia la del NO. despide su costa un placer blanco,
con cinco y seis brazas de fondo piedra, hasta milla y media á la mar, el cual en la punta del Diamente, que está
algo al S. de su punta NO., se halla pegado á la costa,

quedando esta hasta la punta NO. limpia, y con buen fondo de seis y siete brazas : su costa meridional es acantilada y cercada de arrecife, que sale de ella como un cable hasta la punta del E., donde hay un placer blanco, que se une con un arrecife llamado de la Loca : la costa septentrional despide una porcion de placeres blancos é islotes, entre los cuales hay pasos muy estrechos : en ella está la bahía de Feret con buen fondeadero ; pero para ir á él es menester buscar muy bien los canalizos, y por tanto indispensable tener práctica ; no teniéndola, no debe emprenderse entrar en este laberinto de riesgos, que está terminado al N. por el cayo ó islote mas septentrional, llamado del Agua, que es muy notable por un gran manchon de árboles, entre los cuales hay uno que se elva mucho sobre los demas : este islote es muy limpio, y hay al N. de él, á bastante distancia, un fondeadero desde 15 hasta 30 brazas.

Bahía de Melle. Al O. de la bahía de San Luis está la de Melle, que aunque de muy buen fondo en toda ella, hay muy poco abrigo de los sures, porque su boca es muy grande, y presenta al S. : la entrada de esta bahía está obstruida en su medianía por un bajo que se extiende bastante en direccion EO. : sobre él hay parages donde no se hallan mas que 15 pies de agua : es muy estrecho, y forma paso con la costa como de un cuarto de legua de ancho, y su veril mas meridional no se extiende á mas de media legua de la costa : para entrar en esta bahía con buques que calen mas de 15 pies es preciso aterrar la costa del O. de la bahía, rascando la punta de Paulino, que es la occidental de ella.

Bahía de Flamencos A dos millas de la bahía de Melle está la de Flamencos, que se interna mucho al NE. : en ella invernan las embarcaciones durante la estacion de los sures y huracanes : la entrada y costas de esta bahía son limpias y altas : se puede fondear en cualquier parage de ella, y tiene un sitio muy acomodado para carenar.

A un cuarto de legua de la bahía de Flamencos está la de Caballon, que aunque es muy grande su fondeadero, es de muy corta extension: su costa occidental es muy acantilada, con fondo de peñas, por lo que es preciso fondear en la del E. enfrente de un manglar, á el cual se puede aproximar sin riesgo alguno, pues el fondo es bueno, y se hallan cinco brazas casi tocando la tierra. En esta bahía hay buen abrigo de las brizas. La punta occidental de ella se llama el manchon de Caballon, y tiene á su parte del SE., y como á media milla, un bajo con seis pies de agua, llamado el Carnero, entre el cual y la costa hay ocho brazas de agua.

A una legua al OSO. de Caballon está el fondeadero de los Cayos, y á medio camino se halla una islita llamada de la Compañía, en la que se fondea cuando no se quiere entrar en los Cayos. Para entrar en este fondeadero es menester que la embarcacion no cale mas de 13 pies, y que desde la islita de la Compañía sea conducida por práctico. Los que quieran entrar en los Cayos por el O. de la isla de Vacas, es menester que se dirijan y atraquen á su punta NO. hasta tomar las seis brazas de agua, y entónces gobernarán á descubrir por babor los manchones de Caballon, y con proa como del N.¼NE., para dejar por babor un gran placer blanco y arrecife que ocupa casi todo el centro de la bahía; y luego que la ciudad de Cayos demore al NO.¼O. se pondrá la proa á la islita de la Compañía, donde se dará fondo, ó tomará práctico para ir á los Cayos. Las embarcaciones que no pueden fondear en los Cayos se dirigen á Chateudin, distante media legua al O., y separado por los bajos de que hemos hablado. Para entrar en Chateudin, despues de estar como al O. ú OSO. de la punta NO. de la isla de Vacas, y por las 8 ú 11 brazas, se pondrá la proa á Torbée, que es una poblacion que hay en el saco de la bahía, y el rumbo para ello será como del NO.; estando á dos millas de la costa se descubrirá una bandera blanca, que sirve de valiza en

un bajo, la cual es menester montarla por el O., dejándola á estribor, y se puede pasar de ella á medio cable :
cuando demore ésta valiza al S. se seguirá la costa hasta
la rada de Chatcudin, donde se dará fondo por seis ó siete
brazas lama : en toda esta travesía, si no se sale del canal,
no se hallarán ménos de siete á nueve brazas, y el fondo
comun es de 12 y 15 lama.

Punta de Abacou é isla de Vacas. La punta de Abacou es baja, y está formada por dos
puntas salientes de arrecife, que se extienden á un cuarto
de legua : no obstante esto es puede atracar sin miedo alguno, pues á media legua de ella no se halla fondo con 40
brazas : el canal que con la punta de Abacou forma la isla
de Vacas es de siete millas : en su medianía se hallan 25
brazas de fondo, el cual disminuye progresivamente hácia
la isla de Vacas, en la cual, y desde la punta del Diamante
para el N, se puede fondear por seis y siete brazas.

Punta Gravois. Desde la punta de Abacou corre la costa al O. 2º S.
por espacio de tres leguas hasta la de Gravois, y es toda
ella de poca elevacion : desde la de Gravois corre al NNO.
seis leguas y media hasta un morro grueso llamado los
Chardonieres, que se ve de bien lejos : en este intermedio de costa hay muchas ensenadas que no pueden mirarse como fondeaderos, y la única que hay un poco espaciosa es la llamada Puerto Salud, que está á una legua corta de la punta Gravois. Desde Chardonieres corre la costa al NNO. cuatro millas hasta la bahía llamada de los
Ingleses, en la que, aunque la costa es limpia, y se puede
fondear muy cerca de la tierra, no hay abrigo de la briza.
Desde esta bahía corre la costa al SO. hasta la punta de
Boucand viejo, que es baja, desde la cual sube al ONO.
hasta la de Búrgos, que dista cuatro millas : entre estas
dos puntas hay algunos placeres y arrecifes que salen á
media legua de la costa.

Cabo Tiburon. Desde la punta de Búrgos á la de Tiburon hay una
legua escasa. El cabo Tiburon es una gran montaña muy
elevada, que declina suavemente al mar : tiene tres puntas,

que desde léjos se confunden en una sola, y son, la mas
septentrional la llamada de Carcase, la de enmedio la llamada de Locos, y la tercera, que es la verdadera punta de
Tiburon: esta última es la que forma con la de Búrgos la
bahía de Tiburon: desde el cabo Carcase al de Tiburon no
se halla fondo con 50 brazas á dos cables de la costa; pero
á esta misma distancia del último se halla con 24 y 30. Para entrar en la bahía de Tiburon no debe darse resguardo
mas que á la punta de Búrgos, que despide en su parte
del O. un arrecife que sale á un cable de ella: el fondeadero está al N. de esta punta, y enfrente de la poblacion
por siete ú ocho brazas fango: en ella no hay riesgo sino
con los vientos del sur, y las embarcaciones pequeñas se
ponen al abrigo de ellos, arrimándose á tierra, y por tres ó
cuatro brazas: con cualquier viento la mar está llana, y el
desembarcadero es muy fácil; hay buena agua, y facilidad
para hacerla.

Bahía de Tiburon.

Descripcion de la costa occidental.

Desde la punta de la península corre la costa al SE.
por espacio de una milla escasa hasta la punta de San Nicolas, que es la septentrional de la bahía llamada el Mole
de San Nicolas: esta bahía es grande, y su entrada muy
espaciosa, desde la cual se va estrechando para adentro:
en lo interior de ella está la ciudad del mismo nombre,
que se descubre desde que se dobla el cabo de San Nicolas: la costa del N. desde la punta de San Nicolas despide un placer blanco, que sale como un tercio de cable de
ella, sobre el cual hay tres y cuatro brazas de agua: la
del sur tiene tambien su placer blanco, que sale á un cable de una punta interior inmediata á la ciudad, sobre la
que hay uná batería, y que con la mas saliente al N. de
la ciudad forma una ensenada: desde esta punta sigue el
placer blanco derechamente á la punta del fuerte, ó extremo N. de la ciudad, y por tanto desde que se esté NS.

Cabo de San Nico-las y su bahía.

con dicha punta, no se prolongará la bordada del sur sino hasta estar EO. con la parte septentrional de la ciudad: tambien debe advertirse que en la costa del sur, y un poco al O. de la punta mencionada, no se halla fondo, por lo que debe mirarse con anticipacion y conocimiento de poder virar por redondo en caso que falte la virada por avante: en la del N. no hay tanto riesgo, porque hay medio de dejar caer una ancla, bien que muy inmediato á tierra. El fondeadero, que es muy abrigado de todos vientos, y en que se pasa la mala estacion de los huracanes, está enfrente de la ciudad por 15 y 18 brazas arena: cuando se entra en esta bahía es menester gran cuidado con las fugadas, que son tales, que con facilidad se desarbola de los masteleros.

Punta de la Mole. La punta meridional de esta bahía es la del Mole, al sur de la cual, y á dos millas está el cabo de Locos, en que la costa se redondea, y dirige al SSE. como dos leguas hasta la punta de Perlas. **Cabo de Locos.** El cabo de Locos tiene en su extremo una roca pequeña, que figura un islotito: toda esta costa es muy acantilada, escarpada, y sin abrigo alguno: en ella hay ordinariamente calmas, y las corrientes en su inmediacion se dirigen al N., y dos leguas á la mar al O. y OSO.

Punta de la Plataforma. Desde la punta de Perlas sigue la costa al SE. y ESE. por cuatro leguas y media hasta la punta de la Plataforma, que es la mas meridional de esta parte: al redoso de ella se puede fondear delante de una ensenada de arena en que hay algunas casitas, y se deja caer el ancla muy inmediato á tierra por 8 ó 10 brazas fondo de yerbas.

Punta de Piedras. Como al E.¼SE., y á distancia de diez leguas y media de la Plataforma, está la punta de Piedras, que es muy alta y escarpada: la costa entre las dos es muy limpia y hondable, y presenta fondeadero para embarcaciones grandes **Bahía de Hene y puerto Piment.** en la bahía de Hene y puerto Piment; pero solo en caso de necesidad deben tomarse: en la estacion lluviosa hay casi todas las tardes turbonadas fuertes del SE., lo que debe tenerse presente para mantenerse á dos ó tres leguas de la costa, como conviene, para ser dueños de tomar un partido, á menos que por ir directamente á algun punto de ella, deba atracarse.

A una milla al E. de punta de Piedras está la de Gonaibe, que es la septentrional de la bahía del mismo nombre, la cual es grande y hermosa, con excelente y abrigado fondeadero, y muy fácil de tomar : los que se dirigen á ella deben atracar la costa del N. desde la punta de Piedras, y seguirla como á una milla de distancia, gobernando al E. con alguna inclinacion para el N. hasta dar fondo por 6 ó 10 brazas fango : desde la punta de Gonaibe, que es baja, se hallan de 12 á 15 brazas, y el fondo disminuye para adentro, en términos que las seis brazas se hallan á ménos de media milla de tierra. Pasada la punta de Gonaibe, que se deja por babor, se descubre el fuerte Castries, al cual es menester no aproximarse para evitar un bajo que hay al S. de él, y como á un cable : la punta meridional de esta bahía, llamada de Verreur, está NS. con el fuerte Castries, y es menester resguardarse de ella pasando á mas de un cable, pues despide arrecife de muy poca agua, que se extiende al NE. *Punta y bahía de Gonaibe*

Al S.¼SO., y á ocho leguas de la punta de Piedras está la de San Márcos, que es alta y redonda : á una milla de ella, tierra adentro, se levanta un morro, que se ve á mucha distancia : este cabo San Márcos es la punta meridional de la bahía del mismo nombre, la cual tiene una legua de profundidad, con fondo considerable, y tan acantilado, que es menester dejar caer el ancla frente de la ciudad, y como á dos ó tres cables de la playa sobre 15 y 18 brazas : toda la costa de esta gran bahía es muy limpia, y se puede atracar cuanto se quiera, y solo hay un pedazo de ella sucio en la parte septentrional desde punta Gorda hasta dos millas al SE., en el que á distancia de dos cables de tierra despide arrecife : esta punta grande es un recodo que hace la costa septentrional, desde el cual *Cabo San Márcos. Bahía de San Márcos.*

corre al SE. para dentro de la bahía, y como al N. para afuera de ella, terminando por esta parte en una punta baja saliente al mar, que á alguna distancia parece una isla, y se llama punta de morro del Diablo, al norte de la cual, y á dos millas, desemboca en el mar el rio de Artibonite.

Golfo de Gonaibe. La punta de la Plataforma al N., la costa de Santo Domingo desde la bahía de Gonaibe hasta el cabo San Marcos al E., y la costa septentrional de la isla de Gonaibes al S., forman lo que se llama el golfo de Gonaibe. La punta de San Marcos y la NE. de la isla Gonaibe for**Golfo de Puerto Príncipe.** man la entrada del canal de San Márcos ó Desde la punta de San Márcos sigue la costa como al ESE., y bajando despues al S. hasta Puerto Príncipe, revuelve al O., y forma el golfo de Puerto Príncipe. Así como forma la isla de Gonaibe con la punta de San Márcos el canal de San Márcos, así tambien forma con la costa meridional del golfo de Puerto Príncipe el canal que se llama de Gonaibe ; por tanto para entrar en este saco de Puerto Príncipe es menester dirigirse ó por el N. de la isla de Gonaibes, que se llama canal de San Márcos, ó por el S. de ella, que se llama canal de Gonaibe : asi ántes de describrir las costas de este saco, y dar idea é instruccion para navegar en ellas, describirémos la isla de Gonaibe, como cosa necesaria para dirigirse con acierto en ambos canales.

Isla de Gonaibe. Solo el pedazo de costa occidental de esta isla es limpio ; pero tambien en cambio es muy acantilado y escarpado á pique : en él se encuentra fondo de 16 á 20 brazas á un cable de la costa. Desde la punta de Latanieres, que es el extremo septentional de la isla, hasta la punta de buen hombre Pitre, está cercada la costa de un arrecife que sale como á un cable de ella, y por fuera del cual, y en su veril hay desde tres y media hasta seis brazas : desde dicha punta del buen Hombre hasta la islita Mare sale mas este arrecife, dejando entre él y la costa canal con fondeadero para embarcaciones chicas, que es mejor en los parages llamados canal de Bahama, gran Lagon, é islita

Mare, en los cuales se está al abrigo de la mar, que no penetra dentro del arrecife. Desde la islita Mare hasta la punta Galet es la costa limpia : y desde la punta Galet, que es baja, hasta punta Gorda, sale de nuevo el arrecife, y se extiende en parages á mas de una milla al mar : dentro de él hay un placer blanco con fondo de cuatro á seis brazas; para entrar en este placer es menester que la embarcacion no cale mas de 10 pies, y que se busque alguno de los pasos que forma el arrecife, y que se reconocen en la falda del placer blanco : dentro del arrecife hay fondeadero en todas partes ; pero con preferencia en la ensenada de Galet, en agujero Constantino, y en la ensenada de Piron. Desde punta Gorda hasta la de Fantasque es la costa limpia, y forma una ensenada llamada bahía Grande : cerca de la punta meridional de esta bahía hay una islita llamada Gonabe chica, cuya punta septentrional despide un arrecife á mas de dos cables al N. : hay ademas varios arrecifes, que dejando entre ellos y la costa canal de casi una milla, se extienden al mar á mas de una legua : aunque en el canal entre ellos y la costa hay paso para cualquiera embarcacion, seria muy imprudente emprenderlo sino en un caso forzado, y con viento muy ancho, pues hay en él corrientes rápidas y muy irregulares, que por lo general se dirigen al NNE. Desde punta Fantasque hasta la de Arena forma la costa otra ensenada Bahía del llamada bahía de Parque, que es el único sitio que hay en Parque. toda la Gonabe capaz de permitir fondear á buques grandes ; pero su entrada es muy arriesgada por varios arrecifes sueltos que hay en sus inmediaciones. Desde la punta de Arenas hasta la de Retoures es la costa limpia y hondable ; y desde la de Retoures hasta la del SO. es muy sucia, con arrecife que sale de ella cerca de una milla en algunos parages : en el veril de este arrecife se hallan desde nueve hasta veinte brazas.

Desde la punta de San Márcos corre la costa de Santo Domingo al SE. por espacio de seis y media leguas, hasta

la punta de Vasos, y desde esta al ESE. por otras cinco
leguas, que baja por espacio de otras tres al sur hasta
Puerto Príncipe. La costa desde San Márcos hasta Puerto
Príncipe es muy limpia y hondable, y puede correrse toda
ella á distancia de una milla sin riesgo alguno y por fondo
de 10, 15 y 20 brazas. En ella se verán primero el
almacen de Montrovi; despues los pueblos de Arcajaye y
de Boucasin, y finalmente la ciudad de Puerto Príncipe. Al
OSO. de la punta de Bajos hay tres islotes, de los
cuales el mas inmediato á dicha punta dista de ella una
legua escasa; se llaman los Arcadinos; corren entre si como NE., SO., y formados canales como de media milla
de amplitud: estos islotes no son temibles, pues en todas sus
inmediaciones se hallan cinco y seis brazas de agua, y
entre ellos y la costa el fondo no sube de 28, ni baja
de 10.

Al ESE. del pueblo de Boucasin hay una islita llamada
Cayo Carnero, muy inmediata á la costa, muy limpia
y hondable; pero no debe pasarse entre ella y la costa,
sino siempre por fuera. Como á dos leguas al sur de esta isla está la rada del Foso, la cual al NE., y la punta de
Lamentin al SO., se puede decir, forman la entrada de la
gran bahía de Puerto Príncipe: EO. con esta rada, y hasta
el meridiano de la punta de Lamentin hay varios islotes, de
los cuales el mas oriental dista de la rada del foso dos millas,
y el mas meridional dista de la punta de Lamentin
tres millas: hay ademas de ellos otros dos cuasi en direccion de dichas dos puntas de la bahía, que distan de la rada del Foso cuatro millas, y de la punta de Lamentin dos:
en el fondo de esta bahía de Puerto Príncipe es la costa
muy sucia, y despide una porcion de islotes, entre los
cuales está el fondeadero, y para tomarlo es menester práctico; por fuera de ellos se fondea tambien en lo que se
llama la gran rada, á la cual se puede entrar sin práctico.

Entrada de Puerto Príncipe. Los que vienen á Puerto Príncipe por la parte del NO.,
despues de reconocida la punta de San Márcos, pueden di-

rigir su derrota á pasar entre los Arcadines y la costa, ó
entre ellos y la isla Gonabe: el primer paso nos parece
preferible, no solo porque así se evitan las proximidades de
Gonabe, que en su parte de SE. es muy sucia y peligrosa,
sino porque siendo en este canal generalmente el viento
del NE., cuanto mas cerca se pase de la costa de Santo
Domingo, tanto mas franco se irá á tomar el fondeadero de
Puerto Príncipe: ademas como en la estacion lluviosa hay
todas las tardes en este canal violentas turbonadas, que
obligan á ponerse á la capa, y mantenerse sobre bordos
para no caer sobre los arrecifes de la Gonabe; si se está
sobre la costa se puede buscar un fondeadero cerca de la
punta de Arcajaye, que es el mejor partido que puede tomarse luego que se anuncie la turbonada. Despues de
rebasados los Arcadines se gobernará como al SSE. algo
para el E., á fin de atracar la punta de Lamentin, al E. de
la cual se puede dar fondo si cogiese la noche. Desde la
punta de Lamentin hay cuatro millas hasta el fondeadero de
Puerto Príncipe: y para ir á él se pondrá la proa á la cindad,
y se dará fondo por 10 ó 15 brazas, por fuera de los islotes,
y como á media milla de ellos.

La punta de Leogane dista de la de Lamentin cuatro
leguas y media; y la costa entre las dos es muy limpia y
hondable, y puede atracarse á distància de una ó dos millas.
Desde Leogane hurta la costa al S., y forma la ensenada del Ensenada
gran Goabe y la bahía del pequeño Goabe, que estan y bahía de Goabe.
separadas por una punta y morro llamado el manchon de
Goabe: en la bahía del pequeño Goabe se entra dejando
por babor un islote que hay muy inmediato á la costa, y
que demora al N. de la poblacion; al O. de la cual se
puede dar fondo por 9, 12 y 15 brazas.

Desde el pequeño Goabe corre la costa del O. cerca
de cuatro leguas hasta la bahía de Miragoane, que está Bahía de
cerrada al N. por una islita y arrecife que despide al E., Mirago-
dejando paso entre él y la costa oriental; por lo que tanto ane.
para entrar como para salir de esta bahía es menester ras-

car dicha costa.　Desde Miragoane sigue la costa al O., siempre muy limpia y hondable, y se ven en ella las poblaciones de la ensenada de Buey y la del Agujero chico. Desde esta última poblacion forma la costa una gran bahía llamada de Baradieres, cuya punta occidental es la llamada Bec de Marsoins : estas dos puntas corren como NOSE., y distan entre sí legua y media.　Inmediato á la costa oriental de la bahía hay una isla con varios islotitos, que despiden un arrecife y bajo fondo, que casi se une con la costa occidental, dejando solo un paso ó canal de

Entrada en la bahía de Baradieres. ciuco ó seis cables de ancho.　Para entrar en esta bahía es menester atracar la costa occidental, en la que se dará fondo por ocho ó diez brazas de agua.　Esta bahía de Baradieres, y la punta occidental de la isla de Gonabe forman la entrada del canal del mismo nombre, en el cual hay un

Bajo de Rochelois. bajo de piedra llamado de Rochelois, que no deja de dar cuidado por su posicion, que está en medio del canal : este bajo, que tendrá un cable de extension, se levanta sobre un placer de dos millas de N. á S., y tres de E. á O., en el cual se hallan de seis á doce brazas de agua, fondo muy desigual : las rocas del bajo se descubren enteramente á baja mar, y solo se descubren cuatro puntas mas altas en la pleamar : en el placer, hay ademas otros dos bajos muy pequeños y temibles, porque solo tienen encima dos brazas de agua : el uno está á una milla escasa al NNO. del bajo principal, y el otro á dos cables y medio al NO. del mismo : lo que conviene es resguardarse enteramente del bajo y del placer, procurando no navegar á medio canal, sino atracar las costas de Santo Domingo ó Gonabe, la primera á la distancia que se quiera, y la segunda á una milla cuando mas : la medianía de este bajo está en la latitud de 18° 37′ 20″.

Al ONO. de la punta de Bec de Marsoins, distancia de cuatro leguas y media, está la punta septentrional de

Isla de Caimitos. la isla grande de Caimitos, que está separada de la tierra por un canal de cinco millas, por el cual solo las embarca-

ciones chicas, y con auxilio de práctico pueden pasar : este
bajo fondo, que une la isla de Caimitos con la costa, se extiende tres leguas al OSO., y en él se levantan otros varios islotes. La costa forma una ensenada de dos leguas, llamada de Caimite, cuya costa oriental es la occidental de
la península de Bec de Marsovins, y está cerrada al occidente por la isla de Caimitos, y el bajo fondo que la une
con la costa. Para entrar en esta bahía no hay necesidad de
práctico, ni de mas prevencion que la de buscar con la
sonda el fondo conveniente, en el supuesto que hay fondeadero muy bueno para toda clase de embarcaciones, no
solo en la costa de la isla sino tambien en la oriental, que
se distingue con el nombre de bahía de Flamencos : para
buscar fondeadero en esta última se atraca la costa, y se va
á dar fondo enfrente de una playa de arena por el número
de brazas que acomode.

Entrada en bahía de Caimite.

Al O. de la punta N. del gran Caimitos, distancia de
ocho leguas, está la punta de Jeremías, en la que hay una
poblacion del mismo nombre, con mal fondeadero para
goletas. Legua y media al OSO. de la punta de Jeremías
está la de rio Salado, desde la cual hasta la de Daña María hay cuatro y media leguas al O.¼SO. : toda esta costa es
limpia y acantilada, sin fondeadero.

El cabo de Doña María es el mas occidental de esta
costa, y desde él baja al sur, formando una ensenada, llamada bahía de Doña María, en la cual hay fondeadero
abrigado de los vientos del primero y segundo cuadrante :
para entrar en esta bahía se procura atracar el cabo de
Doña María como media milla y nada ménos, para resguardarse de un arrecife que despide al O. á la distancia
de cable y medio, conservándose á la referida distancia de
media milla, hasta haber rebasado dicho cabo que hay al
sur, llamado cabo Falso, que es tambien sucio. y entónces se ceñirá ya el viento, que por lo regular se escasea
en la bahía, para poner la proa al SE., con la cual, y la
sonda en la mano, se irá á dar fondo al ONO. de un man-

Cabo de Doña María y su bahía.

20

chon blanco, en que hay una batería sobre cinco brazas, y como á media milla de la costa: el fondo en esta bahía es de cuatro á seis brazas á una milla de la costa, y aumenta hasta diez á la distancia de dos millas: las embarcaciones que fondean sobre las ocho y diez brazas sienten la marejada de la briza cuando esta es fresca.

Costa entre cabo Doña María y punta de Irois.

Desde el cabo de Doña María hasta la punta de Irois corre la costa al SSO. por espacio de cinco leguas, y forma varias ensenadas, en que se puede fondear; y generalmente en toda esta costa puede cualquiera embarcacion buscar fondeadero con la sonda en la mano, pues no hay bajos ni peligros encubiertos, y el fondo disminuye gradualmente á proporcion que se aproxima á la costa. A dos leguas y media del cabo de Doña María estan las rocas llamadas las Ballenas, que distan de la costa media legua: estas rocas se descubren fuera del agua, y estan cercadas de un placer que se extiende mas de medio cable, y sobre el cual hay cuatro brazas de agua: se puede pasar entre ellas y la costa, y en medio canal hay seis brazas: siempre rompe la mar en ellas.

Fondeadero del islote Pedro Josef.

A legua y media de las Ballenas hay un islote llamado Pedro Josef, en donde puede fondear un numeroso convoy, pues el fondeadero es grande, bueno y fácil de tomar: las embarcaciones grandes deben buscarlo al SO. del islote. En toda esta parte de la costa occidental se halla fondo hasta á dos leguas á la mar: este disminuye suavemente, y á una milla de la costa se hallan de cuatro á cinco brazas; á dos millas de diez á doce; á tres se hallan generalmente de quince á diez y siete, y desde las treinta brazas el fondo se pierde repentinamente.

Punta Irois.

La punta Irois es la mas occidental de la isla de Santo Domingo: es de poca elevacion; pero muy notable por un montecillo que hay en su extremidad, que parece está separado del resto de la tierra, y forma como un islote: esta punta es la septentrional de la bahía del mismo nombre: para entrar en ella puede rascarse la costa del N. de

Bahía de Irois.

la bahía, en que á pique hay desde nueve hasta diez y
ocho brazas : el fondeadero está al NO. de una roca negra, que se ve algo al sur de la población por nueve ó
diez brazas fondo conchuela : tambien se puede fondear
al ONO. de dicha roca sobre fondo de, ocho á nueve brazas
fango. Esta bahía está abierta á los vientos del sur: hay siempre en ella mar gruesa que dificulta mucho desembarcar, y
está terminada al sur por el cabo Carcase.

Advertencias para recalar á Santo Domingo, así como para
navegar sobre sus costas, y descripcion del mar
de Desemboques.

Son varios los puntos de recalo que hay en la isla de
Santo Domingo para los que van á ella desde Europa, así
como son varios los destinos que puede tener una embarcacion que á ella se dirija : si el destino de una embarcacion es á la costa del N. puede desde luego, sin necesidad
de entretenerse á recalar á las Antillas menores, colocarse
en la latitud del cabo Cabron, con lo que va zafo de la
Anegada, y está seguro de no sotaventearse del punto de
su destino : reconocido el cabo Cabron ya no queda mas
que seguir la costa á proporcionada distancia de los cabos
mas salientes, y sin meterse en las ensenadas que forma,
hasta que llegado al puerto de su destino la atraque por
barlovento de él con la anticipacion conveniente á no propasarse. Si el destino es á la costa del sur es menester recalar á pasar por el freu de San Bartolomé ó San Martin,
y seguir por el sur de Puerto Rico á tomar conocimiento
de la isla Saona, si el puerto que se busca es el de Santo
Domingo, ó alguno de los de la ensenada de Ocoa ; pero si
no, se podrá seguir en derechura á reconocer la Beata y
Alto Vela, pasando por el sur de ellos, y dirigirse despues á atracar la costa por barlovento del puerto del destino, con la anticipacion conveniente á no propasarse de él.

Los que en derechura se dirijan a puertos de la costa

occidental deben recalar á la parte norte en la estacion lluviosa, y á la parte sur en la seca, pues así se libertarán de los riesgos y cuidados que ofrecen los sures en el primer caso, y los nortes en el segundo; pues es cosa bien sabida de todo navegante, que el viento que viene sobre la costa, sobre no presentar riesgo alguno, permite hacer navegacion, porque aunque sea muy duro no levanta mar, y se puede marear vela.

Para navegar de sotavento á barlovento ofrece esta isla el gran recurso de los terrales. Ya hemos visto en la descripcion de los vientos que miéntras mas inmediato se esté á tierra mas fresco es el terral, y por tanto mas navegacion se hará: así en este caso convendrá atracar la costa cuanto sea posible, lo que es bien fácil, teniendo presente la particular descripcion que de ella acabamos de dar, y es seguro que no cabe temor en hacer lo que no ofrece riesgo. Para barloventear puede ser indiferente hacerlo por la costa del S. ó por la del N., en cuyo caso debe elegirse la primera en tiempo de nortes, y la segunda en el de sures, con tanta mayor razon, cuanto que cuando se navega de barlovento á sotavento no hay necesidad de atracar tanto la tierra como cuando se va de sotavento para barlovento; y es bien cierto que en este último caso, si cogiese un N. ó S. muy inmediato á una de sus respectivas costas, podria la cosa tener fatales consecuencias; pero cualesquiera que puedan ser estas, si no es indiferente el barloventear por una ú otra parte, debe hacerse por la que convenga; pues el mayor riesgo no es óbice que debe detener al navegante en sus empresas, que sabe que en razon de la dificultad de ellas ha de estar su cuidado, así como la gloria de vencerlas.

Acerca de las corrientes que puede haber á lo largo de las costas de Santo Domingo en uno ú otro parage de su descripcion, hemos dicho algo, y generalmente se pueden mirar como de efecto poco sensible: hay quienes aseguran y suponen corrientes de milla por hora, con direc-

cion al O.; pero nosotros no tenemos fundamento alguno
para semejante asercion, y mas bien lo hay para creerlas de
ningun valor.

Al N. de esta isla de Santo Domingo hay una porcion
de islas y placeres blancos, que forman entre sí pasos mas ó
ménos anchos: y como para navegar al E. en los grandes
golfos, ó lo que vale lo mismo, para volver desde las Antillas á Europa es menester colocarse en paralelos altos y
fuera de la region de los generales, resulta indispensable
que todos los que salgan de esta isla con semejante objeto
gobiernen al N., y pasen por estos freus ó canales, á que
por esta razon se ha dado el nombre de Desemboques: esta
navegacion era muy arriesgada cuando las cartas eran in-
exactas; pero ahora es sumamente facil y expedita, como
lo conocerá todo el que sepa que no se experimentan corrientes en ella, y que por tanto, y por la corta distancia
que media entre estas islas y la de Santo Domingo, vali-
zadas en ella, no puede tener la estima errores de consecuencia, y vale tanto como las buenas observaciones. Esto
sentado, y provisto el navegante de la carta publicada
por esta Direccion de hidrografía, solo resta describir dichas islas y bajos, con lo que quedará cualquiera tan hábil
como es menester para navegar por ellas con seguridad y
acierto

Pueden reducirse á cuatro los pasos principales de Desemboque: primero, el llamado de Croked, que es el de
mas sotavento: segundo, el de sotavento de los Caicos:
tercero, el de barlovento de los mismos Caicos; y cuarto,
entre los dos bajos llamados cayo de Plata y Pañuelo cuadrado. La eleccion de estos pasos depende no solo de la situacion de la nave, sino del viento con que haya de verificarlo; pues si se está sobre el mole de San Nicolas con
brizas del ENE., es indispensable tomar el primero, así
como podrá tomar el segundo el que salga del Guarico,
aunque tenga la briza del NE.; y si esta es del ESE.
puede tomar el tercero; de modo que el paso que debe

Enumera-
cion de los
pasos prin-
cipales del
mar de los
Desembo-
ques.

elegirse es aquel que se pueda tomar de la bordada, y mejor aun á viento ancho: no por esto debe creerse que hay la menor dificultad en variar de canalizos y de derrota si el viento se cambia, ántes bien será preciso y conveniente hacerlo así en muchos casos por conveniencia de la misma navegacion: esta arbitrariedad, que tanto interesa al navegante que hemos recomendado tanto, y en favor de la cual hemos procurado dar siempre principios generales mas que reglillas rutineras, es la que tambien ahora nos liberta de tener que trazar como con el dedo el camino que deberia seguirse; nada ménos que eso; siga cada uno el que mejor le acomode, y el que mas se adapte á sus circunstancias; pues á nosotros solo nos toca describir con cuanta exactitud podamos, sin olvidarnos de hacer de cuando en cuando reflexiones, que aunque agenas tal vez de la hidrografía, y mas propias de la maniobra, merecen citarse como punto de doctrina, que nunca está démas recordarlos.

Navegacion por el primer Desemboque.. Inagua grande. Tomando el primer Desemboque, se encuentran la Inagua grande, los Corrales, y las islas de Croked y Watlings: la Inagua grande es, como las demas que forman los Desemboques, bastante baja y coronada de colinitas, que de lejos parecen islotes chicos y separados: esta isla puede descubrirse de cinco á sies leguas con tiempo claro, y no hay riesgo alguno en atracarla por su parte del O. á media legua: tiene en esta parte una hermosa ensenada en que se puede dar fondo; luego que se atraca la costa se ve el placer blanco, sobre el cual se debe dejar caer el ancla; pero es menester tomar conocimiento con el escandallo ántes de hacerlo para elegir sitio limpio, pues estos placeres blancos en lo ordinario tienen peñas en el fondo que rozan los cables: en dicha ensenada se halla buena y abundante agua: las costas del N., S. y E. de esta isla despiden placer blanco erizado de arrecifes, que en algunos parages sale á mas de dos millas, y que por tanto ofrece riesgo á las embarcaciones que la atraquen por dichas costas.

Al N. del extremo NE. de la Inagua grande está la Inagua chica. Inagua chica, que forma con la primera un canal de legua y media de ancho: esta isla es bastante baja, y de la misma naturaleza de la Inagua grande: se puede atracar á ella á una milla de tierra por cualquiera parte: está cercada de placer blanco y arrecife, en cuyo veril no se coge fondo con 40 brazas.

Al N.¼NO. y á 13 leguas de la punta occidental de la Los Corrales. Inagua grande están los Corrales, que son dos islitas pequeñas de arena muy bajas, que por su parte oriental despiden un placer blanco y arrecife, que se extiende á legua y media de ellas: la parte occidental es muy limpia, y se puede fondear por seis y siete brazas arena, dejando una de las islas al NNE., y la otra al E.

Al NNO. 2° O. de la punta occidental de la Inagua Islote Castillo, é isla de Croked. grande está el islote Castillo, que es el mas meridional del grupo de islas llamado de Croked: entre estas islas, que se levantan todas sobre un mismo placer blanco, se cuentan tres principales, que son la de Acklin, la de Fortuna y la de Croked: el islote Castillo puede atracarse por el O. á ménos de dos millas sin riesgo alguno: del mismo modo se puede atracar la parte occidental de Acklin, en donde el placer blanco solo sale á media milla de la costa, y forma una bahia con la meridional de la isla Fortuna, en la que se fondea con abrigo: la costa NO. de la isla Fortuna es muy sucia, pues tiene un arrecife que sale á la mar del placer blanco, y que la hace por tanto muy expuesta: la costa meridional de Croked sirve de término por esta parte al placer blanco de estas islas. Al E. de este fondeadero, y siguiendo la costa meridional de Croked se puede fondear donde se quiera, sin mas cuidado que el de huir de la costa NO. de la isla Fortuna.

Desde el islote Castillo hasta el Desemboque por la parte del E. estan rodeadas estas islas del placer blanco con arrecife, que en parages sale á mas de dos millas de las costas, por lo que es menester procurar no acercarse á ellas por esta parte, no solo por el mencionado riesgo, sino porque las brizas son en ella travesías.

Placer Mira por vos. Al O. 5° N. del islote Castillo, y á tres leguas y media, está el placer Mira por vos, con dos islitas en su parte occidental, y que es en todo muy semejante á los Corrales: la parte occidental de este placer blanco es limpia, y ofrece regular fondeadero: la parte oriental está cercada de arrecife, en cuyo veril hay 20 y 25 brazas de agua: este placer se deja siempre muy á sotavento, pues se procura atracar el islote Castillo; pero si hubiere necesidad de bordear, debe advertirse que no hay riesgo de atracar á Mira por vos por su parte del E. hasta media legua del placer blanco, pues ademas de verse este, donde hay bajo, rompe la mar, y avisa con anticipacion.

Isla de Watelin. Desde el islote del Desemboque se puede considerar uno como desembocado; pero no obstante, si los vientos fuesen del NE. ó ENE., no podria montar la isla de Watelin, cuya punta SE. demora desde el islote de Desemboque al N. 4°O. distancia de 23 leguas: esta isla es baja: su costa occidental es limpia; y sobre el placer blanco, que no sale mas que un cable de la costa, se puede fondear. Desde la punta NO. hasta la punta NE. hay placer blanco, con arrecife que se extiende á dos millas al N., y milla y media al O., sobre el cual se levantan dos ó tres islotitos: desde la punta NE. hasta la punta SE. hay tambien placer blanco y arrecife que sale como milla y media.

Isla de Samaná. Así como con los vientos del NE. se iria á dar con la isla de Watelin, así tambien si los vientos fuesen largos, y se pudiese gobernar al NE., se veria la isla de Samaná: esta isla, que es baja como las demas, tiene su mayor extension de E. á O., y en el sentido NS. es muy angosta: toda ella está rodeada de placer blanco con arrecife, que sale en algunos parages á una legua de la costa: al sur de su punta occidental hay un trozo como de una legua de extension, en que el placer blanco es limpio, y en él se

puede fondear por siete y ocho brazas, pero muy inmediato
á tierra, pues en el veril del placer no se halla fondo : al E.
de esta isla hay sobre su placer dos islotes, que bien saldrán
de la costa legua y media.

En este Desemboque es el único en que hay alguna cor- Corrient.
que se e:
perimer
tan en
primer ~
semboqu
riente, que aunque de muy poco efecto, podria ser de consecuencia en caso de detenerse mucho en él por calmas ó brizas muy flojas ; por tanto los que se dirijan por él podrán
corregir su estima, suponiendo corrientes al O. de un cuarto
de milla por hora.

En el segundo Desemboque se pasa por sotavento del Navega
cion por
segundo
Desembo-
que.
grupo de los Caicos, por barlovento de las Inaguas, y por
barlovento ó sotavento de Mariguana. Los Caicos son una
porcion de islas é islotes, que se levantan todos sobre un
placer blanco de fondo sumamente desigual, y por tanto muy Los Caicos
arriesgado. Se distinguen cuatro islas principales, que
son el Caico chico, el Caico de Providenciales, el Caico
del N. y el gran Caico : en toda la parte N. de estas islas
el placer blanco y arrecife salen como á dos millas, y en el
extremo oriental hay un bajo llamado de San Felipe, que
sale á mas de cuatro millas, en el cual rompe la mar con
gran fuerza : á un cable de este bajo hay siete brazas de
agua. La costa oriental del gran Caico, y la occidental de
Caico chico son limpias, y se pueden atracar á ménos de dos
millas.

Desde la punta sur del Caico chico empieza el veril Cayo Fran
ces.
del placer, que se dirige al E. por espacio de tres leguas,
y despues al SE para unirse á un islote de arena muy
bajo y con algun ramage, llamado cayo Frances : este cayo
está á cinco leguas al ESE. de la punta sur del Caico chico.
Desde cayo Frances sigue el placer al sur por espacio de tres leguas y media hasta una islita de Arena de solo
20 pasos de extension, y anegadiza en pleamar : toda
esta parte del placer es muy acantilada, y rompe la mar
en ella con violencia, lo cual sirve para avisar con anticipacion del peligro : desde esta isla de Arena corre el placer

como al SE. casi hasta los 21° de latitud; en los 21° 10′ hay una porcion de islotes, que levantándose los mas occidentales como á dos leguas del veril del placer, corren al E., y subiendo despues al N. se unen con la punta meridional del gran Caico; así el placer blanco se extiende como tres leguas al sur de estos islotes, y como dos millas al E. de ellos. Desde la isla de Arena hasta algo al sur de estos islotes es sumamente peligroso el veril del placer, pues no habiendo rompiente, solo por el color del agua se puede venir en conocimiento de su proximidad, que debe huirse, pues sobre él no hay en parages mas que dos brazas de agua: desde el sur de estos islotes para el E. ya se puede entrar en el placer blanco, pues hay desde siete á doce brazas de agua: no obstante lo que debe hacerse es el evitar el aterrage sobre estos veriles, y buscar en derechura el Caico chico, que reconocido por su parte del O. servirá de segura guia para dirigir la derrota á pasar por barlovento de Mariguana. Esta isla está tendida casi EO.: es de la misma altura que las demas que hemos descrito; y el placer blanco que la circuye tiene arrecife en la costa del N., en la del S. y en la del E., y sale en esta última casi dos leguas á la mar: en las costas del S. y N. sale cuando mas á dos millas: la costa del O. es muy limpia, y puede atracarse á ménos de una milla: el placer blanco es en ella muy limpio, y ofrece fondeadero. Para pasar por barlovento de esta isla es menester gobernar desde el Caico chico cuando ménos al N.; y aun si haciendo este rumbo, y habiendo andado en él 12 ó 13 leguas, cogiese la noche sin haber reconocido á Mariguana, el partido mas seguro es el de navegar tres ó cuatro leguas del otro bordo, y revirar despues sin cuidado, pues con la proa al N. se pasará bien á barlovento de las rompientes que hay en la parte oriental de esta isla; pero si el viento no permitiere gobernar desde el Caico chico al N., es menester pasar por sotavento de Mariguana y por barlovento de las islas Planas y de Samaná. Las islas Planas son bajas, y demoran

Mariguana

Islas Planas.

al NO.¼N. de la punta SO. de Mariguana á distancia de ocho y media leguas: son dos, y estan cercadas de placer blanco, que es sucio de arrecife, en la parte N. y E.: al SO. es limpio, y se puede fondear en él, aunque muy cerca de la costa.

Por último, si no se pudieran montar las islas Planas y de Samaná, por su parte del E. se gobernará á pasar por la del O., y rebasada que sea la de Samaná se podrá ya considerar desembocado.

En el tercer Desemboque se pasa por barlovento de los Caicos y sotavento de las islas Turcas: estas son tres principales; á saber, la de cayo de Arena, la Salina chica, y la Salina grande: estas tres con otros varios islotes se levantan sobre un placer blanco: en la parte occidental de el arrecife no sale por esta parte mas que á un cuarto de legua: al SO. de cayo de Arena, y como á legua y cuarto, se extiende el placer blanco, que es bastante limpio, y con fondo de 10 á 15 brazas, que disminuye gradualmente hasta cinco que hay á media legua de tierra: en él hasta ahora no se ha hallado mas que una piedra llamada la Endimion, aunque no será extraño que haya otras: el veril del placer por su parte del E. es de poco fondo y con arrecifes. *Navegacion por el tercer Desemboque. Islas Turcas.*

Aunque este Desemboque es el mas corto de todos, pide para tomarlo francamente que se esté tanto avante con la punta de la Granja, y que el viento deje poner la proa al NNE. para recalar sobre cayo de Arena, cuyo reconocimiento interesa para no caer sobre el placer de los Caicos: por esto es que si coge la noche sin haberse valizado con caico de Arena, conviene absolutamente no propasar de la latitud de 21º, y cuando se aproxime á ella sondar continuamente para virar en vuelta del sur luego que se coja sonda, y esperar de dicha vuelta á que amanezca para reconocer á cayo de Arena ó los islotes del sur de los Caicos: entónces ya se puede dirigir por el canal de

las Turcas para remontarse al N.; y luego que se haya rebasado el bajo de San Felipe, que está á la parte oriental
del gran Caico, se habrá desembocado.　En este canal es
menester tener cuidado con el banco Srrimer, y para ir
zafo de él es menester atracar las islas Turcas.

Pañuelo cuadrado.　　El **Pañuelo cuadrado** es un gran placer blanco, cuyo
veril septentrional está obstruido de arreife, sobre el que
en algunas partes rompe la mar : los demas veriles son menos expuestos, pues se hallan en ellos de 12 á 14 brazas ;
pero esto no obstante conviene no navegar sobre ellos de
modo alguno, pues hay sitios de muy poco fondo, en que
peligran hasta las embarcaciones de poco calado.

Bajo de Plata.　　El **bajo de Plata** es tambien un gran placer de fondo
blanco en su parte septentrional, y muy obscuro en la meridional : en la parte del N. y NNO. hay pieddras sobre
las cuales no se encuentran mas de ocho ó diez pies de
agua ; pero parece que no estan en el mismo veril, sino algo adentro : el veril del NE. es muy peligroso, pues hay
tres bajos con 10 y 12 pies de agua, que estan un cable
dentro del veril.　Aunque en los veriles meridional y oriental se vea una sonda bien seguida, y que presenta fondo
suficiente, no obstante es menester no fiarse, pues en estos
placeres blancos de pronto se pasa de las 14 brazas á los 10
pies : por esto es menester aconsejar que no se navegue
sobre ellos, y que cuando se haya entrado por cualquiera
parte que sea, se procure salir de ellos como de una posicion arriesgada, maniobrando, si puede ser, á salir por el
mismo camino que se entró.

- El desembocar por entre estos dos bajos solo se em-
prenderá en circunstancias particulares que lo hagan preferible á los demas pasos : para hacerlo con seguridad no hay
mas valiza que la sonda ; y aunque se tenga fundada certeza de que se va por medio canal, es menester no descui-
darse con el escandallo, que no solo avisará del riesgo que
ofrecen los bajos dichos, sino de cualquiera otro que podria
hallarse en un mar tan abundante de ellos, y que en esta

parte, por la poca frecuencia de navegantes, no se puede mirar como muy explorado. Buena prueba de esta verdad ofrecen el placer de la Natividad, y otro de ocho brazas que hay al N. de él, los cuales se han reconocido y sondado muy modernamente. En la parte del SO. del veril de las Turcas, que ántes se suponia limpio, se ha hallado la piedra Endimion, y en el canal que forman con los Caicos, el banco Srrimir: igualmente al S. de Mariguana se ha situado otro placer muy poco hace descubierto, y no será extraño que la frecuencia de navegantes en estos parages descubra nuevos peligros, que aunque existan estan hasta ahora desconocidos.

Freu entre Santo Domingo y las islas de Cuba y Jamayca.

Al O. de Santo Domingo estan las islas de Cuba y Jamayca: las tierras orientales de la primera forman con el cabo la Mole un freu de 40 millas de amplitud, y las de la segunda forman con el cabo Tiburon otro freu de 33 leguas: la isla de Jamayca, que está al sur de la de Cuba, forma con ella otro freu de 26 leguas en su mayor angostura.

El freu entre cabo la Mole y la punta de Maisí en la isla de Cuba es muy limpio, así como tambien lo es el que forma esta con la de Jamayca; pero el que forma la Jamayca con cabo Tiburon tiene algunos tropiezos tales como la isla Nabaza, el bajo llamado las Hormigas, y los cayos de Morante ó de Ranas.

La isla Nabaza es pequeña, redonda, de mediana al- Isla Nabaza. tura, y muy pelada: sus costas son muy limpias, y en la del O. se puede fondear á un cuarto ó media milla de la costa sobre 12 y 17 brazas arena; pero este fondeadero es malo, porque con briza fresca hay mucha marejada, y el desembarco es muy dificil: en esta isla hay siempre una multitud de pájaros marinos, y está casi al O. de cabo Tiburon, y á distancia de 11 leguas.

Las Hormigas es un gran placer de arena que corre
ENE. OSO., en cuyo sentido tiene 10 millas de largo
y cerca de seis de ancho en su mayor anchura : este bajo ó placer está como al NE.¼N. de la punta de Morante en Jamayca, y á distancia de 40 millas de ella : en
su veril oriental, que es muy acantilado, está el mayor
riesgo, pues hay parages con solos 18 ó 19 pies de agua
sobre rocas de coral : en esta parte hay siempre una gran
marejada, por esta causa tocan en las peñas aun las embarcaciones que calan 13 pies de agua : como una milla
al O. del veril oriental aumenta el fondo hasta cuatro y
media y cinco brazas, y mas al O. se encuentran cinco y
media, seis y seis y media brazas, en cuyo braceage se
puede fondear : el fondo es en lo general de arena, con
manchones de coral. En este placer, desde las siete ó siete
y media brazas se pasa de pronto á 10, 13, 15, y muy
luego no se encuentra ni con 20 : el fondo en el veril oriental es muy obscuro, por lo cual en tiempo nublado no
puede conocerse su proximidad por el color del agua ; pero en su parte occidental es el fondo mas blanco, y puede
verse á alguna distancia.

Los cayos de Morante ó de Ranas son cuatro islitas
pequeñas, que se levantan sobre la superficie del mar seis ó
siete pies ; se llaman cayo del NE., cayo de Arena, cayo
de Aves, y cayo del SO.: los tres primeros tienen algun
ramage, y en el de Aves hizo plantar un caballero de San
Tomas varios cocáles para que pudiese descubrirse á mayor distancia ; como esta providencia es tan útil á los navegantes, es de esperar que no los corten. Estos cayos se
levantan sobre un placer blanco y arrecife, que se extiende por la parte oriental á mas de dos millas : en la occidental se puede dar fondo por cinco, nueve y catorce brazas,
procurando ponerse como al O. de cayo de Arena, y como
al N. de cayo del SO.; y para meterse en dichas enfilacio-
ner, téngase cuidado con el placer blanco, que por la parte del N. se extiende al O. del cayo NE. como milla y

dos tercios, y sobre él no hay mas que tres y tres y media
brazas : el fondo es de arena ; pero teniendo algunos manchones de coral, es menester buscar con el escandallo sitio
limpio ántes de dar fondo. El cayo NE. demora de punta
de Morante al SSE. distancia de 33 millas.

Descritos los mencionados bajos é islas que se encuentran en la travesía de cabo Tiburon á Jamayca, solo resta
advertir que debe darse gran resguardo á las Hormigas,
porque las corrientes tiran al N.; y como para dirigirse
á Jamayca se pasa al sur de ellas, seria muy fácil verse
aconchado sobre un sitio muy expuesto y peligroso; y
como para ir de barlovento á sotavento nada hay que prevenir, pasaremos á describir las islas de Jamayca y Cuba,
reservando para despues el hacer advertencias sobre el modo
de navegar de sotavento á barlovento.

Isla de Jamayca.

Esta es la menor de las cuatro Antillas grandes, y la
colonia principal de los ingleses en la América : su punta
oriental, llamada Morante, es muy baja, y no puede ver- Punta Mo-
se sino estando casi sobre ella, lo cual hace algo difícil la rante.
recalada de noche, que no deberá emprenderse sin haber
ántes tomado conocimiento de las alturas de Yalas, que
son las mas meridionales de esta parte de la isla, y pueden
descubrirse á mas de 12 leguas en tiempo claro. La costa
desde la punta Morante hasta punta Rocas es muy sucia
de arrecife, que sale de ella dos millas á la mar ; y como al
rededor de dicha costa corre el agua al N., se hace preciso
pasar á tres ó cuatro millas de ella hasta rebasar de punta
Roca, y la mayor parte de dichos arrecifes rompen : la costa desde dicha última punta continúa sucia de arrecife, que
sale á una milla, hasta la boca de puerto Morante.

Este puerto es excelente y abrigado de todos vientos : Puerto
su entrada es muy estrecha entre dos arrecifes que salen de Morante.
las dos puntas, y que solo dejan un canal de cable y me-

dio de ancho: como estos arrecifes se extienden al sur de sus respectivas puntas mas de media milla, es preciso promediar el canal á una milla de ellas; esto es, no se debe atracar la costa á menor distancia hasta tener la marca ó enfilacion para entrar en el puerto, que es la de poner en una línea el extremo oriental de un escarpado rojizo que hay en la costa interior del puerto, y enfrente de la boca, con una casa llamada de Kellys, que hay en una colina, y como media milla al N. de dicho escarpado: el escarpado tiene encima una batería, y á su parte occidental está el muelle: para mantener dicha enfilacion se debe gobernar al N.; y así si no se pudiese enfilar dicha casa con el extremo del escarpado, por no distinguirse mas que uno de los dos objetos, lo que debe hacerse es navegar por fuera de los arrecifes, hasta poner cualquiera de dichos objetos al N.; y gobernando entónces á este rumbo se entrará en el puerto por medio canal; y para completa seguridad será lo mejor mandar un bote con anticipacion, que colocándose en el veril del arrecife de barlovento sirva de valiza: en medio canal el fondo es de ocho y nueve brazas, y en los cantiles de los arrecifes de ambos lados disminuye hasta cuatro. Enmedio del puerto hay un bajo de cable y medio de extension en todos sentidos, sobre el que no hay mas que dos y tres brazas de agua: el veril meridional de este bajo está casi EO. con la batería de Pero, y el veril oriental del mismo bajo se halla enfilando la casa de Kellys con el extremo oriental de la batería que hay sobre el escarpado rojizo. La enfilacion que hemos dado para entrar en este puerto conduce por barlovento de dicho bajo, y se deberá seguir hasta que la batería de Pero demore como al ESE., que se arribará un poco como al NNO., y habiendo andado dos cables á dicho rumbo se orzará á dar fondo sobre seis y media ó siete brazas. Para entrar en este puerto es menester que el viento permita gobernar al N.; pero si se escasea, y no se pudiese llevar la proa á barlovento del N¼NO., procúrese trincar todo lo posible para avanzar en el canal, manteniéndose sin cuidado alguno hasta enfilar la casa de Kellys con la medianía del escarpado que hay entre la batería y el extremo oriental del mismo, que se dará fondo como á ¾ de cable del arrecife occidental: en inteligencia que el veril de dicho arrecife está enfilando la casa de Kellys con el extremo oriental de la batería del escarpado rojo; pero si se hubiese podido llegar tanto avante con el extremo N. de dos islitas que hay sobre el arrecife oriental, entónces ya se puede seguir para adentro con proa hasta del NO.¼N., y se pasará por sotavento del bajo, y se dará fondo luego que la batería de Pero demore del E. al E.¼SE., y á la espía podrá irse al fondeadero ántes mencionado, ó mas adentro si se quisiese.

Desde Puerto Morante continúa la costa al O. sucia de arrecife, que sale una milla hasta la bahía de Morante: esta Bahía de Morante. bahía es muy descubierta á los vientos del S., y con ellos hay siempre una gran marejada: el fondeadero está al abrigo de los arrecifes, y para tomarlo se debe ir por fuera de ellos, y como á una milla de la costa hasta que demore la poblacion al N., que se ceñirá el viento, y se dará fondo como á dos cables al O. de los arrecifes en seis y media, seis, cinco y media, cinco, ó cuatro y media brazas.

Desde bahía Morante la costa es limpia hasta cerca de los Escarpado de los Caballos Blancos. Caballos Blancos, que son un escarpado blanco que hay en la costa, y enfrente de él y á distancia desde media á una milla, hay algunas peñas por fuera de las cuales debe pasarse siempre, pues no hay motivo alguno que obligue á atracar la costa. Dirigiéndose hácia la punta de Yállas, Punta de Yállas. desde que esta demora al O., y los Caballos Blancos al N., se tienen sondas, y aun se ve el fondo sobre siete y media, ocho, nueve y diez brazas, y este aumenta á proporcion que se aproxima á la punta de Yállas, y aun llega á perderse estando algo al O. de ella. La punta de Yállas despide algunas peñas, y no debe atracarse á ménos de dos cables: al redoso de ella está la bahía de Salt Pond, muy lim- Bahía de Salt Pond. pia, y con fondo de diez á seis brazas, que se hallan á un cable de la costa.　Como una milla al O. de esta bahía está

la de Yállas, que es muy pequeña, y solo capaz de embarcaciones de cabotage.　Desde esta bahía sigue la costa

muy limpia y acantilada hasta punta Cow, donde roba
algo para el N., y en el recodo que hace hay fondeadero
que se llama bahía de Cow : desde dicha punta Cow sigue

la costa muy limpia y acantilada hasta la de Aplomo, que
está formada por una lengua de tierra muy baja y cubierta
de mangle, que llaman las Palizadas, la cual lengua de
tierra es la que cierra por el sur la gran bahia ó puerto
de Kingston.　Desde punta Aplomo para el O. están los

bajos que cierran la boca de Puerto Real, y que se extienden como cinco millas al sur ; estos bajos forman varios canales ó pasos que dirigen á Puerto Real, y solo el
que tenga destino á dicho puerto debe dirigirse por ellos ;
pues el que no, debe gobernar desde punta Cow al OSO.
para pasar como á dos millas al sur de punta Portland, que
es la mas meridional de la gran ensenada ó saco que forma
la costa, y en que se hallan las bocas de Puerto Real y
Bahía vieja.

Los que se dirijan á Puerto Real deben harcerlo por el
canal delE., que es el mejor y mas limpio, y por el que con
la briza se va á viento ancho ó en popa á buscar el fondeadero.　Este canal está formado por la costa de las Palizadas al N., y por los bajos al S, ; los bajos empiezan
desde los meridianos de punta Aplomo para el O. : sobre
algunos de estos bajos hay cayos ó islitas que se ven muy
bien, tales como cayo Lime, cayo Gun, y cayo Rackans,
sin contar otros varios que estan en bajos mas meridionales, y que no hacen al caso, pues estan fuera del veril del
canal oriental.　Cayo Gun y cayo Rackans estan casi NS.,
y el primero es el que estrecha el canal, pues entre él y la
costa no hay mas que $\frac{3}{4}$ de milla, y entre el mismo y la
punta de fuerte Cárlos no excede la distancia de media
milla.　Desde la punta de Aplomo sigue la costa de Palizadas al O., con inclinacion para el N. hasta el castillo

de fuerte Cárlos, que baja al S. casi hasta quedar EO.
con cayo Gun : esta punta, que es sobre la que está edificado el castillo de fuerte Cárlos, forma al O. el fondeadero de Puerto Real, y en la playa occidental de ella está
el arsenal. Al O. de esta punta, y á dos millas escasas, está
sobre la costa fronteriza, que es escarpada, la batería de los
Apóstoles; y esta y la punta de fuerte Cárlos se pueden
mirar como las puntas exteriores de Puerto Real. Algo
al N. de dicha batería hay un fuertecito llamado Hender-
son, desde el cual sigue la costa baja, sucia y anegadiza,
formando varios lagunazos bastante grandes; y en el extremo mas oriental de ella está el fuerte Augusta, que
defiende el paso del canalizo que forma dicha costa con el
banco que despide por su parte del N. y O. la de las Palizadas, por el cual es indispensable entrar en el puerto de
Kingston, que es una gran bahía que se extiende al E., y
sobre cuya costa N. está la ciudad de Kingston. Es difícil
que sin el plano á la vista se pueda formar idea de este
puerto, así como es tambien muy dificil que sin práctica
pueda conseguirse el fondeadero de Kingston : lo único
que puede hacerse sin riesgo es entrar en el de Puerto
Real por el canal del E., pues para entrar ó salir por los
que llaman del S. es indispensable tomar práctico, ó serlo
el que gobierne la embarcacion : así nos contentaremos
con decir como debe dirigirse la embarcacion por el canal Entrada en
del E., que es lo que importa, pues una vez asegurado este Puerto
Real.
fondeadero, fácil es tomar práctico para subir á Kingston,
así como para salir á la mar. Para entrar pues por el canal
del E. debe dirigirse la proa á atracar sin cuidado la punta de Aplomo como á dos cables de distancia, y seguir á
la misma, barajando la costa, hasta qne cayo Gun, que
es el mas septentrional de todos, demore al O., y ya entónces se puede abandonar la costa, gobernando á pasar
como á dos cables ó algo mas al N. de cayo Gun, y dirigirse despues de rebasado este á atracar la punta meridional de fuerte Cárlos á medio cable, y se irá orzando al N.

á proporcion que se vaya doblando la punta; en inteligencia que es menester pasar de la tierra mas occidental de dicha punta al mismo medio cable; y ciñendo despues el viento sin pasar á barlovento del N.¼NO. se dará fondo luego que se halle la embarcacion enfrente del arsenal. Se encarga tanto el atracarse á punta de fuerte Cárlos, porque este es el medio de libertarse de dos bajos muy pequeños que hay, el primero al S. de dicha punta, y como á un cable de ella, y el otro al O. de la misma punta y á la misma distancia: el primero tiene 16 pies de agua sobre peña, y el segundo 19 del mismo fondo: ambos estan aboyados, de modo que por las boyas se puede venir en conocimiento de ellos para evitarlos. La enfilacion para entrar por este canal es poner en una línea el almacen de fuerte Cárlos, que es el edificio mas meridional de él, con la punta N. de la batería de los Apóstoles: esta enfilacion lleva por medio canal, pero rasca el veril septentrional de cayo Gun, y así es conveniente en sus proximidades echarse algo para el N. Se da esta enfilacion para que indistintamente se dirija la entrada, ó por ella, ó con la costa en la mano como ántes hemos dicho; bien entendido, que si el buscar los objetos de la enfilacion puede producir alguna incertidumbre á quien no tenga práctica, no así el dirigirse por la costa, pues aunque no se regule bien la distancia á ella, y se coloquen á la de cuatro cables en vez de dos que hemos dicho, no se corre riesgo alguno, pues aun así se pasará á mas de otros cuatro de los bajos. La salida de este puerto se hace con el terral; y como para pasar por los canales del sur es indispensable práctico, nos ahorramos de describir el laberinto de bajos que hay en esta parte, y de decir nada acerca de las enfilaciones que hay para dirigirse por sus canales.

Descripcion de la costa al S. y O. de Puerto Real.

Desde la batería de los Apóstoles sigue la costa alta y escarpada hasta Fuerte pequeño, desde el cual es baja y anegadiza por espacio de dos millas, que vuelve á ser escarpada, y continúa del mismo modo dirigiéndose al S.

por espacio de seis millas, que roba al O., y forma la
punta septentrional de bahía Antigua: este escarpado se
llama de San Jorge: dicha punta y la de Portland forman
la gran ensenada de bahía Antigua: corren NE.¼E. y Bahía An-
SO.¼O., y distan entre sí 13 millas. Entre las dos, y algo tigua.
fuera de ellas, hay varios bajos con rompientes y cayos
que forman varios canales que conducen á lo interior de
esta ensenada, dentro de la cual estan los fondeaderos de
bahía Antigua, Longs Wharf ó Muelle Largo, Salt River, bahía Peak, y bahía del O. Los que desde el E. se
dirigen á alguno de estos fondeaderos, y no al de Puerto
Real, deben gobernar desde punta Cow al OSO. 5°O.
hasta coger la enfilacion que se dirá, ó si no, sin atracar
la costa de la isla, ponerse en la latitud de 17° 47′, y se
pasará de la punta de Yállas como á cinco millas. Para
tomar cualquiera de los mencionados fondeaderos es menester primero entrar entre los bajos exteriores de la ensenada: estos son tres principales; á saber: el de cayos Pelí- Descrip-
cano, que es el mas inmediato á la punta del N.; el de cion de los
cayo Pelado ó Barebush, que es el que le sigue, y el de bajos de bahía An-
cayos de media Luna y cayos Portland, que es el tercero tigua.
y mas inmediato á la punta de Portland. El bajo de cayos Bajo de
Pelícano, que está como dos millas y media de la costa cayos Pelí-
septentrional, corre casi EO., y tiene en este sentido tres cano.
millas y media, y milla y cuarto en el de NS.: en su medianía se levantan dos cayos ó islitas que le dan nombre,
y en su veril medional hay mucha rompiente de mar: en
su parte del O., que se llama bajo Seco, estan las peñas á
flor de agua, y en algunas partes descubren, lo que facilita mucho su conocimiento, pues se ve bien. El canal
que forma con la costa septentrional es de dos millas largas de amplitud; pero no tiene mas que tres y tres y media brazas de agua, y así es poco frecuentado sino de embarcaciones de poca cala. El segundo bajo, ó de cayo Pe- Bajo de
lado, corre como NESO., y tiene en este sentido dos mi- cayo Pela-
llas de extension, y una y un cuarto en su mayor ancho: do.

en su veril del NE., y á media milla de él, se levanta cayo Pelado, y en toda su extension tiene rompientes por su parte del SE.: el canal que forma con cayo Pelícano es de dos millas, y el fondo no baja de siete brazas, ni sube de nueve: por este canal es por donde regularmente se dirige la entrada á la ensenada. El tercer bajo, que corre como NESO., tiene en este sentido cuatro millas, y dos en su mayor ancho: sobre él se levantan dos cayos llamados de Media Luna, y en el veril septentrional tiene varias rompientes: sobre su parte SO. se levantan tres cayos llamados de Portland: al S. y SSE. de los cuales, y á distancia como de dos millas, hay algunos bajos fondos con tres y media y cuatro brazas de agua: el canal que forma este bajo con el segundo tiene una milla larga de amplitud, y el fondo es de 10, 12 y 15 brazas, y el canal que dicho tercer bajo forma con la punta de Portland es de una milla de amplitud, y su fondo de dos, dos y media y tres brazas de agua, por lo que solo es apto para embarcaciones de poco calado. Entre el segundo y tercer bajo hay otro pequeño llamado de Morrys, que tiene un tercio de milla de E. á O., y un cuarto de milla de N. á S.: el veril oriental de este bajo dista del punto mas próximo del veril del NO. de cayo Pelado una milla escasa, y la parte SO. de su veril dista de la septentrional de cayo de Media Luna milla y cuarto, y en ambos canales el fondo es de 9 á 13 brazas. Milla y dos tercios al O. del veril occidental de cayos Pelícanos hay una islita llamada Pichon, la cual es muy limpia, y solo en su parte N. despide una restinga que sale de ella un cable para el N., y su punta occidental despide tambien otra que sale como otro cable al NO.: dichas puntas y sus restingas forman una ensenada con fondeadero de cuatro á seis brazas. Tres cuartos de milla al N. de la punta septentrional de esta isla hay un placer con solos 18 pies de agua, al cual es menester darle resguardo con embarcaciones de mayor cala.

Marginal notes:

Bajo de cayos de Media Luna.

Bajo de Morrys.

Isla Pichon.

Placer de 18 pies de fondo.

El canal mas frecuentado y mejor para entrar en esta gran ensenada de que estamos hablando es entre cayo Pelícano y cayo Pelado, y para tomarlo los que vienen desde punta Cow gobernarán al OSO. 5oO. hasta que la falda ó caida meridional de la montaña de Brazaleto demore al N.74oO., desde cuyo punto se gobernará á dicho rumbo, poniendo la proa á la falda de dicha montaña: esta montaña no puede equivocarse, pues es la mas septentrional de dos que se ven al O., siendo la mas meridional de figura redonda: el abra que forman dichas montañas es el punto que debe marcarse al N.74oO. para dirigirse por el mencionado canal: luego que se vaya atracando á cayo Pelícano se descubrirá la isla Pichon, que es baja y llena de maleza, y entónces ya se enfilará su punta septentrional con la falda de la montaña de Brazaleto, cuya enfilacion conducirá por fondo de siete y media, siete y seis y media brazas; y á proporcion que se vaya avanzando al O., se descubrirá al N. una isla grande llamada Goat ó de Cabra, que tiene dos colinas, una al E., y otra al O: luego que la colina oriental de esta isla demore al N.¼NE. se habrá rebasado enteramente el bajo seco, que tambien se ve, y entónces, ya zafos de los bajos de la entrada, se gobernará al fondeadero que se busca del modo siguiente.

Si es á bahía Antigua, se gobernará al NO.¼N.; y así que se esté próximo á la islita del Carenero, que es la mas occidental de dos que hay al O. de la isla de Cabras, y de la que se debe pasar á media milla par evitar un arrecife que la rodea, póngase la proa á la poblacion, procurando no caer sobre unos arrecifes que hay al S. y O. del fondeadero, los cuales generalmente se ven bien, y dése fondo en cuatro y media ó cuatro brazas como á una milla al sur de la poblacion, y ¾ de milla de la tierra mas próxima que hay al N.

Si el destino es á Muelle Largo, se gobernará á pasar como dos cables al N. de la isla Pichon; y luego que lo

deadero de
Muelle
Largo. mas occidental de dicha isla demore al sur, se gobernará al NO. á buscar el fondeadero : se aconseja pasar á dos cables al N. de la isla Pichon, porque aunque así no es el rumbo mas directo para el fondeadero, es el mejor para libertarse del placer que hemos dicho hay al N. de la isla Pichon. Para entrar en el fondeadero es menester pasar por entre unos arrecifes que solo dejan un canal de dos cables de ancho, y que dista milla y cuarto de la costa : en este canal hay cuatro brazas de agua, y dentro de los arrecifes en el fondeadero disminuye á tres y medio y tres, por lo que solo es capaz de embarcaciones de 14 á 16 pies de calado : para entrar por entre estos arrecifes es menester gran cuidado y mucha práctica, pues la única enfilacion que hay no sirve, sin un conocimento práctico, sino para barar en ellos : así lo mejor será mantenerse por fuera de ellos luego que se cojan las cinco brazas, y mandar un bote, que colocándose en cualquiera de los dos veriles, sirva de valiza. Para que el bote pueda encontrar sin demora estos veriles, se advierte que el veril occidental del arrecife oriental está al S. 36° E. de la poblacion, y el Entrada en
Salt River. veril oriental del arrecife occidental al S. 21° E. de la misma poblacion.

Si el puerto del destino es Salt River ó rio Salado, gobiérnese, como ántes se ha dicho, á pasar á dos cables al N. de isla Pichon ; y poniendo despues la proa á la isla Salt ó Salada, y pasando como á cable y medio al N. de ella, dése fondo en su parte occidental como á tres cables de ella, y sobre cinco y media brazas de agua ; mas al O., y próximo á la costa, se puede tambien fondear por cinco, cuatro y media, cuatro y tres y media brazas ; pero es menester tener práctica y conocimiento para evitar los arrecifes que despide isla Larga y la costa meridional de Salt River.

Entrada
en bahía
Peake. Para dirigirse á bahía Peake es menester pasar como á un cable ó algo mas del arrecife que sale de punta Roca, que es la mas septentrional de la bahía ; y dirigiéndose pa-

ra adentro, se dará fondo en cuatro y media, cuatro ó tres y media brazas como á tres cables de la costa del N. : el fondo es de buen tenedero ; pero la briza mete mucha mar en esta bahía : el arrecife de punta Roca, y otro que hay en la costa del sur, estan casi á flor de agua, y pueden verse muy bien.

Para entrar en la bahía del O. es menester pasar entre dos arrecifes de coral que estan á flor de agua, y en que se descubren varias puntas de peña : el canal es como de media milla de ancho, con seis y seis y media brazas de fondo : este es un excelente fondeadero, y en la parte occidental del arrecife del N. hay siempre gran calma de mar, y el fondo es de cinco y media, cinco y cuatro brazas de agua, buen tenedero. La tierra del O. de esta bahía no ofrece marca alguna para dirigir la entrada ; pero esta es muy fácil, pues los riesgos estan á la vista ; los que vengan á esta bahía no tienen necesidad de pasar al N. de isla Pichon, sino al contrario : pasando por el sur de ella á distancia de un cable gobernarán como al N.¼NO., cuyo rumbo emendarán luego que descubran el arrecife del N. para pasar á uno ó dos cables de él, y ganar el fondeadero á su parte del O. Entrada en la bahía del O.

Para salir de cualquiera de los mencionados fondeaderos es menester aprovechar el terral hasta zafarse de los arrecifes que hay en la entrada de todos ellos ; y luego que se esté zafo se puede bordear con la briza en la ensenada, tanto hácia la parte N. como hácia la parte del S. de la isla Pichon : pero habiendo ménos mar en la parte N. será en lo general mas conveniente dirigirse por esta, en la cual se puede prolongar la bordada del N. hasta sondar 5 ó 4½ brazas, que se virará : en la bordada del sur hay que resguardarse del placer de 18 pies que hay al N. de la isla Pichon, del cual se irá zafo siempre que la parte oriental de dicha isla demore del S. 5º O. para el O ; y tambien se irá zafo por su parte occidental siempre que la parte occidental de dicha isla demore del S. para el E. : y así cuan- Salida de dichos fondeaderos y de la ensenada de bahía Antigua.

23

do en alguna bordada del sur se ponga la proa á la isla entre dichas dos demoras, se deberá virar con anticipacion ;
esto es, á milla y media ó dos·millas de ella, pues en el
otro repiquete se irá zafo de dicho placer.   Si la briza fuere muy fresca, lo mejor es fondear al abrigo de bajo seco,
y esperar el terral de por la mañana para salir con él por el
canal de cayo Pélicano y cayo Pelado ó Barebush, del
mismo modo y bajo la mismo enfilacion que hemos dado
para entrar : pero si la briza fuese moderada, se puede salir
por el canal entre cayo Pelado y cayo de media Luna, lo
cual es bien fácil siempre que se pueda poner la proa
al S : para dirigirse por este canal es menester estar NS.
con el pico mas elevado de una montaña que hay en la parte N. llamada de Cudjoe, la cual se verá por encima de
isla Cabra, y se procurará mantener enfilado dicho pico con
a falda occidental de la colina oriental de isla Cabra : esta
enfilacion conduce zafo del bajo seco, del veril occidental de cayo Pelado, que queda á babor, y del veril
oriental de bajo Morrys, que queda por estribor : bajo
Morrys estará rebasado cuando los dos cayos de media
Luna se empiecen á cubrir, y entónces ya si se quiere se
puede arribar un poco hasta el S.¼SO, rumbo que conducirá la embarcacion á la mar ; pero si la briza fuese del
SE., y no permitiere hacer el mencionado rumbo del sur,
será mejor intentar la salida por el canal entre cayo Peli-
cano y cayo Pelado, para lo cual se bordeará entre dichos
dos cayos, virando de ambas vueltas luego que se cojan
seis y media brazas ; pero ántes de estar entre los dos mencionados bajos debe cuidarse de no prolongar la bordada
de babor sino con conocimiento á evitar el bajo Morrys ; esto
es, virando de la otra vuelta luego que cayo Pelado demore
al ESE.
    Desde la punta Portland sigue la costa al O. hasta punta
Roca, y es menester no atracarla á ménos de dos millas
para resguardarse de un arrecife que despide dicha punta
Roca, y que sale casi milla y media al sur de ella : desde

esta punta sigue la costa al NO., y como á dos millas de
ella está la poblacion de Carlisle y bahía del mismo nóm-
bre : la bahía es una rada abierta á los vientos desde el O.
al SE., y con algunos placeres de piedra, que no tienen
mas que 22 pies de agua : para entrar en esta bahía es menester ponerse al sur de una montaña redonda muy notable que hay en la costa, y gobernar hácia ella hasta que
la punta de Portland se cubra con punta Roca, que se dará
fondo en cinco ó cuatro y media brazas : un poco al O. de
esta enfilacion estan los placeres de piedra mencionados.

Desde bahía Carlisle sigue la costa al NO. por espacio de siete millas hasta rio Milk, desde donde continúa
al O. por espacio de otras 24 hasta la punta de Pedro
Bluf : sobre esta costa, y algo tierra adentro, se levantan
las altas montañas de Carpintero, que en dias claros se descubren á 35 leguas ; de modo que navegando ocho ó diez
leguas al sur de la Víbora se pueden marcar : en toda esta
costa se hallan cuatro y media y cuatro brazas á distancia
de una y una y media millas de ella : en esta costa estan los
cayos de Aligator Pond ó estanque de Caymanes : estos
cayos son dos, y estan justamente á flor de agua : despide
al rededor un arrecife, al que se puede atracar, porque es
acantilado, y la rompiente de mar avisa del riesgo : estos
cayos distan de la costa como cuatro millas, y entre esta
y ellos hay buen fondeadero para embarcaciones pequeñas :
el fondo en este canal es de tres y media y cuatro brazas.

Hay tambien un placer de cuatro y media y cinco brazas, que sale como tres leguas de la costa : desde este placer demora la punta de Portland al E., y la montaña redonda que se ve en la costa del O. del rio Milk al NE.$\frac{1}{4}$N.,
por lo que el buque que desde punta Portland vaya al O.
debe resguardarse de él, gobernando al O.$\frac{1}{4}$NO., ú al
O.$\frac{1}{4}$SO., segun quiera pasar mas ó ménos lejos de la costa, y por el N. ó por el S. de dicho placer, hasta que la
referida montaña le demore al NE.$\frac{1}{4}$N. ó NE.

Desde que se rebasan el cayo y arrecifes de Aligator

Pond aumenta el fondo en términos que á distancia de cinco ó seis leguas de la costa se hallan desde 15 hasta 25 brazas, y desde **Pedro Bluf** para el O. aumenta con mucha rapidez, y se pierde el fondo, que solo se halla muy pegado á la costa.

Bahía de Pedro. Desde **Pedro Bluf** sigue la costa al **NO.**, y como á dos millas se halla la bahía de Pedro, con buen fondeadero para toda clase de buques, pero abierta á los vientos del sur: el escandallo es la única guia ó marca que se necesita para fondear en ella.

Costa entre punta Parate y punta Luana. Desde bahía de Pedro hasta punta Parate, que median siete millas, es muy acantilada la costa: la punta Parate despide un arrecife, que sale de ella como media milla. Desde punta Parate hasta punta Luana, que median nueve millas, hace la costa una gran ensenada en que desagua el rio **Black** ó **Negro**; pero hay una porcion de arrecifes que obstruyen esta ensenada, y salen hasta la enfilacion de sus dos puntas exteriores, en términos que para librarse de ellos el que vaya prolongando la costa, necesita mantener siempre abierta la punta de **Pedro Bluf** con punta Parate, gobernando desde esta última al **NO.¼O.**, con cuyo rumbo se conseguirá pasar bien zafo de estos bajos, y como á dos millas de punta Luana: esta ensenada no está bien reconocida, y la entrada es entre dos arrecifes, en cuyo paso no hay arriba de 18 pies de agua.

Desde punta Luana la costa es limpia hasta dos millas ántes de llegar á punta **Crab-Pond** ó estanque de **Cangrejos**, que empieza á ser sucia de arrecife, que sale como una milla á la mar: este arrecife continúa bordeando la costa hasta la punta de **Juan**, y sale de esta última cerca de cuatro millas á la mar: en este pedazo de costa estan las dos bahías y fondeaderos de **Bleufields** y **Sábana la mar**; y

Fondeaderos de Bleufields y Sábana la mar. solo los que tengan que dirigirse á alguno de ellos deberán atracar la costa; pues los que no, gobernarán desde punta Luana al **ONO.** ú **O.¼NO.**, á cuyos rumbos pasarán á una ó cinco millas del mas saliente de los arrecifes de punta Juan, y se dirigirán á atracar cuanto quieran al negril del sur, que es el extremo occidental de Jamayca, luego que este les demore al NO. ó NO.¼O.

Pero los que se dirijan al fondeadero de Bleufields deben gobernar desde punta Luana, de modo que pasen á milla y media ó algo mas de la punta de Crab-Pond, para ir por fuera de los arrecifes, que salen á una milla, y que se unen á los de Sábana la-mar; y luego que la punta de Crab Pond demore al E. se gobernará al N.¼NO. para fondear por fuera del arrecife en ocho ó nueve brazas, cuando el fuerte que está en la punta meridional de la bahía demore al E. : este fondeadero, que hemos asignado, es el que únicamente pueden tomar las embarcaciones grandes; pero las que calen de 17 pies para abajo pueden entrar dentro del arrecife, sobre el cual pasarán por cuatro brazas de agua : para pasar el arrecife y fondear dentro de él se deberá colocar como las embarcaciones grandes á milla y media al O. de punta Crab-Pond, y gobernar desde tal situacion al N., hasta que los edificios que estan en la playa demoren al NE.¼E., que se les pondrá la proa, y se pasará por encima del arrecife por parage en que solo tiene de ancho dos tercios de cable, y por fondo de cuatro brazas : luego que se haya rebasado el arrecife, que se conocerá por aumentar el fondo á cinco brazas, y ser este de arena, se puede arribar un poco como al NE., y dejándose ir para adentro el espacio de dos ó tres cables, se dará fondo sobre cinco y media ó seis brazas arena casi EO. con el fuerte. Bien se ve que con la briza ordinaria es imposible meterse á la vela dentro del arrecife, si se quiere atravesar este por determinado parage, como tambien se manifiesta la necesidad que hay de que los buques grandes que van á fondear por fuera del arrecife voleen muy á menudo el escandallo, para que este les advierta cualquier imperfeccion que se cometa en estimar á ojo la distancia á punta Crab-Pond, para estrecharla si el fondo fuese mayor de 15 brazas, ó aumentarla si fuese menor de ocho.

Modo de dirigirse Bleufield

Los que se dirijan á Sábana la-mar se colocarán tambien á milla y media de Crab-Pond, y desde tal situacion gobernarán como al NO.¼O., y andadas ocho millas estarán muy inmediatos al arrecife de Sábana la-mar: en esta travesía es menester hacer mucho uso del escandallo, pues el arrecife que sale de Bleufields sigue prolongando la costa, y sale frente de Sábana la-mar á dos millas, y algo á sotavento de Sábana la-mar hasta tres millas: este arrecife es un placer de piedra, en cuyo veril hay desde 20 hasta 24 pies de agua, y sobre él se levantan como sobre los placeres blancos varios bajos de muy poca agua, de los cuales algunos velan y muchos rompen. Por fuera de este veril, y muy próximo á él, hay cinco brazas de agua, y esta aumenta hasta 13 brazas, que se cogen á tres cuartos de milla de dicho veril; por lo tanto la mejor guia es el fondo, pues cuando se cojan de 8 á 10 brazas se estará de un tercio á media milla del veril, y cuando se cojan 13 se estará á ¾ de milla de él; y haciendo navegacion no se deberá mantener el fondo de 8 á 10, sino el de 13 á 15, pues solo en las proximidades de ir á fondear es cuando se debe buscar el primer fondo. El fondeadero de Sábana la-mar es de la misma naturaleza que el de Bleufields, pues las embarcaciones grandes deben fondear por fuera del placer, y como en tal situacion no estarán abrigadas del viento y mar desde el E. hasta el O. por el sur, quiere decir que será muy rara la ocasion en que deben dirigirse á dicho fondeadero, en el que estarán muy expuestas á perder las anclas que dejen caer, pues deben dar la vela á la menor apariencia de refrescar el viento. Las embarcaciones que no calen mas de 12 ó 13 pies pueden fondear sobre el placer, y al redoso de los arrecifes sobre 15 y 16 pies de agua á dos tercios de milla de la poblacion, y como al SSE. de ella: para tomar este fondeadero es menester pasar por un canalizo muy estrecho de 19 á 20 pies de agua, formado por una pequeña piedra llamada Middle Ground, que se dejará á estribor, y sobre la cual no hay mas que cuatro

De las Grandes Antillas.

pies de agua, y un arrecife que se deja á babor, en el que
hay siete ú ocho pies : para entrar por este canalizo no hay
enfilacion de provecho, y así lo mejor será atravesarse luego
que los muelles de Sábana la mar demoren al NO 5ºO.,
que se estará una milla á barlovento del canal (esto es, si
la embarcacione está sobre el veril ó próxima á él) ; y mandando algun bote para que se coloque á la parte occidental
de dicha piedra, él mismo seguiára de guia y valiza, pues
todo el trabajo quedará reducido á rascar el bote como
medio de libertarse del arrecife de sotavento. Para que el
bote pueda dirigirse á encontrar dicha piedra, enfilará el
pico mas elevado que hay en los montes que se ven al N.
de Sábana la-mar, y que se llama cabeza del Delfin, con un
árbol muy grande y notable que hay en la tierra baja
de la playa y al E. de la ciudad ; ó si no gobernará al N.
hasta atracar los arrecifes que se prolongan al E. del fondeadero, y verileándolos por el sur se dirigirá al NO.¼N.
luego que le demore á este rumbo el muelle de Sábana
la mar, bajo el cual pasará sobre la piedra. Por sotavento
de este canal se puede tambien ir á buscar el fondeadero,
entrando en el placer por el E. ú O. del gran arrecife,
que es un bajo que siempre rompe, y que está como al
SO.¼S. de la ciudad : para entrar por estos canales no hay
mas que dar resguardo al referido bajo, que á mas de ma-
nifestarlo su rompiente es muy acantilado, y gobernar con
la proa á la ciudad, dejándose ir para adentro con buena
guardia á proa para evitar los otros arrecifes que hay al E.,
al N., de los cuales se debe fondear, no olvidándose del
escandallo, que sobre tales placeres es la principal seguridad de una embarcacion. La entrada por el primer paso es
muy recomendable, porque con la brisa se puede cóger
de la bordada el fondeadero, lo cual no se puede verificar
cuando se entra por los canales de sotavento. Para terminar este punto dirémos que el navío ingles el Monarca tocó el año de 1782 en este placer, en la parte de él que
sale mas al sur ; pero de este riesgo se libertará, el que na-

vegando por esta costa haya de mantenerse sobre las ocho brazas, echándose inmediatamente que las sonde á mas agua para procurar mantenerse siempre sobre las 15.

Negril del S. y del N. Desde la parte occidental de la punta de Juan hasta la punta del Negril del S. es muy acántilada la costa, y corre como al ONO. por espacio de ocho millas. Desde el Negril del sur corre la costa al N. hasta la punta del Negril del N. como otras ocho millas, y en ella se forma bahía Larga, que ofrece regular fondeadero. Al S. del Negril del N. hay una pequeña ensenada del mismo nombre, con muy buen fondeadero para barcos de cabotage. Como seis millas al NE. del Negril del N. esta la bahía de isla Verde: esta bahía es de poco fondo, y para tomarla se necesita práctico.

Ensenada de Davis. Como dos millas al NE. de isla Verde está la ensenada de Davis muy pequeña, y en que solo pueden estar á la vez dos ó tres embarcaciones: su entrada es muy estrecha, y tiene bastante fondo. La costa desde el Negril del N. hasta la punta de Pedro en la costa del N. es muy acantilada, excepto en las inmediaciones de isla Verde, que hay un arrecife casi á flor de agua. Desde punta Pedro hasta la bahía de Lucea se puede atracar la costa á distancia de una milla.

Bahía de Lucea. La bahía de Lucea es un excelente fondeadero, franco, y fácil de tomar: la punta mas N. y E. de él se llama de Lucea, y en la mas occidental está edificado el fuerte: toda la costa de esta bahía despide arrecife á distancia de un cable, por lo que no deberá atracarse á menor distancia: el arrecife que despide la punta del-fuerte está ordinariamente valizado con una boya: el canal ó boca del puerto entre el veril de dicho arrecife y el de la costa mas inme-

Reconocimiento de dicho puerto y direccion para su entrada. diata de enfrente es como de tres cables de ancho, y con fondo desde cuatro brazas que hay en los veriles hasta ocho que se cojen á medio freu. Para reconocer desde la mar este puerto, y para franquear su entrada, sirve de marca una montaña muy notable llamada cabeza del Delfin, la cual se procurará poner al S. 3° E., y cuando demore á este rumbo gobiérnese á él hasta que el fuerte quede del O. para el N., que se pondrá la proa á la poblacion, y se dará fondo en seis, cinco y media ó cinco brazas sobre fango. Los que desde el E. vienen á tomar este fondeadero es menester que desatraquen de la costa como tres millas para dar resguardo al arrecife de Buckner, que está casi NS. con la ensenada del Mosquito, y en el que suele romper la mar: tambien tienen que resguardarse de un placer de piedra que sale al N.¼NE. y á distancia de una milla y algo mas de la punta de Lucea, sobre el cual hay desde cuatro hasta siete brazas; pero gobernando por fuera de él hasta marcar la montaña referida al sur se entrará zafo y sin peligro.

Desde la punta de Lucea corre la costa como al E. por espacio de tres millas hasta el puerto de Mosquito: en el intermedio se halla el arrecife de Buckner, que sale á milla y media á la mar. El puerto de Mosquito es excelente, resguardado de todos vientos, y capaz de cien embarcaciones de comercio: su entrada es muy estrecha, pues solo tiene como medio cable de amplitud: el puerto va desde ella ensanchándose, y en él se encuentran desde cinco hasta siete brazas de fondo fango hasta un poco al N. del muelle que hay sobre la costa oriental, pues desde tal situacion para dentro disminuye á cuatro y media, tres y media y dos y media brazas, que se hallan en lo interior de la ensenada. Las dos puntas de su entrada despiden arrecife, que sale en la del E. á un cable, y en la del O. á un cuarto de cable; y desde dichas puntas continúa el arrecife para adentro, prolongando la costa, que no puede atracarse á ménos de un cuarto de cable. Para entrar en este puerto es menester franquear la boca y gobernar al SE.¼S., que es el rumbo á que corre la entrada; pero como esta es tan estrecha, no puede fiarse en el rumbo de la aguja, y lo mas cierto es mandar un bote, que poniéndose en el veril del arrecife oriental sirva de guia, y

Puerto de Mosquito.

24

liberte de todo riesgo. Los que vayan del O. á tomar este puerto es preciso que monten el arrecife de Buckner, en cuyo veril oriental hay cinco y media y seis y media brazas de agua, y el cual está casi NS. con la entrada de este puerto.

Bahía de Montego. Al E. de Mosquito, y á distancia de 10 millas, está la bahía de Montego, cerrada al E. por la costa de la isla que roba al N., y en la parte S. está muy obstruida de islotes y arrecifes, al N. de los cuales está el fondeadero: la punta N. de él despide tambien arrecife, que sale como milla y media; y así los que buscan este fondeadero, tanto viniendo del O. como del E., es menester que desatraquen la costa á distancia de tres millas para darle un competente resguardo á los arrecifes que despide: la bahía es segura con vientos desde el NNE. hasta el E. y S.: pero está enteramente abierta á los nortes y oestes: los nortes son temibles en ella en Diciembre y Enero, pues suelen causar averías, y aun arrojan las embarcaciones á la costa. Para entrar en esta bahía es menester no aproximarse á la punta N. á ménos de dos millas, y mantenerse á esta distancia ó algo mas hasta que se descubra la iglesia por la costa norte: entónces ya se puede gobernar al SE., cuyo rumbo se irá enmendando al S. á proporcion que se vaya atracando la costa, á fin de dar resguardo al arrecife que despide, y que sale á dos cables de ella: este arrecife es muy acantilado, y cuando se navegue en su veril, y sobre las diez, nueve y ocho brazas se verá el fondo: es menester tener gran cuidado en no dejar caer el ancla hasta que la playa de arena que hay en la costa del N. se cubra con la punta de Fuerte viejo, pues desde esta enfilacion para fuera hay 30 y 35 brazas de fondo tan acantilado, que no agarran las anclas, y es muy fácil derivar sobre los arrecifes de sotavento con las brizas de mar, que aquí se llaman al N. y NE.: el mejor fondeadero está al occidente de la parte N. de la ciudad en nueve, diez ú once brazas, donde hay buen tenedero.

Al E. de la punta de Montego, distancia de seis leguas, está el puerto de Marta Brae, y la costa intermedia puede atracarse á dos millas: en Marta Brae está la ciudad de Falmour y el fondeadero, que solo admite embarcaciones de 12 á 13 pies de calado: tiene en su entrada una barra, y pide absolutamente práctico para tomarlo. Once millas al E. de Marta Brae está el fondeadero de Riobueno, y la costa intermedia es limpia, y puede atracarse á una milla: la bahía de Riobueno está abierta á los vientos desde el N. al ONO., y por tanto es muy expuesta en la estacion de los nortes: en ella se fondea en siete, ocho y nueve brazas, fondo bien acantilado. Tres millas al E. de este fondeadero está el de Puertoseco con buen fondeadero para embarcaciones pequeñas: su entrada es muy estrecha, y dentro del puerto hay 16 pies de agua. Trece millas al E. de Puertoseco está la bahía de Santa Ana, que es muy pequeña, y su entrada entre dos arrecifes, que solo dejan un canal de 46 brazas de amplitud: dichos arrecifes tienen en sus veriles tres, y tres y media brazas, y de pronto se hallan nueve, diez y once, que son las que se hallan en el canal: para tomar este fondeadero lo mejor es enviar con anticipacion un bote que se coloque sobre uno de los veriles, y sirva de guia: para tomar la medianía del canal es menester abrir un poco la puerta principal de una casa que se verá al sur, con el extremo occidental de otra casa que hay algo mas abajo, ó mas cerca de la playa; pero sin que resulte abierta la primera ventana que sigue al E. de dicha puerta principal: el veril del arrecife oriental está enfilando el extremo oriental de dicha puerta con el extremo occidental de la otra casa; y el veril del arrecife occidental se hallará enfilando la primera ventana baja que hay al E. de la puerta con el extremo occidental de la casa: en el canal con vientos del N. hay una gran corriente que sale para afuera, y es causada por la mucha agua que mete en la bahía la mar que rompe sobre los arrecifes.

Puerto de MartaBrae

Fondeadero de Riobueno.

Fondeadero dePuertoseco.

Bahía de Santa Ana.

Fondeadero de Ocho rios. Siete millas al E. de Santa Ana está el fondeadero de Ocho rios, que es muy desabrigado de los vientos del N. y NO.: para fondear en él es menester dar resguardo á un arrecife que sale de su parte oriental, y gobernando con este solo cuidado para adentro, se fondeará en siete y media, siete ó seis brazas de agua : en la parte occidental hay tambien otro arrecife ; pero este se ve bien, y para libertarse de él el ojo es la mejor guia.

Fondeadero de Ora-Cabeca. Diez millas al E. de Ocho rios está el fondeadero de Ora-Cabeca, abierto á los vientos del N. y NO.: para fondear en él debe darse resguardo á un pequeño arrecife que despide su punta oriental; y cuando la punta escarpada mas occidental demore al O. ú O.¼SO., se dará fondo en cinco y media, seis ó siete brazas.

PuertoMaria. Cuatro millas al E. de Ora-Cabeca está la punta de Gallina, desde la cual roba la costa al sur como dos millas y media, y luego sigue al ESE: en el recodo está el puerto María, abierto á los vientos desde el NNE. hasta el NO.: para fondear en él se debe dar resguardo como de dos cables á la parte N. de la isla llamada Cabarrita, y gobernando para adentro, se dará fondo en siete ó seis brazas, cuando la punta NO. de dicha isla demore al NE. ú NE.¼N., y como á uno ó uno y medio cable de ella : se previene es muy preciso buscar estas marcaciones, porque en lo demas de la bahía es el fondo muy sucio.

Bahía de Anota. Desde este puerto corre la costa al ESE. por espacio de seis millas hasta la punta Bloowing ó del Viento, desde la cual continúa al SSE. como cinco millas hasta la bahía de Anota, que está abierta á los vientos del N. y NO.: para fondear en ella se dará resguardo al arrecife llamado Scool-master, que está en la parte oriental ; y cuando la taberna, que es un edificio muy fácil de conocer, demore al S.¼SO. ó S., póngase la proa á ella, hasta que rebasado el arrecife se pueda meter al E., y fondear en siete ú ocho brazas, como á un tercio ó media milla de la costa : el Scool-master es un pequeño arrecife, al O. del cual es el fondo tan acantilado, que con facilidad agarrarian las anclas, y se correria riesgo de ir sobre la costa occidental; por esto es preciso fondear al sur de él, donde el tenedero es bueno.

Al E.¼SE. de bahía Anota, y á distancia de 21 millas, Puerto Antonio está puerto Antonio: la costa intermedia es limpia, y como legua y cuarto al O. de puerto Antonio hay una islita, llamada Navío, que sale como una milla de la costa, y es tambien limpia. El puerto Antonio tiene dos bahías ó fondeaderos, el del E. y el del O.: para entrar en el del E. es menester atracar la isla frondosa como á medio cable, y gobernando á pasar á la misma distancia de punta Loca, se descubrirá muy luego el muelle oriental y la iglesia, que es un gran edificio cuadrado que hay en una colina al S. de la bahía: enfílense dichos objetos, y siguiendo esta enfilacion se va zafo al fondeadero, sin mas cuidado que el de ir enmendando la proa mas al S. á proporcion que se vaya atracando el fuerte, y se dará fondo luego que este demore al NO. en 9, 10 ú 11 brazas de muy buen tenedero. Para ir á la bahía del O. es menester entrar por el canal que forma con la península del fuerte la isla de la Armada; el cual, aunque de costa á costa tiene un cable de ancho, queda reducido á solo medio cable por los arrecifes que salen de ambas costas. No obstante de ser tan estrecho este canal, el único riesgo que hay es al embocar por él, pues es fácil dar con el arrecife que despide el fronton del SE. de la isla de la Armada; y una vez embocados, ya no hay mas cuidado que el de promediar el canal, acercándose mas bien á la costa de la isla; y se irá orzando al S. así como se vaya abriendo la ensenada, en cuya medianía se dará fondo por siete ú ocho brazas: para entrar con seguridad y sin peligro en esta bahía del O. lo mejor es mandar un bote, que poniéndose en el veril del SE. del arrecife de isla de la Armada, sirva de valiza para no dar con él, y embocar el canal; lo que siempre deberá hacerse con poco aparejo. Esta bahía del O. tiene otro canal, llamado del

Puerco, formado por los arrecifes de su costa occidental, y por los que despide al O. la isla de la Armada; pero este canal solo es practicable para embarcaciones pequeñas, pues no tiene en parages mas que 13 ó 14 pies de agua, y aun estas necesitan de práctico para salir por él.

Costa entre puerto Antonio y punta Morante.

Desde puerto Antonio corre la costa como al E.½SE. siete millas hasta la punta del NE., desde la cual corre como al SE.½S. por espacio de otras 19 hasta la punta Morante: toda esta costa es limpia y alta, y solo en las inmediaciones de punta Morante es baja, anegadiza y sucia, y no debe atracarse á ménos de dos millas.

Bajo de la Víbora.

Terminarémos la descripcion de Jamayca diciendo que al sur de ella hay un gran banco ó placer de mucha extension, que exige gran cuidado de los que navegan por la parte S. de esta isla, y á alguna distancia de ella. Este banco, que los ingleses llaman de Pedro, y nosotros de la Víbora, es como los placeres blancos, en que navegándose sobre sondas de 10 y 20 brazas se pasa repentinamente á cinco, ó á varar. En este de que hablamos hay varios cayos, de los que el mas oriental, que parece está sobre el mismo veril, y se llama isla Sola, está muy bien situado: tambien lo estan los cayos de Pedro en su veril septentrional; pero el veril meridional tenia no pequeños errores en la latitud, y hubieron de costarle muy caros al navío Monarca, que de pronto se vió con el fondo, y hubiera varado si la gran serenidad é inteligencia de su capitan Don Josef Justo Salcedo no hubiera prevenido tan fatal accidente: en esta ocasion, que fue cerca de medio dia, se determinó con seguridad la latitud de esta parte del placer, y se hicieron sondas, que son las que se han puesto en la carta de este Depósito. Ademas se han rectificado las posiciones de varios puntos de este cayo por las situaciones que le ha asignado la comision hidrográfica de Don Joaquin Francisco Fidalgo: acerca de este placer no hay mas que huirle, y para conseguirlo se debe consultar dicha carta; debiendo únicamente prevenir que el cascabel ó cayo mas occidental en que parece termina este placer, está situado por noticias muy antiguas, por lo que no hay que fiarse en su situacion; y aun hay motivo para sospechar que no exista. Al sur de la Víbora está bajo Nuevo, y otros varios bajos, de los que se hablará en su lugar.

Isla de Cuba.

Esta es la mayor de las grandes Antillas: su mayor extension es en longitud, en la que cuenta como 11 grados: sus costas son las mas sucias que pueden presentarse al navegante, pues á excepcion de algunos pedazos, tales como de punta Maysi á cabo de Cruz en la del sur, y desde la misma hasta la de Martenillos en la del N., y desde la Havana hasta Matanzas en la misma, todo el resto despide á larga distancia placeres, cayos y arrecifes tan espesos y continuados, que impidiendo atracar la costa, le sirven como de antemural, y que por tanto son los que deben ocupar el lugar en estas descripciones. Para conservar el órden que nos hemos propuesto en ellas dividirémos la de esta gran isla en dos partes: primera, en que se describa la costa del sur desde punta Maysi hasta cabo San Antonio, en la cual incluirémos tambien el pedazo de la costa del norte que hay desde dicho cabo hasta la Havana: y segunda, en que se describirá la costa N. desde punta Maysi hasta la Havana; á que se seguirá la descripcion de los veriles del gran banco de Bahama y costa de la Florida desde las Tortugas hasta el rio de Santa María, absoluto y necesario conocimiento para la navegacion de los canales viejo y nuevo de Bahama.

Costa del sur de Cuba.

La punta de Maysi es la mas saliente al E. del fronton oriental de Cuba: todo este fronton es de playa tan baja, que es menester estar sobre ella para verla: su aterrage es peligroso no solo por esta circunstancia, sino tambien por-

Punta Maysi

que despide arrecife que sale al E. de ella cerca de una milla ; así su recalo de noche es bien expuesto á ménos de no haber tomado conocimiento de las tierras altas de la isla, que se levantan en lo interior, ó de traerlo muy inmediato por las marcaciones de la isla de Santo Domingo. Poco al sur de punta Maysi, y como á media milla de ella, empieza la costa á ser alta y limpia, y se dirige como al SO.$\frac{1}{4}$O. por espacio de 6$\frac{1}{2}$ millas, que hace una pequeña ensenada, con playa de arena llamada cala de Ovando : desde esta cala sigue como al SSO. por cuatro millas hasta punta Negra, desde donde se dirige al OSO. como otras cuatro millas hasta la punta de la Caleta, desde la cual corre al O. la distancia de 28 millas hasta punta Sábana-la-mar, al O. de la cual y á cuatro millas está el puerto de Baitiqueri. Desde la punta de Maysi hasta punta Negra no debe atracarse la costa á ménos de dos leguas, pues no habiendo motivo alguno para acercarse á ella, tampoco puede haberlo para ir sobre una costa, que aunque muy limpia, y que no ofrece riesgo de empeño, se presenta sin embargo al embate de la briza, y casi no permite se dejen caer las anclas en sus inmediaciones ; pero desde punta Negra ya no hay el menor rezelo de costear á distancia de una milla hasta el puerto de Baitiqueri ; y en toda ella, y á sotavento de sus varias puntas, se puede fondear por el número de brazas que se quiera, desde las 35 hasta 7 ; pero el mejor fondo es el de 16, en el que se estará á muy buena distancia de la costa : en ella desembocan varios rios, en que se puede hacer muy buena aguada, y tambien se puede surtir de leña.

El puerto de Baitiqueri es muy pequeño, y con la entrada muy estrecha : su fondo es de 15 á 20 pies ; y así no admite mas que embarcaciones pequeñas : es muy abrigado de todos vientos, y en lo mas interior de él desemboca el arroyo de su mismo nombre, donde se puede hacer aguada : las dos puntas exteriores de su entrada distan entre sí algo mas de un cable ; pero la de barlovento despide un

[marginal note:] Cala de Ovando.

[marginal note:] Puerto de Baitiqueri.

arrecife de piedra, en cuyo veril hay desde 10 hasta 17 pies de agua : la punta de sotavento despide tambien arrecife que sale á un cuarto de cable : entre estos dos arrecifes está el canal de la entrada, que solo tiene cincuenta varas de ancho : rebasada que sea esta angostura, que tiene de largo un cable, ya el canal se ensancha á proporcion que se acerca á las dos puntas interiores, y el fondo permite atracar la costa : véase el plano.

Desde el puerto de Baitiqueri corre la costa como al OSO. la distancia de cinco millas hasta la punta de la Tortuguilla, desde la cual sigue al O. la distancia de otras tres millas hasta el rio Yateras : desde este continúa como al SO. otras cuatro hasta punta de Mal-año, que sigue al O., y á tres millas de ella está la entrada del puerto Escondido : toda esta costa entre Baitiqueri y puerto Escondido es muy limpia, y puede atracarse á una milla.

El puerto Escondido es un fondeadero abrigado de todos vientos, formando en lo interior de él varias ensenadas capaces de todo género de buques : la entrada es muy estrecha, pues entre las dos puntas exteriores solo hay un cable de ancho : y como estas despiden arrecife que sale en la de barlovento á un tercio de cable, solo queda un canal de 90 varas de ancho : por fortuna este no presenta tortuosidades, y por tanto no exige siabogas prontas que dificulten su entrada : el largo total de esta estrechura no pasa de cable y medio ; y como para embocar por ella se debe gobernar al N. 37°O., siempre podrá verificarse á viento ancho, aun cuando la briza sea del NE. : para tomar este puerto lo mejor es mandar un bote que colocado en lo mas saliente del veril del arrecife de barlovento, que viene á estar como en la mitad del largo del canal, sirva de valiza, pues entónces no hay mas que ponerle la proa luego que demore al N. 37°O. ; y dirigiéndose á rascarlo se conservará dicha proa hasta rebasar la punta interior de sotavento, que se dará fondo por seis ó seis y media brazas fango : como en este puerto no hay poblacion, tampoco hay mar-

Marginal notes:
Costa éntre Baitiqueri y puerto Escondido.

Puerto Escondido

cas que puedan servir de enfilacion para promediar el canal ;
y como este es tan estrecho, es menester tomar espacio
en que pueda desahogadamente hacer el buque la siaboga
para pasar del rumbo del O., que traerá al del N. 37oO.
que debe hacer para embocar el canal : á este fin se aconseja que aunque se puede pasar á medio cable de la costa de barlovento, no se pase sino á tres ó cuatro, pues
así aunque en la orzada se haya el buque rebasado de la
referida marcacion del N. 37oO., pueda enmendar con
alguna corta guiñada para barlovento su situacion ántes de
estar entre puntas, cuyo encargo es muy preciso, pues en
el canál no cabe mas que seguir el rumbo perfijado para
pasarlo sin tropiezo. Si acaso quisiese alguno internarse en
el puerto, y no quedarse en el fondeadero que hemos dicho, es muy dueño de hacerlo á la espía ó remolque, y aun
á la vela : esta operacion es muy fácil, y no pide mas que
consultar el plano del puerto, del que por último dirémos
que no habiendo comercio alguno, tampoco en lo ordinario lo habrá para que á él se dirijan las embarcaciones : y si
en algun caso forzoso de temporal se viese alguno obligado
á buscar fondeadero, mejor será que haga sus diligencias
para tomar el del Guantanamo, pues si para entrar con
buen tiempo en el de que hablamos hay dificultad, claro
está será mucho mayor en tiempos duros y cerrados, y no
seria extraño que sin práctica, y aun con ella, se elevasen en
los arrecifes de la entrada, ó lo que es peor, que se empeña-
sen en algun punto de la costa en que equivocadamente
creyesen estaba la boca del puerto.

Desde ella hasta la de Guantanamo corre la costa al O.
con alguna inclinacion para el S. por espacio de doce millas, y es muy limpia, y forma algunas calas de arena muy
pequeñas. El puerto de Guantanamo, que los ingleses llaman bahía de Cumberland, es excelente : dentro de él hay
un archipiélago de puertos en que pueda fondear cualquiera número de escuadras con total separacion unas de
otras. Su boca es espaciosa, pues entre sus dos puntas ex-

Puerto de
Guantana-
mo.

teriores hay casi dos millas de amplitud : la punta oriental es muy limpia, y puede atracarse sin recelo, pues no hay mas riesgo que el que se presenta á la vista : desde ella sigue la costa al N. como milla y media, que revuelve para el E. á formar el puerto : en esta costa de barlovento de la entrada, y como á media milla adentro de su punta exterior, sale un placer de piedra, en cuyo veril hay de cuatro á cinco brazas de agua : este placer se extiende al O. algo mas de media milla, y lo mas saliente de él está EO. con la desembocadura del rio Guantanamo : la desembocadura de este rio está en la costa de sotavento y á media milla de su punta exterior : en esta costa hay tambien arrecife ó placer de piedra, que desde fuera del puerto la prolonga para dentro, y sale de ella como dos cables. Para tomar este puerto no hay mas que colocarse á pasar de su punta de barlovento como á uno ó dos cables de distancia, y estando NS. con ella se orzará al NO.½N., cuyo rumbo se mantendrá hasta estar EO. con la punta septentrional de la boca ó desagüe del rio Guantanamo, que se enmendará al N.½NO., hasta que estando EO. con la punta interior de la costa de barlovento, y rebasado el arrecife que ella despide se pueda ceñir el viento, y dar fondo donde mejor acomode : si acaso se quisiese internar, y la briza no permitiere poner la proa á barlovento, al N. se puede bordear, para lo cual la mejor guia es la sonda.

Entrada en el Guantanamo.

Desde Guantanamo sigue la costa al O. limpia, y que puede atracarse á una milla hasta la punta de Berracos, que dista 26 de aquel : esta punta es conocida por un morro que se levanta sobre ella. Desde punta de Berracos roba la costa algo al N., y forma la ensenada de cabo Bajo, desde donde sigue al O. hasta el rio Juragua : el intermedio entre cabo Bajo y Juragua se llamá los Altares, porque forma la costa tres ensenadas de playa separadas entre sí por unos morros altos y escarpados : el rio Juragua dista de punta de Berracos 10 millas. Desde rio Juraguá continúa la costa al O. por distancia de 12 millas

Punta de Berracos.

Costa entre punta Berracos y Santiago de Cuba.

hasta la entrada del puerto de Santiago de Cuba : toda
ella es limpia, y puede atracarse á una milla, y desagüa
en olla el rio de Sardinero y el de Aguadores, y en las
proximidades de este último se ven algunas casitas habi-
tadas por aguadores.

Puerto de Santiago de Cuba. El puerto de Santiago del Cuba es muy bueno ; pero
su entrada por muy estrecha y tortuosa es muy difícil de
tomar. En la punta oriental está edificado el castillo del
Morro, y algo mas adentro el de la Estrella, que está separado del primero por una ensenada, en cuyo fondo hay
otro pequeño fuerte ó batería. La costa de barlovento despide un placer de piedra, que sale desde la punta del Morro como dos cables y medio, y la costa de sotavento despide otro que sale al sur de la punta un cable : entre estos
dos placeres está el canal, que tendrá en su boca un cable
de ancho, y angosta para adentro como un tercio de cable ;
de modo que tanto avante con la ensenada que hay entre
el Morro y la Estrella, que es lo mas angosto, tiene dos
tercios de cable de ancho, y desde este parage sigue con
la misma anchura hasta rebasar cayo Smith, que empieza
á abrir el puerto. Para tomarlo es preciso navegar á media

Modo de entrar en el puerto. legua ó dos millas de la costa hasta marcar el castillo de la
Estrella al NE., y poniéndole entonces la proa, y procu-
rando conservarlo al mismo rumbo, se embocará el canal
que forman los arrecifes ; pero luego que se esté tanto
avante con la punta del Morro, de la que se puede pasar
a un cuarto de cable, se empezará á arribar, de modo que
cuando se esté tanto avante con la batería que hay en el
fondo de la ensenada vaya ya el navío con la proa al N.,
cuyo rumbo es preciso conservar hasta rebasar cayo Smith,
que se dará fondo. El arribar cuatro cuartas que exige
la tortuosidad del puerto, pide especialmente con embarcacion grande, espacio suficiente para hacer su siaboga ;
por esto se aconseja se empiece á variar el rumo desde
estar con la punta del Morro, pues si nó seria muy fácil
que el navío barase en la costa del castillo de la Estre-

lla : tambien es menester que no quede el navío con la proa
al N. en el momento, como podria tal vez hacerse en buenas
circunstancias, porque se corre riesgo de barar en el cantil
del arrecife de sotavento. La distancia que hay desde la
punta del Morro hasta estar tanto avante con la batería que
hay en el fondo de la ensenada es de un cable, con cuyo
conocimiento sabrá graduar el maniobrista la cantidad de
timon que necesita meter para conseguir el fin; como
tambien la maniobra que debe practicar segun la facilidad y
gobierno del navío para ayudarlo ó contenerlo. En el fondo
de este puerto está la ciudad de Santiago, que es la mas
antigua que los españoles tienen en la isla; y aunque está
considerada como la capital de ella, el comercio opulento
de la Havana, y su situacion, han llamado á esta toda la
atencion, y es por tanto considerada como la primera y mas
importante poblacion de toda la isla.

Desde Santiago de Cuba sigue la costa al O. formando
varias ensenadas y aun fondeaderos de poca consideracion,
y solo de útil conocimiento á las embarcaciones de cabotage : en ella se levantan las altas montañas del Cobre, que **Montañas**
distan de Santiago de Cuba como 11 millas : estas monta- **del Cobre.**
ñas en dias claros se ven desde varios puntos de la costa
septentrional de Jamayca, y así se puede asegurar se descubren á mas de 33 leguas : á 40 millas al O. de Santiago
de Cuba se levanta otro cerro llamado Tarquino, que es **Cerro de**
un excelente punto de reconocimiento. La punta ó cabo **Tarquino.**
de Cruz es el último de esta parte de la isla en que la cos- **Cabo de**
ta es limpia : dista de Santiago 33 leguas, y en toda la **Cruz.**
costa intermedia puede navegarse si se quiere á una legua
de ella, y aun algo ménos; pero como no hay motivo que
obligue á atracarla, parece lo mas conveniente la corran los
que se dirigen al O. á la proporcionada distancia de dos ó
tres leguas.

Desde cabo de Cruz roba la costa al NE., y despues **Noticias de**
de formar una gran ensenada, en cuyo fondo desemboca el **la costa y**
arrecifes
rio Canto, revuelve al NO. hasta Trinidad, desde don- **que hay**

de, inclinándose primero al N., y despues al sur, sigue al O. hasta el cabo de San Antonio, que es el punto mas occidental de la isla.

Desde el mismo cabo Cruz sale un placer blanco que va á terminar en Trinidad : sobre él se levanta un sin número de cayos y arrecifes, que forman canalizos mas ó ménos estrechos; y como por la poca necesidad de costearla (pues no hay establecimientos ni puertos de comercio que llamen á las embarcaciones que van de la península) no ha sido frecuentada de personas inteligentes, ha quedado casi sin ser reconocida hasta estos últimos años que se han dado comisiones particulares para ello, de las que ya se ve algun resultado en las notables enmiendas que ha sufrido este veril de que hablamos, que si no está del todo bien situado es porque no han llegado aun los trabajos hechos por D. Josef del Rio Cosa, que es el Oficial que fue comisionado para este reconocimiento. Mientras tanto, lo mas importante, que son las inmediaciones de Trinidad está hecho, y de ello vamos á hablar extensamente.

La ciudad de Trinidad es una poblacion que encierra mas de 10.000 vecinos, y que cuenta en el término de su jurisdiccion con otros 6000 mas. Aunque su terreno feraz le proporciona excelentes cosechas de frutos indígenos, no teniendo comunicacion directa con la península, sufre su comercio algun extravío y trabas, de lo que sin duda dimana el no haberse fomentado tanto como debia. Está situada la ciudad en un terreno alto y distante del mar tres millas y media. Por su parte del N., y á poco mas de media milla, pasa el rio Guaurabo ó de Trinidad, que desemboca en el mar algo al sur de ella. Trinidad tiene abierta su comunicacion con el mar por el mencionado rio Guaurabo, de cuya boca dista tres millas escasas; por puerto Casilda, del que dista dos millas y media, y por el puerto de Masio, de que dista cuatro millas y media : la desembocadura del Guaurabo está al N. de la punta de Maria Aguilar, en que termina el placer blanco que sale de cabo Cruz; pero los puertos de Casilda y Masio estan en la costa oriental de dicha punta, y para llegar á ellos es menester entrar en el placer; y para que los que se dirijan á Trinidad puedan tomar el fondeadero que mas les acomode á sus circunstancias, hablarémos separadamente de cada uno de ellos, dando la instruccion conveniente para navegar sobre el placer.

Hemos dicho que en cabo Cruz empieza el placer blanco que despide esta parte de costa, y tambien hemos dicho, y dice la carta de esta Direccion, que desde dicho cabo Cruz hasta Boca grande no está bien situado; por lo tanto, todo el que puesto como tres leguas al sur de cabo Cruz intente ir á Trinidad, debe gobernar al O., y navegar por dicho rumbo como 24 millas, andadas las cuales se orzará al NO., con cuyo rumbo, y andadas, 31 leguas, se recalará á 10 ó 12 millas de cayo Grande; y aunque con este rumbo se va desatracado del veril del placer de las mismas 10 ó 12 millas, debe no obstante navegarse con buenas vigías y escandallo, especialmente de noche, pues puede tal vez salir el placer mas de lo que se cree y pinta la carta, ó puede el impulso de la marea aconchar la embarcacion sobre él Reconocido que sea cayo Grande se conservará el mismo rumbo del NO. hasta situarse al SO. de cayo Breton, que es el mas occidental del grupo de cayos, que estan al NO. de cayo Grande, y separados de él por una abertura ó quebrada del arrecife llamada Boca grande: puesto una vez al SO. de cayo Breton, y como á nueve millas de él, se gobernará al NNO., por cuyo rumbo, y andadas como 38 millas, se enfilará el pan de azúcar de Sancti Espíritu con lo mas oriental de las lomas de Bonao, que son unas sierras altas que tiene inmediatas á su parte del O.: en esta navegacion habrá reconocido á cayo Zarza de afuera y los Machos de afuera, y cuando se halle en la referida enfilacion tendrá á la vista á los Machos, y á otro cayo muy pequeño llamado Puga, muy notable por la reventazon de mar que hay en él,

Modo de navegar desde cabo Cruz hasta Trinidad.

Cayo Breton y Boca grande

que le demorará al N. un poco para el O., y del cual distará como una milla : tambien verá desde la misma enfilacion á cayo Blanco, que le demorará como al NNO., y que es muy notable por ser el mas occidental de todos, y por tener guarnecidas sus orillas de piedras blancas. Entre

Entrada en el placer.

Puga y cayo Blanco es por donde se debe entrar en el placer, para lo cual se gobernará á pasar como media milla ó algo ménos del arrecife de Puga, que siempre vela, y por cuyo paso hallará seis brazas de agua, y rebasado que sea el referido Puga, se gobernará al N. para dar fondo en cuatro brazas arena y yerba, cuando lo mas S. de cayo Blanco demore al O., si es que por venir la noche ó por esperar el práctico se quisiese tomar esta determinacion. En esta derrota desde cayo Grande hasta cayo Blanco no hay dificultad que nazca de incertidumbre ó poco conocimiento, pues teniendo la carta particular de este pedazo de placer que se ha publicado por la Direccion de Hidrografia, se verá que si se quiere entrar en el placer por Boca grande, se puede hacer siempre que la embarcacion

Se aconseja entrar por Boca grande en ciertas circunstancias, y modo de verificarlo.

no cale mas de 15 ó 16 pies de agua, y aun convendrá tomar este partido para fondear al abrigo de cayo Grande, ó de los de cinco Balas en caso que se vea el tiempo aparentando mal, que será bastante frecuente y muy temible en los meses de Agosto, Setiembre y Octubre; y si no se quisiese fondear al abrigo de los mencionados cayos, se puede seguir para adentro á reconocer el cayo Raviahorcado, el que se dejará por babor, y se avistará luego á cayo Burgao; el que rebasado por su parte del E., se marchará sin cuidado hácia la costa con rumbo del NNO., la cual se puede ir barajando á distancia proporcionada al calado de la embarcacion, y embocando por el canal de Machos, se podrá meter en el Masio ó puerto Casilda segun se quiera: la simple inspeccion de la mencionada carta instruye al navegante completamente para que pueda tomar sus determinaciones segun se le presenten las circunstancias: en ella se verá que navegando dentro del placer, tiene famosos fondeaderos y muy abrigados entre Meganos de Manatí y Zarza de afuera, entre cayo Blanco de Zarza y la costa y otros varios, que serán mas ó ménos acomodados segun sean los vientos, y segun sea la magnitud y calado de las embarcaciones: así solo dirémos que los cayos se elevan poco sobre la superficie del mar, y que sus orillas anegadizas no presentan extension de playa, y se avanzan sus puntas con bajos de piedra á corta distancia, ménos en los que forman el canal de Machos, que son muy limpios por la parte del estrecho. La costa que comprende la carta desde punta Jatibónico forma una gran ensenada hasta la de Pasabanao con fondo de dos y media y tres brazas, y es de manglar anegadizo: en la punta de Jatibónico desemboca el rio de su nombre, y para hacer en él aguada es menester subir una legua rio arriba: por él se bajan muchas caobas y cedros, y en él hacen su cargamento muchas embarcaciones. Al O. de Pasabanao está el estero de las Caobas, en que se pueden abrigar de los SE. las embarcaciones que no calen mas de seis peis: al estero de las Caobas sigue la punta de Manatí, en que hay algunas cacimbas de agua algo salobre: la punta de Manatí con la del Tolete que tiene al O. forman una pequeña ensenada, en cuya medianía desemboca estero Nuevo: la punta del Tolete y la de Zarza forman otra ensenada en que está el estero de San Márcos con muy poco fondo en su embocadura. A la parte del E. de la punta de Zarza desemboca el rio de su mismo nombre, por el que se trafica mucho con la villa de Sancti Espíritus, que dista de la playa trece leguas: el agua de este rio no se consigue dulce sino internándose en él ocho leguas: al O. de la misma punta está el estero de su nombre con fondo de siete pies, en el que pueden estar buques menores al abrigo de los SE.: tambien hay abrigo de los SE. al O. de la punta de Zarza, causado por una restinga que ella despide al OSO. y á distancia de una milla, y que forma una ensenada con fondo de tres y tres y media brazas fango.

Descripcion de la costa desde punta Jatibónico.

Rio de Zarza.

26

Al O. de punta de Zarza está la del Caney, con la que forma una pequeña ensenada con tres y cinco brazas fango y yerba : al O. de punta Caney esta el estero de su nombre con fondo de siete pies : al sur de esta punta está cayo Blanco de Zarza, y entre el arrecife que este despide y la punta hay un buen canal navegable para toda clase de buques, que como hemos dicho, hallarán buen abrigo al O. del referido cayo. Rebasada la punta del Caney se halla el desembocadero del Mangle, en que se hace algun tráfico, especialmente por los contrabandistas. Al O. de punta Caney está la del Ciego, que forma con aquella una ensenada con fondo de tres hasta cinco brazas : en su medianía está el rio de Tallabacoa, que trae muy poca agua en tiempos de seca, y es siempre preferible la de un arroyo que desemboca al O. de la punta del Ciego y a muy corta distancia de ella. A la punta del Ciego sigue la

Rio de Iguanojo. de Iguanojo, en la que desemboca el rio del mismo nombre : las aguas de este son excelentes; pero para conseguirlas tales es menester subir una legua rio arriba. Al O. de la punta de Iguanojo está la de Agabama, que despide algo al E. de ella los cayos llamados de Tierra, los cuales forman con la punta de Iguanojo una ensenada llamada de San Pedro con fondo desde tres y media hasta seis brazas fango : en ella se hallan los desembarcaderos de Tollosa, Golondrino, Seyba y Brujas, que sirven para el tráfico de madera, tabaco y sal, y para abrigo de los contrabandistas : los mismos cayos de tierra forman con la punta de Agabama otra ensenada pequeña con fondo de siete, cinco y cuatro brazas fango y arena : en la punta de Agabama desemboca el rio de su nombre, cuyas aguas no son dulces sino á seis leguas de su embocadura. La orillas desde Agabama hasta punta Casilda son de mangle y anegadizas, y desde punta Casilda hasta el Guarabo son de arena y piedra escarpada. Por lo que hace al interior de

Pico de Potrerillo. las tierras dirémos que el Potrerillo, que es el punto mas alto de las sierras que estan sobre Trinidad, puede descu

brirse en dias claros á la distancia de 21 leguas, el cual y
el Pan de azúcar son puntos muy notables de reconocimiento, y muy propios para situarse con seguridad. Desde Boca grande impide el arrecife entrar en el placer hasta
Zarza de afuera, por entre la cual y Machos de afuera
hay una boca espaciosa y gran fondo para toda clase de
buques. No obstante si estando á la vista de cayo Breton
y á sotavento de Boca grande se quisiere fondear en su
placer para proporcionar mejor la hora del recalo á Puga
y cayo Blanco, ó por cualquiera otra causa, podrá verificarse dirigiéndose á cayo Breton con rumbo al E., luego
que lo mas N. y O. del referido cayo demore al E., cuyo
rumbo se seguirá con el cuidado de sondar á menudo hasta tener de cuatro á tres brazas arena, que se dará fondo;
y si el viento por no permitir poner la proa al E. obliga-
re á barloventear sobre bordos, se tendrá presente no prolongar el del N. sino hasta que demore lo mas N. y O. del
cayo al ESE. 5°S., y el del sur hasta que el mismo punto del cayo demore al NE.¼E., entre cuyas dos marcaciones se seguirá de vuelta y vuelta hasta coger el fondeadero, en el cual hay abrigo de los vientos desde el N. por
el E. hasta el SO., causado por el cordon de arrecifes y
cayos que hay á dichos rumbos: estos arrecifes todos velan, y los mas salientes al mar distan tres millas al SO. de
lo mas occidental de cayo Breton.

Cualquier buque grande que para abrigarse de un
tiempo, ó por otra causa quiera entrar en el placer, podrá
ejecutarlo por entre zara de afuera y Machos de afuera,
y recorrer todo el interior del placer, pues hay fondo suficiente para cualquiera clase de buques: acerca de esto nada hay que advertir, pues la mejor guia es la inspeccion
de la carta: así terminarémos este asunto diciendo que las
mareas producen corrientes mas ó ménos rápidas y con direcciones varias, segun los canalizos que forman los arrecifes; pero que siempre son de poca consideracion, pues
la mayor salida del agua, que es en los novilunios, no pasa

de pie y medio, ménos, con vientos del SE., que sube hasta tres pies.

Para entrar en el puerto del Masio, estando ya dentro del placer, se gobernará como al N. hasta marcar lo mas S de cayo Blanco al O., y la medianía de Puga al SE.¼S., en cuya situacion se hallarán cuatro brazas fango con yerba, y desde la cual se gobernará al N.42°O., con cuyo rumbo se llevará promediado el canal del Masio, que lo forma la restinga que sale al N.47°E. de cayo Blanco, y un placer con cabezas de poca agua, que queda á la parte de tierra, y deberá continuarse así hasta estar NS. con la punta de Jobabo, que es muy conocida por una playa de arena; y desde tal situacion se orzará á poner la proa á la punta occidental de la entrada del puerto, y con rumbo del N. 14°O., cuidando solo de arribar un poco hasta rebasar la punta de la guardia para resguardarse del arrecife que despide; y rebasada que sea, se pondrá la proa á la punta occidental, como hemos dicho, hasta que acercándose á la boca se promedie á la vista pues manifestándose con bastante claridad los veriles de poco fondo, ella y el escandallo son las mejores marcas: promediada la boca del puerto se orzará al NNE. 3°N. hasta que rebasadas las puntas, y estando en 4 ó 3½ brazas se dará fondo donde acomode, precaviéndose solo de un bajo de fango que sale del desembarcadero que hay en la costa del O., y cuyo extremo se enfila con la punta occidental del puerto al N. 7°E., y S. 7° O. Al pasar para el Masio se deja á estribor la ensenada de Caballones; y si se quisiere surgir en ella para abrigarse de los vientos N. y SE., se podrá verificar con solo promediar las puntas que la forman: y dirigiéndose por medio freu y con proa del ENE., se dará fondo luego que se cojan las 3½ brazas fondo fango.

Para entrar en puerto Casilda se observará la misma derrota dada para el de Masio, hasta tener lo mas sur del cayo de Guayos enfilado con lo mas S. de la tierra firme de Casilda, en la cual enfilacion está el quebrado ó boca de Jobabo, por donde se debe entrar; y arribando en esta posicion para promediarla, la simple vista y el escandallo facilitarán su paso, que es de 110 varas de ancho, y con fondo de cuatro brazas. Estando á la parte occidental de este quebrado, y á un cable de distancia, se gobernará al S. 73°O., navegando por seis, siete y ocho brazas fango hasta enfilar la punta Casilda con la punta N. de cayo Ratones; en cuyo momento se pondrá la proa á lo mas occidental de la ciudad de Trinidad, llevando cuidado con la restinga que sale al SSO. de cayo Guayos, de la que se estará rebasado luego que se enfile lo mas sur de este cayo con lo mas E. de Tabaco, y entónces ya se pondrá la proa á lo mas oriental de la ciudad hasta enfilar la parte sur de cayo Ratones con lo mas O. de las sierras altas llamadas de rio Hondo, que entónces se pondrá la proa á los expresados objetos, para rebasar el bajo llamado de Enmedio; y siguiendo la misma enfilacion con la precaucion de guiñar un poco sobre estribor, se conseguirá franquear la punta Casilda, que es algo sucia; y siguiendo para adentro á pasar por la parte sur de cayo Ratones, dándole algun resguardo á su punta; y rebasado que sea se pondrá la proa al NO. y poco despues se dará fondo en tres ó tres y media brazas fango.

En cualquier parage de estos canales se puede fondear, si las circunstancias lo exigen, en la seguridad de ser el fondo de fango. Tambien se puede tomar á puerto Casilda, entrando por el canal de Agabama, por el N. de cayo Guayos, por el O. de cayo Blanco, y por los quebrados ó bocas que por esta parte tiene el arrecife, como son Boca grande, Negrillo y Mulatas; pero estas entradas son de muchos riesgos, y no hay marcas á que poder referir enfilaciones.

Para tomar la boca del Guaurabo se navegará por fuera del placer, y se atracará sin cuidado, y aunque sea á tiro de fusil de la costa, que es muy limpia por esta parte; y siguiéndola á la misma distancia, se avistará la ensenada

Modo de tomar la boca del rio Guaurabo.

de la boca formada por la punta de los Ciriales al sur, y
la del rio de Cañas al N.; y luego que se tenga bien franqueada se dirigirá con poca vela á pasar mas atracado á la
punta de Cañas que á la de los Ciriales, por ser mucho
mas limpia, con precaucion de sondar á menudo, para dar
fondo, si la embarcacion es grande, luego que se entre en
sonda, pues este surgidero es de muy corta extension; pero si la embarcacion fuere pequeña se puede internar, dejándose caer sobre la costa S. de la ensenada, poniendo la
proa entre dos playas de arena, que son las únicas que hay
en ella hasta estar en ocho ó seis brazas arena, que se dará
fondo.

Adverten-
cias sobre
los puertos
de Masio,
Casilda y
fondeade-
ro de Gu-
aurabo.

Despues de haber descrito esta parte pel placer y los
fondeaderos vecinos á Trinidad, solo nos resta que decir
que el del Masio es muy preferible á Casilda, no solo por su
mayor fondo, y por poderse salir de él con las brizas,
sino porque es muy fácil de tomar, para lo cual no hay
necesidad de práctico: al contrario, el puerto Casilda no
puede tomarse sin práctico: su fondeadero no tiene mas
que cuatro cables de extension; la salida de él es muy dificil con las brizas, y últimamente para hacer aguada es
menester enviar las embarcaciones al rio Guaurabo. Si el
puerto del Masio es por tales razones el único que debe
tomar todo el que va á cargar ó descargar, ó á demorarse
algun tiempo en Trinidad, así tambien el que solo va
para dejar pliegos ó correspondencia, como sucede á las
goletas correos, debe encaminarse á la boca del Guaurabo,
por cuyo rio puede conducir en sus embarcaciones menores la correspondencia hasta Trinidad, y al bajar proveerse
con ellas mismas de alguna aguada que pueda necesitar,
con lo cual se tendrá una ejecucion y brevedad, que no
es asequible entrando en el Masio, ni mucho ménos en
Casilda.

Desde el rio Guaurabo sigue la costa limpia, que podrá atracarse á una legua al N. 75ºO. distancia ocho millas largas hasta una puntilla al O. del rio Hondo, desde

la cual continúa al N. 56°O. distancia nueve millas hasta la punta de San Juan, bien terminante por correr la costa despues al N. 7°O. distancia de una milla larga, donde está el rio Guaigimico. Punta de San Juan y rio Guaigimico.

Entre la boca del rio Guaurabo y la punta de San Juan desembocan los rios Guanayara, Cabagan, Hondo, Yaguanabo y de San Juan, y en todos ellos suelen fondear las embarcaciones costeras cuyo calado no exceda de seis pies. Para conseguir el agua dulce en estos rios es necesario internarse hasta una legua de sus bocas.

Todo este tramo de costa es muy hondable y limpio, excepto un pequeño arrecife que sale entre el rio Yaguanabo y el de San Juan, y se separa de ella ménos de media milla: su orilla es escarpada y de piedra saboruco,* el terreno montañoso hasta poco mas al O. de la punta de San Juan, en que acaban las sierras de este nombre ó de Trinidad.

Desde el rio Guaigimico continúa la costa al N. 47°O. distancia 14 millas hasta la punta de los Colorados, tan limpia que se puede atracar á ménos de medio cable: su terreno es igual y sin montañas, encontrándose en ella los rios de Gavilan, Gavilancito y Arimao, de poca consideracion. Punta de los Colorados. Rios Gavilan, Gavilancito y Arimao.

La punta de los Colorados forma por el E. la boca del puerto de Jagua: su bahía es muy espaciosa, segura en todos tiempos y hondable; pero su boca es muy estrecha y tortuosa. La punta del E., llamada, como se dijo, de los Colorados, y la del O. de la Sabanilla ó de la Vigía, son las exteriores de este puerto, y hay entre las dos la distancia de una milla larga. La costa de barlovento se dirige desde la punta de Colorados al NO.¼N. la distancia de dos millas hasta la punta de Pasacaballo, donde roba al NNE. como dos tercios de milla hasta la punta de la Puerto y bahía de Jagua.

* Saboruco, voz propia del pais, piedra dura parecida á la esponja, que forma puntas cortantes.

Milpa, que es la interior del puerto : la costa de sotavento guarda casi estas mismas direcciones, y estrecha la boca de modo, que en la punta de Pasacaballo solo tiene de amplitud cable y tercio, y continúa con esta anchura hasta la punta de la Milpa. Para entrar en este puerto no hay mas que dirigirse á atracar la punta de los Colorados á un cuarto de cable; pero huyendo de la costa exterior, de barlovento, que despide arrecife, y no debe atracarse á ménos de una milla; y siguiendo para adentro, y conservándose á la misma distancia de un cuarto de cable, se llegará á la punta de Pasacaballo, desde la cual se orzará á fin de mantenerse siempre á medio freu, ó mas bien algo mas cerca de la costa de sotavento; y luego que se esté con las puntas interiores se pondrá la proa á lo mas S. y E. de cayo de Arenas para libertarse de un bajo que hay al N. de punta Milpa, del cual se irá zafo luego que lo mas N. de cayo Alcatraz demore al E.: desde que se tengan rebasadas las puntas interiores se puede dar fondo donde se quiera; y para dirigirse á lo interior del puerto no hay mas que consultar el plano.

La costa occidental de Jagua es toda soborucal y sin placer, corre al O. 5° N. distancia 21,4 millas hasta la punta de Caleta buenā, que sigue al N. 61° O. distancia 6,8 millas, en que está la punta oriental de la ensenada de Cochinos:

Ensenada de Cochinos. Esta ensenada está formada por dicha punta E., y otra que está al S. 70°¼O. distancia 7,2 millas de ella, nombrada del Padre, y se extiende al NNO. 13 millas. La orilla de su costa oriental es de soboruco y sin placer, hasta el fondo que sale como á media milla, y empieza por 15 brazas arena y piedra, disminuyendo con rapidez hasta cerca de la costa. La de la costa occidental es de playa de arena, y despide un corto placer, pero todo él con fondo piedra: en lo mas N. de esta ensenada hay un desembarcadero que conduce á las Haciendas de ganado; pero no es frecuentada por no haber seguridad en su escaso placer, cuyo fondo por la mayor parte es de piedra cortante.

La punta del Padre, en que acaba el terreno firme, es rasa, con playa de arena : al SE. de ella, distancia 6, 8 millas, está el cayo de Piedras, que es bajo y de poca extension. Poco al E. de aquella punta continúa hácia el S. el placer que echa la costa occidental de la ensenada, y por su veril corre un arrecife hasta casi unirse á lo mas N. del cayo de Piedras : este arrecife por su parte del E. es muy acantilado, y tiene algunos canalizos con tres y cuatro brazas de agua, los cuales dan paso al placer ; el mas frecuentado es el formado por su extremo S., y el expresado cayo por servir este de valiza, y ser el que tiene mas agua. El placer que termina este arrecife concluye por el O. en las piedras nombradas de la Lavandera, distantes del cayo de Piedras como cuatro leguas al O.¼NO.

Desde la punta del Padre hasta la de Don Cristóbal toda la costa es interceptada de lagunas, formadas por muchos cayos y grupos de mangles anegadizos, sin navegacion por ellas á causa de la poca agua que tienen. En todo este gran espacio se comprenden el cayo Blanco, cuya parte S. es de playa de arena, y con aguada de Cacimbas en su parte oriental : por aquella parte, y á distancia de milla y media de la orilla, está el arrecife de la Lavandera, que se extiende EO. dos millas. La punta occidental de él dista de la punta del Padre 15, 7 millas al N. 83°O., y forma con otro cayo que está al NO. el boqueron del Calvario con muy poco fondo.

Este boqueron con el extremo S. del cayo Diego Perez, que está al S. 63°O. distancia seis millas, forma la ensenada de Cazones, que se interna al NO.¼O. la distancia de siete millas. En su fondo está el cayo del Masio, que forma algunos canalizos que corresponden á las lagunas colaterales y del norte de él. Por el S. de este cayo hay placer de tres y dos y media brazas arena y piedra ; pero de ningun uso por no haber correspondencia con la Costa firme.

Al E., distancia 1, 6 millas de la punta S. del cayo Diego Perez, da principio un arrecife, que corriendo en vuelta del SE., va á unirse con la cabeza del E. de los **Arrecife de Jardinillos.** Jardinillos, terminando por esta parte el banco de estos y los Jardines: es acantilado, y forma con el cayo de Piedras y su placer el golfo de Cazones. Entre la expresada punta de Diego Perez y el principio del arrecife hay paso para el placer del O., que principia por siete brazas, y á poca distancia se encuentran 14 pies: al SE. de la misma punta, distancia cuatro millas, hay otro canalizo con tres brazas; pero se hallan muy pronto las dos, y carece de valiza, por cuyo motivo es mas frecuentado el anterior.

Cayo Flamenco. Al S. 64ºO., distancia 1,9 millas de le punta de Diego Perez, esta la mas S. del cayo Flamenco, desde la cual siguen en vuelta del NO.¼O, la cordillera de cayos nombrados de la Sal y de la Fabrica, que uniéndose á la Costa firme en la punta de Don Cristóbal forman innumerables bocas, todas de muy poca agua. Los cayos mas S. de esta cordillera nombrados Bonito, Cacao y Palanca son la guia **Cayos Bonito, Cacao y Palanca.** de las embarcaciones que navegan por este placer, el cual no tiene mas que 11 pies de agua por muchos parages; y su fondo, arena fina blanca, está sembrado de cabezos ó bajos de piedra con solo una braza de agua, cuyo color los indica. Este paso está terminado por los anteriores cayos, y otro que tienen al S. dentro del banco de los Jardines, **Cayo Rabihorcado.** nombrado de Rabihorcado, y el veril del mismo banco.

Desde el cayo Palanca, que dista del de Flamenco 12,6 millas al ONO., siguen los cayos mas occidentales **Cayos de la Fábrica.** de la Fábrica á unirse con la Costa firme en vuelta del NE.¼N., y forman canal con otra cordillera al O. de ellos, **Cayos de Don Cristóbal.** nombrados de Don Cristóbal.

Punta de Don Cristóbal. La punta de este nombre está al N. 15ºO., distancia 6,2 millas de cayo Palanca, y desde ella corre la costa con orillas anegadizas al N. 60ºO., distancia 18,9 millas, hasta un cayuelo que está en la boca de la pequeña ensenada, nombrada de Mata-hambre. Este tramo de costa por lo interior es terreno firme, y se le da el nombre de Sábanas de Juan Luis: por el S. de él se extiende una cordillera de cayos, nombrados asímismo de Juan Luis, con pasage entre ellos y la costa, y tambien le hay entre la parte oriental de ellos y la occidental de los de Don Cristóbal; todos para embarcaciones cuyo calado no exceda de 10 pies.

Al N. 86° O., distancia tres y media millas del cayuelo, que está en la boca de la ensenada, termina la punta gorda de Mangles, y el terreno anegadizo. Desde esta punta corre la costa al NNE. y NE. poca distancia, y luego al E. á formar la ensenada de la Broa, la cual se in- terna hácia esta parte la distancia de siete leguas. Por el N. la termina la punta de Mayabeque, que está al N. 4° O., distancia 15½ millas de la anterior. Las orillas de esta ensenada son todas de mangles y terreno anegadizo; y en su costa del N. desembocan los derrames de la Cienega, que los naturales del pais distinguen con los nombres de los rios de Güines, Guanamon, Mora, Nue- vo y Belen, hasta la punta de Mayabeque. Así en esta ensenada como en todo el espacio de mar comprendido entre la costa del Batavanó y los cayos que tiene al frente hasta el canal de las Cayamas, el fondo es de tres á cuatro brazas fango.

Al NO., y como una milla distante de la punta de Mayabeque, desemboca el rio de este nombre, en el cual suelen con bastante facilidad surtirse de agua las embarcaciones que trafican con el Batavanó. Desde este rio corre la costa al O. 5° N. hasta el surgidero del Batavanó, que dista de él ocho y media millas.

Desde este punto sigue la costa al O. distancia 13 millas, en que está la punta de las Cayamas, comprendiéndose en este espacio la punta de Cagio y el rio de su nombre, en el que tambien suelen hacer sus aguadas las embarcaciones del Batavanó.

El rio de Cagio, formado por los derrames de la Cienega, desagua en el surgidero de este nombre, en donde á una regular distancia de la costa se hallan de dos y media á tres brazas de agua, defendido de todos vientos por la cordillera de cayos que tiene al frente : la faja de Cienega, comprendida entre su boca y el terreno firme, es mas extensa que la del Batavanó y Mayabeque, y sus contornos estan muy cultivados.

La punta de las Cayamas forma con la cordillera de cayos, que tiene al S. el canal de su nombre con fondo dé siete pies : esta cordillera corre en vuelta del SSE. hasta la distancia como de 11 millas, en que forma por el O.

Canal de la Hacha. el canal de la Hacha. Este canal lo forma por el E. otra cordillera que se extiende hácia esta parte hasta el cayo de

Cayo de Cruz. Cruz, distante del Batavanó 13 millas al S. 7º E. El expresado canal tiene 11 pies de agua, y es muy frecuentado por las embarcaciones que abordan al Batavanó, entrando ó saliendo por el O. de la isla de Pinos y cayos de S. Felipe.

A poca distancia y al O. del cayo de Cruz está otro

Cayo Redondo. nombrado Redondo, al abrigo del cual se guarecen las embarcaciones del Batavanó en la estacion que soplan los recios vientos del SE., esto es, en los meses desde Julio hasta Octubre, que en toda esta costa son temibles.

Al S. del cayo de Cruz, distancia como dos leguas,

Cayo Monte-Rey. está el cayo Monte-Rey, y los dos forman canal de dos y media brazas fango : este canal es el mas amplio de los que dan paso al Batavanó, aunque hay que dar resguardo á una restinga que sale al SO. del primer cayo á distancia como siete millas, y á los cabezos que estan por el S. de los que lo forman por el N.

Desde la punta de las Cayamas corre la costa al

Ensenada de Majana. Punta de las Salinas. O.¼NO. formando una regular ensenada con el nombre de Majana, y termina por el S. en la punta de las Salinas, que dista de la anterior 10,8 millas al OSO. En este intermedio, y próximo á la punta de las Cayamas, desem-

boca el rio Guanima, y es el parage donde por el O. concluye la Cienega.

Al S. 56° O., distancia 12,6 millas de la punta de las
Salinas, sale una puntilla al N., de la cual á muy poca distancia está el estero de Sábana-la-mar, muy frecuentado por
las embarcaciones de tráfico. Desde la expresada puntilla
sigue la costa formando ensenada con la punta de Mediacasa,
que dista de ella 15,4 millas al SO.

Entre esta costa y el placer de los Cayos al N. de la isla
de Pinos el fondo es de tres á cuatro brazas fango, excepto
una restinga con una y media y dos brazas que sale del cayo
mas S., como dos leguas al SO.$\frac{1}{4}$O. de los de Guanima. El
extremo de dicha restinga está al S. de la punta de Salinas
distante cinco y media millas.

Los cayos de Guanima estan comprendidos en el grupo de los que por el O. forman el canal de la Hacha, y
se hallan al S. del rio de su nombre y punta de las Cayamas.

Al. S., distancia 12, 5 millas de la punta de Mediacasa,
está el cayo de Dios, entre el cual y la expresada punta es
el pasage de las embarcaciones que por esta parte trafican
con el Batavanó. Dicho cayo es bajo y de poca extension ;
es independiente, y su placer de bajo fondo corre en vuelta
del E. á unirse con el que rodea los cayos por el N. y E.
de la isla de Pinos. Tambien forma canal con los cayos
de los Indios y de San Felipe de tres á cuatro brazas de agua.

Desde la punta de Mediacasa corre la costa al O.$\frac{1}{4}$SO. distancia como dos leguas, en que siguiendo al S. y SO. termina la punta de la Fisga, formando la ensenada de las Ayani-
guas : esta punta dista de la anterior 10$\frac{1}{4}$ millas al S.50°O.
En dicha ensenada se encuentran la punta de Carraguao, el
rio de San Diego, la punta del Gato y estero del Convento ;
y aunque no tiene mas que una braza de agua, es muy frecuentada de las embarcaciones del tráfico clandestino, ocul-
tándose en el estero del Convento, y desembarcando sus
efectos en el rio de S. Diego.

Como al S., distancia 10¼ millas de la punta de la Fisga, está el cayo mas oriental de los de S. Felipe, desde el cual sigue esta cordillera en vuelta del O. hasta el meridiano de la punta de Guamá: entre estos cayos y los de los Indios hay pasage de dos brazas, y el fondo en la extension de mar comprendida entre la costa y su parte N., es generalmente de cuatro y cinco brazas fango y yerba.

Desde la punta de la Fisga corre la costa, con orillas anegadizas al O.¼SO., distancia como dos leguas hasta la
Punta de la Coloma. punta de la Coloma, en que sigue al O., formando ensenada con la de Guamá, que dista seis y media millas: en su fondo
Rio Coloma. desemboca el rio de la Coloma, y próximo y al E. de la punta de Guamá el de su nombre.

Como al S., distancia tres leguas de esta última punta, concluyen por el O. los cayos de San Felipe; de los cuales, y en vuelta del N.60°O. distancia cuatro millas, sale una restinga, que con los cayos de Cortés forma el pasage de comunicacion entre la Costa firme y el gran golfo de tres brazas de agua arena y yerba.

Desde la punta de Guamá sigue la costa O., distancia co-
Punta y estero de Guano. mo dos y un tercio leguas, en que se halla la punta y estero de Guano, y es donde empieza la ensenada de Cortés. Desde
Ensenada de Cortés. este parage corre la costa al O.¼NO. distancia como dos le-
Rios San Juan, Martinez y Galafre. guas, en que está el fondo de aquella ensenada; desembocan en este espacio los rios de San Juan, Martinez y el de Galafre, de poca consideracion.
Rio Cuyaguateje. Como al OSO., distancia de tres leguas de la misma punta de Guano, desemboca el rio de Cuyaguateje, al S. del cual, y como una milla de distancia, empiezan tres cayuelos, que extendiéndose en vuelta del S.¼SE. distancia como una legua, forman con la Costa firme la laguna de Cortés, que tiene hasta tres y media brazas de agua; pero las pequeñas bocas que forman estos cayos para su entrada no pasan de siete pies; en estos hay establecída una ranchería de pescadores de tortuga y carey.

El extremo S. de esta laguna, que está en el paralelo de los cayos de San Felipe, distante de ellos como cinco leguas, es el término de la ensenada de Cortés, en la cual hay tres y cuatro brazas de agua fondo yerba. Al E., distancia como dos millas del extremo S. de la expresada laguna, se encuentra el veril del gran fondo, que muy acantilado, empieza por siete y ocho brazas piedra, y sigue á unirse á la costa inmediata y al N. de la punta de Piedras.

Esta punta está como al SSO. de la laguna de Cortés, distante siete millas, corriendo la costa al mismo rumbo con poca diferencia, la que es baja, de terreno firme, pedregoso, con intervalos de playa de arena en la orilla.

Desde dicha punta sigue la costa sin placer al SO.5°S. hasta la punta de la Llana, que dista de la anterior como cinco millas. Esta punta es rasa, y no tiene mas marca para su conocimiento que las diferentes direcciones de la costa, y una ranchería que se halla próxima; y al O. de ella está situada en una pequeña playa de arena: por su parte S. y E. despide un arrecife muy acantilado, que se extiende como dos cables. Punta de la Llana.

Desde la punta de la Llana corre la costa al O.¼SO., y SO.¼O. hasta la de Leones, que vuelve á seguir al rumbo anterior hasta el cabo de Corrientes: todo este tramo de costa es de soboruco alto, y sin riesgo á tiro de piedra. Punta de Leones.

El cabo Corrientes acaba en punta rasa con playa de arena, y al SO. de él, distancia como una milla, sale un corto placer, cuyo veril termina por 15½ brazas; y pegado á tierra tiene algunas piedras, en las cuales rompe la mar. Cabo Corrientes.

Desde el cabo corre la costa sin placer al N. 3°E. distancia como una legua hasta María la Gorda, y desde este punto hasta el fondo de la ensenada al N. 40° E. como dos leguas.

El parage llamado María la Gorda es notable por ser de soboruco, escarpado, y mas alto que todo el resto de la María la Gorda.

ensenada : de él vuelve á salir el placer, que se extiende á muy poca distancia, con mal tenedero, por ser el fondo piedra, aunque mas al N., y desde la inflexion que hace la costa se halla el fondo arena, y muy pegado á la orilla, que es de playa, se puede dejar caer el ancla en cinco brazas de agua, con la precaucion de dar un cabo á tierra por ser su veril muy acantilado : este es el único surgidero de esta ensenada, y proporciona abrigo á las fuertes brizas y vientos del SE.   Todo el resto de ella no tiene placer : la aguada que se encuentra en las lagunas de María la Gorda es salobre; pero se ve salir á borbotones la dulce en medio de la salada, próximo al fondo de la ensenada, y á distancia de la orilla como seis varas; la industria en un caso de necesidad podria hacerla potable.

Desde el fondo de la ensenada corre la costa al O. hasta los Balcones, que es un corto trecho de costa de escarpado, y alto soboruco : desde este parage continúa al SO.$\frac{1}{4}$O. hasta la punta del Holandes.

Punta del Holandes.   Esta punta, que demora al O.$\frac{1}{4}$NO. distancia 5$\frac{3}{4}$ leguas del cabo Corrientes, termina por el O. la ensenada de este nombre; próximo y al E. de ella empieza un arrecife, que se extiende hácia esta parte como media milla pegado á la costa, y no ofrece riesgo por ser muy acantilado.   Dicha punta presenta una vista bastante agradable por la semejanza á las cortinas de una muralla, extendiéndose con esta figura hácia el O. dos millas, en que en forma de talas baja y sigue la orilla con arboleda.   Desde ella corre la costa sin placer al O.$\frac{1}{4}$NO. distancia 13,6 millas hasta la punta de los Cayuelos.

Punta de los Cayuelos.   Esta punta es la mas S. del fronton del cabo de San Antonio; dista de la mas occidental del mismo cabo 1,2 millas al rumbo del SSE., y en ella hay establecida una ranchería de pescadores.

Punta de los Pocillos.
Punta de la Sorda.   Desde la punta mas occidental del cabo nombrada de los Pocillos sigue la costa al N. 9°E. distancia como tres décimos de milla, en que está la de la Sorda, desde la cual se inclina mas la costa hácia el primer cuadrante.

Al E. y cerca de la punta de los Cayuelos salé el placer que como á media milla distante de tierra va coronando el cabo á formar el de los Colorados : su fondo empieza por 20 y 25 brazas piedra, y disminuye con regularidad hasta la costa con algunos manchones de fondo arena.

El fronton del cabo es terreno bajo, pedregoso, y sus orillas interpoladas de soboruco y playa de arena. Sus aguadas, nombradas de la cueva de la Sorda y los Pocillos, son abundantes y de buena calidad. *Cabo de S. Antonio.*

El cabo Corrientes se equivoca mucho con este cabo de San Antonio, y así para reconocerlo es menester tener presente que es una tierra bastante igual, de moderada altura, con algunos árboles, y estando sobre él se descubrirán en tiempo claro y como al N. unas montañas que se levantan en la costa N. de la isla, llamadas las Sierras del Rosario, que son las únicas que pueden verse desde semejante situacion, y que solo presentan á la vista dos cumbres. *Reconocimiento del cabo Corrientes, Sierras del Rosario, arrecife de los Jardines y Jardinillos.*

El principio del arrecife que encierra los placeres y cayos de los Jardinillos y Jardines tiene su orígen, como se ha dicho, en el de Diego Perez, el cual corriendo en vuelta del SE. forma ancon en el megano Vizcaíno, y sigue á unirse con el cayo mas oriental de los Jardinillos.

Este cayo dista del de Piedras como siete leguas al S., y forma con él la entrada del golfo de Cazones: de su extremo N. y en vuelta del E. sale un arrecife como á una milla de distancia, extendiéndose hácia esta parte el placer hasta tres leguas, y NS. como dos, con fondo de quince brazas en los veriles, y de siete á ocho en todo él hasta las proximidades del mismo cayo, que se hallan cuatro, arena y piedra. Así este como todos los que siguen al O. bajo el nombre de Jardinillos, que llegan hasta cayo Largo, son de piedra, regularmente altos, y escarpados en sus orillas. *Golfo de Cazones.*

Al SO. distancia como dos leguas del cayo mas orien-
28

tal, sigue el veril del bajo fondo, con direccion desde este punto al O. distancia cuatro leguas, interpolado de arrecife hasta un cayo que dista una legua al O. de Trabuco. Desde este punto y hasta la distancia de cinco y media millas sigue el mismo veril formando seno á aproximarse al extremo oriental de cayo Largo.

Cayo Largo.

Este cayo, que se extiende OSO. y ENE. distancia 13,5 millas, es el mas oriental de los Jardines, cuyo nombre comprende á todos los que siguen al O. de él hasta la isla de Pinos: por su parte S. es de playa de arena guarnecida de arrecife que sale á mas de una milla por la punta oriental, y sigue despues acercándose hasta casi unirse á su extremo occidental, siguiendo desde aquí el mismo arrecife sin interrupcion al O.$\frac{1}{4}$SO. y O.$\frac{1}{4}$NO. hasta el quebrado* del Rosario, que dista de cayo Largo cinco leguas.

Canal del Rosario.

En el mismo arrecife, y cerca de la punta occidental del último cayo estan dos cayuelos de piedra nombrados los Ballenatos: distan entre sí una legua, y son regularmente altos. En todo el espacio comprendido entre la cabeza del E. de los Jardinillos y el quebrado del Rosario no se extiende el placer que sigue por el S. de los cayos á mas de una ó dos millas, y empieza su veril por 15 y 18 brazas piedra, disminuyendo con rapidez hasta el mismo arrecife.

Cayos los Ballenatos.

El cayo del Rosario, cuyo extremo occidental demora al N. del quebrado á quien da nombre, forma canal de tres y cuatro brazas de agua con otro que está al O. de él nombrado Cantiles; pero su salida al placer interior por el O. de los cayos del Pasage no tiene mas que 10 pies de agua. El expresado quebrado ó paso por el arrecife tiene un tercio de milla de extension, con tres brazas de agua en su medianía: es acantilado, y á su parte N., distancia media milla, hay una piedra que vela. Por este ca-

Cayo Cantiles.

---

* Así llaman en el pais los canalizos formados por los arrecifes.

nal entran y salen generalmente las embarcaciones que siguen el comercio ilícito con la isla de Cuba.

Desde este canal corre el arrecife al SO.⁴O. distancia como 10 millas, de aquí al ONO. 6⅓ leguas á unirse con la punta oriental de la isla de Pinos : en todo este espacio se comprenden los cayos Abalo, los Aguardientes, Campos, Matias, y otros muchos que no tienen nombre. El veril del placer exterior corre paralelamente al arrecife, y generalmente se extiénde como á dos millas, excepto por el sur de cayo Abalo, que se avanza hasta tres, y á distancia del referido cayo de siete millas : la menor agua de todo este placer es de cinco brazas fondo piedra, con algunos manchones salteados de arena. Cayos Abalo. Aguardientes. Campos Matias y otros.

La isla de Pinos, de la que se da su vista, es montañosa, de regular altura, y sus sierras muy terminantes : desde su punta del E. corre la costa meridional al S.47°O. distancia 5,7 millas de playa de arena hasta una puntilla bien terminante por ser de soboruco alto, y por un farallon que tiene próximo á ella. Isla de Pinos.

Desde esta punta continúa sin placer al S. 66°O. distancia siete millas hasta otra puntilla que con la anterior terminan el espacio nombrado playa Larga. Playa Larga.

Desde la puntilla sigue la costa al O. y O.5°N distancia ocho leguas hasta la punta de Cocodrilo, que es la mas SO. de la isla, y desde ella corre hasta la caleta de su nombre al N.48°O. distancia tres y media millas. En esta caleta suelen abrigarse las embarcaciones pescadoras. Punta y caleta de Cocodrilo.

La costa continúa al N. 35°O. distancia 8, 7 millas hasta la punta de Pedernales. El terreno que comprende esta punta y el extremo occidental de playa Larga es bajo, pedregoso, con orillas de soboruco, y se puede costear á ménos de media milla. Punta de Pedernales.

Desde la citada punta de Pedernales corre la costa formando ensenada al N. 25°O. distancia dos y media millas hasta el cayo Frances, que es lo mas occidental de la isla. Próximo á la punta anterior se halla el surgidero y agua- Cayo Frances.

Surgidero
y aguada
de puerto
Frances. da de puerto Frances: esta pequeña rada, cuyo placer se extiende como á media milla, con fondo de cinco brazas arena y playa de lo mismo, es muy frecuentada de las embarcaciones costaneras, y tiene abrigo de los vientos del primero y segundo cuadrante

El cayo Frances está separado de la costa por un peque-
Ensenada
de la Si-
guanea. ño canal, y forma por el S. la ensenada de la Siguanea: desde dicha punta corre la costa al SE. distancia cinco leguas, toda anegadiza é interceptada de cayos ; y siguiendo
Laguna de
Siguanea. despues al NE. nueve millas hasta la laguna de la Siguanea, que se halla al pié de los cerros de su nombre, y tiene de cuatro á seis brazas de agua, pero su entrada no excede de nueve pies : en ella derrama una faja de Cienega, que en direccion casi del EO. divide la isla en dos partes. Al pié de los cerros de la Siguanea se encuentran dos filtros de excelente agua, que á poca distancia de la playa proporciona surtirse de ella.

Desde la expresada laguna corre la costa al N. 56°O. distancia como 10 millas hasta una puntilla que por el O.
Rio de los
Indios. forma la boca del rio de los Indios, desde la cual continúa al N. 36½O. distancia 7,4 millas hasta la punta de Buena-
Punta de
Buenavista vista, que forma por el N. la ensenada de la Siguanea, y dista de cayo Frances 10,8 millas al N. 30°E. · Dicha ensenada tiene su direccion del NO. al SE. por espacio de 17½ millas, y con fondo desde 2½ hasta 4ᵃ brazas de agua fondo yerba : pero el pasage entre la punta de cayo Frances y el mas S. de los Indios no pasa de 3½ arena y yerba.

Cayos de
los Indios. Los cayos de los Indios se extienden formando pequeñas bozas al NNO. y NO.¼O. desde el mas S. de ellos, que dista del mas N. ocho millas: el mismo extremo S. está al N.4°E. distancia 9,2 millas de la punta de cayo Frances, y al O. distancia 4,6 de la de Buenavista, con la cual forma canal de cuatro y cinco brazas de agua fango y yerba.

Desde la citada punta de Buenavista corre la costa

inclinándose hácia el E. hasta la ensenada de los Barcos, y la punta de este nombre, que la termina por el N., dista de la anterior cuatro leguas al N. 32° E.

Desde esta última punta sigue la costa al NE.¼N. poca distancia, y despues al ENE. hasta lo mas septentrional de la isla, que dista de aquella punta 3,4 millas. Desde este punto continúa al S. 87° E. 5,2 millas hasta una puntilla que está al NE. é inmediata al rio de las Nuevas, siguiendo desde ella al E.¼SE. distancia como cinco millas hasta el cerro de los Ojos de agua. Rio de las Nuevas.

Este cerro es uno de los mas elevados de la isla, escarpado por su parte N., y á pique de él hay tres brazas de agua, como en la medianía de este punto y el anterior; desemboca el rio de Casas, que tiene su orígen al pié de las sierras de su nombre; y así este como el de Nuevas son los parages mas frecuentados de la isla de Pinos para las relaciones de comercio con la de Cuba. Cerro de los Ojos de agua. Rio de Casas.

En la direccion anterior distancia cinco millas del cerro de los Ojos de agua está el de Vivijagua, tambien escarpado y de regular altura: desde él sigue la costa al S. 65° E. distancia cuatro y media millas hasta la punta de las Salinas, en que continúa al S. 42° E. 7,3 millas hasta una punta al N. del rio Guayabo, y entre las dos desemboca el de Santa Fe, de excelente agua. De la primera sale una restinga, que separándose de la costa como dos millas, se une á ella por el expresado rio. Cerro Vivijagua. Punta Salinas. Rio Guayabo y Santa Fe.

Desde la última punta serpentea la costa al S. hasta el desagüe de la Cienega por el E., á cuyo parage llaman San Juan, comprendiéndose en este espacio la punta Mulatas y el rio Guayabo, que desemboca próximo y al N. de ella. Desde el desagüe de la Cienega sigue la costa al SE. hasta la punta de Piedra, que está al N.¼NO. dos millas de la del E. de la isla de Pinos. San Juan. Punta Mulatas. Punta de Piedra.

Desde la ensenada de la Siguanea hasta el rio de Nuevas toda la orilla es de manglar anegadizo, y desde este rio hasta el de Santa Fe es terreno firme, siguiendo así hasta la cabeza del este con algunos espacios anegadizos. Desde la expresada ensenada de Siguanea hasta el rio Guayabo se puede costear á ménos de dos millas por tres y tres y media brazas fango y yerba; pero sin tener salida por E. á causa del bajo fondo que rodea los cayos de los Jardines, que por esta parte se unen á la isla de Pinos, y por los cayos que saliendo de la punta que está al SE. del rio de Santa Fe hasta los de Bocarica por el N. cierran el paso. Estos cayos se hallan á este rumbo distancia como dos y media leguas del rio de Nuevas, continuando el

Cayos de Dios, Pipa y Laguna. mismo bajo fondo al O. á rodear el cayo de Dios, desde el cual sigue su veril, acercándose á los de la Pipa y de la Laguna, y formando un seno continúa por el O.

Bajos Petatillos. y N. á poca distancia de los bajos nombrados los Petatillos, siguiendo hasta el cayo Culebra, desde el cual continúa

Cayos Culebra, Alacranes, Rabihorcado, Manteca y Bocas de Alonso. hácia el tercer cuadrante, y por el N. de los Alacranes se dirige luego al ESE. circundando á los de Rabihorcado, Manteca é Inglesitos, siguiendo despues al SSE. aproximándose por el N. al cayo Bocas de Alonso, desde el cual corre al E. terminando por aquella parte el bajo fondo de los Jardines. Entre los cayos que estan al N. de la isla de Pinos y su costa el fondo es generalmente de tres y media á cuatro brazas fango.

Desde la punta de cayo Frances sigue el veril del gran fondo al NO.¼N. distancia 11½ millas hasta el para-

Cayos de Indios y de San Felipe. lelo del cayo mas S. de los Indios, y á siete millas al O. de él: y continuando desde aquí en vuelta del N. y NO. á aproximarse al mas N. de los mismos, va á pasar por el S. distancia una legua del mas oriental de los de San Felipe, corriendo paralelamente estos cayos hasta la medianía de su cordillera, que se acerca á una milla, y sigue costeándolos á esta distancia hasta el mas occidental que por su paralelo corre á unirse á la Costafirme por las inmediaciones de punta de Piedras. Generalmente se sonda en

Cayos Frances de In- este veril desde cayo Frances hasta el paralelo del mas S. de los Indios, de 13 á 25 brazas: desde este punto hasta

el meridiano del cayo mas oriental de los de San Felipe
de 30 á 50 : por el S. de estos cayos hasta el mas occidental se toma por 9 y 10, y entre él y la Costafirme por
26, excepto en las proximidades á la última, que baja a
siete y ocho. En todo el la calidad del fondo es piedra, y
á poca distancia que se interne en el placer disminuye el
fondo á 5, 4 y 3 brazas arena. Todos los cayos dichos son
de playa de arena por su parte S., y en ellos como en los
de los Jardines hay rancherías de los pescadores de tortugas
de carey.

Este gran placer que acabamos de describir desde la
ensenada de Cazones está sembrado de cayos, que con la
costa y entre sí forman los canales externos de Diego Perez,
del Rosario, de la Siguanea y Cortés, los cuales dan paso al
Batavanó por las angosturas internas de Don Cristóbal, las
Gordas, Monte-Rey y de la Hacha, todas con fondo de 11
pies, excepto la de Monte-Rey ó cayo Redondo, que tiene
dos y media brazas fango.

Derrota desde el puerto de Casilda al cabo de Cruz por
entre los cayos de Doce leguas y Costafirme.

Habiendo salido de Casilda, Masio &c., y estando al N.
de Puga con fondo de cuatro brazas arena y fango, se
dirigirá al NE.¼E. para embocar el canal de Machos de
tierra, que tendrá á la vista, sondando, 5, 6 y 7 brazas igual
calidad ; rebasado este, gobernará al ESE., por el cual irá
costeando por 6, 7 y hasta 9 brazas fango ; y avistado el
cayo blanco de Zarza pasará por su parte N. ó S., teniendo
cuidado por aquella parte con una restinga que sale de él
hácia NE. una milla, la cual franqueará gobernando al S.
para dar resguardo á otra que sale al O.¼NO. distancia una
milla del cayo Zarza de tierra.
Para pasar el S. del referido cayo no se necesita mas
precaucion que la de ponerse á distancia de media legua
de él por esta parte, y seguir al ESE. 5°E. con la costa

á la vista, sondando 6, 7 y 5½ brazas arena y fango, y 4½

la menor agua que se hallará sobre la punta de Pasabanao; pero á poco de haberla rebasado se volverá á caer en seis y siete brazas fango.

Estando al S. del rio Jatibónico, y en fondo de seis ó siete brazas, se gobernará al ENE. 5°N. para dar resguardo al bajo de los Ojos de agua; y andadas cinco millas, que ya estará zafo de él, se pondrá al E.¼SE. hasta

avistar los cayos de Ana María, que distando de ellos como una legua, y por fondo de siete brazas fango, gobernará al SSE. 5°E., sondando desde ocho hasta once brazas, llevando los cayos á la vista, y teniendo cuidado con la restinga que

sale al SO. del mas S. nombrado de Arenas, distancia dos millas; y pasando entre esta y los cabezos, que distan seis millas al SO.¼S. del mismo Arenas, se dirigirá al SE.¼E., por cuyo rumbo pasará por el S., y á la vista del cayo

Santa María, el que continuará hasta reconocer la punta de Macuriges, bien notable por ser su orilla de playa de arena. Las embarcaciones del tráfico costero acostumbran pasar por el canal que entre sí forman los cayos de Ana María, y dirigirse despues á la costa, que generalmente toman por vertientes.

Estando al S. distancia como media legua de la punta de Macuriges se dirigirá al SSE. 5°S. sondando cinco bra-

zas fango para pasar entre el cayo Gitano y el de Malabrigo; y estando en la medianía de su distancia gobernará al SE. 5°S. sondando desde siete hasta cuatro brazas

fango, por cuyo rumbo avistará el cayo de las Hormigas, que despide hácia el O. una restinga á distancia de 1,2 millas. Se seguirá el expresado rumbo para dar resguardo

á unos cabezos que estan al frente del canal del Pingüe, con sonda de siete á nueve brazas fango hasta estar á distancia de una milla de la cordillera de cayos que van á formar el citado canal, que entónces los costeará, conservando esta misma distancia con el fin de buscar su embocadura, sirviéndole de valiza la enfilacion que tiene con el cayo Palizon al N.8°O., y una piedra que vela en la misma entrada.

Puesto en la boca del citado canal pasará por la parte S. de la piedra, y atracado á ella, pues es acantilada, para dar resguardo á una restinga que sale del cayo inmediato, que tendrá por estribor. Seguirá gobernando al SSE. con sonda de siete hasta nueve brazas fango; y luego que aviste al SE. un cayo alto y redondo que se distingue de sus inmediatos, y está á la salida del canal, se dirigirá á él llevándolo por la serviola de estribor, y atracado á su parte N. como á tiro de piedra conseguirá la salida.

Si estando fuera del referido canal y en fondo de ocho á nueve brazas fango le acomodare seguir al golfo, gobernará al S.¼SO. sondando de 10 á 12 brazas fango para promediar los cayos Granada y Guasa, desde donde se dirigirá al S. con sonda de 12 y 13 brazas arena y fango; y bajando esta de pronto á cuatro brazas estará próximo á las restingas que salen de la cabeza del E. y del cayo Levisa, que en este caso seguirá con vigilancia á promediarlas sin bajar de tres brazas, aunque atracándose mas bien á la cabeza del E. por ser el fondo mas limpio; y demorando esta al ONO. ya estará zafo de ellas, y continuará al S. hasta dejar el placer. *Cayos Granada y Guasa.*

Para seguir por la costa se gobernará desde la salida del canal del Pingüe al E.¼SE. con fondo de siete y nueve brazas fango, dejando al N. corta distancia los cayos del Pilon; y estando al S. del mas oriental distancia ménos de una milla se verá al E. el canal del Mate, por donde deberá pasar, sirviéndole de valiza la enfilacion que tiene con lo mas N. de los cayos anteriores al N. 53°O., y al contrario. *Cayos del Pilon.*

Si estando al S. del cayo mas oriental del Pilon quisiere pasar por el canal que con la Costafirme forman los del Mate, lo verificará promediando siempre los canales que forman estos con los del Pilon y con la costa. Este último, que es el mas frecuentado por las embarcaciones *Canal del Mate.*

costeras á causa de la mayor facilidad que permite su paso,
tiene tres brazas de agua fango, y la misma tiene el anterior.

Estando al E. de los cayos del Mate con fondo de seis
brazas fango seguirá costeando, conservando el mismo
fondo hasta estar al S. y como media milla distante de los
cayos de Pinipiniche, desde donde seguirá al E. á promediar la distancia entre el cayo mas N. de los de Mordaza y los del Carenero, con fondo de cuatro á seis brazas fango.

Cayos de Pinipiniche.

Cayos de Mordaza y Carenero.

Si ya situado al E. distancia una y media milla del
cayo mas N. de los de Mordaza se quisiere salir al golfo,
se gobernará al S.½SE. con sonda de seis y siete brazas
fango, promediando la distancia que hay entre los cayos
de esta cordillera y los de San Juan, hasta estar al O. del
cayo mas S. de los últimos; que entónces, siguiendo el
mismo rumbo, aumentará el fondo hasta 12 brazas, y avistará los cayos de Cuatro reales, á los cuales se atracará
por su parte N. como á una milla, á fin de distinguir dos
meganos de arena que entre sí corren ESE. y ONO., y
sirven de valiza para tomar los dos canales que forman;
en inteligencia de que para salir por el mas oriental se
debe dejar el megano de esta parte por estribor, y por el
occidental quedará el otro por babor, sondando en uno y
otro de 10 á 12 brazas; y ya fuera de estos se gobernará al
S. hasta salir del placer.

Cayos de Cuatro re-ales.

Estando al O. del cayo mas S. de la cordillera de San
Juan, como se dijo anteriormente, se dirigirá á pasar por
el N. de los cayos Media luna y Loma, promediando la
distancia entre estos y los de Manopla, y sondando generalmente 12 brazas fango.

Cayos de Media lu-na, Loma y Manopla con sus canales.

Las embarcaciones costeras frecuentan el canal de los
Bayameses, pasando entre la punta de San Juan y los cayos de su nombre, que hay tres brazas fango, y aumenta
despues hasta cinco y media en medio del citado canal.

Canal de los Baya-meses.

Situado al E. distancia una milla del cayo de la Loma

se podrá salir al placer exterior gobernando al SSO. 5ºS. sondando 10 y 12 brazas fango hasta avistar los cayos de Pitajaya, muy notable uno de ellos por ser alto y presentar la figura de una copa de sombrero. Estos cayos, con un megano que tienen al NO., son la valiza para salir por el quebrado que forma el arrecife, advirtiendo que el megano debe quedar por estribor, y los cayos por babor, y que solo la vista puede indicar el abra ó paso por el arrecife, que tiene en su medianía 15 brazas arena y piedra. Rebasado este se seguirá por el placer con fondo de 12 brazas arena, aumentando en las proximidades al veril. *Cayos de Pitajaya.*

Estando al E. del cayo de la Loma, como se dijo ántes, se gobernará al ENE. 5ºE. sondando 12 brazas fango, por cuyo rumbo irá zafo de los bajos la Víbora y Alacran, y demorando el cayo Rabihorcado ál S. con fondo de ocho á nueve brazas hará derrota al E. con sonda de seis y siete brazas fango para reconocer los cayos de Sevilla : avistados estos pasará por su parte S. sin rezelo de atracarse á ellos, y desde aquí gobernará al ESE. 5ºS. sondando generalmente 10 brazas fango : andadas 9 millas por este rumbo estará próximo al canal que forma el gran bájo de Buena-Esperanza con el de Canto, por donde debe dirigirse con mucha vigilancia en la sonda y el color del agua, que los manifiesta con bastante claridad. *Cayos de Sevilla.* *Canal de Buena Esperanza y Canto.*

Situado al E. del canal anterior distancia una milla se pondrá al S. para reconocer las cayos del Manzanillo y de Gua, sondando 12 y 13 brazas fango ; y avistados estos pasará por el O. de todos, dirigiéndose despues á la costa, que á una ó una y media millas de ella seguirá hasta el canal de Balandras. *Cayos de Manzanillo y de Gua.* *Canal de Balandras.*

Si rebasado el bajo de Canto se quisiere pasar entre la costa y los cayos del Manzanillo, ya sea para dar fondo en este surgidero, á ya para seguir su derrota, se gobernará al SE. sondando de 9 á 11 brazas fango ; y estando al NE. distancia una milla de aquellos los costeará por su parte E. y S., conservando la misma distancia si su destino es

Canal de cayo de Perla y Gua. seguir hasta franquear el canal que forma el cayo de Perla con los de Gua, el que se promediará por fondo de seis á siete brazas fango, incluyéndose despues en la derrota anterior.

En las inmediaciones al canal de Balandras se deberá fondear y apostar un bote ó lancha en su embocadura por carecer esta de enfilaciones y valizas para su conocimiento, con cuyo auxilio se dirigirá á pasarlo, con la precaucion de dar resguardo á las restingas que manifestará el color del agua, y la de atracarse mas á los cayos del NO. Rebasado este canal se pondrá al OSO. 5ºS. hasta que demoren los cayos de Huevos al NNE. 5ºN., que entónces habra franqueado los bajos que estan al O. y NO. de los cayos Limones. Desde este punto se dirigirá al SO. para dar resguardo á los Colorados de tierra y á otro bajo que está independiente por el N. de aquel, hasta que demore el pico nombrado el Ojo del toro al S. 83ºE., y entónces se pondrá la proa al cabo de Cruz hasta dar fondo al NO. de él en cuatro ó cinco brazas arena.

Advertencia.

Estas navegaciones interiores, y particularamente las de los canales, no pueden hacerse sin el auxilio de práctico, á causa de los muchos cayos que concurren á formarlos, haciendo muy difícil el conocimiento de sus embocaduras.

Derrota desde el cabo de Cruz al puerto de Casilda, costeando los cayos de Doce leguas.

Estando al S. del cabo de Cruz distancia tres millas se gobernará al N. 70ºO., por cuyo tumbo irá verileando el placer, y andadas 12½ millas se pondrá al N. 35º O., por cuyo rumbo entrará en él por 40 brazas arena y piedra y hasta la distancia 23 millas, que con el veril á la vista lo dejará por las 50 brazas. Continuará el expresado rumbo 17 millas, que entónces lo volverá á encontrar

por 40 brazas; y poco despues de haberlo conseguido se
tendrá á la vista por el NNE. el cayo de Levisa, y por la
proa la cabeza del E. de los cayos de Doce leguas.

Cayo de Levisa. Cayos de Doce leguas.

Reconocidos estos dos puntos se navegará por el placer
sin bajar de cuatro brazas, hasta ponerse tres millas al S.
de la cabeza del E. y en fondo de siete brazas arena, desde
cuyo punto seguirá al ONO. 5°O. Por esta derrota dejará
luego el placer, é irá costeando los cayos de Doce leguas
sin rezelo alguno á la distancia de una legua; y andadas
21½ millas se dirigirá al ONO. 5.°N. 18½ millas, y entónces
se tendrá franqueada la boca de Caballones, bien conocida
por ser de mas extension que todas las que dejó al E., y
por tener la punta S. y E. de su entrada muy rasa con
orillas de soboruco.

Boca de Caballones.

•◦Avalizado con esta boca seguirá costeando los cayos á la
distancia de tres millas, conservando el rumbo anterior; y
andadas 21 millas verá al N. una gran abra formada por
aquellos, con el nombre de Boca grande : situado por ella
seguirá el mismo rumbo, llevando los cayos de Cinco balas
á la vista, á distancia de dos leguas, á causa del arrecife que
sale tres millas al SO. de cayo Breton.

Boca grande. Cayo de Cinco. balas.

Este cayo es el mas occidental de los de Doce leguas, y
casi en el tránsito de la derrota de él á puerto de Casilda
está el placer de la Paz, muy recomendable para avalizarse
ó dar fondo, siempre que las circunstancias lo exijan, en su
parte oriental, que es el mejor surgidero, y cuyo fondo no
baja de 14 brazas arena y conchuela.

Cayo Breton. Placer de la Paz.

Advertencias.

Si le anocheciese en las inmediaciones al cabo de Cruz
ó al sur de él, como se dijo al principio de la derrota, se
gobernará al O. hasta la distancia de 14 millas, y desde
este punto se pondrá al NO.¼O. para ir bien zafo de los
cayos de Doce leguas, el que continuará hasta el dia, variando entonces el rumbo para reconocerlos, incluyéndose
en la derrota anterior.

Si le cogiere la noche en la travesía del cabo de Cruz á la cabeza del E., y acomodase dar fondo en el placer, lo podrá verificar en todo él, con la precaucion de que por ser de piedra la calidad del fondo én las inmediaciones al veril, se deberá internar para hacerlo entre 20 y 10 brazas arena.

Si le anocheciere costeando los cayos de Doce leguas, segun se previene en la derrota, se gobernará al O. hasta considerarse de tres á tres y media leguas de ellos, y entónces la continuará, á causa de que en este parage tienen las corrientes su direccion de NE. y SO.; y entrando la marea seria factible lo aconchasen al arrecife : por esta razon no se deberán omitir las precauciones que en semejantes casos se necesitan.

Si estando á la vista de Caballones se quisiere fondear en su boca por algun motivo urgente, lo verificará sin bajar de tres brazas arena ; y en el caso de no poder continuar la navegacion por el S. de los cayos, lo podrá hacer dirigiéndose á reconocer la costa de la isla de Cuba, pasando entre el cayo Bergantin y el de Manuel Gomez por 12 brazas fango, siguiendo despues al N. á reconocer los cayos de Ana María, dando resguardo al bajo de la Yagua, que se debe dejar por babor, y á unos cabezos que tiene al E. por estribor. Avistados los últimos cayos, y puesto como una y media legua de ellos, se hará derrota para la costa, y se incluirá en la dada por este parage.

Derrota desde el puerto de Casilda al cabo de San Antonio.

Estando fuera de los arrecifes de cayo Blanco se gobernará al O. SO. hasta contar andadas 38 leguas, que estará en 21°9′ de latitud, y 75°41′ de longitud occidental de Cádiz ; desde este punto se dirigirá al O., por cuyo rumbo se podrán ver las sierras de la isla de Pinos, siempre que los horizontes esten bien despejados ; y medidas 24 leguas en que se tendrá rebasada, gobernará al NO. 5o O., con el fin de reconocer la costa de la isla de Cuba, lo que verificará por entre la punta de la Llana y el cabo Corrientes, y entónces la costeará á poca distancia ; y rebasado este cabo se pondrá al O.$\frac{1}{4}$NO. para dar vista á la punta del Holandes, y seguir próximo á tierra hasta el cabo de San Antonio.

Advertencias.

Si hallándose de dia, en las inmediaciones á los Jardinillos y Jardines le obligasen los vientos á barloventear para seguir su derrota, lo verificará continuando los bordos del N. sin rezelo alguno hasta avistarlos, y aun picar el placer que despiden de 14 y 15 brazas en su veril ; pero á poco de haberlo conseguido se deberá virar para no acercarse al arrecife de que estan guarnecidos.

Si en iguales circunstancias sobreviniese la noche no se debe por ningun motivo bajar de tres leguas de distancia de los referidos cayos en los bordos de tierra, á causa de que las corrientes se dirigen á sus canalizos con bastante rapidez ; y aunque hay la gran valiza del placer, como este se acerca demasiado al arrecife por algunos parages, puede suceder que á poco rato de haber picado la sonda del veril se encuentre barado.

En todo este placer, como tambien en el que sale al E. de los Jardinillos, se puede fondear siempre que la necesidad lo exija, con la advertencia de que en este último el fondo es de siete á nueve brazas arena y yerba, y preferible al que por el S. de los cayos sigue al O.; pues este, aunque con bastante fondo, tiene muchas piedras.

Considerándose en el meridiano de la isla de Pinos, convendrá mucho reconocerla para avalizarse, y seguir la navegacion costeándola á poca distancia por ser muy limpia, y desde la punta de Cocodrilo continuar al O.$\frac{1}{4}$NO. para avistar el cabo Corrientes, y seguir despues al de San Antonio.

Los que navegan por el sur de Cuba, y no tienen que tomar á Trinidad ó algun otro puerto de esta parte de costa, huyen de ella, y navegan desde cabo de Cruz al O. A este rumbo, y á la distancia de 35 leguas de dicho cabo, Caymanes chicos. está el cayo mas oriental de dos llamados los Caymanes chicos, que no dejan de hacer un poco arriesgado su recalo de noche, porque despiden arrecifes por su alrededor; y como estas islas ó cayos son de poca altura, y no pueden descubrirse sino á muy corta distancia, se hallan las embarcaciones sobre su arrecife cuando ménos lo piensan, á lo que tambien contribuye bastante la corriente, que desde que se separa uno de la costa se dirige con viveza para el O., pudiendo asignarle una velocidad de 20 millas por dia: esta corriente es muy posible que mas que al O. se dirija al ONO., y por tanto parece mas conveniente hacer rumbo á pasar por el N. de los referidos Caymanes chicos; pero con cuidado de un placer de 15 brazas, que se reconoció en 1800 por una corbeta correo que iba á Trinidad, el cual es muy sospechoso tenga parages de poca agua, y que por tanto debe mirarse como un bajo para darle el resguardo correspondiente.

Placer de 15 brazas.

Tambien al O. de los Caymanes chicos y algo al S. de ellos hay otro cayo llamado el Cayman grande, cuyas costas son muy sucias de arrecife, y que solo ofrecen fondeadero á dos millas al N. de su punto SO. en la costa occidental, donde hay una ensenada en que se puede dejar caer una ancla por siete ú ocho brazas, pero muy inmediato á tierra. La tierra del cabo de San Antonio es baja y poblada de arboleda: los árboles se descubren ántes que la tierra, y á las veces se presentan como embarcaciones á la vela, cuya ilusion ha engañado á muchos. Desde el cabo de San Antonio roba la costa al NE.; pero el veril del placer que empieza en él, y sobre el cual se levantan los Colorados y bajos de Santa Isabel, sigue casi al N.; y aunque sobre este placer, y por entre los arrecifes y cayos de él hay paso para embarcaciones de 10 ó 12 pies de ca-

Cayman grande.

Reconocimiento del cabo de San Antonio.

Placer de los Colorados y bajos de Santa Isabel.

lado, se necesita mucha práctica para emprenderlo; así lo
mas corriente y lo mejor es ir por fuera del placer, y bien
desatracado de su veril, que es muy peligroso por lo muy
acantilado, y que retarda la navegacion, porque en sus
proximidades se hallan revezas de la corriente general que
en este sitio tira al ENE., y que tanto ayuda á barloventear: por esto el que desde el cabo de San Antonio se
dirija al E. debe gobernar como al N., teniendo cuidado de un bajo que hay casi á este rumbo y como á 14 millas
del cabo: si es de dia bien se puede emprender el paso entre dicho bajo y el veril de los Colorados; pero si es de
noche ó con tiempo obscuro, lo mejor es hacer derrota por
fuera de él: tambien es menester no olvidarse de Sancho   Sancho
Pardo, que es otro bajo que está como á cinco y media   Pardo.
leguas al ONO. del cabo de San Antonio; bien que pasando
inmediato á dicho cabo no cabe empeño con él.

    Siguiendo el sistema que hemos presentado como ven- Modó de
tajoso para la seguridad y brevedad de la navegacion por   barloven-
esta parte de costa, es consiguiente se debe prolongar la   tear desde
bordada del N. hasta cerca de los 24° de latitud; y revirar   cabo San
de la del S., en la que se cuidará de no llegar al paralelo   Antonio
de 23° 16′, en el que, y meridianos de bahía Honda, hay   hasta la
un bajo, y continuando los bordos entre dichos paralelos   Havana.
se podra barloventear hasta considerarse algo á barlovento
de meridianos de bahía Honda, Cabañas, Mariel ó la Havana, segun el puerto de estos á que se dirija la embarcacion. Para computar con bastante acierto la situacion de la
nave, no hay mas que corregir la estima de las corrientes
que hemos prefijado en estos parages, y con esta correccion se asegurará el recalo á la costa y punto de ella que
se quiera, cuidando de prevenir á barlovento los pequeños errores que de este cálculo pueden resultar; esto es,
que vale mas cuando se dirija á bahía Honda recalar á Cabañas ó al Mariel, que al contrario. Tambien es bueno tener presente, y recordamos particularmente en este parage, que las latitudes que se observan por alturas meridia-

30

nas dentro de trópicos pueden ser muy erróneas cuando el astro pasa muy inmediato, ó por el zenit del observador, en cuyo caso debe procurarse rectificar la latitud por la observacion de otros astros; y si no se consiguiese, navegar con mucha mas reserva y precaucion. Tambien se podrá verilear este placer desde el cabo de San Antonio para el E., ó al contrario, si el viento lo permitiere; pero sea con consideracion á desatracarlo á dos ó tres leguas, y no dejar el escandallo de la mano como medio de prevenir un desastre en parages tan peligrosos. Si estando sobre el cabo de San Antonio se llamase el viento al N., lo mejor será aguantarse al redoso de él, ó sobre bordos cortos, ó sobre una ancla; pues con tal viento, léjos de ganar en navegacion, solo se logrará ganar un mal rato.

Reconocimiento de las tierras en la costa septentrional desde cabo San Antonio hasta la Havana. Puerto de bahía Honda.

Las tierras de esta costa no son muy altas, y en ellas se levantan las sierras del Rosario, la quebrada del Roldal, el Pan de Cabañas, la mesa del Mariel, y las tetas de Managuana: estas alturas son buenos puntos de reconocimiento, que sirven para situarse; pero hay muchas ocasiones en que lo fosco del horizonte no permite verlas ni á cinco leguas á la mar.

Bahía Honda, en que termina el placer de los Colorados es un excelente puerto por lo muy espacioso y abrigado: las puntas que forman su entrada, así como las costas interiores del canal, despiden arrecife y veril de poco fondo: la punta de barlovento, llamada del Morrillo por un morro ó altura que hay sobre ella, despide el veril á dos tercios de milla al NO., y en él se sondan cinco brazas; la de sotavento ó de Pescadores lo despide á un tercio de milla al NE.: dichas dos puntas, que casi estan EO., distan entre sí tres cuartos de milla, y el canal que forman los veriles solo tiene de amplitud cable y medio. A la parte interior de estas puntas hay otras dos llamadas punta del Real en la costa de barlovento, y del Cayman en la de sotavento: estas tambien estan casi EO., y en ellas ensancha el canal hasta el total de dos cables, y el veril sale en

la del Real como á dos tercios de cable, y en la del Cayman solo á un tercio ; finalmente á la parte de adentro de
estas puntas hay otras dos en que termina la entrada del
puerto, pues en ellas empieza este á abrirse y formar su
ensenada : la de barlovento se llama del Carenero, y la de
sotavento del Placer : algo al sur de la punta del Carenero hay una isla llamado cayo Largo, cuya punta occidental, llamada de Difuntos, sale mas al O. que la del
Carenero, y por tanto puede descubrirse desde la mar.
Para entrar en este puerto es menester navegar desatracado de la costa, y por fuera de los veriles de los arrecifes, hasta ponerse NS. con la boca, que se hará por ella :
luego que se esté próximo, y como á una milla, se descubrirá la punta de Difuntos, y poniéndose cuidadosamente NS. con ella, se gobernará al S., con cuyo rumbo
y marcacion se irá para adentro por media canal y por
fondo suficiente desde seis brazas hasta 18 : luego que se
esté tanto avante con la punta del Carenero, se verá la de
Mangles por estribor ; y entónces se deberá gobernar como
al SO., teniendo cuidado de llevar siempre descubierta
por estribor dicha punta de Mangles, y luego que se esté EO. con ella y la de Difuntos se dará fondo sobre siete brazas fondo fango.

Cuatro leguas á barlovento de bahía Honda está el Puerto de
Cabañas.
puerto de Cabañas, y la costa intermedia puede atracarse
á dos millas : el puerto de Cabañas es un buen fondeadero
abrigado de todos vientos, y capaz por su fondo de cualquiera clase de embarcaciones : para reconocerlo desde la
mar sirve una colina redonda que forma una quebrada, y
en cuya cima hay arboleda, y otra altura llamada el Pan
de Cabañas : la colina cae para el E. con suave declive,
hasta que quedando en tierra baja y pareja, corre de esta
suerte por una legua larga, y se encuentra con la mesa de
Mariel : á mas de las dichas señales se verán en la costa dos
hileras de collados que se semejan á cabañas de pastores, de
las que sin duda ha tomado el nombre : estos collados cor-

ren al E. de bahía Honda, y el Pan de Cabañas aparece
como en la medianía de ellos. Para tomar este puerto debe franquearse bien su boca hasta marcar al S. el extremo
oriental de una isla que hay dentro del puerto y á su parte
del O., y gobernando entónces al S. se dejará ir para adentro, hasta que montado el arrecife de punta Larga, se
pueda orzar á dar fondo sobre siete ó nueve brazas. Es
menester tener cuidado con los arrecifes que despiden ambas costas del canal de este puerto, que en la de barlovento sale á mas de media milla, y en la de sotavento como á
dos cables: este mismo arrecife sale de punta Larga como
dos tercios de cable, y casi á la misma distancia despide
otro arrecife la punta oriental de isla Larga.

Puerto de Mariel.   Al E. de Cabañas está el puerto de Mariel, que es
grande, muy abrigado, y capaz de cualquiera clase de embarcaciones. Estando al N. de él se le reconoce por las mesas de Mariel: estas son medianamente altas, formando me-
setas muy anchas, y acercándosele se verán en su parte N.
unos blanquisales: la costa para el E. sigue muy baja hasta
la Havana, hácia cuya parte se distinguirán las tetas de
Managuana, que son dos mogotitos juntos, que están NS.
con la boca de este puerto; y para el oeste la costa tambien baja por espacio como de una legua larga, donde sube á formar la colina de Cabañas; y mas al oeste podrán
distinguirse anegadas otras tierras altas de las cercanías de
bahía Honda. Para tomarlo no hay mas que dirigirse al extremo occidental de las Mesas; y reconocido que sea, atracar la costa de barlovento como á un cable, á cuya distancia se irá zafo del arrecife, que despide, y en que revienta la mar, hasta franquear bien la boca, que se pondrá
la proa á un cayo pequeño de piedra que hay sobre la
punta de sotavento, y luego que se esté á dos tercios de
cable de él, se gobernará al sur, ó lo que es lo mismo, se
gobernará al S. luego que la punta interior de sotavento
de la entrada se marque al sur, y se mantendrá esta proa
hasta rebasar el torreon que se verá en la costa de barlo-

vento, y entónces se orzará sobre babor para mantener la costa del E. á la distancia de un cable, y sobre ella se dará fondo cuando se quiera sobre ocho ó diez brazas de agua. Tambien se puede ir hasta lo interior del puerto, para lo que no hay mas que consultar el plano : el canal de esta entrada estrecha tanto que en su menor amplitud solo tiene 50 varas de ancho, lo que se previene para que se vaya muy sobre aviso con embarcacion grande.

Al E. de Mariel está el puerto de la Havana : se le reconoce por las tetas de Managuana, que, como se ha dicho, estan NS. con la boca : la costa al E. y al O baja y pareja, levantando solo una colinita donde estan las fortalezas : seis leguas al E. se descubren las sierras de Jaruco medianas y amogotadas, y seis al oeste las mesas de Mariel, y aun la colina de Cabañas : para formar juicio de este puerto no hay mas que consultar el plano de él, publicado por esta Direccion de Hidrografía. Así solo dirémos que corriendo su entrada SENO., y teniendo que gobernar al SE. para tomarlo, se dificulta mucho esta operacion cuando la briza no es del ENE. para el N. : las brizas entran desde las diez del dia, y soplan hasta puestas del sol, y por tanto solo en estas horas cabe poder tomar el puerto á la vela : tambien se dificulta ó imposibilita la entrada cuando la briza es desde el ENE. para el SE., que se verifica con mucha frecuencia en la estacion lluviosa, y aun en la seca ; y en tales circunstancias no queda mas recurso que dar fondo en el placer del Morro, y entrar al remolque ó á la espía luego que calma la briza, que, como ya sabemos, es por la noche. Del mismo modo que para entrar hay las expresadas dificultades, así tambien las hay para salir, pues cuando las brizas nordestean, que sucede en la estacion seca ó de nortes, no solo hay el inconveniente del viento escaso, sino el de la mar, que se arma en la boca, y que hace muy expuesta esta operacion. Por tanto, podrémos decir generalmente que se debe entrar cerca de medio dia, y salir al amanecer ; y que si la

Puerto de la Havana

entrada no es factible por lo escaso de la briza, es menester fondear en el placer del Morro para verificarla de noche á la espia ó remolque.

El placer del Morro es un fondeadero seguro para tiempo ordinario de brizas y terrales ; pero expuesto en el de nortes ó en la estacion de los huracanes, y por tanto es menester fondear con consideracion á dejar franca la boca del puerto, y estar con gran vigilancia para no ser sorprendido. Para dirigir la entrada de este puerto no hay necesidad de mas guia que la del ojo marinero, pues no habiendo en la canal mas obstáculos que los que presentan los placeres que despiden ambas costas de la entrada, y sabiendo que lo mas saliente del de la costa del Morro, llamado el bajo del Cabrestante, solo sale de ella un tercio de cable, y que por tanto, separándose de ella medio cable, se va zafo de todo el mencionado placer ; y que asimismo para no caer en el veril del placer de la costa de sotavento es menester no separarse de la costa del Morro mas que un cable, maniobrará á promediarse en la distancia desde medio hasta un cable de dicha costa ; y como un ojo ejercitado y marinero no puede equivocarse en medio cable cuando la distancia total es de uno, resultará que queriéndose poner á medio cable de la costa, aunque se cometa un error de un cuarto de cable, por exceso irá á tres cuartos de cable de la costa del Morro, y casi por medio canal : esta es la mejor guia y la mejor marca que puede darse cuando no hay una enfilacion que sirva para el objeto ; y toda esta dificultad quedaria vencida si hubiese una mala boya con su valiza en el veril del Cabrestante. Luego que se esté tanto avante con la medianía de la fortaleza de la Cabaña, que será cuando se esté tambien tanto avante con la medianía del fronton NE. de la ciudad, se puede arribar y dirigirse á fondear sobre el fronton oriental de la ciudad á la distancia que se quiera de ella, en el supuesto que se puede estar casi con plancha en tierra aun con los mayores navíos. Un poco al S.

y O. de la punta del Morro hay un bajo de muy corta extension que tiene cinco brazas de agua: este bajo solo será temible cuando haya mucha marejada, pues si no, el mayor navío puede pasar sobre él sin riesgo de varar; pero ni aun cuando tuviese ménos fondo seria temible, pues pasando á la distancia de medio cable del Morro, se va muy zafo de él. Finalmente si se quiere asegurar la entrada, y no correr el corto riesgo de las equivocaciones que puedan cometerse en estimar la distancia á que se debe pasar de la costa del Morro, no hay mas que mandar un bote, que colocándose sobre el dicho bajo del Cabrestante sirva de valiza, pues gobernando á pasar por fuera de él se irá zafo de todo peligro.

Descripcion de la costa septentrional de Cuba.

Desde la punta de Maysi, que, como hemos dicho, es la mas oriental de la isla, sigue la costa al NO. redondeándose y formando el fronton oriental hasta el rio de Maysi, que desagua á una milla de ella: desde este rio hasta la punta de los Azules, que hay otra milla, corre la costa al NE., y está rodeada de arrecife, que sale á un cable de ella, y el cual forma un quebrado en la desembocadura del rio Maysi. Desde la punta de los Azules se empieza á elevar la tierra, y la costa es limpia, y sigue como al ONO. por espacio de cinco millas hasta la punta del Frayle, desde la que sigue al O. la distancia de seis millas hasta el rio Yumuri, y continúa al mismo rumbo como dos millas mas hasta el puerto de Mata: toda esta costa es muy limpia, y puede atracarse á media milla. *Costa entre punta de Maysi y puerto de Mata.*

. El puerto de Mata es muy pequeño, y por su poco fondo solo admite embarcaciones que no calen mas de 12 pies: para tomarlo no hay mas que promediar su boca, y dirigirse á dar fondo sobre 14 ó 18 pies de agua casi en medio de la ensenada, pues toda la costa de ella despide placer de poco fondo, en términos que solo deja un espa- *Puerto de Mata.*

cio de dos cablés de diámetro con fondo suficiente : no hay mas que consultar el plano para tomar un conocimiento completo de este fondeadero.

Desde él corre la costa como al NO. por distancia de seis millas hasta punta Majana, y á dos millas escasas de ella desemboca el rio Boma : este pedazo de costa es como el anterior muy limpio. La punta de Majana, y la punta de Baracoa, que corren casi EO., y distan entre sí dos millas, forman una ensenada, en cuya parte oriental está el fondeadero de playa de Miel, y en la occidental la boca del puerto de Baracoa : en medio de estos dos fondeaderos está el pueblo de Baracoa sobre la punta meridional del puerto de su nombre. En este pueblo es donde residen los prácticos del canal viejo, y así el que no lo ha tomando en la Aguadilla de Puerto Rico atraca aquí por el. En la en-

Fondeadero de playa de Miel y puerto de Baracoa. senada de playa de Miel se está muy al descubierto de los nortes; y para fondear en ella no hay mas que atracar la punta de Majana, y dar fondo algo S. de ella desde 10 á 30 brazas fondo arena, cuidando de no meterse al E. de dicha punta, porque de pronto se encuentran cuatro y ménos brazas de agua. Como por lo regular el objeto de atracar á Baracoa es solo para tomar práctico, no hay necesidad de fondear, sino aproximarse á la punta de Majana, si se quiere á dos cables de ella, y disparando un cañonazo saldrá el práctico á buscar la embarcacion : como esta playa de Miel está descubierta enteramente al N., en la estacion de ellos es muy expuesta; y así, si en tal tiempo tuviese cualquiera embarcacion necesidad de tomar fondeadero, debe desde luego dirigirse á Baracoa, para cuya entrada nada hay que prevenir, pues siendo enteramente limpia, no hay riesgo que no esté muy á la vista, y consultando el plano se elegirá el fondeadero que mas acomode al calado de la embarcacion. Este puerto, que es muy seguro y abrigado, tiene el gran inconveniente de presentar su boca á la briza, en la que con ella hay gran marejada; y no pudiendo salir sino con terral, se demoran mucho las embarcaciones en él en tiempo de nortes, que es muy escaso ; pero no en el de lluvias, que es casi seguro todas las noches. El Yunque de Baracoa, que es un montecito que está como cinco millas al O. del puerto, es un excelente punto de reconocimiento, pues se descubre en dias claros á mas de 12 leguas. Yuenque de Baracoa.

Desde el puerto de Baracoa sigue la costa casi al N. la distancia de tres millas hasta punta de Canas ; y aunque es limpia y de playa, por estar presentada á la briza, suele ofrecer empeño á los que inconsideradamente se atracan á ella, porque siempre hay marejada de la briza. Desde punta de Canas hasta el puerto de Maravi hay dos millas, y la costa corre casi al O., la cual tambien es limpia. Costa entre Baracoa y puerto de Maravi.

El puerto de Maravi, aunqne pequeño, es muy abrigado de los nortes : su entrada es facilísima, pues no hay mas que promediar la boca, que tiene ménos de un cable de amplitud ; y dejándose ir para adentro por media bahía, se dará fondo luego que un islote que hay en la costa del O. demore á este rumbo. Puerto de Maravi.

Desde el puerto de Maravi corre la costa como al N., haciendo una ensenada hasta punta de Van, y desde ella como al ONO., formando otra ensenada hasta el puerto de Navas, es una berradura como de dos cables de amplitud en todos sentidos, con su boca al N.; y por tanto solo útil para abrigarse de las brizas : para entrar en él no hay mas que consultar el plano. Puerto de Navas.

Desde este puerto al de Cayaguaneque no hay mas que dos millas escasas : el puerto de Cayaguaneque solo es capaz de embarcaciones muy pequeñas, y su entrada es tan estrecha, que solo tiene el canal 40 varas de amplitud : el plano dará un perfecto conocimiento de él, y de las dificultades que presenta para tomarlo. Puerto de Cayaguaneque.

A tres y media millas de Cayaguaneque está el puerto de Taco, el cual es muy abrigado ; y aunque en lo interior de él hay fondo para toda clase de buques, en su Puerto de Taco.

31

entrada forma barra con solos 13 y 18 pies de agua ; su
boca, que solo tiene como medio cable de ancho, está
ademas obstruida por placeres de piedra de poca agua,
que salen de ambas costas ; pero como por razon de la barra solo cabe que tomen este puerto embarcaciones que no
calen arriba de 10 ó 12 pies, estas no tienen riesgo en
navegar por encima de ellos, y para tomar el puerto pro-
mediarán la boca, hasta que rebasada, puedan dirigirse
adonde mas les acomode.

Punta de Jaragua.

Desde el puerto de Taco hasta la punta de Jaragua
hay dos millas y media, y la costa es limpia y de playa
de arena.   En la punta de Jaragua cesa de serlo, y toda la
que media entre ella y la punta de Maysi puede atracarse
hasta la distancia de una milla.   La punta de Jaragua ya
despide arrecife, que sale al NO. de ella : esta punta es
la oriental del fondeadero del mismo nombre, que no es
otra cosa mas que un quebrado que hace el arrecife, por
el cual puede entrarse al placer donde se halla abrigo de
mar al redoso del mencionado arrecife : el quebrado ó boca
solo tiene dos tercios de cable de amplitud, y desde él hasta unas islitas que hay al SO. se cuentan dos cables de distancia : estas islitas son tres ; la mas N. es la mas pequeña,
la de en medio es algo mayor, y la mas S. es la mas grande : el fondeadero para buques grandes solo se extiende
hasta estar EO. con la mas S. de la islita de Enmedio,
pues desde alli para adentro no hay mas que 12 y 18
pies de agua : para tomar este fondeadero es menester
navegar por fuera del arrecife que sale de punta Jaragua, hasta que lo mas oriental de la Isla Grande demore
al S. 50°O., que se pondrá inmediatamente la proa á ella,
y si es buque grande se dará fondo luego que esté EO.
con la isla de Enmedio sobre seis brazas arena ; pero si es
buque que no cale arriba de 14 pies, se puede continuar
para adentro atracándose á un cuarto de cable si se quiere
de la isla Grande, y estando al sur de ella, y como á un
cable de su medianía se dará fondo en 19 pies fango.   Aun

**Fondea-
dero de
Jaragua.**

sin necesidad de la mencionada marcacion se puede tomar la boca, pues el mismo arrecife manifiesta donde está el quebrado : este puerto solo cabe tomarlo en caso forzado y de grande necesidad, pues en lo demas no hay el menor motivo que á él llame á las embarcaciones.

Desde la punta de Jaragua corre la costa primero al NO., y despues al N., formando una gran ensenada hasta punta Guarico, que dista de la otra siete millas : el arrecife que **Punta Guarico.** sale de punta de Jaragua la rodea toda, y sale de punta de Guarico como dos millas ; y como esta punta es la mas septentrional que hay desde punta Maysi, no deja de ofrecer algun obstáculo al que navega de noche ó tiempo obscuro, sin haber podido reconocer y avalizarse en tierras mas orientale de la isla y carece por otro lado de seguridad en su latitud.

Desde punta de Guarico corre la costa como al NO. la distancia de ocho millas hasta el rio de Moa : toda ella está cercada de arrecife, que sale á dos y dos y media millas á la mar. Casi al N. de la boca de dicho rio, y entre el arrecife y la tierra, hay una islita llamada cayo Moa, **Fondeadero de cayo Moa.** que ofrece un hermoso fondeadero abrigado de todo mar : á él se entra por un quebrado que hace el arrecife casi al N. de la boca del rio : este quebrado tiene dos cables de amplitud, y continúa al O. formando canal y fondeadero hasta estar NS. con lo mas oriental de cayo Moa. Para tomarlo se atracará el arrecife de la parte del E. hasta estar con el quebrado, que será cuando la punta oriental del rio Moa demore al S.¼SO. ; y entónces se gobernará al SO. hasta que demore lo mas S. de cayo Moa al ONO., que se enmendará la proa al O., y se continuará con ella a dar fondo al S. de lo mas oriental de cayo Moa, y como á dos cables de él por seis y media ó siete brazas fango : el plano dará una idea perfecta de este fondeadero, para cuyo reconocimiento pueden servir unas sierras que estan como cuatro leguas tierra adentro, y se llaman las sierras de **Sierras de Moa.** Moa.

Costa entre cayo Moa y puerto de Yaguaneque.

Desde el fondeadero de Moa sigue la costa casi al O. cercada de arrecife, que sale á dos y tres millas hasta el puerto de Yaguaneque, que dista del anterior 11 millas: en este trozo de costa, y entre ella y el arrecife se levantan dos cayos llamados el mas oriental de Burros, y el mas occidental de Arena: estos cayos pueden servir para reconocer en qué parage de la costa se está. El puerto de Ya-

Puerto de Yaguaneque.

guaneque solo es capaz de embarcaciones pequeñas, pues su fondo es muy poco y desigual, y su entrada estrecha y muy difícil de tomar, pues la boca se forma en un quebrado que hace el arrecife. Para tomar este puerto es menester verilear el arrecife de barlovento hasta encontrar el quebrado que está al NO. y á distancia de dos tercios de milla de cayo de Arena, y entónces se gobernará al S., procurando verilear el mismo arrecife de barlovento, y atracándose á él cuanto se pueda, en el supuesto que el arrecife de sotavento, que empieza desde que se está EO. con cayo de Arena estrecha tanto la boca, que apenas hay un cable de canal: el plano de este puerto impondrá de sus demas circunstancias, que no describimos por ser solo capaz de embarcaciones pequeñas.

Puerto de Cananova.

A milla y media de Yaguaneque está el puerto de Cananova, que propiamente no es mas que una quebrada que forma la costa, y á la que es menester entrar por un quebrado que forma el arrecife: de este puerto solo dirémos que no siendo capaz sino de embarcaciones muy pequeñas, acompañamos el plano para que estas puedan manejarse y dirigirse.

Puerto de Cebollas.

A tres millas al O. de este puerto está el de Cebollas, de dificilísima entrada y salida, é incapaz por tanto de servir para embarcaciones grandes: de él se acompaña tambien el plano.

Puerto de Tanamo.

A diez millas al O. de Cebollas está el puerto de Tanamo, y la costa intermedia es sucia de arrecife que sale como á dos millas de ella. El puerto de Tanamo es grande y capaz de cualquiera embarcacion: para entrar en él es

menester verilear el arrecife de barlovento hasta encontrar
el quebrado, y gobernar al S. hasta que rebasada la punta
de sotavento se arribe á montar el recodo que hace la canal,
por cuya medianía se procurará navegar dirigiéndose despues
donde acomode sin dar resguardo mas que de un tercio de
cable á todo lo visible : con el plano á la vista no se necesita
de otra explicacion.

Desde Tanamo corre la costa al O. 10 millas hasta la Puertos de
entrada de los puertos de Cabónico y Livisa : este trozo Cabónico
y Livisa.
de costa despide tambien arrecife á dos millas de ella. A
estos dos puertos se entra por un mismo quebrado y por
una misma boca : el canal de la boca se divide luego en
dos, uno oriental, que conduce á Cabónico, y otro occidental, que guia á Livisa. Para tomar estos puertos es preciso entrar por el quebrado del arrecife, y gobernar á la
punta de barlovento luego que demore al sur ; y estando
próximo á ella se promediará el canal, cuidando de un arrecife que despide la costa de barlovento, y que sale á un
cable de la punta interior : la costa de sotavento puede
atracarse á un tercio de cable. Puestos tanto avante con
las puntas interiores se gobernará á tomar la canal del puerto que se busque sin mas cuidado que el de promediarlas :
véase el plano de dichos puertos, y se formará idea exacta
de ellos.

Desde la boca de estos puertos continúa la costa sucia
de arrecife como al ONO. la distancia de cinco millas
hasta el puerto ó bahía de Nipe : esta bahía, que por su Bahía de
magnitud y fondo es capaz de encerrar todas las escuadras Nipe.
de la Europa, tiene una boca ancha y espaciosa, y para tomarla ó dirigir su entrada no hay nada que advertir, y la
simple inspeccion del plano es la guia suficiente para ejecutarlo con todo acierto. El entrar en ella es siempre asequible, pues con las brizas y nortes se va para adentro á
viento largo ó en popa ; pero no así su salida, que es me-
uester practicarla con el terral, que como varias veces hemos dicho escasea mucho en la estacion de nortes. Para el

Sierras del Cristal. reconocimiento de toda esta parte de costa sirven las sierras del Cristal, que son una continuacion de la cordillera que viene desde Baracoa, las cuales estan al S. del puerto de Livisa, y como trece millas tierra adentro: tambien **Pan de Sama.** es un excelente punto de reconocimiento el pan de Sama, que es una montaña inequivocable por su figura, pues en su cumbre forma una mesa, la cual se levanta sobre la tierra que hay al N. de Nipe, y casi norte sur con el puerto de Sama; y como las sierras del Cristal, que rematan algo al E., y el pan de Sama, que empieza á elevarse con suavidad casi desde punta de Mulas, forman una quebrada ó falta de continuacion de montañas, parece imposible pueda nadie equivocarse en el reconocimiento de esta costa: el pan de Sama se descubre como á 20 millas.

Puerto de Banes. Desde el puerto de Nipe continúa la costa al NO. la distancia de 11 millas hácia el puerto de Banes: toda ella es limpia, y puede atracarse á media milla: este puerto de Banes tiene su entrada en el centro de una ensenada que forma la costa, y entre cuyas puntas exteriores hay dos millas y media de abra: desde estas va angostándose hasta la entrada del puerto, que tendrá cable y medio de amplitud, de modo que parece un embudo: las costas de la ensenada y las del canal del Puerto son sumamente limpias y hondables, y así no hay que resguardarse mas que de lo que está á la vista: solo así pudiera tomarse con facilidad un puerto, cuya entrada es tan tortuosa, y con tales recodos y vueltas, que se hace preciso navegar tan pronto con la proa al S. como al N. Véase el plano, y se formará completa idea de este fondeadero, que por lo demas es excelente para toda clase de buques. La salida de él es dificilísima, porque tiene la boca presentada á la briza, y se necesita salir á franquearse con el terral, por lo ménos hasta media ensenada, para poder bordear y zafarse del resto de ella, y de la costa que continúa como al N.¼NE. la distancia de 10 millas hasta punta de Mulas, y que es sucia de arrecife, que sale de ella una milla.

Para el reconocimiento de punta de Mulas, que por Punta de Mulas. salir al N. mas que todo el resto anterior de costa, y por ser sucia es bastante sospechosa, sirven los mismos puntos que ya hemos dicho, esto es, las sierras del Cristal y el pan de Sama.

Como cinco millas al NNO. de punta de Mulas sa- Punta Lucrecia. le la punta Lucrecia, que es limpia y alta, y desde ella continúa la costa al O. con alguna inclinacion para el S. la distancia de 13 millas hasta el puerto de Sama, formando ántes una ensenada llamada de Rio Seco : toda esta costa es muy limpia y escarpada, ménos en la ensenada, que es de playa. El puerto de Sama solo es capaz de embarcaciones, Puerto de Sama. que no calen mas que 12 pies de agua ; y como las costas de su entrada y las del interior son muy limpias, la simple inspeccion del plano es toda la instruccion que se necesita para tomarlo : para reconocer este puerto y costa adyacente sirve el pan de Sama, y una loma ó sierra que hay inmediata á su parte del O., bastante larga y tendida NOSE., cuya cumbre se presenta á la vista llana é igual : en su remate occidental se ve un escarpado de peñascos, que blanquea, y donde se cria mucha miel. Desde este escarpado continúa para el O. un arenal, que llaman Guardalaboca, al S. del cual se verá un mogote crecido de figura de un pilon de azúcar, y al SO. una sierra pequeña frondosa, y cuya cumbre forma meseta, la cual se llama la mesa de Naranjos: Mesa de Naranjos. entre el mogote y la sierra se halla la boca del puerto de Naranjos, que dista del de Sama cinco millas.

El puerto de Naranjos es muy bueno para toda clase Puerto de Naranjos de buques ; y para tomarlo es menester navegar por fuera del arrecife hasta que la punta de barlovento, que se conocerá bien por ser álta y escarpada, cuando lo demas de la costa del E. es de playa, demore al S., que se podra navegar hácia ella procurando desatracarlá á distancia de un cable para resguardarse de un placer de poco fondo que la rodea, y sale de ella dos tercios de cable : tambien es menester cuidar de otro placer de poco fondo que despide la

costa de sotavento, y que sale al N. de la punta escarpada
mas exterior como cable y tercio : lo que hay que hacer es
promediar el canal hasta rebasar las puntas de la entrada ; y
luego que lo esté bien la de barlovento se orzará para dar
fondo en una ensenada que forma dicha costa del E. á dos
tercios de cable de ella, y enfrente del sitio donde el manglar está bañado del mar, quo se dejará caer el ancla en 10
brazas.   Si se quiere entrar en lo interior del puerto puede
hacerse, y para ello consúltese el plano.   En este puerto es
tan fácil la entrada como la salida, pues ambas maniobras
pueden verificarse con la briza, que es circunstancia muy
apreciable.

Desde el puerto de Naranjos corre la costa al O., de
playa sucia, dos millas y media hasta la punta del Pes-
quero nuevo, que es escarpada y limpia : desde esta baja
Puerto de Vita. al OSO. por tres millas hasta el puerto de Vita, y es
muy limpia.   Este puertecito es bueno para embarcaciones
qne no calen mas de 18 pies, y la simple inspeccion del
plano basta para dirigirse dentro de él.   A tres millas al O.
Puerto del Bariay. de Vita hay otro puertecito llamado del Bariay, que en
su boca ofrece abrigo para las brizas, y solo en lo mas interior de él lo hay para los nortes; pero alli no pueden
llegar mas que embarcaciones muy pequeñas: véase su
plano.   La costa entre Vita y Bariay es muy limpia.   A una
Pnerto de Jururu. milla á sotavento de Bariay hay otro puerto llamado de Jururu de entrada muy dificil por lo muy angosta, y aunque
el fondo permite entrar embarcaciones que calen 20 pies,
solo deben dirigirse á él las embarcaciones pequeñas : véase
su plano.

Puerto de Gibara. Cinco millas al O. de Jururu está el puerto de Gibara, cuyo plano por sí demuestra sus calidades y la facilidad
que hay para tomarlo: la costa intermedia entre él y Jururu es muy limpia, y para reconocer este último puerto sirven de excelentes marcas tres colinas ó mogotes que se ven
Silla de Gibara. al S, de él, y que á larga distancia parecen islas: el 1.º y
mas oriental es el que forma, y se llama la silla de Gibara,

y el de en medio presenta la figura de un pilon de azúcar : algo al O. del tercero corren unas sierras de regular altura.

Desde el puerto de Gibara corre la costa limpia y escarpada al N. en distancia de dos millas hasta punta Brava, desde la cual sigue al NO. otras 10 millas tambien limpia y escarpada hasta punta de Mangle, y desde ella continúa al mismo rumbo la distancia de otras seis millas, limpia y de playa de arena. Desde este punto corre al O sucia de arrecife la distancia de seis millas hasta el puerto del Padre. Toda esta tierra es baja, y en la costa se ven unas palmas pequeñas que llaman Miraguanos : en la parte del O. del puerto del Padre se levantan dos montecitos muy unidos. Costa de Gibara y el puerto del Padre.

El puerto del Padre es muy bueno y capaz de cualquiera clase y número de embarcaciones : su entrada es muy larga, y solo tiene dos cables de amplitud ; pero sus costas son muy limpias y hondables : para tomar este puerto es menester navegar por fuera de los arrecifes hasta que la punta oriental llamada del Jarro demore del S. al E., que se pondrá la proa á la punta exterior de sotavento de la entrada ó canal, y es menester no confundir esta punta con otra que hay al NE. en la misma costa, y que diferenciarémos llamándola de Guinchos, la cual tiene inmediata una isleta de este nombre, que puede servir mucho para reconocer la entrada de este puerto. Dirigiéndose á la mencionada punta exterior de sotavento, y procurando atracarla por su parte del SE., ya no queda mas que dirigirse por la canal, sin que haya que dar resguardo mas que á lo visible : véase el plano de este puerto, que con lo dicho no se necesita de mas instruccion para tomarlo. Puerto del Padre.

Desde el puerto del Padre sigue la costa al O. cinco millas hasta punta de Piedras, en donde está la entrada á la gran bahía de Malagueta, que no es otra cosa mas que un laganaso, que se forma en lo interior de la tierra por ser esta baja y anegadiza, y desde ella sigue como al NNO. cinco millas hasta la punta de Covarrubias, desde la cual Bahía de Malagueta.

corre como al ONO. la distancia de otras 10 hasta el puerto de Manati : toda esta costa es sucia de arrecife, que sale de ella cerca de dos millas.

Cerro del Mañueco. El puerto de Manati se reconoce por un cerrito, que se descubre dentro de él, parecido á un pan de azúcar, nombrado el Mañueco, y que se descubre á distancia de 15 ó 20 millas : inmediato á él, y por su parte del O. se verá una sierra algo ménos alta que él, pero de triple ex-

Mesa de Manati. tension, llamada la loma del Fardo ó mesa de Manati, la cual, cuando se ve unida ó cerrada con el Mañueco, parece ser una sola montaña, y presenta á la vista la figura de la silla de Gibara, cuya apariencia ha engañado á muchos, y no deja de ser peligrosa para la navegacion. Este puer-

Puerto de Manati. to de Manati puede mirarse como un lagunazo formado en una tierra baja y anegadiza, con un caño largo tortuoso y estrecho, en el que únicamente hay fondo capaz de embarcaciones pequeñas : como este caño en toda su extension está verileado por placeres de seis y ocho pies de agua, es muy arriesgado entrar en él con embarcaciones medianas, y mucho mas con navíos : el plano instruirá perfectamente de las calidades de este puerto, y modo de dirigirse y fondear en él.

Tres millas al N.¼NO. de este puerto está punta Brava, que es sucia de arrecife, desde la cual sigue la costa como al O. cinco millas, tambien sucia de arrecife, hasta

Puerto de Nuevas grandes. el puerto de Nuevas grandes : para entrar en este puerto, que solo es capaz de embarcaciones que calen 12 pies, es preciso embocar por un quebrado que hace el arrecife, el cual sale á mas de seis cables ó ¾ de milla de la costa, y seguir despues toda esta distancia por un canal que forma, y que en parages solo tiene medio cable de ancho. Este canal es muy tortuoso, y así se corre gran riesgo á ménos que no haya una gran práctica : luego que se está tanto avante con las puntas del puerto, ya no hay riesgo, pues se pueden atracar las costas á un cuarto de cable sin cuidado alguno : véase el plano.

Desde las Nuevas grandes corre la costa como al NO. la distancia de 11 millas hasta el puerto de Nuevitas : toda ella es sucia de arrecife, y puede reconocerse así como el puerto por tres montes de corta extension, que se levantan dentro de él, y que son tres islas llamadas los Ballenatos : estos se presentan altos por el E., y disminuyen hácia el O. El puerto de Nuevitas es una gran bahía muy aplacerada, pero capaz de cualquier número y clase de embarcaciones. Para entrar en él es menester huir de su punta de barlovento ó del E., á la que no se debe atracar á ménos de un cable, aproximándose si se quiere á medio cable de la de sotavento ; pero lo mejor es promediar el canal, que es muy largo y tortuoso : de medio canal para adentro despiden las costas placeres de poco fondo, que necesitan de buena práctica para no dar con ellos : igual práctica es menester para dirigirse por dentro de la bahía, y el plano manifiesta bien lo que es este puerto, y cuáles las dificultades que hay para tomarlo. *(Los Ballenatos. Puerto de Nuevitas.)*

Desde las Nuevitas corre la costa como al NNO. cinco millas hasta la punta de Maternillos, y es muy limpia : desde la punta de Maternillos sigue como al ONO., y está cercada de arrecife, que sale á milla y media de ella : toda esta costa desde Maternillos se eleva algo, y casi al fin de ella, y como á 14 millas de Maternillos, se verá un mogote ó montecillo llamado de Juan Dañue, que forma una especie de mesa. Desde este punto despide la costa un gran placer blanco, sobre el que se levantan muchos cayos y arrecifes, y así en este mismo punto cesa la descripcion de ella como de inútil conocimiento para la navegacion, y empieza la del veril de dicho placer blanco y de los islotes ó cayos que hay en él. *(Punta de Maternillos. Cerrillo de Juan Dañue.)*

Como al ONO. de Juan Dañue, y casi pegado á él, hay un islotito, y al mismo rumbo, y á distancia de seis millas está la isla Guajaba ; esta isla es conocida por cuatro montañitas que casi se enfilan EO.: las tres primeras bien pronto se descubren, pero no la cuarta, porque siendo de *(Isla Guajaba.)*

ménos elevacion que la tercera, queda tapada con ella; pero á proporcion que se avanza al O. se van abriendo, y se ven las cuatro : á alguna distancia de ellas, y como de cuatro á cinco leguas, parecen otros tantos islotes por quedar bajo del horizonte las tierras bajas de la isla. Al O.

Cayos Ro- mano. de la Guajaba, y á distancia de ocho millas, está cayo Ro- mano, que es una isla arrumbada NOSE., en cuyo sen- tido tiene 16 leguas de extension : dos islas son las que propiamente forman este cayo, separadas por un canalizo de media milla : la mas oriental tiene algunas alturas, que hacen en su medianía una ensillada, y la mas occidental es de tierra baja y anegadiza de mangle. Este cayo está bien dentro del placer, y despide por su parte del N.

Cayo Ver- de, y cayo Confites. dos cayos pequeños, llamados cayo Verde y cayo Confi- tes, que estan casi NS. con la altura oriental de cayo Ro- mano, el primero á distancia de siete millas, y el segun- do de doce : el primero de estos cayos está arrumbado con lo mas occidental de la Guajaba NOSE., y el segundo

Fondeade- ro entre dichos ca- yos. NO.$\frac{1}{4}$N., SE.$\frac{1}{4}$S.: entre estos dos cayos hay fondeadero, que se puede tomar en caso de necesidad, y para ello no hay mas que consultar la carta de este Depósito, en que se incluye un planito de él, con la instruccion necesaria para entrar y salir. Al O. de cayo Verde hay un cayo re- dondo llamado de las Palomas, con otros varios mas pe- queños á su inmediacion, y otro bastante grande llamado cayo de Cruz, que tiene en la extension NS. como 13 millas : al NE. de este cayo, y á distancia de tres mi-

Bajo del Tributa- rio. llas, hay en el mismo veril del placer un bajo llamado Tributario de Minerva, que está al N. 35°O. de cayo Confites, y á distancia de 12 millas. El veril del pla- cer, que es de arrecife, sale de Juan Dañue milla y me- dia, dos y media de la Guajaba ; y desde el ENE. has- ta el NE. del alto de cayo Romano hace un quebrado, por el cual, segun noticias, se puede entrar á buscar fondeadero sobre seis brazas arena de buena tenazon ; pe- ro no saliendo por garantes de esta noticia, váyase muy 'sobre aviso en caso que tal cosa se intentare.

Desde este quebrado vuelve á levantarse el arrecife, que hace nuevo quebrado entre cayo Verde y cayo Confites, y continúa el veril del placer unas veces sucio y otras sin arrecife hasta el bajo del Tributario: este bajo rompe con briza fresca, y en bajamar vela. Como al ONO. de él, y distancia de seis millas, está el cayo Barril, y mas al O. cayo Paredon grande: el veril del placer, que unas veces es sucio y otras limpio, sale de cayo Barril á dos millas, y á una y media de lo mas norte del Paredon grande: este cayo del Paredon ofrece buen fondeadero para brizas y terrales: para reconocerlo y tomarlo debe tenerse presente, que á un cable al N. de su punta N. hay un cayo redondo y chico, el que se dejará por babor, pasando á medio ó un cable de él, para dar fondo luego que se coja abrigo de tierra del Paredon grande por el número de brazas necesario al calado de la embarcacion: en esta entrada se deja por estribor otro cayo algo mas grande que el que se deja por babor, llamado el Paredon del medio, y que dista del primero como dos millas y media: desde el Paredon del medio para el O. hay otro cayo bastante grande llamado del Coco, que desde su medianía para el O. ofrece fondeadero en su costa del N.

Al ONO. de cayo Coco siguen una porcion de cayos llamados de San Felipe, Guillermo, y de Santa María, y al ONO. de ellos, y á distancia de 16 leguas de cayo Coco está el llamado cayo Frances, que es conocido por tener tres mogotes redondos, los dos muy juntos, y el tercero algo separado, que se llaman las tetas de la Viuda: desde este cayo para el ONO. hay otra porcion de cayos de dificil reconocimiento, por ser muy parecidos, ó tener señales muy equívocas: el veril del placer, desde dicho cayo Frances, y aun algo ántes es ya limpio, y la sonda de él avisa con anticipacion del riesgo: no obstante hay uno no pequeño en el bajo Nicolao, que es un megano de arena bastante separado al N. de los demas cayos

marginalia:
Cayo Barril.

Fondeadero del cayo del Paredon.

Cayos de San Felipe Guillermo y de Santa María. Cayo Frances.

Bajo Nicolao.

como de 46 brazas de largo y cinco de ancho, rodeado por
el NE., N. y NO. de arrecifes, que salen él á cable y
medio : dos millas al ONO. de él rompe otro bajo llamado

Bajo de los Alcatraces. de los Alcatraces, y como estos bajos son de grandísimo
riesgo para la navegacion, se hace preciso dar algunas mar-
cas del reconocimiento, que indiquen la posicion de buque
con respecto á la de los bajos.

Entre algunas sierras que hay en la isla de Cuba, y
como al SSE. y S. de estos bajos, la mas conocida es la

Sierra Morena. llamada de Sierra Morena, que es larga, tendida NOSE.,
con la cabeza del SE. bastante elevada, y en sus extre-
mos presenta varios picachos : de estos los dos que hay en
el extremo NO. de la sierra son elevados, y estan NS.
con el bajo Nicolao : un poco mas al O. de Sierra Morena
sale otra sierra con tres lomas, de las que la de en medio
es la mas alta : esta corre con el bajo Nicolao al S. ¼ SO.:

Tetas de la Bella. estas lomas se llaman las tetas de la Bella : y estando NS.
con la de en medio, se está tambien NS. con la medianía
de la bahía de Cadiz, y rebasado del bajo Nicolao y del
de los Alcatraces. Al O. de las tetas de la Bella se ven dos
sierras : la primera de extension regular, y la segunda ó
mas occidental muy larga : al remate de la cual hay dos

Sierra Limones. lomitas llamadas sierra de Limones, que corren con el remate occidental de la bahía de Cádiz del S. ¼ SO. Mas
al O. sale otra sierra de proporcionada extension, llamada
de Santa Clara, y algo mas al O. de esta se descubren las

Tetas de Camarioca. tetas de Camarioca, que son cuatro, aunque segun la posicion en que se cojan aparezcan ménos : la del medio es
la mas crecida, y corre con el remate occidental del cayo
Cruz del Padre al SO.: estas sierras son las mas altas que
aparecen en la costa septentrional de la isla de Cuba, siendo de notar que las sierras que hay al E. y O. de ellas son
muy parejas, y las de la parte occidental poco ménos elevadas que las mismas sierras. Tales son las tierras que
se ven en lo interior de la isla desde las proximidades del
bajo Nicolao ; y por lo que hace á la descripcion del pla-

cer, solo dirémos que corre al O., y que en su veril se levantan muchos cayos: que este veril no deja de ser peligroso, pues hay en él algunos arrecifes, y que terminándose el placer y los cayos en punta de Icacos, son los mas occidentales de todos los llamados Monos y Piedras, los cuales ofrecen buen fondeadero, donde se halla abrigo de la mar del N.: en la carta se acompaña un plano de este fondeadero, con la instruccion necesaria para tomarlo, y así excusamos repetirla: tampoco nos extendemos mucho en la descripcion del placer, porque se carece de noticias circunstanciadas, y así la inspeccion de la carta, y sobre todo la gran vigilancia, son los medios de libertarse de riesgos. Cayos de Monos y Piedras.

Desde la punta de Icacos, en que termina el placer blanco que viene desde la de Maternillos, se presenta de nuevo la costa, que corre como al SO. 14 millas hasta la punta de Maya, que es la oriental de la gran bahía de Matanzas: esta costa puede atracarse á una legua: para su reconocimiento sirve el pan de Matanzas, que es un cerro aislado, redondo en su superficie, sin puntas, encañadas, cortaduras ni mas desigualdades que una pequeña hendidura por el SE. de su punto superior, que apenas se nota estando algo léjos, por ser de muy poca profundidad: la tierra que viene desde Camarioca es pareja y no muy baja, y sigue así sin prominencias notables hasta las cercanías de Matanzas, donde empieza á formar una rampa suave, por medio de la cual se eleva de suerte que de allí para el O. ya es la costa bastante alta para poderse ver á ocho leguas; pero igualmente pareja sin mas prominencias que el referido pan de Matanzas, lo cual hace que sea un punto de muy fácil reconocimiento. Costa entre punta de Icacos y bahía de Matanzas. Pan de Matanzas.

El puerto de Matanzas, que está en lo mas profundo de la bahia, es muy abrigado de los nortes, pero de difícil salida; pues no habiendo capacidad para voltejear es preciso franquearse con terral, que en la estacion de nortes escasea bastante: la entrada es fácil, y solo exige cui- Puerto de Matanzas.

dado con unos bajos que hay casi en el mismo fondeadero ;
y para no dar con ellos es preciso atracar la costa del N.
á distancia de dos ó tres cables, pasando lo ménos á milla
y media al N. de la punta de Maya ; y siguiendo la costa
del N. á la referida distancia de dos ó tres cables y con
proa como del sur : se gobernará al O. luego que el castillo de San Severino demore á este rumbo, el cual se
conservará hasta que las casas señaladas en el plano con la
letra A demoren al S. 42° O., que se pondrá la proa á
ellas, y se dará fondo luego que el castillo de San Severino demore entre el NO. y NO.$\frac{1}{4}$N., que se tendrán
cinco ó seis brazas fango suelto. Para salir de este puerto
lo mejor es franquearse al remolque, ó ayudado del terral
si lo hubiere, luego que esté el tiempo entablado y sin
apariencia de N., y dirigirse al placer de punta de Maya,
en el que se puede fondear, y desde el que se estará en
disposicion de dar la vela cuando acomode.

Punta de Guanos. Desde el puerto de Matanzas sigue la costa, redondeándose al NO. hasta punta de Guanos, que es la mas
saliente al N., y que dista de la boca del puerto ó bahía
como cuatro millas. De la punta de Guanos sigue la costa casi al O. la distancia de 40 millas hasta el morro de la
Havana : toda ella es limpia y hondable, y puede atracarse á una legua, y ménos si se quiere, pues no hay mas
riesgo que un placer de piedra de poco fondo, que despide la costa entre el rincon y la punta de Tarara ó del
cobre : toda esta costa despide sonda de arena, que sale
mas ó ménos de la tierra, cuyo veril es tan acantilado, que
de pronto se pasa de las 100 brazas á las 20 : con el escandallo en la mano no hay riesgo alguno en atracar la
costa, pues la sonda advierte cuál ha de ser el límite á que
se puede llegar sin peligro, y aun en buen tiempo se puede pasar la noche, dejando caer un anclote sobre esta sonda, cuya maniobra puede muchas veces convenir, ó para
no propasarse del puerto si vela fresca la briza de noche,
ó para no perder camino si el terral es flojo ó calma, pues

las corrientes tiran constantemente para el E. con una fuerza
que puede asignársele por medio término la de una milla
por hora. La sierra de Jaruco, que se levanta casi en la Sierra de Jaruco.
medianía de esta costa, es el punto que sirve de reconocimiento y de valiza, á mas de los varios que la misma costa
ofrece al que va bien atracado á ella.

DESCRIPCION DE LOS BAJOS DE BAHAMA.

Veril oriental, occidental y septentrional de los bancos
grande y chico de Bahama.

Cuando tratamos de los Desemboques dijimos, hablando
del primer Desemboque de sotavento ó de Croked, que
se dejasen por babor los islotes Mira por vos ó isla de
Watelin, y por estribor las islas de Croked, y nada mas
hablamos de las tierras y bajos que quedan mas á sotavento,
por pertenecer estos al veril oriental de los bancos de
Bahama, de que ahora vamos á hablar : así los que hagan
aquélla navegacion deben tener presente esta descripcion
del veril oriental, por si cayesen á sotavento del camino
que allí prefijamos.

La tierra mas oriental que se levanta sobre el gran
banco de Bahama es la isla Verde : esta isla no tiene agua Isla Verde.
dulce, está tendida ESE., ONO., es alterosa, y va disminuyendo al ONO., terminando por esta parte en punta
muy delgada : su largo es de milla y media, y su ancho
de dos cables : en la punta del SE., á distancia de un cable de ella, tiene un islote, y en la del NO. tres bajos
con rompiente á distancia de dos á tres cables con canalizos de tres y cuatro brazas de agua, y en su medianía á la
parte del O. tiene otro bajo que se extiende á dos ó tres
cables de la isla : entre este bajo y los de la punta NO. se
ve una playa de arena en la costa, y á dos ó cuatro cables de ella es el mejor fondeadero para resguardarse de los
nortes sobre cinco y seis brazas arena : esta isla puede des-

cubrirse á cinco leguas: desde ella forma el banco una gran ensenada para el N. y O.; en el centro de la cual es-

Cayo Sal y los Jumentos. tá cayo de Sal, al que le sigue una cordillera de cayos lla- mados los Jumentos, que se levantan dentro del banco,

Isla Larga. y van á terminar entre isla Larga y Exuma. La punta oriental de isla Larga está casi EO. con lo mas septen- trional de la de Croked, y distan entre sí como siete le- guas. Isla Larga tiene unas 17 leguas de largo en direc-

Isla Exuma. cion NO.$\frac{1}{4}$N. y SE.$\frac{1}{4}$S.: á isla Larga se sigue la de Exu- ma, que es bastanse grande, llena de salinas, y desde la cual se extiende al NO. y NO.$\frac{1}{4}$N. por espacio de 35 le- guas una infinidad de islas y cayos que se levantan casi so- bre el veril del banco. Por fuera de él estan cayo Run, isla de la Concepcion, las de San Salvador grande y chi-

Cayo Run, isla de la Concep- cion y San Salvador. ca, y la Hetera. Cayo Run es sucio y lleno de rocas todo al rededor: la isla de la Concepcion es lo mismo, y de su parte N. sale un arrecife á este rumbo, distancia de tres leguas escasas, con un bajo al E. de su extremo como me- dia legua, en donde se perdió la fragata Southamton el año 1812: los dos San Salvadores se levantan sobre un mismo placer, que es sucio y con muchas desigualdades en su fondo: y la Hetera, con otra porcion de cayos é is- las que tiene en sus inmediaciones, se levanta sobre un placer que forma parte del gran banco, al cual está unido por un istmo como de cuatro leguas de ancho: la inspec- cion de la carta manifiesta bien todo lo dicho, y en ella se ve que los pasos entre cayo Run é isla Larga, entre isla Concepcion y Exuma, y entre los San Salvadores y cayos del veril del banco, son practicables para cualquier clase de embarcaciones; pero desde los Salvadores se debe ir por fuera de Hetera, pues que entre ella y el banco so- lo deberán navegar las embarcaciones pequeñas, que pu- diendo pasar sobre las sondas del banco pueden dirigirse á Providencia por este camino mas corto; y para empren- derlo no solo es menester embarcacion de poco calado,

Isla Hetera. sino una gran práctica y conocimento. La isla Hetera es

medianamente alta, y su costa oriental muy sucia de arrecife: al N. de ella hay varios islotes, de los que el mas
oriental se llama isla del Puerto, y el mas occidental isla
del Huevo: estos cayos son rasos, con alguna arboleda:
tienen playas de arena muy blancas, y entre ellos y Hetera dejan freus para embarcaciones pequeñas: despiden
como dos millas al N. placer de de 9½, 10, 11, 12 y 13 Cayo de
brazas: en cayo de Huevo hay una casa grande con su Huevo.
jardin y alguna arboleda: desde cayo de Huevo demora
el fondeadero de Providencia al S. 30°O. la distancia de
otras siete leguas, en cuyo camino se pierde el veril del banco, porque este forma una gran ensenada al sur.

El fondeadero de Providencia está formado por varios Fondeade-
cayos é islas, de las cuales la principal es la del Puerco: ro de Pro-
entre ella y la tierra de Providencia está el fondeadero, videncia.
que solo tiene dos y dos y media brazas: para tomarlo es
menester dirigirse por la parte occidental de isla del Puerco, y se pasará entre ella y los cayos del O., cuidando de
promediar el canal. La ciudad de Nasau es la poblacion
que hay, y que puede mirarse como un almacen de gene-
ros europeos, de donde se derraman á diversas partes de
estas islas, y en particular á la de Cuba. Por lo demás no
puede mirarse como un establecimiento de importancia, y
sí considerarse como un punto de reunion de contrabandistas, que en tiempo de guerra hacen un corso, que muy bien
puede llamarse piratería.

Desde Providencia forma el banco un gran saco al SE., Golfo de
que se llama golfo de Providencia, en cuyos veriles estan Providen-
las islas del Espíritu Santo y de San Andres, con otros cia.
varios cayos y arrecifes: al N. de San Andres hay un grupo de cayos llamado los Berris, los cuales y la isleta del
Huevo pueden considerarse forman la boca de este golfo
de Providencia. Entre el cayo Koulter, que es el mas septentrional de los que destaca la isla de San Andres por su
parte del N. y cayo Helado, que es el mas SE. de los
Berris, está el paso llamado del NO., por el cual se pue-

de entrar en el placer del banco con embarcaciones peque-ñas para atravesarlo con rumbo como del SO., y buscar su veril occidental.

Los Berris. Los Berris son como 30 cayos grandes con una infi-nidad de otros chicos: el mas SE. de ellos se llama cayo Helado, y el mas septentrional cayo del Estribo: todo este grupo de cayos despide sonda, y las 20 brazas se ha-llan á dos millas de cualquiera de ellos con buen fondo de arena en la superficie, y caliza por debajo: en estos cayos no hay poblacion: para abrigarse del viento fuerte del E., para remediar alguna avería, ó para hacer aguada, se puede fondear al O. del Berris mas occidental en siete y media ú ocho brazas buena tenazon.

Pequeño Isaac. Al N. 80° O., y á 40 millas del extremo occidental de los Berris, está el pequeño Isaac, ó por otro nombre los Profetas: estos son tres cayitos que se levantan como cinco ó seis millas dentro del placer del banco, y por fue-ra de ellos hay sonda limpia, que en el veril es de 14 bra-zas, y disminuye gradualmente de modo que á una milla de ellos es de seis: de la parte oriental de la isla mayor del pequeño Isaac sale un arrecife de piedras en direc-cion del S. 73°E. la distancia de 12⅔ millas, en que ter-mina un bajo de muy poco fondo: se perdió en él la go-leta Rosa del comercio en Octubre del año 1817 en toda la distancia que media desde los Berris hasta el chico Isaac: el veril del banco es limpio, y se puede navegar sobre él sin mas cuidado que el del escandallo: al SE. del chico Isaac se puede fondear: hay buena tenazon, pero mucha mar.

Cayos del Bergantin. Como dos y media leguas al O. del chico Isaac está el cayo mas oriental de otro grupito de cayos, de los cuales el segundo del E. se llama el Bergantin, porque mirado desde el ENE. forma la figura de tal: estos cayos dejan tambien placer blanco limpio de sonda, que sale de ellos como ocho millas, en el cual hay desde catorce hasta siete brazas.

Al O. de estos cayos está el grande Isaac, que despide varios cayitos al rededor: el mas septentrional de estos es grueso y redondo, y dista del pequeño Isaac 15 millas al N. 87°O.: el veril del placer sale como á ocho millas al N. de él, y es muy limpio, y con fondo igual de 17 á 8 brazas arena: en este placer se puede fondear cómodamente como al NO. del centro del grande Isaac en siete, ocho ó diez brazas arena: en este cayo hay pozos de agua dulce, mucho mas pescado y marisco: los corsarios de Providencia hacen en él aguada: es medianamente alto, y tiene 10 ó 12 farallones al S. á distancia de tres millas, junto á los cuales, y por su parte del O., se puede fondear en cinco y media y seis brazas arena fina: son pelados, y no tienen leña. La sonda del banco desde el grande Isaac baja para el sur, y al S. 30°O. del extremo S. del grande Isaac, á distancia de seis leguas, está la medianía de las islas Beminis: estas son rasas, con algunos arbolitos, y la punta que corre para el SE. desde lo mas S. es muy frondosa de arboleda: en la punta del S. hay una ensenada con unos cayos rasos por el SSE., y SE. con cuatro y media, cinco y seis brazas, y en ella se puede fondear para tomar abrigo de los vientos desde el N. hasta el SE., y para pasar la noche cuando así convenga entretenerla; hay en estas islas agua y leña, y alguna madera de construccion para barcos chicos, que los ingleses llevan á Providencia.

Desde meridianos del grande Isaac corre el veril del banco al SSO., y despues se va inclinando para el S., de modo que al O. del centro de las islas Beminis no se halla fondo á tiro de mosquete de ellas, y á tiro de fusil se coge con nueve y media, ocho, siete y seis brazas arena.

Desde lo mas S. de las Beminis corre como al S.¼SE. en distancia de tres millas una cordillera de piedras ó cayos muy rasos y chicos, de los que algunos no se levantan de la flor del agua, y por este sitio hace cantil el fondo, y á tiro de fusil de los cayos no lo hay, y á medio cumplido de navío se hallan 14 y 15 brazas arena: esta

Grande
Isaac.

Islas Beminis.

cordillera termina con tres cayos grandecitos, de los que
el mas N. se llama cayo de Perros, el segundo cayo de
Lobos, y el mas meridional cayo del Gato : la punta N.
de cayo de Perros tiene un bosquecito de mangles, y al O.
de su punta sur hay buen fondeadero en ocho y media
brazas. Cayo de Lobos tiene en su parte meridional dos
palmas de tamaño regular, que sirven de marca para conocerlo : entre él y el cayo del Gato, y en el freu que
forman, se levantan dos farallones redondos junto á los que,
y por su parte del O., se da fondo en cinco y media y
seis brazas : desde cayo de Perros roba el veril del bnaco
para el O., y deja placer limpio de sonda como de dos
millas de ancho ; pero en cayo del Gato se estrecha en
términos de no salir mas que á media milla, y corre luego
su veril como al SSE.

Cayo de Perros.

Los Mim-bres.

Al SO. de lo mas meridional de cayo del Gato hay
varios islotes á distancia de dos tercios de milla, y para el
sur de estos siguen otros cayos bajos y piedras mas de
lo que se ve, y anuncia el escandallo. Estos cayos se llaman los mimbres, y en los freus que forman casi no tienen agua, y solo en los mas meridionales, que son redondos como panes de azúcar, hay paso para goletas : el placer de sonda corre como ellos, y sale á milla y media.

Cayo de Piedras.

Al S.¼SE., y á milla y media del último mogote de
los mimbres, hay una isla grandecita con varios cayos
chicos á su inmediacion, llamada cayo de Piedras : hay
buen fondeadero á su parte O. en siete y media y ocho
brazas arena, y el veril de sonda sale de ella como milla
y media.

Al S. 7°E. de cayo de Piedras, y á distancia como
de 22 millas, hay cuatro piedras ó farallones sobre el agua,
que parecen botes, y la mar rompe bastante en ellas : se
llaman los Roquillos, y al NO. de ellos hay buen fondeadero en ocho y media brazas arena.

Los Roqui-llos.

El veril de sonda que hay entre cayo de Piedras y
Roquillos es muy limpio, y se puede entrar en él sin mas

cuidado que el del escandallo. Desde los Roquillos, que
son los cayos mas meridionales que hay en esta parte del
banco, sigue el veril de este como al S½SE. limpio, y
mas ó ménos hondable, segun se ve en la carta : él forma
con el placer de los Roques el canal de Santaren, de que
se hablará cuando se trate del veril meridional de este
banco.

Al N. de Providencia estan las islas de Abaco, gran Ba- Banco chi-
hama, y otra gran porcion de cayos que se levantan so- hama.
bre el banco chico de Bahama : la Peña agujereada ó punta Peña agu-
desconocida, que es el extremo meridional de la isla de jereada.
Abaco, está al NNO. de cayo de Huevos, á distancia de
ocho leguas : dicho cayo de Huevos y la punta desconocida
forman lo que se llama canal NE. de Providencia, así como
la punta desconocida y cayo Estribo en los Berris forman la
boca oriental del canal NO. de Providencia, cuya boca occidental está formada por el grande Isaac y el extremo occidental de la gran Bahama.

La isla de Abaco está dividida en dos por un canalizo de Isla de
poco fondo, y mirada desde el E. forma dos lomitas bas- Abaco.
tante altas : en su veril oriental hay algunas piedras ahogadas, que salen como dos millas de la costa, en las que
rompe la mar de leva. Aun sin este inconveniente nunca
conviene atracarse á ménos de dos leguas, ni ménos fondear en dicho veril, pues soplando ordinariamente los vientos de la parte del E. se correria gran riesgo de perderse,
á causa de la mar que siempre hay en él : lo mismo sucede
en todo el veril del NE. desde la punta NE. de Abaco
hasta cayo del Sello ; y así cuando se haya de costear por
esta parte, bien sea barloventeando ó navegando á rumbo
hecho, debe evitarse el atracar demasiado por innecesario
y expuesto. No sucede lo mismo en el veril meridional y
occidental de este banco, pues en ellos hay cómodos fondeaderos resguardados de la mar : tal es el que ofrece el
veril de la parte occidental de Abaco, que desde punta Fondeade-
Desconocida sigue para el NO. á terminar en una ensena- co.

da que dista de dicha punta como tres leguas : esta ensenada
es de arboleda con placer de siete y media, ocho y nueve
brazas buen fondeadero para NO., N., NE., E. y aun SE.,
pues aunque este último sea media travesía no hay mar, y
la tenazon es excelente. En el fondo de esta ensenada está
el canal que divide en dos la isla, y hay algunas casas de
gente que va á cortar madera para Providencia. Este tráfico se hace con preferencia en el invierno, esto es, en la
estacion seca ó de nortes, pues en la lluviosa son continuas
las turbonadas del sur que despiden muchos rayos, y se
repiten con bastante frecuencia los temblores de tierra, lo
cual ahuyenta la gente que se retira á Providencia ó isla
Hetera

Gran Ba-
hama.

Desde lo mas occidental de esta ensenada, y por espacio de 20 millas, corre como al O¼NO. una cordillera de
cayos chicos, y despues se ve la punta oriental de la gran
Bahama, que corre casi al mismo rumbo la distancia de 19
leguas : todo este veril del banco es sucio de arrecife ; pero
desde la medianía de la isla Bahama para el O. es limpio
con placer de buen fondo : en el extremo occidental de esta
hay un excelente fondeadero, y de el sale el veril de sonda
como cinco millas : al NNO. de este extremo de la isla, y á
distancia de ocho ó diez millas; está el Tumbado, que es un
cayo pequeño y limpio.

Veril occi-
dental del
banco chi-
co de Ba-
hama.

El veril occidental del banco corre como al NNO.
hasta la latitud de 27° 50', y es muy limpio y hondable
sin cayos ni peligros mas que los que anuncia la sonda,
pues los demas cayos que se levantan sobre este banco estan los mas occidentales al NE. del Tumbado ; de modo
que no hay rezelo de entrar y salir con tiempos claros en
este pedazo de placer, llamado de Maternillos : cuando
hay mar del NE. en los veriles y sobre las 25, 30 y 40
brazas, arbola mucho á causa del choque de la corriente,
de modo que se forma un escarseo ó rompiente que parece
un bajo, pero no lo hay ; al contrario, metiéndose al sur
de este escarseo se encuentra mar llana, y se sigue por 15,

16, 14, 8 y 7 brazas, y si se quiere se da fondo sobre arena
y cascajo con algunas piedras: en este banco el agua es
verdosa, y no se ve el fondo hasta estar en dos y media ó
tres brazas: sobre él ó dentro del agua verde no se experimenta movimiento notable en las aguas, pues la corriente
general no hace mas que lamer el veril.

Hasta ahora se habia creido que este banco terminaba
con un grande arrecife; pero la verdad es, que el escarseo
y rompiente que causa el choque de la corriente con la
mar del N. y O. ha sido la causa de este engaño; y este
importante reconocimiento se le debe al Capitan Don
Sebastian Laso de la Vega, así como tambien las detalladas
noticias que damos del canal de Providencia y veril
occidental del gran banco de Bahama, en cuyos parages ha
establecido buenas situaciones por observaciones astronómicas y relojes marinos; y hacemos esta advertencia no
solo en memoria honorífica de dicho Capitan, sino para que
los navegantes procedan con mayor confianza y seguridad en
esta navegacion.

Veril meridional del gran banco de Bahama.

Hemos dicho que la isla Verde era la tierra mas oriental que se levanta sobre el gran banco de Bahama, y por
lo tanto en los artículos antecedentes hemos dado su descripcion particular: desde ella continúa el veril al OSO. la
distancia de 14 leguas hasta el cayo de Santo Domingo, Cayo de
que es la tierra mas meridional de este banco: este en toda Santo
la extension que media entre isla Verde y cayo de Santo Domingo.
Domingo es limpio; y solo hay dos bajos, uno á 18 millas de la isla Verde, que está en el mismo veril, y se
llama de San Vicente: su mayor extension, que es NNO., Bajo de
SSE. no pasa de un cable, y su mayor anchura es de me- San Vi-
dio cable, y solo tiene media braza de agua encima: á cente.
nueve millas de este bajo y 22 de isla Verde está el otro, Otro bajo.
situado tambien en el mismo veril, formado por varias

34

piedras, que no ocupan tanta extension como el de San Vicente, y con una braza de agua encima.

El cayo de Santo Domingo es árido ; tiene de largo un cable, y medio de ancho, y forma en su medianía un cerrito ó colina pequeña cubierta de tunal, que se asemeja á una embarcacion tumbada, y puede descubrirse á tres leguas : al SSO. le sale una rompiente á distancia de un cable ; y al O. 5°S. de su medianía, y á distancia de dos ó tres cables, tiene placer de seis y siete brazas de agua muy limpio, donde se hallará abrigo de las brizas. Desde este cayo continúa el banco al O. con inflexiones al S. y al N., unas veces muy sucio, y otras medianamente limpio ; todo lo cual se manifiesta bien en la carta, y las únicas tierras que en él se levantan son los cayos de Lobos y Guinchos : uno y otro son sucios desde el N. hasta el S. por el E., de modo que no debe atracarse á ellos por estos puntos á ménos de una milla : ambos pueden descubrirse á la distancia de seis ó ocho millas. Como la carta es la verdadera descripcion de este placer, nos ceñiremos á decir que el bajo llamado las Mucaras, por tener yerba en el fondo, deja el color del agua tan obscuro como á medio canal ; por cuya causa y por no haber sonda anticipada que prevenga el peligro, es muy fácil perderse en él aunque sea de dia, y se navegue con la mayor vigilancia : entre Lobos y Guinchos hay en el mismo veril algunos bajos fondos, y así no conviene entrar en él con embarcaciones de gran calado ; pues aunque el placer que sigue al O. de Guinchos es ménos sucio que el anterior, hay tambien en él sus manchoncitos de piedra, y poco fondo.

Cayos de Lobos y de Guinchos.

Bajo de las Mucaras.

Placer de los Roques.

Isla Anguila.

La mayor extension de este placer es NOSE. : en el extremo SE. se levanta la isla Anguila, que puede descubrirse á cuatro leguas : esta isla por su parte del NE. es sucia, pero por la del O. es limpia, con buen fondeadero :

desde ella continúan para el NO. varios cayos, que se levantan casi en el mismo veril, que en lo común dejan paso franco y hondable para toda clase de embarcaciones, y que á sus redosos ofrecen surgidero: estos cayos forman grupos, que se denominan de Muertos, de Damas, de Piedras, que son los mas septentrionales, del Agua, de Perros, y finalmente los Roques: por los freus que forman los grupos hay paso bien franco; pero no así por los freus que forman los cayos de cada grupo entre sí, pues son muy estrechos. Desde los Roques para el S. y E. hasta la Anguila no hay mas que un cayo llamado de Sal, porque hay en él varias salinas naturales que la hacen muy buena: este cayo puede descubrirse á 10 millas, y hay en él facilidad de hacer aguada, de que carece la Anguila y demas cayos de sus inmediaciones. Este placer tiene tres bajos fondos de piedra, como se ve en la carta: pero se navega sin riesgo por siete y media, ocho y nueve brazas sobre todo él en los meses desde Octubre hasta Mayo: siempre que el caris anuncie viento duro del N., lo que mas conviene es entrar en él para fondear al abrigo de los cayos, ó sí nó aguantarse capeando sin mas cuidado que el del escandallo, para dar tiempo á que el viento cambie y deje hacer navegacion. Este placer de los Roques y el veril occidental del gran banco forman el canal de Santaren.

Cayo de Sal.

Descripcion de la costa meridional y oriental de la Florida oriental.

Sobre el veril meridional de la sonda que despide la costa occidental del promontorio ó península de la Florida, se levantan 10 cayos ó islitas llamadas las Tortuguillas, que son como las precursoras, ó que anuncian la proximidad del grande arrecife, que sirve de término meridional á toda esta sonda, y que continúa al E., rodeando la mencionada del Promontorio, y arrumbándose con ella hasta el cabo Florida.

Las Tortuguillas.

Las Tortuguillas se extienden de E. á O. en un espacio de nueve millas, y de seis en el de N. á S.; y aunque son muy bajas, por estar cubiertas de mangle pueden descubrirse á cuatro leguas de distancia: despiden placeres de piedra con dos brazas de agua cuando mas, lo que obliga á no atracarlas á ménos de dos millas : á su parte del O. hay un gran banco de coral con sondas irregulares y propias de placer blanco, el cual no ofrece riesgo, pues el color del agua lo manifiesta, y entre él y las Tortugas hay un canal limpio de tres millas de ancho, con sondas desde 13 á 17 brazas de agua. Al E. de ellas, y á distancia de 18 millas, empieza el arrecife ; y aunque este canal es muy hondable, habiendo, en él, y á distancia de 11 millas de las Tortugas, un bajo de coral con solos 12 pies de agua, no deberá intentarse este paso sino á la vista de las Tortugas mas orientales, y pasando como á dos ó tres leguas de ellas. La proximidad del arrecife de la Florida se manifiesta claramente de dia por el color blanquecino del agua, y así en semejantes circunstancias no cabe riesgo en atracarlo ; pero sí lo hay grande de noche, por lo que debe evitarse cuidadosamente, no dejando el escandallo de la mano, pues habiendo sondas que salen como dos millas de los cantiles de ellos, ellas, avisan de la proximidad del riesgo.

No es solo el arrecife el que hay que descubrir, sino tambien un banco ó placer que hay al N. de él, sobre el cual se levantan un sin número de cayos é islas : para proceder con órden empezaremos por el banco ; seguiremos despues con el arrecife, y concluiremos con el canal que separa estos cayos.

Banco y costa de la Florida.

Cayo Marques.   A 17 millas al E. de las Tortugas orientales está el primer banco llamado de cayo Marques, y á 13 millas al E. de su cantil occidental está cayo Marques, que es el mas occidental de un grupo de cayos, de los que el mas septentrional, llamado de Boca grande, es el mayor, y tiene cerca de dos leguas de extension de E. á O.: como una milla al E. de este cayo termina el primer banco, cuyo cantil oriental corre casi NS., y está separado del siguiente banco por un canal como de dos millas de ancho, con 10 ó 12 pies de agua fondo arena, llamado de Boca grande: su paso para atravesar del S. al N., ó al contrario, no debe emprenderse sino con gran práctica, pues hay bajos en él.

En el segundo banco, ó de islas de Mangles, se levantan una porcion de estas islas, de las que las tres mas meridionales tienen sus playas de arena blanca: este segundo banco puede mirarse como distinto del siguiente, pues solo los une por su parte del N. un istmo de media milla de ancho, estando en lo demas separados por un canal de una milla de ancho, y con fondo desde dos y media á tres y media brazas de agua. *Islas de Mangles.*

El tercer banco se llama de cayo de Huesos y de islas de Pinos; de modo que á su parte occidental se le da el primer nombre, y á la oriental el segundo. La primera isla que se levanta en su cantil occidental es cayo de Huesos, que tiene nueve millas de extension de E. á O., y es muy arenosa su costa del sur: este cayo es muy poblado de arboleda espesa, especialmente en su parte occidental, en la que hay un ancladero bastante seguro, con canal de cuatro brazas en su entrada: para tomarlo es preciso gobernar al NE.¼N. luego que demore á este rumbo la punta mas N. y O. de dicho cayo, la cual es muy notable por un gran manchon de árboles que hay en ella; y tirando á pasar como á un cable de dicha punta se dará fondo en tres y media brazas de agua entre dicha punta y una islita que hay á una milla al N. de ella, llamadado cayo Canalete, procurando mas bien fondear algo al E., pues el fondo es mas limpio. Este fondeadero es frecuentado por los pescadores de tortuga: el objeto de navegar al NE¼N., des- *Cayo de Huesos.* *Fondeadero de cayo de Huesos.*

de que á este rumbo demore la punta mas N. y O., es por dar un competente resguardo á la punta S. O. de cayo de Huesos, que despide un arrecife como á una milla de ella. Desde cayo de Huesos para el E. se cuentan 24 millas, en las que continúa el banco formando innumerables islas de Mangle, entre cuyos canalizos solo las canoas pueden navegar : este banco remata en bahía Honda, y las islas mas orientales de él son grandecitas, y estan pobladas de árboles de pino; pero son bajas y anegadizas como las otras, y solo practicables sus canalizos para botes y canoas : de todas estas islas solo hay una á 13 millas de lo mas occidental de cayo de Huesos, que aunque pequeña es de notable altura, áspera, y cubierta de arboleda, y por cualquiera parte que se mire se asemeja mucho á una silla de montar.

Cayos de bahía Honda: Al banco de cayo de Huesos y de islas de Pinos sigue otro llamado de bahía Honda, separados ambos por un canal como de media milla de ancho, llamado de bahía Honda, en el cual se puede fondear sobre tres y media y tres brazas de agua : este canal se reconoce bien, porque al O. hay sobre el remate del banco de islas de Pinos tres islitas, y al E. sobre el principio del banco de bahía Honda una llamada de Palmas, que es grande, con playa arenisca, y muy notable por muchas palmas altas de que está cubierta, que son las primeras que se ven viniendo del O.: este banco de bahía Honda tiene muy pocos cayos, y se extiende al E. como cuatro leguas. A él se sigue el de

Cayo de Vacas. Vacas, que se extiende al E. como cinco leguas, sobre el cual se levanta un grupo de cayos del mismo nombre. de los cuales el mas oriental se llama cayo Holandes. Desde este cayo al cayo de Víboras hay una legua : el cayo de

Cayo de Víboras. Víboras tiene como cinco millas de largo, con playa arenisca blanca, y es muy notable por una colina bastante alta, cubierta de arboleda, que tiene en su parte occidental.

Matacumbé el viejo. Del extremo oriental del cayo de Víboras al occidental del viejo Matacumbé hay tres y media millas : el viejo

Matacumbé tiene cuatro de largo en la direccion de NESO., y en su punta NE. está cubierta de unos árborles muy alto.

Una milla al E. del viejo Matacumbé está cayo Indiano, al E. del cual hay un canalizo que continúa para el N. con 10 y 12 pies de agua, donde se puede fondear al abrigo de todos vientos, remontando la punta NE. de Matacumbé: este canalizo se deja ver perfectamente, porque lo blanco de los bajíos de uno y otro lado, en que no hay mas que dos ó tres pies de agua, sirve de excelente valiza. Cayo Indiano.

A dos millas al NE. del viejo Matacumbé esta Matacumbé el mozo, que tiene cuatro millas de extension en este sentido : este cayo está cubierto de arboleda alta y espesa. En su extremo NE. hay una pequeña isla de mangle, separada por un canalizo de media milla de ancho, y al NE. de ella hay otra bastante grande, separada por otro canalizo de igual anchura : esta está tambien separada por otro igual canalizo de isla Larga. Matacumbé el mozo

Al NE. de isla Larga está cayo Largo, separado de aquella por un canalizo como los anteriores : casi al E. de este canalizo está cayo Tábano, separado de la costa de cayo Largo como milla y media, al N. del cual hay muy buen fondeadero para embarcaciones que no calen arriba de ocho pies, y es el que frecuentan mucho las embarcaciones que se emplean en la pesca. Como cinco millas al NE. ¼ N. de cayo Tábano está cayo Melchor Rodriguez, que es una isla de mangle de mediana extension, y de tierra tan fofa, que las raices de los árboles estan descubiertas. Cayo Largo.

Desde Melchor Rodriguez hurta la costa de cayo Largo, que parece la del continente al NNE. ¼ NE., y N., á cuyo último rumbo continúan despues de él varios cayos, de los cuales el último es cayo Vizcaíno. Poco al N. de cayo Vizcaíno está el cabo de la Florida, formado por la punta mas oriental de una isla de mediana extension, que despide la Costafirme, que desde aqui para arriba está limpia de cayos y arrecifes, y se presenta Cayo Vizcaino.

baja y anegadiza: sus orillas son por tanto muy aplacera-
das, esto es, despiden sonda á buena distancia de ellas; esta sonda se encuentra en todo lo largo de ella, con gran
beneficio de los navegantes, ménos en la parte correspondiente á los 26°$\frac{1}{4}$ de latitud, donde se estrecha tanto con
la costa, que apénas saldrá á dos millas de ella: desde dicho punto para arriba sale mas y mas de la costa, y es

Cabo Ca- toda bien limpia, ménos en el cabo Cañaveral, que á larga
ñaveral distancia de él se hallan sobre la misma sonda varios bajos:
pero como la sonda sale mas que ellos á la mar, quiere decir,
que el que vaya á valizarse en ella con cuidado ni tiene que
temerlos.

Desde cabo Cañaveral corre la costa como al NO,$\frac{1}{4}$ N.
la distancia de 26 leguas hasta boca de Españoles ó entran-
da del nuevo Smirna, que es una barra de poca consideracion, y solo capaz de botes ó lanchas: la costa es muy limpia, y se puede recorrer á milla y media ó dos millas sin
riesgo alguno.

Al N. 25°O. del nuevo Smirna, y á distancia de siete
leguas está la entrada de Matanzas: esta barra solo tiene
ocho pies en pleamar, y así solo las embarcaciones de muy
poco calado pueden entrar por ella: desde dicha entrada se
puede ir á San Agustin de la Florida por el canal que forma
la costa con la isla de Santa Anastasia: la marea sube como
cuatro pies en las aguas vivas, y la pleamar se verifica en las
sizigias á las 7$\frac{1}{4}$: todo este pedazo de costa es igualmente
limpio que el anterior, y las ocho brazas se cogen á una legua
de la costa.

Desde la entrada de Mantanzas hasta la de San Agustin hay 12 millas: en toda esta distancia prolonga la costa la isla de Santa Anastasia, que se puede costear á la
distancia de dos millas por cinco y seis brazas de agua;
esta costa se descubre bien desde las 15 brazas, y la que
le sigue al N. es mas baja, y no se descubre á tanta distancia, que es una marca buena para saber si se está al N.
ó al S. de San Agustin. Para dirigirse á él se procurará

enfilar la torre de la ciudad con el abra del puerto; y estando sobre el fondo conveniente al calado de la embarcacion, se dará fondo fuera de la barra para esperar al práctico y alijar si fuere preciso. La entrada de este rio está formada por una lengua estrecha de arena, que sale como dos millas al ESE. de la punta de Cartel, que es la septentrional, y por otro arenal que sale como media milla de la punta NE. de Santa Anastasia: estos dos arenales apenas dejan un canal de un cuarto de milla de ancho, en cuya medianía hay un pequeño bajo que divide la entrada en dos llamadas barra del N. y del S., en las que apenas hay mas que 12 pies en la pleamar de aguas vivas: en la parte N. de la isla de Santa Anastasia hay una linterna.

Al N. 20°O., y á distancia de 26 millas de San Agustin está la barra del rio de San Juan, y toda la costa intermedia es sumamente limpia, y se hallarán las cinco brazas á poco mas de una milla de la tierra: esta costa fenece en playas de arena muy blancas, que la hacen muy notable. Para entrar por esta barra se procurará conservar seis brazas de agua hasta que demore una torrontera ó cerrito que está en la parte del S. desde el S. al SSO., por cuya direccion se irá disminuyendo de fondo hasta llegar á 12 pies, que se estará con los quebrados de la barra, y se procurará tomar el de en medio, de tres que hay, porque es el principal: esto se conocerá por la reventazon, si hay alguna mar, y si no la hay se atenderá á que el montecillo dicho demore al SSO., y la casa primera de mas al N. ó castillo arruinado al OSO. Desde que bajo estas marcaciones se esté en la barra, se seguirá al SSO. guiñando al O., aumentando el fondo hasta coger 15 pies, que se pondrá la proa á la mencionada casa, atracándose mas el veril del bajo del N. que á la costa del S., pues desde el monte echa un placer, que aunque al principio sale poco, ya por el traves de la mencionada casa se avanza casi hasta medio canal; por cuyo motivo debe veri-

learse á todo el bajo del N. con proa del O. algo al N.,
aumentando de fondo hasta los 24 pies, que se gobernará
á la playa del N. para dar fondo donde convenga, ó subir
el rio: al N. de esta barra, y á distancia de una legua, hay
otra boquilla que solo sirve para lanchas y botes.

Como nueve millas al N. del rio de San Juan está el
de Nasao, y la costa intermedia es limpia; pero debe tenerse gran cuidado con un bajo de piedra que hay al E.
del rio de San Juan á distancia de 18 millas. La barra del
rio de Nasao está formada por unos bajos de arena que
salen como tres millas de la tierra: toda embarcacion que
quiera entrar ó salir en esta barra, debe ántes valizar el
canal, porque los bajos son de arena movediza, y varian
con los fuertes temporales y grandes avenidas: el fondo
de las barras es de ocho ó nueve pies, y crece la marea
cuatro: en esta barra hay fuerte corriente, especialmente en
la vaciante.

Desde el rio de Nasao corre la costa casi al N. la distancia de 15 millas hasta el rio y barra de Santa María,
llamada tambien la entrada del Príncipe Guillermo: la
costa es limpia, y puede recorrerse sin mas cuidado que
el del escandallo: dejarémos para otro lugar la descripcion
de la costa de América desde dicho rio de Santa María
para el N., pues que en este solo hemos tratado de describir lo que importa para el conocimiento del canal nuevo.

Arrecife de la Florida.

El arrecife tiene principio en los meridianos del primer banco, esto es, á la misma distancia de las Tortugas:
su anchura es como de tres millas, y la conserva con poco
aumento ó disminucion hasta meridianos orientales de Boca
grande, y sobre él hay cuando ménos tres brazas de agua:
esto proporciona que se pueda atravesar con embarcaciones hasta de 18 pies de calado; pero es menester tener
presente que sobre los placeres blancos es siempre arries-

gada la navegacion con embarcaciones grandes, especialmente si el mal tiempo ó cerrazon no permite vijiar el
fondo, pues de pronto se suele encontrar con un manchon
de coral con una braza . de agua, y aun ménos : así cuando
decimos que el menor fondo en este pedazo de arrecife es
de tres brazas, es porque en lo ordinario no lo hay menor,
esto es, que es bastante limpio, y que en las navegaciones
que sobre él se han hecho no se han encontrado las desigualdades repentinas, que son tan comunes, y que como
verémos abundan en otras partes de este mismo arrecife.

Desde los meridianos orientales de Boca grande hasta
los occidentales de cayo de Huesos tiene el mismo fondo y
calidad, y sobre él se levanta un cayo arenisco, que está
tres leguas al SSO. de cayo de Huesos, y sobre el cual
han levantado un gran poste para hacerlo visible á mayor
distancia : cuatro millas al O. de este cayo hay sobre el
mismo arrecife un grupo de peñascos áridos, y desde el
cayo para el E., en distancia de cinco millas, hay un gran
manchon de rocas de coral con solo dos y tres brazas de
agua, en el cual espacio, y á dos millas del cayo, hay
otro grupo de peñascos áridos. En toda esta distancia de
siete millas que hay desde las peñas occidentales de cayo
de Arenas, hasta cinco millas al E. de él ó tres de las peñas orientales, es muy arriesgado atravesar el arrecife,
pues se hallan manchones con solos nueve y diez pies de
agua ; para atravesar por el O. de cayo de Arenas, nada
hay que prevenir sin que se haga por el O. de los peñascos áridos, y como á un par de millas de ellas; pero si se
ha de atravesar por el E., se tendrá cuidado de arrum-
barse al NNO. con la parte SO. de cayo de Huesos, por
cuyo rumbo se encontrarán sobre el arrecife cuatro y media y cinco brazas de agua.

A 12 millas al E. de cayo de Arenas se levantan sobre
el arrecife tres pequeños cayos tambien areniscos : estos
cayos despiden arrecifes á bastante distancia ; pero dejan
entre sí canales con tres y cuatro brazas de agua. Desde

estos cayos para el E., y por espacio de 10 millas, es el
arrecife ancho y peligroso, á causa de que abunda de rocas peladas, que algunas velan, y otras solo tienen encima seis y siete pies de agua, con canales entre ellas de
cuatro, seis y siete brazas. Desde este punto estrecha el
arrecife á no tener mas que una milla de ancho, y como á
tres millas al E. de él se levanta cayo Loe, así llamado
por haberse perdido en él un buque ingles de este nombre:
este cayo es una pequeña isla de arena, en la cual han levantado tambien un gran poste para que pueda descubrirse
á mayor distancia: como una milla al O. de él hay paso
bueno sobre el arrecife con cuatro y cinco brazas de agua;
pero á su parte del E. su fondo es de 12 y 15 pies, que va
aumentando poco á poco, y hasta las tres millas de él se
encuentran las tres brazas: desde cayo Loe continúa el arrecife con una anchura como de milla y media, y con fondo bastante igual de tres á cinco brazas de agua hasta cayo Sombrero: este cayo está casi NS. con lo mas occidental de cayo de Vacas, y es el mas oriental de todos los
que hay en el arrecife, que, como hemos dicho, son cayo
de Arenas, cayos Samboes y cayo Loe. Desde cayo Sombrero continúa el arrecife á corta diferencia con la misma
anchura; pero hay varios bajos y muchas desigualdades de
fondo, que hacen peligrosa la navegacien sobre él, y por
tanto se necesita practicarla de dia y con la mayor vigilancia. El arrecife termina con cayo Vizcaíno; y por fuera de él, y en toda su extensiou, hay veril de sonda, en
el que á dos millas del arrecife se hallarán las 20, 30 y 40
brazas de agua.

Canal de Florida.

El canal empieza por el O. con una anchura como de
tres y meda á cuatro millas, y se hallan en él desde seis
y media á diez brazas de agua fondo arena y fango arenoso hasta cayo de Boca grande, desde el cual hasta cayo
de Huesos es en lo general su anchura como de tres millas,

y su fondo de seis y siete brazas arena fina y fango: en este trozo de canal hay dos bajos, uno casi NS. con lo mas oriental de cayo Boca grande, y otro como al SSE de lo mas occidental de cayo de Huesos, y ambos estan casi en la mediania del canal.

Desde estos bajos continúa el canal con una anchura como de cuatro millas hasta los cayos Samboes, desde los cuales para el E. disminuye su anchura. así como la aumenta el arrecife, en términos que como cinco ó seis millas al O. de cayo Loe, que es donde mas se estrecha, solo tiene milla y media de ancho; pero acercándose á cayo Loe, va ensanchándose nuevamente, de modo que NS. con bahía Honda ya tiene tres millas de ancho: el fondo en esta estrechura es de tres brazas, y rebasados de ella vuelve á aumentar hasta seis brazas.

Desde cayo Loe continúa el canal con dos y tres millas de ancho hasta su fin; pero el fondo varía notablemente, pues hasta la medianía de cayos de Vacas es de cuatro a seis brazas, y desde aqui para el E. va disminuyendo en términos que estando con Matacumbé el viejo, solo se encuentran tres brazas, y estando con cayo Tábano dos y dos y media: ademas tiene el canal desde cayo Loe varios bajos de coral, que aunque de dia no ofrecen riesgo á la navegacion, porque los hace muy notables el color obscuro que dan al agua, de noche sí son peligrosos, y es absolutamente preciso fondear, lo cual puede hacerse en cualquiera parte del canal que coja la noche.

De propósito se ha omitido tratar de los parages en que se puede encontrar agua dulce en los mencionados cayos, á fin de evitar confusion y contraer á un solo punto de vista tan necesario artículo para aquellos que tengan la desgracia de naufragar, ó por cualquier motivo puedan necesitar de este recurso. En las Tortugas no hay agua potable, ni en alguno de los cayos que se les siguen hasta cayo de Huesos, en cuya punta occidental hay varios pozos cavados en la arena: el agua de ellos es medianamente

Sitios donde se halla aguada.

buena, en especial despues de llover; pero á veces se
encontrará salobre, en cuyo caso debe cavarse nuevo pozo, lo que se hace con mucha facilidad, y en él se tendrá
mucho mejor agua que la del pozo antiguo : en bahía Honda se hace muy buena agua, adquiriéndola del mismo modo, y en la parte sur de cayos de Vacas como á ocho millas del extremo occidental de ellos : estos son los únicos
parages conocidos de los cayos donde se encuentra agua
dulce de pozos; pero hay varios pantanos de ellas y alji-
bes naturales en las peñas. En la banda del N. de cayos
de Vacas, y como á seis millas al E. de lo mas occidental
de ellos, se halla uno donde jamas falta el agua : está en
un valle que dista de la playa como 100 varas, y el desembocadero está algo al O. de tres islas de mangle, llamadas cayos del Estribo : tambien se halla agua algunas
veces en el extremo O. de cayo de Vacas, en las islitas
que hay en sus inmediaciones y en el extremo O. de cayo
Holandes; y generalmente en aquellos sitios cuyo terreno
es peñascoso se tiene la fortuna de encontrar agua dulce,
especialmente despues de llover.

*Advertencia para el recalo y navegacion por las costas de
Cuba.*

Hemos dicho anteriormente que en la estacion lluviosa
ó de sures se debia navegar por el N. de Puerto-Rico y
Santo Domingo, así como en la estacion de los nortes por
el S. de las menciondas islas, ménos cuando el puerto del
destino obligase á otra cosa; y ahora repetimos que con
mayor razon debe observarse esta regla en la navegacion
por las costas de Cuba. En esta isla pueden reducirse a dos
los puertos del destino para las embarcaciones que van de
Europa, y son Santiago de Cuba y la Havana : si se va al
primero es menester en cualquiera estacion del año dirigirse á él en derechura, esto es, en la estacion de nortes
cer derrota desde el cabo Tiburon á recalar en puntos

de la costa del sur de Cuba, que estan á barlovento del mencionado puerto, y aun á barlovento del de Guantanamo, y si es en la estacion de sures dirigirse desde cabo la mole casi al O., para tomar el referido puerto, valizándose ántes en puntos de la costa de Cuba. Pero si se va á la Havana siempre deberá atenderse á la estacion, esto es, que si cuadra la navegacion en la de nortes se hace derrota para el sur de Cuba, aunque despues haya que desandar la distancia que media entre el cabo de San Antonio y la Havana, pues este inconveniente no es de modo alguno comparable con los que puede ocasionar en la navegacion por la costa septentrional un norte duro, que no solo expondria el buque á graves riesgos, sino á mucho mayor demora que la que ofrece el navegar desde cabo de San Antonio á la Havana, pues esta distancia la hace andar brevemente la corriente siempre favorable del ENE.

Para navegar por la costa meridional de Cuba no hay que hacer mas advertencias que las que en la descripcion de ella presentamos ; pero para navegar por la costa del N., como es preciso ir por un canal estrecho, y cayos veriles son peligrosos, se hace absolutamente necesario decir algo con que pueda asegurarse mas esta navegacion, que se llama y es conocida por la del canal viejo de Bahama : tambien hablarémos del recalo á la isla de Providencia, y navegacion que desde esta isla puede hacerse directamente á la Havana ; y por último concluirémos con la del canal nuevo de Bahama, que es la que se practica para volver á Europa desde la Havana, seno Mexicano, y aun desde todos los puntos de Costafirme, que e t n á sotavento de los meridianos orientales de Cuba ; y para proceder con mayor claridad hablarémos separadamente de cada una de estas navegaciones.

Navegacion por el canal viejo.

En esta navegacion se ha acostumbrado siempre á lle-

var práctico de costa, que con el conocimiento particular
de la de Cuba asegure la situacion de la nave : así todas las
embarcaciones se proveen de él ó en la Aguadilla de Puerto-
Rico, ó en Baracoa. Para tomar el practico en Baracoa
es bien clara la necesidad de reconocer y atracar la costa
en las inmediaciones de punta Maysi, pues si nó seria muy
expuesto á sotaventearse de dicho pueblo : aun sin necesidad de tomar práctico en él es muy preciso atracar la costa
de Cuba por las inmediacones de punta Maysi, pues con
ello se asegura notablemente la navegacion, como que valizado por marcaciones en puntos de la costa, se determina la derrota sucesiva; que debe hacerse sin el riesgo que
de otro modo ofreceria la dudosa situacion de la nave,
bien fuese por las inexactitudes de la estima, ó por el influjo de las corrientes. Esta misma razon es la que debe
determinar al navegante á mantener la mencionada costa
á la distancia conveniente, para que ni por lo corto de ella
se corra el riesgo de caer sobre los arrecifes que en varias
partes despide, ni por lo largo se pierda el conocimiento
de los varios puntos de ella, que hemos descrito como
propios para situarse, por ser bastante notables. Cuando
se navega inmediato á costa que es conocida, si en ella no
hay corrientes que alteren la estima, no hay riesgo alguno en valerse de la situacion de la nave que ella dé, puesto que en las pocas horas de noche sus inexactitudes son
muy despreciables, y con muy pequeño resguardo que se
dé á los parages peligrosos se evita caer en ellos ; pero
si en las costas hay corrientes, es bien claro que la estima
será tanto mas errónea cuanto mas fuerte sea la corriente :
si la corriente es conocida, nada hay mas fácil que corregir
la estima de los errores de ella ; pero si la corriente es desconocida, queda el navegante en una incertidumbre tal,
que solo con lo que se llama prudencia y combinacion
marinera puede evitar de noche los riesgos de la navegacion. En el artículo I, en que tratamos de las corrientes,
dijimos que en este canal se habian observado, tanto en las

costas como en los veriles del banco, mareas arregladas, cuyo establecimiento, direccion y fuerza son conocidas : tambien presentamos los errores de la estima en varias derrotas egecutadas por este canal, que manifestan que las corrientes que en él hay son independientes del curso de las mareas, ó que si son dependientes de él, no es fácil averiguar como se combinan : de esto resulta que podemos decir sin embarazo que la corriente del canal Viejo es bien indeterminada, y que si unas veces se dirige al ONO., otras se dirige al ESE., y ENE. ; y que si unas veces corre con velocidad de una milla por hora, otras solo la tiene de media milla, y otra es estacionaria. Pero aunque no se conozcan las anomalías ó desigualdades de esta corriente para poder sujetarla á leyes fijas, no por esto se hallará el navegante imposibilitado de conocerla con bastante aproximacion para contar con resultados suficientes para asegurar su navegacion. Para esto no tiene mas que comparar el punto de estima con el de marcaciones en la navegacion que haya hecho de dia, y la diferencia de ellos será el efecto de las corrientes que se hayan experimentado, el cual podrá aplicarlo á su estima de por la noche, por cuyo medio conseguirá amanecer con un error de seis ú ocho millas. Aunque en lo ordinario se podrá asegurar la situacion de la nave con solo el mencionado error, no obstante, no deberán cortarse los meridianos de la punta de Maternillos sin haberla reconocido bien, y valizádose con ella, pues todo cuidado del navegante mas zeloso y entendido no vale para librarse del bajo de las Mucaras, que no da aviso de su existencia hasta que el buque ha barado ; por tanto, si esto cuadrase de noche, deberá atravesarse la embarcacion de una vuelta y otra, procurando no prolongar las bordadas sino con consideracion á dar un completo resguardo á las citadas Mucaras ; y entretenida la noche de este modo, luego que aclare bien el dia se gobernará á atracar la costa si se está á la vista de ella para reconocerla bien ; pero si se está fuera de la vista de la costa, se gobernará al S. hasta avistarla.

36

Una vez reconocida con toda seguridad la punta de Maternillos, se hará rumbo á pasar como dos leguas al S. de cayo de Guinchos si es de noche, ó á reconocerlo si es de dia: procurando desde él atracar los veriles del gran banco y placer de los Roques, con preferencia á los cayos de la costa, que porque muchos de ellos aun no estan bien situados ni conocidos, y porque tampoco ofrecen marcas seguras de reconocimiento, hacen arriesgada la navegacion por sus inmediaciones; pero luego que se rebase esta cadena de cayos, esto es, luego que se esté con punta de Icacos, ya es preciso atracar la costa; y tanto mas necesario, cuanto que aun yendo á un par de millas de ella, hay que vencer desde punta de Guanos la corriente general que sale por el canal de Bahama, y que á tal distancia corre con fuerza de una milla por hora.

Resumiendo todo lo dicho tendrémos que para navegar acertadamente por el canal viejo de Bahama deberá atracarse la costa de la isla desde las inmediaciones de la punta de Maysi hasta la de Maternillos: que desde esta última punta al contrario se procurará mas bien atracar el veril de los bancos hasta estar en meridianos bien occidentales del bajo Nicolao; esto es, que gobernando desde punta de Maternillos como al NO. se mantendrá este rumbo hasta reconocer á cayo de Guinchos si es de dia, ú hasta completar la distancia de 28 leguas si es de noche, que se enmendará el rumbo al ONO., el cual se seguira hasta la latitud de 23° 25', cuyo paralelo se correrá hasta considerarse en meridianos de cayo Cruz del Padre, que si es de dia se gobernará al SO., ú al OSO. si es de noche para atracar la costa: que para asegurar la estima de la noche se aplique á ella la correccion de corrientes que se hayan experimentado de dia; á todo lo cual debe añadirse que si las marcaciones á puntos conocidos de la costa son las que aseguran la situacion de la nave, y corrigen los errores de la estima, así tambien la estima debe servir

para venir en conocimiento de qué puntos de costa son
los que se ven, pues á las veces padecen los prácticos grandes equivocaciones en el reconocimiento de ellos por las pocas señas distinguibles que tienen, especialmente desde la
Guas hasta punta de Icacos.

Recalo y navegacion por el canal de Providencia.

Los que desde el E. van á Providencia deben recalar
en el canal NE. de Providencia: esta recalada conviene
se haga navegando por los 25º 42', pues así se promedia la
boca del canal, y se conseguirá ver la tierra desde la isla del
Puerto ó la de punta Desconocida, pues con viento del SE.
el horizonte del S. está claro, y con viento del E. y NE.
lo está el de la parte N.: esta recalada, que es la que mas
conviene en la estacion de verano, ó desde Mayo hasta
Octubre, podrá variarse uu poco en los restantes meses,
recalando mas bien algo al N. de la punta Desconocida
para tener mas barlovento, y poder tomar el fondeadero
que hay á su parte del NO.: una vez conocida la tierra,
si el destino es á Providencia se atracará la isla del Huevo
para desde ella dirigirse á Providencia, cuidando de recalar
al fondeadero de dia, y navegando con aquella precaucion
que exige el estar rodeado de cayos y arreciíes; cuyas
proximidades si de dia no son expuestas, si lo son mucho de
noche.

Tambien deberán recalar á este canal NE. de Providencia los que desde el E. quieran ir a la costa de la Havana ó seno Mexicano sin pasar por el canal viejo de Bahama: pero en este caso la tierra que se debe atracar es
la peña Agujereada ó punta Desconocida, en cuyo placer
se fondeará para hacer hora de salir, á fin de reconocer los
Berris por la mañana temprano: el mayor ó menor andar
de la embarcacion, lo mas ó ménos largo del viento, y lo
mas ó ménos fuerte de él, dirán cual es la hora de la noche en que debe darse la vela: pero si no se hubiese po-

dido remediar el hacer esta travesía de noche, lo mas acertado será no cortar el meridiano de los Berris, sino mantenerse al pairo al NE. de ellos, sondando con mucha frecuencia, y llevando las anclas prontas para dar fondo luego que el escandallo lo coja en 20 ó 25 brazas. Reconocidos que sean los Berris se costearán á una distancia proporcionada, hasta que rebasado el cayo del Estribo, que es el mas septentrional de ellos, se pueda por su parte del O. entrar en el placer del gran banco, y navegar sobre él con rumbo como del SO. y SO.$\frac{1}{4}$S. para salir por el veril de los Roquillos, desde los cuales se dirigirá la navegacion por el canal de Santaren á recalar sobre la punta mas meridional de la Anguila, y desde esta á coger la costa de la Havana del modo que se ha dicho en la navegacion del canal viejo. La navegacion sobre el gran banco desde los Berris hasta los Roquillos no puede practicarse sino con embarcaciones que no calen mas de 11 pies. Encima del banco no hay mas bajos que unas piedras y bancos de arena con poca agua, que salen al O. de lo mas occidental de San Andres cinco y media leguas: al salir del banco por la latitud de 24° 38´ se ven algunas manchas de zargazo y piedras en el fondo: pero hay 10 brazas de agua: esta navegacion pide no obstante un zeloso cuidado para evitar algun bajo fondo que aun no se haya reconocido. En la carta del canal de Bahama recien publicada por esta Direccion de Hidrografía se ha señalado la derrota que hizo el Capitan Don Josef Joaquin Ferrer, la cual es una guia que dará mucha luz en la materia.

Pero como las embarcaciones grandes no pueden atravesar sobre el gran banco desde los Berris á los Roquillos, es menester que lo verilcen, esto es, que naveguen desde los Berris á los cayos de Isaac, y doblados estos, que bajen al sur hasta coger los Roquillos. Para navegar desde los Berris hasta doblar el grande Isaac es muy conveniente mantenerse en el veril de agua verdosa, cuidando de conservar el fondo de 12 ó 16 brazas, puesto que debe

pasarse á dos millas al N. del grande Isaac para gobernar
desde él al SSO. y S. con el prolijo cuidado de no salir
nunca del veril de sonda; porque desde el instante que se
sale de él, y se entra en el agua azul, ya se está en la
corriente general, que tira con mucha fuerza al N.: por
lo cual, si el viento no permite gobernar al sur para mantener el veril, se debe dar fondo sobre él, y esperar á que
aquel sea favorable. El que no tenga práctica de este placer, conviene que no salga de noche del placer de Isaac
grande, y puede fondear en él y al NE. del centro de la
isla en siete ó diez brazas arena para esperar el dia. Para
verilear estos placeres no hay que atender mas que al escandallo, con cuya guia, y la noticia que damos en la
descripcion, se irá con conocimiento suficiente para evitar
todo peligro. Desde los Roquillos ya se puede entrar en
agua de golfo sin rezelo de corrientes, y se hará derrota
por el canal de Santaren, como se ha dicho, para los buques de poco calado. Sobre el veril de sonda, aunque no
se siente la corriente general, hay una pequeña producida por las mareas, la cual podria echar al buque fuera
del veril ó aconcharlo sobre los cayos; pero esto no cabe
suceda, puesto que el escandallo, que no debe dejarse de
la mano, advertirá si se debe meter algo sobre babor ó sobre estribor para conservar un fondo conveniente.

Esta navegacion que acabamos de describir no podrá
en lo ordinario ser practicada por los buques que desde
Europa navegan á la Havana ó seno Mexicano, porque
no ofrece ventaja alguna sobre la otra del canal Viejo ó
costa sur de Cuba, pues desde luego es la mas directa y
mas natural; pero sí será muy buena para las embarcaciones que salen de los Estados Unidos, y para las que desembocando involuntariamente el canal de Bahama por calmas ú otro accidente, quieran ahorrarse el largo redeo de
ganar al E. la longitud necesaria para coger la punta de
Maysi, y volver á la Havana por el canal Viejo.

Para ilustrar mas esta navegacion de que tratamos, dirémos que cuando se dé fondo en cualquiera punto de los veriles de este banco para pasar la noche, ó para esperar tiempo favorable, se tenga listo de un todo el aparejo para dar la vela en el momento que sea preciso ; y aun si el cariz aparenta mal, se tendrán los rizos tomados en las gavias. Desde cualquiera de los dichos fondeaderos se puede dar la vela con todos vientos ; y generalmente hablando, todo el que vaya por estos parages, y quiera dejar caer una ancla, hallará sitio propio para estar abrigado del viento que á la sazon le moleste, ó que prevea ha de soplar, y sin tropiezos á sotavento que le hagan rezelar un trabajo en caso de la rotura de un cable, lo cual solo pide despejo y destreza marinera.

Podria sin inconveniente alguno dirigirse la derrota desde cayo de Piedras á atracar la parte septentrional del placer de los Roques para verilearlos, y doblado que fuese el codillo occidental hacer rumbo á la costa de Cuba ; pero para esto es menester que se pueda poner la proa desde cayo de Piedras al SSO., y que se anden mas de cuatro millas por hora ; y como no es uno dueño del viento, si este calmase, seria expuestísimo á desembocar, cosa que debe evitarse con el mayor cuidado, por lo que en todas ocasiones aconsejamos como preferible la navegacion por el canal de Santaren.

Navegacion por el canal Nuevo.

Así como desde las costas de Puerto-Rico y Santo Domingo tienen que subir al N. á salir de la region de los vientos generales las embarcaciones que tienen que navegar al E., así tambien tienen que seguir la misma regla las embarcaciones que se hallan con igual objeto en cualquier punto de la costa de Cuba : para emprender estas su navegacion es menester que la hagan, ó por los Desemboques, ó por el canal nuevo de Bahama. Por los Desemboques la podrán hacer las que se hallen en puntos muy próximos ó poco distantes de la punta de Maysi, como v. gr. las que salgan de Santiago de Cuba; pero las que salgan de puntos mas occidentales, ó habrán de salir por el canal Nuevo, ó tendrán que ganar á punta de bolina los meridianos de punta de Maysi. En esta alternativa se presentan ventajas y desventajas, no solo por lo que hace á la mayor brevedad de la navegacion, sino á lo ménos expuesto de ella : si es en la costa del sur ya hemos visto en la descripcion de ella, que desde cabo Cruz para el E. la costa es limpia ; y aunque en ella se experimentan corrientes para el O., con el auxilio de los terrales fácilmente puede vencerse la distancia que hay desde dicho cabo hasta punta de Maysi, bordeando de dia y de noche, sin que haya riesgo de atracar la costa. Pero si se trata de igual maniobra desde cabo de San Antonio hasta el de Cruz, fácilmente se conoce lo expuesta que debe ser la navegacion que de noche se haga sobre bordos en las proximidades no de una costa, sino de un placer lleno de cayos y arrecifes.

Del mismo modo si en la costa septentrional de Cuba tratamos de barloventear, hallarémos que desde punta de Mulas hasta la de Maysi puede hacerse sin gran riesgo ni gran pérdida de tiempo; pero si ha de hacerse esto desde punta de Icacos para el E., salta á la vista, cual es el riesgo que se correrá con solo acordarse de las dificultades que ofrece esta navegacion, haciéndola á viento ancho, y pudiendo mantener la proa á determinado rumbo. En esta materia quedamos exentos de toda duda ; porque, como ya hemos dicho, son solamente dos los puertos que en toda la isla de Cuba llaman á las embarcaciones que van á Europa, á saber, la Havana y Santiago de Cuba : por tanto, y dejando para las embarcaciones del tráfico costanero de la misma isla la necesidad de barloventear para dirigirse de unos á otros puertos de ella, podrémos establecer : primero, que toda embarcacion que salga de Santiago de Cuba para Europa puede hacer su navegacion por los Desemboques; y segundo, que toda embarcacion

que sale de la Havana para Europa debe hacerla, sin que
pueda ser dueña de otra cosa por el canal nuevo de Bahama.
Esta navegacion preferible á la de los Desemboques, y por
decontado ventajosísima por las corrientes fuertes y siempre
favorables que en ella se experimentan, ha sido mirada con
terror, y en realidad ha ocasionado muchas pérdidas de
embarcaciones; pero como los riesgos de ella han dimanado
de las malas cartas, y de la absoluta ignorancia de las corrientes, rectificadas aquellas, y conocidas estas, depuesto de
todo punto el terror con que se ha mirado, debe reconocerse
á muy buena luz cuanta es la facilidad que para subir al N.
halla en ella el navegante.

En el artículo primero de este Derrotero, en que se
trata de las corrientes, hemos visto cuál es la que se experimenta en este canal, y que se denomina corriente general de golfo : hemos visto allí que esta, aunque varía algo en su fuerza, nunca muda de direccion. Por canal de
Bahama podemos contar el espacio comprendido entre los
meridianos de las Tortugas y paralelos del cabo Cañaveral. La simple inspeccion de la carta manifiesta ser este un
cauce, que como el de un rio, conduce las aguas hácia el
N. : este rio ó corriente general se dirige primero al ENE.
hasta meridianos occidentales de los Roques, que empieza á formar su recodo para el N., y por tanto irá variando
de direccion desde el ENE. hasta el N.¼NE., que es la
que tiene en paralelos de cabo Florida, y desde este hasta
cabo Cañaveral sigue como al N. con alguna inclinacion
para el. E.

Todo navegante sabe que con el rumbo y diferencia
de latitud se halla en un cuartier el apartamiento del meridiano ; con que si observando la latitud se compara con
la de estima, la diferencia de una y otra será el efecto de
la corriente, esto es, la diferencia de latitud que la corriente habrá hecho contraer á la nave; y como se conoce
el rumbo por el cual la corriente ha hecho contraer aquella diferencia de latitud, se conocerá fácilmente el apar-

tamiento de meridiano, que se habrá contraido por causa de
la corriente, el cual reducido á diferencia de longitud, y
aplicada esta á la longitud de estima de la nave, se obtendrá
la longitud de ella con bastante aproximacion, y solo cabrá
algun error en esta determinacion en el recodo que hace la
corriente desde los Roques hasta cabo Florida, pues que en
tal parage será preciso determinar el rumbo de la corriente
por un prudente tanteo,

Como es indudable que no pudiendo ser cusada esta
corriente general sino por una superabundancia de aguas,
que buscando su nivel sale por este cauce á perderse en el
Océano libre, tambien lo es, que la rapidez de ella será mayor ó menor segun sea mayor ó menor dicha superabundancia de aguas; y como esta no puede ser momentánea á
causa del gran depósito en que está contenida, sino pro-
gresiva, y por tanto pausada, tendrémos que conocida la
rapidez ó velocidad de la corriente, podrá contarse con ella
en tres ó mas dias sin error considerable, siempre que el
viento sea el mismo, pues variando este de direccion puede
variar la fuerza de la corriente; v. gr. observada la velocidad
de la corriente con viento de briza, puede contarse en dos
ó tres, ó mas dias, con la misma velocidad de la corriente si
el viento subsiste á la briza; pero si se ha llamado al N.
fuerte, ya la velocidad debe aumentar como se experimenta,
porque chocando dicho viento con la corriente en el freu de
cabo San Antonio, y en todo el espacio de la costa de la
Florida, estrecha el cauce, y por consiguiente aumenta la
velocidad.

De aquí resulta que conociendo la diferencia de latitud de la corriente, y la distancia que ella haya hecho andar á la nave, se puede con suma facilidad hallar en un
cuartier el apartamiento de meridiano que habrá la nave
contraido por causa de ella. Con que toda la dificultad de
esta navegacion cesa desde luego que haya latitudes observadas, que comparadas con las de estima den una diferencia de latitud de corrientes; pues con este dato, y uno

de los otros dos, á saber, ó rumbo de la corriente, ó velocidad de ella, hallaremos el apartamiento de meridiano : resta solo manifestar cuál es el uso que puede y debe hacerse de estos dos datos.

Para ello es menester que tengamos presente que el del rumbo sufre alguna excepcion en las inmediaciones de meridianos de la Havana, pues á las veces alcanzan hasta ellos los hileros de corrientes al ESE. y E.¼SE., que vienen despedidos desde la sonda de la Tortuga, y así cuando se tengan diferencias al S. será menester hallar el apartamiento de meridiano con el rumbo del E.¼SE. ; pero cuidado que no se deben confundir las diferencias al S., que produce la corriente general con las que produce la rebeza del placer de los Colorados, pues aquella hace contraer apartamiento de meridiano al E., y esta al contrario lleva las embarcaciones para el O. : esta distincion es muy precisa, y no ofrece equivocacion, pues dicha rebeza no se encuentra sino desde meridianos de Cabañas y bahía Honda para el cabo de San Antonio, ni sale de la costa mas arriba de los 23° de latitud.

El dato de la velocidad de la corriente sufre tambien variacion, pues aumentando su fuerza en razon que disminuye la anchura del canal, es preciso que desde los Roques para el N. sea siempre mas viva, como en efecto se experimenta ; y esto debe tenerse presente para no emplear la velocidad hallada en meridianos de la Havana cuando ya se haya entrado en la angostura que empieza en los Roques, pues suele haber entre dichos dos parages una diferencia de milla y media por hora en la velocidad de la corriente.

Presentes estas variaciones, decimos que siendo desconocida la velocidad de la corriente, se hace preciso á cada navegante determinarla por una experiencia ; y así esta determinacion no cabe se pueda hacer sino con el rumbo de la corriente, y la diferencia de latitud entre la observada y la de estima : por consiguiente el que entra en el

canal, y valizado bien en tierras de 'Cuba ó del arrecife
de la Florida establece su punto de partida, debe determinar en su primera singladura la velocidad de la corriente con la diferencia de latitud y rumbo de ella. Decimos en la primera singladura, porque en lo general el comun de los navegantes solo aprovecha la altura meridiana
del sol para hallar la latitud : pero es bien claro que mucho mejor seria no desperdiciar las alturas meridianas de
los planetas y estrellas de primera magnitud, no solo porque así no se corre el riesgo de quedarse sin latitud, sino
porque esta será tambien mas exacta que la deducida de
alturas meridianas del sol, cuando este astro pase por las
proximidades del cenit; y por de contado la práctica de
estas repetidas observaciones por la noche asegura hasta lo
posible la situacion de la nave, como que van dando una
idea clarísima del modo de obrar de la corriente, y por
tanto del camino que se va haciendo. Conocida una vez
la velocidad de la corriente, ya se podrá hacer uso de
ella para hallar el apartamiento de meridiano, y su conocimiento será importantisimo para cuando falten las latitudes observadas, pues careciendo en tal caso de la diferencia de latitud de corrientes, faltaria todo ; pero si se conoce la velocidad de la corriente, con ella y el rumbo á
que sigue, se hallará la diferencia de latitud y apartamiento
de meridiano de corrientes, que aunque no darán la situacion de la nave con la exactitud que se tendria si se hubiese
observado latitud, sí la asegurarán con una aproximacion
suficiente á poder evitar todo riesgo con la combinacion y
prudencia marinera.

La combinacion y prudencia marinera servirá para dar
el competente resguardo á las tierras y arecifes : la detalla-
da descripcion que hemos dado de todas ellas nada deja que
desear, ni parece que con lo dicho sobre corrientes hay nada que prevenir ; sin embargo, en beneficio de los poco experimentados en el arte de navegar diremos :

1.º Que lo mas conveniente es dirigirse por medio

canal, no solo porque así se estará mas léjos del peligro, sino porque tambien se tendrá corriente mas fuerte, que es lo que se desea.

2.º Que como no cabe asegurar con la exactitud necesaria la situacion de la nave, á pesar de las reglas dadas para disminuir el error de las corrientes, debe con todo empeño huirse de la costa oriental de la Florida, como muy expuesta á un naufragio, á causa de ser el viento general de travesía en ella ; y nunca habrá el menor riesgo en atracar el veril de los Roques, y el del gran banco y pequeño banco, puesto que en ellos se encuentran buenos fondeaderos, y muy propios para aguantar los duros temporales del N., que se experimentan desde Noviembre hasta Marzo, y que no dejan de causar buenas averías, y aun obligar á hacer arribadas, que siempre serán expuestas : porque tales vientos son muy sucios, y el peor partido seria el de irse sobre uno de ellos á la costa de Cuba en la expectativa de tomar á la Havana ó Matanzas : por esto luego que haya apariencias de norte, lo mejor es, si se está sobre los Roques, fondear en el placer de ellos, y si sobre el banco, atracarse á su veril para fondear en él cuando el caso lo pida ; pues aunque haya N. duro, como se pueda capear, debe proseguirse la navegacion en la seguridad de que la corriente hará desembocar la embarcacion.

3.º El avistar los cayos del veril del banco es muy necesario, aunque no haya rezelo de N., y habrá ocasiones en que con todo empeño deben procurar reconocerse, especialmente si por falta de observaciones no hay seguridad en la situacion ; y es bien cierto que el mejor modo de libertarse de un riesgo es el de conocerlo : y no hay mejor conocimiento que el que se adquiere con los ojos, puesto que ellos son el instrumento de mas confianza que tiene el navegante en la práctica de su profesion.

4.º Que cuando por calmas ó vientos escasos de la parte del S. se vea el buque expuesto á desembocar, se procure desde luego atracar el veril de los Roques ó del banco de Bahama, para bajar desde él por el canal de Santaren á tomar la costa de Cuba, sin entretenerse en bordear en la expectativa de ganar á bolina la situacion perdida, porque con tal maniobra solo se conseguirá hacer mas factible el desemboque.

5.º Que si el desemboque no ha sido remediable se busque inmediatamente la punta meridional de Abaco ó Peña agujereada, la que reconocida se navegará á tomar la costa de Cuba como hemos dicho en su lugar.

6.º Que se tenga un exquisito cuidado, cuando involuntariamente se atraque la costa y los cayos de la Florida, en examinar si se ha salido de la corriente general, y entrado en la rebeza : para este conocimento advertimos que la rebeza forma una notable y visible línea de division que la separa de la corriente general; que esta línea de division está en muchos parages fuera de la vista de la tierra : que en ella por lo regular no hay sonda, y que se manifiesta no solo por la mudanza de color en el agua, sino porque en ella aun en las mayores calmas se forma un hervidero ó escarceo : desde esta línea de division va desvaneciéndose el color del agua á medida que se acerca á los cayos de la Florida, pasando del azul del golfo al hermoso verde mar, y últimamente á un blanco como de leche.

7.º Que cuando se esté en esta rebeza se han de hacer las correcciones de corrientes á rumbos enteramente opuestos que se harian en la corriente general, siendo esta advertencia muy precisa, pues que algunos por no tenerla presente se han perdido, considerándose en puntos bien distintos de aquellos en que realmente se hallaban.

8.º Que cuando desde la sonda de la Tortuga se entre en el canal con el objeto de desembocar, se procure valizarse con tierras de Cuba, ó del arrecife de la Florida, para tener un buen punto de partida ; pues aunque la latitud y sonda en la de Tortuga son mas que suficientes datos para asegurar la situacion de la nave, como que allí la corriente tira para el SE. y ESE. hasta que encaminada por el canal sigue la direccion de él, resultaria que la correccion de corrientes seria á las veces muy falible, y podria darse caso que un buque experimentase en la mitad de la singladura las corrientes del ESE., y en la otra mitad las del ENE., en el cual caso se conformarian las latitudes de estima, y observada, y no habria arbitrio para corregir el apartamiento de meridiano, que podria tener 40 y 60 minutos de error; en una palabra, la correccion de corrientes explicada pide casi como de necesidad que el punto de partida su cuente desde meridianos de la Havana.

Finalmente, para dar una razon mas clara de cuanto hemos dicho, resolveémos un egemplo, el cual lo hemos sacado de la navegacion que en Enero de 1789 hizo la fragata Vénus y bergantin Galveston, la cual presenta el mas auténtico testimonio de los adelantamientos que ha hecho la hidrografía desde aquella época, y que por de contado demuestra bien que la instruccion que damos en este Derrotero, léjos de ser sistemática, está deducida de un sin número de datos prácticos en que fundamos la seguridad de nuestros asertos.

Navegacion de la fragata Vénus y bergantin Galveston en Enero de 1789.

La fragara Vénus y bergantin Galveston con destino la primera á Puerto Rico, y el segundo á Trinidad de barlovento, navegaron en conserva hasta desembocar el canal Nuevo : desde que dieron la vela del puerto de la Havana experimentaron vientos del segundo cuadrante, con los que, y por zafarse de la costa de la Florida en que temian empeñarse, siguieron sobre bordos; de modo que á los siete dias de su salida del puerto, en los que no habian visto tierra alguna, y se consideraban por su estima sobre las inmediaciones del cabo de San Antonio, se hallaron metidos en el canal viejo de Bahama : esta singularísima navegacion hizo gran ruido, y por de contado sirvió para aumentar mas y mas el terror á la navegacion del canal Nuevo : ella misma por tanto es la mas propia para ver si con las reglas que establecemos se puede conocer cual fue la verdadera navegacion que hicieron estos buques.

El dia 17 de Enero dieron la vela, y habiendo bordeado aquella tarde y noche con vientos del primer cuadrante, amanecieron á vista de la tierra, y al salir el sol marcaron el morro de la Havana al S. 49°E., y lo mas O. de las mesas de Mariel al S. 43°O. corregidos, por cuyas marcaciones establecieron su punto de partida en la latitud de 23°16'N., y longitud de 76° 14' occidental de Cádiz : desde dichas marcaciones hasta el Mediodia contrajeron por estima 16' al N. y 6' al O., y así quedaron en la latitud de 23° 32,' y longitud de 76° 14' O. No tuvieron latitud observada.

Dia 18 al 19.

Con vientos del primero y segundo cuadrante frescos y aturbonados se mantuvieron de una y otra vuelta las veinte y cuatro horas, y aunque al amanecer vieron la tierra, fue tan confusamente, que no pudieron tomar conocimiento de ella.

Punto de estima.

Latitud salida...N....23°. 32'
Diferencia, latitud..............N...00...28'

Latitud llegada de estima......N...24....00
Id. observada.....N...23....53
Diferencia..........S...00....07

Longitud salida....76°..14'.O.
Diferencia de estima....................00..40..E.

Longitud llegada......................75...34...O.

Correccion de corrientes.

La diferencia al S. indica que aun se hallaban en los hileros que rechaza la sonda de la Tortuga; y como la diferencia es muy corta, podemos creer ó que hubo alguna compensacion con las corrientes al ENE. que ya experimentarian, ó que si no la corriente se dirigió al E.¼SE., ó rumbo quizá mas al E.; y así deducirémos el apartamiento de meridiano de corriente con el rumbo del E.¼SE. : á dicho rumbo, y con diferencia de latitud de 7′ se contraen 35′ de apartamiento de meridiano, que reducidos á diferencia de longitud dan 38′, que restados de la longitud llegada de estima dan por longitud corregida de la nave la de 74° 56′O. de Cádiz.

Dia 19 al 20.

Con viento fresquito del segundo cuadrante siguieron la bordada ventajosa en el primero hasta la puesta del sol que viraron, y se mantuvieron el resto de la singladura con proa en el tercer cuadrante, á fin de zafarse de la costa de la Florida, y reconocer la de Cuba.

Punto de estima.

Latitud salida.....N..23°..53′	Longitud salida.....75°..34′.O.
Diferencia............ S...00...12	Diferencia.................0...51..O.
Llegada.................N...23..41	Llegada..................76...25..O.
Observada.............N...24.....3	
Diferencia............N...00...22	

Correccion de corrientes.

Con la diferencia de 22′ entre la latitud de estima, y la observada y el rumbo del ENE., se hallan 53′ de apartamiento de meridiano, que reducidos á diferencia de longitud, dan 58' E. : la diferencia de longitud por estima es de 51' al O., luego la verdadera diferencia que la nave contrajo en 24 horas fue de 7' al E., que restada de la longitud de 74° 56', que es la salida por el punto de corrientes, quedaba el buque en la de 74° 49'O.

Dia 20 al 21.

Con viento fresco del segundo cudrante navegaron toda la singladura en vuelta del tercero para disminuir de latitud y zafarse con todo empeño de la costa de la Florida : al fin de la singladura reconociendo por la observacion las diferencias que tenian al N., y considerándose al O. de los cayos, creyeron entrar en la sonda de la Tortuga.

Punto de estima.

Latitud salida...N....24o......3' Longitud salida..76o..25'..O.
Diferencia........S.....00......16 Diferencia............1...10...O.

Latitud llegada.N....23......47 Longitud llegada.77..35
Observada........N....24......10

Diferencia.......N....00........23

Correccion de corrientes.

Con 23' de diferencia entre estimada y observada y el rumbo del ENE. se hallan 55' de apartamiento de meridiano, que reducidos á diferencia de longitud, dan 1° 00' al E., la diferencia de longitud de estima fue de 1° 10' al O. ; luego la verdadera diferencia de longitud es de 10' O., que añadida á la longitud de 74° 49', que es la salida por el punto de corrientes, queda el buque en la de 74° 59' O.

Dia 21 al 22.

Con vientos siempre del segundo cuadrante frescos navegaron en el tercero ménos las últimas seis horas de la singladura, que por haberse llamado el viento al sur viraron en vuelta del ESE.

Cuando ellos por su estima se consideraban al O. de la sonda de la Tortuga por el punto de corrientes, se ve que léjos de eso se hallaban ya embocados entre los Roques y cayo Largo, y que pasaron de los cayos que forman la cabeza de los Mártires á la distancia de viente millas.

Punto de estima.

Latitud salida.....N..24°..10'	Longitud salida....77º.35'.O.
Diferencia...........S...00....10	Diferencia............00...23..O.
Llegada..............N...24	Llegada.............77...58
Observada..........N...24....33	
Diferencia..........N...00....33	

Correccion de Corrientes.

Como en el último tercio de esta singladura navegaron en el recodo que la corriente hace entre los Roques y cayo Largo, y donde ya empieza á variar de direccion, es preciso hacer un prudente tanteo; y así, suponiendo que las dos terceras partes de la singladura se experimentaron corrientes al ENE., y el otro tercio al NE.¼E., tendremos que el rumbo medio de la corriente será el de N. 63ºE., con el cual, y 33' de diferencia entre la latitud de estima y observada, se hallan 72' de apartamiento de meridiano, que reducidos á diferencia de longitud, dan 1º 19'E.: como la diferencia de longitud de estima fue de 23'O., resulta que la verdadera diferencia de longitud que contrajo la nave es de 56'E., que restados de 74º 59' longitud salida por corrientes, deja por longitud corregida la de 74º3'O.

Dia 22 al 23.

Con ánimo de picar la sonda de la Tortuga navegaron con fuerza de vela al NE. hasta la puesta del sol, que no habiendo cogido sonda, se pusieron en vuelta del segundo cuadrante, y la mantuvieron el resto de la singladura.

Punto de estima.

Latitud salida......N,24º..33'	Longitud salida...77o..58'.O.
Diferencia.............S..00..30	Diferencia............00...12..E.
Llegada.................N.24....3	Longitud llegada..77..46.O,
Observada................N.24...42	
Diferencia............N.00...39	

Correccion de corrientes.

Como la navegacion que hicieron en toda la singladura fue en el recodo que forma la corriente, podemos suponer el rumbo medio de ella al N.40ºE., con el cual, y 39' de diferencia entre la latitud observada y la de estima, hallarémos 33' de apartamiento de meridiano, que reducidos á diferencia de longitud dan 36 al E·; y como la diferencia de longitud de estima es de 12' tambien E., será la verdadera diferencia de longitud de 48'E., que restada de 74º3'O. dejará 73º15'O. por longitud corregida de la nave.

Dia 23 al 24.

Con fuerza de vela, y viento al NNE. fresquito, siguieron al SE.¼E. y ESE. hasta las cinco de la tarde que se pusieron á tomar rizos, y sondaron 120 brazas sin hallar

fondo; poco despues de mareados, y como á cosa de las
seis, el bergantin que iba por la proa señaló riesgo en la
derrota, y arribó en popa, y al pasar á la voz de la fragata dijo habia sondado en seis brazas de agua fondo de arena blanca muy fina, y que á poco rato de arribado volvió
á sondar con 30 brazas, y no halló fondo. De resultas de
este accidente, y creyéndose sobre el veril meridional de
las Tortugas, determinaron navegar hasta media noche al
sur de la aguja, y desde dicha hora hasta el amanecer al
SSE.: así lo hicieron sondando muy á menudo, sin que
volviesen á coger fondo: al amanecer, estando el tiempo
claro, y el tiempo al NE. fresquito, forzaron algo de
vela con ánimo de reconocer la tierra de Cuba.

Antes de presentar el punto de estima al fin de esta
singladura, vamos á ver en qué parage del gran banco sondó el bergantin á la puesta del sol.

Desde el medio dia hasta dicha hora de las seis de la
tarde contrajeron por estima 19' de diferencia de latitud
al S., y 25' de diferencia de longitud al E.: por lo que
hace á la corriente, la inspeccion de la carta manifiesta
que el punto en que se hallaban al medio dia está ya muy
separado del curso de la corriente, y que poca será la fuerza que alli alcance, pues estaban como casi en la boca del
canal de Santaren: no obstante, supondrémos á las corrientes una velocidad de milla por hora al ángulo de 40°,
y tendrémos que en seis horas harian ganar á la nave cinco millas para el N. y cuatro para el E.: por tanto, la
verdadera diferencia de latitud contraida hasta dicha hora
será de 14' S., y la verdadera diferencia de longitud de
29' E.; luego la fragata se hallaba á dicha hora en 24_o 28'
de latitud y 72_o 46' de longitud occidental de Cádiz:
echado este punto en la carta, resulta que estaba una milla fuera del veril del placer; y como el bergantin, que
era el adelantado, apenas hizo mas que coger sonda en su
veril, resulta que este punto de corrientes casi no tiene
error alguno: el error tan despreciable, ó por mejor decir,

la asombrosa exactitud de la situacion que les da á estos buques la correccion de corrientes, no es ni debe esperarse que sea la misma en todos; pero sí manifesta cuan distinta hubierar sido la navegacion de ellos si hubiera tenido este conocimiento, puesto que cuando se creian en las Tortugas, sus mismos datos las manifestaban estar embocados en el canal, y en disposicion de gobernar al N. Siguiendo su derrota veamos cuál fue la navegacion sucesiva que hicieron, y para ello pondrémos el punto de estima en que se consideraban al media dio, y aquel en que realmente estaban.

Punto de estima.

Latitud salida...N..24o...42′ Longitud salida.....77o..46′..O.
Diferencia.........S.....1....44 Diferencia................00....48...E.

Latitud llegada
de estima.......N..22....58 Longitud llegada...76....58....O.
Observada.........N..22....55
Diferencia ....S..00......3

La situacion de estima de este medio dia resulta imposible, porque los coloca sobre la tierra de Cuba, y no hay que decir que en las antiguas cartas seria otra cosa, porque ex profeso se ha echado el punto en el cuarteron manuscrito de aquellos tiempos, y resulta lo mismo; y aunque no se hace mencion en los diarios de esta dificultad, es muy posible que se supusiesen mas al O. por causa de las corrientes.

Correccion de corrientes.

Ya hemos visto que si desde el medio dia hasta las seis de la tarde, por considerarlos fuera del curso de la corriente, con trabajo le hemos asignado una milla por hora de velocidad, desde las seis de la tarde en adelante, que ya navegaban absolutamente fuera de la corriente general no podemos asignarle ninguna, y mas cuando la latitud observada por conformarse con la de estima induce á creer que en el canal de Santaren estaban las aguas estacionarias. Por tanto aplicando al punto de corrientes del medio dia anterior la diferencia de longitud contraida por estima en las 24 horas, resultará que se hallaban en la longitud de 72° 27'O.

Dia 24 al 25.

Con el objeto de reconocer la tierra continuaron en vuelta del SE., y á la una descubrieron unos islotes, que los tuvieron por los Colorados; y á las dos, despues de haberlos marcado, y situádose por ellos en la suposicion de que eran los Colorados, viraron en vuelta del N. para buscar la sonda de la Tortuga, habiendo disipado ya el cuidado que tenian, y sin la incertidumbre en que los habia puesto su peregrina navegacion. Con proa casi del N. navegaron toda la noche hasta las cinco de la mañana, que habiendo notado blanquinoso el color del agua, sondaron y se hallaron sobre cuatro brazas: inmediatamente dieron fondo á una ancla, aferraron el aparejo, y echaron al agua las embarcaciones menores para tomar conocimiento del placer en que se hallaban, y en el espacio de una legua hallaron las mismas cuatro brazas: desde la fragata vieron luego que aclaró el dia que al placer se le veia el veril por el S. y SO.; pero no por el N. y NE,. en fin, satisfechos de la igualdad del fondo, y de que no habia escollos, se levaron á las 10 de la mañana, y llevando por la proa los botes á regular distancia, consiguieron á las 10½ salir del placer: metieron las embarcaciones menores, y con fuerza de vela navegaron al S.¼SE.

Cosa es por cierto maravillosa el ver que haya hábido buque en que un conjunto de errores tan crasos haya causado un efecto igual al de una ilusion óptica, pues como tal puede considerarse aquella íntima persuasion en que quedaron todos de que los cayos vistos eran los Colorados, cuando realmente eran los de Santa Maria, situados en el canal Viejo. Así no pudo ser pequeña la sorpresa que tendrian cuando navegando en busca de la sonda de la Tortuga, y por un mar libre de bajos, se hallaron repentinamente en un placer dilatadísimo, y sobre cuatro brazas de agua. Su sorpresa fue efectivamente muy grande, y en iguales sorpresas se hallará todo el que navegue sin mas elementos que los de una errónea estima ; y si la práctica de los problemas del pilotage astronómico es sumamente importante, no lo es menos el estudio y posesion de la Hidrografía : presentemos ahora su estima hasta las dos de la tarde, la de las cinco de la mañana, y finalmente la del medio dia para que se pueda seguir la derrota de estos buques hasta el momento en que ellos reconozcan sus errores.

Estima á las dos de la tarde.

Diferencia de latitud S.7'00''   Diferencia de longitud E. 6'

Estima á las cinco de la mañana.

Diferencia de latitud N.43'   Diferencia de longitud E. 5'

Estima al medio dia.

Diferencia de latitud N. 37'   Diferencia de longitud O. 8'

Aplicadas estas diferencias de latitud y longitud á la situacion que tenian al medio dia, esto es, á la latitud de 22° 55', y longitud 82° 27', resulta que los cayos que marcaron á las dos de la tarde fueron los de Santa María, de los que distaban como 12 millas; que á las cinco de la mañana estaban en la latitud de 23° 36', y longitud de 72° 22', y por tanto como siete millas dentro del placer del gran banco de Bahama; y finalmente, que al medio dia se hallaban en latitud de 23° 32′, y longitud de 72° 35′ O. La latitud que observaron á medio dia fue de 23° 35′.

Dia 25 al 26.

Con fuerza de vela y rumbo en el tercer cuadrante navegaron á fin de reconocer la costa, y á las dos de la tarde avistaron por la serviola de estribor una tierra, que despues reconocieron por la Anguila, al sur de la cual y á distancia de siete millas estaban á las seis de la tarde, desde cuya situacion emprendieron su navegacion por el canal viejo á valizarse con Matanzas, y de alli seguir á desembocar. Aquí los dejaremos; advirtiendo de paso que podian haber excusado el buscar punta de Guanos, cuando con mucha mas facilidad, y sin ningun rodeo ni peligro podian haber subido al N. por el canal de Santaren, como se lo proporcionaba el viento á la briza bonancible con que navegaban; bien que la inexactitud de las cartas es mas que suficiente disculpa para no haberlo hecho.

ARTICULO VI.

DESCRIPCION DE LA COSTAFIRME DESDE LA PUNTA ORIENTAL DE LA COSTA DE PARIA HASTA CARTAGENA.

Concluida ya la descripcion de las Antillas mayores y menores, y dadas las advertencias para recalar y navegar por ellas y sus canales, pasarémos á describir la costa del continente, empezando por la parte mas occidental de ella para irla siguiendo al O. y N., y concluirla en la parte meridional de la península de la Florida. Para proceder con mayor claridad dividiremos nuestra descripcion en trozos de costa segun convenga, clasificándolos segun los vientos y corrientes, para que resulte mas expedito el conocimiento de las diferencias que en ellos se notan.

Costa de Cumaná desde la punta oriental de la costa de Paria hasta cabo Codera.

En la descripcion de la isla Trinidad y bocas de Dragos dijimos que la cuarta boca ó Boca grande está formada por la isla de Chacachacares y la costa de Tierrafirme: la punta mas saliente de dicha costa al N. y E. forma un islote alto y escarpado llamado el Morro: desde él continúa la costa para el O. con alguna inflexion para el sur por espacio de 18 millas hasta la ensenada de Mejillones, desde la cual roba un poco para el N. hasta el cabo de tres Puntas, que dista del islote Morro como 50 millas. Toda esta tiera es muy alta de serranía, y la costa sumamente limpia, pues se puede recorrer á media milla, y tan hondable que á una milla de tierra se encuentran desde 20 hasta 40 brazas arena lamosa. El cabo tres Puntas es el mas saliente al N. de toda esta costa, y desde él sigue igualmente limpia y hondable que la anterior por espacio de dos millas hasta la ensenada de Unare.

Esta ensenada ofrece buen fondeadero al abrigo de las brizas, y para entrar en ella es menester navegar como á una milla de su punta del N. y E., que despide á media milla en todo su contorno un bajo fondo de piedra; y dirigiéndose despues adentro de la ensenada, se dará fondo sobre cinco brazas arena luego que se haya cogido redoso de dicha punta: en esta ensenada desemboca riachuelo, y al E. de él, y sobre una colinita, hay un pueblo de indios nombrado San Juan de Unare. La punta SO. de esta ensenada despide tambien arrecife á media milla con varios islotes; y pasando por fuera de ellos, y como á dos cables del mas septentrional, se va zafo de todo peligro.

Desde esta ensenada continúa la costa al O. con alguna inflexion para el S. por espacio de 10 millas, y luego roba suavemente para el N. por espacio de otras nueve hasta cabo Mala Pascua: toda la costa intermedia entre cabo tres Puntas y cabo Mala Pascua es limpia, y se pue-

(marginal notes:) Islote Morro. Cabo tres Puntas. Ensenada y fondeadero de Unare. Cabo Mala Pascua.

39

de atracar á una milla, á cuya distancia se encuentran ocho brazas fondo arena.

Los Testigos. Casi al N. de este cabo y á distancia de 40 millas estan los islotes llamados Testigos : estos son siete principales con algunos otros farallones : los pasos ó canales entre los islotes son francos y limpios, y pueden emprenderse sin riesgo alguno : pero no así los que forman los farallones, porque son muy estrechos; todos estos islotes pueden atracarse á dos cables, y aun ménos si fuere preciso, ménos el mas septentrional, que despide arrecife en todo su contorno como á media milla de distancia : entre estos islotes hay fondo de arena, sobre que se puede dejar caer una ancla en caso de necesidad. El islote principal, llamado Testigo grande, está tendido NOSE., y en este **Fondeadero del Testigo grande.** sentido tiene como dos y un tercio millas de extension : en su parte SO. hay buen fondeadero abrigado de las brizas, con fondo desde 9 hasta 17 brazas arena gruesa, al cual se puede ir, ó por la parte NO. del islote, ó por la SE.: si se busca por la primera, deberá pasarse por fuera de los farallones que despide por dicha parte, y si se va por la segunda, se pasará entre el islote grande, y otro que hay al SO., que forman canal bastante espacioso, pues en su mayor angostura formada por el farallon, que el islote chico despide al E., y otro que sale como á un cable de la costa SO. del grande, hay media milla de amplitud con fondo de nueve y media á diez brazas cascajo colorado; entre los Testigos y la costa se halla sonda, y al sur de ellos, como cinco millas, hay un gran placer de arena con fondo de cinco y seis brazas, que con embarcaciones grandes debe evitarse.

Morro de Puerto Santo y fondeadero. Desde cabo Mala Pascua sigue la costa casi al O. por distancia de siete á ocho millas hasta el morro de Puerto Santo: este morro está unido á la costa por una lengüeta baja de arena: al O. del morro, y muy cerca de él, hay un islote llamado de Puerto Santo, y al redoso de dicha lengüeta hay fondeadero al abrigo de las las brizas con fondo

de cinco y seis brazas arena y lama: la parte N. de este
morro y su islote puede atracarse á dos cables si se quiere;
y para tomar el fondeadero se gobernará al S. ó S.¼SO. luego
que se haya rebasado el islote, y se dará fondo por cinco ó
seis brazas así que se haya tomado abrigo de la briza,
cuidando de no meterse nada para el E. del meridiano
occidental del islote, porque hay placer de tres brazas de
agua: al sur de este morro, y como dos leguas tierra aden- Monte de
tro, se ve un monte llamado de Puerto Santo. Puerto
Santo.

Desde esta ensenada corre la costa como al OSO. tres
millas, y despide placer de poco fondo, que sale como á
media milla de ella hasta la punta de Hernan Vazquez, que Punta, en-
forma otra ensenadita con fondeadero de seis y siete brazas senada y
abrigado de las brizas: en esta ensenada desemboca un rio dero de
donde puede hacerse aguada, y en el recodo de la punta Vazquez.
occidental de ella, en la que hay un islotito, está el pueblo
de Carupano, al O. del cual, y á dos millas de distancia,
está la punta y morro Salinas ó del Jarro, la cual tiene
tambien inmediato un islote. Esta ensenada de Hernan
Vazquez tiene dos bajos algo al N. del paralelo de punta
Hernan Vazquez y al O. del meridiano del pueblo de
Carupano: tambien desde el O. de dicho pueblo sale de la Pueblo de
costa placer de poco fondo, que se extiende á mas de dos Carupano.
tercios de milla de ella.

Desde punta y morro de Salinas corre la costa limpia con
varios faralloncitos pegados á ella hasta morro Blanco, que Morro
dista tres millas al S. de este morro, y como tres leguas Blanco:
tierra adentro se ve el monte de San Josef. Monte San
Josef.

Desde morro Blanco para el O. sale placer de poco
fondo, que no permite atracar la costa á ménos de dos millas: en ella se ven: 1.º la punta y morro de Padilla, que Morro de
se conoce por un islote y varios faralloues que despide á Padilla.
muy corta distancia: 2.º la punta y morro de Taquien, Morro Ta-
que sale mas al N. que la anterior, y que tambien tiene quien.
varios islotes á su inmediacion: 3.º el morro de Lebranche, Morro de
que está unido á la tierra firme por una lengua de tierra. Lebranche.

Morro de la Esmeralda.

y arena baja y anegadiza; y 4.º el morro de la Esmeralda, que es un islote separado de la costa por un canalizo como de medio cable. Entre Lebranche y morro Esmeralda hay

Islotes Garrapatas.

bastante fuera de la costa unos islotes llamados Garrapatas, entre los cuales no se puede pasar, porque hay bajos de piedras; y aunque entre el mas meridional y la costa hay buen paso, debe siempre irse por fuera de ellos, especialmente con buque grande: desde morro Blanco al de Esmeralda hay 11 millas, y al sur de este último, y como

Monte Redondo.

cuatro leguas tierra adentro hay un monte llamado monte Redondo.

Ensenada al O. del morro Esmeralda.

Por el O. del morro Esmeralda se forma una gran ensenada; pero está obstruida de un placer de fondo muy desigual, que saliendo desde la medianía del morro, y bajando casi NS., prolonga luego la costa como á distancia de un tercio de milla: en la ensenada y sobre el referido placer se levantan tres islotes, que casi corren EO., llamados del Cascabel: para dar fondo en esta ensenada se puede rascar cuanto se quiera la parte N. y O. del morro, y se dará fondo al abrigo de él, y como á dos cables de distancia, por seis ó siete brazas de agua, lama arenosa.

Punta y morro del Manzanillo.

Desde dicha ensenada corre la costa al O. como cinco millas hasta la punta y morro del Manzanillo, y el placer que sale de la ensenada de la Esmeralda la prolonga, y sale de ella como un tercio de milla; la punta del Manzanillo forma ensenada, pero está obstruida toda por el placer de que hemos hablado, y que termina en la primera punta escarpada que hay á sotavento de ella, y á distancia como de dos tercios de milla; de modo que no solo no se puede entrar en ella, pero ni bajar nada al sur hasta estar al O. de dicha punta escarpada. Al O. de ella sigue la costa muy limpia la distancia de ocho millas hasta la

Punta Guarapoturo.

punta de Guarapoturo, desde la cual empieza un placer, que sale de la costa como dos tercios de milla al NE. de dicha punta de Guarapoturo, y como á una milla hay una piedra ahogada, de que es menester resguardarse. Algo

al E. de esta punta, y como una legua tierra adentro, se Pico del E.
levanta un monte en forma de pico llamado Pico del E.

Tres millas al O. de la punta de Guarapoturo está la Punta del
Escudo
del Escudo blanco, y la costa es escarpada y alta; pero blanco.
desde esta corre la tierra como al NO. muy baja y anegadiza la distancia de dos millas y media, que se levanta un
morro llamado de Chacopata, que forma una punta sa- Morro de
Chacopata.
liente al mar casi dos millas. Desde dicha punta corre la
costa al sur formando una gran ensenada, en la cual y
como á milla y media al O. de la medianía de dicho morro
hay una islita llamada de Caribes, al O. de la cual como
una milla hay un islotito llamado de Lobos, que tiene á
su parte del E. un farallon muy inmediato. El placer de
bajo fondo, que dijimos salia de la punta de Guarapoturo, bordea toda esta costa, y saldrá de la punta del
Morro como un tercio de milla, y continúa luego hasta
isla Caribes, desde la cual baja al S., y se estrecha con la
costa en términos, que en punta y morro de Cayman, que
es la meridional y occidental de esta ensenada, solo sale
como media milla.

En meridianos del morro de Chacopata se hallan las Canal en-
tre la costa
é isla Mar-
garita.
puntas orientales de la isla Margarita, que forma con la
costa un canal de 11 millas : en medio de este canal estan
las islas del Coché y Cuagua ó Cubagua, y como para
navegar por él es menester describir todas las costas que
lo forman, seguiremos sin interrupcion la descripcion de la
costa hasta Araya para volver luego á tratar de la Margarita y demas islas.

Desde la punta y morro de Cayman sigue la costa al O.
bastante pareja, y sin mas puntas salientes que la de la
Tuna, que dista milla y media de la anterior, y la punta
y morro del Castillo, que está á dos millas de la de la Tuna : desde punta Castillo roba la costa algo para el N. hasta punta y morro de la Peña, que dista de la anterior cuatro millas, y desde esta baja algo para el S. hasta punta
Gorda, desde la cual forma una ensenada de playa y tierra

Punta de Guaranache. muy baja hasta la punta de Guachin ó Guaranache, que la forma un pedazo de terreno escarpado y alto, que se levanta sobre esta tierra baja, y queda aislado por ella: en el fondo y medianía de esta ensenada hay una puntita escarpada de muy corta extension llamada de las Minas, y desde punta Gorda á la de Guachin hay seis y media millas.

Punta del Escarceo. Desde punta Guachin continúa la costa de playa baja hasta la punta del Escarceo, que altea un poco, y distan una de otra tres y media millas. La punta del Escarceo forma un fronton como de media milla, que se redondea, y el extremo occidental de él se llama punta Cardon, des-
Punta de Araya. de la cual continúa la costa como al SO. la distancia de dos millas hasta punta de Araya, y toda ella es de playa de arena muy baja: en esta punta de Araya hay unas casitas de los que cuidan de las Salinas. Toda esta costa desde punta Cayman hasta la del Escarceo despide placer co-
Bajo de Araya. mo á media milla de ella, el cual desde esta última punta sale al O. la distancia de cuatro millas, y forma lo que se llama el bajo de Araya, el cual por su parte del S. tiene el veril como media milla al S. de la punta de Araya, de modo que marcando las casitas mas meridionales que hay sobre ella al E., ya se va zafo del bajo, y se puede atracar la costa á dos cables si se quiere; pues aunque es de playa de arena muy baja, hay á dicha distancia seis brazas
Punta de Piedras. de agua. Esta costa de playa continúa como al SSE. la distancia de dos millas hasta punta de Piedras, que está formada por el extremo occidental del cerro de Gauranache: esta punta de Piedras forma fronton de media milla,
Santuario de nuestra Señora de Agua Santa. y luego se interna la tierra alta del cerro, y en su punta mas meridional hay un santuario llamado de nuestra Señora de Agua Santa: la costa sigue al mismo rumbo del SSE. hasta punta del Barrigon, primero de playa de arena baja, y despues escarpada; pero toda tan limpia que se puede atracar á un cable de distancia: en ella se forma la ensenadita de Araya, en cuya punta meridional, en

que principia el escarpado del Barrigon, hay un castillo.
Desde la punta del Barrigon continúa la costa escarpada y
muy limpia como al SE. la distancia de dos millas hasta la
del Caney, desde la cual hurta la costa como al ESE. por
espacio de otro milla larga hasta la punta de Arenas, que es **Punta de Arenas.**
la meridional de esta costa, y septentrional del golfo de
Caraico. Desde la punta del Caney despide la costa placer,
que sale al S. de la punta de Arenas media milla. Aquí
dejaremos la descripcion de la costa para volver á la de
Margarita.

La isla Margarita tiene en su mayor extension, que **Isla Margarita.**
es de E. á O. como 40 millas : es montuosa, y vista por
el N. á alguna distancia, se presenta como si fueran dos
islitas, á causa de una gran quebrada de tierra baja y anegadiza
que forma en su medianía : en la parte oriental
tiene varias alturas que se descubren desde cabo. Tres
puntas con tiempo claro, y en la occidental se levanta un
cerro llamado del Macanao : su punta oriental, llamada **Cerro del Macanao.**
de la Ballena, está casi en meridianos del morro de Chacopata
: desde ella corre la costa como al NNO. la distancia
de 14 millas hasta el cabo de la Isla, formando el
fronton NE. de ella, el cual es limpio, pues solo despide
placer como á tres cables. Desde dicho cabo de la
Isla corre la costa al SO. hasta punta de la Galera, que
dista de la anterior siete millas, y tambien es limpia : desde
la punta de la Galera corre la de María-libre al SO. la
distancia de tres millas, y entre las dos se forma una grande
ensenada que está verileada de placer, que sale del
centro de ella cerca de una milla : en dicho centro de la
ensenada hay una ranchería de indios. Desde punta de
María-libre corre la punta del Tunar como al O.¼NO
distancia de 21 millas, y entre las dos se forma una grandísima
ensenada que se interna como cinco millas : toda
ella es muy limpia, y no hay mas peligro que el del
placer que circunda la costa, y que cuando mas, sale media
milla de ella : la costa del fondo de esta ensenada es

de playa baja y anegadiza. Desde la punta del Tunar corre la costa como al O.$\frac{1}{4}$SO. la distancia de ocho millas hasta la del Tigre, y toda ella es muy limpia, y puede atracarse á media milla: desde la punta del Tigre roba la costa mas para el sur, y á la distancia de tres millas está el morro del Robledar, desde el cual baja al sur con alguna inclinacion para el O. en distancia de cinco millas hasta la punta de Arenas, que es la mas occidental de la isla: el placer de poco fondo que circuye la costa sale como á milla y media de este fronton del O. que forman morro Robledar y punta de Arenas: al NO. de este fronton, y á distancia de cinco millas, se halla el veril oriental de un placer de piedra, cuya menor agua es de cinco brazas: está tendido NESO., en cuyo tentido tiene cerca de tres millas de extension; el canal entre la costa y este placer es bien ancho y franco, y su menor agua es de siete brazas arena.

Placer de piedra de cinco brazas.

Al SO. de la punta de la Ballena, distancia de tres y media millas, está la punta de morro Moreno, y entre las dos se forma una espaciosa ensenada, en cuya parte septentrional está el pueblo de Pampatar: casi en la enfilacion de las dos puntas, y medianía de ellas, hay un islote llamado Blanco, el cual es muy limpio, y puede pasarse sin riesgo alguno entre él y la tierra: en toda esta ensenada se fondea por ocho y nueve brazas arena, á distancia de dos tercios de milla de la playa; este fondeadero con brizas frescas puede ser algo expuesto, pues no tiene mas abrigo qne el de la boya; y aunque no haya con tales vientos mucha mar, bueno será fondear de modo que en caso de ser necesario se pueda tener rebasadero, y montar con franqueza á morro Moreno, del cual se puede pasar á un cable si fuere menester de su parte del E.

Fondeadero de Pampatar.

Desde morro Moreno corre la costa como al SO.^{T}S. la distancia de seis millas hasta la punta de Mosquitos, y entre las dos se forma una ensenada, en cuya parte septentrional está el pueblo de la mar, que se reduce á unos cuantos bugios ó chozas de paja : la costa entre morro Moreno y punta Mosquitos es sucia, y no debe atracarse á ménos de dos millas, y lo mismo sucede con la que se le sigue al O.: desde punta Mosquitos hasta la de Mangles hay 10¼ millas, y la costa corre casi EO., y es sucia de placer de piedra, que sale á una milla. Desde la punta de Mangle roba la costa para el N., haciendo una ensenada con punta de Piedras, que dista de la anterior tres millas : desde punta de Piedras sigue subiendo al N., y forma otra ensenada con la punta del Pozo, que dista de la de Piedras seis y media millas, y desde la punta del Pozo corre como al ONO. la distancia de 12 millas hasta la de Arenas, que como ya hemos dicho, es la occidental de la isla : toda la costa desde punta de Mangles es tan sucia como la anterior y conviene no atracarla á ménos de dos millas.

A nueve millas al E. y N. de Margarita hay unos islotes llamados los Frailes, de los cuales el mas meridional Los Frailes el mas grande : todos son muy limpios ménos el mas septentrional, que está rodeado de arrecife, que saldrá como dos cables de él.

Como al NE. de los Frailes, y á doce millas del mayor de ellos, hay una islita que llaman la Sola, la cual Isla Sola. es muy limpia : entre ella y los Testigos hay 28 millas de distancia : y los pasos entre los Testigos y la Sola, entre la Sola y los Frailes, y entre los Frailes y Margarita son tan francos, que en cualquiera tiempo y con cualquiera clase de Isla Coche. buques pueden emprenderse.

En el canal que forma la isla Margarita con la costa hay dos islas grandes, la mas oriental llamada Coche, y la occidental Cuagua ó Cubagua. La isla Coche es baja; está tendida casi NO., SE., y cercada de placer de piedra y arrecife, que sale de sus puntas NO. y SE. como milla y media, de modo que forma dos pasos ó canales, el del N. con la isla Margarita, que en su mayor angostura tiene dos millas de amplitud, y el del sur, que forma con la costa, y que tambien tiene en su mayor angostura dos millas : por cualquiera de estos dos canales se puede pasar francamente, pues hay muy buen fondo en que se puede, dejar caer una ancla, y aguantarse sobre ella como en un buen puerto.

Isla Cuba-gua. La isla Cubagua es algo menor que la del Coche, corre casi EO., y en su punta oriental despide un bajo y arre-cife, que sale de ella una milla : las costas del N. y del S. son muy limpias, y en su fronton occidental hay placer de piedra, que sale como un tercio de milla : esta isla forma tambien dos canales, uno al N. con la isla Margarita, y otro al S. con la Costafirme : ambos son muy francos : y en la mayor angostura, que está entre el bajo y arrecife que de su punta oriental despide la Cubagua, y el placer que despide la punta de Mangles en la isla Margarita, hay tres y media millas de amplitud.

Canal del N. entre la isla Co-che y Mar-garita. Para navegar por el canal del N. de estas islas no hay mas que promediarlo, á fin de resguardarse de los placeres que despide la costa de Margarita, y el que al NO. des-pide la isla Coche, asi como tambien del que sale al E. de la Cubagua ; y si se quiere navegar con mayor seguridad se procurará buscar que la puntita mas septentrional de Cubagua demore al O., por cuyo rumbo se seguirá hasta haber rebasado bien la punta de Mangles, que se meterá un poco para el N.: bien entendido, que de dicha punta sep-tentrional de Cubagua se puede pasar á un cable sin riesgo alguno.

Canal del S. entre Cubagua y la costa. Para navegar por el canal del S. no hay mas que atra-car la isla de Caribes y de Lobos, con lo cual se va zafo del placer que al SE. despide la isla Coche, y desde ellas se puede dirigir la navegacion al O. sin cuidado alguno, pues tres islotes que hay al N. de la punta de la Tuna, y se llaman de la Tuna, son muy limpios, y se puede pasar entre ellos si se quiere : desde estos islotes para el O. ya va abriendo mucho el canal, que por tanto ofrece menor cuidado. En todos estos canales es bueno dar fondo por la noche en cualquiera parage, cuando el objeto sea ir á

Araya ó Cumaná, pues seria fácil que la corriente sota-
ventease el buque : á mas de que estos puertos no deben
tomarse sino de dia para poder dar resguardo al bajo de la
punta de Araya y al placer de poco fondo que sale de
Cumaná.

Para fondear en Araya no hay que llevar mas cuidado
que el de resguardarse del bajo que despide la punta de
Araya, y que como hemos dicho, sale como dos millas y
media al NO. de ella : esto se consigue con solo ponerse á
mas de tres millas de la punta ántes de bajar nada al S., ó
lo que vale lo mismo, no bajar nada al S. hasta haber perdido sonda ; pero si se quisiese gobernar por la vista de las
tierras, no hay mas que procurar no cortar los paralelos
de la punta del Escarceo, hasta tener del N. para el E. el
último pico occidental de cuatro que forma el cerro del
Macanao en la isla Margarita ; en inteligencia que llevando dicho pico al N. 5°E. se pasará á media milla del
veril del bajo : tambien puede servir de marca la isla Cubagua, pues cuando la punta occidental de ella se marque
al NE., se pasará á dos millas del veril occidental del bajo.
Mediante lo dicho tendrémos que el que va á Araya costeando la Tierrafirme, y por entre ella y las islas del Coche
y Cubagua, debe procurar pasar como una milla al N. de
la punta del Escarceo, y gobernar despues al O. hasta que
la punta occidental de Cubagua demore al NE., que se
pondrá la proa al S., y se pasará á dos millas del veril
del bajo ; y si se quiere pasar mas cerca para no sotaventearse tanto, se gobernará al O. hasta que el pico mas occidental del Macanao demore al N. 5°E. ó algo mas al E.,
que se pondrá la proa al S., y se pasará á una milla : la
proa del sur se mantendrá hasta estar tanto avante con la
casita mas meridional de las que hay en punta de Araya,
que ya se ceñirá el viento á atracar la ensenadita de Araya,
que se reconocerá no solo por el castillo que hay á su parte
del S., sino tambien por el santuario de nuestra Señora
de Agua Santa, que está en la parte del N. y sobre el

Modo de
dirigirse :
fondea-
dero de
Araya.

escarpado meridional del Guaranache : tanto en la ensenada como en el resto de esta costa, hasta punta de Arenas,
se dará fondo por el número de brazas que acomode, y si se
quiere, á un cable de tierra.

Del mismo modo todo el que vaya á doblar la punta de
Araya desde el N., esto es, desde Cubagua ó desde Margarita, debe procurar no cortar los paralelos de la punta del
Escarceo sino por las referidas marcaciones; y si acaso
entrase en ellas ántes de llegar á los referidos paralelos,
gobernará desde el momento al rumbo opuesto de ellas hasta
estar EO. con la punta del Escarceo, que gobernará al S.
para ceñir el viento luego que se esté tanto avante con la
última casita mas meridional de las que hay en punta de
Araya : tambien á estos que vienen desde el N. les puede
servir de guia la sonda, procurando mantenerse fuera de
ella, ó á lo ménos no bajar de las 35 brazas hasta haber cortado los citados paralelos.

La punta de Arenas despide al S., y como á media
milla, placer de poco fondo y arrecife : ella, como ya hemos dicho, es la septentrional de golfo de Cariaco : este
golfo, que se interna al E. como 35 millas, y tiene en su
mayor amplitud ocho de ancho, puede mirarse como un
grande y abrigado puerto, pues en cualquiera parte de él
se puede dar fondo, siendo el mayor que se encuentra
de 40 brazas : sus costas son muy limpias, y pueden atracarse á media milla y ménos, á excepcion de las inmediaciones de Cumaná que despiden placer de poco fondo á
dos tercios de milla de la ribera. En la costa del N. hay
dos puertos llamados Laguna chica y Laguna grande, ó
del Obispo : el 1.º es muy pequeño, y el 2.º, que es bastante espacioso, sobre tener un fondo desde 9 á 20 brazas,
es tan limpio y acantilado, que para navegar en él no hay
que dar resguardo mas que á lo visible. Dentro del golfo
no hay poblacion de consideracion, ni otro motivo que
llame á él á las embarcaciones que van de Europa : el
punto adonde todas se dirigen es Cumaná, que está si-

Marginal notes:

Golfo de
Cariaco.

Cumaná.

tuado en la punta meridional de la boca de este golfo : esta punta es de arena muy baja, y desde ella sale para el O. y sur un placer tan acantilado que de pronto se pasa de las once brazas á las cinco, y de las ciuco á barar : el veril de poco fondo que de él sale para el E. se mantiene casi EO. con la punta, y corre como cuatro millas hasta punta Baja, desde la cual corre al SE. como la costa, y se estrecha con ella hasta las inmediaciones de Monte Blanco, que ya es limpia.

El veril del placer que desde la punta corre para el sur, y se mantiene muy pegado á la costa, forma con ella la boca del rio Manzanares, desde la cual va saliendo para el SO. en términos que al NO. del morro Colorado, que es un montecito que hay á la parte del sur de la población, y que tiene escarpado rojo, sale de la costa una milla, desde cuyo punto vuelve á estrecharse con ella, y fenece en punta de Piedras. La poblacion y castillo de Cumaná estan en la tierra alta de la punta y á orillas del rio Manzanares ; en lo bajo del terreno y mas cerca de la playa hay una poblacion de Indios separada de la de Cumaná por el mencionado rio. El fondeadero está casi enfrente ó al O. de la desembocadura del rio, y para tomarlo se pondrá la proa desde la punta del Caney al morro Colorado, y no mas á barlovento hasta franquearse del placer que despide la punta de Arenas : y luego que se baya rebasado de él, se ceñirá el viento hasta poner la proa á la boca del rio, en cuya punta meridional hay un fuerte ; y se voleará coutinuamente el escandallo, para que luego que se coja fondo proporcionado, se deje caer el ancla, con la cual y un anclote á tierra quedrá amarrado el buque. Pero si por ser el viento escaso, ó por haber las corrientes echado algo á sotavento la embarcacion, se hubiere de bordear, se previene que para librarse de la punta saliente del placer no se prolongue la bordada del sur mas que hasta estar EO. con el castillo de San Antonio, que es el que se ve en lo mas elevado de la poblacion de

Modo de tomar el fondeadero de Cumaná.

Cumaná, y la del N. se continuará como mejor pareciere, pues en ella no hay riesgo alguno.

Rio de Bordones. Al SE. de morro Colorado, y algo al E. de la punta de Piedras, desemboca el rio de Bordones; y desde la punta de Piedras contiúa la costa casi al O. la distancia de tres millas y media, unas veces escarpada, y otras de **Puerto Escondido.** playa de Arena, hasta puerto Escondido, que es una ensenada que hace la costa, y que tiene como media milla de profundidad, y tres cables de ancho en su boca: en la medianía de ella hay cinco brazas de fondo arena, pero mas inmediato á sus costas solo hay tres y dos; la punta occidental despide algunas piedras, y es preciso para darles resguardo desatracarla algo mas de un cable.

Punta de Campanarito. Desde dicha punta occidental de puerto Escondido corre la costa al O. la distancia de 1 ₄ millas hasta la punta del Campanarito, y es escarpada y muy limpia, sin mas riesgo que una piedra ahogada que sale á medio cable de la costa, y se halla como á dos ó tres cables al O. de la punta occidental de puerto Escondido.

Morro y vigía de Mochima. De la punta de Campanarito al morro y vigía de Mochima hay $\frac{3}{4}$ de milla, y entre los dos se forma una grande y hermosa ensenada con fondo desde 18 hasta seis brazas, que se hallan á ménos de un cable de la costa: esta ensenada es sumamente limpia, y solo en el fr, ton del N. y O. de la punta del Campanarito hay algunas piedras que no salen ni á medio cable de ella; pero no obstante no debe pasarse á ménos de uno.

Puerto de Mochima. La vigía de Mochima despide como al OSO. una lengüeta de tierra, que es la que forma la punta oriental del puerto de Mochima; este es un hermoso, grande y abrigado puerto, en cuyas costas se forman grandes calas ó ensenadas, que son unas dársenas naturales: es de tan proporcionado fondo, que no pasa de 15 brazas, ni baja de cinco, que se hallan á un cable ó cable y medio de todas sus costas: estas son por la mayor parte muy limpias; de modo que con solo el cuidado de pasar á cable y medio de todo lo visible, se va libre y seguro de todo riesgo. Las dichas calidades, y la de tener la salida y entrada franca con la briza, hacen que sea el primer puerto de toda esta América, y aun que se le tenga por uno de los mejores del mundo.

Como una milla al O. de este puerto está el de Manare, **Puerto de Manare.** que también es muy hermoso: en todo él se halla fondo desde 15 hasta 5 brazas, que se cogen á medio cable de sus riberas: estas son muy limpias; y como su boca es espaciosa, se puede entrar y salir de él con la briza, y á cualquiera hora.

La punta occidental de este puerto se llama cabo Manare, y desde ella corre la costa como al OSO. cerca de milla y media hasta la punta de Tigrillo: esta punta despide en **Punta del Tigrillo.** todo su contorno arrecife, que sale como á un cable de ella: la costa continúa bajando al S. y E. la distancia de dos y media millas, y luego revuelve para el O.$\frac{1}{4}$SO. la distancia de cinco millas, hasta punta Gorda: en el fondo de esta ensenada que forma la costa, y que se llama del Tigrillo hay un **Ensenada del Tigrillo.** canalizo, por el cual se comunica el puerto de Mochima con ella: en esta ensenada hay tres islas; la primera ó del E. se llama de Venados; la segunda ó del medio se llama Caraca del E., y la tercera Caraca del O., tanto las costas de la **Isla Caracas.** ensenada como la de las referidas islas son muy limpias, y solo la punta N. de la de Venados, que se llama del Campanario, despide á la misma parte una piedra, que sale como un cable de ella: el fronton SO. de la misma isla despide también á la misma distancia de un cable un placerillo de poco fondo. Todos los pasos ó freus que forman dichas islas entre sí y con la Costafirme son francos para cualquiera clase de buques: y aunque algunos sean algo estrechos, hay en todos ellos sonda proporcionada á dejar caer una ancla en caso de necesidad.

De lo único que hay que resguardarse es de un bajo de piedra llamado las Caracas, que se halla algo al NO. **Bajo de las Caracas.** de la Caraca del E., y á distancia de ella de una milla larga : este bajo tiene de extension en el sentido de E. á O. media milla, y no ofrece riesgo alguno, pues si se quiere pasar entre él y las Caracas no hay mas que atracarse á estas, y si se quiere pasar por fuera, con conservarse al N. de la punta de Manare se irá zafo de él.

Al S. de la punta Gorda, y a distancia de tres millas, está la punta del Escarpado rojo, y las dos forman la boca del **Golfo de Santa Fe.** golfo de Santa Fe, que se interna al E. como seis millas : todas sus costas son muy limpias, y solo á la entrada, y como á un tercio de milla de la costa del N., hay un farallon sucio, que debe desatracarse á uno y medio ó dos cables : el fondo de este golfo es de 20 a 30 brazas lama.

Desde la punta del Escarpado rojo baja la costa al S., y luego sigue al O. la distancia de dos y media millas hasta la **Punta y ensenada de la Cruz.** punta de la Cruz, formando una ensenada muy limpia y de hermoso fondeadero, llamada ensenada de la Cruz : como al ONO. de esta última punta, y á distancia de una milla, se **Islas Arapos.** halla lo mas oriental de dos islas pequeñas llamadas Arapos, que tendrán en dicho sentido media milla de extension ; son muy limpias ménos en el freu que forman entre sí, por el que no se puede pasar á causa del arrecife y placer de poco fondo que las une : el paso entre la mas oriental y la costa es muy franco y sin peligro ; la mas occidental despide por su parte del O. dos faralloncitos, que tambien son muy limpios.

Desde punta de Cruz sigue la costa al O. con alguna inclinacion para el S. por cerca de cuatro millas hasta pun- **Punta Comona.** ta Comona, y toda ella es limpia y hondable, y puede atracarse á dos cables sin riesgo alguno : al O. de punta **Punta y ensenada de Pertigalete.** Comona, y á distancia de dos millas escasas está la de Pertigalete, y entre las dos se forma una hermosa ensenada, en la que se hallan 13 brazas de agua á un cable de la costa : el fondo de esta ensenada es de playa de arena, en que desembocan dos riachuelos : toda ella es muy limpia, ménos en la parte oriental que despide arrecife como á un cable de la costa : enfrente de esta ensenada, y como á tres cables al N. de la parte de Pertigalete está la costa meridional de la isla de Monos ó Guaracaro : todas las riberas de ella son muy limpias y acantiladas, y á su parte del N., y como á dos cables, despide un farallon que es sucio de arrecife, y que no se puede atracar á ménos de medio cable : el freu entre dicho farallon y la isla de Monos es muy limpio, y tiene 28 brazas de agua : para emprenderlo se debe atracar mas bien la costa de la isla, que es muy limpia. Tambien es muy franco el paso ó freu que forma la isla con la costa, y se hallan 50 y 55 brazas en su medianía, y aun casi el mismo fondo cerca de las costas de la isla, á la que debe mas bien atracarse en caso de no querer ir á medio freu.

Isla de Monos.

A milla y media al O. de la punta de Pertigalete está la de Guanta, y entre las dos forma la costa una ensenada llamada del Pertigalete, dentro de la cual hay várIos islotes : en ella desemboca un riachuelo ; y si acaso se quiere fondear, es menester cuidar de desatracar la parte occidental de la punta de Pertigalete, pasando de ella lo ménos á un cable para resguardarse de un arrecife que despide por dicha parte : tambien es menester tener cuidado con un arrecife y bajo fondo que sale del centro de la ensenada, del cual se estará zafo siempre que no se meta nada para el O. de lo mas oriental del primer islote del norte : con este cuidado se puede dar fondo casi NS. con la boca del riachuelo sobre cinco brazas de agua, y como á cable y medio de la playa del E.

Ensenada de Pertigalete.

Al O. de punta de Guanta, y á distancia de tres millas, está la del Bergantin : entre las dos, y como á una milla de la primera, se forma una ensenadita llamada de Guanta, en cuya boca hay varios farallones ó islotes, que forman freus muy angostos, aunque muy limpios y hondables ; dentro de la ensenada hay desde 16 hasta nueve y media brazas, que se cogen á medio cable de la costa : en el fronton occidental de la ensenada hay un arrecife,

Punta de Bergantin

41

que sale como á dos cables, y para resguardarse de él no hay mas que atracar la costa oriental, que es muy limpia.

La punta del Bergantin es sucia de arrecife, que sale como á un cable, y que se exitende al S. cerca de una milla: á su parte del SO. despide un islote tambien sucio en todo su circuito, y que no deja paso franco entre él y la punta, desde la cual sigue la costa para el O. haciendo una ensenada llamada del Bergantin, cuya costa meridional es muy sucia de arrecife y placer de poco fondo, que desde ella continúa bordeando toda la costa del O. hasta el morro de Barcelona. Este morro es una tierra alta, tendida NS., de una milla de extension, y unida á la costa por un istmo ó lengua de arena muy estrecha, y que tendrá de largo una milla. La distan-

Morro de Barcelona. cia que hay desde el morro de Barcelona á la punta del Bergantin es de cuatro y media millas, y la costa que roba para el S. forma una grande ensenada llamada de Pozuelos; en todo este pedazo de costa, que es de playa de arena y tierra muy baja, sale el placer de poco fondo casi una milla al mar; y así para navegar por sus inmediaciones se debe procurar gobernar directamente desde la punta del Bergantin á la septentrional del morro, que es limpia y acantilada, y de la que se puede pasar á un cable; ó si se quisiere internar en la ensenada, se tendrá curiado de llevar el escandallo en la mano, y no bajar de las ocho brazas fondo arena.

La costa occidental del morro de Barcelona es sucia, y debe desatracarse como á dos cables: desde la punta N. de dicho morro hasta la punta Maurica, que está al S. de él, hay cerca de cuatro millas, y la costa, que es de playa de arena y muy baja, roba para el E., y desemboca en ella el rio de Barcelona, formando un gran placer de fango arenoso:

Ciudad y fondeadero de Barcelona. como milla y media tierra adentro, y á la orilla izquierda del rio, está la ciudad de Barcelona. Para fondear en esta ensenada no hay necesidad de mas guia que el escandallo, pues siendo muy aplacerada, cada uno podrá fondear por el número de brazas que mas convenga al calado de su embarcacion.

En esta costa, y desde el cabo de Manare, hay á mas de las islas Caracas de que hemos hablado otras varias, que se llaman las Picudas, las Chimanas y la Borracha : la Islas Picudas, Chimanas y Borracha. Picuda grande se halla al O. de la Caraca occidental, con la que forma un canal de una milla larga de ancho, y tan limpio que solo hay que dar resguardo á una piedra ahogada, que está como dos cables al E. de la punta oriental de la Picuda : esta isla corre OSO., ENE., en cuyo sentido tiene poco mas de una milla de extension : sus costas son muy limpias, y al N. de su extremo oriental tiene dos farallones; el primero, que sale de ella como un cable, y el segundo á tres. Como al SO.¼O. de la Picuda grande, y á distancia de tres y media millas, está la Picuda segunda, que es una islita de figura circular, que tendrá tres cables de extension, la cual es muy limpia. Como al SSE. de ella y á distancia de una milla está la Chimana del E., que es otra islita aun menor que la anterior, é igualmente limpia : al O. de ella y á distancia de dos millas está la punta oriental de la Chimana segunda, la cual corre EO., y tendrá en este sentido una milla y un tercio de extension : tambien es muy limpia, y despide á su parte del E. dos islotitos, el mas inmediato á la distancia de un cable, y el mas lejano á la de cinco : tambien á su parte del O. tiene otro islotitio á distancia de un cable : al SO., y á dos cables de la punta occidental de la Chimana segunda, está la oriental de la Chimana grande, la cual isla es de figura muy irregular, y en su mayor extension, que es casi EO., tiene tres y media millas. Al O. de ella, y á un tercio de milla está la Chimana del O. unida á la Chimana grande, por un bajo de arena y piedra que sale para el N. á media milla larga de lo mas septentrional de la Chimana grande : sobre este bajo, y en medio del freu de las dos islas, hay un islotito. Tambien hay otro á muy corta distancia de lo mas occidental de la Chimana del O. : finalmente al sur de lo mas oriental de la Chimana grande está la Chimana del S., que en su mayor extension, que es casi de NE, SO.,

tiene dos millas. Esta isla forma dos pasos ó canales, uno
al N. con la Chimana grande, de cable y medio de ancho, y sumamente limpio, con fondo de 22 brazas lama,
y otro al S. con la punta del Bergantin de media milla de
ancho, y tambien muy limpio, pues en su paso solo debe
cuidarse del arrecife que despide la punta del Bergantin,
y que sale como á un cable de ella. Entre la Chimana grande y la del sur hay varios islotitos muy limpios. Reunien-
do lo que hemos dicho de las Picudas y Chimanas, se
concluye que estas islas y sus islotes son muy limpios y
hondables, sin mas riesgo que la piedra que hay al E. de
la Picuda grande, y el bajo que se forma en el freu de la
Chimana grande y la del O.: por consiguiente todos los
pasos ó canales que forman entre sí estas islas y sus islotes
son navegables, y si bien algunos no son muy francos, especialmente para buques grandes, por ser muy estrechos,
esta es circunstancia que queda á la buena eleccion del
navegante, que por lo demas no tiene que dar resguardo
mas que á lo visible.

La isla Borracha está al O. de la Chimana como tres
millas: esta isla, que corre casi NS., tiene en este sentido
dos millas largas, y una y media en su mayor anchura:
todo el fronton del E y del N. de ella son muy limpios;
pero el del NO. es muy sucio de placer de piedra, con
muy poco fondo, sobre el cual se levantan varios islotitos,
por fuera de los cuales debe siempre pasarse, y como á
dos cables del mas occidental: el extremo meridional de
esta isla despide como al SSE. un gran placer de arena, sobre el que se levanta una islita llamada el Borracho, y dos
islotitos llamados los Borrachitos: estos distan de la Borracha dos millas largas, y se debe pasar siempre al sur de
ellos, y desatracado como tres cables del mas meridional,
pues entre ellos y el Borracho, así como entre este y la isla
principal, hay muy poco fondo.

Morro de Unare. Desde el fondeadero de Barcelona corre la costa al O.
con alguna inclinacion para el sur la distancia de 32 millas

hasta el morro de Unare, y desde él continúa inclinándose algo al N. la distancia de 57 millas hasta el cabo Codera. Toda esta costa es de tierra baja, y en ella se descubren el morro de Piritu y el de Unare, que distan entre sí ocho millas: tambien es muy aplacerada y limpia, de modo que para atracarla no hay necesidad de mas guia que el escandallo ; en ella solo hay dos islas llamadas de Piritu, que estan 10 millas al O. del fondeadero de Barcelona, y salen de la costa como tres millas largas. Estas islas corren casi EO.; son bajas como la costa, y despiden arrecife, que sale de ellas cable y medio : entre las dos hay paso ; pero es expuesto por los arrecifes que salen de ambas islas, y que solo dejan canal de dos cables de ancho con seis brazas de fondo : el paso entre ellas y la costa es muy franco para toda clase de buques, y para emprenderlo no hay necesidad de mas guia que el escandallo. Islas de Piritu.

Casi al N. de lo mas occidental de la isla Margarita, y á distancia de 40 millas, hay siete islotes llamados los Hermanos : todos ellos son muy limpios, y tan acantilados, que en sus freus no se coge sonda. Al O. del mas septentrional, y á distancia de siete millas, está la isla Blanquilla, que tendrá seis millas de N. á S., y tres de E. á O.: esta isla es muy rasa y desierta : sus costas son muy limpias, á excepcion del fronton del SO., que despide varias piedras y restingas, que salen como tres cables de la costa y algunas puntas de la parte del O., y la punta mas septentrional, que despiden tambien piedras sueltas á dos cables de la playa. En la parte NO. hay fondeadero desde 20 brazas, que se hallan á una milla de la costa, hasta siete ú ocho que se cogen á tres cables de ella, y todo el fondo es de arena : en la costa del O., y como en la medianía de ella en una ensenada de playa, hay una cazimba de agua dulce, donde se puede hacer aguada. Islotes Hermanos.
Isla Blanquilla.

Al O. de Margarita, y á distancia de 47 millas, está la isla Tortuga tendida EO., en cuyo sentido tiene de extension 12 millas, y 5½ en su mayor ancho : todo el ga- Isla Tortugafronton oriental, y del NE., es muy limpio, y solo en la punta del NE., llamada punta Delgada, hay arrecife que sale a la misma parte como dos cables. La costa meridional es tambien muy limpia, y en su parte del E. tiene algunos islotes : la punta occidental de esta isla se llama de Arenas ; y desde ella hasta la mas septentrional, llamada punta N., es el fondo muy aplacerado, de modo que es menester atracarla por dicha parte con el escandallo en la mano. En este fronton está : primero cayo Anguila, que dista de la costa media milla, y el canal que forma con ella es muy sucio de arrecife ; segundo, cayo Herradura, que forma con la costa canal de una milla, cuyo paso no debe emprenderse con embarcacion grande. La punta NE. de este cayo despide una restinga de piedras, que sale como dos cables y medio al E. de ella : tercero, cayos del fondeadero ó Tortuguillos, que son dos circundados de un placer de poco fondo : el fondeadero de esta isla está entre los cayos Tortuguillos y la costa : á él se puede entrar, ó por la parte del SO., ó por la del N. por el canal que forman dichos cayos con el de la Herradura : por todo este fondeadero y sus canales no se hallan mas de siete ó ocho brazas de fondo arena en su mediania ; y para dirigirse por ellos no hay que llevar mas cuidado que el de no bajar de siete brazas.

Descripcion de la costa de Caracas y sus islas fronterizas desde cabo Codera hasta el de San Roman.

Cabo Codera. El cabo Codera, lugar muy conocido en esta costa, es un morro muy redondo, al N. del cual, y á distancia de una milla sale una lengua de tierra baja, y tan limpia, que á medio cable de ella hay 10 brazas arena : esta lengua forma á su parte occidental un hermoso fondeadero **Puerto Corsarios.** llamado puerto Corsarios ; y para tomarlo no hay mas que doblar la punta occidental de la lengua de tierra, que tiene á su parte del O. un farallon muy inmediato, y se dará fondo luego que se haya cogido abrigo de la briza por el número de brazas que acomode, en inteligencia que á dos cables de tierra hay ocho brazas de fondo arena. En lo mas meridional de esta ensenada se ve un trozo de costa como de tres cables de extension de playa de arena anegadiza, desde la cual para el O. es la costa sucia de arrecife, que sale como á medio cable de ella : la punta occidental de esta ensenada, llamada de Caracoles, despide á su parte N. un farallon muy inmediato, y el arrecife sale de ella como un cable.

Desde cabo Codera ya se empiezan á ver las sierras altas de Caracas, que corren EO. por espacio de muchas leguas : al N. de dicho cabo, y á distancia de 13½ millas, hay un islote que parece un navío á la vela : es muy limpio, y solo por su parte del N., y como á tiro de fusil tiene dos piedras ahogadas, entre las que, y el islote hay canal de mucho fondo.

Desde la punta de Caracoles corre la costa al ONO. la distancia de nueve y media millas hasta la punta de Maspa, desde la cual continúa como al O.¼SO. la distancia de dos y media hasta la punta de Chuspa, que es la oriental del fondeadero de su nombre : toda esta costa despide arrecife, que sale al N. de la punta de Maspa una milla, y fenece en punta de Chuspa : por esto no conviene atracarla á ménos de dos millas.

El fondeadero de Chuspa es excelente : desde la punta de Chuspa, que es la oriental y septentrional de él, baja la costa como al SO. la distancia de milla y media, en cuyo punto desagua el rio de Chuspa ; en la orilla oriental de este rio está el pueblo de su nombre internado como dos cables de la playa : desde la desembocadura del rio se redondea la costa para el O. en distancia de milla y media hasta punta Curuau, al sur de la cual, y como un tercio de milla tierra adentro está el pueblo de Curuau: toda la costa desde la punta de Chuspa hasta la de Curuau es muy limpia, de modo que para entrar en este

Fondeadero de Chuspa.

Pueblo de Curuau.

fondeadero no hay necesidad de mas guia que el escandallo; pero desde punta Curuau es ya la costa muy sucia de arrecife, que sale de ella á dos cables, y continúa del mismo modo hasta la punto del Frayle, que tiene como un cable de ella un farallon del mismo nombre: esta punta dista de la de Curuau cerca de cuatro millas: entre dichas dos puntas hay un fronton saliente al N., llamado de Sábana, al N. del cual hay un placer, cuyo veril meridional dista de la costa una milla larga: la mayor extension de este placer es de una milla de NO. á SE.: el fondo de él es de piedra; y aunque en lo general tiene desde nueve hasta cinco brazas, hay algun sitio en que no se cogen mas de cuatro, y aun tres, por lo que debe huirse de él: del fondeadero de Chuspa dista tres millas; y como para tomar dicho fondeadero es preciso atracar la punta de Chuspa, no cabe rezelo de tropezar con él, lo cual se evitará siempre, teniendo cuidado de franquearse al N. de la punta de Chuspa ántes de cortar el meridiano de Curuau.

Desde la punta del Frayle corre la costa al O. con alguna inclinacion para el sur la distancia de 29 millas hasta el fondeadero de la Guayra, y en toda ella se puede fondear á media milla, y aun á tiro de mosquete. El puerto de la Guayra es el principal de toda esta costa, por el gran comercio que en él se hace. No se puede decir que la Guayra sea un puerto ni una rada, sino una costa corrida, que hace una corta senosidad entre el cabo Blanco, que está al O., y punta Caraballera al E.: por consiguiente no tiene abrigo del primero y cuarto cuadrante; y la briza del E., que constantemente reina, mete mucha mar de leva; y para evitar que los buques se atraviesen á ella cuando el viento calma, se amarran con codera á popa, tendida al O.: su fondo es de buen tenedero, y á un cable de tierra hay tres brazas. En este fondeadero rara vez se experimenta otro viento que la briza; pero suele sin embargo haber cortos intervalos de virazon del O., en cuyo caso se pasa la codera á proa: apenas hay terrales, pero sí

Fondeadero de la Guayra.

turbondas del SE. en la estacion lluviosa. De todo se co-
lige que aunque la Guayra no sea por la naturaleza del local
un puerto ó fondeadero, sí lo es por la del clima; el cual
no presenta con vientos frescos ni aun duros peligro alguno
á las embarcaciones fondeadas. Viniendo de la mar en
busca del fondeadero se podrá valizar el navegante en un
pico muy alto y agudo llamado de Carés, que está ˙tierra
adentro, y como 20 millas al E. del fondeadero; al O. de él
se ve otro pico llamado de Niguatar, y desde este se ven
correr para la Guayra unas sierras, entre las que se distinguen muy bien la silla de Caracas y el monte Avila, que está
casi NS. con el fondeadero: lo mejor es atracar la costa
bien á barlovento, en lo que no hay riesgo alguno, para cor-
rerla despues hasta el fondeadero: en él se suelen rozar los
cables con algunas anclas perdidas que dejaron los ingleses
en una expedicion que hicieron.

Desde el fondeadero de la Guayra sigue la costa al O.
bastante limpia para poderla atracar á una milla hasta el
puertecito de la Cruz, que dista 26 millas. El puerto de **Puerto de la Cruz.**
la Cruz es una ensenadita que hace la costa de cable y
medio de boca, y dos de saco, sumamente limpia y hondable, pues á medio cumplido de navío de todas sus riberas hay cinco brazas: en lo interior y mas meridional de
ella desagua un rio, y en la punta oriental de ella, llamada de la Cruz, hay un farallon muy inmediato: este
fondeadero seria excelente si tuviese mas amplitud: pero
es tan reducido, que solo puede servir para embarcaciones
pequeñas.

Desde este puerto continúa la costa al O. con inclinacion para el sur la distancia de 23 millas hasta la ensenada
de Cata: toda ella es muy limpia, y se puede atracar á **Ensenada de Cata.**
una milla, y ménos si se quiere. En ella se levanta como
dos leguas al E. de la ensenada de Cata, y cinco millas
tierra adentro, un monte llamado la Meseta, y en el me- **Monte de la Meseta.**
ridiano de Cata, y á la misma distancia tierra adentro,
otro cerro llamado de Ocumare, que pueden servir de re-

42

conocimiento para tomar el fondeadero de Cata ó el de
Ocumare, que se le sigue al O.

La ensenada de Cata tiene media milla de boca, y otro
tanto de saco : en la punta oriental tiene un islote casi
pegado á ella, y desde él baja para el sur hasta el fondo
de la ensenada, donde desagua un rio con veril de poco
fondo, que saldrá de la costa como un cable escaso : por lo
demas la ensenada es limpia, y su fondo desde 27 hasta
cinco brazas, que se hallan á cable y medio de la playa.

Al O. de la punta occidental de Cata y á dos tercios
de milla está la punta oriental de la ensenada de Ocumare, que ofrece tambien muy buen fondeadero : de dicha
punta oriental sale para el NO. un islote que forma con
ella freu de medio cable de ancho, y tan limpio y acantilado, que el menor fondo es de siete brazas : para tomar
este fondeadero no hay mas que rascar el islote, y dirigirse
al sur, hasta tomar abrigo de la briza, que se dejará caer
el ancla en siete brazas fondo arena al sur del islote, y
como á un cable ó poco mas de él. Esta ensenada es bastante aplacerada, y el escandallo es buena guia ; pero
téngase cuidado con que el fondeadero es bastante reducido de NS. , y seria fácil que una embarcacion grande
barase si no se procurase orzar y quitarle la aviada con
mucho tiempo : en el fondo de esta ensenada, y casi al sur
del islote, desagua un rio, y en su orilla hay algunas ran-
cherias de pescadores.

A dos millas y media del islote de Ocumare está la
punta oriental de la ensenada llamada Ciénega de Ocumare, que no es mas que una abra anegadiza de tierra
que hace la costa, y que entre bajos fondos de arrecife
forma un canalizo como de un cable ó cable y medio de
ancho, en el que hay desde 13 hasta 5 brazas : la punta
occidental de esta ensenada está formada por un morro
aislado, que se levanta en la tierra baja : este fondeadero
es muy malo, y solo capaz de embarcaciones de cabotage.

Milla y media para el O. del morro de la Ciénega está

Marginal notes:

Cerro de Ocumare.

Fonde-adero de Ocumare.

Ciénega de Ocuma-re.

el puerto de Turiamo, que es excelente, y capaz de todo Puerto de Turiamo.
género de embarcaciones. En sus puntas exteriores tiene
de abra una milla, y luego angosta hasta quedar en dos
tercios de milla : de NS. tiene dos millas, y en todo él se
hallan como 20 brazas de fondo, lama y arena : toda su costa
está verileada de arrecife, que saldrá á un tercio de cable
de ella, de modo que cuidando de no atracarla á ménos
de medio cable, se estará seguro de todo riesgo : en el
fondo del puerto, que es de playa de arena, desagua el
rio de su nombre, y al NO. de su punta oriental hay un
islote á distancia de un cable.

Desde el puerto de Turiamo para el O., y á distancia
de nueve millas, está puerto Cabello : este pedazo de costa
es limpio, y se puede atracar á una milla : en ella hay destacadas varias islas, que están al E. de puerto Cabello, y
para navegar por ellas no hay mas que consultar el plano
de este puerto, publicado por esta Direccion de Hidro-
garfía, en el cual se incluyen tambien estas islas. Puerto Puerto Ca-bello.
Cabello es un canalizo formado por varios islotes y lenguas
de tierra baja de manglar, en el cual es preciso entrar á la
espía, y se amarran los mayores navíos al muelle sin necesidad de plancha ni tabla para bajar á tierra. Este canalizo
tiene su boca en una ensenada muy espaciosa, resguardada
de las brizas, y de excelente fondo, desde 12 hasta 15
brazas lama arenosa. Estando en cinco brazas se está bastante cerca de la playa, que no es buena por tener algunas piedras : el mejor fondeadero es EO. con la boca del
puerto, y como á tres ó cuatro cables de ella. Este puerto
es el carenero de todos los buques mercantes españoles
que van á la Guayra, y el parage donde invernan; y así
toda embarcacion de España, luego que deja su cargamento en la Guayra, va á puerto Cabello, para estar
mas resguardada, repararse de las obras que tiene que
hacer, y tomar parte de su carga de retorno, con la que
vuelve á la Guayra á acabar de cargar y abrir su registro.

Para lo único que deben entrar los buques de guerra en puerto Cabello es para carenar ó dar de quilla la embarcacion que lo necesite, pues para lo demas debe fondearse en la ensenada; y no solo es inútil sino muy perjudicial entrar en el puerto, donde el calor excesivo, los manglares de que está rodeado, y la gran dificultad de mantener en policía á las tripulaciones, son causa de que estas se vean muy pronto atacadas del vómito negro y calenturas pútridas, que hacen grandes estragos en los europeos.

Golfo Triste. 　　La costa de sotavento ó del O. de puerto Cabello forma una grande ensenada llamada de Tucacas ó golfo Triste, la cual despide varios islotes: en ella es travesía la briza, lo que la hace algo peligrosa; y como no hay motivo que llame á las embarcaciones que van de Europa, debe evitarse el atracarla. La punta mas septentrional de esta ensenada, llamada de Tucacas, demora desde la boca de puerto Cabello al N. 28°O., y dista de ella 25 millas: así los que desde puerto Cabello quisieren navegar al O. deben gobernar como al N.¼NO. hasta estar tanto avante con la punta de Tucacas ó al NNO. si acaso quisieren atracar la punta, y tomar el fondeadero que hay en ella

Punta de Tucacas. llamado de Chichirivichi. La punta de Tucacas está formada por una tierra anegadiza y de manglar, que sale de la tierra alta como una milla; al E. de ella hay un cayo tendido NO., SE., en cuya direccion tiene una milla de extension, llamado cayo Sombrero, el cual forma con la costa un canal de media milla escasa de ancho; y aunque en él hay doce brazas de fondo, está obstruido de bajos, y es ademas peligroso por los arrecifes que despide la costa: el cayo de su parte del NE. está tambien circundado de arrecife, que sale á dos cables, y conviene no atracarlo á ménos de una milla. Desde la punta de Tucacas, que es la que esta al O. de lo mas N. de cayo Sombrero, continúa la costa como al NO. baja y sucia de arrecife, que sale cerca de media milla de ella, hasta la boca del puerto de

Chichirivichi, que dista de la punta tres millas. El puerto de Chichirivichi está formado por tierras bajas de manglar; y aunque es muy abrigado de todos vientos, y tiene fondo hermoso de siete brazas fango, es algo expuesto para tomarlo, á causa de los bajos y arrecifes que tiene en su entrada. Su punta oriental, llamada de Chichirivichi, es un fronton de cerca de una milla de largo, que despide arrecife á la distancia de tres cables: sobre este arrecife se levantan varios islotes, por fuera de los cuales es menester pasar: al N. de ellos hay un cayo, llamado Peraza, sucio de arrecife en todo su circuito, que sale á medio cable de él: este cayo, y los islotes de la punta, forman canal de dos cables de ancho, con fondo de ocho y mas brazas: al O. de cayo Peraza hay otro llamado de Chichirivichi, que es mayor, y que está igualmente contornado de arrecife que sale á medio cable: entre los dos hay canal de dos cables largos de amplitud con buen fondo de siete y ocho brazas: al O. de cayo Chichirivichi está la punta occidental del puerto, y entre los dos forman un canal de dos cables y medio de amplitud con seis, siete ú ocho brazas de fondo. En este canal hay dos bajos que no tienen mas de dos brazas de agua. Al N. de cayo Chichirivichi, y á distancia de media milla, hay un cayo grande, llamado de Sal, por las salinas que hay en él: este cayo está contornado de arrecife, que sale cerca de un cable de su costa, ménos en la del SO.: finalmente como al N.$\frac{1}{4}$NE, y á distancia de milla y media de cayo de Sal, está cayo Borracho, el cual es tan sucio de arrecife, que en sus puntas NE. y S. lo despide á media milla: todo este pedazo de mar que hemos descrito es tan aplacerado y de fondo tan igual, que desde media milla, ó algo mas de la costa, se hallan siete brazas, y se conserva este braceage de modo que á dos millas al N. de cayo Borracho se cogen las 15 brazas lama arenosa. Para entrar en el puerto, luego que se esté tanto avante con lo mas N. de cayo Sombrero, y por fuera del cual debe siempre pasarse, se pondrá la proa á cayo Peraza para pasar á medio freu entre él y los islotes de la punta, y se gobernará despues al O. hasta marcar cayo Peraza al NE.¼E., que se pondrá la proa al SO.¼O., la cual se enmendará al S. luego que el islote mas grande de los que hay sobre la punta de Chichirivichi demore al E., y con ella se podrá ir á tomar el abrigo de dicha punta, enmendando el rumbo si se quiere al SSE., y se dejará caer el ancla en siete brazas fango. El plano de este puerto instruirá bien al navegante de lo que debe hacer para tomarlo ó salir de él.

Desde el puerto de Chichirivichi corre la costa como al NNO. la distancia de 18 millas hasta punta de San Juan, y toda ella continúa aplacerada en términos de cogerse las 15 brazas á cuatro millas de la tierra : en ella no hay mas riesgo que el de un bajo de muy corta extension, que está cuatro millas ántes de llegar á la punta de San Juan, en una puntita llamada de Manatie ; pero no sale de la costa mas que una milla. **Punta de San Juan.** La punta de San Juan forma por su parte occidental una gran ensenada de fondo tan aplacerado, que á una milla de la playa no hay mas que tres brazas. Al NO. de dicha punta hay dos cayos, el primero, que está distancia de media milla, y se llama cayo San Juan, y el segundo, que dista del anterior cerca de dos millas, se llama cayo del NO. : la punta de San Juan despide por su parte del NO. arrecife, que sale á dos cables, y el cayo San Juan está tambien contornado de arrecife, que sale á uno : el otro cayo está tambien cercado de arrecife, que sale de su punta SE. cerca de media milla, y sobre él se levantan varios cayos é islotes : el fondeadero está al SO. de cayo San Juan ; y para ir á él es menester pasar por el N. y O. de dicho cayo, y se dejará caer el ancla sobre el número de brazas que convengan al calado de la embarcacion : se dice que se debe pasar por fuera de cayo San Juan, porque por el canal que forman este y su punta no deben pasar mas que embarcaciones pequeñas, no solo por lo estrecho de él y sucio del arrecife, sino porque en su mayor fondo no hay mas de tres y media brazas de agua.

Desde la punta San Juan corre la costa como al N. 60° O. la distancia de 19 millas hasta la punta del Ubero, y toda ella es aplacerada y limpia. Al O. de la punta del Ubero se forma una corta ensenada, que por lo aplacerada de poco fondo casi no da abrigo de la briza á las embarcacions grandes: como al NNO. de esta punta y á distancia de milla y media hay un placer, que en su menor fondo tiene cinco brazas, y en él hay piedras sueltas. *Punta del Ubero.*

Desde la punta del Ubero hasta la de Zamuro hay 12 millas, y la costa corre al mismo rumbo que la anterior. Desde la de Zamuro continúa por distancia de 40 millas, formando varias senosidades hasta la ensenada de la Vela de Coro ; toda ella es limpia y aplacerada, y se puede recorrer á media legua si se quiere sin mas cuidado que el escandallo. En esta costa se levantan varios cerros altos, que se descubren bien á la mar. La ensenada de la Vela de Coro tiene fondeadero, y para dirigirse á él no hay necesidad de mas guia que el escandallo, pues el fondo es muy aplacerado y limpio ; en la parte oriental de esta ensenada está el pueblo llamado la Vela de Coro, y como dos millas tierra adentro, y al E. de él, hay un pueblecito de indios llamado el Carrizal : milla y media al O. del pueblo la Vela de Coro desagua el rio de Coro. Desde este rio roba la costa repentinamente para el NO.$\frac{1}{4}$N., formando una cadena de medanos de arena, que tiene de largo como 19 millas, y une con la costa la península de Paraguaná : la costa oriental de esta península continúa al N. la distancia de 15 millas hasta la punta de Arícula, que demora desde la ensenada de Coro al N. 24°O. la distancia de 32 millas ; toda esta costa es muy aplacerada, y las 20 brazas se cogen á 10 millas de ella. *Ensenada y fondeadero de la Vela de Coro.*

Punta de Arícula.

Desde la punta de Arícula corre la costa como al NNO. la distancia de 17 millas hasta la de Tumatey, desde la cual hasta cabo de San Roman, que es la tierra mas septentrional de la peninsula, hay cuatro millas, y la costa corre como al ONO. En la peninsula de Paraguaná se levanta un monte, que se descubre de muchas leguas á la mar, llamado Santa Ana.

Isla Orchila.

Norte sur con el cabo Codera, y á distancia de 24 leguas, está la isla de Orchila tendida en su mayor extension de E. á O. bastante rasa, y con algunos picos que se levantan en su costa septentrional, de los que el mas alto está casi en su extremo occidental. Desde el extremo oriental despide un cayo para el N., que sale de ella como tres millas : y para el O. de él hay un gran arrecife, que se prolonga al O. casi hasta la mediauía de la isla ; sobre este arrecife se levantan varios cayos : todo el resto de su costa es limpio, y se puede atracar si se quiere á un cable. En su parte SO., y cerca del extremo occidental, hay una playa de arena muy limpia, enfrente de la cual se puede fondear al abrigo de las brizas por siete y ocho brazas arena á distancia de cable y medio de la playa ; en la punta occidental de esta isla, y á distancia de media milla al ONO. de ella, hay un farallon sumamente limpio y acantilado, que forma freu capaz de toda clase de buques.

Los Roques.

Al O. de Orchila, y á distancia de 22 millas, estan los Roques, que son un conjunto de cayos rasos que se levantan sobre un arrecife bastante peligroso á la navegacion. Este grupo tiene de N. á S. una extension de 12 millas, y 23 de E. á O. De todos los cayos exteriores en qne se termina el veril del arrecife, se puede pasar á una milla, ménos en la parte oriental, que sale el arrecife á mas de tres millas de ellos : tampoco se debe intentar entrar entre los cayos ; porque los pasos estan cerrados por el arrecife, y solo por la parte occidental del cayo Roque es por donde se puede entrar á una grande y hermosa bahía, formada por los demas cayos y el arrecife, en la qne hay fondo de 16 y 20 brazas ; pero es sucio de piedras, que rozan los cables : el fondeadero está á la parte occidental de dicho cayo sobre 19 ó 20 brazas arena y lama,

y como á tres cables de la playa : este cayo Roqué, que
es de los mas septentrionales, es muy conocido, porque en
él se levantan varios picachos que pueden verse á regular
distancia; lo mejor es no atracar á este grapo, sino pasar
á buena distancia de él, pues nada de bueno ofrece á ninguna embarcacion, y sí mucho peligro, especialmente de
noche.

Cayo Ro-
que.

Al O. de los Roques, y á distancia de 30 millas, estan
las islas de Aves, que son dos grupos de cayos, que se
levantan sobre dos distintos arrecifes, y que forman entre
sí canal de nueve millas de ancho. Los cayos son muy rasos, y como despiden el arrecife en la Ave oriental á cuatro millas al N., y en la Ave occidental á seis millas por
la misma parte, resulta que el aproximarse á ellas, especialmente por el N., es cosa sumamente arriesgada; y así lo
mejor es darles un resguardo tan competente como se le
debe dar á un bajo peligroso.

Islas de
Aves.

Al O. de Aves, y á distancia de 33 millas, está la
isla de Buen-aire : las tierras de esta isla son bastante altas,
y sobre ellas hay varios montes y picachos, de los que el
mas alto está muy inmediato á su punta septentrional : la
punta meridional de la isla es bastante rasa, y se llama
del Lacre : en la medianía de ella y en su costa occidental
hay una poblacion con su fortaleza, y es donde está el
fondeadero, tan acantilado que á cable y medio de la playa hay 18 brazas de agua, y aumenta luego el fondo tan
rápidamente, que á un cable mas afuera hay 60 : por esto
es menester echar amarra en tierra, y llevarla preparada
en las embarcaciones menores para no garrar, pues si esto
sucede se pierde el fondeadero, y es menester ganarlo de
nuevo. Por la parte del O. del fondeadero, y á distancia
de una milla, hay una isla llamada Buen-aire, chica, y
aunque por el freu que ella forma al NE. hay paso para
toda clase de buques, lo mejor es entrar y salir por el
del SO., que es mas franco. De todas las riberas de la isla
de Buen-aire se puede pasar á un cable sin riesgo alguno,

Isla de
Buen aire

43

ménos en su parte oriental, que despide arrecife que sale de ella en algunos parages á mas de media milla; pero las puntas NE. y SE. ya son muy limpias.

Isla de Curazao. Al O. de Buen-aire, y á distancia de 27 millas, está la isla de Curazao tendida casi NOSE., en cuyo sentido tiene 35 millas de extension, y en su mayor anchura no pasa de seis. Es isla bastante alta, y con cerros que la hacen visible á buena distancia á la mar; todas sus costas son muy limpias, y se puede atracar á un cable de ellas sin riesgo alguno. Al SE. de su punta SE. llamada del Ca-

Punta del Cañon. ñon, y á distancia de cuatro millas, hay una islita de arena muy baja llamada Curazao chica, la cual, aunque es muy limpia, por la baja es peligrosa de noche, y con tiempo obscuro. La isla de Curazao tiene bastantes bahías y puertos, de los que el principal, y en que se hace el

Puerto de Santa Ana. comercio de la isla, es el de Santa Ana, situado en la costa occidental; y á 14 millas de la punta del Cañon, ántes de llegar á él, se encuentra otra bahía llamada de Santa Bárbara. Los que dirigen á la bahía ó puerto de Santa

Modo de tomar á puerto Santa Ana. Ana es bueno que atraquen á la punta del Cañon para recorrer la costa á una ó dos millas, y no expenerse á sotaventearse de la boca del puerto, pues las aguas corren con bastante violencia para el O. La entrada es sumamente estrecha, y está formada por lenguas de tierra muy bajas, que por su parte interior forman unos lagunazos; en la punta oriental está la fortaleza llamada de Amsterdan, y la principal poblacion de la isla donde habitan los protestantes y judíos. En un islote que hay inmediato á la punta occidental hay una batería, que unidamente con la fortaleza de Amsterdan, defiende la boca del puerto, y en la orilla occidental está la poblacion donde habitan los católicos. El canal que conduce á la bahía corre como al NNE., y tiene tres cuartos de milla de largo y un cable de ancho, ménos entre los fuertes de la entrada, que apénas llega á medio cable: las poblaciones, muelles y almacenes estan en las orillas del canal, en el que se fondean y se carenan

las embarcaciones. Para entrar en él es preciso atracar la
costa de barlovento, pero no á ménos de medio cable, porque hay piedras y arrecife que salen como un tercio de cable
de la costa; y luego que se esté tanto avante con las baterías
que hay sobre la punta de la fortaleza de Amsterdan, se
meterá de orza á poner la proa á la batería que hay en el
islote de la punta occidental, y promediando el canal, se
seguirá para adentro. Los holandeses tienen siempre preparada una lancha que coja de remolque á las embarcaciones
que se dirigen al puerto para meterlas dentro.

Al O. de lo mas N. de Curazao, y á 43 millas, está la
isla Oruba tendida NO., SE., en cuyo sentido tiene 17 Isla Oruba.
millas de extension: esta isla, aunque es baja, tiene algunos
cerritos que se descubren á regular distancia, especialmente
uno que se llama Pan de azúcar, porque tiene la figura de
tal. Toda su costa oriental es muy limpia, y despide
algunos islotitos que estan muy inmediatos á ella. En la
costa occidental hay una cadena de cayos, que la prolongan
hasta la punta occidental, y por fuera de ellos se puede ir á
dos cables si se quiere. Esta isla, que está al N. del cabo
de San Roman, forma con él un canal de 13 millas de ancho
sumamente limpio.

Golfo de Venezuela ó de Maracaybo.

Desde el cabo de San Roman corre la costa como al
SO. la distancia de 12 millas hasta la punta de la Macolla
aplacerada y limpia, y que se puede atracar sin mas cuidado que el del escandallo. Esta punta y la nombrada de
Espada, que estan casi EO., y distan entre sí 50 millas,
forman la entrada del golfo de Venezuela ó de Maracaybo;
en este golfo y en lo mas del sur de él desemboca la gran
laguna de Maracaybo por una delta, que solo ofrece una
boca navegable y capaz de embarcaciones de 13 pies de
calado, porque forma barra en que no hay mas de 15 pies
de agua. Aun no se han levantado las cartas de las costas
de este golfo, ni se tiene una segura situacion de la barra,

bien que por práctica se sabe cuál es el rumbo que debe hacerse para ir á ella, bien sea desde la punta de la Macolla, ó desde la de Espada. La Comision hidrográfica del mando del Capitan de Navío Don Joaquin Francisco Fidalgo situó y levantó el pedazo de costa oriental del golfo desde la punta de la Macolla hasta la de Arenas, que está algo al E. de la barra. La inspeccion de la carta es bastante para dirigirse por ella, pues siendo muy aplacerada, y no habiendo bajos ni islas destacadas, el escandallo es la mejor guia que se le puede recomendar al navegante : lo mismo sucede con la costa del O., pues aunque no esté levantada, está explorada y bien reconocida, y se puede asegurar que en toda ella se puede atracar hasta coger cinco ó seis brazas de agua. Los que entran en este golfo no tienen mas objeto que el de ir á la laguna á cargar de cacao, tobaco y otros frutos, y asi nos ceñirémos á dar una instruccion para verificarlo con algun acierto.

Instruccion para dirigirse á la boca de la laguna. Estando al O. cuatro leguas del cabo San Roman, y haciendo el rumbo del SO.¼S. corregido, se irá á dar vista á las mesas de Borojo, que son unos medanos de arena parejos situados á barlovento de la barra, desde cuyo punto se gobernará al O. ó rumbos inmediatos á la distancia de dos leguas de la costa, y por fondo de cinco á seis brazas, hasta dar vista á los castillos de Zapara y San Cárlos (que son los que defienden la entrada de la laguna,) y estan colocados, el primero á la parte oriental, y el segundo á la occidental, no estando sobre la misma barra sino bastante al S. de ella, pues esta está formada por los bajos que desde bajo Seco corren al ONO. la distancia de dos y media á tres millas : sobre todos estos bajos rompe la mar, y la mayor agua se distingue bien, pues en ella no hay rompiente ; y para buscarla no hay mas que pasar á un cable y medio de las últimas rompientes que vienen de bajo Seco. Este bajo es una isleta de arena, que tiene en todos sentidos un cable y medio de extension ; está al NNE. distancia milla y media del castillo de San Cárlos, y como al E. de este se verá otro llamado de Zapara. La isla de este nombre tiene unos mangles muy altos, y por fuera de ella en seis ó siete brazas es el fondo lama dura mezclada con arena, y es donde debe fondearse en caso de necesidad; advirtiendo que debe hacerse con un buen ayuste, por ser muy recia la briza en este parage.

Estando sobre punta de Espada, y á distancia de dos leguas de ella, se gobernará al SSO. 5º O. corregido, con cuyo rumbo so recalará al NE. de la isla de arena llamada bajo Seco.

Tanto en esta derrota como en la anterior el fondo disminuye muy proporcionalmente á medida que se avanza al S.; y será conveniente no atracar la costa de la barra de noche, sino atravesarse ó mantenerse en bordos cortos á cuatro leguas de ella hasta que aclare el dia: las brizas en este golfo son frescas y del NNE., lo cual es causa de que en la barra y demas costa meridional haya siempre mar empollada, que haria muy expuesta una barada.

La pleamar en dicha barra se verifica en los dias de conjuncion y oposicion á las 5¼ de la tarde, y en aguas vivas sube la marea de dos á dos y medio pies: la barra tiene en su menor agua 16 pies en la pleamar y tiempo de brizas, y 18 pies en tiempos de aguas, que son en los meses de Agosto, Setiembre, Octubre y Noviembre.

En esta barra no se puede entrar sin práctico, y asi luego que se halle la embarcacion NS. poco mas ó ménos con el castillo de San Cárlos, y en cinco y media brazas de agua, debe enmendarse el rumbo para el O. hasta coger cuatro y media, desde cuyo fondo se verá ya la rompiente de mar en los bajos en una línea como del ONO; por dicho fondo de cuatro y media brazas se continuará para el O., orzando ó arribando, segun convenga, para conservarlas hasta estar tanto avante con las últimas rompientes, que se estará próximo á la boca, y atravesándose mura á estribor; ó lo que es mejor, manteniéndose sobre bordos cortos se esperará al práctico.

Nevegando con rumbo á la barra, lo primero que se descubre, por ser lo mas alto de aquellas inmediaciones, es la isla Todas ó Todos, que está como al S. del castillo de San Cárlos, y á ella se deberá poner la proa hasta descubrir los castillos y bajo Seco, que se gobernará como se ha dicho.

Es muy esencial el conocimiento de la situacion de la boca de la barra ; esto es, que está al O. del meridiano del castillo de San Cárlos ; porque de no tenerlo, es seguro que podria creer cualquiera que estaba entre bajo Seco y la costa del E. donde se halla el castillo de Zaparas, y se empeñaria sobre los bajos, ó emprenderia la entrada, y seria un prodigio que no pereciesen todos, como ya se ha visto algunas veces.

Los buques que calen desde 10 hasta 13 pies deben proporcionar su entrada en la pleamar, para evitar aun el menor toque, que seria muy expuesto si se perdiese el timon ; en cuyo caso, por la estrechez del canal, seria inevitable un naufragio.

La salida de la Barra, hasta franquearse de los bajos de ella, debe hacerse con práctico, y luego el salir del golfo no necesita de instruccion particular, pues aunque debe hacerse sobre bordos, sabe todo navegante que estos los ha de prolongar, segun le sean mas ó ménos favorables, y en este golfo puede prolongarlos sin mas cuidado que el del escandallo ; y para que los proporcione con mas conocimiento se advierte que en este golfo es general el llamarse el viento al N., ó muy próximo á él, á las cuatro ó cinco de la tarde, por lo que conviene mucho estar á dicha hora en las cercanías de la costa occidental, para tener bordada bien larga al ENE., de la que se virará luego que el viento vaya rodando al E., no solo con el objeto de ganar en ella al N., sino tambien con el de volver á proporcionarse cerca de la costa occidental, para revirar cuando llame el viento al N.

Descripcion desde punta Espada hasta Cartagena.

Hemos dicho que punta Espada es la que forma al occidente la boca del golfo de Venezuela ó de Maracaybo: desde ella corre la costa como al NO.¼N. la distancia de 13 millas hasta cabo Chichibacoa, y toda es limpia y aplacerada, de modo que el escandallo es buena guia: aunque la costa es baja tierra adentro, se levantan varios picos y montañas, de las que las mas elevadas se llaman las sierras de Aceite. Cabo Chichibacoa.
Sierras de Aceite.

Desde el cabo Chichibacoa para el N. 75º E., y á distancia de 19 millas, estan los Monges del sur, que son dos islotes muy pequños y sumamente limpios; de modo que á medio cable de ellos se puede pasar sin cuidado alguno. Como al NE. de ellos, y a distancia de tres millas, hay otro que se llama el Monge del E., y tambien es muy limpio: y como al N., y á distancia de ocho millas, hay otro grupo de otros siete llamados los Monges del N., los cuales son sucios de arrecife, y conviene no atracarlos á ménos de una milla: los freus que forman los Monges del N. con el del E. y los del sur, así como el que estos forman con la costa, son muy francos y limpios; de modo que no hay el menor riesgo en la navegacion que por entre ellos se haga. Los Monges.

Desde el cabo Chichibacoa corre la costa como al ONO. la distancia de 25 millas hasta punta Gallinas, que es las mas septentrional de toda ella: desde punta de Gallinas baja como al OSO. la distancia de cinco millas hasta la punta de la Aguja, la cual despide placer de poco fondo á una milla á la mar: en esta punta de la Aguja roba la costa al sur, y forma una ensenada de corta extension llamada bahía Honda chica, la cual por lo muy aplacerado de su fondo, no da abrigo de mar, y á ella se le sigue el puerto de bahía Honda, cuya punta oriental dista de la Aguja cuatro millas. Punta Gallinas.

Bahía Honda forma una ensenada de grandísima extension, y su boca tiene tres millas de amplitud : para entrar en esta gran bahía no hay mas que resguardarse de un bajo que hay en su boca y en la enfilacion de las dos puntas de la entrada, el cual dista de la punta occidental una milla, de la oriental una milla y dos tercios : el bajo tendrá de extension en su mayor largo, que es casi EO., como un tercio de milla ó poco mas, y su menor agua está en su cabeza E., donde solo hay un pie, y con poco viento que haya revienta en ella la mar. Por lo demas el fondo de esta bahía es tan aplacerado, que sin mas guia que el escandallo se puede fondear en ella. La costa desde el cabo de Chichibacoa hasta esta bahía es baja y rasa, pero limpia y aplacerada, de modo que se puede atracar sin mas cuidado que el del escadallo.

Desde la punta occidental de bahía Honda corre la costa como al SO. la distancia de 11 millas hasta una gran bahía llamada el Portete, de entrada sumamente estrecha, y cuyo fondo en lo interior solo admite embarcaciones pequeñas. Desde el Portete corre al O. la distancia de 14 millas hasta el cabo la Vela. La costa es limpia, y desde bahía Honda empieza en ella á altear la tierra. Una legua ántes de llegar al cabo la Vela hay un morrito en forma de pan de azúcar, en el que bate la mar, y sale al N. del resto de la tierra como media milla : desde este morro continúa la costa bien alta, y se redondea para el S. hasta la punta occidental, que es la que propiamente se llama cabo la Vela, al O. del cual, y á distancia de dos cables y medio, hay un islote ó farallon muy limpio y acantilado, del cual se puede pasar á un cumplido de navío si se quiere : el freu que forma con el cabo es bastante franco ; y no hay riesgo en pasar por él, pues á medio freu se hallan seis brazas de agua ; y téngase presente, que es mejor acercarse al islote que al cabo ; porque en las inmediaciones de aquel se hallan seis brazas de agua, en las inmediaciones de este cuatro, y aun solas tres. La tierra del

cabo la Vela es muy estéril, y al SE. de él, y como siete
millas tierra adentro, se levanta una sierra llamada del
Carpintero. Sierra del Carpintero.

Desde el cabo hurta la costa para el S., y forma una
gran ensenada donde hay abrigo de las brizas: para dirigirse á fondear en ella, no hay que tener cuenta sino con
el escandallo, pues todo el fondo es limpio, y tan aplacerado, que á dos millas de la costa se encuentran seis
brazas, y desde ella va disminuyendo el fondo suavemente
para la tierra. Fondea-dero del cabo la Vela.

La costa desde el cabo la Vela sigue corriendo casi al S.
con alguna inclinacion para el O. por distancia de 23 millas
hasta la punta de Castilletes, en donde hay un grupo de
mangles. Desde esta punta continúa al S. 74º O. 14 millas
largas hasta la punta de Manare, y entre ambas se forma
ensenada con algunas puntas. Costa des-de cabo la Vela hasta el de San Juan de Guia.

Al S. 72º O., distancia 13½ millas de la punta·Manare se
halla la de la Cruz, en cuyo intermedio es la costa casi
seguida, sobresaliendo las puntas de Almidones, Pájaro y
Fronton de Jorote, y entre estas dos últimas distancias de
una y media millas á la mar está el bajo del Pájaro con dos
brazas arena. Bajo del Pájaro.

Al S. 54º O. de la punta de Cruz y á distancia de
cuatro millas se halla la de la Vela, y desde ella al S. 42º O.
siete millas está la ciudad y rio de la Hacha; desde cuyo
punto al S. 64º y S. 53º O. continúa la costa hasta la
punta de Dibulle, que dista de la ciudad de la Hacha 31½
millas, desde la cual sigue al O. y N. 75º O. hasta el cabo
de San Juan de Guia, que dista de punta Dibulle 38½
millas: toda esta costa desde el cabo la Vela hasta 12
millas al E. del de San Juan de Guia despide placer de
sonda mas ó ménos saliente á la mar, como se manifiesta
en las cartas publicadas en la Direccion de Hidrografía,
siendo peligrosa por los bajos que hay en ella bastante
salientes á la mar: el primero, de que hemos hablado, llamado el Pájaro, y el segundo, nombrado de navío Que- Bajó navío Quebrado.

44

brado, situado á dos y media millas de la costa entre las lagunas Grande y de su nombre por la latitud de 11°, 26', 15", y longitud de 66°, 57', 30" O. : por esta razon conviene que las embarcaciones nunca la atraquen á ménos de cuatro leguas, y que se dirija de modo que nunca bajen de las 10 brazas. Esta costa es bastante, baja, y algo al O.

Sierras nevadas.

de la ciudad del Hacha empiezan á levantarse tierra adentro las célebres montañas llamadas Sierras nevadas, muy conocidas no solo por su gran elevacion, sino porque su cúspide termina en dos picos como panes de azúcar, que estan siempre cubiertos de nieve : estas Sierras corren para el O., y terminan en meridianos del cabo la Aguja.

Instruccion para dirigirse al fondeadero de la ciudad del Hacha.

Aunque hemos dicho que no conviene atracar esta costa, sino que desde cabo la Vela se haga rumbo directo al cabo de la Aguja, y que no se baje de las 20 brazas, esto no obstante, las embarcaciones que se dirijan á la ciudad de la Hacha, tienen precision de atracarla, y es preciso darles alguna regla para que lo puedan hacer sin riesgo. Para tomar el fondeadero de la ciudad de la Hacha, estando próximos al farallon del cabo la Vela es menester gobernar al S. 53 ó 55° O., con cuyo rumbo se irá á avistar la costa, y andadas 51 millas estará NS. con la ciudad de la Hacha por seis ó siete brazas fondo arena: y podrá dirigirse al fondeadero sin mas atencion que la que manifiesta la carta; advirtiendo que los buques mayores deben verificarlo al NNO. de la ciudad en cinco ó seis brazas; y cuando den la vela seguirán el rumbo expresado hasta estar tres leguas distante.

El tomar este fondeadero, asi como todos los que no tienen marcas seguras para su reconocimiento, pide alguna vigilancia; y como puede llegar el caso que algun buque se propase, podrá servirle de valiza el placer de cinco y cinco y media brazas fondo cascajo, arena y piedra que está al O. de la ciudad de la Hacha, distancia 15½ millas : las Sierras nevadas de Santa Marta podrán servir tambien para la seguridad de la situacion del buque.

Desde el cabo de San Juan de Guia corre la costa al ONO., O. y OSO. la distancia de 12½ millas, hasta la punta N. del islote del cabo de la Aguja, formando un frontou saliente de serranía alta, escarpada y bien acantilada con varios ancones y buenos fondeaderos, cuyo detall por menor se dará en la publicacion del Derrotero, formado por el Brigadier D. Joaquin Francisco Fidalgo. El islote del cabo de la Aguja forma un freu con el cabo de este nombre de tres décimos de milla, quedando sumamente estrecho por los arrecifes que salen tanto del cabo como del extremo S. de la isla; de modo que aunque hay agua suficiente para pasarlo por cualquier buque, no debe verificarse por el riesgo de perderse. Cabo de la Aguja.

Al NO. del islote del cabo de la Aguja hay tres farallones próximos entre sí, y el mas saliente, que es el mayor, dista tres cables: otro hay al O. de la punta occidental, que es mas alto que los anteriores, y está igualmente á corta distancia: todos ellos son limpios y hondables. Desde el cabo de la Aguja corre la costa al S. 31ºO. distancia tres y media millas hasta la punta de Betin, que es la N. del puerto de Santa Marta, y la meridional del Ancon de Taganga: la costa es alta y escarpada con algunas playas y ensenadas.

El puerto de Santa Marta puede mirarse como uno de los mas excelentes de esta costa. Al O. de su punta septentrional, y á distancia como de medio cable, hay un farallon muy limpio, del cual se puede pasar á medio cumplido de navío si se quiere: por entre él y la punta hay desde cinco á ocho brazas de agua; pero se aconseja no se intente este paso, porque es muy estrecho, y nada se adelanta: mas al O., y de cuatro á cinco cables de la misma punta, hay un islote llamado el Morro, tambien muy limpio, y del cual se puede pasar por cualquiera parte á medio cable: sobre este islote hay una fortificacion, que con otras baterías que hay en la costa, defienden el puerto y ciudad. El freu, entre el morro y el farallon de Puerto de Santa Marta.

la punta, es sumamente franco, limpio, y con fondo desde 14 hasta 30 brazas. Tambien es muy limpia y de buen fondo la bahía, y en ella no hay que resguardase mas que de un placer que hay en el frente de la ciudad, y que sale de la playa cerca de media milla ; pero como el fondo en sus veriles disminuye suavemente, no corre riesgo alguno el que va tomando conocimiento de él con el escandallo : el mejor fondeadero está al N. de la ciudad, internándose cuanto se pueda en la caldera, y para tomarle debe tirarse á pasar por fuera del farallon de la punta, y como á medio cable de él ; y gobernando luego á pasar á la misma distancia de unas piedras, que al S. despide la punta, se orzará todo lo que se pueda luego que se hayan rebasado, y se dará fondo donde mas acomode, con las precauciones de los veriles que salen de la costa y puntas, segun se manifiestan en el plano. Al entrar en este fondeadero téngase mucho cuidado con el aparejo, porque las ráfagas de viento que vienen por encima de la tierra son pesadísimas : al S. de la ciudad desagua el rio de Manzanares, que aunque es poco caudaloso, tiene agua muy buena.

Costa desde Santa Marta hasta el rio de la Magdalena. Desde Santa Marta y de su punta S., llamada de Gaira, corre la costa al sur la distancia de 13¼ millas hasta la Ciénega, que es un lagunazo formado por alguno de los desagües del rio de la Magdalena: desde esta Ciénega corre al O. y ONO. la distancia de 34 millas hasta la boca occidental de este célebre rio, llamada de Ceniza ; quedando al E. y á distancia de ocho millas otra denominada de rio Viejo, formando ambas una isla en figura de delta de seis millas de N. á S., y ocho de E. á O. De estos dos arrumbamientos que hace la costa desde Santa Marta, resulta formar una ensenada muy grande, en cuyo fondo está la Ciénega. Toda ella es de costa baja y aplacerada, y desde la Ciénega para el O. se forma la isla de Salamanca, cuyo extremo occidental es el oriental de la boca de rio Viejo, comunicándose las aguas de la Ciénega y las que forman esta isla con el rio de la Magdalena por varios canalizos.

La corriente de este gran rio es de tal pujanza, que á mas de cinco leguas á la mar da al agua el color verdoso, como si se navegara sobre un placer de poco fondo : á toda esta ensenada se puede atracar con el escandallo en la mano, pues es limpia. El extremo oriental de la isla Verde y la occidental de la de los Gomez, forman la boca de Ceniza del rio de la Magdalena, en medio de la cual hay dos cayos.

La isla Verde está tendida del E. al O. la distancia de cinco millas, y al S. de ella hay otra de mas extension llamada Sabanilla, en cuyo extremo SO. está el puerto del mismo nombre con cinco, seis y siete brazas de agua arena y lama.

Isla Verde.

Isla Sabanilla.

Desde la isla Verde continúa la costa al S. 58º O. la distancia de 33 millas hasta la punta de la Galera de la isla de Zamba; entre ambos puntos forma la costa ensenada de cinco á seis millas de profundidad, siendo toda ella aplacerada, pues á distancia de tres leguas se hallan 28 brazas de agua fondo lama. Los bajos del Cascabel y del Palmarito se hallan en ella, el primero muy cerca de la costa, en medio de la pequeña ensenada que forma los Morros de Damas y de Iñasco; el segundo es mas expuesto, pues sale á la mar una legua al N. 26ºO. del Morro Pelado.

Costa entre isla Verde y punta Galera de Zamba.

Bajos de Cascabel y Palmarito.

La punta Galera de Zamba ó de Corrientes es tan rasa que con brisa fuerte suele bañar la mar la mayor parte de ella : al O., ONO. y NO. de su extremo occidental, y á distancia de dos millas lo mas saliente, hay cuatro placeres de distintos tamaños con seis brazas de agua arena negra; entre ellos y entre los mismos y la costa, el fondo es de siete, ocho, nueve y diez brazas arena negra. Esta punta de la Galera de Zamba, que sale á la mar ocho millas, forma á su parte del S. un fondeadero abrigado de las brizas; pero para tomarlo es menester mucho cuidado con los placeres que hay en él y la isla de Arenas, que está en la medianía de la ensenada de la Galera de Zamba; por lo

Fondeadero de la Galera de Zamba.

tanto conviene al que intente tomar este fondeadero ponga mucho cuidado con el escandallo.

Al S. 26'O., distancia 14½ millas de la punta de la Galera de Zamba, está la de Canoas, que es baja en la orilla, pero montuosa en su inmediacion : entre dichas dos puntas es la costa de mediana altura, y como en la medianía se levanta un montezuelo que hace meseta en su cumbre con diferentes barrancas coloradas, al cual llaman Bujío del Gato. En este intermedio de costa hay varios bajos peligrosos, siendo el primero la isla del Cascajal, que demora desde la punta de la galera de Zamba al S. 6°E. la distancia de seis millas, y dista de la costa una y media larga. Al N. y N. 6°O. de dicha isla, distancia 1, 3 millas y 0, 8, hay dos placeritos con dos y cuatro brazas, y otro de igual fondo al N. 58°O. de la isla del Cascajal, distancia dos millas escasas. Al S. 14°O. de la referida punta Galera de Zamba, y á la distancia de siete millas escasas está la piedra del O. del bajo Bujío del Gato, que tiene de extension media milla larga de N. á S.

Cerro Bujío del Gato.

Isla Cascajal.

Como al NNE. de su extremo N., distancia media milla, hay otra piedra con la denominacion de piedra del NE., ó uña de Gato ; la sonda por fuera de este bajo es de siete, ocho, nueve hasta 16½, á distancia de dos y media millas : tambien al N. 31°E. de la punta de Canoas, distancia tres y media millas, hay un placer con tres brazas fondo piedra : está en medio de la ensenada del Bujío del Gato. Estas noticias podrán servir de alguna guia al navegante interin se publican los planos particulares, y el derrotero muy detallado, formado por el Brigadier de la Armada D. Joaquin Francisco Fidalgo : debemos advertir al navegante que el internarse en esta ensenada es peligroso, especialmente de noche ; y si se viese precisado á ello no debe bajar de 20 brazas.

La punta de Canoas tiene al S. 49°O. distancia una y cuarto milla de largo, un bajo llamado del Negrillo de un cuarto de milla de extension; que se compone de tres piedras poco distantes entre sí y en forma de triángulo, con agua sobre ellas de dos á cinco pies: al rededor de este escollo ó inmdiato hay seis, ocho y nueve brazas con fondo de piedra, cascajo menudo y arena; y el canal entre él y la costa sería practicable si no tuviese tres escollos que hacen muy dificultoso su paso: desde el dicho bajo del Negrillo demora el cerro de la Popa de Cartagena al S. $4\frac{1}{4}°$ O. distancia siete y dos tercios millas, y este arrumbamiento podrá servir para separarse de él lo necesario. Al S. 50° O., distancia una milla escasa del morrillo mas S., está el bajo del Cabezo con dos pies de agua en su menor fondo. Bajo del Cabezo.

Desde la punta de Canoas corre la costa al E. como una milla larga, y despues al S. cerca de tres, donde se levantan unas colintas llamadas los Morritos; desde estos sigue la costa baja de manglar como al S. 33° O. la distancia de cinco y media millas hasta la ciudad de Cartagena que está edificada sobre esta tierra anegadiza, y en lo mas saliente de ella al O. Como uno y tres cuartos millas al E. de la ciudad se levanta el cerro de la Popa, en cuya cumbre hay un convento de Agustinos, y el santuario dedicado á nuestra Señora con la advocacion de la Popa: este cerro se descubre en dias claros á 10 leguas desde el alcázar de un navio. Desde la ciudad de Cartagena sigue como al SSO. la distancia de dos millas escasas la lengüeta de tierra baja sobre que está edificada aquella, hurtando despues para el E., y formando con la Costafirme una caldera, que es el surgidero ó puerto, el cual es tan abrigado como la mejor dársena. Una milla hácia el S. de la punta exterior de la lengüeta, de que acabamos de hablar, está la punta N. de la isla llamada Tierra Bomba; y el paso que entre las dos se forma se llama Boca grande, la cual está artificialmente cerrada, de modo que solo los botes y buques de poca cala pueden entrar por ella. Esta isla de Tierra Bomba tiene de NS. como cuatro millas, y su punta meridional es la septentrional de Boca chica, que es la única entrada que tiene el puerto de Cartagena: la Ciudad de Cartagena y su puerto. Tierra Bomba y Boca grande Boca chica.

punta meridional de esta entrada es la septentrional de
otra isla grande llamada Barú, que solo está separada de
la Tierrafirme por el estero de Pasacaballos navegable
para Canoas : en ambas puntas de la Boca chica hay castillos que defienden su entrada, el del N. llamado de San
Fernando, y el del S. de San Joseſ : esta boca ó entrada
tiene algo mas de dos cables de ancho ; pero aun hay parages en que el placer de poco fondo que despide el castillo y punta del S., la estrechan á la mitad.   Por esta boca
se entra primero á una gran bahía abrigadísima, donde
hay 14 y 16 brazas de fondo ; al N. de ella se estrecha la
costa oriental de Tierra Bomba con la Costafirme, y deja
un canal de una milla de amplitud, á la entrada del cual
y en su medianía hay unos bajos que estan al O. de una
islita llamada de Brujas, que está bastante inmediata á la
Costafirme.   Pasada esta angostura se entra en segunda
bahía, que corresponde á la Boca grande, en la que tambien hay 15, 16 y mas brazas de fondo : al N. de esta
segunda bahía hay una entrada de ménos de media milla
de amplitud, defendida por otros castillos, la cual conduce
al surgidero : esta canal ó entrada tiene en medio un bajo
fondo, que forma dos canales bien estrechos, pero con 9
hasta 13 brazas de agua, y el fondo de todo el surgidero no
pasa de 12.   Dada ya una idea de este puerto pasarémos á
hablar de la costa exterior y sus bajos.

Placer de Boca grande. Desde la punta de Canoas hasta Boca grande hay un
gran placer de fondo que disminuye suavemente, y en él
se cogen nueve brazas á cuatro millas, ó algo ménos de la
tierra : á este placer se le llama Playa grande, y en él se
da fondo por siete ú ocho brazas de agua enfrente de la
ciudad sobre arena parda.   Luego que se ha cogido el través
de lo mas septentrional de Tierra Bomba aumenta el fondo
á 20, 30 y 40 brazas, y á dos cables de la tierra se hallan 6.
Al O. de esta Tierra Bomba hay un bajo, que dista de
Bajo de Salmedina. ella cuatro millas, llamado Salmedina, el cual es muy
nombrado por las muchss pérdidas que ha causado de

embarcaciones : este bajo, que tiene poco mas de una milla de N. á S., y algo ménos de E. á O., se halla bajo las marcaciones siguientes :

Su cabeza ó veril del N.

Castillo del Angel.	S. 64. E.
Cerro de la Popa.	N. 68 E.
Punta NO. de Tierra Bomba. . . .	N. 80 E.
Punta de Canoas.	N. 35 E.

Su cabeza ó veril del sur donde rompe la mar.

Torre de la Catedral.	N. 55° E.
Cerro de la Popa.	N. 62 E.
Punta NO. de Tierra Bomba. . .	N. 70 E.
Punta de Canoas.	N. 33½ E.

A mas de estas marcaciones, que son las seguras para libertarse de él, yendo desde Playa grande para Boca chica, lo que debe practicarse es ponerse al O. de la ciudad sobre seis y media á ocho brazas, y á distancia de ella tres millas escasas, y gobernar despues al S. sin inclinarse nada al O. ; y luego que se aumente de fondo se meterá mas sobre babor para atracar la Tierra Bomba á distancia de media milla, y seguir así á atracar á tiro de pistola la costa N. de la entrada de Boca chica, huyendo de la costa meridional, que es sucia : para entrar por Boca chica, y para navegar luego dentro de las bahías y dirigirse al surgirdero, se pedirá práctico, que siempre le hay, en Boca chica.

Como á este puerto se puede recalar viniendo del S., es preciso que á lo ya dicho añadamos la descripcion del pedazo de costa meridional hasta las islas que llaman del Rosario, á fin de que se halle unido todo lo necesario para recalar y aterrar con seguridad y acierto.

45

Costa
meridional
desde Bo-
ca chica
hasta las is-
las del Ro-
sario.

La costa meridional de Boca·chica hemos dicho que es la septentrional de una isla isla llamada Barú : la costa exterior de esta isla corre desde la punta que forma la entrada de Boca chica al S. 35°½O. la distancia de 13 millas escasas hasta la punta de Barú : esta costa es bastante limpia hasta llegar á una islita llamada el farallon de Perico, desde el que para el sur es muy sucia de arrecife : al O. de este último pedazo de costa, es decir, desde el farallon de Perico para el sur salen las islas del Rosario, que son cuatro principales con algunos islotitos : la mas oriental y meridional de ellas, y que tambien es la mas pequeña, se llama de Arenas, y dista de la costa de Barú una y media milla escasa ; pero este freu estrecha á no tener mas de tres cuartos de milla de amplitud, á causa de los arrecifes y bajos que salen de ambas costas : al O. algo al N. de isla de Arenas, y á distancia de tres y media millas largas, está la isla del Rosario, y al N. de estas dos la que llaman isla Larga, que es la mayor, la cual con sus placeres de bajo fondo é islotes sale aun mas al O. que la del Rosario. Al N. de la medianía de la isla Larga distancia mas de tres millas está la del Tesoro con arrecife hácia el O., y canal entre ambas desde 18 á 28 brazas de fondo arena y piedra, desde la cual demora Boca chica al N. 63° E. distancia 10½ millas. Estas islas son bastante sucias, y no conviene meterse entre ellas sin tener práctica suficiente, sino dirigirse siempre para el O., y á distancia proporcionada para evitar sus placeres de poco fondo : como al SSO. de la isla del Rosario, y á distancia de siete millas, hay tambien un placer de poco fondo llamado la Tortuga : estas islas son fértiles de arboledas, y en su parte del S. hay buen abrigo de la briza. Ademas del placer de la isla del Rosario hay otros dos, uno al ONO. distancia tres y media millas, y otro al SO.¼O. dos y media : ambos son de piedra y arena con seis y siete brazas de agua.

Advertencias y reflexiones para navegar por la costa de Tierrafirme desde las bocas de Dragos hasta Cartagena.

Teniendo presente lo que hemos dicho acerca de los vientos que se experimentan sobre esta costa, nada parece que puede añadirse á la descripcion que hemos dado de ella para que todo navegante pueda dirigirse con la mayor seguridad : en efecto, no habiendo en ella mas que los vientos generales de la briza, no hay que temer ni á huracanes, ni á los nortes duros : los primeros absolutamente se desconocen, y los segundos, si alguna vez recalan, es con una fuerza que nunca pasa de la ordinaria de la briza ; y si en la estacion lluviosa, esto es desde Mayo hasta Noviembre, suele haber vientos al S. fuertes algunas veces, es menester considerarlos como unos chubascos de corta duracion, y que poco daño pueden hacer puesto que vienen sobre la tierra. Con que podrémos mirar esta costa, especialmente hasta el cabo de la Vela, como un continuado puerto por lo que hace al clima ; y no habrá que consultar mas que á la descripcion de ella para libertarse de los riesgos que haya, seguros de que la pérdida de un buque rarísima vez será efecto de un tiempo forzado.

Desde el cabo la Vela si que cabe hacer alguna advertencia, pues siendo las brizas, especialmente desde el cabo la Aguja, ó mas bien desde la punta de San Juan de Guia, sumamente fuertes, y tanto que se miran como verdaderamente temporales, ya es preciso prevenir con reglas las recaladas á los puertos para evitar en lo posible las inadvertencias, que con vientos tan poco manejables podrian ser de grandísima consecuencia ; tambien ofrece algun motivo de duda para el recalo y navegacion la mudanza del viento, que como hemos dicho se cambia al S. y SO. desde Junio hasta Noviembre ; por tanto no serán ociosas las siguientes reflexiones, que si para los prácticos son inútiles, para los que no lo sean serán provechosas.

Los principales establecimientos de comercio que hay en la costa, y á que por tanto pueden dirigirse las embarcaciones que van de Europa, son Cumaná, Barcelona, Guaira y Puerto Cabello, Maracaybo, Santa Marta y Cartagena, y Pampatar en la isla Margarita, y Santa Ana en la de Curazao. Siendo regla general en esta costa, así como en todas las del mar de las Antillas, la de recalar á barlovento del destino como cosa muy precisa para evitar el sotaventearse, podrémos decir con seguridad que una vez embocados en el mar de las Antillas, deben atracar la costa por el cabo de Mala-Pascua, ó el de tres Puntas, todos los que se dirijan á fondear en Margarita ó Cumaná, pasando con preferencia por el canal que esta forma con la costa, como hemos dicho en la descripcion: tambien nos parece preferible esta derrota para los que se dirijan á Barcelona; aunque estos no tendrán inconveniente alguno en navegar por el N. de la isla Margarita.

Los que se dirijan á la Guaira desde Cumaná ó Barcelona harán derrota directa al cabo Codera, pasando siempre entre la Tortuga y la costa, así como los que desde Europa, ó desde cualquiera de las Antillas, vayan á dicho puerto, navegarán por el N. de la Tortuga á atracar la costa, y por el mismo cabo, ó un poco á sotavento, tomando si quieren conocimiento del farallon el centinela que está sobre él; los que se dirijan á Puerto Cabello no tienen tanta necesidad de aterrar sobre cabo Codera, y lo podrán hacer sobre el punto de la costa que mas le acomode, con tal que sea bastante á barlovento del puerto.

Para dirigirse al cabo Codera ú otro cualquier puerto de la costa á sotavento de él, cada uno será dueño de hacerlo por donde mas le acomode ó mejor se le proporcione; esto es, será dueño de embocar por cualquiera de los freus ó pasos que forman las islas que hay al N. de esta costa, y para lo que nada hay que prevenir sino que se tenga presente la descripcion de ella.

Los que se dirijan á Maracaybo desde el E. reconocerán el cabo San Roman, ó la punta de Espada los que vayan desde el O.: al cabo San Roman se atraca pasando bien sea por el N. ó por el S. de Curazao, que es indiferente, y desde dicho cabo atracarán la costa para ponerse como dos millas al O. de la punta de la Macolla, que es situacion con que se asegura la derrota á la barra, como se dice en la descripcion.

Si la navegacion hasta cabo San Roman se hace por fuera de las islas, téngase bien presente que los Roques é islas de Aves son muy peligrosos por su parte del N., á fin de resguardarse de ellas competentemente, especialmente de noche, y sin olvidarse de aplicar á la estima de por la noche las corrientes que se hayan experimentado en el dia, y deducido de la comparacion del punto de marcacion con el de estima; y esta advertencia no deja de ser importante, pues en este parage, como se ha visto en la parte en que se trata de las corrientes, son de bastante consideracion.

Los que derechamente vayan á Santa Marta ó Cartagena deben precisamente navegar por fuera de todas estas islas á reconocer la de Oruga y tierras del cabo la Vela, para que valizado en estas últimas puedan hacer con seguridad derrota directa á la punta de la Aguja, para tomar el fondeadero de Santa Marta segun se previene en la descripcion: decimos que precisamente se navegue por el N. de todas las islas, porque así se hace el rumbo mas directo, y por tanto es la distancia mas corta, que es punto de que no puede desentenderse todo navegante hábil y zeloso. Los que sin tocar en Santa Marta vayan á Cartagena harán derrota directa desde punta de la Aguja á las bocas del rio de la Magdalena, desde las que, y pasando como dos leguas al O. de punta de Zamba, y una y media de la de la Canoa, se dirigirán á Boca chica, ó á fondear en punta Canoa ó en el placer de Playa grande, si no se alcanza á entrar por Boca chica de dia: el recalo á punta de Zamba debe hacerse con consideracion á que pueda tomarse de

dia la Boca chica, el placer de Playa grande ó punta
Canoa, para lo que debe proporcionarse la distancia al
andar de la embarcacion, ó el andar de la embarcacion á
la distancia con buena anticipacion, á fin de evitar en lo
posible el tener que ceñir el viento para entretener la
noche, que será bastante molesto y trabajoso á la embarcacion y su aparejo en el tiempo de las brizas duras ; pero
si no hubiere remedio, se abrazará este partido, manteniéndose en bordos cortos, ó se dejará caer una ancla,
siempre que el viento y mar lo permitan. Cuando aconsejamos se vaya directamente á buscar las puntas mas salientes de la costa, como son la de la Aguja, la de Zamba
y la de Canoa, es no solo para abreviar el camino, que
se alargaria si se hubiese de ir barajando las costas, sino es
para evitar los bajos y peligros que se encuentran desde
cabo la Vela hasta el de la Aguja, como bien se ve en la
descripcion del fondeadero de la ciudad de la Hacha, y
los que hay entre punta de Zamba y de la Canoa, entre
las que conviene y aconsejamos no se meta nadie con embarcacion grande.

Si en tiempo de brizas es preciso hacer la derrota dicha
para ir á Cartagena desde cualquier punto situado al
oriente de ella, en el de vendavales, desde cabo la Vela,
se deberá seguir al O. por el paralelo de 12° ó algo mas,
á fin de conservar la briza hasta ganar la longitud de 69°,
20' ó 70° al occidente de Cádiz, para gobernar desde tal
situacion al sur, y poder ir enmendando el rumbo al SE.
segun se vaya entrando en la zona de los vendavales, procurando recalar mas bien al S. de Boca chica que al N.,
para lo cual debe contarse con que las aguas se dirigen al
NE. asi como en la de brizas corren para el SO. : tambien
es preciso cuidar de no aterrar de noche, sino de dia, pues
en tal tiempo se toma mucho la costa.

Para barloventear en esta costa desde Cartagena hasta
Margarita, ó hasta Trinidad, no hay mas que ceñir el
viento, prolongando las bordadas cuanto se pueda ; y el

momento de cambiar de amura debe decidirlo la variacion diaria de la briza, que desde las 12 de la noche, ó algo ántes, se llama á la tierra y como al ESE., y aun al SE., si ha llovido ántes, y estan empapadas las tierras, y de nueve á once de la mañana vuelve a llamar á la mar ó al ENE. : en todas distancias de tierra se verifican estas variaciones, y el navegante puede y debe aprovecharse de ellas para adelantar su camino de sotavento á barlovento; así pues desde que la briza suestea en la noche, se debe seguir la bordada de fuera, hasta que por la mañana empieza á cambiar para el primer cuadrante, que se debe tomar la de tierra; y si no se pudiese seguir por haber atracado á ella ántes de que la briza cambie, se mantendrá sobre bordos cuanto se pueda, hasta que verificado el cambio al ESE. se pueda virar en vuelta de la mar; y de esta suerte se dan dos bordadas largas, una al NE., y la otra al SE., es decir, se dan las dos en ocho cuartas. Empeñándose en barloventear sobre la costa en bordos cortos, no se tiene esta ventaja, porque la briza corre siempre á longo de costa, á ménos de algun terralillo que en tiempo de aguas suele levantarse en la noche y madrugada, y no se tienen, ni se pudieran aprovechar aunque se tuvieran las tales variaciones. Las embarcaciones muy pequeñas no pueden seguir este sistema cuando las brizas son demasiado frescas, que desde la punta de la Aguja hasta la isla Fuerte las hay como temporales, porque la mar gruesa las ahoga, y no adelantan cosa, y así en tal caso les conviene mas bordear sobre la costa donde la mar es mas llana. Pero en buques grandes de resistencia, y bien aparejados, cuando las brizas son manejables, se deben prolongar las bordadas cuanto el viento diere de si, como hemos explicado.

ARTICTLO VII.

DESCRIPCION DE LA COSTAFIRME DESDE CARTAGENA A CABO CATOCHÉ.

? La descripcion que hasta aquí hemos dado de las costas, nos hemos atrevido á llamarla tal, porque con seguridad podemos decir que las noticias y datos de que nos hemos valido para formarla son de la mayor exactitud, y de consiguiente no puede haber error sino de cortísima consecuencia.

La situacion geográfica de Cartagena á Portobelo, que casi estan EO., y el hurtar la costa intermedia para el S. á formar el golfo del Darien, ha sido causa de que ella no haya sido visitada ni conocida de nuestros navegantes, que por necesidad se separaban de ella, porque así lo pedia lo mas directo y breve de su derrota; y como en este largo trecho no se abrió clase alguna de comercio con sus naturales, quedó su conocimiento reducido al poco exacto que de él nos dejaron sus descubridores, y la costa misma á la disposicion de cuantos querian traficar y establecerse en ella con notable perjuicio de los intereses del comercio hasta que una comision de dos bergantines al mando del Brigadier de Marina Don Joaquin Francisco Fidalgo, la reconoció y sitúo con la mayor exactitud.

En la descripcion del pedazo de costa anterior hablamos de las islas del Rosario y extremo meridional de la de Barú, y en ella dijimos que esta isla estaba separada de la Tierrafirme por un canalizo llamado de Pasa-Caballos: la boca septentrional de este canalizo desemboca en la primera bahía de Cartagena, y su boca meridional está en la culata de una grande ensenada que hace la isla de Barú con la costa, y se interna al NE.¹E. cerca de 12 millas: las puntas que forma la boca de esta ensenada son la me-

Ensenada de Barbacoas ó golfete de Barú.

ridional de isla Barú al occidente, y la llamada de Barbacoas en la Costafirme al oriente: esta ensenada, á que dan el nombre de Golfete de Barú, es limpia, con fondo desde tres á $9\frac{1}{2}$ y 10 brazas sobre arena fina y lama, siendo el fondo mas general de cuatro á cinco brazas: en ella hay muy buen abrigo de la briza, y para entrar es preciso resguardarse de los veriles de bajo fondo que despiden las islas del Rosario, y no olvidarse de la Tortuga, que es un placerillo de poco fondo que hay al S. 42° O. de la isla del Rosario, distancia 10 millas, con ocho brazas arena y piedra; advirtiendo tambien que al N. 41° O. de la punta de Barbacoas, distante una milla, hay un bajo, que su menor agua son dos brazas: otro al S. 80° O. distancia dos y un tercio millas, con una y media á dos brazas, á los que llaman de Barbacoas; ademas de estos bajos hay otros dos con los nombres del Atillo y Matunilla: el primero se halla al N. 25° O., distancia tres y media millas de la punta de Barbacoas, con fondo de un pie sobre piedra, y el segundo al NE.$\frac{1}{4}$N. cinco millas escasas de la misma punta con muy poca agua.

Desde la punta de Barbacoas corre la costa como al S. 8° O. la distancia de $15\frac{1}{4}$ millas hasta el fronton de Tigua; este es conocido, porque sobre él se levanta un cerro, que es el mas alto que hay en este pedazo de costa. Desde dicho fronton corre para el N. algo al O. un placer de poca agua, que en la punta del Comisario (que es la primera mas saliente al N.) sale al O. dos y media millas de la costa. Desde el fronton de Tigua hasta la del Boqueron ó punta San Bernardo hay 12 millas al S. 25° O.: al N. y E. de la punta de San Bernardo, y en direccion de la costa, hay dos islitas llamadas la mas septontrional de Jesus, y la mas meridional Cabruna. *Fronton y cerro de Tigua.* *Punta San Bernardo.* *Isletas de Jesus y Cabruna.*

La punta de San Bernardo es la SO. de un cayo de mangles anegado: entre él y la costa queda un canalizo estrecho que llaman el Boqueron frecuentado por canoas y piraguas.

46

Al S. 20° E. de la punta San Bernardo, distancia dos millas escasas, se halla un bajo de piedra que nombran el Pajarito, con su menor fondo de tres y dos tercias brazas, y su mayor de cuatro y media.

Bajo del Pajarito.

Al O. de la punta de San Bernardo se hallan las islas de este nombre, que son en número de 11, inclusas la de Jesus y Cabruna ya citadas, sin incluir algunos otros islotillos de poca consideracion : estas islas se extienden al occidente, comprendiendo sus veriles 15 millas, y del N. al S. 10, entre ellas se forman varios canalizos, cuya descripcion por menor se dará en el Derrotero ya citado, y que debe acompañar las cuatro cartas publicadas por esta Direccion de Hidrografía : solo advertirémos que el fondo del placer al O. y S. de estas islas es muy desigual, pues de pronto se suele pasar desde poca agua á mucha : todas estas islas son bajas con arboleda. El canal que resulta entre el placer del E. y SE. de la isla Salamanquilla y el occidental de la isla Cabruna, se dirige al N. 47° E., y á la inversa, cuyo ancho es de tres décimos de milla, y con fondo de 10 á 13¼ brazas fango, y cinco en los cantiles: los placeres tienen poca agua, y por consiguiente separándose del paso preciso, se estará muy arriesgado á una barada : el canal se halla mas próximo á la isla Salamanquilla que á la do Cabruna, por lo tanto se deben aproximar mas á la primera, que si los tiempos son claros se descubrirá el placer de ella, lo que facilitará el paso con ménos riesgo ; pero en dias cubiertos el escandallo será la única guia.

Islas de San Bernardo.

Canal de Salamanquilla.

Para pasar este canal viniendo del N., luego que se hayan rebasado las islas del Rosario por su parte del O., se pondrá la proa al cerro de Tigua ; teniendo presente que el placer de poco fondo, llamado la Tortuga, está al N. 63° O. de dicho cerro, cuya marcacion servirá para darle el correspondiente resguardo ; esto es, que no se pondrá la proa á dicho cerro cuando este demore al S. 63° E. sino ántes ó despues, y así se navegará hasta poner al S.

Paso del canal de Salamanquilla.

la isla mas oriental de las de San Bernardo, llamada Salamanquilla, desde cuya situacion se enmendará el rumbo á SSE., hasta que demorando el cerro de Tigua al NE., se gobierne al SO., y manteniendo siempre la dicha marcacion, se procurará tener presente lo dicho anteriormente sobre el paso de Salamanquilla, llevando vigías que tengan cuidado con los placeres que de ambas partes salen, y que, como se ha dicho, se manifiestan bien.

Rebasado el canal de Salamanquilla, estando tanto avante con la punta de San Bernardo, se descubrirá la grande ensenada de Tolú, ó por otro nombre el golfo de Morrosquillo, el cual está formado por las islas de San Bernardo al N., y la isla Fuerte al S., que corre con la de Caycen mas meridional de aquellas N.46ºE. y S.46ºO., distancia 26 millas : todo este golfo es hondable con fondo de 10 á 25 brazas de agua lama verdosa ; por lo tanto puede dejarse caer un ancla en cualquiera parte en la estacion de brisas flojas, calmas y vientos variables. *Golfo de Morroquillo.*

Al S. 33¼E., distancia 13 millas escasas de la punta San Bernardo, en el fondo del golfo está la villa de Santiago de Tolú situada á orillas de la mar : dista esta villa de la boca del puerto de Cispata 13 millas al S.63ºO., hallándose en la latitud N. 9º 30' 56''. *Villa de Santiago de Tolú.*

El terreno en las inmediaciones de esta villa es llano con sabanás que se extienden al norte. este y sur, terminadas por el oriente por una cordillera de sierras, en la cual sobresale un monte alto, formando dos mogotes redondos, por lo cual llaman Tetas de Tolú, que distan de dicha villa 12 millas al E., siendo este uno de los puntos de reconocimiento de esta costa.

Para pasar por el O. de las islas de San Bernardo, es preciso desatracarse de la mar septentrional, llamada Tintinpan, como seis millas, y no meter nada para el E. hasta que la punta de San Bernardo demore al E.¼NE., con cuyo rumbo se podrá hacer por ella si quisiere. Los que se dirijan á Santiago de Tolú les es muy conveniente em- *Tetas de Tolú.*

bocar por el canal ya dicho de Salamanquilla, y luego que
se esté tanto avente en la punta de San Bernardo se verán
las Tetas de Tolú, con cuya marca podrán dirigirse á dicha
villa: los demas cerros que se verán al S., el mas oriental
se llama del Santero, y demora desde la punta de San
Cerros del Bernardo al S. 5ºO., distancia 21 millas, y el mas occiden-
Santero y
Cispata. tal, llamado de Cispata, al S. 20ºO., distancia 25 millas,
bajo del cual y al N. está el puerto de este nombre: este
cerro es mas bajo que el del Santero; y para dirigirse al
puerto de Cispata se gobernará poniendo la proa entre
los dos, con consideracion á lo que se tiene dicho anteriormente.

Puerto de
Cispata. La boca de este puerto se halla al S. 16ºO., distancia
17¼ millas de la punta de San Bernardo; y la punta de
Zapote, que es la oriental de este puerto en latitud N.,
9º 24′ 19″, y longitud occidental de Cádiz 69º 34′ O.,
siendo la occidental la de Terraplen y Balandra, entre las
cuales hay la distancia de una milla larga: las puntas de
Terraplen y Balandra son de mangles altos y avanzados
en el agua; desde dicha boca se interna el puerto de Cispata al S. 64ºO. distancia siete millas: este puerto está
resguardado de mares y vientos, y el mejor fondeadero se
encuentra sobre la costa del N. entre las puntas de Balandra y Navíos, siendo esta última muy notable por salir
al S.: los riesgos de este puerto pueden verse en el Portulano, publicado por esta Direccion de Hidrografía; pueden
servir para el reconocimiento exacto de este puerto las
sierras ya dichas de Santero y Cispata: la medianía y punto
superior de la primera se halla al S.48ºE., distancia de
cuatro millas largas del fronton de Zapote, en la inmediacion de esta sierra, y al occidente de lo mas N. se halla el
pueblo de Santero, distancia dos millas largas de la ensenadita de Zapote: la sierra de Cispata tiene su punto superior
al S. 27º y 30′O. de dicho fronton, distancia ocho millas
largas.

Rio Sinú. En lo interior del puerto de Cispata desagua el rio Sinú.

que formando casi un semicírculo por el O. y S. pasa por
la falda meridional de los cerros de Cispata, incluyendo
hasta este punto los pueblos de San Bernardo del Viento,
en la orilla izquierda San Nicolas, y Santa Cruz de Lorica
en la derecha.

Desde la punta Mestizos, que es la mas N. del puerto
de Cispata, corre la costa al S. 81°O. S. 70°O. y S. 63°O.
hasta la punta de Piedras en distancia de 17¾ millas : en
este intermedio y á los rumbos referidos se halla la Ciénaga de venados y punta del Viento, entre los cuales es
donde sale mas el placer de esta costa, pues se extiende
desde el N. al O. tres y media y seis y dos tercios millas
con fondo de tres, cuatro y cinco brazas arena y piedra,
y tambien arena y lama.

La punta de Piedras forma un fronton en direccion Punta de
de S. 40°O. y N. 40°E., distancia tres millas : es mediana- Piedras.
mente alta, escarpada y sucia en la orilla : en su extremo
NE. forma una pequeña ensenadita, al N. de la cual y á
distancia de dos cables hay un faralloncito con unos bajos
al NO., distancia media milla, que se extienden de NE.
á SO. una milla escasa : tiene algunas piedras sobre el agua,
y otras que solo velan á baja mar ; su fondo es desde una
y media á dos brazas : el que baraje esta costa debe tener
cuidado con el escandallo.

Al extremo SO. del fronton de punta de Piedras lla- Punta de
man punta de la Rada, desde la cual y al S. 39°O., dis- la Rada.
tancia cinco millas largas, está la punta de Broqueles baja Punta de
y de piedra con un arrecife que sale hácia el N. como dos Broqueles.
cables : inmediato á este arrecife y á corta distancia se halla
el bajo del Toro : entre la punta de Broqueles y la de la
Rada se forma la ensenada de este nombre, de costa baja Ensenada
y de playa, aplacerada con tres y media brazas sobre fondo de la Rada.
lama, á distancia de ocho á nueve décimos de milla : al SE.
de esta ensenada se verá una sierra tendida de NE. á SO.,
notándose tres picos, que el mas alto y grueso demora al SE.
de la punta Broqueles como cinco millas.

El extremo NE. de la isla Fuerte demora desde la punta Mestizos al S. 84°¼O. 21½ millas, y al N. 57°O. seis y media de lo mas NE. de punta de Piedras; esta isla tiene de extension de N. á S. una y cuarto millas, y algo ménos del E. al O. Es alta en su medianía, cubierta de árboles y palmas reales, que sobresalen de aquellos: no es abordable sino por la punta S. llamada de Arenas, pues está circundada de arrecifes con varias piedras dispersas, que unas velan y otras no: en el placer fuera de los arrecifes, y aun en ellos, hay desde dos y hasta cuatro brazas de agua sobre piedra y arena gruesa. Ademas de estos placeres que circundan la isla hay otros dos pequeños, el uno con cinco brazas de agua arena al SSO. de la isla, distancia una milla, y el otro con seis brazas arena y cascajo al S. 28°E. de la punta de Arenas distancia una milla larga. El canal entre esta isla y la Costafirme es desde siete hasta 15 brazas: puede verse esta isla desde la cubierta de un bergantin ó goleta á la distancia de 20 millas.

Al S. 49°O. de la punta Broqueles, distancia como 56 millas, está la punta de Caribana, que es la mas septentrional del golfo de Urabá ó del Darien del norte; la costa intermedia forma ensenadas, internándose seis millas y algo ménos, encontrándose en este espacio el fronton y cerro del Tortugon, que es notable, las puntas de Arboletes, San Juan y Sabanilla, la de San Juan es escarpada y alta, lo restante es bajo en la orilla con playas de una á otra punta, y en lo interior es de serranía baja, que termina en las proximidades de los cerros de Sabanilla, que estan al SSE. de la punta de este nombre, como cuatro millas. Toda esta costa es aplacerada, por lo que en tiempo de brizas flojas, ó vientos variables y calmas, puede dejarse caer un ancla mas ó ménos cerca de la costa, segun el porte de los buques. No hay mas estorbos en ella que el farallon que se halla al S. 39°O., distancia una y media milla larga de la punta Broqueles: la isla Tortuguilla, que demora desde dicha punta al S. 37°O., distancia 16 millas, y EO. con corta diferencia del fronton y cerro del Tortugon, distancia cuatro millas largas : y el bajo de Gi- Bajo de Gigantones. gantones, que por estar al SO. de la punta de Sabanilla, distancia de una milla larga y próximo á la costa, no tiene riesgo alguno, á ménos de no aproximarse á dicha punta 6 á la de Gigantones. La isla Tortuguilla es baja, pequeña y cubierta de árboles, y al N. le sale un pequeño arrecife con poquísima agua.

La Punta de Caribana, que como se dijo es la mas Punta de Caribana. septentrional del golfo de Urabá, es baja, con árboles, circundada de piedras próximas, y es muy notable porque desde ella se dirige la costa al S. á formar el golfo dicho, y tambien por el cerro del Aguila que se halla próximo á su punta: la que se halla en latitud N. de 8° 37′ 50,″ y longitud de 70° 35′ 45″ al O. de Cádiz, y desde ella demora el cabo Tiburon, que es el mas occidental que forma le golfo del Darien al N. 84° O. distancia 28 millas largas.

El cerro del Aguila, aunque de mediana altura, es notable por hallarse aislado en medio de un terreno bajo.

Los bajos de la punta de Caribana se hallan en el extremo Bajos de la punta de Caribana. SO. del placer general de la costa ya descrita, y el cantil de cinco brazas de agua se avanza de dicha punta cuatro millas al NO.¼N.

En esta extension y direccion próximamente hay dos escollos, el uno poco distante de la punta expresada que en parte vela, y el otro mas separado de ella con poca agua. Desde el veril de cinco brazas aumenta el fondo para afuera á seis y siete fondo arena, y sucesivamente á mas, de modo que al NO. de la punta Caribana, distancia seis millas largas, se encuentran 10 y 11 ,brazas arena lamosa : á las 11 millas 22¼ lama ; y por último, á las 14 millas 35 brazas igualmente lama. Esta sonda y la marcacion al cerro del Aguila podrá servir de direccion á aquellos que se dirijan al dicho golfo, advirtiendo que luego que el cerro del Aguila demore al E., se estará enteramente libre de los bajos de la punta de Caribana, y podrá dirigirse al golfo del Darien sin cuidado alguno, atracando la punta de Arenas, que demora al S.35ºO. de la de Caribana cinco y un tercio millas, pues toda ella es muy hondable.

Golfo de Urabá ó del Darien del N. Este golfo, como hemos dicho, tiene su entrada entre la punta de Caribana al E., y el cabo Tiburon al O. : todas las costas del E. y S. de él hasta la bahía de la Candelaria ofrecen fondeadero seguro en todos los tiempos del año; pero lo restante hasta el cabo Tiburon es muy brava en tiempo de brizas, sin resguardo alguno sino para embarcaciones pequeñas; pero en tiempo de vendavales se puede dar fondo en cualquiera parte del golfo sin viento ni mar que incomode.

La punta de Arenas del N. con la del S. forma un fronton bajo de dos millas largas de extension, y corren una con otra S. 19ºE., y N. 19ºO. : estas dos puntas forman el malecon occidental de la laguna del Aguila, que se extiende al E. cinco y dos tercios millas, y de N. á S. tres millas con varias isletas bajas en su centro, teniendo su orígen en el extremo meridional del cerro del Aguila de que hemos hablado.

Desde la punta de Arenas del S. sigue la costa para el E. la distancia de cinco y media millas hasta el rio Salado, formando así una lengua de arena saliente al mar, que aunque muy baja, es muy hondable, y se puede atracar á ménos de una milla.

Desde el rio Salado corre ya la costa al S. con alguna inclinacion para el E·, y toda ella es baja con algunos cerritos á trechos, y tan aplacerada y limpia que se puede recorrer sin mas cuidado que el del escandallo. Desde la punta y cerro de Caiman, que dista de rio Salado 14 millas, ya es la tierra de ambas costas del golfo, hasta la boca principal del rio Atrato anegadiza, sin descubrirse cerro alguno en ella; y desde el rio Suriquilla, que está en lo mas meridional del golfo para el N. y O., como la delta ó desagüe del gran rio de Atrato ó del Darien. La bahía de Candelaria, que está formada por esta tierra anegadiza del desagüe del rio, demora desde el cerro del Caiman como al S. 49° O. la distancia de 12 millas. Para navegar por toda esta costa de la culata del golfo desde la punta del Caiman en la oriental hasta bahía de la Candelaria en la occidental, no hay mas reglas ni mas acidado que el escandallo, ni tampoco hay riesgo alguno, pues se puede fondear donde acomode, ó donde la necesidad lo exija.

El objeto principal y único de entrar en el golfo del Darien no puede ser otro que el de aprovecharse de la fácil conduccion que ofrece el rio Atrato para internar los efectos de introduccion, y sacar los de extraccion : así, sin embargo de que este rio se derrama en el mar por las muchas bocas que en gran distancia forman los anegadizos y tierras inundadas que se ha dicho, solo ocho de ellas son navegables para botes y lanchas, y de todas estas ninguna ofrece la ventaja que proporciona la de Faisan chico, que desemboca en la punta meridional de la bahía de la Candelaria, pues fondeando en esta, las embarcaciones hallan abrigo de la mar, y tienen muy á la mano la boca por donde han de subir los efectos que conduzcan.

Las costas de esta bahía son tan bajas, que por la mayor parte estan inundadas aun en la marea baja, y ori- *Bahía de la Candelaria.* lleadas de mangles, cañaverales y juncos, de modo que solo la punta NO. de la bahía se descubre en seco. La boca ó entrada de la bahía desde la punta NO. hasta la del SE., donde desagua el brazo del Faisan chico. tiene cerca de dos millas de amplitud; pero está orilleada la bahía de un banco y placer de arena, que saliendo al SE. de la punta NO. una milla, la reduce y estrecha á solo una milla escasa; tambien de la punta SE. sale este banco ó placer; pero solo es á cable y medio, y dentro de la bahía se estrecha mucho con la costa del S., y al contrario sale mucho de la del NO.; el espacio de buen fondo que *Instruc* queda es de milla y tercio en todos sentidos. Para tomar *cion para* *tomar la* esta bahía es menester mucho cuidado con el escandallo, *bahía de* procurando no bajar de 18½ ó 19 brazas en su entrada, ni *Candela* *ria.*

47

de 13 dentro de ella: esta advertencia es muy necesaria, porque el banco de arena que la circunda es tan acantilado, que de 14 brazas se pasa á cinco, y de estas á barar: cuidando de conservar el braceage dicho, se irá por medio freu, que se halla como á cuatro cables de la punta SE.; y tambien será muy oportuno llevar vigía en alguna verga, porque el color del agua avise del canal de poco fondo. El brazo de Faisan chico tiene en su barra tres pies de agua, y la marea sube dos en todo este golfo del Darien.

Desde la punta NO. de la bahía de la Candelaria corre la costa baja y de manglar al N. 10° O. la distancia de cinco millas escasas hasta la de la Rebesa, desde la que á los cayos de Tarena como al ONO. la distancia de siete millas: en toda esta costa sale placer de poco fondo formado por los desagües del rio, cuya boca principal se halla á un tercio de distancia entre la punta de la Rebesa y cayos de Tarena; así es menester no atracarla á ménos de dos millas. La punta de la Rebesa, que tambien se llama del **Punta y fondeadero del Chocó.** Chocó, forma un redoso, donde hay un hermoso fondeadero muy abrigado de los nortes y brizas, y para tomarlo no hay que advertir sino que se procure atracar como á cable y medio dicha punta por su parte del sur: y luego que se esté tanto avante con ella, ó lo que es lo mismo al O. de ella, ó algo mas internado en la ensenada, si se quiere se dé fondo por 14 ó 15 brazas.

Pico de Tarena y sierras de Candelaria. Sobre esta costa y al S. de los cayos de Tarena se ve un monte llamado el pico de Tarena, desde el cual se levantan unas sierras muy elevadas que corren para el NO.; y de varios picos que forman, el mas meridional se llama de Candelaria, y el mas septentrional, que está sobre el cabo Tiburon, se llama pico del Cabo; el pico que á este se le sigue al sur se llama de Gandi.

Islotes Tutumátes, Tambor y Volanderos. Desde cayos Tarenas corre la costa como al N. 28° O. la distancia de 10 millas hasta los Volanderos: toda ella es alta, y se hallan varios islotes, de los que los primeros, que se llaman Tutumates, son tres limpios, y salen de la costa media milla. A estos se sigue el llamado Tambor, que tambien está separado de la costa algo mas de media milla ; aunque este es limpio, téngase presente que á su parte del NNE., y á distancia de media milla, tiene un bajo de piedra que vela, entre el que y el islote hay paso ; pero lo mejor será ir siempre por fuera. Al O. de este islote forma la costa una ensenada llamada puerto Escondido, que solo admite embarcaciones chicas por su poca capacidad : al Tambor se le siguen los Volanderos, que es un islote grandecito, con otros á su parte del sur mas pequeños, todos muy limpios y hondables, y que no salen de la costa arriba de tres cuartos de milla.

Desde el Volandero grande sigue al N. 55oO. la distancia de tres millas hasta el islote Piton, que es muy limpio, separado de la costa como media milla : desde aquí corre al N. 65oO. la distancia de seis millas hasta punta de Gandi, formando una ensenada de playa llamada de Tripo-Gandi. Desde punta de Gandi sigue como al NNO., y á distancia de una y dos tercios millas en que se halla la punta de rio Gandi, que con la de este nombre forman la ensenada de Estola ó de Gandi, en donde desaguan los rios de estos nombres, dicha ensenada es de poca consideracion. Costa intermedia hasta cabo Tiburon.

Al N. 16oO., distancia seis y media millas largas de la punta de Gandi, está el islote llamado el Tonel, muy limpio y hondable, especialmente por su parte del E., el cual está separado de la costa como una milla larga. Desde este islote al cabo Tiburon hay seis y media millas al N. 42oO. Toda esta costa, de que hemos hablado, desde cayos Tarenas hasta cabo Tiburon es alta, escarpada, hondable y muy brava en tiempo de brizas, por lo que conviene no atracarla, y sí arrimarse á la costa oriental del golfo, pues que en ella no solo se halla la comodidad y seguridad de poder fondear donde se quiera, sino que por no haber mar se puede barloventear mas, y ahorrarse mucho tiempo.

Cabo Tiburon. El cabo Tiburon, que como hemos dicho, es el término NO. de la costa occidental del golfo, es de piedra, alto y escarpado, y saliente en direccion al NE., forma un istmo, por el cual al S. y al O. se forman dos puertecitos; el primero por su estrechez es de muy poca consideracion, el **Puerto de** segundo es mayor, y llaman de la Miel; en él hay buen **la Miel.** tenedero, pues su mayor fondo es de 12 á 13 brazas arena y fango.

Punta y Al N. 62ºO., distancia 13 millas del cabo Tiburon, está **pico de** la punta y pico de Carreto, que es la oriental del puertecito **Carreto.** de este nombre : entre ambos puntos se interna una ensenada con profundidad de dos y media millas, á que llaman **Ensenada** ensenada de Anachucuna : todo su orilla es de playa al pie **de Ana-** de las sierras altas sin punto notable : al NO. de esta en-**chucuna.** senada, y á distancia de dos millas de la punta Carreto, hay **Puerto Es-** un pequeño puertecito que llaman puerto Escondido, solo **condido.** útil para contrabandistas.

Puerto La punta y pico de Carreto se dijo que era la oriental **Carreto.** del puerto de este nombre : la occidental la forman unos islotes de varios tamaños, y entre ambos puntos hay una y media milla de distancia siendo lo mas ancho, pero lo mas angosto de la boca es solo de una milla : este puerto es de forma semicircular, y se interna como una milla : su fondo no baja de tres y media, ni pasa de ocho y media brazas fondo arena : á pesar de estas buenas cualidades tiene la contra de estar descubierto de las brizas del NE. y de sus mares, con poco abrigo de los del NO., y solo será útil para la estacion de calmas y vientos variables.

Bajos de Al N. de este puerto y á distancia de una milla larga hay **Carretos.** dos bajitos próximos, y estan entre sí del NE. al SO. con seis brazas piedras, y en su inmediacion hay de 20 á 25 brazas : rompe la mar en ellos con las brizas frescas.

Punta Es- Al N.48ºO., distancia siete millas de la punta y pico **coces.** Carreto, está la llamada Escoces, cortando este arrumba-**Punta de** miento varios islotes de distintos tamaños que de la punta **los islotes.** de este nombre salen como al NNE. la distancia de una milla larga : hasta esta punta (que dista de punta Escoces tres millas escasas) la costa es alta y escarpada, y lo restante hasta punta Escoces mas baja y con playa.

La punta de Escoces es la SE. de una ensenada llamada de Carolina, siendo la del NO. la isla grande del Oro ó Santa Catalina, que corren un punto con otro N. 40°O. S. 40°E., distancia de cuatro millas, y se interna con respecto á este arrumbamiento uno y dos tercios millas. Al SE. de esta ensenada ó bahía está el puerto Escoces ó Escondido, que se interna á este rumbo tres millas escasas formando un buen abrigo : hay algunos bajos, como se manifiestan en el plano publicado, núm. 23 del Portulano de la Costa-firme, y segun él puede todo buque dirigirse á este fondeadero, pues se hallan cinco, seis, siete y ocho brazas de agua fondo arena. *Ensenada de Carolina. Puerto Escoces ó Escondido.*

La isla grande del Oro es alta, y tiene al S. 1,8 millas, una isla chica llamada San Agustin, y á dicho rumbo de esta poco mas de un cable el islote de Piedras, que sin duda toma este nombre por las muchas de que está rodeado. *Isla grande del Oro, la de S. Agustin é islotes de Piedras.*

Entre dicho islote, al N. la punta occidental del rio Aglatomate al S., y la de San Fulgencio al SO., se forman la ensenada de Carolina ó Calidonia, y el canal de Sasardi. *Ensenada de Calidonia.*

La ensenada de Calidonia en rigor está formada por las dichas puntas ya mencionadas que corren una con otra N. 25°O., y al contrario la distancia de una milla. Esta ensenada es limpia y hondable con playa en la mayor parte de su costa, y como en la medianía desemboca el rio Aglaseniqua. El fronton de San Fulgencio es saliente, escarpado y limpio, y hace tambien ensenada á su parte del O. con bajo fondo, orilleada de mangles y con varios cayos. *Punta y fronton de San Fulgencio.*

Entre esta punta de San Fulgencio, las islas grandes del Oro, la de San Agustin, islote de Piedras y los cayos de mangles, que estan al O. de estas, se forma el canal de Sasardi, cuya entrada SE. tiene de extension de veril á veril como cuatro cables con corta diferencia, y con fondo *Canal de Sasardi.*

de 9 á 12 brazas lama, y mas dentro de 8 á 10, como así-mismo entre el cantil del placer del islote de Piedras y la ensenada de Calidonia el fondo es de 7 á 15 brazas, y el espacio de mar que media entre dicha ensenada y el puerto Escondido es muy hondable; pero al S. 55°E. del islote de Piedras, á distancia de una milla escasa, revienta la mar cuando la briza es fresca.

Estos puertos son igualmente abrigados de los vientos y mares de ambas estaciones con buen fondo; pero son preferibles los del canal de Sasardi y la ensenada de Calidonia, por poderse entrar y salir en ellos con mas facilidad, ménos riesgo, y con todos vientos, lo que no puede egecutarse en puerto Escoces.

Al N. 52°O., distancia cuatro y dos tercios millas del extremo E. de la isla grande de Oro, está el extremo occidental de dos grandes islas, que con los arrecifes bajos y multitud de islotillos que desde aquella salen para el NO., forman con la costa el canal de Sasardi, cuya boca NO. la forma dicha punta occidental de las dos grandes islas con el fronton de Sasardi, cuya abra es de tres cuartos de milla : este canal tiene muchos bajos, y por lo tanto de ninguna utilidad; tanto mas que no hay poblacion ninguna en su inmediacion : los que quieran entrar en él no pueden hacerlo sino con vientos largos.

Canal NO. de Sasardi.

Entre la punta oriental de la isla grande de Oro y la boca NO. del canal de Sasardi salen unos arrecifes con dos islotes en el extremo, que demoran desde la punta E. de dicha isla grande de Oro al N. 25°O., distancia dos millas, y del extremo mas SE. de las islas grandes ya dichas, como al NE. Tambien al O. del fronton de Sasardi, distancia una y media milla, hay un placer de poco fondo.

Fronton de Sasardi.

El fronton de Sasardi es saliente, redondo y escarpado, circundado de arrecifes próximos á su costa.

Desde lo mas saliente de este fronton demora lo mas SE. de la isla de Pinos al N. 5°O., distancia dos millas largas, en cuyo intermedio la costa forma varios ancones de poca cosideracion, con sus puntas escarpadas y circundadas de arrecifes: á la parte del O. de dicha isla está la ciénaga de Nabagandi, cerrada su boca por arrecifes, y forma un canal con dicha isla de dos cables lo mas angosto, y con fondo desde una y media á cinco y media brazas de agua.

La isla de Pinos es alta con loma tendida, en la que sobresalen dos puntas notables, cubierta de monte, y tendida por su mayor extension del NO.¼N. al SE.¼S. la distancia de una milla larga, siendo su mayor anchura una escasa: sus costas NE. y S. son escarpadas y estan revestidas de arrecife muy próximo. La punta NE. de esta isla se halla en latitud N. de 16º 15′ 28,″ y longitud de 71º 33′ 10″ al O. del meridiano de Cádiz. Al N.¼NO., distancia dos y media millas del extremo N. de la isla de Pinos está la de Pájaros, baja, estrecha y cubierta de maleza, rodeada de arrecifes, y con fondo en sus cantiles de siete y ocho brazas piedra. Desde este punto empieza el inmenso archipiélago de las Mulatas, compuesto de islas, cayos bajos y arricifes, formando entre ellos y en costa firme muchos surgideros, y canalizos muy abrigados y seguros en todos tiempos, terminando en la punta de S. Blas: la costa en lo interior es alta de serranía, con picos notables, que estando situados en la carta de este trozo de costa pueden servir para dirigirse á los muchos fondeaderos que comprende.

Los canales que se forman en este espacio son el de Pinos, Mosquitos, Cuiti, Zambogandi, de Punta Brava, de Cocos, Rio de Monos, Ratones, Playon grande, Puyadas, Arévalo, Mangles, Moron, Caobos, de Holandeses, Chichimé y de San Blas, mas ó menos libres, como se verá por la inspeccion de la carta, y de cuyo, pormenor se hablará en el derrotero que acompaña á las cartas ya publicadas construidas por el Brigadier de la Armada española D. Joaquin Francisco Fidalgo, de que ya hemos hablado anteriormente. Solo dirémos que estando al N., distancia una legua de la isla de Pájaros, y haciendo los rumbos del NO. 25 millas, y N. 65º O. 38½ millas, se pasará libre de estos

Isla de Pinos

Isla de Pájaros.

Archipiélago de las Mulatas.

Canales en el archipiélago de las islas Mulatas.

peligros, y en cuyo último punto se estará al N. de los cayos mas orientales del grupo del Holandes, á distancia de cuatro y media á cinco millas.

Por los rumbos citados se pasará por fuera de los arrecifes al principio, á distancia de una y media millas y dos, y consecutivamente á cuatro y cinco y media, quedando al arbitrio del navegante pasar á mas distancia, segun le convenga.

Punta de San Blas.

Diez y siete millas al O. de los cayos mas orientales del grupo de Holandes está la punta de San Blas, por latitud N. de 9º 34' 36'', y longitud 72º 44' 24'' al occidente de Cadiz: es baja, y termina al extremo NE. del golfo de San Blas, que su boca se extiende de N. á S. hasta el fondeadero de Mandinga seis millas, y desde esta linea al O. igual número: sus costas son bajas y de mangles que se avanzan al mar.

Al E. de esta punta de San Blas, y á distancia de una y tres cuartas millas, salen unos arrecifes con varios cayos, de los que al mas oriental llaman cayo Frances, desde el que para el SO. y O. se extienden los demas hasta el número de 12; y al E. de estos hay muchos placeres é islas que hacen parte de las islas llamadas Mulatas, que forman varios canales.

Fondeaderos en el golfo de San Blas.

Para ir á este golfo y fondear en él, bien sea en la bahía inglesa que está al SO. de la punta de San Blas ó en la de Mandinga, que hemos dicho está al S., el único paso mas cómodo es por el canal Chichimé y el de San Blas.

Canal de Chichimé.

El de Chichimé está formado al O. por los cayos de la punta de San Blas; al E. por el arrecife y grupo de cayos de Chichimé, y al S. por otro grupo circundado de arrecifes, que algunos llaman cayos de Limon.

Canal de San Blas.

El canal de San Blas lo forman estos mismos al SE., y los de San Blas al NO. El primero tiene de extension entre sus cantiles tres millas largas y el segundo uno tres cuartos.

Instruccion para entrar.

Para entrar en este golfo es menester abrir la boca del canal de Chichimé hasta ponerse N. S. con el segundo islote, empezando á contar desde el O. de los de Limon, desde cuya situacion se gobernará al S. hasta estar como al traves ó algo mas al N. de cayo Frances, que entónces gobernará al S. 50°O., á fin de pomediar el canal de San Blas, que como se ha dicho es de una y tres cuartos millas de aucho entre los arrecifes del islote mas OSO. de cayos Limon, llamado el Gallo, y el arrecife que está al S. de cayo Frances, dirigiéndose de este modo á fondear, bien sea al N. del golfo ó á la ensenada de Mandinga: para ir á esta servirán de baliza los cayos que estan al N. de punta Mandinga, que el mas saliente, llamado de Cabras dista de dicha punta una milla; advirtiendo que al N. 10°O., distancia una milla escasa de dicho cayo de Cabras: hay un cayito de arena, á quien debe darsele resguardo, y un placer con una y una y media brazas al N. 69°O. de dicho cayo, distancia una y media milla larga, por entre los cuales debe pasarse: por lo demas el fondeadero de Mandinga es abrigado y con fondo suficiente para cualquier clase de buques. En el golfo y salientes de su fondo tres y un cuarto millas hay varias islas y cayos con placeres, que el mas avanzado al E. se llama cayo Maceta, á quienes se debe dar resguardo en caso de quererse internar.

También hay otro canal, como hemos dicho ántes, llamado del Holandes, que es el mayor de todos los que forman las islas Mulatas, y su boca está formada al E. por el extremo de los arrecifes del grupo de cayos de Holandes con los del NE. del cayo de Icacos, que dista un cayo de otro tres millas escasas del N. 55°E. y S. 55°O.; siendo el menor fondo de este canal 15 brazas fondo arena; pero al ONO. de cayo Holandes, distancia una y media milla larga, se encuentra un bajo fondo que de N. á S. se extiende media milla, con seis y siete brazas de agua fondo piedra: el cual rompe por poco que arbole la mar: puede pasarse este canal por el E. y O. de él; pero siempre será mejor ejecutarlo por el E. cerca de los arrecifes del grupo de Holandes, cuyas rompientes servirán de baliza, y dirigirse despues á

Cayo Icacos. la parte oriental de cayo Icacos. Este cayo ó isla es de terreno firme cubierto de monte alto, dándole nombre los árboles de Icacos, de que tiene abundancia. Desde el meridiano de la isla Icacos, por el S. de ella se dirige el canal de Holandes al O.¼SO. por la medianía hasta el fondo del golfo de San Bias, limpio, y con fondo de 23 á 27 brazas sobre lama, con anchura de dos y media á tres millas entre grupos, cayos sueltos y arrecifes; pero libre y cómodo para voltejear en él en caso necesario, y dirigirse á los fondeaderos ya dichos.

Cayo de Piedras. Al N. 49ºO., y á distancia de media milla larga de la punta de San Blas, se halla la N. de su fronton baja y de mangles en cuyo intermedio hay un cayito llamado de Piedras, y otros bajos que se dan la mano con los del cayo Frances. **Cayo del Perro.** Al N. 34ºO. distancia un cuarto de milla de la última punta, se avanza al mar un cayo llamado del Perro, que está unido con los arrecifes que igualmente vienen de cayo Frances con direccion al O., terminando en una isla que está frente á una ciénaga, y á distancia de una y un cuarto milla.

Punta de Cocos. Desde el citado cayo del Perro continúa la costa 10 millas escasas al S. 88ºO. hasta la punta de Cocos, que está al oriente de la boca de puerto Escribanos: el intermedio de esta costa es casi seguida, baja y de ribazos con arrecifes en la orilla y alguna ensenada; lo mas visible de **Punta del Mogote.** ella son la punta del Mogote, que es delgada, poco saliente y con un morrito encima: la del cerro Colorado, que es redonda, escarpada y poco saliente, y la de playa colorada, **Punta de cerro Colorado** que es redonda y circundada de arrecifes que se avanzan un cable.

Punta Escribanos. La punta de Cocos se avanza al mar, y desde ella demora la de Escribanos al S. 80ºO. una milla y un tercio, en cuyo intermedio hace la costa ensenada, hallándose por **Puerto Escribanos.** su medianía el puerto Escribanos, internándose desde su boca media milla al S.: este puerto es muy aplacerado, con una y una, y media brazas de agua: fuera de él, y á uno y otro lado hay arrecifes con muy poca agua, y en el canal que forman se encuentran de tres y media á siete brazas.

Al NE. de la boca de este puerto se hallan los place-res, á que se les da el nombre de bajo de Escribanos: estos son dos, y se componen de arrecifes con poquísima agua sobre ellos, y próximo uno de otro. El mas inmediato á la costa, que su islote dista de la punta de Cocos dos millas escasas, se extiende del OSO. al ENE. una milla: el otro arrecife se halla como al ONO. del islote ó piedra dicha, y se extiende del E. á O. una milla escasa: ambos son acantilados con tres y cuatro brazas de agua, hallándose de 9 á 13 en el placer, fondo cascajo y arena gruesa. En el canal que forma el bajo mas SE. y la punta de Cocos hay de 10 á 13 brazas, disminuyendo á seis y cinco hácia uno y otro lado.

El placer de Escribanos está al NO.¹O. próximamente del bajo del mismo nombre, distancia cinco y media millas: está tendido del N. 56 O. al S. 56°E, en distancia de dos millas escasas, con fondo de cinco y media á ocho brazas piedra; y al N. de él distancia como dos cables de su cantil, se hallan 18 y 34 brazas: con mares gruesas rompen estas sobre el placer; lo que podrá servir de guia, y cuando no, las vigías en los topes: en el canal, entre este placer y el bajo Escribanos hay fondo de 9 á 18 brazas de agua, arena, cascajo y piedra. La parte NO. de él está al N.32°O., distancia ocho y un cuarto millas de la punta Escribanos.

Al N. 81°O. de punta de Cocos, distancia 19½ millas está la punta de Terrin é islote Pescador: entre la primera y punta Quingongo, que distan una de otra ocho y media millas y NS. con el placer de Escribanos, está el islote Culebra, que dista de su punta dos tercios de milla como al NNO. Siguiendo al O. se encuentran la punta é islote Quengo. Puerto Escondido, que está algo al O. de esta punta, no es mas que una ciénaga chica, punta Cha-

[marginal notes:]
Bajo Escribanos.

Punta Terrin.
Punta Quingongo, é islote Culebra.

Punta é islote Quengo.

Punta Chagachagua. guachagua y la de Macolla, que son los puntos ,mas notables de ella. Las sierras que á lo largo de la costa continúan desde las del Darien hácia las de Portobelo son bastante notables, siéndolo algo mas el cerro llamado de la gran Loma ó Gordo, que está al S. $42°\frac{1}{2}$O. del islote Culebra. distancia siete millas largas, y puede servir de reconocimiento para resguardarse del bajo y placer de Escribanos: este cerro es poco mas alto que la cordillera en que está; su cumbre es gruesa y de alguna extension.

Cerro Gran Loma ó Gordo.

Islote Pescador. El islote del Pescador dista de la punta de Terrin como dos cables al N. 43°O., y la punta está circundada de arrecifes, que se extiende al N. un cable y media milla al O., continuando hácia el SSO. á envolver tres islas que estan entre dicha punta y la NE. del puerto de Nombre de Dios.

Entre la punta Terrin, el islote Martin Pescador, y punta del Manzanillo, que el primero está al N. 64· O. de dicha punta, distancia cuatro millas largas, y la segunda al N.72· O., distancia de cinco millas, se forma una gran ensenada que se interna al SO. tres escasas, y al O. y NO. dos millas hasta el fondo de la ensenada de San Cristóbal: en el extremo oriental de esta ensenada y al S.49·O., distancia una y media milla, está la punta O del puerto de Nombre de Dios circundada de arrecifes, así como la del E.; aunque de esta parte son mas salientes.

Ensenada de San Cristóbal.

Puerto Nombre de Dios. Este puerto es pequeño, y la mayor parte de sus costas con arrecifes y bajo fondo: su braceage libre es de tres y medias, cuatro y cinco brazas en la boca; lo demas de esta grande ensenada es inútil para en tiempo de brizas, y de su fondo salen los arrecifes hácia la punta de San Cristóbal cerca de una milla, y de esta punta al NE., distancia dos cables largos, un islote llamado Juan del Pozo, rodeado de piedras, y como al SE de él media milla un placer llamado la Vibora; entre este bajo, el islote de Juan del Pozo, y entre este y la punta San Cristóbal hay fondo de 10, 11 y 14 brazas cascajo y arena gorda. La punta San Cristóbal demora desde la de Terrin al S.88·O. tres y dos tercios millas de

Islote Juan del Pozo.

Puntan San Cristóbal.

distancia ; tambien desde aquella punta demora el bajo del Buey al N. 60º O., distancia nueve décimos de milla : entre este bajo y los arrecifes de punta Terrin hay fondo de 10 y 13 brazas de agua, piedra, arena y fango, y 10, 13 y 15 la misma calidad entre dichos bajos del Buey y de la Víbora. La costa entre la punta San Cristóbal y la del Manzanillo es alta y escarpada. Bajo del Buey.

La punta del Manzanillo es la mas N. de toda la costa de Portobelo : es tambien alta, escarpada, saliente con dos morritos sobre ella : en las proximidades de esta punta se encuentran varios islotes y un bajo : el mayor, que nombran tambien del Manzanillo, es alto y escarpado, y está al E. cuatro décimos de milla ; al N. tiene tres farallones, el mas avanzado dista un cable largo ; al S. 30 O. del mismo islote hay otros tres islotillos circundados de arrecifes, que se extienden de NE. á SO. : tambien tiene al E. otro pequeño, que dista uno y medio cables : últimamente al NNE. del expresado islote del Manzanillo, distancia cuatro décimos de milla, se halla el de Martin Pescador, que de N. á S. se extiende como un cable : todos estos islotes son altos y escarpados, y entre el de Manzanillo y Martin Pescador hay de 11 á 15 brazas de agua. Punta del Manzanillo. Islote Martin Pescador.

El bajo del Manzanillo se halla al NO. de la punta de este nombre, distancia cuatro décimos de milla : tiene muy poco fondo y cinco y seis brazas en su inmediacion, y en el freu que forma con dicha punta hay 14 brazas de agua. Bajo del Manzanillo.

En las sierras de esta costa se distinguen dos, nombradas Saxino y Nombre de Dios, las cuales pueden servir de reconocimiento para el puerto del mismo nombre : el primero, que es alto, se termina en dos picos próximos entre sí, que el mas NE. está como al S. 22º E. de la punta de Terrin, distancia siete millas cortas. El de Nombre de Dios, que está al S. de este puerto, se termina en un pico, y dista de la punta de Terrin ocho millas al SSO. Sierras de Saxino y Nombre de Dios.

Al N. 65º O., distancia una y media millas de la punta del Manzanillo, está lo mas alto del islote Tambor, que Islote Tambor.

es alto, redondo y escarpado, el que se une por medio de un arrecife de dos cables con lo mas N. de la isla Venados ó de Bastimentos. Esta isla está tendida del NE. al SO. distancia una milla escasa, formando con la Costafirme el canal NE. del puerto de Bastimentos, que su mayor extension entre arrecifes es de uno y medio décimos de milla con cinco y media á seis brazas arena. Dicha isla de Bastimentos es sucia por su parte SE., S y SO., y por esta parte con el islote Cabra, que está al O. algo al S., se forma el canal NO., que su menor ancho entre arrecifes es de tres décimos de milla, con fondo de cuatro y diez brazas lama. El puerto de Bastimentos es de poca consideracion, aunque tiene abrigo y fondo de cuatro á siete brazas de agua : todas sus costas estan rodeadas de arrecifes, y el fondeadero ordinario es al SOS., y SE. de la punta S. de Arenas de la isla Bastimentos.

Al S. 51° O. de lo mas alto del islote Tambor, distancia dos y un tercio millas, se halla la boca del puerto de Garrote, formado al S. por la Costafirme, al E. por la isla grande de Garrote, y al O. por el islote pelado, y demas islas que siguen al O. hasta los boquerones en distancia de una y media millas. La boca de este puerto tiene de extension tres décimos de milla escasos entre los arrecifes del O. de la isla grande de Garrote y el islote Pelado : su direccion es de N. á S., y luego al SE. con fondo desde siete brazas en lo interior del puerto hasta 13 y 19 en la boca fondo lama : está abrigado de los mares y vientos de la briza del NE. Entre este puerto y el de Bastimentos se eleva el cerro de Garrote, de mediana altura, y su cumbre termina en un pico, y dista de la costa siete décimos de milla.

Al S.¡SE. de la ensenadita de puerto Garrote, distancia tres y media millas, se halla el monte Capiro ó Capira, alto, y casi siempre cubierto de nubes : este mismo monte se halla al E. de la ciudad de S. Felipe de Portobelo.

Marginal notes:

Isla Venados ó de Bastimentos.

Canal NO. del puerto de Bastimentos. Puerto de Bastimentos.

Puerto de Garrote.

Cerro de Garrote.

Monte Capiro ó Capira.

Tambien al S del monte Capiro poco distante se halla
la sierra Llorona, tendida como del E. á O. Esta es la mas Sierra Llo-
rona.
alta de toda la costa de Portobelo : por la parte oriental de
su cumbre está verticalmente tajada, formando con un pico
que llaman de la Campana, desde el cual se prolonga hácia Pico de la
Campana.
el O. la sierra, descendiendo suavemente hasta cerca del
pico de Guanche : el aspecto de esta sierra es tal que no
puede equivocarse con otra ninguna : puede verse en tiempo
despejado á 45 millas de distancia ; pero en la estacion de
brizas frescas está ordinariamente cubierta de rumazon, y
en la de vendavales y vientos variables suele cubrirse entre
ocho y nueve de la mañana y cuatro y cinco de la tarde ; el
resto del dia está cubierta de nubes.

El bajo la Lavadera está al N. 6ºE., distancia siete dé- Bajo la La-
vadera.
cimos de milla del extremo N. del islote Pelado, y al
N. 85ºO., distancia una milla del islote Cabra de la boca
del puerto de Bastimentos : este bajo es de piedra, con po-
quisima agua, y acantilado con ocho y nueve brazas, inmediato á una piedra que lava la mar : los canales entre él,
el islote Cabra y Pelado son boudables desde 15 á 18 brazas lama.

Al S. 64ºO., distancia 3,8 millas de lo mas alto del islote
Tambor, está la punta de Boquerones, que es saliente, alta Punta de
Boque-
rones é
islotes de
idem.
y escarpada, y de ella como á rumbo opuesto, esto es, al
N. 64ºE. se avanzan cinco islotes como tres cables, llamados
los Boquerones, terminando en ellos los arrecifes ó islotes
que desde el Pelado siguen al occidente.

Esta punta de Boquerones tiene al S. una milla larga
un cerro llamado Casique, que termina en punta, y es de Cerro Ca-
sique.
mediana altura, el que puede servir de marca para res-
guardarse del farallon sucio : este farallon está al N. 33ºO. Farallon
sucio.
distancia dos millas escasas de dicha punta Boquerones. El
farallon sucio es el extremo O. de dos grupos de islas y
bajos, que se extienden del SO. á NE. seis y medio décimos de milla, formando canal entre ambos con cuatro y
media y seis y media brazas de agua : el islote ó farallon

mas NE. demora desde lo mas alto del islote Tambor N. 88ºO., distancia cuatro millas escasas, y en este espacio se encuentran desde 18 á 33 brazas fango y arena; y 17, 23, 24 y 27 entre dicho farallon, los islotes de la costa y bajo la Lavadera.

Islotes de Duarte.

Al S. 69ºO., distancia tres millas de la punta de Boquerones, se halla el extremo N. de los islotes de Duarte, que son cuatro, y corren del S. 25ºE. al N. 25ºO. en distancia de seis décimos de milla largos, y del mas N. sale al dicho rumbo un arrecife, distancia un cable: el mas meridional de estos islotes se separa de la punta de Duarte de la Costafirme, que está al S. poco mas de dos cables, y la de Sabanilla, que está al N. 64ºE. media milla escasa: entre los dos freus hay fondo desde tres y media brazas pegado al islote hasta 16½. La costa intermedia es alta y escarpada, con algunas ensenadas, sobresaliendo la punta de Josef Pobre rodeada de piedras y arrecifes. La punta de Sabanilla tiene igualmente arrecife con algunas piedras.

Puntas de Duarte y Sabanilla.

Punta de Josef Pobre.

Punta de Drake.

Al S. 24ºO., distancia dos millas largas de lo mas N. de los islotes de Duarte, está la punta de Drake, que es la mas N. y O. de Portobelo: la costa intermedia es alta y escarpada, con un puertecito llamado Leon, de muy poca consideracion, rodeado de arrecifes, que terminan al NNO en un faralloncito distante cuatro décimos de milla de su boca.

Portobelo.

El nombre de Portobelo descifra bastantemente su bondad para toda clase de embarcaciones: su entrada mas ancha, que es entre la punta de Drake y la de los islotes de Buenaventura, es de una milla y dos décimos, y corren una con otra S.¼SE. N.¼NO., y la mas angosta entre punta de Todo Fierro y la de Farnesio media milla larga, y estan en direccion de S.2ºE. y N. 2ºO.: este puerto desde la referida enfilacion de punta de Todo Fierro y la de Farnesio se interna al ENE. una y media milla escasa hasta los mangles del fondo: la costa septentrional es limpia; pero de la meridional se avanzan algunas piedras y arrecifes de poca

agua, que salen entre uno y uno y medio cables, y en su
fendo ó parte oriental del puerto hay placer de arena que
se avanza de los mangles hácia el O. dos y medio cables,
y al N. 26ºO. del muelle de la ciudad uno y medio déci-
mo de milla hay un bajito de arena con una y una y media brazas de agua: lo restante del puerto es limpio y hondable, disminuyendo proporcionalmente desde 17 á 8 brazas. Los navios deben entrar en el puerto á la espía ó remolque, á causa de que los vientos son regularmente de
proa ó calmas, siendo el mejor ancladero al NO. del fuerte
de Santiago de la Gloria en 10 ú 11 brazas fango y arena;
pero los buques menores pueden acercarse á la ciudad,
teniendo cuidado de evitar el bajito ya expresado. Los
arrecifes de la costa S. continúan al OSO. y O. hasta el islote de Buenaventura, que su extremo mas NO. demora
desde la punta de este nombre al S.55ºO., distancia tres
cables largos; y entre este islote y dicha punta hay otros
dos mas chicos, y todos unidos por arrecifes. Al S. 37ºO.
de la punta de Drake, distancia dos décimos de milla, está
la medianía del islote Drake, limpio por todo su alrededor,
y forma una quebrada en medio, que parece dividirlo en
dos; desde dicha quebrada al O. y N. 65ºO., distancia seis
décimos largos de milla, estan comprendidos los extremos
S. y N. del bajo Salmedina: en el primero tiene piedras
sobre aguadas, en quienes revienta la mar, y por lo restante
se hallan dos y tres y media brazas de agua piedra: es
hondable á su alrededor, y entre él y el islote expresado hay
desde 12 á 28 brazas de agua fondo fango.

Al S. del islote Drake, distancia siete décimos de milla,
y al O. de la punta Farnesio tres y medio décimos, está el
bajo Farnesio de forma triangular: sobre él se encuentran
cuatro y cinco brazas fondo piedra, entre el cual y la costa
no hay paso; y en el canal entre él y Salmedina se encuentran desde 18 á 23 brazas fondo fango.

Este puerto está circundado de montes, de los cuales
descienden algunos arroyos por ambas costas, y son en

(marginal notes: Entrada de Portobelo. Islote de Buenaventura. Islote Drake. Bajo Salmedina. Bajo Farnesio.)

49

Aguadas. donde los buques hacen aguada, y particularmente en el que desemboca en la ensenada del fuerte de San Fernando y al O. de él: las demas circunstancias de este puerto pueden verse en el plano N.° 24 de los publicados en esta Direccion de Hidrografia con el título de *Parte segunda, Puertos de las costas de Tierrafirme &c.* La latitud de la batería de San Gerónimo de este puerto es de 9° 24′ 29″, y longitud al occidente de Cádiz 73° 26′ 5″, segun la determinada por el Brigadier D. Joaquin Francisco Fidalgo.

Ensenada de Buenaventura. Al S. de Portobelo, y á distancia de media milla larga, está la ensenada de Buenaventura, muy circundada de arrecifes, y de consiguiente de poca utilidad.

Instrucción para entrar en Portobelo. Para entrar en Portobelo, si se viene del N. y E., se procurará atracar los farallones de Duarte, y desde ellos dirigirse á pasar como á un cable por el N. y O. del farallon del Drake, con lo que se irá bien zafo de Salmedina, pero no intentando nunca pasar entre el Drake y la tierra; y rebasado que sea dicho farallon, se meterá para el S. y E., á fin de promediar el puerto, navegando dentro de él á medio freu de sus costas, ó arrimándose mejor á la del N. que á la del S.

Si se fuere á dicho puerto desde el sur, se hará derrota á pasar como media milla del islote de Buenaventura, y poniendo la proa al farallon del Drake se irá libre del bajo Farnesio, y se meterá para el NE. y E., así como se vaya abriendo el puerto, á fin de tomar el medio freu de sus costas, ó arrimarse mejor á la del N., como ya hemos dicho.

Caños de las Minas. Como al S. 50°O. de la punta de Drake, distancia 15 millas escasas, se halla el extremo occidental del fronton de Longarremos; la que con lo mas NE. de las islas de Naranjos, que demoran al N. 66°E., distancia cuatro y tres cuartas millas, forman una ensenada en que se internan los caños llamados de las Minas: dan este nombre á dos esteros formados entre mangles, de los cuales el mas oriental se interna tres millas al SSE. con anchuras desiguales, y sus costas rodeadas de arrecifes : el mas occidental es mas estrecho y corto, pues se interna hácia el S. como una milla larga. A la parte SO. de las islas de Naranjos que están rodeadas de arrecifes, bajas y cubiertas de árboles, hay fondeadero con cinco, seis y siete brazas de agua, fondo arena : en el intermedio de esta costa sobresalen la punta Gorda con varias ensenadas de poca consideracion : hasta esta punta es alta y de ribazos, y entre ella y la ensenada de Buenaventura desemboca el rio Guanche, cuyo monte demora desde punta Gorda al N. 82°E., distancia tres y tres cuartos millas : desde punta Gorda para el SO. la costa va disminuyendo de altura; lo restante desde punta de rio Grande y caños de las Minas es baja y de mangles. El fronton de Longarremos es bajo y de mangles, rodeado de arrecifes (así como las puntas que forman los caños de Minas), que se avanzan de él algo mas de un cable, los cuales son acantilados; y á distancia de un tercio de milla hay 12 brazas fondo fango. *(Islas de Naranjos y su fondeadero. Punta Gorda. Rio Guanche. Fronton de Longarremos.)*

Desde dicho fronton se dirigen los mangles hácia el SO. en distancia de una y media millas escasas hasta la punta del Manzanillo, que es igualmente de mangles, redonda y circundada de arrecifes en distancia de un cable largo, con un bajito que dista tres al NO.¼N. *(Punta del Manzanillo.)*

El puerto del Manzanillo se forma entre la isla de este nombre á occidente y la costa de Tierrafirme al oriente, internándose al SSE. dos millas escasas desde la punta dicha del Manzanillo : este puerto es limpio desde tres a seis y media brazas de agua : el mejor fondeadero para toda clase de buques es un poco al S. de su boca, y sobre la costa oriental en cinco y media brazas de agua, fondo arena y fango. *(Puerto del Manzanillo.)*

Al S. 68°O. distancia cinco millas del fronton de Longarremos, está la punta del Toro, que es la occidental del puerto de Naos, siendo la oriental el extremo N. de la isla del Manzanillo, que distan una de otro dos y dos tercios de milla. La punta del Toro es saliente, alta, escarpada y *(Punta del Toro.)*

Puerto de Naos.

circundada de arrecifes. que se avanzan como dos cables con un islotillo próximo. El puerto se interna al S. cuatro millas escasas desde la medianía de su boca : su anchura es casi igual, estrechando algo desde los dos tercios de dicha distancia : este puerto es limpio hasta el paralelo de la punta de Limon, con fondo desde tres y media hasta siete brazas de agua, arena y fango desde esta última punta para el S. es de bajo fondo. Como este puerto está descubierto de los vientos desde el NE. al NO. por el N., solo puede ser útil en la estacion de vientos variables y calmas.

Punta de Brujas.

Desde la punta del Toro sigue la costa al S. 67°O. dos y cuarto millas escasas hasta la de Brujas, que es medianamente alta, lo mismo que la costa intermedia, rodeada de arrecifes poco salientes que circundan al islote llamado mo-

Islote mogote de Brujas.

gote de Brujas, que está al NE. de la punta de este nombre como dos cables.

Punta de Chagres.

Desde la punta de Brujas la costa que sigue es mas baja que la anterior, dirigéndose al S. 35°O. en distancia de dos millas hasta la punta Batata ó de la Vigía, por tener encima una con una guardia : de esta punta dista la de Chagres un cable, siendo mas baja que la interior, rodeada de piedras bajas que velan, y con arrecifes que se avanzan muy poco.

Punta del peñon y castillo de San Lorenzo.

Desde la punta de Chagres dista lo mas occidental del Peñon, en donde está el castillo de S. Lorenzo, como uno y medio cables al S.¼SE. próximamente. El peñon es de piedra, escarpado por el NO. y S., y el castillo de San Lorenzo, como hemos dicho, está situado en él : se halla en latitud N. 9° 20' 57", y longitud 73° 46' 53" al O. del meridiano de Cádiz. Este peñon con la punta de Arenas

Boca del rio de Chagres, y pueblo de Chagres.

forman la boca del rio Chagres, que por lo mas ancho es de dos cables largos, y uno y medio lo mas angosto. Al ESE. del dicho castillo, y á poco distancia de él, está el pequeño pueblo de Chagres, compuesto de chozas cubiertas de palma. La boca de este rio estrecha entre el peñon y el placer que sale desde la punta de Arenas para el NO.

y SO. hasta un cable. En su boca y en meridianos del citado peñon hay dos y dos tercios y tres y media brazas de agua, continuando así poco mas ó ménos el mismo fondo rio arriba hasta la distancia de media milla. Al O. del castillo de San Lorenzo, y á distancia de 200 varas, se halla el bajo llamado la Laja, con extension de N. á S. de 153 varas; es de piedra y con poquísima agua sobre él. La entrada y salida de este rio es peligrosa, y solo pueden verificarlo embarcaciones muy manejables, y que no calen mas de 12 pies: una y otra operacion debe emprenderse con viento hecho, pues de otro modo la corriente del rio y las varias rebezas que se forman por el choque contra el peñon la Laja y costa occidental, conducen las embarcaciones á uno de estos tres peligros. Bajo la Laja.

- Desde la punta de Arenas del rio Chagres se dirige la costa al S.65ºO., distancia una milla hasta la punta de Morrito; y de esta al S.38ºO., distancia dos millas escasas, está la de las Animas: toda la costa es baja y de playa. Punta de Morrito. Punta de las Animas.

Al S. 36ºO., distancia dos millas largas de la última punta, hay otra igualmente baja como la anterior, y es el último punto de los reconocimentos del Brigadier de la Armada D. Joaquin Francisco Fidalgo; desde cuyo parage en adelante, aunque tenemos varias noticias, no merecen la confianza de las descritas en este Derrotero.

- Continuacion de la costa desde la última punta hasta cabo Catoche.

Desde la última punta sin nombre corre la costa como al S.70ºO. la distancia de 53 millas hasta el rio de Belen, desde el que sube al N. 55ºO. ocho leguas hasta punta del Escudo; y desde esta sigue para el O. otras ocho leguas hasta punta Valencia. Toda esta costa es baja por lo general, á excepcion de tal cual parte que altea un poco, y muy hondable, en términos que á tres ó cuatro millas hay desde 20 hasta 40 brazas de agua, las mas veces sobre Costa entre Portobelo y punta Valencia.

lama y arena, En ella desemboean varios rios, dos de ellos (ademas del de Chagres) el de Indios y el de Coclet, que son de comericio, y tienen comunicacion en lo interior: el de Coclet está al O. de Chagres 42 millas : entre este rio y el de Chagres hay cuatro montes bien notables, dos de ellos tierra adentro, y los otros dos en la costa, que pueden servir de reconocimiento, y por tanto se darán las señas de ellos.

Caladeros altos de Chagres. 1.º Llamado caladeros altos de Chagres : son dos montes que se hallan sobre el citado rio, y bastante tierra adentro, tendidos ENE., OSO., los cuales cuando se va desde Portobelo, se ven bastante separados, se unen ó enfilan cuando demoran al SE. : cuando esten así unidos demora al mismo rumbo del SE. el castillo de San Lorenzo de Chagres, por lo que para buscar el citado rio de mar enfuera, no hay mas que unir dichos montes, y gobernar al SE., conservándolos á dicho rumbo.

Pilon de Miguel de la Borda. 2.º Llamado pilon de Miguel de la Borda : es un solo monte ó modo de pilon de azúcar, que se avista tierra adentro, y como nueve leguas al SO. ₇S. de Chagres : cuando este monte demore S.½SO. demorará al mismo rumbo el rio de Indios, que está cinco leguas al O. de Chagres.

Sierra de Miguel de la Borda. 3.º Llamado sierra de Miguel de la borda : es de mediana altura ; se levanta sobre la misma costa, y está tendida NS. : se halla como 13 leguas al O. de Portobelo.

Sierra de Coclet. 4.º Llamado la sierra de Coclet : es algo mas bajo que el anterior, y corre con el rio de Coclet NNE., SSO.

Cordillera de Veraguas, y serranía de Salamanca. A mas de estos montes hay otros como siete leguas tierra adentro, muy conocidos y celebrados por su gran elevacion, llamados la cordillera de Veraguas, los cuales principian casi NS. con el rio de Coclet, y van á unirse por meridianos de las bocas de Toro con la serranía llamada de Salamanca, que acaba algo al O. del meridiano del rio de Matina : unas y otras son tan elevadas que con tiempos claros se descubren á 36 leguas á la mar. En el principio oriental de estas sierras de Veraguas hay una cortadura que semeja á una silla de montar, y se llama la silla de Veraguas, la cual está NS. con el rio de Coclet; y por tanto, para buscar este rio de mar enfuera, no hay mas que poner al S. la mencionada silla y la proa, y atracar así la costa. Al O. de la silla se verá en la misma cordillera un mogote sobre lo mas alto de la cumbre de ella, que hace la figura de una casa ó castillo, y le llaman el castillo de Chocó, y corre por enfilacion NO. 7° N. con la isla llamada Escudo de Veraguas,* por lo que demorando el citado picacho al SE. 7° S., gobernando á dicho rumbo, se tendrá la isla por la proa: sobre la misma sierra y á su extremo occidental se verá un pico notable llamado Pan de Suerre, derivado del pueblo que tiene al pie, y puede servir para buscar á Matina.

La isla del Escudo es baja, frondosa de cocos y otros árboles y está rodeada por la parte del E. y N. de diferentes cayos de un barro gredoso, tambien frondosos: en la parte del E. tiene un arrecife que lo despide á distancia de media legua, en el cual revienta la mar. Toda esta isla y sus cayos estan circundados de un placer de arena y cascajo, que bien sale de ella cinco millas, sobre el cual, y bien inmediato á tierra, se cogen cinco brazas, y aumenta el fondo progresivamente para afuera. Esta isla está separada de la Tierrafirme cerca de tres leguas, y en una urgencia se puede hacer agua en varios arroyuelos, aunque con bastante trabajo por ser poco abundantes, y tener que subir algo arriba de la playa: en la parte del S. y SO. de esta isla hay buen fondeadero abrigado de los N. y brizas; y aunque en el placer del E. lo hay tambien, no es tan acomodado, no solo porque no ofrece resguardo de dicho viento, sino porque hay algunas piedras que rozan los cables.

Desde punta de Valencia, que segun el piloto Patiño

Isla del Escudo.

Punta de Valencia.

* En una carta que tenemos presente dice que este arrumbamiento es N. 2° O., S. 2° E., sin tener otro documento que nos decida del verdadero. Advertimos esto al navegante para su inteligencia.

está situada en latitud N. 9° 13′, dándole el nombre de punta Valiente, forma la costa una gran ensenada que está cerrada por varios cayos é islotes, que corren desde dicha punta al ONO. la distancia de 14 leguas hasta pun-

Punta gorda de Tirbi. ta gorda de Tirbi: esta grande ensenada está dividida en dos por varios cayos interiores, y se llama la parte oriental laguna de Chiriqui, y la occidental bahía del Almirante: una y otra se comunican por varios brazos y esteros de

Laguna de Chiriqui, y bahía del Almirante. poca agua: á la laguna de Chiriqui se entra por el canal que forma punta de Valencia y sus cayos con los mas orientales de este grupo; y según noticias, aunque muy bajos, hay fondo, tanto en el canal como dentro de la laguna, para buques de todos portes. A la bahía del Almirante es preciso entrar por la boca ó canal que forma punta gorda de Tirbi con el cayo mas occidental; y en esta boca, y dentro de la bahía, parece que hay tambien fondo para toda clase de buques. Esta boca se llama de Drago para

Boca de Drago y del Toro. distinguirse de otra que hay mas al E. llamada del Toro, por la que solo pueden entrar embarcaciones pequeñas. Dentro de ambas bahías hay fondeadero abrigado y seguro como el mejor puerto; pero no teniendo noticias muy circunstanciadas de ellas, nos contentaremos con decir que al entrar y salir por boca de Drago debe darse bastante resguardo á la costa del O., esto es, de punta gorda de Tirbi, á causa de una restinga que sale hasta medio canal.

Cayo Zapadilla. El piloto Patiño sitúa tambien el cayo mas N. de punta Valencia, llamado Zapadilla en latit. N. 9° 15′ 30″, y el mas N. de los de la isla de Bastimentos 9° 29′.*

Costa entre la bahía del Almirante y San Juan de Nicaragua. Desde punta gorda de Tirbi corre la costa como al N. 56° O. la distancia de 14 millas hasta punta Carreta, que es la oriental de una ensenada que se interna hácia el SO., O. y NO. la distancia de 13 millas hasta punta Blanca, que tiene un islote, desde el cual sigue al N. 3° O. la distancia de 26 millas hasta punta de Arenas, que forma

---

* Parece que Patiño llama isla de Bastimentos á la que se conoce con el nombre de Almirante.

el puerto de San Juan. Toda esta costa es limpia y hondable, y en ella desembocan varios ríos, de los que los principales son el de Matina ó puerto Cartayo, y el de San Juan: este último desagua por varias bocas, de las que una entra en el mismo puerto.

Este puerto de San Juan está formado por una isla Puerto de
San Juan baja, que hace con la costa una gran ensenada: por la parte de Nicaragua. del E. casi se une la con la isla Tierrafirme, y en su parte gua. occidental está la entrada del puerto, y la punta O. de la isla es lo que se llama punta de Arenas: esta punta está en latitud de 11° 00′ N., segun noticias recientes que hemos recibido; lo que se previene, porque en la primera carta general del mar de las Antillas está colocada en 10° 39′, y es de la mayor importancia el exacto conocimiento de la latitud para recalar con seguridad á este puerto. La ensenada ó bahía es muy espaciosa, pero está obstruida de un gran placer de poco fondo, que limita y estrecha el fondeadero á cinco cables de N. á S., y á dos y medio en el sentido de E. á O. Para tomarlo no hay mas que atracar la punta de Arenas á medio, uno, ó uno y medio cable, segun sea al calado de la embarcacion, para proporcionarle el braceage conveniente, y despues se irá metiendo para el E., á fin de tomar redoso de la punta de Arenas; en inteligencia que á un cable de la costa meridional de la isla, que es donde se debe fondear, hay cinco brazas de agua: el escandallo es la única y mejor guia que podemos recomendar para entrar en este puerto: en él estarán las embarcaciones muy seguras y abrigadas, y solo hay marejadas cuando soplan los vientos del cuarto cuadrante, que son comunes en esta costa desde Setiembre hasta fines de Enero ó principios de Febrero. La boca del rio de San Juan está exactamente al S. de la punta de Arenas, y por ella se sube hasta la laguna de Nicaragua: un poco al E. de la punta de Arenas hay sobre la isla unas cacimbas donde se hace aguada, la que tambien se puede hacer en el rio.

Desde el puerto de San Juan corre la costa al N. pocos grados al O. la distancia de 80 leguas hasta el cabo de Gracias á Dios, y es lo que propiamente se llama costa de Mosquitos : toda ella es de tierra baja, porque en San Juan acaban las tierras altas, y está abierta con muchos rios y lagunas que despiden placer de sonda que bien sale al E. de ella como 20 leguas, y aun en la parte del N. hay presunciones bastante fundadas de que alcanza hasta la Sarranilla. Sobre este placer hay varios cayos y arrecifes, unos inmediatos á la costa, y otros que estan desviados de ella. Por fuera del placer y fronterizos á la costa hay tambien varias islas y bajos de situacion muy dudosa, y por tanto de mucho riesgo para la navegacion.

Costa entre punta de Arenas y cayos Pichones. Desde la punta de Arenas corre la costa como al N. 26°O. la distancia de 10½ leguas hasta punta Gorda : y entre ambas se forma una grande ensenada que se llama golfo de Matina : al rededor de esta punta bastante inmediatos hay varios islotes, y todo es limpio y aplacerado en términos de que se pueda atracar sin mas cuidado que el del escandallo : desde punta Gorda sale la costa para el NNE. como tres leguas hasta punta de Monos, al SE de la cual hay varios cayos muy limpios, entre los cuales y la costa hay fondeadero de tres brazas de agua, al cual se debe entrar por el S. de los islotes. Al NNE. de estos hay otros que se levantan sobre un placer y arrecife llamados de Pichones, y que se estienden de N. á S. como 12 millas : al E. de todos ellos, y fuera de su placer, hay un cayo que forma canal con los de Pichones ; pero lo mejor será dirigirse siempre por fuera de él, con lo que se conseguirá ir bien zafo del arrecife de Pichones, que por la parte del N. sale de ellos como dos millas.

Laguna de Blufields. Tanto avante con los cayos Pichones está en la costa la punta meridional de la laguna de Blufields, que es una ensenada que se interna al O. cerca de 10 millas, y en su parte del N. desemboca un rio bastante caudaloso, llamado rio Escondido : desde la punta meridional de la ensenada ó laguna, hasta la septentrional llamada punta Bluefields, hay 13 millas al NNE. : esta punta está por latitud N. de 11°56 20´ por el promedio de varias latitudes observadas : casi entre la enfilacion de las dos puntas hay un cayo de 11 millas de largo, el cual forma dos bocas ó canales con las referidas puntas : el principal es el del N., que tiene dos brazas de agua en tiempo de brizas, y es en tal estacion peligrosa, porque hay tres pies de alfada, en el de ven-lavales dos y media brazas, y ninguna alfada : rebasado el canal ó barra dicha, se hallan dentro de la laguna cinco y seis brazas sobre fango, y el fondeadero está inmediato á la poblacion que se halla á la parte del NE. Para entrar dentro de la laguna no hay mas que atracar la punta de Blufields, como á tiro de piedra, la cual es muy limpia, y se reconoce por ser la mas alta de todo este pedazo de costa, y continuar para adentro muy atracado á la costa del N., pues la del S. es muy sucia, y se hace necesario darle gran resguardo : tambien es indispensable en esta entrada llevar muy preparadas las anclas para dar fondo en el momento que la corriente bastante fuerte que se experimenta en ella obligue á tomar semejante determinacion.

Desde la punta de Blufields corre la costa al N. con alguna inclinacion al O. la distancia de 18 millas hasta la entrada de la laguna de Perlas : en este pedazo de costa hay un cayo llamado Caiman, que dista siete millas de punta Blufields, y sale de la costa algo mas de media legua : el cayo despide arrecife al N. á distancia de cuatro millas ; pero debiendo ir siempre por el E. de él, no hay riesgo alguno si se lleva el escandallo en la mano. La entrada de la laguna de Perlas es aun de mejor fondo que la anterior, y así se fondea fuera de ella y al abrigo que proporciona la costa del N., que roba para el NE. la distancia de 11 millas hasta punta Loro.

Laguna de
Perlas.

Al E. de la laguna de Perlas, y bien fuera de la costa está el cayo Pitt, que dista de ella 21 millas : el Lobo marino, que está como al NE.¼E. de la anterior, y á distancia de 12 millas (¹); y finalmente las islas de Mangle, que distan al E. del último cayo como 12 millas.

Los cayos de Pitt y Lobo marino son algo sucios, y conviene no atracarlos á ménos de media milla: estos son peligrosos á la navegacion, porque estando sobre 15 brazas de agua, y no formando en sus inmediaciones placer de ménos fondo, no se puede conocer por la sonda su proximidad, lo que es expuesto de noche y con tiempo obscuro ; por lo demas, los canales que forman entre sí con la costa y las islas de Mangle son muy francos y limpios.

Las islas de Mangle son dos; demoran entre sí NN., SSO., distan una de otra seis y media millas: la del S., que es la mas grande, tiene dos millas largas de N. á S., y dos de E. á O. en su mayor extension : la del N. tiene de NO. al SE. milla y media, y de E. á O. en su mayor extension una milla escasa : distan de la punta de Blufields 14 leguas.

El Mangle grande tiene tres colinas, de las que la de en medio es la mas alta, y podrá verse á seis ó siete leguas. Sus costas son sucias de arrecife, que sale de ellas cerca de una milla; pero el arrecife forma algunos claros, por los que se puede atracar la costa, que sirven de fondeadero : los dos mas principales estan en la costa occidental de la isla : el 1.º ó mas septentrional corre EO. con la colina del medio, y el 2.º está en la parte SO. de la isla, separado del anterior por un arrecife que se prolonga al SO. El primer fondeadero, llamado del Bergantin, es el mas frecuentado; y para dirigirse á él es menester no atracar la costa á ménos de dos millas, ó lo que es lo mismo no bajar de las 11 brazas hasta que la colina del medio demore como al E., que entónces ya se puede ir para tierra por el expresado rumbo, y se dará fondo en el número de

(1) Estos dos cayos parecen de dudosa existencia, segun varias cartas modernas ; nosotros no nos atrevemos á variar este derrotero sin mejores noticias y datos que nos convenzan de ello.

brazas que acomode sobre arena; en inteligencia que las cinco brazas se cogen como á dos cables de la playa. En la parte mas S. del fondeadero del SO. hay tres cacimbas de buena agua: este fondeadero del Bergantin, que hemos descrito, es abrigado de los vientos del primero y segundo cuadrante; pero en tiempo de nortes debe cuidarse mucho de que no le sobrecoja á uno un temporal dentro del fondeadero.

El Mangle chico es bastante limpio por su parte occidental, y se puede atracar á media milla sin mas cuidado que el del escandallo; pero desde su punta SE. hasta la NO. despide un arrecife, que sale cerca de milla y media, y cuyo cantil tiene cuatro brazas de agua. En la costa occidental se puede dejar caer una ancla al abrigo de las brizas sobre cinco brazas de agua que se cogen á media milla de la playa. Mangle chico.

Al S. del Mangle grande, á distancia como de siete millas, hay una piedra que vela, y debe tenerse gran cuidado con ella, pues ni creemos que esté bien situada, ni aunque lo estuviera dejaria de ser peligrosa á la navegacion de noche ó con tiempo obscuro. Vigía.

Desde la punta de Loro, de que ya hemos hablado, corre la costa como al N. la distancia de 27 millas hasta Rio grande: este pedazo de costa es muy sucio de arrecife, que sale de ella como seis millas: sobre el veril meridional del arrecife y EO. con punta de Loro hay dos cayos, de los que el mas oriental se llama Marron: al N. un poco al O. de este cayo, y á distancia de nueve millas, hay otro que está fuera del arrecife: por fuera de estos dos cayos hay otros, de los que los mas meridionales se llaman de Perlas: á estos se siguen tres llamados del Rey, que estan EO. con la boca del Rio grande, y á distancia como de 13 millas: finalmente á estos siguen el de Mosquitos, los de Navíos, y el Lobo de mar que está al E. de los de Navíos: el cayo mas septentrional de los de Navíos dista de Rio grande como 20 millas. Entre todos estos cayos hay Rio grande.

buen canal de seis á diez brazas sobre fango limpio ; pero para emprenderlo es menester práctica, y de no tenerla, debe irse por fuera de todos ellos ; y para entrar al fondeadero de Rio grande deberá pasarse entre los cayos del Navío y la costa, en cuyo canal, y hasta llegar á Rio grande nada hay que temer ni cuidar sino del escandallo.

Príncipe Amilca. Al N.¼NO. de Rio grande, y á distancia de 11 millas, hay otro rio llamado Príncipe Amilca,* desde el cual al mismo rumbo, y á distancia de nueve millas, está el rio de Piedra negra : desde este continúa la costa al N. algo para el E., y en distancia de 11 millas está el rio de Tonglas, y enfrente de su boca, y como á cinco millas al E. de ella, hay unos bajos de piedra, que es el único peligro que hay en la costa, comprendida desde este rio hasta Rio grande.

Costa hasta punta Bramans. Desde rio Tonglas corre la costa como al N.¼NO. la distancia de 17 millas hasta el rio Warba ; desde el cual sigue al N. la distancia de nueve millas hasta el rio Bramans, y de este roba como al NE. la distancia de ocho millas hasta punta Bramans : este último pedazo de costa, que llaman las Barrancas, hace ensenada abrigada de los nortes y vientos del O., y en ella se puede fondear por el número de brazas que se quiera ; en inteligencia que á dos millas de tierra hay cuatro y media brazas fondo arena gruesa, parda y conchuela : para desembarcar en este playa es menester gran cuidado, pues hay banco ántes de llegar á ella, en el que por poco que ventee la briza, revienta la mar con gran fuerza.

Costa hasta Gracias á Dios. Desde la punta Bramans corre la costa como al NNO. la distancia de seis millas hasta el rio Tupapi,† que es conocido por una poblacion que hay como á tres cuartos de legua de la playa, y que se descubre bien desde la mar, á causa de que la tierra es muy llana y pelada. Desde Tu-

---

* Hay mucha variedad en las cartas sobre los nombres de este y otros rios de la costa, así como de los cayos.

† Se duda si Tupapi ó Topapi es rio ó pueblo.

papi corre la costa como al NNE. la distancia de 20 millas hasta punta del Gobernador, que es conocida por ser la mas saliente al E. de toda esta costa, y estar muy poblada de arboleda: desde esta punta corre la costa al NNO. la distancia de 12 millas hasta la boca de la bahía de Arena: en la que hay tan poca agua, que en tiempo de brizas con dificultad pasan las lanchas; pero dentro hay una bahía muy espaciosa y hondable. Desde esta bahía continúa la costa al N. la distancia de 10 millas hasta rio Guanason, y desde este hasta la ensenada de Gracias á Dios hay 13 millas al mismo rumbo.

Esta ensenada de Gracias á Dios está formada por una lengüeta de tierra, que sale al E. mas de cuatro millas, y que ofrece un buen redoso de los vientos desde el SSO. por el N. hasta el SSE.: la punta mas oriental y meridional de esta lengua de tierra es lo que se llama cabo de Gracias á Dios, y desde ella para el S. hay varios cayos, de los que el último se llama de San Pio, cuya punta meridional, llamada de Arenas, es tambjen la oriental de la ensenada: el fondo que hay en ella es desde 22 pies que hay en su entrada, hasta 17 que se cogen bien dentro de ella, y en todas partes se halla fango suelto pegajoso y limpio. Para fondear en esta ensenada, si se viene del N: y O., no hay mas que rebasar la punta de Arena de cayo San Pio, y hacer despues por la ensenada, dando fondo sobre el número de pies conveniente al calado de la embarcacion, para todo lo cual no hay que atender mas que al escandallo: lo único que pide un poco de cuidado es el no equivocar el cayo de San Pio con otro que hay ántes de él llamado Troncoso, pues habiendo entre los dos un freu de una milla, y siendo el cayo de San Pio muy raso, pudiera engañarse cualquiera que viene de la mar, pareciéndole que por tal freu es la entrada; pero esta equivocacion se salvará teniendo presente que cayo Troncoso es muy pequeño, y al contrario, cayo San Pio tiene una milla de extension de NE. á SO.: á mas de esto en el dicho freu

(margen) Ensenada de Gracias á Dios.

(margen) Instruccion para tomar el fondeadero de Gracias á Dios.

hay tan poca agua, que apénas puede pasar por él una canoa : lo que es causa de que en lo ordinario reviente en él
la mar. Para los que vienen del S. á tomar esta ensenada
no hay que advertir nada. Tal es la descripcion que de
esta ensenada dió el año de 1788 Don Gonzalo Vallejo,
que fondeó en ella con la corbeta San Pio de su mando ;
pero debemos añadir lo que Don Josef del Rio dice de ella,
pues tambien la visitó el año de 93. ,, Yo debo hacer pre-
,, sente que el fondeadero de la ensenada Gracias á Dios
,, se va perdiendo, pues el corte de comunicacion que hi-
,, cieron los ingleses del gran rio de Segovia por la lengüe-
,, ta de tierra que forma la ensenada para introducir en ella
,, las maderas que conducian por dicho rio, se ha ensan-
,, chado tanto, que de estrecho canal que era se ha conver-
,, tido en un brazo del mismo rio, y arrastra tanta tierra y
,, árboles, que ha disminuido el fondo de la ensenada, en
,, términos que desde el año de 1787 se hallan tres pies
,, ménos en las inmediaciones de cayo San Pio ; y es muy
,, probable que dentro de pocos años quede cegado el fon-
,, do ; y debiéndose quedar los buques muy afuera no con-
,, sigan el abrigo que hay ahora, y que es de tanta utilidad
,, para los que navegan en esta costa en tiempo de los
,, nortes.

Cayos Mosquitos y de To-mas.

　Toda la costa desde rio Tonglas es limpia, y sobre el
placer no hay mas cayos y arrecifes que los descritos, y los
que hay desde punta Gobernador hasta el cabo de Gracias
á Dios, que se llaman de Mosquitos y de Tomas : estos
cayos forman con la costa canal de cuatro leguas de ancho
en lo mas angosto ; y aunque entre ellos hay pasos con
fondo de siete y mas brazas, lo mejor es no emprenderlos
y pasar siempre por el O. de ellos, esto es, entre ellos y
la costa, pues no cabe nunca riesgo en este paso, sirviendo
la sonda de aviso, bien sea para navegar á viento largo ó
voltejeando : á causa de que desde media legua de la costa
hay cinco brazas y diez á las inmediaciones de los cayos, y
así no bajando de las cinco brazas en la bordada del O., ni

subiendo de nueve en la del E., no hay que temer el menor riesgo. Desde la ensenada de Gracias á Dios se puede gobernar al SSE., con cuyo rumbo se pasará la vista del cayo mas occidental de este grupo, que es una piedra negruzca que puede descubrirse á la distancia de cinco ó seis millas : en esta derrota se cogerán de ocho á nueve brazas, y no se meterá nada para el E. hasta considerarse bien rebasado de los cayos mas meridionales, de lo que será el mas seguro indicio el coger las 12 brazas de agua al mencionado rumbo, desde cuya situacion ya se podrá hacer rumbo de derrota.

Habiendo ya descrito las costas, los cayos y arrecifes que se hallan sobre el placer que ella despide al E., como á la distancia de 20 leguas, dirémos algo de las islas y bajos fronterizos á esta costa que estan fuera de sonda.

Los cayos de Alburquerque ó del SSO. son los mas meridionales y occidentales de todos : son tres con buen placer, donde se puede fondear, y son limpios, y no hay que resguardarse mas que de lo que está á la vista, pues aunque tienen algunas piedras á su al rededor, estan muy pegadas á ellos. Cayos de Alburquerque.

Al N. 18ºE. de estos cayos, y á distancia de siete leguas, está la isla de San Andres, cuya situacion es bien conocida y de suficiente seguridad para la navegacion. Todas las orillas de esta isla son por lo general de piedra, y las puntas que mas se avanzan al O. son limpias de soboruco, y toda la costa del O. tan acantilada, que á media milla de ella casi no se coge fondo. La costa del E. está cercada por un arrecife que la hace inaccesible, y en algunos sitios sale de ella á mas de una milla. La extension de esta isla es de siete millas de N. á S., y dos de E. á O. en su mayor extension : á la parte del O., en el sitio donde está el fondeadero, hay dos montañas que descuellan del resto de la isla, que generalmente es montuosa, pero ni forma cañadas ni precipicios, siendo muy suaves todos sus declives : estas montañas pueden verse en dias claros de 10 á 12 le- Isla de San Andres.

guas. En toda la isla no se presenta ni rio ni arroyo, ni se
conoce manantial alguno; por lo que sus habitantes se va-
len de cacimbas ó pozos, que dan una agua gruesa y salobre.
Para abordar á esta isla no hay necesidad de práctico, pues
huyendo de la costa del E. de la que en ningun caso se
pasará ménos de tres ó cuatro millas, se puede dirigir sin el
menor cuidado á cualquiera punto de la costa del O.; pero
llevando ánimo de fondear, se debe poner la proa á la parte
mas S. de la isla sin cuidado de arrimarse á medio cable si
se quiere; y luego que se vea la ensenada llamada del O.,
que está formada por la punta mas occidental de la isla, se
dirigirá á ella, y se dará fondo en diez ó ménos brazas de
agua sobre arena: las diez brazas se cogen á cable y medio
de tierra. Este fondeadero es muy abrigado de las brizas,
pero en tiempo de nortes es preciso estar muy sobreaviso
para ponerse á la vela al momento que haya el menor anuncio de temporal.

Cayos del ESE. Como al E.¼SE. de esta isla hay tres cayos llamados
del ESE., que distan de lo mas meridional de ella como
unas seis leguas. Estos cayos estan rodeados de arrecife y
placer de poco fondo; y aunque sobre él hay fondeadero
para embarcaciones pequeñas, es preciso tener práctica para tomarlo: estos cayos echan restinga de piedras sueltas al
N. y NNE., que salen á siete millas de ellos, como se
deduce del siguiente suceso, de que dió cuenta el primer
piloto Don Miguel Patiño, Comandante de la cañonera
Concepcion, que fue á explorar la costa de Mosquitos
en 1804. „Navegando por 12° 35′ de latitud y 4° 55′
„de longitud O. de Cartagena de Indias á las ocho y me-
„dia de la mañana, dia despejado y agua clara, dió un salto
„como de un pie el timon de la cañonera calada en seis
„pies y tres pulgadas de Búrgos, sin haberse sentido cho-
„que ni roce en otra parte del casco: el andar era de seis
„millas; pero ni el marinero que estaba en el tope, ni los
„que estabamos sobre cubierta hemos visto mancha, rom-
„piente, ni otra señal debajo; ni pudo hacerse reconoci-

,, miento alguno por no ser posible barquear con la canoilla,
,, que era la única embarcacion menor que llevabamos : á las
,, nueve se vieron del tope los cayos del ESE. al S., y á las
diez se avistó humada la isla de San Andres."

Las islas de Santa Catalina y Providencia, que se ha- Islas de Santa Catalina y Providencia.
llan separadas por un pequeño canalizo, pueden conside-
rarse como una sola isla : se hallan al N.20°E. de San Andres como unas 18 leguas: la Catalina es sumamente fragosa, y su terreno casi todo cubierto de piedra, y la montaña escarpada que la domina llena de irregularidades,
que la hacen despreciable, por lo que está deshabitada. La
Providencia tiene de N. á S. cuatro millas, y dos de E. á
O. : desde la supercifie del mar y puntas mas salientes empieza su escarpado á elevarse en una planicie muy suave
hasta el centro de la isla, que se levanta en anfiteatro, y
forma cuatro collados cubiertos de monte alto. Desde la
cúspide de la montaña del E. salen de un manantial cuatro rios, que en distintas direcciones corren á la orilla, sub-
dividiéndose en su curso en pequeños arroyos de una agua
muy excelente y delgada para beber, y en tiempo de secas la mas abundante es la que baja á la parte del O. al sitio
que llaman Ensenada de agua dulce. Esta isla puede verse
en dias claros á 10 ó 12 leguas ; y toda ella, así como la
Catalina, está cercada de arrecife, que no permite atracarla á
ménos de una legua, y aun en la parte del N. sale á cuatro
millas. La isla de Providencia está poblada por tres ó cuatro familias, que cultivan algunos trozos de ella. A esta isla
solo pueden abordar embarcaciones que calen de 10 á 11
pies, y para entrar por el arrecife es menester práctico que
dirija la embarcacion.

De todos los demas bajos é islas que se ven pintados Advertencie importante.
en la carta, solo del bajo Nuevo podemos dar noticias circunstanciadas ; pues aunque se han situado y reconocido la
Serranilla, la Serrana y el Roncador, no nos ha llegado
mas que la noticia de sus situaciones ; y aunque se han
rectificado sus posiciones en la carta, acompañamos aqui

la noticia de ellas para mayor conocimiento de les navegantes.

Roncaaor.

Su parte mas N. se halla en 13º 35' 7'' de latitud, y 4º 36' 3'' de longitud occidental de Cartagena de Indias: tiene cinco millas de extension en el sentido del N.28ºO., y S. 28ºE. : tiene un islote en su parte del N., y un cayo algo al sur del islote.

Serrana.

Su parte N. está en latitud de 14º 28' 46,'' y su parte S. en 14º 18' 7''. Su parte oriental en longitud de 4º 85' 3'' occidental de Cartagena de Indias, y la parte occidental en 4º 54' 54´´.

Serranilla.

Su parte oriental se halla en 15º 45' 20'' de latitud, y en 4º 21' 20'' de longitud occidental de Cartagena de Indias : este bajo ó sus rompientes se extienden 15 millas de E. á O.

Nue- El Bajo Nuevo es un placer de sonda, que podrá tener de N. á S. unas siete millas, y 14 de E. á O. : por la parte del E. está todo rodeado de arrecife muy acantilado, y al contrario por la parte del O. disminuye el fondo suavemente : sobre este placer, y á milla y media de su extremo N., hay un cayo de arena, que está situado en latitud 15º 52' 20'', y en longitud de 3º 10' 58'' occidental de Cartagena de Indias al ONO.. del cual, y á distancia de tres á cuatro millas, se puede fondear : no obstante, téngase cuidado de no meterse en este placer en ménos de 10 brazas de agua ; porque al ONO. del cayo, y á distancia de dos y media millas, se ha hallado una piedra con solo siete pies de agua ; y al S.¹SE de ella, y á distancia de una milla, se halló otra con solos cuatro pies de agua : ambas piedras estan sobre cinco brazas de agua. Son muy acantilados, y no mayores que un bote. El bajo del Comboy no existe, pues se ha buscado de exprofeso, y no se ha podido dar con él.

Desde el cabo Gracias á Dios corre la costa al NO. la distancia de siete leguas hasta cabo Falso, que es conocido por ser la tierra mas alta de este pedazo de costa. De dicho cabo Falso sale para el NE., á la distancia de seis millas, un bajo de poca agua ; pero el placer de la costa conserva sus sondas muy regulares, y aun parece que se extiende por esta parte hasta la Serranilla ; pero sea lo que fuere, está este tan poco conocido, que de las 10 brazas de agua para arriba no se debe absolutamenre navegar, porque hay varios bajos, cuyas situaciones son muy dudosas : así para asegurar la navegacion, ni se debe aumentar de 10 brazas, ni deberá bajarse de seis, cuya regla se seguirá siempre, bien sea que se navegue á rumbo hecho ó barloventeando, pues así se conseguirá navegar por un canal limpio y de 20 millas de ancho. *Costa entre cabo de Gracias á Dios, y cabo Falso.*

Desde el cabo Falso sigue la costa como al QNO. la distancia como de 35 millas hasta la laguna de Cartago, que es muy conocida por ser su boca muy ancha : toda esta costa es como la anterior aplacerada y limpia, y para navegar por ella no hay que cuidar mas que del escandallo, de no bajar de seis brazas en la bordada de tierra, no subir de 10 en la de fuera, con lo cual se evitará caer sobre las Viborillas,* que como se ven en la carta estan al N. de esta costa, y distantes de ella como ocho leguas. *Costa entre cabo Falso y laguna de Cartago.*

Desde laguna de Cartago sigue la costa como al ONO. la distancia de 20 leguas hasta la laguna de Brebers ó Brus, y desde esta casi al mismo, y á distancia de otras ocho y media leguas, se halla rio Tinto. *Costa hasta rio Tinto.*

* Hay muchas cartas en que desaparecen este y otros bajos ; nosotros no hemos hallado por conveniente variar este derrotero hasta que noticias mas exactas nos hagan conocer la verdadera situacion de todos ellos.

Este rio es conocido por las sierras de la Cruz, que son muy altas, y las primeras que se ven en toda la costa desde Nicaragua: estas sierras estan algo al E. de la boca del rio, y sobre el mismo rio hay un picacho llamado Pan de Azúcar, porque forma la figura de tal. Para fondear enfrente de este rio, póngase la boca del rio como al S. y el cabo de Camaron al O. sin bajar nada de las 12 brazas, porque en menor fondo se encuentran muchas anclas perdidas de las que han dejado las embarcaciones que precipitadamente han tenido que ponerse á la vela cuando apuntan los nortes.

Este fondeadero es una rada tan abierta que aun con los vientos de briza es preciso tener fuera del escoben dos tercios de cable, y luego que el viento calme debe virarse á quedar casi á pique para evitar que el ancla se encepe. Cuando se está en este fondeadero en la estacion de los temporales, que como hemos dicho, es desde Octubre hasta Febrero, es menester mucho cuidado con el tiempo; y luego que se vea que el viento rinde al SE., y que de allí pasa al S. y SO., debe inmediatamente levarse el ancla, y franquearse bien de la tierra, en el seguro concepto de que ha de haber temporal: tambien es indicio seguro de temporal en los citados meses toda cerrazon ó mala apariencia por el NO., y no lo es ménos la marejada del N. que se siente con bastante anticipacion á que entre el viento: bajo un tiempo de estos es irremediable la pérdida de toda embarcacion que esté al ancla: muchas veces no da lugar el viento para levantar el ancla, en cuyo caso ó lárguese el chicote, dejándolo aboyado, ó píquese el cable para ponerse inmediatamente á la vela, y franquearse de la tierra, á fin de aguantar el tiempo á la vela: estos tiempos son muy duros y levantan gruesa mar; y así cuando alguna embarcacion se vea muy atormentada, tiene el recurso de ir á la ensenada de Gracias á Dios á tomar redoso, y pasar el tiempo fondeada, para lo que nada hay que prevenir, pues como ya hemos dicho, el escandallo es la guia

que libertará de todo riesgo y peligro : como estos temporales son mas que del N., del NO. y O., resulta que en
lo ordinario puede mirarse el fondeadero de Gracias á Dios
como un punto de arribada ó de sotavento, y en tal determinacion se hallará tambien la gran ventaja de estar á barlovento de rio Tinto luego que cese el temporal, á causa
de que entónces sopla la briza del E., y por tanto en bre-
vísimo tiempo, y casi sin trabajo, se podrá volver al antiguo fondeadero. La barra del rio es sumamente peligrosa,
y en ella corren los botes gran riesgo de zozobrar, y de perecer las personas que vayan en ellos, por la mucha mar
que de ordinario hay en ella : así para entrar ó salir por
ella es menester que sea con la calma de la mañana ántes
de que se entable la briza, y que el terral haya soplado
desde el anochecer ; y aun así, si la briza ha sido demasiado
fresca, suele no lograrse ni la entrada ni la salida, de modo
que la comunicacion con tierra es bastante escasa, y siempre muy trabajosa y expuesta.

Desde el rio Tinto sigue la costa al O. con alguna inclinacion para el N. la distancia de 9 millas largas hasta el
cabo Camaron, que está formado por una lengüeta de tierra *Costa hasta*
baja saliente al mar. Desde este cabo corre la costa al O. *cabo Ca-*
3ºS. la distancia de 20 leguas hasta punta Castilla, y es toda *maron y*
limpia, y algo mas hondable que la anterior ; de modo que *punta Cas-*
conviene no bajar de las ocho brazas de agua. *tilla.*

La punta de Castilla es rasa, y de ella sale como un *Punta Cas-*
cuarto de milla al O. un placerito de arena con poca agua : *tilla y*
esta punta es la septentrional de la bahía de Trujillo, la *bahía de*
cual tiene en su boca como siete millas de ancho. La en- *Trujillo.*
trada de esta bahía es fácil, pues no hay mas riesgo que
el del indicado placerito sobre punta Castilla. En la costa
del S. de esta bahía se verá un monte alto, que puede descubrirse á 24 leguas á la mar, llamado de Guaimoreto ; el
cual es buena valiza para dirigirse á la bahía viniendo de
mar en fuera, pues poniéndolo como al SSE., ó SE.¼S.,
ya se va franco de la punta de Castilla, y á fondear casi

enfrente del rio de Cristales, que desagua en la misma costa S. de la bahía, cuyo fondeadero parece el preferible, no solo porque la inmediacion á dicho rio proporciona hacer aguada con mas comodidad, sino porque desde tal situacion se puede montar mas francamente la punta de Castilla en caso que oblige á dar la vela algun temporal del OSO., O. y ONO., que es por donde soplan muy frecuentemente desde Octubre ó Noviembre hasta Febrero. Con tales vientos es bien claro, como lo manifiesta la simple inspeccion del plano de esta bahía, que ha de haber en ella mucha mar, y así lo experimentó la fragata María en Diciembre y Enero de 1800, que habiendo sufrido uno ó dos de estos tiempos al ancla, se vió en la precision de abrigarse en Puerto Real de la isla de Roatan, porque consideró su Comandante ser muy expuesto el fondeadero de Trujillo en la estacion de nortes, en la que á la sazon se hallaba. Por lo demas para entrar y salir de ella nada hay que advertir, pues se puede bordear sin el menor riesgo ni otra precaucion que la de no atracar á ménos de media milla la isla Blanquilla ó de San Lúcas, que está en la costa del sur, y como dos millas fuera de la bahía, porque despide placer de poco fondo, bien que la mejor guia es el escandallo, y procurando no bajar de las seis brazas de agua en sus inmediaciones se va libre de todo riesgo. Esta isla dista una milla larga de la costa, y por el freu que con ella forma se puede pasar sin mas cuidado que el del escandallo. Antes se creia que esta bahía era muy abrigada y propia para resguardarse en ella de los temporales del invierno; pero no es así, y todo buque que tenga destino de estacion en esta costa, debe preferir el Puerto Real en Roatan á esta bahía.

Al N. de punta Castilla, y á distancia de ocho leguas, está la isla Guanaja tendida casi NE., SO., en cuyo sentido tiene como tres leguas de extension: toda ella está contornada de cayos y arrecifes que salen á una legua: en la costa oriental de estas islas hay un fondeadero muy bueno para en tiempo de nortes, y para entrar en él es preciso pasar por entre los cayos y arrecife; el mejor paso está al S., dejando por babor el último cayo mas meridional, y por estribor otro cayo que demora como al N.¼NE del anterior: entre estos dos cayos hay media milla larga de canal, y se debe procurar promediarlo, poniendo la proa á otro cayo que está como dos tercios de milla al O. del que se deja por estribor, y que demorará entónces como al N. 71ºO.: entre estos dos últimos cayos se debe tambien pasar, y rebasado de ellos ya no hay mas que prolongar la costa de la isla hácia el NE. hasta tomar abrigo, y dar fondo donde se quiera, teniendo cuidado de promediar la distancia entre la costa de la isla y los cayos, navegando sobre ocho, nueve y diez brazas de agua fondo arena lamosa. Puede occurrir el tener que tomar este fondeadero con un tiempo forzado del N., NO. ú O. que no permita entrar de la bordada, en cuyo caso se advierte que se puede bordear entre los tres cayos dichos; en el supuesto de que bastará darles un cable de resguardo; el planito de este puerto manifiesta mejor todo lo que hemos dicho.

Al O. de esta isla está la de Roatan, que corre casi ENE., OSO., en cuyo sentido tiene como 10 leguas de largo: al E. de su punta oriental sale un arrecife que se prolonga hácia la misma parte en distancia de 12 millas, y sobre él se levantan varios cayos é islas, de las que la mas oriental se llama Borburata. Entre la Borburata y la Guanaja hay como 10 millas; pero el canal está limitado á solas cinco millas por los arrecifes que salen de ambas islas, y siempre es peligroso su paso para el que no tenga suficiente práctica. Toda la costa N. de Roatan está cercada de arrecife, y no se puede atracar á ménos de una legua, y los que no tengan práctica convendrá, le den algun mas resguardo. Su costa meridional está llena de buenos surgideros, que por lo regular son difíciles de tomar por ser sucios de arrecifes en sus entradas. El principal de todos

52

ellos es el que está en la parte mas oriental de la isla llamada Puerto Real. De este fue del que dijimos era muy propio para pasar en él la estacion de nortes cuando describimos la bahía de Trujillo. Está formado por la costa de la isla al N. y O., y por unos arrecifes y cayos al S. y E.: la entrada en él es por un canalizo estrecho que dejan abiertos los arrecifes, y que ápenas tiene medio cable de ancho: por fortuna esta angostura no tiene de largo mas que cable y medio: la parte oriental de este canalizo es un arrecife que despide al O. la isla llamada de Lein, que es inequivocable por ser bastante grande, y no poderse confundir con los demas cayos, que son muy pequeños. Para tomar este puerto, no teniendo buen práctico, es preciso valizar la entrada, que siempre deberá emprenderse con viento del NE. para el E., ó del O. para el sur, á fin de que se pueda entrar dentro del arrecife de la aviada: véase el plano de este puerto, de cuya exactitud no salimos por garantes: al reconocer esta isla por su parte del S. es menester tener gran cuidado con un bajo de piedra que hay casi en el extremo occidental de ella, y que dista de su costa mas de cuatro millas: el canal entre el bajo y la costa está tambien obstruido con otros varios bajos fondos, y aunque hay paso para embarcaciones grandes, es menester que estas, si no tienen buena práctica, se echen á pasar fuera del bajo.

Desde el rio de Cristales en la bahía de Trujillo corre la costa como al S. 75°O. la dstancia de 32 leguas hasta el triunfo de la Cruz: esta costa es bastante expuesta á causa de los bajos y arrecifes que salen al S. de la Utila, por lo que al que no tenga precision de atracarla, ó por tener práctica no corra riesgo en ella, aconsejamos pase siempre por el N. de los Chochinos y de la isla Utila.

Los Cochinos son dos islas grandecitas, limpias por la parte del N., con varios cayos sucios de arrecife es la del S.: entre dichas islas y sus cayos hay un regular fondeadero, del cual la única noticia que ténemos es el plano, el cual con la simple inspeccion instruye lo necesario para tomarle.

Puerto Real.

Costa entre bahía de Trujillo y triunfo de la Cruz.

Los Cochinos.

La isla Utila está como al N. 75° O. de los Cochinos la Isla Utila. distancia de 23 millas : las costas del N., S. y O. de esta isla son sucias, y en su costa oriental hay un buen fondeadero ; pero para tomarlo se necesita práctica : véase su plano. Al SO. de esta isla hay un bajo llamado Salmedina, que tiene sobre cinco millas de extension : por esto conviene pasar por el N. de Utila, no atracándola á ménos de dos leguas, y luego que se esté tanto avante con sus puntas mas occidentales, se puede ir á atracar la costa por punta Sal, para lo que conviene hacer el rumbo del OSO. 5°S., con el que se reparan los efectos de la corriente, que por aquí tira al NO., y que podria ser causa de un empeño con el arrecife de Longorife.

El triunfo de la Cruz es una punta, desde la que roba la Triunfo de la Cruz. costa para el SSO, y S. como siete millas, y revolviendo luego al NO. por espacio de otras 22 hasta punta Sal, forma una gran ensenada abrigada de las brizas, y con buen fondo para toda clase de embarcaciones : al N. de la punta del Triunfo, y á distancia de media milla, salen unos islotes, dos de ellos grandecitos, y que pueden verse á dos leguas de distancia : son limpios, y pasando á media milla de todo lo visible, se puede ir á dar fondo en la parte oriental de la ensenada, un poco al sur de la punta, en seis ú ocho brazas arena.

La punta en que remata esta ensenada se llama punta Punta de Sal. de Sal, y tiene como media milla al N. unos peñotes altos llamados los Obispos, que forman un canal, solo navegable para botes. Esta punta aparece con unas pequeñas colinas de tierra quebrada, y al S. de ella hay un puertecito llamado Sal, del que nada sabemos : sin embargo, enfrente de la boca del puerto, y al redoso de punta de Sal, se puede fondear al abrigo de las brizas ; pero es preciso no dejar caer el ancla en mas de 13 brazas, porque en las 18, 17, 16 y 15 el fondo es de piedra, y al contrario cuando es ménos de 13 ya es de fango limpio.

Rio de Lua.

Desde puerto Sal Corre la costa como al OSO. la distancia de ocho millas hasta rio Lua, que es grande y muy caudaloso : enfrente de él se puede fondear sobre un excelente tenedero de fango, pero sin el menor abrigo de los nortes.

Rio de Chamalacon.

Como ocho millas al O.¼S. del rio Lua está el del Chamalacon, sobre el que tambien se puede fondear sobre buen tenedero de fango, pero sin abrigo de los nortes.

Puerto Caballos.

Como al OSO. de Chamalacon, y á distancia de cuatro leguas, está puerto Caballos : este puerto está formado por una punta baja de arena, que sale al mar, y al O., de la cual se puede fondear en siete, seis ó cinco brazas arena. El puerto Caballos puede reconorse por una colina redonda y alta que hay sobre el batiente del mar en la costa oriental, y como dos leguas ántes de llegar á puerto Caballos. Para entrar en este puerto no hay que dar resguardo mas que á lo visible.

Costa hasta Omoa.

Desde puerto Caballos hasta Omoa hay siete millas al SO.¼O. : en este camino hay un placerillo de poca agua, que está al N. de unas barrancas coloradas que se ven en la costa, y de ella dista como legua y media : para resguardarse de él conviene no bajar de las ocho brazas hasta haber rebasado dichas barrancas, que se puede poner la proa á Omoa.

Puerto de Omoa.

El puerto de Omoa está formado por una tierra baja llena de manglar que sale al mar : sobre esta tierra hay una vigía que se descubre bien desde la mar, y sirve para reconocer el puerto : tambien sirve de reconocimiento la tierra alta que se levanta desde Omoa, y sigue para el O., pues desde Omoa para el E. todo es tierra baja. Para entrar en Omoa nada hay que advertir, sino que se puede pasar á un cable de la punta de Mangles, que forma el puerto, y luego que se esté al O. de ella se debe orzar al S. y E. todo cuanto se pueda para atracar la parte S. de dicha punta de Mangles, con el objeto de ver si se puede entrar á la vela en la Caldera : pero como para esto es preciso gobernar al N., lo mejor será ganar al E. tanto como se pueda, y hasta estar tanto avante con la boca de la Caldéra, y dando fondo se irá para dentro á la espía.

Desde el fondeadero de Omoa se descubre en tiempo Costa hasta cabo Tres puntas. claro el cabo Tres puntas, que demora como al O.¼NO. : toda esta tierra del O. de Omoa es muy alta, y sobre ella se levantan tres ó cuatro picachos parecidos á pilones de azúcar; pero la costa es muy baja, y continúa lo mismo hasta el golfo de Honduras. Desde Omoa hasta cabo Tres puntas habrá como 11 leguas, y la costa intermedia roba algo para el S., de modo que forma un saco, en el que suele haber gran embate de mar, y por tanto conviene no atracarlo mucho, sino mas bien gobernar como al ONO. ó NO.¼O. para franquear bien el cabo Tres puntas: á poco que se gobierne á estos rumbos se verán al NO. los cayos mas meridionales que despide la costa de Bacalar, y que distan de cabo Tres puntas como cinco leguas. En todo este canal que conduce al golfo de Honduras, y hata estar tanto avante con punta Manabique, el mayor fondo es de 25 brazas. Este cabo Manabique está como tres leguas al O.¼NO. del de Tres puntas: al O. de él, y á distancia de legua y media, hay un placer de poco fondo llamado el Buey, al cual es menester darle resguardo.

La punta de Manabique y los cayos meridionales de Golfo de Honduras. la costa de Bacalar forman la entrada del golfo de Honduras, dentro del cual, y al S. ó S.¼SE. de punta Manabique, está la ensenada de Santo Tomas de Castilla, y al SO.¼S. ó SO. de la misma punta está la boca del rio Dulce. Todo este golfo es aplacerado con suficiente fondo para toda clase de buques; y para navegar por él se debe ir con el escandallo en la mano, y las anclas prontas para dar fondo donde sea preciso, ó donde se quiera : la boca del rio Boca del rio Dulce Dulce se reconoce por una colinita aislada que hay algo al O. de él : el fondeadero está al NNE. de la boca del rio sobre el número de brazas que mas acomode, y se tendrán los cables NO., SE.

Desde el rio Dulce sigue la costa redondeándose al N.
y E. hasta punta Tapete, que está como 18 millas al NO.
de la de Manabique : desde ella sigue la costa al N. y E.
hasta cabo Catoche, que es el que forma con el de San
Antonio de la isla de Cuba el freu meridional del seno Mexicano. En esta costa hay un arrecife que la prolonga hasta
los 19ª de latitud, sobre el cual se levantan un sin numero
de cayos, y hay varias abras ó pasos por los que se puede

Cayos de Zapotillos. entrar á tomar la costa. Los cayos mas meridionales del arrecife son los Zapotillos, que distan como cinco leguas del
cabo Tres puntas. Entre este arrecife y la costa hay canal
de buen fondo, pero está lleno de peligros; y generalmente se puede decir que todo éste pedazo de costa es tan
sucio, y está tan poco conocido, que nadie podrá navegar
en sus proximidades sino con gran riesgo. No solo hay en
esta costa el arrecife y cadena de cayos que hemos dicho,
sino tambien otros arrecifes sueltos ; á saber, el de Longorife, el Placer de cuatro cayos y el Chinchorro, que distan
de la costa mas de 20 leguas, y que con el arrecife de ella
forman canales bien francos y navegables.

Advertencias generales sobre la costa de Bacalar. Toda esta costa, que es la oriental de Yucatan, es llamada por los ingleses de Bacalar, y tienen en ella su esta-
blecimiento en el rio Wallis : así de ellos es bien conocida
la navegacion práctica que se debe hacer entre el arrecife
para ir á dicho rio, que es el único parage de ella frecuentado por los europeos : de ella hablarémos en las advertencias y reflexiones que vamos á hacer sobre el modo de navegar en toda esta costa desde Cartagena de Indias hasta
cabo Catoche, pues en la descripcion no tienen buen lugar
unas noticias de poquísima seguridad ; pues si por la mayor parte son deducidas á ojo y práctica de marinero, y
son por tanto buenas para dirigir la navegacion, no lo son
para configurar y situar, que es la base y fundamento de
toda buena descripcion ; sin embargo, exceptuando la isla

Santanilla. viciosa, conocemos con bastante aproximacion la isla Santanilla, que segun Don Josef del Rio, Capitan de Fragata

de la Armada Española que la visitó y situó, dice es una isleta partida en dos prolongada de E. á O. limpia en todo su contorno en términos de poder atracarla á dos millas ; y que siendo bastante aplacerada por su parte occidental, se puede dejar caer una ancla por dicha parte al abrigo de las brizas.

El placer de la Misteriosa lo encontró D. Tomas Ni- ^{Placc} colas de Villa, navegando desde Trujillo al Batavanó en ^{riosa.} Abril de 1787, habiendo sondado 12 brazas arena blanca y piedra ; y deduce por su latitud observada á medio dia que este placer se halla en 18° 48' 42" de latitud N. Su longitud de 77° 29' 44" al O. de Cadiz se dedujo de la punta Castilla de Trujillo (bien situada por el General D. Tomas Ugarte), teniendo presente los erores que pudo contraer Villa en cinco dias de navegacion. Tambien en 11 de Abril de 1805 sondó en este placer D. Josef María Merlin, capitan de la fragata particular llamada la Flecha, en su navegacion de Cádiz á Veracruz, resultando que las sondas en que estuvo de 10 y 14 brazas se hallan en latitud N. de 18° 52' 42", 18° 53'36". Su longitud se dedujo desde el punto en que sondo 16 brazas en el veril oriental de la Serranilla (bien situada por el Brigadier D. Joaquin Francisco Fidalgo) ; y resulta despues de haber hecho todas las correcciones por la accion de las aguas y demas, la longitud del placer de la Misteriosa por Merlin 77° 39' 30" ; cuya diferencia de 10' con la primera situacion manifiesta que este placer está regularmente situado, no separándose mucho de su longitud verdadera, tomando el promedio, que será de 77° 34' 37" al O. del meridiano de Cádiz, que es en la longitud que fijamos para este placer.

Advertencias y reflexiones para navegar en la costa comprendida entre Cartagena de Indias y cabo Catoche, y generalmente para navegar de sotavento á barlovento en en el mar de las Antillas.

Hemos dicho que desde Cartagena hasta Nicaragua

hay un cambio de viento, que se llama á la parte del O.
en los meses desde Julio hasta Enero, el cual no sale á la
mar arriba de los 12½ ó 13° de latitud : tambien hemos
dicho que en esta costa siguen las corrientes por lo general
el curso de los viéntos ; y tambien hemos inculcado bastante sobre la necesidad que hay de recalar á barlovento del
puerto del destino en parages en que los vientos soplan
con constancia por determinado punto del horizonte : teniendo pues presente todo esto, salta naturalmente á la
consideracion, que si para navegar desde Cartagena de Indias á cualquiera punto de la costa situado al occidente, en
tiempo de brizas, no hay mas que hacer un rumbo directo,
y sin mas cuidado que el de prevenir á barlovento los errores de la situacion, así tambien para ganar desde dicho
punto al O. en la estacion de vendavales, debe subirse á
los 12½ ó 13° para buscar las brizas, á fin de ganar con
ellas la longitud necesaria : y conseguida que sea, poder bajar al S. á tomar el puerto del destino, recalando á barlovento de él, esto es, en puntos mas occidentales : esta sola
advertencia encierra cuantas podrian hacerse en el particular sin necesidad de descender á pormenores ; y solo añadirémos que por la práctica general se sabe que basta ganar
la longitud del Escudo de Varaguas para recalar en punto
occidental de Portobelo, y poder tomar con seguridad dicho
puerto.

Del mismo modo vale esta advertencia para las navegaciones que desde puntos occidentales quieran hacerse á
Cartagena de Indias ; pues así como en tiempo de vendavales bastará hacer rumbos directos de derrota, así tambien
en el de brizas será menester subir de latitud ; pues aunque en mayores paralelos no se hallarán vientos decidida-
mente anchos, pero sí se podrán aprovechar los vientos del
cuarto cuadrante, que en tal estacion son frecuentes en la
costa de Mosquitos ; ademas de que saliendo de las proximidades de esta costa, ni las brizas son tan fuertes, ni las
corrientes tan vivas. Hacemos aquí una advertencia, y es

que en meridianos del Escudo de Veraguas, y bien próximo á dicha isla, se sienten los nortes de la costa de Mosquitos, y no tan flojos que no se haga preciso capearlos: de aquí nace con evidencia que si con las brizas se toma la bordada de estribor, bien sea saliendo del Darien ó de Portobelo, ella misma conducirá la embarcacion á parages donde los vientos del cuarto cuadrante son mas frecuentes, y por tanto con ellos podrá de la vuelta de babor ganar el puerto de Cartagena de Indias con mucha comodidad y en muy breve tiempo. No parece natural dictar reglas en asuntos que aun no estan bien experimentados; pero estamos en la íntima persuasion de que es esta la práctica que debe seguirse, y con tal empeño, que creemos debe prolongarse la bordada aun á costa de meterse en la sonda de Mosquitos; pues valizándose en ella, y haciendo por la isla de San Andres ó la de Providencia, podria desde cualquiera de ellas cogerse de la bordada á Cartagena de Indias; y aunque no fuera de la bordada, en poquísimos dias, como sabemos, ha sucedido al Capitan de Fragata Don Manuel del Castillo, que habiendo desarbolado con el bergantin Alerta de su mando en la expedicion que en Enero de 1805 hizo para situar los bajos fronterizos de la costa de Mosquitos, tuvo que arribar á la isla de Santa Catalina, donde reparada con bandolas la falta de su palo mayor, dió la vela en principios de Febrero, y consiguió coger las islas del Rosario en 8 del mismo mes; de modo que toda su navegacion la hizo en ménos de ocho dias; y siendo esto en el mes de Febrero, se acredita bien que los vientos son suficientemente anchos para navegar en derrota.

Por lo demas nada tenemos que añadir á lo ya dicho en la descripcion de esta costa, y solo advertimos que para recalar á San Juan de Nicaragua es menester tener gran seguridad en la latitud, y que conviene en todas estaciones caer mas bien al N. que al S.

Por lo que toca á la costa de Mosquitos y su mar fronterizo, dirémos que la prudencia marinera aconseja el huir de meterse en el pedazo de mar comprendido entre los paralelos meridionales de Providencia y Santa Catalina, y los septentrionales de bajo Nuevo, así como entre los meridianos orientales de dicho bajo, y los occidentales de los cayos de Mosquitos; porque habiendo en él muchos bajos de situaciones dudosas, se corre gran riesgo de tropezar con ellos; y aunque ya hubiéramos publicado las situaciones de los bajos exteriores, que como hemos dicho se han establecido, siempre queda aun por explorar el resto de mar que hay hasta los cayos de la costa, en el que, segun vemos en las cartas, no faltan bajos y peligros.   Así todo lo que hay que advertir en la materia es que se procuren cortar dichos paralelos, ó bien á barlovento de los bajos mas orientales, ó por el canal que con la costa forman los cayos de Mosquitos.   Por barlovento de los bajos mas orientales podrán pasar siempre los que salgan de Cartagena de Indias; pero los que saliendo de puntos mas occidentales quieran navegar al N., v. gr. los que salgan del Darien y Portobelo, será preciso vayan por el canal de la costa á doblar el cabo de Gracias á Dios, y colocarse al O. de las Viborillas, desde donde ya podrán hacer rumbos convenientes para recalar á Cuba.   La navegacion de este canal es segurísima, como hemos dicho, pues el escandallo es una guia infalible en todos tiempos y circunstancias.

De esto que acabamos de decir tambien se infiere que todo el que quiera ir á cualquiera punto de la costa de Mosquitos es preciso huya de meterse entre los bajos fronterizos de ellas, y para tomarla es preciso vaya por el S. ó por el N., segun cuadre mejor á su situacion: para ir por el sur se deberá procurar tomar la sonda de ella por paralelos de islas de Mangle, poco mas ó ménos; y una vez valizados en la sonda, ya no hay mas que dirigirse por ella misma al punto del destino, teniendo presente lo que décimos en la descripcion: para ir por el N. es preciso atracar la costa de rio Tinto por meridianos de la laguna de

Brus, á fin de libertarse de los Cazones y Viborillas, que por lo muy acantilados son muy peligrosos : para recalar con acierto conviene avistar la Santanilla, y desde ella con rumbo del S. se tomará la costa por los meridianos dichos. Para recalar á esta costa, háyase ó no visto la Santanilla, una vez satisfechos de la longitud, y de estar al O. de los Cazones y Viborillas, no hay que cuidar mas que del escandallo ; pues, como hemos visto en la descripcion de esta costa, es tan aplacerada, y su fondo disminuye con tal suavidad, que es imposible que nadie que sonde pueda perderse en ella por encontrarla de improviso : una vez cogida la sonda, ya no hay mas que colocarse en el braceage competente para ir al E. á doblar el cabo de Gracias á Dios, en el modo y forma que decimos en la descripcion, y á lo que nada tenemos que añadir.

Si la navegacion se hiciere á rio Tinto, convendrá tambien reconocer la Santanilla y hacer el rumbo del S.¼SO. : las corrientes en esta costa son muy inciertas, aunque en lo ordinario con los vientos de briza se dirigen al NO., y así tal vez podrá no recalarse en el punto deseado ; pero no pudiendo ser muy grande la diferencia, con facilidad se enmendará el error que se haya cometido. Los que por la primera vez vayan á esta costa, podrán quizá dudar del punto de ella en que se hallan por no conocerla ; pero no hay motivo de equivocacion, pues desde laguna Brus para el E. toda es tierra baja, y al contrario para el O. la tierra es muy alta, y para su conocimiento decimos lo bastante en la descripcion.

En la navegacion que se haga para el O. con el fin de tomar á puerto Caballos, Omoa, ó el golfo de Honduras, es menester pasar por el S. de Roatan, y por el N. de Utila, y valizados en esta última, gobernar á recalar sobre punta Sal, como decimos en la descripcion, para prolongar la costa hasta el puerto del destino ; pero se debe tener gran cuidado con el tiempo en la estacion de los temporales, á fin de proporcionar que desde Roatan se pueda na-

vegar con tiempo hecho de briza hasta puerto Caballos ó
Omoa, pues si al O. de Roatan cogiere un temporal, no
dejaria de dar un mal rato al que tuviere que aguantarlo
en este pedazo de mar en que toda bordada seria peligrosa
de noche, así como lo seria ir á tomar el redoso de Roatan, ó alguno de sus puertos, que es el único arbitrio que
le queda al navegante, porque pide luz del dia para hacerlo con acierto; con mayor razon aun se debe procurar
navegar desde Omoa hasta el golfo de Honduras con tiempo hecho de brizas, y así todo el que navegando para dicho golfo se halle con apariencias de temporal en las inmediaciones de Omoa ó puerto Caballos debe meterse en ellos
para pasar al ancla el temporal, y salir con buena oportunidad, á fin de doblar la punta de Manabique con buen
tiempo.

Si para la entrada en el golfo se necesita de las referidas precauciones, para su salida se necesita de las mismas;
y la navegacion debe hacerse aprovechando cuanto se pueda el terral, y barloventando con la briza hasta estar tanto avante con Omoa ó puerto Caballos. Desde Omoa si es
en la estacion de brizas, esto es, desde Marzo hasta fines
de Agosto, debe barloventearse hasta meridianos de la Borburata por las proximidades de la costa, procurando prolongar la bordada de afuera como ocho ó nueve leguas
para virar de la de tierra al medio dia, que es la hora de
entrar la briza, hasta prima noche, que por llamarse al terral debe revirarse de la vuelta de afuera: en esta forma se
consigue dar las bordadas en ocho cuartas, y aun menos,
con notable utilidad. El cuidado que debe tenerse en esta
navegacion es grande; y no hay necesidad de advertirlo,
puesto que la simple inspeccion de la carta lo recuerda. En
el tiempo de nortes hay que asegurarse del tiempo para
proporcionar la salida de Omoa, de modo que pueda cogerse la isla de Roatan con buen tiempo: en esta estacion
los terrales soplan toda la noche y la mayor parte del dia,
y permiten hacer rumbos al E.; pero deberá primero go-

bernarse al NE., á fin de enmararse y hacer larga la bordada de tierra con la briza; pero si en tal situacion no entrare la briza, y continuare el terral, ya se puede gobernar al E.¼NE., á fin de pasar al N. de la Utila, y si el tiempo estuviese asegurado al N. tambien de Roatan : estando ya tanto avante en cualquiera de las dos estaciones con los meridianos de la Borburata, se ceñirá el viento para atracar el cabo Corrientes en la isla de Cuba, si acaso se hubiere de ir al N.; teniendo presente que tirando por lo general las aguas al NO. no conviene con vientos del NE. para el N. seguir la vuelta del O., sino cambiar de mura al ESE. y E., con el fin de no aproximarse mucho al Chinchorro ó isla de Cozumel, que pueden ofrecer un empeño.

Para ir al rio de Wallis en la costa de Bacalar es menester entrar ó por el canal que llaman del S. ó por el de cabo Ingles : el primero es mas propio para buques grandes, porque tiene mas fondo, aunque tambien es mas dilatado. Por cualquiera de los dos canales que se quiera entrar, viniendo de mar en fuera, es conveniente ántes reconocer la isla de Roatan para tomar en ella punto de partida, y asegurar así la navegacion.

Dirigiéndose por el canal del S. es preciso pasar el arrecife por los cayos de Zapadilla, que estan al O. del extremo occidental de Roatan la distancia de 29 á 30 leguas. Los cayos de Zapadilla se reconocen por ser cinco cayos de arena muy secos : al S. de ellos hay otros muchos cayos, pero son frondosos : entre los cinco secos y los frondosos del S. está el canal con cuatro y media brazas en su menor fondo, y á pocas escandalladas se irá encontrando que aumenta progresivamente hasta 17 : entre dichos cayos corre el canal al E. y O.¼NO.; y luego que se haya rebasado de todos ellos se gobernará como al ONO., llevando siempre el escandallo en la mano y buenas vigías para evitar varios bajos que se encuentran á la parte del N.; y continuando así la distancia de cuatro ó cinco leguas se descubrirá punta Plasencia como á seis leguas, y se le pondrá la proa, procurando traerla al N.¼NO. Desde punta Plasencia se seguirá al N. la distancia de seis ó siete leguas, que se estará con rio Setle; y desde este rio, gobernando al mismo rumbo la propia distancia, se cogerá punta Colsons, desde la que hasta el rio de Wallis hay otras seis leguas al N. 5° E., y se fondeará frente su desembocadura. En toda esta navegacion se debe procurar ir atracado á la costa como dos ó tres millas para no caer en los arrecifes y bajos que hay por fuera de ella; y en toda ella se puede fondear sobre el fondo que mas acomode desde 5 hasta 17 brazas.

Para ir por el canal de cayo Ingles, que desde Roatan es el camino mas directo y corto, se debe tomar punto de partida en el extremo occidental de dicha isla, dejándola á las oraciones poco ántes ó despues, con el objeto de no andar arriba de 16 leguas en la noche, á causa de que suele haber corrientes que adelantan á la embarcacion; y es muy preciso recalar de dia á la parte del S. del arrecife de cuatro cayos, porque es muy peligroso y aventurado su reconocimiento por la noche. Para esto se gobernará al NO. un poco para el N., y como hemos dicho, se promediará el andar del buque, á fin de que no se venza en toda la noche mas distancia que la de 16 leguas. Luego que amanezca, si andada la referida distancia no se vieren los cayos, se hará por ellos para descubrirlos, enmendando el rumbo al NO.¼O., ó ONO., y se forzará cuanto se pueda de vela, con el objeto de rebasarlos, y ver si se puede coger ántes de la noche á cayo Bookel, y mejor aun á cayo Ingles.

El extremo meridional del arrecife de cuatro cayos está terminado por un cayo llamado Sombrero, porque tiene la figura de tal: por el S. de este cayo se debe pasar, teniendo cuidado con una restinga que echa al S., y que sale de él cerca de cuatro millas: desde cayo Sombrero se debe gobernar al O. la distancia de siete leguas hasta cayo Bookel, que es el extremo meridional de Terradof: cayo

Bookel ofrece fondeadero á su parte occidental sobre el veril del banco en cuatro ó cinco brazas de agua; pero se debe tener cuidado en escoger sitio limpio para dejar caer el ancla, porque el fondo es bastante sucio; y esto se conseguirá poniendo á cayo Bookel al ESE., ó SE¼E. y á la distancia de dos ó tres millas. Si se quiere se puede subir mas al N. á fondear enfrente del tercer lagunazo ó abertura que forma la tierra del Tarranof, y sobre cuatro brazas, donde se estará bien para aguantar un viento del N. Desde cayo Bookel se debe gobernar al NO. hasta avistar á cayo Ingles: este es un pequeño cayo redondo, y con grandes árboles sobre él: á su parte del N., y como á milla y media, hay otro cayo llamado Goff, y entre los dos está el canal comunmente llamado de cayo Ingles: como al SE. de cayo Goff hay un cayo seco de arena, que es el término del arrecife: para entrar por el canal se debe promediar la distancia entre ambos cayos, y luego que se esté tanto avante con cayo Goff se meterá sobre estribor, y se dará fondo al O.¼SO. de él sobre cuatro ó cinco brazas fondo limpio: allí se tomará práctico para entrar al fondeadero de Wallis.

Para concluir esta materia hablarémos algo acerca de la derrota que convendrá hacer para ir desde meridianos occidentales de la isla de Cuba á cualquiera punto de las costas del mar de las Antillas. La que hasta ahora se ha hecho generalmente es desembocando el canal de Bahama; y gobernando por paralelos altos para ganar la longitud suficiente, bajar luego al S., y aterrar á las Antillas menores ó mayores, ó á la costa de Cumaná y Caracas, del mismo modo que los que van de Europa. Esta navegacion es indudablemente muy buena y bien pensada; pero se ha tomado con mucha generalidad, y no se ha querido meditar sobre las ventajas que quizá produciria la navegacion por dentro del mar de las Antillas, no solo en la brevedad de ella, sino aun en su seguridad.

Para proceder con acierto en la materia es menester

tener presente que en la estacion de los nortes hay mucha facilidad de navegar al E. por el S. de Cuba, Santo Domingo y Puerto Rico : y por decontado no se corre por este camino el riesgo que podia ocurrir yendo por el N. á desembocar el canal de Bahama ; pues aunque ya dentro del canal, manejándose con conocimiento, no lo hay grande, pero ántes de embocarlo no deja de haberlo, puesto que con tal viento es muy fácil empeñarse sobre la costa de Cuba, que es un empeño bien duro y expuesto. Con tales vientos se demora tambien la navegacion por el canal, y al contrario, se abrevia y facilita por dentro del mar de las Antillas ; y agregando á esto lo mas largo del camino que hay que andar por la primera derrota, es muy posible que se hagan navegaciones mas breves por la segunda ; bien es verdad que los nortes desde meridianos orientales de Cuba son poco frecuentes y duraderos, y que por tanto, pudiendo contar poco con ellos, será preciso ganar á la bolina toda la longitud que resta hasta los meridianos del destino ; pero si la embarcacion es medianamente bolinera, aprovechando la variacion diaria de la briza, se pueden dar bordadas muy ventajosas ; y eligiendo los paralelos entre 15° y 16°, en que las corrientes tienen muy poco ó ningun efecto, será muy fácil y breve ganar la longitud que se desee.

Desde Marzo á Junio es cuando tal vez convendrá desembocar el canal de Bahama, porque en tales meses las brizas son muy duras, especialmente en la Costafirme desde San Juan de Guia para sotavento, y y por muy bien aparejada que esté la embarcacion hay que temer gruesas y pequeñas averías.

En los restantes meses en que las brizas son manejables, los terrales mas frescos y ciertos, y las corrientes muy pocas, parece preferible la navegacion por dentro, porque atracando la Costafirme, se libra el navegante de los huracanes ; circunstancia que por sí sola basta para tomar con preferencia esta determinacion ; pero en tal caso es menester atravesar desde luego que se pueda pasar á barlovento de los bajos fronterizos de Mosquitos á tomar la Costafirme, para hacer por ella la navegacion.

De todo lo dicho resulta que en tiempo de las brizas manejables y de los nortes, esto es, desde Julio hasta Marzo, convendrá hacer la derrota por dentro, y en el de brizas fuertes, ó desde Marzo á Junio por fuera, desembocando el canal de Bahama; y para que con ejemplos prácticos se ilustre mas esta materia, citarémos la derrota que por dentro hizo el Teniente de Navío Don Josef Primo de Ribera, mandando una embarcacion de comercio que conducia desde Veracruz á la Guaira en Enero de 1803, y la que por fuera hizo en Marzo de 1795 la escuadra del mando del Teniente General Don Gabriel de Aristizabal, las que ofrecen una buena comparacion entre sí, y un modelo de guia para los que hayan de practicarlas.

Don Josef Primo de Ribera salió de Veracruz el 30 de Diciembre de 1803, y el 7 de Enero siguiente al anochecer se hallaba 10 millas al O. de cabo Corrientes en la isla de Cuba: desde este punto siguió barloventeando de ambas vueltas, aprovechando la variacion de la briza hasta el 10 que se le declaró un N., con el que hizo derrota por el S. de la Víbora, reconociendo ántes el Caiman grande: el 11 por la tarde se concluyó al N., y quedó en la latitud de 16° 3', y longitud de 72°O. de Cádiz. Hasta el 19 siguió barloventeando de ambas vueltas entre los 16° y 17° de latitud, en cuyo dia, habiendo tenido buenas observaciones de longitud, que le ponian en la de 68° 23', determinó atravesar á la Costafirme, como lo hizo; y logró reconocer el dia 22 al anochecer la sierra nevada de Santa Marta, que marcó al S. 19 O., y al dia siguiente se puso con cabo la Vela. Desde aqui siguió barloventeando, y no habiendo podido meterse por el freu de Orua y la costa de Paraguaná, se echó afuera; y prolongando bien la bordada para huir de las corrientes que hay en las inmediaciones de dicho freu, consiguió de la otra vuelta me-

terse entre Orua y Curazao, y despues por entre las islas y
la costa continuó barloventeando hasta la Gaira, que era el
puerto de su destino, en el que fondeó el dia 4 de Febrero
á las ocho de la mañana; de modo que su navegacion la
hizo desde el cabo Corrientes en veinte y siete dias.

La escuadra del General Aristizabal salió de la Havana
el 27 de Febrero de 1795: el dia 5 de Marzo se halló de-
sembocada del canal de Bahama, y continuó entre los 28°
y 29° hasta el dia 14 del mismo mes, que hallándose en
54° de longitud O. de Cádiz, empezó á bajar de latitud con
rumbos como del SSE., con los que estando el dia 21 en la
latitud de 19°, y longitud de 48° O. de Cádiz, enmendó la
proa al SSO., y con ella se puso el dia 27 en la latitud de
11°, y longitud de 51°; y desde tal situacion gobernó al O.,
y fondeó en Trinidad el 29 de Marzo, habiendo hecho su
navegacion en treinta dias.

No pretendemos con estas reflexiones persuadir que la
navegacion por dentro sea la mas breve; pero sí deseamos
que se empiece á meditar sobre esta materia, que si hasta
ahora está dudosa, con la práctica sucesiva puede quedar
muy ilustrada.

ARTICULO VIII.

DESCRIPCION DEL SENO MEXICANO DESDE CABO CATOCHE HASTA LA BAHIA DE SAN BERNARDO.

El seno Mexicano es un gran golfo ó saco cerrado por
todas partes, ménos por la del SE.: la isla de Cuba, que
se avanza bastante al O., forma con esta abertura dos freus;
unó al S. con el cabo Catoche, con el que se comunica dicho golfo con el mar de las Antillas, y otro al E. con la
costa meridional de la Florida, por el que se comunica con
el Océano Atlántico; de modo que para entrar ó salir del
seno Mexicano no hay mas camino que el de alguno de
estos dos freus. Del del E., que se llama canal de Bahama,

ya hemos hablado en este Derrotero cuanto se necesita para
asegurar toda navegacion que por él se haga : del del S. no
hay que decir, pues habiendo descrito el cabo de San Antonio, y hablado del modo de doblarlo, así como tambien en
el artículo que trata de las Corrientes, de las que se experimentan en este freu, solo cabe alguna advertencia que haré-
mos cuando tratemos del modo de navegar en el seno. Por
lo que toca al cabo Catoche vamos á hablar de él, y servirá
de principio á la descripcion del seno, en la que seguirémos
el órden que nos hemos propuesto ; esto es, empezando por
lo mas meridional continuarémos al N. dando la vuelta á concluir en las Tortugas.

La tierra ó codillo NE. de Yucatan, llamado cabo Catoche, despide varias islitas á corta distancia de ella nombradas Cancun, Mugeres, Blanquilla y Contoy : esta última, que es las mas septentrional y separada de la costa,
dista de cabo Catoche 13 millas : su extremo N. está EO.
con este cabo : esta isla está tendida como del N.9°O., y
S. 9°E. la distancia de cinco millas : desde su extremo N.
despide placer al dicho rumbo distancia dos millas, con
fondo desde tres hasta cuatro y cinco sextas brazas de fondo piedra : tambien de la parte del S. sale una restinga
hácia el extremo N. de la isla de Mugeres, dejando paso
por esta parte con tres brazas de agua hácia el fondeadero
de esta última isla. La isla del Contoy tiene surgidero
para fragatas casi EO. con su punta N. á distancia de una
milla y ménos por cuatro, cuatro y media y cinco brazas
de agua fondo arena, cuyo braceage va disminuyendo hácia el S. hasta una y media millas, en que se encuentra dos
y media brazas próximo al cantil del placer, que continúa
desde la punta N. de la isla hasta un tercio de ella, siguiendo despues al O. quizas á unirse con el cabo Catoche : el
que viniese á tomar este fondeadero debe tener presente
que ordinariamente las aguas tiran hácia el NO., y que al
S. 86°O., distancia cinco millas largas del extremo N. de
dicha isla, hay un bajo con dos brazas de agua : las mareas

son irregulares, y disminuye en ellas uno y medio pie. En los meses que reina la briza bien se puede estar con bastante seguridad en este fondeadero ; pero en los restantes es preciso estar con cuidado por los vientos de travesía : casi en el extremo S. de la isla hay agua de cacimbas.

Isla Blanquilla. La isla Blanquilla no debe dársele propiamente este nombre, por estar unida á la costa por una pequeña lengua de arena ; de modo que forma una península.

Isla Cancun. La isla de Cancun está casi unida á la costa, formando dos bocas, que á la mas meridional llaman de Nisuco, y á la mas septentrional, que tiene un islote enmedio, de Cacun : ignoramos los fondeaderos que puedan tener estas dos islas, aunque algunas cartas suponen anclage á la parte S. de Cancun.

Isla de Mugeres. La isla de Mugeres se prolonga del S.21°E. al N.21°O., distancia de seis y un cuarto millas, con dos islotes, uno en cada extremo de ella : está separada de la costa tres millas ; á la parte occidental de esta isla y por su medianía hay un ancon que lo forman dos islas, en donde hay, segun noticias, un buen fondeadero, habiendo estado el año de 1801 en él una fragata inglesa carenándose.

Cabo Catoche. El cabo Catoche tiene dos islitas á longo de costa, que apénas salen de él una milla, y forman con la isla de Jolvos las dos bocas, que llaman de Jonjon y Nueva, solo útiles para canoas : desde dicho cabo para el O. roba la costa algo para el S. la distancia de 18 millas hasta el extremo occidental de la isla de Jolvos ; que forma las bocas de Co-

Isla de Jolvos y bocas de Conil. nil : esta costa es sucia, pues á distancia de dos y media millas sale placer de piedras con poca agua. Entre la isla de Jolvos y la costa se forma un lago obstruido por varias isletas y manchones de yerba, que es solo útil para canoas chicas.

Monte del Cuyo. Desde las bocas de Conil continúa la costa al O. 6°N. 11½ millas hasta la punta del monte del Cuyo, desde donde sigue al N.76°O. 13½ millas hasta punta de las Colo-

Punta de las Coloradas. radas, desde la que continúa al O. nueve millas y al S.70°O.

ocho, hasta la punta occidental de la laguna de Mursinic ó Punta de la de Lagartos, en la que solo navegan canoas pequeñas. De laguna de
Mursinic la punta de las Coloradas sale un placer como al NO. con ó Lagar-
tos. fondo piedra de dos, tres y cuatro brazas, en donde el año de 1780 se perdió la fragata de guerra nombrada Santa Marta, distancia de la costa 1827 varas.

Desde la punta occidental del rio Lagartos sale una punta al O.7ºS. distancia siete y media millas, desde la cual de- Vigía de mora la vigía de Igil al S.78ºO. distancia 64 millas, en cuyo Igil. intermedio se hallan las bocas de Silan y las vigías de Silan, Santa Clara, y Telchak: en la primera y última se puede hacer aguada.

Desde la vigía de Igil sigue la costa al S.74ºO. dis- Castillo de tancia 31 millas hasta la punta oriental del castillo de Si- Sisal. sal, y 40 millas hasta el fronton occidental del monte No Monte te perderás, á cuyo pie está la Punta de Piedras. En este No te per-
dera. intermedio estan las vigías de Chujulú, Chuburná, y final-mente el castillo de Sisal: toda esta costa desde cabo Catoche es muy baja y aplacerada, y no hay sobre ella mas objetos notables que el cayo del rio Lagartos, que es un montecillo de piedras hecho de intento en la misma playa por los indios pasados; y es conocido porque se asemeja á la figura de un sombrero; y los cerrillos de arboleda llamados de la Angostura, Yalcopó y puerto de Mar, que estan comprendidos entre la vigía de rio Lagartos y el monte del Cuyo. Todas estas vigías, como el monte del Cuyo y castillo de Sisal, no se pueden descubrir sino desde las seis brazas para tierra. Desde el Cuyo hasta Chuburná se puede anclar sin rezelo desde cuatro brazas para afuera, y nada para tierra, á causa de varias losas, laxus y alfaques de piedra que hay muy dificiles de conocer con el escandallo, porque estan cubiertos con una capa de arena, y así se cor-tan los cables y pierden las anclas; á mas de que disminu-yéndose sobre ellas de pronto el fondo, se corre gran peli-gro de barar y perderse.

Las dichas vigías no son mas que unas torres de madera en que hay atalayas para descubrir la marina. El castillo de Sisal está edificado en la misma orilla del mar; y á su inmediacion hay tres ó cuatro casas cubiertas de guano, que sirven de almacenes para depositar los efectos de comercio, que se transportan en barcos costeros para introducirlos en Mérida, así como los que se exportan desde Mérida y otros parages mediterráneos de esta provincia : en este sitio hay agua con abundancia, y se puede hacer con facilidad.

Costa hasta punta Desconocida.

Sobre la punta de Piedras está, como se ha dicho, el montecito llamado *No te perderás*, que sirve de muy buen reconocimiento, y que se descubre desde el bajo Sisal, es decir, á 14 millas de distancia : desde esta punta se redondea la costa como al SO. la distancia de 30 millas hasta punta Desconocida, y forma el fronton NO. de esta península de Yucatan : esta costa, así como la anterior, se descubre bien desde las seis brazas, y se llama comunmente los Palmares, porque entre la arboleda de que está cubierta se ven muchos palmitos, que no los hay en todo el resto de costa en este pedazo, de que hablamos, no se debe fondear, porque el fondo es de laxa, cubierto con una capa delgada de arena, que engaña al escandallo.

La punta desconocida es la SO. del caño de las Salinas, que interna hácia el NE. siete leguas, formando un lago que su mayor ancho es de cuatro millas.

Costa hasta Jaina.

Desde la Desconocida continúa la costa al S. algo para el E. la distancia de 22 millas hasta las Bocas, que son dos pequeñas ensenadas ó entradas que hace la costa, enfrente de las que, y muy inmediato á ellas, hay dos pequeños islotillos. Desde las Bocas continúa la costa al S. algo para el O. la distancia de 15 millas hasta Jaina, que es otra entrada de costa á forma de boca de rio, enfrente de la cual hay otro islotito : tambien á media distancia entre las Bocas y la Jaina hay otro islotito llamado isla de Piedras.

Desde Jaina continúa la costa con inclinacion para el Q. la distancia de 21 millas hasta el rio de San Francisco,

que está á cuatro y media millas al NE. de Campeche,
que es el principal y único punto de comercio de toda esta
costa.

La que media entre la Desconocida y el rio de San
Francisco no se descubre sino desde las tres ó cuatro brazas, y entónces se presenta á la vista con varias quebradas, que parecen cayos muy rasos: toda ella es sumamente aplacerada y limpia, de modo que con el escandallo en
la mano no hay el menor riesgo en toda ella, salvo el que
ofrece un casco de embarcacion perdida que hay al O. de
la isla de Piedras, y sobre tres y media brazas de agua, al
cual deberán darle resguardo las embarcaciones que naveguen por el dicho braceage.

Desde el rio de San Francisco continúa la costa al SO. Fondeade-
la distancia de 12 millas hasta punta de los Morros: en ella ro de Cam-
se ven primero el castillo de San Josef; despues la ciudad peche.
de Campeche; á esta sigue el castillo de San Miguel; á
este la poblacion de Lerma; á esta una punta de costa algo saliente al mar llamada del Mastin, despues de la cual
está la de los Morros: todo este fronton da costa, que es el
fondeadero de Campeche, se descubre bien desde las cinco
brazas; pero es tan aplacerado que las cuatro brazas se cogen á 15 millas de la tierra, y las dos y media brazas á
cuatro millas: consiguiente á esto fácilmente se percibe
que el dicho fondeadero no exige práctica ni advertencia
alguna para tomarlo, pues en llegando al braceage proporcionado al calado de la embarcacion se deja caer el ancla, quedándose enmedio de la mar, resultando un trabajo
pesadísimo para la carga y descarga de las embarcaciones;
pues aun las que pueden aproximarse mas á tierra, quedan
á cuatro millas de ella; y para disminuir un tanto este trabajo, y proporcionar que las embarcaciones menores vayan y vengan de tierra á la vela, se procura dar fondo al
O. de la poblacion. En este fondeadero, aunque enteramente descubierto á los vientos del N. y NO., que en su
estacion soplan con gran fuerza, no hay nada que rezelar,

pues no levantándose mar de consideracion, se mantienen las embarcaciones al ancla con bastante seguridad.

Donde el fondeadero no es tan aplacerado, y en que segun noticias se podrian coger las cuatro brazas á una legua de tierra, es sobre la punta de Morros, y como EO. con ella, y algo mas al S. ; lo que se advierte, si no como cosa segura, á lo ménos muy factible, para que el que quiera atracar la costa con el objeto de hacer agua ó leña, haga diligencia por este último fondeadero, en cuyas cercanías y algo al S. está la poblacion de Champoton, donde puede surtirse de los referidos artículos.

Costa hasta punta N. de Javinal. Desde punta de Morros continúa la costa al S. 25° O. la distancia de 36 millas hasta la punta N. de Javinal, desde el que empieza á redondearse al S. 60° O. la distancia de 61 millas hasta punta Xicalango, que es el extremo occidental de la laguna de Términos. **Laguna de Términos.** La laguna de Términos es una gran ensenada ; que tiene de boca como 36 millas y 25 de saco : entre las dos puntas que forman su boca hay dos islas que la cierran : la occidental, que se llama del Cármen, es la mayor, y en su extremo O. hay un presidio nombrado de San Felipe : entre esta isla y la punta de Xicalango está la entrada principal á la laguna con dos brazas largas de fondo, y de ella no tenemos mas noticias que la de ser muy dificil de tomar, y necesitar absolutamente de práctico.

De la sonda de Campeche.

La sonda de Campeche es un gran placer que despide la costa septentrional de Yucatan al N. casi hasta los 24° de latitud, y la de Campeche al O. hasta meridianos del rio Chiltepec : tanto el braceage como la calidad del fondo son en ella tan irregulares, que no es posible valizarse con seguridad por solo el escandallo : basta echar una ojeada en la carta para convencerse de esta verdad. No obstante el braceage desde las 20 brazas para tierra ofrece una regularidad muy suficiente para navegar con seguridad, pues cogiendo dicho braceage, que se halla como á 10 ú 12 leguas de la costa, corre como ella hasta estar al NO. de punta de Piedras, que disminuye casi de pronto dos brazas. Esta misma regularidad se nota en todo el braceage desde las 20 brazas hasta las cuatro, y en todo él se hallará la disminucion referida al NO. de punta de Piedras, causada sin duda por algun escalon de piedra que despide la punta hácia dicha parte, pues siempre se sonda en el referido parage sobre laxa. Desde las cuatro brazas para tierra en todo el pedazo de costa, comprendido entre el Cuyo y la vigía de Chuburna, ya hemos dicho que hay varias laxas y alfaques que son peligrosos á la navegacion.

La calidad del fondo desde las 20 brazas para tierra no guarda regularidad, pues unas veces es de arena parda con cascajo, otras de cascajo, y otras de arena con conchuela y coral : esta alternative se conserva hasta estar como al NO. de punta de Piedras, que, como ya hemos dicho, se sonda sobre piedra. Lo cual es muy buena valiza para situarse y emprender con seguridad la derrota á pasar entre el triángulo y bajo nuevo, que es al canal que con preferencia debe tomarse para salir de esta sonda por su parte del O., como ya explicarémos. Pero aun es mejor valizar la del rumbo que es menester hacer para conservar el fondo de las 20 brazas ; pues si estas se conservan gobernando como al O.¼SO., es prueba de que se está en meridianos comprendidos entre el Cuyo y punta de Piedras : si al referido rumbo se aumenta de agua, y es menester enmendarlo para el OSO. y SO., es prueba de que se ha rebasado el meridiano de punta de Piedras, y que se está con el fronton NO. de esta costa, ó entre punta de Piedras y la Desconocida ; y finalmente si para mantener el fondo sobredicho es menester gobernar al S., no hay que dudar en que se ha rebasado, ó á lo ménos se está tanto avante, ó en el paralelo de la Desconocida : lo mismo que decimos de las 20 brazas debe entenderse de cualquier otro braceage menor que aquel.

Pero en el resto de la sonda, esto es, desde las 20 ó 22 brazas para mas agua, no hay regularidad alguna, ni en braceage ni en calidad, especialmente en la parte septentrional de ella ; y es preciso que así suceda, pues está sembrada de bajos peligrosos á la navegacion, de todos los cuales vamos á hablar por su órden.

Bajo del Corsario. El Capitan de Fragata D. Ciriaco de Cevallos en sus reconocimientos de la costa de Campeche sitúa este bajo en latitud de 21° 37′ 30″, y longitud occidental de Cádiz 80° 58′ 30″, dándole una extension de E. á O. de tres millas, y como media de N. á S., estando su extremo O. en el meridiano mas occidental de la isla de Jolvos, distante cuatro y media millas. Como no nos ha dado ninguna descripcion de este peligro, copiarémos aquí lo que dice el piloto D. Josef Gonzalez Ruiz, que lo reconoció en 1804 á peticion del otro Cevallos, y cuya descripcion es como sigue :

„ El bajo del Corsario es una restinga de piedras que „ sale ó principia por la parte del E. de la punta de Mos- „ quitos, envuelta del N como tres leguas, y por la parte „ del O. de dicha punta corre al NO.¼N. la misma ó po- „ ca mas distancia, y remata por las siete y ocho brazas de „ agua. Es todo este placer de manchones de piedras, que „ á proporcion de fuera para tierra viene disminuyendo „ el agua hasta tres y media millas de dicha punta de Mos- „ quitos : á esta distancia hay un bajo dentro del mismo „ placer, que corre EO. cerca de dos millas y ménos de „ media de ancho : tiene el dicho á marea vacía 11, 12 „ y 13 palmos de agua, y á marea llena 13, 14 y 15, por- „ que las piedras altean unas mas que otras. El dicho bajo „ es de piedra mucara, de manchones negros, y algunos „ colorados que parecen esponjas : las que estan mas al E. „ demoran con lo mas occidental de la isla, que dista dos „ leguas de punta Mosquitos NNE. SSO.″ : y estas son las noticias mas recientes, y al parecer mas exactas que podemos dar de este bajo ; advirtiendo que no hallándose conformes los arrumbamientos que da este piloto con las situaciones que determina D. Ciriaco de Cevallos, nos hemos atenido á los trabajos que hizo este Oficial, por tener la mayor confianza en ellos.

Este bajo lo buscó y situó el Capitan de Navío Don **Bajo Sisal.** Ciriaco de Cevallos partiendo del fondeadero de Sisal. ,, La ,, menor agua de este bajo, dice este Oficial, son dos bra- ,, zas de agua, á creer las gentes del pais, que no habién- ,, dolo sondado, hablan solo en el asunto por antiguas tra- ,, diciones; pero yo solo pude encontrar 18 pies rodeados ,, por todas partes por muy cerca de seis, ocho y diez bra- ,, zas; existiendo entre ellos y las tierras contiguas del ,, contiente, canal de 12 millas practicable para los bu- ,, ques de mas porte ; bien es cierto que cuando se sondaron ,, los dichos 18 pies ignorabamos el estado de la marea, que ,, por la época sube de tres á cuatro pies en la pleamar." Desde este bajo ó fondo de 18 pies demora el monte No te perderás al S. 7º E. corregido distancia 14 millas ; y esta es la mejor valiza para darle resguardo, bien sea pasando al N., ó S. de él.

Este es un bajo que se extiende de N. á S. 14 millas, **Alacran ó** y 11 de E. á O. : en él se hallan tres islas, llamadas de **Alacranes.** Perez, Chica y de Pájaros, con varios placeres y arrecifes que sobresalen mas ó ménos de la superficie del agua : á su parte meridional se forma un puerto entre los arrecifes, que salen al S. y E. de la isla de Perez, y los que se avan- zan como al OSO. distancia una milla de la isla de Pája- ros. Este puerto, como se puede ver en el plano publi- cado núm.º 43 del portulano de América, es muy abriga- do y seguro ; pues tiene en su boca desde dos y cinco sex- tos hasta siete brazas, y mas interior desde dos y dos ter- cios hasta siete y cinco sextos ; siendo el mejor fondeadero al E. de la medianía de la isla de Perez en seis y media bra- zas fondo arena y conchuela, quedando al S. el placer de

piedras que sale del extremo SO. de dicha isla hácia el **E.** y
ESE. distancia como seis cables. Este puerto solo es frecuentado de los campechanos que van á hacer grasa del mucho pescado que hay en él : por lo demas todos deben huir
de las proximidades de este bajo ; lo cual conseguirán siempre con navegar desde el **E.** para el **O.** por fondo de 28
brazas para arriba, sino procurando siempre no pasar de las
20 ó 22 : la situacion que damos es segurísima, y se debe á
los reconocimientos de D. Ciriaco de Cevallos.

Son tres islitas, que podrán descubrirse á la distancia
de cinco millas, siendo las mas meridionales que hay en
el veril occidental de esta sonda, y se hallan al N.74° O.
de Campeche distancia 27 leguas. Entre sí forman un
buen puerto, al cual se puede entrar per el NO. y por el
S., segun mas convenga, y sin mas cuidado que el de evitar las restingas que despiden ; para lo que dirémos que la
entrada del NO. debe verificarse enfilando lo mas S. de la
isla mas septentrional, que es la mayor, con la medianía de
la isla mas SE. : esta enfilacion conducirá libres de la restinga que al N. y O. despide la isla mayor, y que es la
que da resguardo de la mar del N. al fondeadero. Para entrar en él por el S. entre la isla mayor y el arca del O.
debe darse resguardo al arrecife que despide la isla mayor
para el S. y ONO. hasta formar un bajo, que demora al
NO.¼O. de dicho extremo meridional la distancia de
cuatro décimos de milla largos, el cual forma el verdadero canal entre él y el arca del O., que es de dos cables
largos.

La isla mas occidental despide arrecifes al ONO. y OSO. :
á dos y uno y medio cables de la punta N· de la isla mayor
salen tambien hácia el O. tres arrecifes sueltos, que el mas
distante está á cuatro cables de dicha punta.

El arca de SE. está rodeada de arrecifes, que se separan de ella como un coble : esta isla con los arrecifes de
la parte SE. de la mayor forma un canal de dos cables escasos, con fondo desde 5 hasta 16 brazas arena, piedras

y cascajo; por el cual se puede buscar el fondeadero en caso necesario, y segun la situacion en que se halle el buque.

Este fondeadero es muy superior en un temporal del N. al de Campeche; y como en él hay fondo suficiente para toda clase de buques, el que en tales circunstancias pueda cogerlo se hallará muy abrigado y seguro, como puede verse por el plano publicado en la Direccion de Hidragrafía, núm.° 44.

Al N. 40° O. de las Arcas, y á distancia de siete leguas, Obispo. hay un bajo de muy corta extension llamado el Obispo, que es una losa de piedra con cinco brazas de agua encima, y acantilado de tal modo, que á pique se hallan 27 brazas, y esto hace que rompa la mar en él con mucha violencia, por lo que debe á toda costa dársele buen resguardo : así este como las Arcas estan situados con mucha seguridad.

Al N. 80° E. de este bajo, distancia de cinco leguas, Placer hay un placer con 10 brazas piedra, llamado placer Nue- Nuevo. vo, y á quien debe dársele igualmente el correspondiente resguardo : así como tambien á un cabezo de piedra, que está al SO. de las Arcas distancia 13½ millas, que solo tiene una braza de agua.

Al N. del Obispo, y á distancia de 24 millas, está el Triángulo Triángulo, que se compone de tres islas, que las dos más orientales distan entre sí dos millas largas y unidas por arrecifes : la mas occidental demora de la mayor, que es la mas E. al N. 75° O., distancia ocho millas largas, y entre la cual y la del medio se forma un canal de seis millas con 18 á 30 brazas de agua, arena, cascajo y piedra. De la isla mas E. sale un arrecife con un islotillo inmediato, que al principio se dirige al NNE., despues al NO., y formando arco se separa de dicha isla dos millas escasas. Tambien la isla mas occidental despide bajos á corta distancia por el N. y E.

La sonda en las inmediaciones de estos bajos es de 20 brazas arena fina al E.¼SE., distancia dos millas de la isla mayor, 25 arena, cascajo y piedra á siete décimos de milla; 28 brazas arena y fango al SE. distancia nueve décimos; 20 arena y cascajo á dos cables al sur, y 21 brazas desde tres á seis décimos de milla de distancia al S. de los arrecifes, que unen la isla mas oriental con la del medio. Tambien al OSO. de esta última isla se hallan 21 brazas arena y cascajo.

Bajo Nuevo.

El bajo Nuevo es un cabezo de arena que vela en la baja mar, con varias piedras, que tambien se descubren un poco: en él rompe la mar aun con las brizas ordinarias, y es tan acantilado que á media milla de su cabeza occidental se hallan 27 brazas, y por su alrededor á una y media milla de 20 á 25 brazas fondo piedra. Este bajo apénas tendrá de extension en el sentido NS. cable y medio, y cuatro algo mas en el EO. Su situacion es exacta, así como los anteriores.

Isla de Arenas.

Esta isla la situó y reconoció en 1804, y estableciendo observatorio en tierra, el Capitan de Navío D. Ciriaco de Cevallos; es baja, y forma casi un cuadrilátero en direccion N. 48° E. y S. 48° O. la distancia de tres millas, siendo su mayor ancho de dos: es sucia por todo su alrededor, y de la parte N. sale una gran restinga de piedras, con algunas que velan al N. 35° O. y N. 60° O. la distancia de nueve millas, y de su parte SO. otra de iguales circunstancias en direccion N. 62° O. y S. 89° O. seis y nueve millas largas: entre ambas restingas se forma un buen puerto abrigado de los vientos desde el N. por el E. hasta el SO., con fondo de tres y media brazas á dos millas de la isla hasta siete entre las puntas de los arrecifes, como puede verse en el plano núm.º 46 del portulano.

Isla Bermeja.

Esta isla, que se pinta en todas las cartas antiguas, es muy dudosa su existencia: los Tenientes de Navío Don Miguel Alderete y Don Andres Valderrama en sus pesquisas en busca del Negrillo no pudieron verla: lo mismo le sucedió al Capitan de Navío Don Ciriaco de Cevallos en Julio de 1804, que la buscó al intento; por lo que

— ..

creemos que su existencia no es verdadera : sin embargo la colocamos en la carta en latitud de 22o 33,, y longitud de 85o 05' al O. del meridiano de Cádiz, hasta que reconocimientos mas prolijos y en todos sentidos decidan determinadamente si existe ó no.

Este es un bajo del que todos hablan, sin que nadie sepa decir cúal es su verdadera situacion. En el navío San Julian, del mando de D. Juan Joaquin Moreno, se tomó declaracion al artillero de preferencia de su dotacion D. Manuel Sandoval, el que dijo que navegando en el navío Buen Consejo. del mando de D. Joaquin Olivares, en su viage de Veracruz á la Havana, y á los nueve dias de su salida de aquel puerto, vieron á las dos de la tarde una reventazon ; y habiéndola reconocido con el serení, en que el declarante iba de proel, se hallaron con una piedra como de largo de medio serení de extension, á la que se aguantó con el vichero, miéntras que por la popa sondaban, y con 120 brazas no hallaron fondo, cuya igual diligencia practicaron por todo el contorno de la piedra con el mismo resultado, y sobre ella no habria mas que tres ó cuatro palmos de agua ; y añadió que habia oido decir á los oficales y pilotos del navío que aquel bajo era el Negrillo. En consecuencia de esta noticia hemos hecho diligencias para adquirir esta diario, y han sido infructuosas.

Alderete y Valderrama en su expedicion el año de 1775 tuvieron por primer objeto buscar este bajo, que nunca pudieron hallar, eruzando con sus derrotas todo el espacio de mar en que pudiera hallarse segun la situacion que le deban las cartas antiguas : pero por declaracion que tomó D. Tomas Ugarte en Veracruz á un marinero, que hacia muchos años que navegaba en en el seno Mexicano, resulta que yendo en un bergantin particular, y habiendo reconocido y pasado por la parte occidental por la tarde, navegaron al NO. la distancia de 30 ó 40 millas, que cumplidas se pusieron en facha dos horas ántes de amancer, por no cortar de noche el paralelo del Negrillo, segun oyó de-

Negrillo.

cir á su capitan ; y cuando amaneció se hallaron metidos en un canal de cable de ancho y sin fondo, formado por dos bajos, que el mismo capitan dijo ser lo que llamaban el Negrillo. Mediante esta noticia, y colocado en nuestra carta por diferencias con el Alacran, resulta estar dicho bajo en latitud de 23º 2′, y longitud de 83º 53′ occidental de Cádiz, punto que queda desviado de las derrotas que cruzaron Alderete y Valderrama para buscarlo, y que por tanto no es extraño no lo hallasen.

Hay otra noticia muy confusa sobre un bajo fondo de mucha extension, y muy aplacerado, que halló el año de 1768 la balandra el Poder de Dios, en la que iba de piloto D. Juan de Hita Salazar, que es el que habla de ello, y cuyo diario fue examinado en la Havana por órden de D. Juan Antonio de la Colina : nosotros no tenemos el diario, sino el informe que de él dieron los pilotos comisionados para el exámen ; y del cual solo se deduce que el referido buque dejo el veril oriental de la sonda de Campeche con rumbos del primer cuadrante, á fin de ganar el puerto de la Havana adonde se dirigia ; y hallándose á los tres dias de navegacion en 24º y 2′ de latitud, y como á 38 leguas al O.¼SO. de las Tortugas, navegó con rumbos del segundo cuadrante para aterrar sobre la costa de Cuba ; y á los tres, hallándose sobre la sonda de Campeche en 35 brazas de agua, gobernó en vuelta del NNE., y fue aumentando de agua hasta el dia 6 á medio dia, que observó la latitud de 23º 15,′ y se hallaba sobre 50 brazas : desde aquí, con ventolinas calmosas, siguió al NE. conservando el mismo fondo hasta la una y media, que de golpe se halló sobre 14 brazas fondo de piedra, que lo que dió fondo á una ancla, en cuya disposicion se mantuvo hasta la mañana, que despues de haber hecho la descubierta, y no hallando cosa de recelo, se levó y siguió al NE. son dando á menudo, y á poco rato se halló sobre seis brazas, viendo el fondo de cabezos grandes de piedras negras con algunas manchas de arena, por lo que gobernó al E., para echarse fuera de este bajo, que conceptuó seria el Negrillo: con este rumbo se halló al cabo de dos horas en 50 brazas arena; y tomando de nuevo su primer rumbo del NE., aumentó hasta 71 brazas, y luego al medio dia se halló con 40 fondo de piedra, y su latitud era de 23° 28' observada con seguridad: desde dicho medio dia hasta el amanecer del 8 navegó siempre por fondo desigual de 38 á 47 brazas sobre piedra, y luego entró en arena, y aumentó de agua; de modo que al medio dia, que observó 23° 46', se hallaba en 74 brazas, y con proa del NNE. conservó el mismo fondo hasta las doce de la noche que halló 38 brazas piedra, y continuó sobre este placer hasta el amanecer que sondó arena, y fue aumentando el agua, y al medio dia observó la latitud de 24° 3', y halló 116 brazas fondo arena, desde donde hizo derrota para la sonda de la Tortuga, en la que entró sin nuevas diferencias con su estima. De toda esta relacion tan ambigua solo se puede deducir que la sonda que este buque recorrió fue desde meridianos del Alacran para el E., y que este veril sube hasta los 24° de latitud, hallándose en él bajos fondos por de contado muy poco explorados, y muy arriesgados á la navegacion.

En este estado se hallaba la situacion del Negrillo, cuando despues de escrita esta parte del Derrotero nos ha remitido el Capitan de Navío Don Ciriaco Cevallos el proceso ó informacion que se hizo por declaraciones de Don Domingo Casals, Capitan de la goleta Villabonesa, que lo vió el dia 14 de Noviembre de 1806 á las tres de la tarde, resultando estar en la latitud de 23° 25 N.; deducida de la que al medio dia observó con toda seguridad, y longitud de 53° 39' 51'' O. de Cádiz, deducida de los puntos de partida que resultan por la sonda y por el de recalada á Veracruz. Segun la relacion del Capitan, este bajo no es mas que una piedra de un cuarto de cable de extension de NE., SO. que la lava el agua, ménos en sus dos extremos que asoma un poco: ellos no pudieron verla hasta estar á cable y medio, y á distancia de ménos de un cable no hallaron fondo con 75 brazas.

Ademas de estos bajos, conocidos aun en las cartas mas antiguas, se han descubierto otros modernamente, de los cuales tenemos las noticias siguientes.

El Teniente de Navío de la Armada Española Don Sebastian Rodriguez de Arias, Commandante del bergantin Argos, en su navegacion de Veracruz á la Havana, á las dos de la tarde del dia 11 de Julio de 1818, hallándose en la latitud N. de 24° 2′, y en la longitud de 83° 26′ occidental de Cádiz, descubrió por el traves una reventazon, que reconocida desde su buque, era un pequeño placer de sonda, que tendria de extension como uno y medio cable en todos sentidos, y una rompiente en su centro de 12 á 15 toesas, en que arbolaba bastante la mar, á pesar de estar muy llana, y el viento muy calmoso.

Al medio dia habia observado la latitud de 24° 4′, y á las cinco de la tarde la longitud por distancias lunares de 83° 38′, ambos datos de confianza, que corregida para aquella hora, y referida á la posicion del bajo, resulta estar este en la latitud N. de 24° 3′ 30″, y en la longitud de 83° 24′ occidental de Cádiz.

Este bajo parece ser el mismo que en 19 de Noviembre de 1800 vió Don Narciso Riera, Capitan de la goleta mercante española la Catalina, navegando desde Campeche á Nueva Orleans; pero como su longitud está deducida por la estima, nos merece mas confianza el reconocimiento del Teniente de Navío Don Sebastian Rodriguez de Arias: no obstante, los navegantes que hagan su derrota por este paralelo, deben hacerla con precaucion, por si acaso existiesen realmente estos dos bajos.

Don Manuel Bozo, piloto de la bombarda española nuestra Señora del Cármen, navegando desde Veracruz y Laguna de términos á la Havana el dia 8 de Diciembre de 1817 al amanecer, vió una reventazon en piedra por el portalon de estribor, estando la mar llana, y el viento

por el E. bonancible ; no quedándole duda era un bajo, cuya
extension la estimó de dos á tres cables, tendido de NE. á
SO., y en sus extremos se veian dos piedras ó mogotitos, de
altura como de tres pies, distando de él de tres á tres y
medio cables, un cuya posicion sondó desde su buque,
y con 70 brazas no halló fondo ; y aunque pensó reconocerlo
con su lancha ó bote, no pudo verificarlo por la mucha
reventazon que tenia el bajo en sus inmediaciones, viéndose
la restinga de piedras de que se componia toda la extension
de este escollo.

Habiendo corregido su estima para las seis de aquella
mañana, hora en que dió vista al bajo, se halló en la latitud
N. de 24º 6′, y longitud de 84º 49′ al O. de Cádiz.

Al medio dia observó la latitud de 24º 22′ de confianza,
siendo su diferencia con la de estima en solo 1′ al N., y re-
firiéndola al bajo por la navegacion hecha en las seis horas,
halla la latitud para este de 24º 7,′ y longitud estimada de
84º 49′ occidental de Cádiz ; no pudiendo ser su error de
consideracion en los tres dias de navegacion que mediaron
desde su salida de la vigía de Chuxulú, adonde estuvo fondeado NS. con ella.

Este bajo parece ser distinto del anterior, aunque su latitud es la misma con leve diferencia : el poco tiempo que
medió desde la salida del buque de dicha vigía hasta su recalada á la sonda de la Tortuga, en que solo halló un error
de 13′ en longitud con su estima, manifiesta que su situacion
en longitud no puede tener un error de consideracion : ademas indica tambien ser distinto por la configuracion y circunstancias con que lo describe Bozo. Un gran número de
cartas antiguas, impresas y manuscritas, que se han tenido
presentes, sitúan este último escollo, con el nombre de
Dudoso, casi en la misma posicion ; lo que nos hace creer
tambien la existencia de él.

Estos son los bajos que hasta ahora se sabe existen en
la sonda de Campeche : el que en ella navega por las 20
brazas va libre de los del Corsario, Alacran y Sisal, y con

seguridad para pasar por los canales que forman los del veril occidental. De todos estos canales el mejor es el comprendido entre el Triángulo y bajo Nuevo, porque es el mas franco, y por lo tanto es el que se debe seguir: la sonda que conduce al navegante por su medianía, y libre de los bajos que lo forman, es bastante regular, aunque con pequeñas alteraciones, pues desde que se está al NO. de punta de Piedras en latitud de 21° 40,´ y entre 22 y 27 brazas de agua arena fina, si se continúa el rumbo entre el OSO. y O¼SO. se seguirá encontrando 20, 24 y 27 brazas arena fina blanca; y siguiendo al O., considerándose en la latitud de 21° 20,´ se hallarán 32, 45, 60 y 80 brazas lama y lama suelta, y á poca distancia se estará fuera del veril occidental, y libre de los bajos: en las primeras cartas publicadas en la Direccion de Hidrografia, y en la primera edicion de este Derrotero, se dice que en la medianía de este canal hay un placer de 29 brazas cascajo duro, con un rodal de 10 brazas piedra, que suele dar cuidado á los que sondan en él por creerse en las proximidades de alguno de los bajos: segun las últimas sondas y reconocimientos hechos en este paso sitúan una sonda de 26 brazas cascajo por la latitud de 21° 26' 30″, y en el meridiano de bajo Nuevo, sin darnos noticia del citado placer, que tal vez puede existir. La carta publicada en 1799 lo sitúa en 21° 20' de latitud N., y longitud 86° 27' al occidente de Cádiz.

Antes de pasar adelante en nuestras descripciones nos parece oportuno hacer algunas reflexiones sobre el modo de asegurar la navegacion en esta sonda, las que expresamente colocamos en este parage, para que hallándolas aisladas no se confudan con las reflexiones generales que pondremos al fin de la descripcion de todo el seno, y se pare mas la consideracion en ellas.

Advertencias para navegar en la sonda de Campeche.

Es indudable que el veril oriental de esta sonda ofrece un excelente punto de valiza para corregir la longitud de la nave, pues corriendo casi NS., todo el que sonde en dicho veril puede considerarse en los 80° de longitud occidental de Cádiz; y así los que navegan del E. para tomar la sonda, deben sondar á menudo con el fin de coger el fondo en el veril ó sus proximidades, para tener esta segura correccion de la longitud.

Pero este excelente medio de rectificar la longitud, cesa de serlo cuando hay grande incertidumbre en la latitud; porque tirando las aguas en el freu de cabo San Antonio y cabo Catoche al N., á veces con violencia de 74 millas en veinte y cuatro horas, es preciso para compensarlas y entrar en sonda por parage conveniente, hacer rumbo en el tercer cuadrante; y es bien notorio que gobernando con proa como del SO. puede cogerse la sonda, no solo por el veril oriental, sino tambien por el septentrional, en cuyo último caso ya no hay certeza en la longitud; y seria muy arriesgado dirigir la navegacion sucesiva haciendo rumbos en el tercer cuadrante, creyendo que con ellos se iria á tomar el braceage de 20 brazas, pasando á competente distancia al E. del Alacran, que fue lo que causó la pérdida de un buque de comercio llamado el San Rafael, que varó en el cantil oriental de dicho bajo, del que pasaron como á dos millas los demas buques que iban con él en convoy, escoltados por el navío de guerra Santiago la España Esta pérdida, acaecida el año de 1795, nos autoriza á recordarla, y á presentar los medios oportunos de salvar semejantes equivocaciones en lo sucesivo.

Una vez dentro de la sonda, y valizados en su veril oriental, se puede hacer el resto de la navegacion por ella con una seguridad grande, puesto que hay medio de llevar una estima muy exacta y libre de los errores que producen las corrientes, que son las que mas contribuyen á hacerla defectuosa : para lograrla tal no hay mas que acordarse de lo que dijimos en la advertencia octava hablando de la costa de la Guayana, en la que aconsejamos se eche la corredera con escandallo en lugar de la barquilla ; pues haciéndose este firme en el fondo, la distancia que mida la corredera será la total que ande el buque, no solo por efecto del viento, sino tambien de la corriente, y marcando el rumbo á que demore el cordel, su opuesto será el verdadero que haga la nave, y al cual no habrá que corregirlo mas que de la variacion. Es verdad que si el fondo es excesivo, seria muy molesta esta práctica ; pero como por lo ordinario en esta sonda no se debe navegar sino por las 20 brazas, y en el resto desde la Desconocida hasta los meridianos de los bajos, el que hay tampoco sube de las 30, no hay motivo para que no se practique este utilísimo medio de saber con grande aproximacion el verdadero lugar del buque.

No es ménos importante el frecuente uso del escandallo : nada hay mas necesario en la mar que este instrumento, que debiera ser de un uso tan general, que ni aun por entrar en puerto muy conocido, y con planos de él perfectamente levantados, debiera dejarse de la mano. Pero hay muchísimos por desgracia que apénas se acuerdan de este excelente medio de precaver funestos accidentes, sin duda porque no saben usar de él : en efecto, un buque que para sondar en 30 brazas tiene que cargar todo su aparejo, á fin de atravesarse sobre las gavias, es imposible que pueda sondar á menudo, y si lo hiciera emplearia la mitad de la singladura en sondar ; pero es bien notorio que no hay necesidad de tanta pesadez para sondar en fondos que pasen de las 30 brazas, como lo saben bien aquellos que maniobran con posesion de su facultad ; y por decontado en fondos de 15 á 20 brazas no debe hacerse uso mas que del escandallo de mano voleado ; y para esto es indispensable haya marineros ejercitados en esta maniobra; sin lo que va perdido todo buque que haya de navegar por placeres de poco fondo, en los que en lo ordinario solo el escandallo da conocimiento de los peligros. Presente todo lo que hemos dicho, recapitularemos las operaciones de un buque que navegue por esta sonda de Campeche.

Advertencias para los que navegan del O. al E.

1ª Deben hacer rumbos tales que compensen en todo lo posible el efecto de las corrientes que se experimentan en el freu, y para lo que se tendrá presente lo que decimos en su correspondiente lugar sobre ellas, con el fin de entrar en sonda por los 22º 15′, poco mas ó ménos. Para poder enmendar el rumbo con conocimiento y oportunidad debe no perdonarse medio de observar la latitud, no contentándose solo con la que da la altura meridiana del sol, sino tomando las de cualquiera otras estrellas de primera magnitud y planetas que se proporcionen.

2ª Contando con su estima se anticipará prudentemente á sondar, con el fin de no propasarse en mucho del veril de la sonda sin haber tomando fondo en él, y luego que lo consiga, corrigiendo la longitud que lleva, establecerá un nuevo punto de partida.

3ª Desde luego que se ponga en las 30 brazas, empezará á echar su corredera con escandallo para tener una cuenta de la derrota mas exacta y libre de los errores de las corrientes.

4ª Si la navegacion es en tiempo de nortes, se dirigirá por las 20 ó 22 brazas que se hallan en el paralelo de 22º, cuyo braceage tirará á coger inmediatamente; y para lo que será mejor rumbo el del SO. que el del OSO., y este mejor que el del O¼SO. Por el dicho fondo navegará hasta estar con meridianos de punta Desconocida, que gobernará al OSO. hasta ponerse en el paralelo de 21º 25′, que correrá al O. para salir por entre el triángulo y bajo Nuevo.

5ª El paso entre estos bajos conviene mucho se haga con conocimiento de la latitud observada, ú en defecto de esta, con gran seguridad de la valiza que el rumbo y la calidad del fondo ofrece al hallarse al NO. de punta de Piedras; y si se careciese de ambos datos, y se dudare por tanto de la verdadera situacion de la nave, deberá no emprenderse de noche el paso entre los bajos, sino mantenerse durante ella sobre las 20 brazas, á fin de emprenderlo de dia, en lo que no hay riesgo, especialmente si se inclina la derrota á las proximidades del triángulo, pues como ya sabemos, este se descubre bien á cinco millas.

6ª Si diere un N. en esta sonda, el único cuidado que con él puede haber es cuando se halle el buque de los meridianos de punta de Piedras para el E., que será preciso dar vela proporcionada para navegar al O. sin descaecer mucho del fondo de 20 brazas, á fin de montar dicha punta francamente y sin riesgo del bajo Sisal; pero esto no ofrecerá grandes dificultades, pues la mar es poca en esta sonda; y como los vientos por lo regular son francos del N., con poco esfuerzo que se haga se conseguirá montar la punta.

7ª Si la navegacion se hiciere en la estacion de lluvias, ó desde Mayo á Setiembre, puede navegarse mas inmediato á la costa por las 12 brazas, y aun tambien se puede gobernar desde que se esté por las 20 brazas y NS. con el rio Lagartos al SO., con cuyo rumbo se irá á reconocer la vigía de Chuburna, desde la que poniéndose al rumbo de costa se pasará entre ella y el bajo Sisal, sin mas cuidado que el de mantenerse en las cinco, cinco y media ó seis brazas, segun fuere el calado de la embarcacion; pero con navíos, y no habiendo de fondear en Sisal, lo mejor será pasar por fuera del bajo. En este tiempo es preferible dejar la sonda por el S. de las Arcas; y para verificarlo con mas acierto se mantendrá el fondo de 10 ó 15 brazas hasta cortar el paralelo de Campeche, que se gobernará á dejar la sonda por los 19° 30' ó 19° 40'. La razon que hay para aproximarse mas á la costa en tiempo de verano, es que habiendo en tal estacion muchas calmas con chubascos y lluvia continua, que á veces priva de observacion por dos ó tres dias, resulta ser muy expuesta la navegacion entre bajos : al contrario, inmediatos á la costa se disfrutan mas terrales por el E. y SE., y las virazones son mas seguras.

8ª Hasta aquí hemos supuesto haber entrado en la sonda con buen conocimiento de la latitud, y de haberse por tanto valizado en el veril de ella ; pero si se entra en la sonda con grande incertidumbre de la latitud, como sucederá siempre que haya faltado la observacion en uno ó mas dias, en tal caso, luego que se haya cogido sonda, se navegará en vuelta del SE. ó rumbo tan inmediato como lo permita el viento : con este rumbo es indudable que, ó se cogerá el fondo de 20 brazas, ó se perderá el fondo muy luego. Si sucede lo primero, se habrá conseguido el objeto de coger el braceage conveniente para navegar con seguridad, habiéndose grandemente libertado de los riesgos del Alacran, sobre que se iria indudablemente con cualquiera rumbo del tercer cuadrante, pues la sonda se habria cogido por el veril septentrional, y como por los 82° 30′ de longitud ; en este caso, desde que se cojan las 20 brazas se seguirá al O. á fin de mantenerlas, y no se podrá tener certeza de la longitud hasta estar sobre la punta de Piedras, por haber faltado la valiza que ofrece el veril oriental de la sonda. Si sucede lo segundo, ya no queda la menor duda de que se está en el veril oriental de la sonda, y se navegará con rumbos como del SO. hasta tomar el fondo de 20 brazas, como ya dejamos encargado.

9ª Tambien se puede navegar al O. tomando sonda por los 23° 30′ de latitud para correr este paralelo por 50 y 60 brazas fondo arena, tirando luego á pasar por el N. de la Bermeja ; pero estamos muy lejos de aconsejar se siga esta navegacion, por dos razones : primera, porque, segun hemos visto en la descripcion de esta sonda, hay rezelos muy fundados de bajos fondos en el veril septen-

trional de ella, que hasta ahora está muy poco explorado;
y segunda, porque en tiempo de verano no se disfrutaria
de las virazones y terrales que hay en la proximidad de la
tierra, lo que sin duda haria los viages mas dilatados.

Hemos dicho todo lo que es menester tener presente para
navegar en esta sonda del E. al O. : ahora nos falta que
hacer algunas advertencias para navegar inversamente.

Advertencias para navegar del O. al E.

1ª Es evidente que para entrar en esta sonda por el
veril occidental, no hay necesidad mas que de la latitud,
pues corriendo un paralelo franco, se va sin riesgo de los
bajos que hay en él, y que casi corren NS.; y cualquiera
que sea el error de la longitud, se corregirá desde luego
que se pique la sonda; pero es menester acordarse que
por paralelos francos no pueden mirarse los que hay desde
bajo Nuevo hasta la isla Bermeja, porque no sabemos
cuál es la situacion de esta, ni se puede asegurar su existencia.

2ª Entrados ya en la sonda, ella misma indicará cuando se esté al E. de los bajos, que será cuando haya ménos
de 27 brazas, y entónces la calidad del fondo será de arena, si se ha entrado por el N. de las Arcas; pero si se ha
entrado por el S. de ellas, se mantendrá el fango hasta las
12 y 10 brazas.

3ª Pero si la entrada en sonda hubiere de hacerse con
incertidumbre de la latitud, y con tiempo obscuro, como
sucede cuando ventan los nortes, en tal caso es preciso evitar cuanto se pueda entrar en ella de noche, esperando á
hacerlo de dia, y procurando meterse por entre el triángulo y las Arcas, ó mejor por el S. de las Arcas; sirvién-
dose para ello, al poco mas ó ménos, de la latitud de estima, y contando siempre con que los vientos del N. producen corrientes al sur, y que por tanto la nave se hallará
al sur de la estima mas ó ménos, segun fuere mayor ó me-

nor el tiempo que ha mediado sin observacion, y pudiendo contar en lo ordinario con 18 millas de corriente en 24 horas.

4ª Si en tales circunstancias, y corriendo al E. se ha cogido el veril de sonda siempre que se halle fango, se puede continuar al E. aunque sea por la noche, pero con grandísimo cuidado de sondar á menudo mientras no se considere al E. de los bajos, que como hemos dicho, será luego que haya disminuido el fondo de 27 brazas : esta advertencia es esencialísima, y ella sola libertará de perderse á todo buque ; pues si sondando en mas de 27 brazas se halla con cascajo y arena ó piedra, es señal infalible de estar próximos á algun bajo, lo que conocido, se deberá gobernar inmediatamente al SO. hasta tomar de nuevo el fordo de lama, que se podrá gobernal al E. ; y por decontado una vez rebasados de los bajos, y puesto al E. de ellos, no hay mas cuidado que el de gobernar al E., pues el fondo es la única valiza que ha de guiar, bien sea para ir á fondear á Campeche, para mantenerse á la capa hasta que desfogue el N., ó para navegar barloventeando en esta sonda hasta dejarla por su canal oriental.

5ª El barlovéntear por esta costa es muy fácil, y navegacion muy expedita, especialmente en Abril, Mayo, Junio, Julio y Agosto : pues en tales meses hay virazones del NO. al NE. de dia, y terrales del ESE. al SE. de noche ; con lo que se consigue navegar en vuelta del E. con bordadas muy ventajosas, las que se procurarán prolongar de modo que se consigna navegar de la vuelta de fuera hasta las 20 ó 22 brazas con el viento de la tierra, y revirar de la tierra hasta las seis brazas con el viento á la mar ó virazon.

6ª Dentro de esta sonda la mar es muy templada aun con los duros vientos del N., y así todo buque que se halle entre la costa de Veracruz y esta sonda, no debe olvidar luego que le entre el N., que en ella hallará un seguro abrigo, bien sea para mantenerse á la capa desde las 20 hasta las

ocho ó seis brazas, ó para fondear con una ancla en ocho,
seis ó cuatro, segun fuere el calado del buque : y si por
hallarse en paralelos como de 20° temiese descaecer mucho
y verse empeñado sobre la costa de Tabasco, debe con preferencia gobernar desde luego al E. para tomar con anticipacion la sonda, y abrigarse en ella.

7ª Finalizarémos estas advertencias con una, acerca
del modo de dejar esta sonda cuando desde Campeche se
navega para el N. con destino á alguno de los puertos de la
costa septentrional del seno. En las derrotas manuscritas
que han formado los que se llaman prácticos del seno Mexicano, que tenemos á la mano, y que son las únicas que
rigen hasta ahora, se previene que navegando al N. hasta
rebasar los paralelos de Sisal, se gobierne al NNE. con el
fin de desembocar entre el Negrillo y el Alacran, siguiendo dicho rumbo hasta los 24° de latitud : aquí es preciso
notar la arbitrariedad con que estan escritas estas derrotas,
pues los que las dictaron no parece sino que tenian total
seguridad en la situacion del Negrillo, lo que no es así;
y aunque la hubieran tenido, parece que deberian haber
caminado con mas circunspeccion al aconsejar se pasase por
un freu ó bocaina, como llaman, formada por dos bajos;
de los que si el uno es peligroso por su grande extension,
que puede ofrecer un empeño, el otro no el es ménos por
su pequeñez, que no avisa hasta estar sobre él : por seguir
esta derrota el bergantin en que iba el marinero, por cuya
declaracion hemos situado al Negrillo, resultó meterse dentro de él ; y es bien maravilloso que este bajo no haya co-
brado un fuerte tributo á la navegacion, causando la pérdida de muchas embarcaciones; lo que como ya se ha com-
probado, acredita que el dicho bajo es muy pequeño, y
por tanto dificil que se tropiece con él : en vista de todo
nosotros debemos aconsejar que los que quieran dejar la
sonda por su veril septentrional, naveguen al N., procurando pasar el E. de isla de Arenas, y dejando la sonda á
hora oportuna para poder cortar de dia los paralelos de

23º 30', mantengan dicha proa hasta rebasar el de los 24º, en que ya sin riesgo podrán hacer rumbo conveniente de derrota.

De la costa desde la punta de Xicalango hasta la bahía de San Bernardo.

Desde la punta de Xicalango corre la costa casi al O. la distancia de 32 millas hasta el rio de San Pedro, y á todo este pedazo de costa se le llama el Lodazar, porque es el fondo de fango tan blando y suelto, que hay ejemplar de haberse salvado en él los cascos de buques que empeñados con los nortes han varado en ellos. La tierra es alta, y llaman los altos de San Gabriel. ^{Costa hasta el rio S Pedro, llamada el Lodazar.}

Desde el rio San Pedro continúa al S. 75º O. la distancia de 55 millas hasta el rio de Tupilco, formando la costa ensenada que se interna de este arrumbamiento cinco millas, hallándose en ella el rio de Tabasco, el de Chiltepec, y Dos bocas: las barras de San Pedro y Chiltepec tienen de siete á ocho pies; cuatro las de Dos bocas y Tupilco: la de Tabasco, que es la mas hondable, forma dos bocas separadas por la isla del Buey: en la del E. hay ocho pies, y en la del O. diez: nada podemos decir de los canales de estas barras, porque son mudables, excepto la de San Pedro, que se encuentra fija á medio freu entre las dos puntas del rio. ^{Costa hasta el rio Tupilco.}

Desde el rio Tupilco corre la costa formando ensenada al S. 52º O., distancia 31 millas hasta la barra de la laguna de Santa Ana.

Toda esta costa desde Xicalango hasta Santa Ana es limpia; de modo que desde el Lodazar hasta Chiltepec hay cuatro y cinco brazas á una milla de tierra, y diez desde Chiltepec á Santa Ana: la calidad del fondo entre el Lodazar y Chiltepec es lodo: de Chiltepec á Dos bocas lodo y conchuela podrida: de Dos bocas á Tupilco arena gruesa color de aceituna; y de Tupilco á Santa Ana arena gruesa con alguna conchuela, y en parte cascajo: en todas las bocas de los rios se halla lodo, hasta que se sale de las cabezas ó puntas de Barras: toda la referida costa es mas bien baja que alta, y está cubierta de palmas y mangles desde dos leguas á barlovento de San Pedro hasta Chiltepec, y desde aqui á Santa Ana de Mangles y Miraguanos.

Desde la barra de Santa Ana sigue la costa al O. la distancia de 25 millas hasta el rio Goazacoalcos, en cuyo intermedio desagua el rio de Tonalá.

Barra y rio de Goaza-coalcos. Este rio es conocido, porque su punta oriental forma un morro escarpado, siendo la occidental muy baja. Al S. 34° O. de la citada punta oriental del rio, distancia 4,4 millas, se verá sobre una altura una torre de vigía ó atalaya con una casa á su pie, que sirve de almacen de pólvora, y algo mas al E. un cuerpo de guardia con una batería, cuya asta de bandera, que está á su parte oriental, sirve de marca para la barra de este rio, pues demorando al S. 13° 30′ O., corregido por esta enfilacion, se pasará por la medianía de dicha barra, cuyo menor fondo es de dos y media brazas, y rebasada aumenta el fondo desde 8 hasta 14 y 16 brazas.

Barra é isla de la Barrilla. Al O. de esta barra, y á distancia de 13 millas, está la barrilla, que con el rio de Goazacoalcos forma una isla, á que dan el mismo nombre.

Puntas San Juan, Zapotilan, Morrillos, y Roca partida. Al N. 20° O., distancia 10 millas de la barrilla, se halla la punta de San Juan con un islote; y al N. 35° O. de esta, distancia 17 millas, la de Zapotilan, desde la cual continúa al N. 49° O. 11 millas, en que se encuentra la punta de los Morrillos, siguiendo despues al N. 59° O. siete millas hasta Roca partida: al O. de la punta de Zapotilan, distancia de una legua, está la boca de la laguna de Sontecomapa; y al SSE. de punta de los Morrillos hay una vigía: la costa entre la Barrilla y Roca partida forma la **Sierras de S. Martin, y volcan de Tuxtlá.** base de las sierras de San Martin, en cuyo picacho mas alto hay un volcan llamado de Tuxtlá, que reventó en Marzo de 1793, y aun continúan sus erupciones: esta sierra se descubre bien desde Veracruz, que dista 25 leguas:

ćuando esta en erupcion se ve el fuego de noche, y de dia la columna de humo; de modo que es un excelente punto de valiza en semejantes circunstancias.

Al O. 4° N., distancia 37 millas de Roca partida, se halla la barra de Alvarado: esta barra, aunque no tan hondable como la de Goazacoalcos, admite embarcaciones hasta de 10 pies de calado. En el intermedio de esta costa se halla la vigía de Tuxtlá, y las Barrancas. *(Barra de Alvarado.)*

Al N. 44°O., distancia 21 millas de la barra de Alvarado, se halla el rio Salado chico, que es lo mas meridional del fondeadero de Anton Lizardo. Toda esta costa desde el rio Santa Ana hasta el rio Salado chico es igualmente limpia que la anterior, y en toda la que hemos descrito desde la laguna de Términos hasta esta última es muy peligroso anclar desde Octubre á Abril, por la travesía de nortes recios; y aun se debe evitar el aproximarse á ella con buques que no puedan entrar dentro de las barras que hemos dicho, porque seria muy fácil que á pesar de rodo el esfuerzo que se hiciese derivasen sobre la costa, pues los nortes son muy duros, y con ellos no hay rebasadero. *(Rio Salado chico.)*

El fondeadero de Anton Lizardo, que dista como 10 millas de Veracruz, está formado por varios bajos y arrecifes, que dejan entre sí canales limpios y fáciles de tomar, especialmente cuando por ser el viento fresco revienta en ellos la mar: estos bajos, aunque no dan abrigo del viento, sí resguardan de la mar en términos que con los nortes mas duros se está muy seguro sobre las anclas. El fondeadero es espacioso y capaz de toda clase de buques, por lo que por estar á sotavento de Veracruz con nortes, y por no poderse tomar con dichos vientos este puerto, es de la mayor importancia su conocimiento; el cual lo debemos al Capitan de Fragata Don Francisco Murias, que lo reconoció, levantó su plano en 1818, y se ha publicado en la Direccion de Hidrografía con el núm° 45 *de la Costafirme del seno Mexicano,* y cuya inspeccion basta para conocer su bondad y excelencia. Para tomar este fondeadero *(Fondeadere excelente de Anton Lizardo.)*

copiamos aquí lo que dice Murias : ,, Para dirigirse á este
,, fondeadero, aunque tiene por excelencia cuatro entradas
,, de bastante fondo, deben preferirse las dos que forman
,, los bajos con la costa ; por manera que siendo siempre la
,, del O. la mejor, el que quiera dirigirse por este canal ha
,, de promediarlo con la costa é isla Blanquilla, en cuyo caso
,, gobernará al E. corregido, que lo ha de continuar hasta
,, estar algo internado, que enmendará para el N., á fin de
,, fondear en el parage que le convenga." El mejor fondeadero es al NO. y ONO. de la punta de Anton Lizardo
(encima de la que hay unas casas) por 11 brazas arena parda
y arena y conchuela.

Al N. 27°O., distancia como cuatro leguas de la
punta de Anton Lizardo, está el castillo de San Juan de
Ulua, que forma el puerto de Veracruz, el mas conocido
y frecuentado de todo el seno Mexicano, como asimismo
el mas peligroso de tomar, particularmente en tiempo de
nortes. Don Bernardo de Orta siendo Capitan de este
puerto formó una instruccion para recalar y tomarlo; la
que copiamos con las correcciones que nos han parecido
oportunas.

Instruc-
cion para
tomar á
Veracruz. 1.º Las sierras de San Martin, cuyo punto superior
llamado volcan de San Andres de Tuxtla, que está al
S. 54º 20' 35"E. del castillo de San Juan de Ulua distancia 25 leguas, y próximo á la costa : el pico de Orizaba, y el cofre de Perote (*) que se hallan á poca ménos dis-

(*) El cofre de Perote está elevado sobre la superficie del mar 2186
toesas francesas, ó 5096,96 varas castellanas, y demora desde Veracruz al N. 72° 55'O., distancia 58 millas segun Don Josef Joaquin
Ferrer : esta sierra es lo mas eminente de las que estan separadas,
y mas al N. que el pico de Orizaba. Este no admite equivocacion ;
se manifiesta á larga distancia en forma de un triángulo isósceles y
cubierto de nieve; su altura sobre el mar es de 2795 toesas, ó
6516,93 varas castellanas : segun el mismo Ferrer, dista de Veracruz 62 millas al S. 81° 5' 30" O., y podrá verse la cúspide en el
horizonte á 50 leguas de distancia : al fin se dan unas tablas de las
alturas aparentes de este pico y otros para utilidad de los navegantes.

tancia al O., que por su elevacion se descubren en tiempos claros á larga distancia de mar en fuera, y en particular de noche, la luz ó fuego del volcan de Tuxtlá son objetos que pueden facilitar la recalada mediante alguna oportuna marcacion á ellos, y determinar en consecuencia la navegacion sucesiva.

2.º „Esto supuesto sea dejando la sonda de Campeche, ó viniendo por fuera de ella, se dirigirá la navegacion á punta Delgada en tiempo de nortes; y en verano de ningun modo se correrá el paralelo de Veracruz, como dicen algunas derrotas, á causa de haber sus intempestivos nortes (véase la Descripcion de vientos dada por el autor de esta instruccion, que copiamos en el artículo primero de este Derrotero); y con ellos y las corrientes para el sur, que suelen anticipar á este viento, pueden conducir en algunos casos hácia los bajos de dentro y fuera (*,) y en particular sobre la Anegada † y Anegadilla : por cuya causa, y por lo inmediato que estan al veril de esta sonda tan dilatados bajos, se debe venir á reconocer la costa de barlovento por 19° 30′ ó 19º 40′ de latitud, y con especial cuidado en los meses de Mayo y Julio, por la inmediacion del sol al cenit, cuando no todos saben hacer tan debido uso de los instrumentos, como atribuir sus errores, á las corrientes ‡.

---

* Llámanse de dentro los bajos que principiando por la Gallega y Galleguilla circulan la parte oriental del puerto hasta la isla de Sacrificios.   Con respecto á estos bajos se nombran de fuera los que principian cerca de la punta de Anton Lisardo, y se extienden hasta la Anegadilla.

† Esta Anegada, que es la mas foránea, debemos su situacion (aunque no de una total confianza) á Don Ciriaco de Cevallos, que determinada la punta NO. de este bajo 15′ 58″ de grado al E. de Veracruz, y por latitud de 19 7′ 30″, no está conocida su extension ; pero se deduce por noticias recientes que forma dos bajos con canal en medio, y corren N. 40o OS. 40° E., comprendiendo la distancia de cinco á seis millas. Los mas que se pierden en esta costa es sobre estos bajos, y en los de Anton Lisardo : pero por fortuna sus canales son hondables.

‡ El 17 de Mayo de 1793 á las tres de la mañana encalló una polacra, habiendo partido el dia ántes de 41′ mas N., y navegado solas 31

3.° ,,Avistada pues la costa, dicen en globo las derrotas, que puesto á la parte del E. de punta Delgada, Bernal, Bernal chico, punta Zempoala &c. de cuatro á cinco leguas, y gobernando del S.¼SE. al SSE. 5°E., se conseguirá sin ensenarse en la Antigua dar vista á la Veracruz, ó castillo de San Juan de Ulua.

4.° ,,Se han visto muchos que viniendo por ménos latitud se dirigen al puerto, sin duda avalizados con los bajos de fuera; y si estuvieron, se advirtieron en unos el variable rumbo que venian haciendo para conseguirlo, y en otros el directo hácia uno ú otros bajos, y por lo que algunos se han visto empeñados con grave riesgo de perderse. Este extravío es el que se intenta evitar en lo posible, metodizando el modo de buscar el puerto, ó indicándose ántes las causas que contribuyen á hacerlo con tales incertidumbres.

5.° ,,Es evidente haber procedido hasta ahora de un punto de partida mal establecido con dos, ó con una marcacion hecha á la citada costa de barlovento, siempre errado, por equivocar los objetos en las cartas, y mas particularmente por la distancia que estimaron, si fue una sola la marcacion ; y como por lo regular siempre es mayor, resulta partir de un punto, y venir haciendo un rumbo mas oriental del que debian, y seguir confiados á descubrir los edificios de la ciudad y castillo : y como muchas veces no lo consiguen, aun cuando pudieran verlos, por el notable descuido ó perjudicial confianza con que se navega, (*), como lo acreditan con el rumbo que siguen, y con

millas al OSO. ; y si hubo corrientes fueron para el NO., como era regular, segun el viento, la estacion, y como lo verificaron los barriles que cogieron fluctuando.

* Se ven muchos que en vez de venir gobernando al tercer cuadrante para franquear la boca del puerto, se les ve ir cerrándola al segundo cuadrante cada vez mas; y en ocasiones tan cerca, que se les distinguia el casco, y aun la batería baja, desde las cortinas del castillo elevadas 34 pies. Tal hubo que necesitó un saludo para que conociera y viera el castillo, cuyo Caballero alto es edificio de no poco bulto, y de

uo vérseles tomar precaucion alguna, acercándoseles la noche, y cumpliendo el paralelo del punto deseado sin verlo, se sigue que hasta no avistar por la proa las rompientes de unos ú otros bajos no se desengañan; lo que acaece tambien á los que la cerrazon ó viento contrario no los permitió ver ú oir los cañonazos que se tiran en San Juan de Ulua, viéndolos seguir extraviados. Pero de un modo ó de otro que hayan al cabo reconocido su situacion, ha sido despues de haber perdido los mas el preciso tiempo que les hubiera bastado para coger el puerto con dia, y pasar la noche asegurados.

6.º „Contribuye tambien á establecer mal dicho punto de partida lo mas ó ménos claras que estan las tierras en el instante de la marcacion, pues si estan claras (*) como son altas, se consideran mas cerca de lo que estan, y las consecuencias son las indicadas. Si no lo estan (†) ó no se ven, sucede lo contrario; en cuyo caso no hay tanto riesgo, porque las playas, el color del agua, ó la sonda, si se está con el cuidado que se debe, advertirá la diligencia y partido que hay que tomar.

7.º „Siendo pues los objetos mas notables, y con los que regularmente se establece el punto de partida, la punta mas saliente de la costa nombrada de la Sierra ó de María Andrea (de la que siguen las tierras á punta Delgada,) que enfila con el Caballero alto de San Juan de Ulua al

90 pies de altura. Si esto acaeció á tales buques, ¿qué no habrá sucedido á los de menor tope y borda? Ya hubo ejemplar de ver pasar uno tan cerca, que desde el muelle de la Veracruz se le veia el casco y seguir al SE.; y cuando advirtió su situacion, no le quedó otro recurso que echar por medio de los bajos de fuera, porque cuando los avistaron ya estaban empeñados: me consta no tenian á bordo ni un mal anteojo.

(*) Lo estan muchas veces en tiempo de nortes, y despues que empezaron las aguas.

(2) Como acontece siempre que hay brizas corridas, cuya brumazon las cubre, particularmente desde que los nortes van declinando hasta que empiezan las aguas; siendo tal lo que se carga la atmósfera, que mas bien se ven las caballerías y carruages que transitan la playa de la Veracruz á la Antigua, que la costa ni tierras altas.

N. 29ºO., Bernal al N. 32ºO., Bernal chico al N. 34ºO. y Zempoala al N. 48ºO.; parece esto supuesto ser muy fácil, sencillo y seguro para evitar los extravíos, riesgos y atrasos indicados, que desde luego que se vea alguno de dichos parages de la costa, y que establecido con cualquiera de ellos el punto de marcacion, se resuelva ir al puerto que deba gobernarse al rumbo mas ó ménos oblicuo que se considere oportuno, á fin de situarse en una de las anteriores enfilaciones, ya la mas inmediata, ó ya la que convenga segun la situacion en que se esté y viento que se tenga ó que se espere; y situado, gobernar al rumbo opuesto, con cuya diligencia si se está mas al S. de lo que se piensa, se verán con anticipacion los edificios de la ciudad, castillo y arboladura de buques grandes, si los hay, y si no se vieren, se verán despues por la proa, obrando en ámbos casos como se dirá adelante.

8.º ,, Si acaeciese verse á rumbos del tercero ó cuarto cuadrante tales edificios, arboladura, ó alguno de los bajos de dentro, ó por supuesto se estará á la parte de E. de las enfilaciones citadas y tambien del puerto, y por consecuencia se hace necesario, segun donde se esté, el meter á los mismos cuadrantes, ya para montar los bajos si se está muy al E. y S., ó ya para franquear la boca del puerto, si no se está tanto; en la inteligencia de que la medianía de la Anegada de adentro (*) está al N. 77½° E. 4⅓ millas del Caballero alto de San Juan de Ulua, y (mediando isla Blanquilla y Galleguilla) al N. 4ºE., lo mas NO. de la Gallega, que se ha de dejar por babor á la entrada.

9.º ,, Si el viento en aquel momento fuese largo de la parte del E., bastará pasar viéndolos, ó ir atracados á una prudente distancia de las puntas occidentales de la Galleguilla y Gallega, á fin de cerrar la enfilacion que se citará (20), porque el mismo viento, si no pasa del E.¼NE.

(*) Es el bajo mas foráneo de los de este nombre con dos tercios de milla de extension ONO. ESE.

para el N., será escaso despues desde la punta del Soldado
para adentro. Si en aquel momento fuese escaso con la mura
de estribor ó N., se ceñirá á rebasar dicha Anegada; y con-
seguídolo con desahogo, se tiene tambien montada la Galleguilla, pues lo mas saliente al N. de estos dos bajos corre S.
85°20′ E.: y al contrario como tres y media millas, quedando por esta medianía algo al S. la citada Blanquilla.

10. „ Si esta recalada fuese en tiempo y circunstancias
tales que el viento N. no permita de la vuelta del O. montar la Anegada de dentro, ni tampoco de la del E. la Anegadilla de fuera, no queda otro arbitrio que arribar al S. ú
SO. á tomar el posible abrigo de la isla Verde ó de la de
Sacrificios por 6 á 14 y 16 brazas buen tenedero, aguantándose sobre dos ó tres anclas hasta que rinda el viento á la
briza; pero si el abrigo no correspondiese á los deseos por
haber fondeado muy apartados, y se viene ya con el práctico
dentro, y que el viento sigue tenaz á la cabeza sin permitir
coger el puerto ni mas abrigo, será conveniente aprovechar
el momento oportuno de ir á fondear al que ofrece de la
mar la isla Blanquilla ó Blanca, que está al N. de la punta
de Anton Lisardo.

11. „ Algunos por su temeridad han contraido estos empeños, que pudieron evitar; pues habiendo tenido conocimiento de las Anegadas de fuera, han seguido la vuelta del O.
con viento escaso, persuadidos á que se les alargaria, lo que
no siempre sucede, y sí el obrar entre tanto las aguas con
velocidad, como obran con vientos á la cabeza hácia los
canales de los bajos. Lo seguro es que no permitiendo el
viento, conciliado con la situacion y hora, seguridad de rebasar la Anegada de dentro (que corre con la Anegada de
fuera al S. 69° E. cuatro leguas,) y coger el puerto con dia,
se debe tomar la bordada del E. segurísima, porque se dejan
los bajos por la popa, y porque respaldando la corriente ha
hecho muy buenos efectos.

12. „ Si estando mas al O. fuese el empeño tal de no
poder montar de esta vuelta la Galleguilla, ni de la del E.

la Anegada de dentro, sin titubear un punto se arribará
al SO. ú SSO. á promediar el canal entre esta y la Blanquilla, que se verá de traves, dejándola por estribor y
por babor dicha Anegada é isla Verde, guardándose de todas las rompientes; y gobernando sucesivamente al SO.¡O.
OSO. y O., se prolongará la parte oriental del placer de
la Gallega, quedando por estribor y por babor el bajo de
la Lavandera, cuyo poco fondo y veriles, así como de
los anteriores bajos, lo manifiesta bien la rompiente en
tales ocasiones; dirigiéndose mas ó ménos ceñidos á fondear marineramente donde se vea que lo estan otros á la
gira con las dos anclas, dejando caer primero la de estribor."

A esta entrada se llama del SE. : y véase lo que dice
de ella el Capitan de Fragata D. Fabio Ali-Ponzoni, que
levantó el plano del puerto en 1807.   ,, Como todos los
,, arrecifes que rodean exteriormente el puerto son muy
,, hondables, á la vista sus peligros, y los canales que for-
,, man son de bastante fondo, no ménos que el mar que en-
,, cierran, hacen solo necesario tener un particular cuidado
,, del bajo de la Lavandera, que lo cubre el agua, y que no
,, se distingue á la vista sino cuando hay alguna marejada
,, que rompe en él, particularmente con vientos del N. A
,, este fin, para entrar por el canal del SE., donde es pre-
,, ciso pasar á la inmediacion del expresado bajo, se preca-
,, verá de este peligro teniendo siempre un poco descubierta
,, la punta Gorda por el ángulo mas saliente al NE. de la
,, fortificacion baja del castillo de san Juan de Ulua, hasta
,, enfilar un edificio aislado de piedra, que sirve para la ma-
,, tanza del ganado, con un ángulo saliente de la ciudad,
,, sobre cuya muralla y único punto de ella está construido
,, un edificio de bastante extension para cuarteles de tropa.
,, Llegado á esta última marcacion se halla rebasado lo su-
,, ficiente de la Lavandera para en seguida poner la proa á
,, las embarcaciones que estan en el fondeadero; pero sin
,, acercarse mucho al poco fondo del extremo meridional

,, del placer en que termina por esta parte el arrecife de la
,, Gallega.

,, El único canal, aunque hondable, que por su poca
,, anchura debe evitarse su paso sin un conocimiento prác-
,, tico, es el que forma el arrecife de Pájaros con el de Sa-
,, crificios : la navegacion por él es por la enfilacion expre-
,, sada anteriormente, de tener descubierta la punta Gor-
,, da por lo mas saliente al NE. del castillo de San Juan de
,, Ulua.

,, La estrechez del canal hondable entre la Lavandera
,, y los arrecifes de Hornos no permite paso sino para em-
,, barcaciones de dos palos, teniendo práctico que las di-
,, rija.''

13. ,, En este mismo caso, estando mas al O., se puede
tomar la deliberacion de arribar al S. á pasar entre la Galleguilla é isla Blanquilla, y sucesivamente, á vista del placer
de la Gallega, irlo circulando, como se acaba de decir, hasta
el mismo fondeadero.   Aun en buen tiempo con embarcacion mediana y conocimiento se viene por estos parages mas
oómodamente que por el canal del NO. para libertarse de
espías si suestea la briza.

14. ,, No serian comunes estos empeños á tener alguna
práctica de los bajos de dentro, puesto que en isla Verde
y el arrecife de Pájaros hay no ménos buen fondeadero
que en Sacrificios ; como asimismo en el abrigo que pro-
porcionan isla Blanca, de punta de Anton Lisardo, la misma punta, y algunos de los bajos de fuera, cuyos canales,
con viento favorable é igual conocimiento, son francos ; pudiéndose, así por ellos como por entre todos los bajos de
adentro, dirigirse al puerto por su canal del SE., no ca-
lando el buque arriba de 20 pies. pues la briza levanta alguna mar, y no ser el fondo que se encuentra en la angostura de entre la Gallega y Lavandera mayor de 23 pies.*

* Segun el plano levantado en 1807 por D. Fabio Ali-Ponzoni en el
canal ó angostura se encuentran de 26 á 30 pies y mas. (Véase el plano
publicado en la Direccion de Hidrografia en 1816.)

15. „ Si de resultas de alguna irregular navegacion ó recalada se hubiere pasado por alguno de los canales que forman los bajos de fuera entre sí, ó con la punta de Anton Lisardo, con buque de mayor cala que la expresada, esto es, hallarse ya entre el grupo de estos bajos de fuera, y el de los de dentro, ó que sin haber hecho aquel pasage se hallaren en dicho sitio por uno de aquellos motivos, y en la precision de entrar por el canal del NO., se obrará desde luego como se manifiesta en el párrafo 8.°

16. „ Explicada pues la entrada en el puerto por su parte del SE., y las incidencias que pueden obligar á ello, se sigue explicar con ellas la entrada principal, que es por el canal del NO.

17. „ Todo el justo temor que causa este puerto está remediado no viniendo á él con N. fresco, ó amarrándose bien, antes que cargue.* Por lo demas es de los que presentan ménos riesgos con embarcacion que no cale arriba de 16 pies, pues los únicos riesgos invisibles que hay en el paso para los de mayor cala son la laxa de fuera y la de dentro. Los dilatados placeres de la Gallega y Galleguilla por la parte del E., y el arrecife de punta Gorda por la del O. es á lo que se llama canal de afuera, cuya extension es de tres millas escasas ; y á la punta del Soldado en el placer de la Gallega con el arrecife de la Caleta se le da el nombre de canal de dentro : estos arrecifes son visibles, en particular cuando hay algun viento que altera en ellos la rompiente, pudiéndose pasar con seguridad á un cable de distancia. Y si no hay mar, y el agua está crecida, que cubre las piedras que terminan

---

* Mucho convendria á la prontitud de faena tan oportuna en un puerto, acaso el mas peligroso de los conocidos, si al ir acercàndose a entrar diese el tiempo y la faena de cables y anclas lugar de ir poniendo las embarcaciones en el agua, zafos los cabrestantes y la maniobra de calar.

como en cordon lo mas saliente visible del placer de la Gallega y Galleguilla, basta un mediano cuidado para conocer-
los con facilidad por el color del agua, como que no pueden
tener sobre sí mas que tres pies por la mañana en verano, y
por la tarde en invierno; cuyo órden es el mas general que
se advierte en el irregular que sigue aqui el flujo. Pero son
peligrosos de noche, si concurren las circunstancias de oscu-
ridad, pleamar, y tan poco viento que no rompa el mar en
ellos.

18. ,, Si por atraso en la estima, diferencia al S., cerrazon &c., se hallasen á la parte del O. de la última enfilacion
de las citadas en el párrafo 7.º, ó por la ensenada de la Antigua, la misma costa ó tierra baja indicará se debe ir pro-
longándola al SE. ó ESE. en busca del puerto, que se manifestará por la proa, no bajando de ocho á nueve brazas de
traves con las puntas Brava y Gorda, cuyor arrecifes los
manifiesta la rompiente con todos vientos; y si en este
tránsito aconteciese por la madrugada ó mañana estar el
terral del S. al SE., se continuará mura estribor todo lo
posible, para que cuando entre la briza se pueda estar al N.
del puerto; y aun no se perderá tiempo en seguir algo al E.,
á fin de esperar á que se incline mas al NE., y haciendo entónces por él, se podrá coger de la bordada el fondeadero,
libertándose de dar fondo fuera, y de la penalidad de conseguirlo á la espía.

19. ,, Por las mismas causas, amaneciendo á la parte del
N. ó NNE. de la ciudad y á su vista, con el viento de la
tierra, no se pasará al O. del meridiano del puerto ni de
las primeras enfilaciones (párrafo 7.º) de él con la costa,
viéndose esta, y aquel no, porque si dan en suestear las
brizas, y los terrales no alcanzan, ó sean calmosos, costará
dias el cogerlo; pues con tales vientos de la parte del E.
tiran con fuerza las aguas para el NO.: bien que ya con
algun objeto á la vista se conocerá en qué sentido obran si
se atiende á las marcaciones, y de noche á la sonda ó al escandallo.

20. ,, Estando pues al E. del puerto viendo la ciudad y castillo, la Anegada de dentro, isla Blanquilla &c. con viento de aquella parte, que como se dijo (párrafo 9) puede ser escaso desde la punta del Soldado para adentro, se dirigirá el rumbo, segun sea mas ó ménos largo, á poner el Caballero alto del castillo al sur, á cuyo rumbo poco mas al E. le quedará lo mas NO. de la Gallega; y avistándola, así como distinguiendo en la ciudad las dos torres de San Francisco é iglesia mayor (1,) se seguirá ó arribará, precaucionándose de la Gallega y Galleguilla hasta enfilarlas al S., ó próximamente (primera enfilacion;) pero si se está á la parte del O. de esta enfilacion, con viento ceñido mura babor procurará incluirse en ella para despues seguirla ; pues no es necesario pasar al E. estando al N. de la Galleguilla sino en el caso del párrafo 18. Estando al S. mura estribor, y no franqueada la canal de dentro, no lo permitirian, aunque se quisiera, la misma Galleguilla y Gallega, y es menester cambiar cerrando dicha enfilacion.

21. ,, Estando al O. de estos placeres por fondo de 25 á 30 brazas enfiladas las dos torres, y aun descubierta la de la iglesia mayor por la parte del SE. de la de San Francisco, si el viento fuere ENE. ú E.¼NE. por lo dicho en el párrafo 9, se irá para adentro por su enfilacion primera, disminuyendo el fondo hasta seis y cinco brazas escasas buen tenedero, hasta que el ángulo saliente del baluarte de San Crispin ó del SE. del castillo de San Juan de Ulua se descubra por igual saliente del de San Pedro ó del SO. (enfilacion segunda del plano,) ó lo que es lo

---

(1) Son las dos mas occidentales : la de San Francisco es torre completa, acabando en azotea cuadrada : la otra no lo es, pues no tiene tercer cuerpo ni remate, y por supuesto termina en cuadro.   No deben por su pequeñez ofrecer dudas la torrecilla y cúpula de la ermita de la Pastora que está mas al O. que las dos citadas torres : ni la de San Agustin, que remata igualmente en azotea, que queda al E. de la citada enfilacion.

mismo, descubriéndose por la parte del SO. del castillo toda la isla de Sacrificios. Entonces se pondrá la proa á la punta de los Hornos, y sucesivamente conforme se vaya para adentro á la de Mocambo* ó isla de Sacrificios; con cuyos rumbos, habiendo pasado entre la Caleta y la punta del Soldado, y mediante las indispensables modificaciones de orzar y arribar, segun convenga para conservar la canal, se vendrá para adentro del puerto, libre de las laxas de fuera,† que es la mas peligrosa, y la de dentro,‡ rascando sus valizas si estan puestas, hasta que demore el ángulo de San Pedro al ENE. desde la entrada de la Toldilla, que se orzará á dejar caer el ancla de babor, que ha de quedar al NO., debiendo ocupar la primera andana de buques; pero si fuese á otra seguirá para adentro á dejar caer dicha ancla donde el práctico diga segun la órden que tenga sobre el sitio en que ha de quedar, ó el que pueda, segun las circunstancias; cuya accion ha de tener libre, para que puesto en el propao del castillo, se verifique en el mismo momento que lo mande, pues de lo contrario lo ménos que le arriesga es tener que suspenderla y tenderla de nuevo, lo que no siempre se puede cuando se quiere.

(*) Son las dos que se ven á la parte del SE. de la ciudad.

(†) Tiene 18 pies en baja mar: está á la parte de adentro de la punta del Soldado. Su primera enfilacion es poner el asta de bandera del castillo por el segundo merlon inmediato al ángulo de la espalda visible del baluarte de San Pedro, y la de través es enfilar las dos primeras estacas, que se verán á babor en el placer de la Gallega.

(‡) Tiene 24 pies: está cuasi en canal próxima al ángulo saliente del baluarte de San Pedro. Su primera enfilacion es poner el ángulo dicho de la espalda, con una almenita que está sobre el parapeto y 5° merlon de la cortina inmediata que mira al NO.; y la segunda es enfilar las dos segundas estacas, que igualmente estan en el mismo placer.

Prevenciones.

22. „ Si quedó el ancla en su lugar, y el viento es del ENE. ó sus inmediatos, se tenderá al SE. una espía, lo ménos de dos calabrotes, para llevar el buque inmediato al sitio que debe ocupar, y pasando á popa la espía* sobre ella, con no poco trabajo, por ser el viento y corriente en contra, hacer la siaboga, tender la rejera, á cuyo tiempo se recibe por estribor el seno del cable que se tenga preparado; y si no hay este auxilio se da un calabrote á la argolla para atracarse, y que sirviendo de guia á la lancha punda ir dando chicotes de cables despues de atracado.

23. „ Si no quedase en su lugar el ancla por lo escaso del viento, debe ser la espía mas larga, ó se prepara otra, para que cobrándola al mismo tiempo que el cable se zarpa el ancla, se vuelva á dar fondo donde convenga, y seguir la faena.

24. „ Si el viento es del NE. al N. cuarto cuadrante, conviene, si es posible, que ántes de hacer por el cable, se reciba un calabrote dado á la argolla, ó al chicote ó seno de cable preparado en ella, para atracarse por él. En este caso, como quiera que la corriente va para adentro, cuesta poco ó ningun trabajo la siaboga, y aun sin espía se tiende la rejera.

25. „ Con el ancla del NO. es menester sumo cuidado, dándola fondo con vientos del ENE. al ESE., porque debiendo quedar á los rumbos opuestos respecto al buque, ya en su sitio, lo ménos que acontece es quedar las uñas hácia él, y no revirarse hasta que con algun N. haga el buque por ella. Es indispensable reconocerla desde luego: cuesta poco si hay que zarparla para desencepar, ó de-

(*) Esto se entiende habiendo de incluirse en andana con cable á la argolla ó ancla en el placer amarrado en tres; pero si hubiere de quedar á la gira, se tenderá al SE., de modo que acomode, despues de haber dejado al NO. en su lugar, ó al contrario.

jarla caer bien, y arriesga mucho este descuido, que no
carece de ejemplares. Asimismo esta ancla debe mas bien
pecar por abatida que arbolada (*), pues no conviene trabaje
su cable mas que los NE. : estos se pueden reemplazar desde el castillo ó buque ; pero aquel ni de una ni de otra
parte ; y si falta, puede ocasionar tragedia.

26. ,,Cuanto queda dicho en la instruccion de vientos
(véase la instruccion de vientos de dicho autor) se dirige
al fin de venir á este puerto, preparados como lo requiere
con las cuatro anclas prontas, y entalingados los mejores
cables, y tambien para estarlo en él, sin la confianza de
no ser tiempo de nortes ; pues como se ha dicho, fuera de
estacion suelen entrar y cargar de pronto y fuerte, que
en la mar no da lugar á hacer el aparejo, y en puerto imposibilita al momento el barqueo, y mucho mas el auxilio, á
no ser dado por las cortinas del castillo, con el que no
siempre se puede contar con la prontitud que importa,
ó ser impracticable, por lo que de él se diste, porque
lo impida andana'ó buque interpuesto, y porque si falta la del
NO. no hay recurso, como se acaba de decir.

27. ,,Por estas razones debe inferir todo marinero que
conoce el desabrigo y estrechez de este puerto fatal, lo
arriesgado que particularmente está el navío de guerra ó
buque grande que en la estacion de nortes fondeó al anochecer á la vista de la ciudad (†), ó despues á la de la luz
ó linterna (‡), y aún en la boca del canal de dentro, esto es,
tanto avante con la punta del Soldado, como acontece
cuando suestean las brizas, no permite ir á aseguarse,
como lo expresan los párrafos de 22 á 24 ; así siempre

(*) La capitana ó quien ocupe las primeras argollas ó andana, por
precision debe estarlo, porque de arbolada coge la rabia de la laxa de
dentro.

(†) Para estarlo en fondo limpio se procurará no demore nada del S.
para el O., porque mas al E. hay manchones de bueno y mal fondo.

(‡) En el ángulo saliente del baluarte de San Pedro se encendia antes
una fogata ; pero ahora hay una linterna que en noche regular se puede
descubrir á cinco ó seis leguas.

que se dé fondo sobre dicha punta se han de preparar las espías, y en el instante que lo permita la briza se han de espiar sin consideracion ni espera por cosa de este mundo, porque nunca, si han precedido señales de N., ó no se acaba de experimentar, el mas seguro, mas repentino, ni mas fuerte que en la noche mas serena y cielo mas claro.

28. ,,Si se fondeó á una vista de la Veracruz, ó de la linterna, ó fuera de tales vistas por calma en la costa sobre Chacalacas, Juan Angel &c. de 50 á 20 brazas buen tenedero, se deben arrizar y enjuncar las gavias, y estar atentísimos á zarpar al menor soplo de viento ó celage despedido, del N. que se advierta, ó á picar el cable si carga de golpe para obrar en consecuencia de su fuerza, de la hora, punto en que se esté, porte del buque, y demas circunstancias, sea para ceñir de una vez la vuelta del E. con la posible vela, que es lo mas acertado, á rebasar la anegada de fuera, en la que está el mayor reisgo; sea para mantenerse en bordos á esperar el dia, y hacer por el puerto, ó sea para dirigirse á él con la vela proporcionada á la distancia y hora; pero estas dos últimas determinaciones tienen lugar, la primera solo en el caso de hallarse empeñado, sin poder rebasar la anegada de dentro; y la segunda en los de urgente necesidad de tomarlo por escasez de víveres, descalabro &c. ó de ser buque chico, tener buenas anclas y cables, y alguna práctica para obrar con conocimiento ó tambien en el de ir declinando el N., con que pudo llegarse á recalar en la costa: debiendo tener siempre presente lo ariesgado que es, en particular con buque grande, el venir al puerto con la fuerza del viento, porque carga mas en él que fuera, y por casualidades que desconciertan las disposiciones mejor tomadas para fondear marineramente en tan críticas circunstancias como las que concurren del mucho viento, mar, corriente, estrechez del fondeadero, cantidad de anclas esparcidas por todo él de los buques que estan anclados, y el ningun auxilio contribuyendo no ménos en estas

ocasiones para no obrar con desembarazo las funestas resultas que desde luego tuvieron aquellos que por no aguantarles las anclas ó cables, ó cortárselos otras, fueron á dar á los Hornos ó Lavandera, peligrando algunos las vidas.

29. ,, Se precaven tales empeños no exponiéndose á contraerlos, como sucede al que avistando la Veracruz al espirar el dia sigue hácia el puerto, persuadido á que velará la briza: y no siempre sucede; pues aunque vele algo regularmente se inclina á la tierra (del O. al S. cuando anuncia buen tiempo, y si malo al NO.,) ó tambien calma, y por consiguiente imposibilitando el intento en el primero y último caso, se quedan fuera y expuestos.

30. ,, En esta inteligencia, y en la de que no hay seguridad de que aun cuando entre el terral, sea constante, y por donde acomode para rebasar la Galleguilla y Gallega, y franquear la boca del puerto, se hace preciso que al ponerse el sol (para que el vigía vea la maniobra que hace,) ó ántes, segun la estacion, cariz, distancia que se está de la Veracruz ó de sus bajos, y número de buques que puedan ser, se determine la navegacion sucesiva; y en el caso de la menor duda en coger el puerto á prima noche, siendo tiempo de nortes, será lo mejor ceñir mura estribor, hasta considerarse de siete á ocho leguas al NNO., NNE. ó NE. de él; posicion muy regular para recibir el N. si entrase en la noche, y si no para obrar en la madrugada, á fin de avistar temprano el castillo, ciudad &c.: si no fuese buque grande ni tiempo de nortes admite alguna modificacion este resguardo.

31. ,, Por lo que precede se inferirá cuan distante se está de aprobar la entrada de noche, especialmente con navíos de guerra, ó buques que se acerquen á su calado. Han entrado y entrarán algunos en lo sucesivo; pero quien dicta esto entró una vez concurriendo todas las circunstancias apetecibles, y notó lo poco en que estuvo se siguieran consecuencias desagradables.

32. ,, No obstante lo dicho en la instruccion de vien-

tos, si en la buena estacion cabe alguna confianza, puede
prometerse en los citados meses de Mayo, Junio, Julio, y
aun Agosto; en los que si se quiere hacer por el puerto, á
lo mas con buque grande, hasta la cercanía de la boca del
canal de dentro, se observará la instruccion que sigue,
favoreciendo el viento; y de no, segun lo mas ó ménos
distante que se esté del puerto cuando se contraríe ó calme,
se dará ó no fondo, contando con que tendrá los auxilios
posibles, y el práctico con cuanta anticipacion sea dable, disparando dos cañonazos precipitados para indicacion de
ambos deseos de entrar y práctico; y se corresponderá
desde el castillo con otros dos pausados, asi para indicar se
está inteligenciado, y dando las providencias que se desean,
como para que fijen al segundo fogonazo alguna marcacion
si ántes no la tuviesen.

33. ,, Anocheciendo pues á la vista de la Veracruz y
de su luz á la parte del E. del puerto, y á una, dos,
tres &c. millas al N. de la Anegada de dentro de la isla
Blanquilla ó Galleguilla, se gobernará para ir franqueando
la boca del puerto al ONO. hasta que la luz quede al
SSO.; de aqui al O. hasta que quede al S.; despues al SO.
hasta que demore al S.¼SE., que se gobernará al S. ya
incluido, ó próximamente en la enfilacion primera del
plano y canal de fuera, disminuyendo el fondo hasta las
cinco brazas escasas, y que la luz quede al SE. 5ºE.; en
cuyo parage (siendo muy regular tener ya práctico,) si
fuere buque de guerra ó de mucha cala, y no se deter-
minare á entrar, se dará fondo á esperar el dia: si fuese de
mediano porte, y sin práctico que dirija la entrada, que-
riéndola verificar, se gobernará al SE.¼S. á fin de rebasar
la laxa de fuera, y á que la luz demore al E.¼SE., que
entónces se meterá para dentro al ESE., yendo rascando
las boyas de los NO. para obrar en lo demás conforme se
dice en los párrafos 21 á 24, ó marineramente, segun las
distintas circunstancias que concurran, y allí no estan
expresadas.

34. „ Si se anocheciere del meridiano del puerto ó de la linterna para el NNO., se gobernará á ponerla al S.¼SE., desde donde se gobernará al S. incluido en la enfilacion primera, y sucesivamente, como se acaba de decir en el párrafo anterior.

„ Finalmente, si se anocheciese al NO.¼N. de la luz, que será estar algo aterrado, se meterá al E. ó E. ¼SE. para resguardarse de las puntas Brava y Gorda, y rebasada esta última, se pondrá la proa al SE.¼S., ó á la misma luz, hasta encontrar de seis á cinco brazas, que se gobernará al SSE., hasta que la luz quede al E.¼SE., que entónces se irá al ESE. para dentro del puerto ; pero si fuere embarcacion que cale ménos de 16 pies, estando rebasada de punta Gorda, bien se puede continuar el rumbo del SE.¼S. sin riesgo de la punta del Soldado, Caleta, ni por supuesto de la laxa de fuera, sobre la que tal vez se pasará.”

Desde el puerto de Veracruz sigue la costa como al N. 53°O. la distancia de 11 millas hasta el rio de la Antigua, desde el que haciendo alguna senosidad continua al N. 20° O. otras seis millas hasta la punta y rio de Chacalacas, y forma así una ensenada llamada de la Antigua. Desde Chacalacas continúa al mismo rumbo otras seis millas largas hasta la punta de Zempoala, formando tambien entre las dos algun saco para el O.; en el cual y a distancia de tres millas desemboca el rio de Juan Angel. Desde Zempoala roba la costa al O., formando una regular ensenada con la punta de Bernal, que corre con la anterior al N. 21° O., y dista de ella como 10 millas. Esta punta de Bernal demora desde Veracruz N. 29° 28' O.

Costa hasta Bernal.

A la parte del S. de la punta de Bernal, y á distancia como de una milla, hay un islote llamado Bernal chico, que demora igualmente desde Veracruz al N. 31° 52' O.; el que así como toda la costa de la ensenada es muy limpio, y se puede pasar sin rezelo entre él y la punta por cinco y seis brazas de agua: al S. de ella hay redoso para los vientos del cuarto cuadrante, y hasta para los del N.;

Ensenada de Bernal.

60

pero no para los que llaman algo al primer cuadrante : para fondear en este ensenada no hay necesidad de mas guia que el escandallo, en el supuesto que á media milla de la playa s hallan cinco brazas de agua. En esta costa, que

Bajo entre Zempoala y Bernal. media entre Zempoala y Bernal, hay un bajo que vela, el cual está al N. algo para el E. de la punta de Zempoala, á distancia de cuatro millas, y á la misma distancia de la costa de traves : con este bajo es menester tener cuidado, especialmente de noche, procurando con buque grande pasar siempre por fuera de él, pues por su freu hay restinga que sale de la costa, y sobre la que no hay mas que cuatro brazas de fondo.

Costa hasta cabo Rojo. Desde la punta de Bernal corre la costa al N. la distancia de cuatro millas hasta la de María Andrea, la que desde Veracruz demora al N. 26° 32½ O. ; y desde esta al

Punta Delgada. N. 18½°O. la distancia de nueve millas hasta punta Delgada. Siguiendo despues al N. 33° O. 10 millas hasta pun ta de Piedras, que toma este nombre por estar rodeada de

Punta de Piedras. ellas. Desde esta punta de Piedras continúa la costa al

Rio Tuspam. N. 33° O. la distancia de 70 millas hasta el rio de Tuspam : de este rio continúa al N. 31° O. 15 millas hasta la barra de Tanguijo ; de la cual al N. y á distancia de 23

Barra de Tanguijo. millas se halla cabo Rojo, situado por buenas observacio-

Cabo Rojo. nes en latitud N. 21° 35′ y 1° 14′ 45′ al O. de Veracruz.

Fondeaderos entre los bajos de Tuspam, bajo de Enmedio y Tanguijo. Entre cabo Rojo y el rio de Tuspam hay varios bajos ó islotes bastante salientes de la costa, que forman fondeaderos excelentes para resguardarse de los nortes : el primero mas meridional es el bajo de Tuspam, que está como 11 millas al N. 60° E. del rio del mismo nombre : sobre este bajo se levantan una porcion de islotillos, y en su parte del SO. hay buen fondeadero sobre 8 y 10 brazas de agua, arena gruesa, que se cogen á dos cables de su veril. Como al NO. de este bajo, y á distancia de 12 millas, está el llamado bajo de *Enmedio*, que dista de la costa de traves y al E. del rio Tanguijo 8 millas : este bajo es mucho mas pequeño que el anterior ; pero tambien ofrece fondea-

dero á su parte del SO. sobre seis, ocho ó diez brazas arena.
Al N. algo al E. de este bajo, y á distancia de tres y media
millas, está el llamado de Tanguijo, el cual á su parte del
SO. ofrece aun mejor fondeadero que los otros dos : los
canales que forman estos bajos entre sí son muy limpios y
hondables, y entre ellos y la costa no hay riesgo que no esté
visible.

Sobre el cabo Rojo estan la isla Blanquilla y la de Lobos : Fondeade-
la primera, que es un placer sobre que se levantan varios ro de isla
islotitos, está al ESE. del cabo, y como á cinco millas de y de Lo-
él : al S. algo al E. de ella, y á distancia de seis millas, bos.
está la isla de Lobos por latitud N. de 21º 26,' y longitud
de 1º 8' 45" al O. de Veracuruz. Esta isla despide por su
parte del N. un gran placer de piedra, que solo deja con la
Blanquilla un freu de tres millas : en medio de este freu hay
un bajo, de modo que para por él es menester mucho cuidado : al SO. de estas islas hay excelente fondeadero para
los nortes, y para tomarlo no hay necesidad de instruccion
particular.

Toda esta costa que hemos descrito desde Veracruz hasta Adverten-
cabo Rojo es limpia y hondable, sin mas riesgos que los de cias gene-
la restinga que sale sobre Juan Angel en la ensenada de Ber- rales sobre
nal y la de punta Gorda : en toda ella hay placer de sonda, desde
que sale de ocho á diez leguas ; y es tan hondable que á una Veracruz á
ó dos millas de la playa se encuentran de cinco á siete brazas. cabo Rojo.
La tierra no es muy alta, y fenece cuasi toda en playa de arena :
está poblada de matorrales y árboles pequeños, pero muy
espesos, que manifiestan su verdor á proporcionada distancia ; y aunque no haya marcas visibles de reconocimiento, la
latitud es un medio muy oportuno para saber donde se está :
sin embargo podrá servir en algunos casos saber que el
monte de San Juan se enfila con la isla Blanquilla S.65ºO.
y N.65ºE.

Desde cabo Rojo va robando la costa al N. 19º O. distancia siete millas, á formar el fronton de dicho cabo, des- Rio Tam-
de el que demora la boca del rio de Tampico al N.39ºO. pico.

distancia 43 millas. El rio de Tampico es bastante caudaloso, y de buen fondo para cualquiera embarcacion que
cale ménos de tres brazas : su barra corre de NO. SE., y
en ella se encuentra mas ó ménos agua, segun las corrientes del rio : está situada por buenas observaciones en latitud N. de 22° 15′ 30″, y longitud de 1° 42′ 33″ al O. de
Veracruz. Aunque en este tramo de costa no hay enfilaciones que sean visibles sino para los prácticos, no obstante puede servir de guia un alto que se halla al S. de la
boca del rio, y es la tierra mas alta que hay en toda la
costa desde cabo Rojo hasta el N. de la barra, que es donde empiezan los cerros de Macate, Chapopote y Martinez,
y tambien el abra que presenta el rio, que se distingue
muy bien, al mismo tiempo que la reventazon de la barra,
se puede fondear como hemos dicho en el agua que acomode, pues el tenedero es muy bueno ; teniendo solo la
incomodidad de la mucha mar que levanta la briza, y de
los intolerables balances cuando calma esta de noche. Como unas cinco millas de la barra rio arriba hay un canalizo
en la orilla del S. que va á dar á la laguna de Tampico ó de
Pueblo viejo, con tres islas en ella, y al principio se halla el
Pueblo viejo y el de Tampico como al SSO. de la barra,
distancia cinco millas escasas : al NO. del canalizo dicho hay
otro por el cual se va al pueblo de Altamira, y 10 leguas en
línea recta rio arriba por el de Tampico está el de Panuco ;
y en todas tres poblaciones se encuentran víveres de toda
especie. En la costa comprendida entre Tanguijo y el rio
Tampico, en que se forma el cabo Rojo, no es mas que una
lengua de tierra bien estrecha que separa la laguna de Tami-
agua del mar.

Costa
hasta la
barra Cie-
ga.

Desde la expresada barra continúa la costa seguida al
N. 18° O. hasta la barra Ciega, que dista 19 millas: la
costa es limpia de buen fondo hasta la distancia de nueve millas, que empiezan á encontrarse en el fondo piedras
salteadas, que no salen arriba de dos millas. Desde la barra
de Tampico para el N. no se encuentra mas tierra alta en

las orillas que los medanos que se extienden hasta el rio de Indios moralenos, y 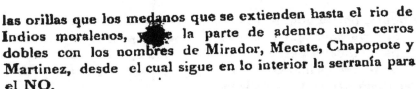 de la parte de adentro unos cerros dobles con los nombres de Mirador, Mecate, Chapopote y Martinez, desde el cual sigue en lo interior la serranía para el NO.

La barra Ciega solo tiene de fondo tres pies, y de la parte de adentro hay una laguna de poco fondo, la que se comunica con la de Altamira : EO. con la barra Ciega está el cerro de Metate, habitado por indios bravos. *Barra Ciega.*

De la barra Ciega á la de la Trinidad sigue la costa al N. 8°O. distancia de siete millas, en cuyas proximidades el fondo es de piedra lo mismo que el anterior : esta barra solo tiene dos pies de agua en baja mar. *Costa hasta la barra de la Trinidad.*

De la barra de la Trinidad á la del Tordo hay 11 millas al N. todo de buen fondo; pero con algunas piedras salteadas, que tampoco salen mas que dos millas : en dicha barra hay cuatro pies de fondo en baja mar, y dentro de ella hay varias lagunas de poca agua : todas las orillas de esta costa son de medanos bajos; y dos leguas ántes de llegar á esta barra hay algunos que altean á los que llaman cerro del Chapopote ó del Comandante; y hácia el NO. se ven tres cerros dobles, que llaman los Martinez, los cuales sirven de valiza para entrar por dicha barra, porque se enfilan EO. con ella : de la parte de adentro de estos cerros se avistan las sierras de Tamaolimpa, que van siguiendo en vuelta del NO. las cuales sirven de guarida á los indios bravos. Desde ésta barra siguen aumentándose las lagunas, todas de agua salada, y solo se encuentra dulce la que queda en las orillas estancadas entre los medanos cuando llueve. *Costa hasta la barra del Tordo.*

Desde la barra del Tordo á la del rio de la Marina ó de Santander corre la costa al N.8°O. distancia de 18 leguas : toda es de buen fondo hasta tres leguas ántes de llegar á la expresada barra, que se encuentran varias piedras salteadas, que salen á dos millas de la playa : seis leguas al N. de la barra del Tordo está un parage que llaman el *Costa hasta el rio de Santander.*

Ostional, por el cual se comunica la laguna de Morales con la mar siempre que esta está un poco alterada (*); en esta laguna abunda el pescado de toda especie, y hay una aguada frente del mismo Ostional: la expresada laguna de Morales llegó hasta el rio de la Marina.

Rio de Santander ó de la Marina.

La barra del rio de la Marina tiene siete pies de agua, y para su entrada sirven de marca los cerros de Palma y Carrizo, en medio de los cuales está el cañon del rio, formando ántes el gran lago, cuyas orillas son de tierra baja; y ocho leguas rio arriba se encuentra la poblacion del Soto la Marina, que dista 11 millas y 40 de la colonia del nuevo Santander, en donde se encuentran todos los víveres que se necesiten. El lago que hay despues de entrar por la barra, y ántes de encallejonarse en el cañon del rio, está lleno de bajos, y solo hay un canal de 12 ó 14 pies; pero en el rio hay cuatro y cinco brazas. Toda esta costa es de playas de arena muy bajas, y en todas ellas no se halla agua sino en la parte interior de la tierra.

Costa hasta las bocas Ciegas ó Cerradas.

Desde la expresada barra sigue la costa muy baja de arena en vuelta del NNE· y N.¼NE. distancia 25 leguas hasta las bocas Ciegas, que son cuatro en distancia de una legua, por las cuales entra la mar cuando hay temporal, y se alcanzan á distinguir de tres á cuatro leguas á la mar: estas se comunican con la laguna Madre, que llega hasta el rio de San Fernando ó del Tigre. Ocho leguas al N. del rio de la Marina fenece la tierra alta que hay en lo interior, y sigue toda la tierra baja, haciendo horizonte las lagunas por muchas partes.

Costa hasta el rio de San Fernando ó del Tigre.

Desde las bocas Ciegas hasta el rio de San Fernando ó del Tigre sigue la costa al N. 24° E. en los mismos términos que la anterior, cuya barra es de tres pies en baja mar; este rio es de agua salada por la comunicacion que tiene con las lagunas, y solo se encuentra dulce en tiempo

(*) Esto podrá suceder en tiempo de muchas aguas, porque hay planos bien detallados de esta costa que no le dan comunicacion.

de aguas : en la costa del S. en su ensenada hay un buen charco, en que se puede remediar una urgente necesidad.

Desde esta barra sigue la costa al N. 34° E. la distancia de 11 millas; despues al N. 13° E. otras 19, y luego al N. 5° O. como ocho millas hasta el rio Bravo ó del Norte. La barra del rio Bravo es buena y muy derecha : corre EO., y tiene siete pies de agua en baja mar : este rio es de agua dulce, y tiene regular corriente en todo el año, mas ó ménos fuerte, segun las aguas que recibe : de la parte de adentro de su barra hay tres y cuatro brazas. Como toda esta tierra es igual y muy baja, no ofrece marcas de reconocimiento; y la única que puede servir de tal es una laguna chica que viene desde el Tigre hasta el rio, cuya barra sale una legua á la mar, y á mayor distancia el agua dulce que hace variar el color de la del mar ; lo cual no se ve en otra barra. *Costa hasta el rio Bravo ó del Norte.*

Desde aquí sigue la costa al N. 27° O. la distancia de cinco millas, donde se encuentra una barra de poco fondo; y al N. de esta, distancia de otras cuatro, se encuentra otra barra de 15 y 16 pies de fondo, pero de poco abrigo por ser muy ancha la boca y la costa muy rasa ; y con el motivo de la laguna que tiene, deja un corto espacio de cuatro y cinco brazas de fondo, donde se puede fondear en un caso forzoso; porque todo lo demas, aunque hace horizonte, solo tiene dos y tres pies de agua hasta la Tierrafirme, que está bastante distante ; y es menester mantenerse por este parage con mucha precaucion, á causa de los indios que bajan con piraguas á la orilla del mar : en todas estas orillas no hay agua dulce ni aun de cacimbas. Para el reconocimiento de esta barra, llamada de Santiago, no hay mas recurso que el de la latitud, y algun tanto el empezar desde ella para el N. á aumentar la anchura de las lagunas :* la entrada de la barra está muy inmediata á *Costa hasta la barra de Santiago.*

(*) En tiempo de secas no podrá servir esta marca, porque las lagunas desaparecen.

la punta del N., y corre ENE., OSO. hasta el fondeadero de cuatro y cinco brazas, que tendrá de largo como una legua. Desde esta barra sigue la costa al N. formando arco para el O., toda muy rasa y de arena, distando por este parage la Tierrafirme cinco y seis leguas, formando una laguna de agua salada de tres y cuatro pies de fondo y mucho fango: esta laguna empieza á ser mas ancha en la latitud de 27° 30′, en que tiene como 16 millas: el desagüe de esta laguna está en la barra de Santiago, y por la del lago de San José; y cuando está muy crecida, abre varias bocas por la playa, que es muy baja y de arena. Desde la expresada latitud sigue la costa al N. y N.INE. hasta la de 28° 10′ que se encuentra otra barra de poca agua, llamada la Pasa del Caballo, y al NO. de ella está el lago de San José distante como 16 millas. Desde la latitud dicha de 27° 30′ va angostando la laguna hasta la bahía de San Bernardo.

Desde la Pasa del Caballo sigue la costa al N. 29° E. distancia 19 leguas hasta la bahía de San Bernardo, y toda ella es baja de playas de arena, formando arco hácia el O.; de modo que con vientos duros cubre la mar las lengüetas que sirven de barrera á las lagunas, y se une enteramente con ellas.

Toda la costa que hemos descrito desde Tampico hasta la bahía de San Bernardo es bastante limpia, y se cogen tres y cuatro brazas á una legua de ella: la calidad del fondo es en lo general arena gruesa ó fina, y en algunos parages lodo: en las barras de los rios siempre se halla arena muy fina, y en algunas arena y lama: la mayor parte de las lagunas que se forman en toda esta costa no tienen mas que tres ó cuatro pies de agua en su mayor profundidad, y por partes se secan cuando no es tiempo de lluvias. Desde Agosto hasta Abril son bastante temibles estas costas por la mucha mar que hay en ellas, y que imposibilita se aguante un buque sobre sus anclas, pues en la estacion dicha soplan con fuerza los ESE. dos y tres dias ántes que el

Costa hasta la Pasa del Caballo.

Costa hasta la bahía de San Bernardo.

Noticia general de la costa desde Tampico hasta la bahía de San Bernardo.

viento se llame al N.; pero en los restantes meses desde Abril hasta Agosto la navegacion es muy buena y segura, y se hallan siempre corrientes al N. y NE., que facilitan subir de latitud; y aunque los estes que reinan desde Abril hasta Junio meten bastante mar, se puede aguantar al ancla en siete y ocho brazas de agua en caso preciso, en cuya situacion se estará viendo la costa; pero si se puede mantener á la vela, es mejor. Los terrales son frecuentes en el verano desde la media noche hasta las nueve ó diez de la mañana, que llama el viento á la briza; pero esto solo se verifica hasta la latitud de 26¼°, que es adonde fenece la serranía, pues todo lo demas es de tierra muy llana, baja y anegadiza, en la que hay pocos aguaceros, que son los que producen el terral.

ARTICULO IX.

DESCRIPCION DE LA COSTA SEPTENTRIONAL Y ORIENTAL DEL SENO MEXICANO DESDE LA BAHIA DE SAN BERNARDO HASTA LAS TORTUGAS.

La bahía de San Bernardo (*) está en el recodo NO. del seno Mexicano: su entrada está formada al O. por la tierra baja que viene desde el S. y O., y al E. por la punta occidental de la isla de San Luis: la entrada es de barra, que corre ONO., ESE., en la que no hay mas que de 8 á 10 pies de agua en baja mar: dentro de las puntas exteriores se hallan cuatro y cinco brazas, y despues disminuye el fondo, de modo que la bahía puede considerarse mejor como un lago de tres y cuatro pies de profundidad: en la barra hay corriente fuerte para el SO. cuando baja la marea, por cuya razon es menester fondear fuera de ella, y esperar á que la creciente favorezca la entrada: la marea sube cinco pies; y se advierte que es preciso avalizar el

Bahía de San Bernardo ó del Espíritu Santo.

(*) Antiguamente siempre se ha llamado Bahía del Espíritu Santo.

61

canal, porque habiendo siempre marejada en la barra, sería muy arriesgada una barada: toda la tierra de esta bahía es anegadiza y sin arboleda.

Isla de San Luis. La isla de San Luis, cuya punta occidental hemos dicho que es la oriental de la bahía de San Bernardo, sigue al ENE. la distancia de 42 millas, toda muy rasa, y anegadiza sin arboleda, y su costa meridional es de playa de arena blanca muy fina: esta isla es muy estrecha, y por su parte de adentro forma con la tierra firme un lagunazo como de dos leguas de ancho, salpicado de cayos, y sin pasage mas que para canoas por su poco fondo.

Bahía de Galveston. El extremo oriental de esta isla despide al ENE. una restinga en distancia de dos leguas, entre la que y un bajo fondo que sale de la Costafirme está la entrada á la bahía de Galveston, (*) cuyas puntas exteriores son al sur la oriental de isla de San Luis, llamada de Culebras, y al N. la que sale de la Costafirme, llamada de Orcoquizas. Para entrar en esta bahía es menester montar la restinga de punta Culebras, y dirigirse por el canal que el veril septentrional de esta forma con él veril meridional del bajo fondo que sale de la Costafirme, y como cuatro millas al S. de ella; este canal es de una milla de ancho, y en su entrada hay barra con 18 pies de agua, encontrándose este mayor fondo mas inmediato al veril de la restinga que al del bajo: de la parte de adentro de la barra se hallan cinco y seis brazas; y luego que se esté tanto avante con la punta de Culebras, se orzará al NO. y N. hasta estar EO. con la punta de Orcoquizas, que se dará fondo por cuatro ó cinco brazas de arena fangosa; y si acaso se fuere mas para el N., se hallarán tres. Esta bahía es buena por lo abrigada; y aunque muy grande, despiden sus costas placeres de bajo fondo á larga distancia de ellas, sobre los que solo pueden navegar los botes: en lo

(*) Este nombre le dió el Piloto Evia en 1783 en honor del Virey de Nueva España el Excelentísimo Señor Don Bernardo de Galvez.

mas septentrional de la bahía, y casi al N. de la punta de Orcoquizas, y como á 17 millas de ella desagua el rio de Orcoquizas ó de Trinidad, que es de buena tierra y arboleda, y el único parage en que se puede hacer aguada, pues en el resto de las costas de la bahía, ni en las exteriores hasta el rio de Sabina la hay potable, ni aun de cacimbas.

Desde la punta de Orcoquizas, que es la oriental de la bahía de Galveston, sigue la costas al N. 69°E. la distancia de 22 leguas hasta la boca ó entrada del rio de Sabina y Nieves. Rios de Sabina y Nieves.

Esta boca ó entrada es conocida por su anchura. Para entrar por ella es menester franquear la barra, que sale al sur como dos millas, y corre ESE., ONO., y no tiene mas que seis ó siete pies de fondo hasta franquear el primer largo, que se dará en mas fondo; pasado el primer lago se entra en otro mucho mas grande de cuatro leguas de extension, en cuye extremo ó codillo septentrional desagua el rio Sabina, y 9 millas al SO. de él el llamado de Nieves, en los que hay buena agua dulce, y sus tierras son bajas y anegadizas con arboleda clara : en todo este gran lago no hay mas que cuatro y cinco pies de fondo.

Desde la entrada de Sabina corre la costa al E. algo para el N. la distancia de 27 millas hasta el rio Carcasiú, y es toda de buena playa, limpia y sin arboleda, y en algunas partes muy anegadiza : la barra de este rio tiene cinco pies de fondo, y sale á la mar una milla : para entrar en él conviene aproximarse mas bien á la punta del O. hasta franquear el cañon del rio, el cual tiene un lago á la orilla de la mar, que en marea alta se comunica con él: el agua del rio es dulce, y buena para beber. Rio Carcasiú.

Desde Carcasiú sigue la costa al S. 73° E. en distancia de 41 millas hasta el rio Mermentao, y es toda lo mismo que la anterior : la entrada de este rio es de barra, que corre al NNE., y tiene de seis á siete pies de fondo. La Rio Mermentao.

tierra hasta la distancia de dos leguas es anegadiza y pantanosa, y luego altea, y es frondosa de arboleda; tambien este rio un lago cerca de la playa, que, como el del anterior, comunica sus aguas con las del mar en marea alta: por este rio se va con canoas á los Opelusas y Atacapas en tres dias.

Estero del Constante. Desde el rio Mermentao corre la costa al S. 80° E. la distancia de 19 millas hasta el Bayú ó Estero del Constante, en el cual hay barra de siete pies de fondo en su entrada, y dentro hay mas agua y buen abrigo: este estero es de agua salada, y la costa entre él y Mermentao, aunque de buena playa, es anegadiza y sin arboleda.

Costa hasta Chafalaya. Desde el Bayú del Constante sigue la costa casi al E. la distancia de 20 millas hasta la punta del Tigre, que es conocida por una gran cordillera de árboles de roble, y desde esta, 10 millas mas para el E., está la punta occidental de Bella Isla, cuya costa meridional sigue casi al E. la distancia de 25 millas hasta la punta del Pájaro, que es la oriental de ella. Desde punta Pájaro sigue una cordillera de cayos á unirse con punta de Venados, que está formada por una lengüeta de tierra, que sale como ocho millas al O. del desagüe del rio Chafalaya ó Teche. Entre Bella Isla y la Tierrafirme hay un gran lagunazo, que se comunica con la mar por los freus que forman la punta occidental y oriental de Bella Isla con la costa: este lago tiene desde cinco á diez pies de fondo, y en su freu occidental, que es el mas franco, hay barra con cinco pies de agua.

Rio Chafalaya y costa hasta la isla del Buey. El rio Chafalaya es uno de los brazos por donde desagua el Misisipí, de modo que por esta parte se puede considerar como al principio de la delta de este gran rio: el Chafalaya es bastante caudaloso, y la tierra de sus orillas desde cuatro leguas de su boca para adentro es alta y fértil; pero desde dicha distancia para la mar es anegadiza, y sin mas arboleda que la de dos montes que hay á su parte del E. Casi al S. de la boca de Chafalaya, y á dis tancia de 15 millas, está la punta del Fierro, y en el intermedio hace la costa una gran ensenada, que está toda obstruida de bancos de ostiones. Desde dicha punta continúa la costa como al ESE. casi por 30 millas hasta punta de Ostiones al SSO., de la cual, y á distancia de cinco millas, está la punta Coati, que es la occidental de isla del Buey. Desde esta isla hasta meridianos del Bayú del Costante está todo el mar cubierto de bancos de ostiones con tan poca agua, que apénas tienen tres pies de fondo, y hay muchos que en la baja mar se quedan en seco; y aunque entre estos bajos hay canalizos de ocho pies para ir al rio Chafalaya, solo se pueden tomar con embarcaciones de poca cala, y con muy buena práctica; y así en todo este pedazo de costa es menester navegar con gran precaucion, procurando no bajar nunca de siete brazas para ir por fuera de todos los bancos.

. La isla del Buey, cuya costa meridional corre casi EO., tiene 19 millas de extension, y á esta sigue la del Vino, que corre ENE., OSO., en cuyo sentido tiene casi 15 millas. Desde ella al mismo rumbo á distancia de cuatro millas, y mediando una islita chica, está la de Cayú, cuya costa meridional corre EO., y tiene cuatro millas de extension : al S. de lo mas oriental de esta, y á distancia de otras cuatro millas, está la punta occidental de la isla Timbalie, entre las dos hay un buen fondeadero, y para ir á él es preciso pasar por un canal formado por los bajos fondos que salen de ambas partes, en el cual hay ocho pies de agua, y por la parte de adentro aumenta el fondo hasta tres brazas : para dirigir la entrada por este canal no hay mas que aproximarse á la punta oriental de Cayú, desde la que se irá al NE. á dar fondo al abrigo que forman la isla Cayú al O., la de Timbalie al sur, y la de la Broza al N.

La isla de Timbalie corre como al E.¼SE. por distancia de 11 millas, y su punta oriental es la occidental de una entrada llamada la barra de la Fourche, en la que no

Costa hasta isla Timbalie.

Costa hasta Barataria.

hay mas que seis pies de agua.   El interior es poco abrigado para resguardarse de un temporal.   Desde dicha barra
corre la tierra como al NE. la distancia de 22 millas hasta
la Barataria; este pedazo de costa está formado por una continuacion de islas, de las que la mas NE., que es la mas
grande, se llama Isla Larga.

Ensenada
y barra de
Barataria.

La Barataria es la entrada á un gran lago que se comunica con el Misisipí por dos esteros que en tiempo de
crecida tienen mucha agua.   En esta entrada hay una barra
que corre ESE., ONO. la distancia de tres millas: en el
principio de ella hay 15 pies de agua, y luego aumenta
el fondo en términos, que estando á la parte de dentro de
la punta del E. se cogen tres y cuatro brazas: el puerto ó
fondeadero es muy abrigado; pero á causa de la fuerte
corriente que hay cuando el rio está crecido, pide amar-
rarse con buenos cables: en él hallará cualquiera embarcacion el socorro que necesite, y para reconocerlo sirven
de marcas tres arboledas que hay algo separadas entre sí
sobre la misma punta del E., en la que hay una vigía con
una asta de bandera y un cañon para hacer señales á las
embarcaciones, y manifestarles con ellas el sitio donde está
la entrada, y para proveer de práctico á los que lo necesiten, que pedirán tirando algunos cañonazos, hasta que
respondiendo de tierra con otro avisen de estar inteligen-
ciados. (1) Como esta barra de Barataria esta metida en un
saco que hace la costa al N., cuyas puntas exteriores son
al O. la barra de la Fourche, y al E. la Pasa del SO. del
Misisipí, se previene que desde cualquiera parte de las dos
que se dirija un buque á ella conviene que no baje de
cuatro brazas, especialmente yendo desde la Pasa del SO.,
porque el fondo que hay al N. de la ensenada en su parte
oriental es muy falso, y está sembrado de bancos de ostiones.   Entre la barra de la Fourche y la Pasa del SO.

(1) No se sabe si en el dia existen estos socorros tan útiles á los navegantes.

hay como 18 leguas, y toda esta costa es baja de pajona-
les,(*) sin mas arboleda que la que hemos dicho hay al E.
de la barra, por lo que es muy buena marca de reconocimiento : fuera de la barra se puede fondear en cuatro, cinco
y seis brazas, que se estará viendo la tierra ; pero esto solo
se hará con buen tiempo, pues en el malo es mejor mantenerse á la vela ; teniendo presente que en esta costa
corre mucho el agua para el O. á causa de los desagües
del Misisipí : las mareas aumentan regularmente hasta cuatro pies.

Toda la costa que hemos descrito desde San Bernardo
hasta el Bayú del Constante es limpia y de buen fondo,
pudiendo atracarse á ella sin mas cuidado que el del escandallo ; en inteligencia de que á cinco millas de ella se cogerán tres y cuatro brazas ; y aunque es muy baja, se puede avistar en dias claros desde las ocho brazas. Pero desde
el Bayú del Constante hasta las islas del Buey y del Vino
es sumamente sucia, y está llena de bancos do ostiones muy
peligrosos á la navegacion, por lo que no se debe bajar
nada de 10 brazas, por cuyo fondo se navegará con seguridad por fuera de todos ellos. La corriente que se experimenta desde San Bernardo hasta el Bayú del Constante no
es de consideracion ; pero desde este hasta la Pasa del Misisipí es fuerte para el O. y SO., especialmente cuando
está el rio crecido. Los vientos son por la mañana al terral, que luego bien entrado el dia rinden al E. y ESE.;
pero por la tarde llaman al SO. : esto sufre sus variaciones
en tiempo de nortes ; pues cuando sopla dicho viento, que
es en lo ordinario con mucha fuerza, ni hay terral ni virazon : el anuncio del N. es el viento del S., que sopla
con fuerza 24 y 30 horas ántes de que aquel entre : los
meses de Agosto, Setiembre, Octubre y Noviembre son
los mas temibles en estas costas ; porque ademas de los
vientos de travesía, hay violentos huracanes, y así en se-

Noticias
generales
de la cost
desde S.
Bernardo
hasta la
Barataria.

(*) Lo mismo que aneas, planta acuática.

mejante estacion es necesario no bajar de 20 brazas para barloventear ó navegar por ella.

Rio Misisipí. La verdadera delta del Misisipí está en lo que llaman las Pasas; estos son cuarro brazos en que se subdivide el rio, formados por unas tierras pantanosas y anegadizas, las cuales en forma casi circular se dirigen la primera al SO., la segunda al S., la tercera al E., y la cuarta al NE.: todas toman el nombre del rumbo á que se dirigen, y la última ó del NE. es tambien conocida por Pasa de la Lutra.

Pasa del E. y modo de tomarla. De todas estas Pasas la mas frecuentada, por ser de mas fondo, es la del E., donde hay sobre una islita una vigía para hacer señales, y advertir con ellas á los navegantes el sitio en que se hallan, y en ella hay tambien prácticos que conduzcan las embarcaciones dentro del rio. La entrada de esta Pasa, asi como la de las otras, es tan escasa de marcas, que no se conoceria si no fuese por el palo de vigía que hay, donde al avistar embarcacion largan una gran bandera: este palo ó asta de bandera se puede avistar á tres leguas á la mar, á cuya distancia se estará sobre 40 brazas de agua fondo de fango, ó lodo suelto pegajoso al tacto, mezclado á veces de arenilla. Este palo ó asta de bandera está EO. con la entrada; y asi luego que se descubra, se procurará ponerlo al O., y con dicho rumbo se irá atracando la tierra hasta coger ocho ó diez brazas fango, que se estará como una milla de la barra, en cuyo braceage se dará fondo, procurando que el palo demore al O. mas bien algo para el S. que para el N., á fin de quedar á barlovento de la boca de la barra. Esta tiene en pleamar casi todo el año de 12 á 13 pies, y solo en casos extraordinarios sube á 15 y 16; su largo es de una legua á corta diferencia, contada desde la entrada hasta la Fourche ú Horquilla, que así llaman al parage en que empieza el cañon del rio, donde hay cuatro y cinco brazas de profundidad, la que aumenta al paso que se interna en el rio; siendo sus orillas navegables para toda suerte de embarcaciones hasta llegar á la Nueva Orleans, que está situada en la orilla oriental, donde se amarran con cabo y plancha en tierra : la entrada en el rio es muy conviente que se haga con práctica, y de no tenerla debe esperarse á tomar el práctico que dirija la embarcacion. En toda la sonda de las Pasas del rio el fondo es de fango, y á seis leguas se cogen de 50 á 60 brazas.

Desde la Pasa de la Lutra roba la costa de la delta del rio al O., y luego al N. hasta el paralelo de 29° 27′ en que se halla el cayo Breton, el cual es un grupo de islitas, cuyo límite occidental dista de la costa cinco millas ; de modo que se forma gran ensenada llamada la Poza, en la que hay de cuatro á seis brazas, algunos bajos de ménos agua, como se ve en la carta. Al E. de cayo Breton, y á distancia de cuatro millas, está la isla de Alcatrases, desde la que corre como al NNE. una gran restinga y reventazon la distancia de once millas hasta la isla de Palos, que es la mas meridional de las Candelarias. Costa oriental de la delta hasta las islas Candelarias.

Las Candelarias son varias islas que corren al N.¼NE. la distancia de 23 millas. El cayo Breton, la isla de Alcatrases y las Candelarias forman con la costa un gran golfo casi cerrado por todas partes, y al cual se puede entrar ó por entre la costa y cayo Breton, ó por el N. de las Candelarias : el fondo que regularmente hay dentro de este golfo es de 8 y 10 pies, y así solo las embarcaciones muy pequeñas pueden navegar en él. Islas Candelarias.

Todas estas islas son sumamente bajas con algunos pequeños matorrales, y forman una cadena de costa muy dañosa y temible, no solo porque no puede descubrirse á una distancia regular, sino porque los vientos del SE., que soplan duros en el invierno, son de travesía en ella. No obstante hay un buen abrigo para toda clase de embarcaciones á la parte occidental del extremo N. de las Candelarias : á este fondeadero se le llama la rada de Naso, y es el único abrigo bueno que se encuentra en toda esta costa de la Florida occidental para buques de gran porte, Rada de Naso en las Candelarias.

62

no solo porque está defendida de los vientos de travesía, sino porque no hay barra, reventazon ni estorbo alguno que impida tomarla en todos tiempos: para esto no hay mas que dirigirse á montar la punta N. de las islas por cinco ó seis brazas de agua, que se irá á una milla de la tierra, y navegando despues al O. y S..sin bajar de las cuatro, cinco ó seis brazas segun fuere el calado de la embarcacion, se dará fondo luego que la punta N. de la isla demore como al NNE. á la distancia de dos millas sobre cuatro brazas: pero si se quisiere mayor fondo será preciso no bajar tanto al S., y dar fondo luego que la punta dicha demore como al ENE., que se tendrán cinco brazas. En estas islas de Candelaria se encuentra agua con facilidad, haciendo pozos ó cacimbas en cualquiera parte de ellas; pero no se halla mas leña que la de los palos de deriva, que no dejan de abundar sobre las playas, pues su terreno no produce mas que un mirto, del que se saca una cera verde, que es lo que dió lugar á que las llamasen Candelarias.

Costa de la delta del Misisipí hasta la bahia de Biloxi. Casi NS. con el extremo septentrional de las Candelarias, y á distancia de 14 millas, está la isla de Navíos; al O. de la cual, y á distancia de ocho millas, está la del Gato, y al S. de esta despide la costa varios cayos llamados de San Miguel: por entre estos y aquellos está el paso á la laguna Ciega y á la de Pontchartrain, en las que hay muy poco fondo. Desde estas lagunas ya corre la Costafirme al E., y dista al N. de las islas de Gatos y Navíos como seis millas. Entre la isla de Gatos y Navíos hay un gran placer de poco fondo, que saliendo de la primera solo deja un canal como de una milla de ancho para entrar á la parte N. de ellas; y NS. con lo mas occidental de isla de Navíos, y á distancia de milla y media hay fondeadero de cuatro y cinco brazas; pero como el canal tiene barra con solo 12 pies, no pueden ir á él sino embarcaciones de menor calado. Esta isla de Navíos es larga y muy angosta, y en su medianía, que es algo mas ancha, está cubierta de

yerba y algunos pinos; pero en el resto está enteramente
seca: en ella hay un pozo de muy buena agua, que está en
su costa septentrional, y como en su medianía. Desde la
isla de Navíos sigue al E., y á distancia de cinco ó seis
millas la del Cuerno, y entre las dos hay otra islita llamada
de los Perros. Desde la primera sale un bajo, que no solo
abraza la islita de los Perros, sino que aun se avanza al E.,
en términos de que solo deja un canal de un tercio de milla
de ancho entre él y la isla del Cuerno; y aunque en el
canal hay cinco brazas, en su entrada del sur, hay barra con
solo 15 pies de agua.

Enfrente de la isla de Navíos está en la Costafirme la Costa hasta
bahía de Biloxi de muy poco fondo, y como 12 millas al E. la Movila.
de ella desagua el rio Pascagula, desde el que sigue al E. la
distancia de 30 millas que sube al N. á formar la gran bahía
de la Movila: toda esta costa está cercada por una cadena
de islas que salen al E. de la del Cuerno, y se llaman la de
Masacra y la Delfina, con otras mas pequeñas: el espacio
de mar que dejan encerrado entre ellas y la costa es como
de siete millas de ancho, y de poco fondo, solo navegable
para embarcacioncitas pequeñas: la tierra de la costa es la-
gunosa con fondo fangoso; pero dos ó tres millas adentro
de la playa está cubierta con pinos y robles, y el terreno es
arenisco.

La isla del Cuerno tiene de E. á O. casi 15 millas, y Isla del
como una de ancho: sobre ella hay alguna arboleda; pero Cuerno.
en su parte oriental es enteramente árida, y se levantan
algunos pequeños mogotes de arena. La isla de Masacra Isla Masa-
está poco mas de dos millas distante de la del Cuerno, y cra.
entre las dos hay bajo fondo con solo seis pies de agua: esta
isla tiene como 11 millas de largo; es sumamente estrecha
y muy distinguible, porque tiene un bosque de árboles
en su medianía, sin que en el resto de ella se vea árbol
alguno.

Desde Masacra á la isla Delfina hay cinco millas, con Isla Delfi-
un bajo que coge toda esta distancia: esta isla tiene de na.

largo cerca de siete millas, y dos en su mayor anchura; la extremidad del O. por espacio de tres ó cuatro millas es una lengua estrecha de tierra con algunos árboles secos : lo restante está cubierto con pinares espesos, que bajan en la parte del E. hasta cerca de la playa.

Entrada en la bahía de la Movila. Esta isla Delfina es la que forma la parte occidental de la entrada de la bahía de la Movila, y desde ella sigue para el N. otra isla llamada de Guillori, desde la que hasta el continente hay una cadena de bajos, y por los freus que forman solo pueden pasar botes. Al S. de isla Delfina, y como á una milla, sale la de Pelícano, que es árida y pequeña : al E. de este Pelícano, y como á tres y media millas, está la punta oriental de la bahía que se llama como ella de la Movila, sobre la que hay un bosque de pequeña altura. Entre la isla Delfina, Pelícano y punta Movila hay unos bajos que salen de todas ellas, y solo dejan un canal como de un tercio de milla de ancho ; estos bajos se prolongan al sur cerca de cuatro millas, que es la longitud del canal, en la que hay seis y siete brazas de fondo, ménos en su principio, que se encuentra barra de 15 y 16 pies. La marca mas segura para atravesar la barra por su mayor fondo es poner lo mas oriental de isla Delfina al N. 26°O., y siguiendo este rumbo hasta que la punta de la Movila demore al N. á distancia de tres millas escasas se estará muy próximo al escalon de la barra sobre siete ú ocho brazas, de las que de pronto, y á la otra escandallada, ya se estará rebasado de él, y otra vez en siete brazas. Debe tenerse muy presente que este escalon tan acantilado hace que esté la mar en continua alteracion ; por lo que no se debe emprender la entrada con malos tiempos, sino con embarcacion que cale de 10 pies para abajo. Esta barra tiene su primera direccion á la isla Delfina, por la cual debe navegarse mas de una milla, y rebasando el codillo de los bajos del E. dirigirse al NNE. en demanda de la punta de Movila, al N. de la cual se puede fondear en cinco ó seis brazas, pero sin abrigo, por cuanto la bahía es demasiado grande, y hay en ella corriente bastante rápida. Desde la punta de la Movila hasta el castillo y poblacion que estan en lo mas N. de la costa del O. hay siete leguas, y el fondo disminuye progresivamente; de modo que las embarcaciones de mediano porte solo pueden aproximarse á distancia de siete millas del castillo.

Desde la punta de la Movila sigue la tierra al E., y por espacio de 13 millas es bien notable por los trechos que alternativamente se presentan, ya de arboleda, ya sin ella. A cuatro leguas de la punta dicha hay un pequeño lago, solo navegable para botes, rodeado de arboleda alta y espesa; desde este lago presenta la costa hácia el E. un gran número de mogotes á lo largo de la playa hasta el rio Perdido, que dista de la punta de la Movila 11 leguas: la entrada de este rio es estrecha, y con barra de cuatro á cinco pies; pero despues ensancha considerablemente, extendiéndose primero al NE., y luego continúa hácia el NO.; desde la barra de este rio hasta la de Panzacola hay cuatro leguas largas como al ENE. *Costa hasta Panzacola.*

La bahía de Panzacola es un buen puerto, pero tiene barra de 21 pies de fondo; la punta oriental de su entrada es la occidental de una isla muy larga, llamada de Santa Rosa, la cual es tan baja que la lava la mar. Al NO. de esta punta de la isla llamada de Sigüenza hay unas barrancas coloradas en la costa, que son la tierra mas alta de toda ella: en dichas barrancas hay un fuerte en que reside el práctico. Entre ellas y la punta de Sigüenza está la entrada de la bahía, y que seria dificil reconocerla de mar en fuera, si las barrancas no avisasen, pues son una marca inequivocable de reconocimiento. De la costa que está al O. de la punta de Sigüenza sale un bajo llamado del Angel, con dos isletas de arena sobre él; este bajo se prolonga al S. casi una y cuarto milla, y desde su extremo sigue una milla mas al sur un placer de 12 pies de agua fondo arena dura, que corre al E. atravesando toda la dis- *Bahía de Panzacola.*

tancia que hay hasta la isla de Santa Rosa, y forma la barra en la que el mayor fondo es de 21 pies : esta barra tiene poco mas de media milla de ancho, y luego se cae en fondo de cuatro, cinco, seis y siete brazas. No es sola la barra el único cuidado que ofrece la entrada en Panzacola, pues hay de la parte de adentro, y tanto avante con la punta de Sigüenza, un bajo fondo de 10 pies de agua, muy acantilado, y partido por medio, formando un canal con 15 pies de fondo, distante de la punta cerca de una milla, y que sale por consiguiente hasta medio freu de la entrada : esta debe siempre hacerse por la parte del O. de este bajo y para dirigirla se tendrá presente lo que vamos á decir, y á la vista el plano de la bahía, para que pueda formarse una segura idea de su configuracion.

Modo de dirigir la entrada en Panzacola. La barra sale al S. de la punta de Sigüenza como dos millas, y por tanto es menester desatracarla no bajando de ocho brazas de agua, hasta que se enfile dicha punta de Sigüenza con la batería ó fuerte que hay sobre las barrancas coloradas, que será cuando demore al N. 18°O. : desde tal situacion se gobernará al N. 31°O., con cuyo rumbo se irá á atravesar la barra por su mayor agua, y ántes de estar con ella se habrán navegado cerca de dos y media millas ; y si por este camino se hubiese desviado el buque de su enfilacion por causa de alguna corriente, se tendrá cuidado de enmendarlo alguna cosa á babor ó estribor ; de modo que luego que se esté con la barra, se marque el extremo oriental de las barrancas al E. : atravesada la barra con la proa dicha del N. 31°O., se mantendrá este mismo rumbo hasta que el extremo occidental de las barrancas demore al N. 5°O., que será cuando se descubra bien la punta de Tártaro por la de Sigüenza, y entónces ya se gobernará á dicho rumbo, poniendo la proa al extremo occidental de las barrancas, con la que se pasará como cable y medio al O. del bajo : este rumbo se seguirá hasta estar tanto avante, ó EO. con la punta de Sigüenza, que se enmendará poniendo la proa al extremo oriental de las barrancas; y luego que la punta Sigüenza demore al ESE., se pondrá la proa á la punta de Tártaro; y finalmente se enmendará la proa al E. luego que la punta de Sigüenza demore al S., y luego que con el último rumbo se haya rebasado algo al E. de la punta de Tártaro se gobernará al NE. con la proa á los edificios de la ciudad, que distará dos leguas, y se dará fondo al S. de ella en el número de brazas conveniente al calado de la embarcacion; en el supuesto que las cuatro y media se cogen á milla y media escasa de la poblacion y los muelles. En todo este camino que hemos señalado se cogerán siempre de seis á siete brazas; y por tanto el escandallo servirá tambien mucho para precaver cualquier descuido en las marcaciones. La entrada en esta bahía es fácil, porque casi todos los dias hay virazones del segundo y tercer cuadrante, que soplan desde poco ántes del medio dia hasta el anochecer. Tambien pueden dirigirse á la barra luego que se esté por cinco, seis ú ocho brazas de agua, poniendo las barrancas coloradas al N. corregido, por cuyo rumbo se pasará por la mayor agua, enfilando la medianía de ellas con un arbol notable tierra adentro, que corren un punto con otro N. 2º ó 3º E.(*)

Rebasada la barra, y cuando demore la punta de Sigüenza al N. 16º E., se podrá gobernar al N. 31º O., y proceder, como se ha dicho anteriòrmente. Las mareas son irregulares y agitadas por los vientos, corriendo con mucha velocidad por la boca del puerto, en donde se elevan tres pies, en el puerto dos, y apenas uno en la barra.

La isla de Santa Rosa se extiende á lo largo de la costa la distancia de 39 millas, no excediendo su mayor anchura de media milla; sobre ella hay muchos mogotes de arena blanca, y algunos árboles esparcidos: el extremo oriental de esta isla, que es el occidental de la entrada de la bahía de Santa Rosa, es una punta de arena muy rasa: *Isla y hía de Santa sa.*

(*) Nota. Se ignora si en la actualidad existe dicho arbol.

la punta oriental de la entrada de dicha bahía es conocida
por unas barrancas bermejas que hay sobre ella. El canal
ó boca es muy estrecho y con barra, en la que solo se encuentran de seis á siete pies de fondo: la entrada de la
barra se ha de hacer con proa del N., promediando la
boca hasta rebasar el extremo oriental de la isla de Santa
Rosa, que poniéndose al NO., se dará fondo luego que
se haya tomado abrigo. La bahía es de una extension extraordinaria, prolongándose cerca de 23 millas al E. con
ancho de cuatro y seis millas. El mayor fondo de ella es de
tres y tres y media brazas, que solo se hallan estando EO.
con las barrancas coloradas de su entrada, es decir, hasta
la distancia de dos millas de la barra, y el resto de la bahía está llena de bajos y empalizada, transitable solo para
canoas.

Costa has-
ta la bahía
de San
Andres.

Desde la bahía de Santa Rosa corre la costa al S. 63° E.,
formando alguna ensenada por distancia de 48 millas hasta
la entrada de la bahía de San Andres: en esta costa están
los árboles muy espesos é inmediatos á la playa: hay
igualmente varios mogotes rojos y blancos de arena.

Bahía de
San An-
dres.

La entrada de esta bahía está formada al O. por una
estrecha y larga lengüeta de tierra, que sale de la Costafirme, y al E. por una isla chica llamada de San Andres:
de la lengueta de tierra sale un bajo, á mas de los dos tercios de la distancia que hay entre ella y la isla, dejando
un canal en que hay barra de 8 y 10 pies de agua, debiendo dar resguardo á otro bajo que sale de la isla; y
estando rebasado y dentro de las puntas, se meterá en
vuelta del NO. á tomar abrigo de la lengüeta en cuatro
ó cinco brazas: esta bahía es muy grande; pero hasta ahora no hay motivo alguno que llame á ella á las embarcaciones, y únicamente para resguardarse de un tiempo hasta
quedarse en el sitio que hemos asignado sin necesidad de
entrar mas adentro.

Costa has-
ta punta
San.

Desde la barra de San Andres sigue la costa al S. 28° E.
la distancia de 29 millas hasta el cabo San Blas, el cual es

la punta mas meridional de una lengua de tierra muy larga que sale de la costa á la distancia de cinco ó seis millas, y forma la bahía de San Josef ; pero téngase presente que desde la isla de San Andres sale al rumbo del S. 42° E., prolongando la costa en distancia de 14 millas, un bajo fondo de arena con solos cuatro pies de agua : este bajo, que fácilmente se descubre por el color blanquizco del agua, sale de la costa cerca de dos leguas. El extremo sueste de este banco y la punta de la lengüeta llamada de Macho Cabrío forman la entrada de la bahía de San Josef, que es de barra, con siete y ocho pies de agua : esta lengüeta de tierra, que bien tiene 16 millas de largo, es tan estrecha, que en algunos parages solo tiene de ancho dos cables ; en ella hay varias quebradas, por las que en tiempo recio se unen las aguas de la bahía con las del mar, y está poblada de alguna arboleda. Este pedazo de costa presenta buen fondeadero al abrigo de los E. en seis y siete brazas de agua que se cogen á milla y media de tierra. Para entrar por la barra de S. Josef es menester costear la lengüeta de tierra por cuatro y cinco brazas hasta rebasar una lengüeta de arena que hay poco ántes de llegar á la boca, desde donde se dirigirá la proa al NE. y ENE. para adentro, costeando siempre la lengüeta, que es el parage mas hondable. Esta bahía es enteramente desabrigada, especialmente en invierno, por los vientos que reinan del tercero y cuarto cuadrante, que arman mucha marejada, la cual siempre subsiste en la barra. El cabo San Blas es una punta baja que sale al S. cerca de dos millas : de la arboleda de esta punta sale al SSE. en distancia de tres millas un banco de arena : tambien hay desde el S.40°O. hasta el SSE. de dicha punta varios bancos rodales chicos de arena, que no tienen encima algunos de ellos mas que tres, tres y media y cuatro brazas : el mas saliente al S. de todos está á 13 millas de la punta, y tiene cinco brazas : entre estos rodales hay canales de siete, ocho y nueve brazas.

Toda la costa desde el Misisipí hasta cabo San Blas

generales
para nave-
gar en la
costa des-
de el Mi-
sisipí hasta
cabo San
Blas.
despide placer de sonda, cuyo veril baja hasta los 28° 50′ de latitnd, siendo el fondo muy desigual ; lo que se puede ver echando una ojeada en la carta : no obstante esta desigualdad, es muy limpio, pues si se exceptúan los rodales de arena que hay en las iumediaciones del cabo San Blas, no hay en toda ella riesgo que no se precava con el cuidado del escandallo ; y como toda esta tierra es muy baja, sin marcas visibles que la distingan en toda su extension, propensa ademas á muchas cerrazones y neblinas ; y siendo bastante expuesta por la continuacion de los vientos del segundo y tercer cuadrante, que soplan con mucha fuerza en el invierno, y por los huracanes que se experimentan en Agosto y Setiembre, se hace preciso hablar algo acerca del modo de recalar y navegar en ella.

Tres son los puntos de destino que en esta costa llaman á las embarcaciones ; á saber, la valiza para ir á la Nueva Orleans, Movila y Panzacola ; pues las babías de Santa Rosa, San Andres y San Josef no tienen poblacion ni comercio. Para dirigirse á cualquiera de estos puertos desde puntos situados al S. y E. de ellos conviene recalar bien al E. de sus respectivos meridianos para buscarlos en vuelta del O. con los vientos de la parte del E., que son los dominantes ; pero si se viene de la parte O., no hay mas recurso que el avanzar barloventeando desde el punto de costa en que se recale, y á mayor ó menor distancia, segun mejor acomede, con respecto á la estacion, calidad y tamaño del buque &c.

El recalo al E. del puerto del destino es preciso que sea mayor ó menor segun la confianza y seguridad que se tenga en la situacion de la nave ; y así, ó bastará coger la sonda por meridianos de la Movila para ir á la valiza, ó será preciso cogerla por el meridiano del cabo San Blas ; y lo mismo decimos con respecto á la Movila y Panzacola.

Cogida una vez la sonda por los 29° de latitud se gobernará al O. si se va á la valiza para recalar al E. de ella, ó algo mas al N. para no descaecer de su paralelo si acaso

sopla el viento de dicha parte : de modo que en verano,
esto es, desde Abril hasta Junio inclusive basta correr su
paralelo, y si es invierno convendrá dirigir la proa como
á la medianía de las Candelarias.   En esta derrota no se hallará regularidad en la sonda, pues cualquiera que sea el
paralelo que se corra, tan pronto se hallará mas agua como
se caerá en ménos : no obstante, desde las 20 brazas
para ménos fondo ya hay mucha regularidad, y se cogerán desde el meridiano de Panzacola para el O. hasta el límite meridional de las Candelarias las 10 brazas á 10 millas
de la costa, y desde dicho braceage se verá esta : desde Panzacola para el E. se cogen 10 brazas á cuatro millas de la
costa.

Pero como navegando para la valiza puede faltar la
observacion de latitud, y haber neblina ó cerrazon que impida reconocer la tierra, en semejantes circunstancias, ó
en las de cuadrar de noche el recalo, la sonda servirá de
segura guia para dirigirse : para esto téngase presente que
si navegando al O. se cogiere desde las 40 ó 50 brazas lodo suelto y pegajoso al tacto, mezclado á veces con arenilla blanca y negra, será señal cierta de estar en paralelos
de la valiza ; y desde dicho braceage para ménos agua,
siempre se hallará la misma calidad de fondo ; pero si desde las 40 ó 50 brazas para ménos agua se hallare el fondo
de arenilla con muy poco fango, ó sin él, se estára entre la
valiza y cayo Breton : si arena blanca menuda, en el paralelo de dicho cayo : si arena gruesa y caracolillo, entre dicho cayo y las Candelarias ; y si arena gruesa con cascajo
y piedrezuela y concha grande, enfrente de dichas islas.
Desde la valiza para el O. es generalmente el fondo de arena sola ; por lo que para los que desde el sur vayan á buscar la valiza, será señal de que estan á su parte del O.
cuando navegando al NO. y N. desde que se cojan las 40
ó 50 brazas arena, y disminuyendo el fondo, no varíe la calidad de arena hasta estar en 10 ó 12 brazas ; pero si en
esta derrota se hubiere atravesado por fango, y al entrar

en ias 10 ó 12 brazas se cogiere arena, entónces será señal
de que se ha cruzado la boca de la valiza, acercándose á cayo
Breton y las Candelarias.

Cuando se venga en demanda de la valiza, bien sea
por su paralelo ó por el de las Candelarias, conviene no
empeñarse con la tierra de noche, sino estando muy seguro de sus operaciones, dando fondo á una ancla, ó manteniéndose sobre 15 ó 20 brazas hasta que venga el dia ; pero el que no quiera demorar su navegacion, ni dar lugar
con dilaciones á que le sobrecoja un viento de travesía,
puede navegar desde luego en vuelta de la valiza para fondear á la parte de fuera de la barra en ocho ó diez brazas,
como se ha dicho, disparando algunos cañonazos para que
con la respuesta, y marcando el ruido de los que disparen
desde la valiza, pueda dirigirse y asegurar mejor su fondeadero. Pero si se ha recalado sobre las Candelarias, luego
que se llegue á las 10 brazas se navegará al SSO. en demanda de la valiza, procurando mantener dicho fondo sin
riesgo de barar ni de meterse entre bajos : en este camino
hay por medio de la sonda una buena marca para conocer el
el sitio en que está la nave, pues luego que se llega al remate meridional de las Candelarias, esto es, tanto avante con
cayo Alcatrases, empieza á aumentarse el fondo á 12, 14, y
hasta 18 brazas ; lo cual proviene de estar atravesando la
poza : este aumento de agua cesa luego que se llega á em-
parejar con la Pasa de la Lutra, que se cogen de nuevo las 10
brazas, y este conocimiento importa mucho para buscar con
mas seguridad la valiza, y no propasarse al sur de ella.

Si en este fondeadero cogiere el viento al SE. fuerte,
que no permita entrar para la barra, lo mejor será ponerse á la vela con anticipacion, y franquearse al sur de las
Pasas, pues de esperar el viento al ancla con ánimo de
aguantarlo fondeado, hay grandísimo riesgo de perder el
ancla y todas las demas á que se dé fondo, y tambien se
corre el de no poder montar la tierra de las Pasas, y tener
que barar y perderse en ella ; pero cuando se pongan á la

vela para capear el tiempo, es preciso virar de vuelta de
tierra para recalar en ella luego que se conozca que el
viento va rindiendo para el tercer cuadrante: pues si no,
entrando luego el N. con fuerza, se quedaria sotaventeado,
y seria cosa dificil coger con él la costa.

Si cogiere dicho viento en la travesía de las Candelarias
á la valiza, no debe perderse tiempo en franquearse; lo
que se habrá conseguido siempre que se monte la valiza,
que será en bajando á 29° de latitud; pues entónces cuando
no sea favorable la bordada de fuera, lo será la otra ganando
para el E., en cuyo intermedio puede dar el viento el salto
al cuarto cuadrante, y entónces ya se acaba el rezelo de
descaecer sobre la tierra.

Durante esta diligencia se atenderá á no bajar de 10 brazas
cuando se haga la bordada del segundo ó tercer cuadrante,
así porque desde esta agua para ménos no se montará la
valiza, como porque si se bajase de ella, y el viento sub-
sistiese ó cargase, seria irremediable el naufragio, pues no se
podria navegar al N. á buscar el abrigo del fondeadero de
Naso, como vamos á decir.

Puesto en las 10 brazas, y sin apariencia de que el
tiempo ceda, y viéndose ir derivando á menor fondo, hay
el recurso de navegar al N., sondando continuamente para mantener siempre el fondo de 8 á 10 brazas, y así se
costearán las Candelarias, y se conocerá que se ha rebasado la mas septentrional cuando se pierda el fondo de fango, y algunas veces conchuela blanca que hay al traves de
las Candelarias, y se coja el de arena fina negra y blanca;
y entónces metiendo al O. se irá por 10, 8 y 6 brazas á dar
fondo al abrigo de estas islas en el fondeadero que ya describimos. Como lo cerrado de la atmósfera en semejante tiempo
no permite descubrir cosa alguna, no hay para ir á este fondeadero otra guia que la sonda; pero si pudiese verse la tierra, se conseguirá esto mas fácilmente, pues no hay mas que
descabezar la restinga de arena que la Candelaria mas N.
echa para el NE., en que la mar revienta con mucho ruido.

Este tan oportuno recurso, que en lo principal concierne á embarcaciones de poco porte, será mejor que lo abracen luego que consideren dificultoso el montar la valiza, á fin de no experimentar los descalabros que ocasiona el haber de forzar mucho de vela en ocasion de mucho viento y mar, dejando esta tentativa á los que por calar mucha agua se les hace necesaria; pero aun estos podrán y deberán en el caso de haber descaecido hasta las 10 brazas, con probabilidad de no poder montar la valiza, ejecutar la derrota sobredicha; procurando cuidar de dar fondo en la rada de Naso sobre el agua suficiente, no solo al calado de la embarcacion, sino que á esta no toque en las alfadas, disponiendo las demas maniobras marineras de estos casos, con la esperanza de que afianzándose bien las anclas en el fango duro que hay en este fondeadero, y siendo la mar menos tormentosa por lo quebrada que queda en la restinga de las Candelarias, no es dificil salvar el buque del naufragio siempre que aguanten los cables; siendo tambien advertencia precisa que luego que role el viento al cuarto cuadrante, conviene zarpar sin dilacion, y hacerse para afuera, porque en aquel parage crece el agua con vientos del segundo y tercer cuadrante, y mengua hasta dos y tres pies con los del cuarto y primero.

Si el destino es á Panzacola ó la Movila debe procurarse aterrar á la parte del E. de ellos, no solo por evitar el propasarse, sino porque son tan escasas las marcas de reconocimiento en esta costa, que solo el recorrerla puede servir de guia al que nunca haya estado en ella: no obstante, la sonda indica bastante bien el meridiano en que poco mas ó ménos se hallará el buque, si se atiende á que la calidad de arena gorda con coral, cogida fuera de la vista de la tierra, es indicio seguro de estar con la cabeza oriental de la isla de Santa Rosa, pues esta calidad de sonda no se se halla mas que en este parage; y aunque tambien la hay sobre el rio Tampa y otras partes de la Florida oriental, no puede en modo alguno causar la menor equivocacion, porque son puntos que estan á mucha distancia del que tratamos.   Desde meridianos de la bahía de Santa Rosa para el O. no se coge en el escandallo mas que arena menuda con granos prietos como de pólvora y pintitas rojas ; y disminuyendo de las 18 brazas se entrará en arena muy fina de color sonrosado con alguna conchuelilla blanca ó piedrecita negra, cuya calidad es muy notable, porque no la hay en otra parte mas que al SE. y S. de Panzacola ; por lo que en bajando á 14 brazas se descubrirá el puerto como á cinco leguas de distancia : tambien se puede venir en conocimiento del puerto por la calidad del fondo ; pues como hemos dicho, desde Panzacola para el E. aumenta el fondo, de modo que las 10 brazas se cogen á cuatro millas de la playa, y desde Panzacola para el O. se coge dicho braceage á 10 millas.

Los que esten sobre la Movila deben tener muy presente la necesidad de franquearse luego que haya apariencias de viento á la travesía, bien sea pora montar la valiza, ó lo que es mejor, para tomar con anticipacion el abrigo de la rada de Naso, como se ha dicho ; pues fuera de la barra de la Movila no se puede nadie mantener fondeado con tales vientos, pues es inevitable la rotura de los cables y la pérdida de la embarcacion.

Los que esten sobre Panzacola deben igualmente hacerse á la vela, y procurar franquearse luego que noten apariencia de travesía, y estos en lo ordinario pueden contar siempre con montar la valiza, puesto que con rumbo del SO. van francos de ella : el mantenerse fondeados fuera de la barra es tan expuesto á malas resultas como en la Movila.

Desde cabo San Blas sigue al E. la isla de San Dionisio, y á esta la de San Jorge ó de Víboras, la cual desde su punta mas meridional, que dista del cabo como 17 millas, hurta para el NE., y en la misma direccion se hallan otras dos islitas, y como al ENE. de la última sale la Costafirme á formar la punta de Meneses, que dista de la punta

Costa des de cabo S Blas hasta rio Apalache.

S. de la isla de San Jorge como 14 leguas. La punta de Meneses arroja al S. un placer á distancia de cuatro millas, y entre ella y el extremo oriental de las islitas dichas hay tambien placeres que se avanzan bastante al mar. Desde la punta de Meneses roba la costa al N. y despues al E., formando un gran saco, en cuya parte septentrional desemboca el rio de Apalache, el cual es de poca agua, y está obstruido con muchos bancos de ostiones que quedan en seco á la baja mar: la marea sube cuatro y medio pies como á una legua de la embocadura: rio arriba está el fuerte de San Marcos colocado sobre la punta que forman la confluencia de dos rios, de los que el oriental se llama de Jayabona, y el occidental de Santiago. La poca agua que hemos dicho tiene este rio no se halla solo en el cañon de él, sino tambien en toda la gran ensenada, pues desde la punta de Meneses para el N. no se hallan mas que dos brazas de agua.

Al E. de la punta oriental de la entrada de Apalache, llamada de Casinas, sale un arrecife de piedras como dos millas; y la costa desde dicha punta sigue formando algun saco al S.62°E., distancia 33 millas hasta la punta NO. de la bahía *Bahía del Hombre muerto.* del Hombre muerto, en cuyo intermedio estan cerca de tierra las dos islas de Piedras y la punta de Pinos: la costa es aplacerada de poco fondo, así como todo este saco.

La bahía del Hombre muerto tiene de abra entre su punto NO. y la del SE. ocho millas, y cinco de profundidad, en la que desemboca el rio de San Pedro: al S. de la punta SE. de esta bahía hay dos isletas chicas á distancia de dos millas.

Rio S. Juan. Al S. 46° E. distancia 34 millas de la punta NO. de la bahía del Hombre muerto está el rio de San Juan, cuyo verdadero desagüe está confundido por un gran número de islotillos que tiene en su boca: en la costa que media se hallan tres islas, que á la mayor llaman de Coler, y mas al SE. un grupo de ellos formando la costa ensenada entre unas y otras.

Desde el rio de San Juan para el S. se pierde la costa, y en vez de ella se descubren unos cayos ó islas muy bajas, llamadas las Sabinas, que reconoció en Junio de 1802 *Islas Sabinas.* el piloto del comercio D. Josef Vidal, situado la mas SO. de ellas en latitud de 29° 4′N. Este grupo de islas se compone de nueve mas principales, con otros varios islotillos, ocupando un espacio de 21 millas del ENO. al OSO. y 14 de N. á S. Todas estan circundadas de placeres que se extienden mucho á la mar, particularmente las mas occidentales, pues de la del O. se avanza el placer al OSO. 12 millas, y de la del S. al SSO. 14 millas: entre ellas y los placeres se forman canales de mas ó ménos extension, con tres, cinco, ocho y doce pies de agua: el buque en que estaba el piloto Vidal estuvo fondeado al E. de la isla mas SO. en 12 pies de agua, y cuya derrota se manifiesta en la carta.

Al S. de estas islas, y á distancia de 50 millas, está cayo Anclote, y poco ántes de llegar á él ya se descubre la costa. Toda la que media desde punta Meneses hasta este cayo es tan aplacerada, que las seis brazas se cogen á 8 y 10 brazas de la tierra.

El cayo Anclote, que dista como cuatro millas de la costa *Cayo Anclote.* de traves, tiene de largo en el sentido NS. como ocho millas: está dividido en tres, y á su parte de S. y al traves de la punta de San Clemente hay buen fondeadero sobre tres brazas de agua.

Desde cayo Anclote sigue la costa como al S. 24° E. la *Costa hasta la bahía de Tampa.* distancia de 31 millas hasta la barra del O. de la bahía de Tampa ó del Espíritu Santo: la costa intermedia es limpia y mas hondable que la anterior, pues las seis brazas se cogen á tres leguas de la tierra, y no hay embarazo alguno el atracarla con el escandallo en la mano: sobre ella hay varios cayos á islotes que la prolongan, y que salen de ella cuando mas cuatro millas, los cuales arojan placer.

La bahía de Tampa es de suficiente fondo para fraga- *Bahía de Tampa.* tas, pues hay dentro de ella cinco y seis brazas de agua;

y aunque en sus entradas tiene barra, la menor agua es de tres y media brazas : la entrada de este bahía está obstruida por varios bajos de arena, sobre los que se levantan unos islotes ; entre estos bajos hay tres canales llamados del O., del SO. y del SE. : los dos primeros tienen bastante agua en sus barras, pues en la primera hay tres y media brazas, y en la segunda tres : los canales son francos, y para tomarlos no hay necesidad de advertencia alguna, pues los bajos se ven bien en marea crecida, y en la baja mar se quedan en seco : con la simple inspeccion del plano núm. 36 del Portulano se formará idea exacta de esta bahía y de los riesgos que tiene su entrada.

Costa hasta la bahía de Cárlos. Desde la bahía de Tampa continúa la costa al S. 30°E. la distancia de 23 leguas hasta la bahía de Cárlos : en este pedazo de costa hay varios cayos que la prolongan, y salen de ella como cuatro millas : toda es limpia, á excepcion de la barra de arena, que despide lo que llaman boca de Zarazota, que es una abra que forman dos de los mencionados cayos, y dista de Tampa siete leguas : sobre esta barra hay dos brazas de agua, y en todo lo largo de la costa se cogen las cuatro brazas á cinco y seis millas, y por decontado no hay riesgo de atracarla con el escandallo en la mano.

Bahía de Cárlos. La bahía de Cárlos es una grande entrada que hace la costa, en que desaguan varios rios, cuya boca está cubierta con varios cayos y bajos fondos, que dejan entre sí canalizos mas ó ménos anchos : el mas septentrional, llamado de Fray Gaspar, solo tiene seis pies de agua : el que le sigue, llamado de boca Grande, es el mas hondable, pues en él se cogen 14 pies, y tiene de ancho una milla ; y al S. de este hay otro que llaman la boca del Cautivo con siete pies de agua. Esta bahía solo es buena para embarcaciones que no calen arriba de ocho pies, por el poco abrigo que hay en los temporales del invierno ; y aunque el tenedero es bueno, no pueden aguantar las anclas sino buscando los redosos de la misma bahía, segun sea el viento que sople : las mareas crecen en ella dos pies ; y cuando el viento es de tierra, hay tal fuerza de aguas en la entrada de la bahía, que no debe emprenderse, sino esperar á mejor coyuntura.

El cayo que con su extremo septentrional forma la Costa hasta Sanibel. boca del Cautivo es el que con su extremo meridional forma lo que se llama boca Ciega, que es la abertura que entre sí forman dicho cayo al N. y el de Sanibel al S. : esta abertura comunica con un lagunazo de poco fondo, que tambien se comunica con la bahía de Cárlos por varios canalizos de poca agua : el cayo Sanibel tiene á su parte del S. buen fondeadero de dos brazas de agua, y con bastante abrigo de todos vientos : este fondeadero de Sanibel se reconocerá por un palmar que hay como dos leguas al S. de él, y que es él único que se ve en toda la costa ; para fondear en Sanibel es menester ir con gran cuidado, y con el escandallo en la mano, para dar resguardo á los bajos fondos que despiden tanto Sanibel como los cayos que tiene al SE., y que salen á la mar cerca de cuatro millas.

Desde Sanibel corre la costa como al S. 30° E. la dis- Costa hasta punta Tancha. tancia de 12 leguas hasta punta Larga ó cayo Romano : este pedazo de costa es limpio, y las tres brazas se cogen á dos millas de la tierra : la punta Larga despide al S. y SO. un placer, que sale de ella como ocho millas, y hurtando la costa para el E. forma una ensenada de dos brazas de agua, en que las embarcaciones de poco calado hallarán abrigo de los vientos del primero y cuarto cuadrante. La costa desde esta ensenada sigue al SSE. la distancia de 25 leguas hasta punta Tancha, que es la mas meridional del promontorio ó península de la Florida oriental.

Toda esta costa es aplacerada y limpia, de modo que Sonda de la Tortuga. el escandallo es la única guia que hay para navegar sobre ella : algo al S. de la punta de Tancha está el arrecife de la Florida, el cual se extiende al O. como 23 leguas, y como otras 11 al O. de él está el placer de las Tortugas :

de todo esto ya hemos hablado en su lugar correspondiente, y así solo nos resta decir algo de la sonda de la Tortuga, que es la que al O. despide toda esta costa occidental de la Florida oriental, y que es muy frecuentada de los navegantes, á causa de servirles de valiza para emprender con seguridad la navegacion á la Havana y canal de Bahama.

Aunque ya hemos hablado de las Tortugas ó Tortuguillas, sin embargo añadiremos aquí algunas noticias que pueden ser de utilidad á los navegantes. Las Tortugas son un grupo de 10 islas ó cayos de distintos tamaños, bajas, cubiertas de mangles, y rodeadas de arrecifes y bancos de arena, que se extienden de NE. al SO. la distancia de 10 á 11 millas, y de O. al E. ocho, pudiéndose ver á la distancia de cuatro leguas. El cayo mas SO. se halla en latitud N. de 24° 32' 30', y longitud occidental de Cádiz 76° 39' 38'', deducida de la que observó el Brigadier Don Dionisio Galiano para el cayo mas N.

De la punta S. del cayo mas SO. sale un arrecife de piedras hácia este rumbo como un cuarto de milla de distancia: los demas peligros que rodean este grupo de las Tortugas son bastante visibles, particularmente de los topes, y por lo tanto fácil el resguardarse de ellos.

Al O. de estas islas de las Torrugas, y á distancia de seis millas, se halla el centro de un gran banco de rocas de coral obscuro, mezclado con pequeños manchones de arena blanca, con sondas irregulares de 6 á 12 brazas; y aunque por lo claro que está el agua sobre este placer aparenta ser peligroso, no lo es en realidad: su extension de N. á S. es de nueve y media millas, y seis de E. á O. Entre este banco y las Tortugas se hallan de 13 á 17 brazas de agua. Si la derrota fuese hácia el E. viniendo de cualquiera de los puertos del seno Mexicano, y se experimentase algun fuerte temporal de esta parte, lo que es muy frecuente en la estacion de verano, se puede

fondear con seguridad en cinco ó seis brazas al N. del cayo
mas SO., y á distancia de un cuarto de milla de la costa del
cayo largo de arenas ó cayo Tortugas.

Toda esta costa, desde cabo San Blas hasta las Tortugas,
despide placer de sonda, que sale á larga distancia de la tierra:
á esta sonda se le llama generalmente de las Tortugas; y
es tan limpia que no se conoce en toda ella mas peligro que
un rodal de arena que hay en la latitud de 28° 35′, y como
12′ al oriente del meridiano de cabo San Blas, el cual es de
tan poca agua, que apénas tendrá tres pies de fondo, y tan
acantilado, que de 100 brazas se pasa á barar. Es tambien
toda esta sonda de fondo muy igual, que disminuye suavemente hácia la tierra: sobre ella hay bastante abrigo de la
mar del N. y NO., y se puede aguantar un buque á la
capa con mucha comodidad; teniendo presente que en
menor fondo es ménos tormentosa la mar, y que aun sin
gran incomodidad se podrá dejar caer una ancla sobre las
ocho ó diez brazas. Cuando se entra en esta sonda sin conocimiento seguro de la latitud y por paralelos próximos á los
de las Tortugas, es preciso ir con cuidado para coger la
sonda en su veriles, y no bajar de las 40 ó 35 brazas, que
es el medio de libertarse de dar con las Tortugas, que estan
sobre las 30 brazas, y que por su parte occidental son muy
acantiladas: esta misma precaucion de no bajar de las 40
ó 35 brazas debe tenerse cuando, habiendo entrado en la
sonda por paralelos septentrionales, se navegue por ella al
S. para dejarla por su veril meridional; y esto es cuanto
basta para libertarse en todas circunstancias del peligro que
ofrecen las Tortugas.

En los veriles de esta sonda corren las aguas con viveza
para el S.; y así cuando, navegando desde el O. con ánimo
de valizarse en ella, se atrase mucho la navegacion á causa
de fijarse los vientos al NE., ENE., ó E., puede estarse seguro de hallarse el buque en las inmediaciones del veril,
siempre que en dos dias consecutivos se hayan experimentado diferencias en latitud de 20 y mas minutos para el S., en

cuyo caso se puede suponer en meridianos del veril contando
con un error que no pasará de 10 leguas, y emprender su
derrota con esta seguridad.

Advertencias y reflexiones para navegar en el seno Mexicano.

Habiendo descrito toda la costa del seno Mexicano, y hablado ya particularmente del modo de navegar sobre la sonda
de Campeche, y de recalar á los puntos principales de la
Florida occidental, no nos resta para concluir esta materia
mas que decir algo sobre las derrotas mas convenientes para
dirigirse á cualquiera punto del seno Mexicano, así como para
navegar de unos á otros en él.

La navegacion que se hace con vientos largos, ó de
barlovento á sotavento, no necesita de reglas particulares,
pues basta ver en la carta cuál es el rumbo de demora,
para dirigirse por él, procurando solo recalar á barlovento
del punto del destino en cantidad de leguas proporcionada á la incertidumbre de la situacion, y á la dificultad
de remontar en caso de haberse propasado. Así todos los
que desde el freu entre cabo Catoche y Cuba, ó entre
Cuba y la Florida oriental, se dirijan á cualquiera punto
del seno Mexicano, bien sea Campeche, Veracruz, Tampico, San Bernardo, Nueva Orleans ó Panzacola, no tiene
mas que hacer rumbos de derrota, contando en la navegacion á los últimos puertos nominados con el efecto de la
corriente, que tira para el E. en el canal, á fin de no
echarse sobre las Tortugas, creyendo ir al O. de ellas ; por
tanto, y pudiendo considerar que el puerto de Veracruz es el
de mas sotavento de todo el seno, dirémos de qué modo se
deberá navegar desde él para salir por el freu de Cuba y
Yucatan para ir al mar de las Antillas, ó para dirigirse al
canal de Bahama.

Para esto lo primero que debemos tener presente es
que los vientos en el seno Mexicano son generales de la

parte del E. ; que desde Octubre se interrumpen por los nortes duros que soplan con bastante frecuencia ; que desde que los nortes cesan, esto es, desde Marzo, se puede contar con terrales y virazones en todo lo largo de las costas, y especialmente en la de Campeche y Yucatan ; y finalmente que en la costa septentrional del seno hay en Agosto y Setiembre fuertes huracanes, que bajan hasta la latitud de 26 y aun 25° (*).

Esto supuesto, si se sale de Veracruz en tiempo de nortes, la primera diligencia será la de navegar al N. ó NNE., procurando no ceñir nunca el viento para grangear con la mayor diligencia el parelo de 25, en el que ya se ceñirá cuanto se pudiese, sin mas objeto que el de grangear longitud ; pues en tal situacion no solo no habrá empeño con la costa de Tabasco en caso de entrar el N., sino que con él se podrá correr en vuelta del E. sin riesgo del Negrillo ni de los otros bajos de la sonda de Campeche : esta práctica es juiciosísima, pues lo primero que importa es franquearse bien del saco de Veracruz, donde si coge un norte duro es preciso forzar de vela para no derivar sobre la costa de Tabasco, en que seria muy factible un naufragio si el viento continuase ; y ademas importa que el N. lo coja á uno en la disposicion de aprovecharse de él para navegar al E. y abreviar la navegacion; y como en semejante estacion menudean los nortes, y debe contrarse con uno de ellos para vencer la diferencia de longitud hasta tomar la sonda de la Tortuga, no hay que hacer mas que grangear al E. luego que se haya cogido la latitud dicha bordeando por dicho paralelo, pues en tal estacion y hasta

_____

(*) Sin embargo llegó la rabisa de un huracan en Veracruz en la madrugada de 18 de Agosto de 1810, habiendo precedido varios dias de vientos á la cabeza nada fuertes, giró el viento en la noche huracanado por el cuarto al tercer cuadrante, y terminó por el SE., haciendo en los buques un estrago no visto jamas ni aun con los nortes : á las once de la mañana ya se pudo barquear. Este ejemplar hace ver que pueden extenderse mas al S. de los 25°.

fines de Abril seria poco prudente subir á las inmediaciones de la costa septentrional, en la que ántes de que entre
el N. sopla con mucha fuerza el viento del ESE. y S.
Con el N. se ceñirá en demanda de la sonda de la Tortuga,
la cual no se dejará para atravesar á la costa de la Havana
ni con vientos calmosos ni con vientos del N.: lo primero
porque podrian cargar las corrientes con la embarcacion,
y desgaritarla para el canal de Bahama, y aun hacerla
desembocar en caso de calmar el viento: lo segundo porque la costa de la Havana se cierra mucho con tal viento; y
como es en lo ordinario poco manejable, resultaria un
empeño duro, que originaria la pérdida del buque: parece
excusado decir que si la navegacion no es á la Havana, sino á desembocar en derechura, no tiene cabida el primer
supuesto, y que aun con vientos calmosos se podrá entónces
dejar la sonda.

El rumbo para atravesar desde la sonda á la costa de
Cuba ha de ser tal que compense el efecto de la corriente:
en lo ordinario para recalar á la Havana bastará hacer el
S.¿SE. si la embarcacion no anda mas que tres millas por
hora, y el del SSE. 5° E. si anda seis millas; esto contando
con dos millas horarias de corriente, que es lo que generalmente podrémos suponerle en este parage. Si la embarcacion anduviese mas de tres millas, y ménos de seis, se podrá
tomar un rumbo medio entre los dos dichos; y si anduviese
mas de seis millas se podrá orzar al SE.¿S., ó alguna cosa
mas para el E.

Si la salida de Veracruz es desde fines de Marzo hasta
mediados ó fines de Junio, entónces no se deberá ceñir la
briza, ni procurar grangear para el E. cuando se haya llegado á los 25,° pues con semejante derrota se irá á atravesar el seno por su medianía, donde no se hallan mas
que vientos tenaces de la parte del E., y muchas calmas
que alargarian excesivamente la navegacion: lo que en
semejante estacion debe hacerse es gobernar siempre a
N. ó NNE., en buena vela, hasta que cogida la pro-

ximidad de la costa septentrional, se pueda por los 28º
y 29º avanzar para el E. á favor de las virazones y terrales, hasta que puestos en la sonda de la Tortuga se pueda
bajar al S. para dejarla, por el O. de las Tortugas. En esta
estacion se puede ir tambien á tomar la sonda de Campeche para barloventear por ella á favor de las virazones y
terrales, hasta que cogido su veril oriental se pueda navegar en demanda de la costa de Cuba; teniendo cuidado
de largar el veril de sonda lo mas al S. que se pueda, y
con proa del segundo cuadrante, con preferencia á la del
primero, á ménos que esta última no sea sumamente ventajosa, pues así se logrará huir de la corriente que en el
codillo del NE. de esta sonda sigue con bastante fuerza
para el N.; y avanzando algo al E., virando luego de la
otra vuelta, se conseguirá meterse en la corriente general
que sigue al E., y la que en lo ordinario se encontrará
por los 22º¼ de latitud, y 79º½ de longitud occidental de
Cádiz.

Finalmente, desde mediados ó fines de Junio hasta Octubre debe huirse de la mediania del seno por la razon expuesta de las calmas y vientos contrarios, y de la costa
septentrional por los huracanes, y debe desde luego emprenderse la derrota por la sonda de Campeche.

Para ir de Veracruz á Campeche, si es en tiempo de
nortes, se procurará grangear el paralelo de 21º, y se bar-
loventea por él hasta tomar la sonda por el N. ó S. de las
Arcas, como dejamos dicho en la descripcion que de ella
hicimos, y si entra el N. se hará la navegacion misma, aunque con mucha mas brevedad; pero si fuese en tiempo de
verano, montados que sean los bajos de afuera de Veracruz,
se procurará atracar la costa de Tabasco para barloventear
por ella á favor de las virazones y terrales.

Finalmente, para concluir dirémos que cuando se navegue para ir á la Veracruz en tiempo de nortes, si acaso
ventase este hallándose en la sonda de Campeche, se ha
de procurar obrar de modo que calculando el tiempo ne-

cesario para vencer la distancia á la Veracruz con la duracion que podrá tener el N., y que se podrá deducir por lo mas ó ménos duro que fuese, se procure recalar á la costa á la caida del viento para aprovecharse de la coyuntura favorable de tomar el puerto al entablarse la briza : por lo demas nada tenemos que añadir á lo que ya hemos dicho en la descripcion, donde dejamos esta materia bien especificada.

Tabla de las alturas aparentes del Pico de Orizaba suponiendo su altura absoluta sobre el mar 2795 toesas, y la refraccion terrestre $\frac{1}{15}$ del arco interceptado: por Don Josef Joaquin Ferrer.

Distanc. al pico en mill.	Angulos aparentes de elevacion.			Diferenc. por 3 y 6 minutos.	
63'	2°	12	58''	8	37
66	2	4	21	7	58
69	1	56	23	7	25
72	1	48	28	6	56
75	1	42	02	6	30
78	1	35	32	6	7
81	1	29	25	5	45
84	1	23	40	5	28
87	1	18	12	5	11
90	1	13	01	4	57
93	1	08	04	4	43
96	1	03	21	4	30
99	0	58	51	4	20
102	0	54	31	4	8
105	0	50	23	3	59
108	0	46	24	3	51
111	0	42	33	3	42
114	0	38	51	3	35
117	0	35	16	3	28
120	0	31	48	6	39
126	0	25	09	6	15
132	0	18	54	5	57
138	0	12	57	5	41
144	0	7	16	5	24
150	0	1	52		

Uso de la tabla.

La primera columna indica millas marítimas: la segunda las alturas angulares aparentes del pico de Orizaba, correspondientes á las citadas millas. La tercera indica la variacion de la altura angular en tres millas de distancia hasta 31' 48'', y de seis millas hasta 1' y 52''.

Egemplo.

Supóngase haber observado la altura horizontal del pico en el horizonte del mar por medio de un cuadrante de reflexion 0° 59' 00'', y que la depresion era 10' 20'', se desea saber la distancia entre el buque y el pico de Orizaba.

Altura horizontal observada corregida del error del

instrumento de. . . . . 0º 59' 00"

Depresion del horizente. 10 20

_____

Altura aparente del pico. . . . . 0º 48' 40"

Consultando la tabla se ve que este ángulo está comprendido entre 105 y 108 millas de distancia : sin hacer ninguna otra operacion se ve á la simple vista que la distancia es de 106 millas próximamente : si se quiere determinar con mas exactitud se notará que la variacion para tres millas en alturas angulares entre las dos distancias mas próximas es de 3' 59'', y que la diferencia entre la altura observada y la correspondiente á 105 millas de distancia es de 1' 43'', luego distancia verdadera sera$=105+$

$$\frac{3' \times 1' \ 43''}{3' \ 59''} = 106' - 18''.$$

Alturas del Pan de Matanzas á diversas distancias del mar, suponiendo su altura absoluta sobre el nivel del mar de 1376,9 pies de Burgos, ó 196,7 toesas de Paris, y la refraccion terrestre $\frac{1}{18}$ del arco interceptado: por Don Josef Joaquin Ferrer.

Distancias al Pan de Matanzas.	Angulos aparentes de elevacion.		
16'	0°	37'	36''
17	0	34	31
18	0	31	44
19	0	29	13
20	0	26	55
21	0	24	48
22	0	22	50
23	0	21	0
24	0	19	16
25	0	17	38
26	0	16	1
27	0	14	36
28	0	13	2
29	0	11	51
30	0	10	39
31	0	9	30
32	0	8	20
33	0	7	19
34	0	6	8
35	0	5	8
36	0	4	7
37	0	3	10
38	0	2	12
39	0	1	19
40	0	0	25

Tabla de las alturas aparentes del yunque en la sierra de Luquillo á la parte oriental de la Isla de Puerto Rico, suponiendo su altura sobre el nivel del mar 1334,49 varas castellanas, y la refraccion terrestre $\frac{1}{12}$ del arco interceptado : por el Brigadier de la Armada Española Don Cosme Churruca.

Distancias al yunque en millas.	Angulos aparentes de elevacion.			Distancias al yunque en millas.	Angulos aparentes de elevacion.		
15'	2°	12'	5"	38'	0	38'	9"
16	2	2	58	40	0	34	33
17	1	54	54	42	0	31	12
18	1	47	39	44	0	28	5
19	1	41	8	46	0	25	9
20	1	35	11	48	0	22	0
21	1	29	51	50	0	19	48
22	1	24	55	52	0	17	20
23	1	20	22	54	0	14	58
24	1	16	10	56	0	12	44
25	1	12	16	58	0	10	35
26	1	8	38	60	0	8	31
27	1	5	14	62	0	6	32
28	1	2	3	64	0	4	37
29	0	59	4	66	0	2	45
30	0	56	13	68	0	0	58
32	0	51	2	69	0	0	5
34	0	46	19	70	0	0	48
36	0	43	25				

Tabla de las distancias á que se ve el Pico de Teyde ó
Tenerife, segun la altura aparente de esta montaña,
observada en la mar, suponiendo su altura de 1904
toesas, segun Mr. Bordá (Viage de la Flora, tom. 1. pag.
379.)

Alturas aparentes del Pico de Teyde ó Tenerife.			Distancias del Pico en millas.	
0°	0'	. . . .	128'	56''
0	30	. . . .	97	52
1	0	. . . .	75	32
1	30	. . . .	60	3
2	0	. . . .	49	1
2	30	. . . .	41	7
3	0	. . . .	35	16
3	30	. . . .	30	47
4	0	. . . .	27	16
4	30	. . . .	24	27
5	0	. . . .	22	8

Tabla para deducir de las alturas angulares observadas las
distancias al Pico de Teyde en la isla Tenerife, suponiendo su altura de 2193 toesas: por el Brigadier D. Cosme
Churruca.

Alturas angulares.	Distancias en millas maritimas.
0° 00	 125,8
0 30	 99,3
1 00	 79,4
1 30	 64,6
2 00	 53,9
2 30	 45,8
3 00	 39,6
3 30	 34,8
4 00	 31,0
4 30	 27,8
5 00	 25,3
5 30	 23,1
6 00	 21,3
6 30	 19,7
7 00	 18,4
7 30	 17,1
8 00	 16,1
8 30	 15,2
9 00	 14,3

Tabla de las distancias á que se ve el Pico de las Azores, segun la altura aparente de esta montaña, observada en la mar, suponiendo su altura de 1212,5 toesas.

Alturas aparentes del Pico de las Azores.		Distancias del Pico en millas.
0°	0′	93,410
0	30	67,794
1	0	50,790
1	30	39,516
2	0	31,896
2	30	26,564
3	0	22,679
3	30	19,742
4	0	17,452
4	30	15,629
5	0	14,155
5	30	12,913
6	0	11,871
6	30	10,996
7	0	10,236
7	30	9,570
8	0	8,984
8	30	8,457
9	0	7,997
9	30	7,587
10	0	7,227

El Capitan de Fragata Don Torquato Piedrola ha comunicado las observaciones siguientes cuando ya estaba hecha la segunda edicion de este Derrotero ; pero hemos tenido por conveniente publicarlas al fin para ilustracion de los navegantes.

En las costas de Cartagena de Indias, de que puede hablar con toda seguridad, no empiezan las brizas hasta últimos de Noviembre, que ordinariamente son poco fuertes hasta mediados ó fines de Diciembre, desde cuya época son duras dia y noche, y solo suelen tener alguna mas moderacion, aunque no siempre, despues de salir el sol hasta las 9 ó 10 de la mañana, que recobra su fuerza ordinaria. Cuando se está muy inmediato á la costa (particularmente si esta es alta) suele abonanzar en la madrugada, y al salir el sol llamarse al ENE. hasta las 9 ó 10, que sopla por su rumbo ordinario, que en dicha costa es del NNE. al NE., de cuyas variaciones se aprovecha muy bien el que conoce la costa y navega muy inmediato á ella, y aun mejor si al anochecer se fondea en los varios puntos que ofrece aun para buques grandes. En la estacion que no es de brizas, esto es desde Abril ó Mayo á Diciembre se experimenta lo que se dice en la página 4, párrafo 2.º de este Derrotero ; pero no en las demas, segun se ha manifestado ; añadiendo que el buque que intente remontar por fuera no lo conseguirá sin gran dificultad y averías, tanto por la dureza de la briza como por ser la mar muy picada hasta 30 ó 40 leguas de la costa, en que ya se encuentra mas tendida, y porque siendo forzoso en la noche tomar rizos y lo que la corriente tira para el 4.º cuadrante, resulta perder por ámbas causas lo poco que se gana en las bordadas. Estos hechos estan comprobados con repetidas experiencias.

APENDICE

SOBRE LAS CORRIENTES DEL OCÉANO ATLÁNTICO.

Aunque en este Derrotero hemos hablado ya de las corrientes, por entonces solo nos limitamos á manifestar aquellas que se observan en las costas de la Guayana, Tierra firme, Islas Antillas, Seno Mexicano, canales de Bahama y golfo *Stream*; pero nada hemos dicho de las que hay en el Océano Atlántico, particularmente en las travesías de los puertos de Europa á la costa occidental de Africa, en donde por falta de este conocimiento y poca precaucion de los navegantes hemos visto en estos últimos tiempos una pérdida considerable de buques, cuyas tripulaciones han sido víctimas de la barbarie de los habitantes de ella; y por lo tanto nos ha parecido conveniente reunir todas las noticias que se han podido sobre las corrientes tomadas de la memoria descriptiva que acompaña la nueva Carta del Océano Atlántico, en cuatro hojas, publicada por el Depósito Hidrográfico de Lóndres por el Sr. Juan Purdy; habiendo añadido otras por las derrotas de varios buques de la Marina Española, que por su exactitud pueden servir para ilustrar la materia; y no parecerá extraño que repitamos noticias ya dichas en el cuerpo de este Derrotero, con el objeto de seguir sin interrupcion el sistema de corrientes que se establece en esta memoria.

Sobre las corrientes.

Se entiende por corriente un movimiento ó una particular direccion de la superficie del mar, ocasionado por los vientos y otros impulsos no bien conocidos, entre los cuales deben exceptuarse las mareas, aunque sin embargo estas pueden influir en aquellas. Segun observa Dampier las corrientes jamas se experimentan sino en alta mar, y las mareas solo en la costa; y es ciertamente un hecho establecido que aquellas prevalecen mas principalmente en los parages en donde las mareas tienen poca accion ó son imperceptibles; esto se comprenderá mas fácilmente considerando con atencion las siguientes descripciones, en las cuales se verá tambien con claridad la necesidad que hay de poner mucha atencion á la silenciosa é imperceptible y por consiguiente peligrosa operacion de la corriente.

Las *corrientes* del Atlántico son todas de una naturaleza local, y por lo comun temporaria; sin embargo, la experiencia ha demostrado en donde ó cómo prevalecen; y el navegante que discurra, podrá conocer el sitio en donde debe esperar y contar con su operacion.

La 1ª de estas corrientes, segun su órden, es la que empieza desde *Land's End.* ó extremidad de Inglaterra, la cual es temporaria, y ocasionalmente se dirige desde el golfo de Vizcaya hácia el O. y NO. al traves de la entrada del canal de la Mancha, y al oeste de *Capeclear* ó cabo Claro.

La 2ª es un curso general en direccion de E. y ESE. entre el golfo de Vizcaya y las Azores, hácia dicha bahía y estrecho de Gibraltar, con direccion mas al sur á lo largo de la costa de Portugal y de Africa.

La 3ª una corriente al E. á lo largo de la costa de Africa hasta el golfo de Guinea.

La 4ª una al ONO. del ecuador hasta la isla de Trinidad y mar de las Antillas, á la cual se le da el nombre de *Corriente equinoccial.*

La 5ª una entrante en el golfo de México, con direccion del SE. al NO.

La 6ª corriente es de la Florida ó del canal nuevo de Bahama, que viniendo del Seno Mexicano se dirige al NE. hácia el meridiano de los bancos de Terranova, conocida con el nombre de *gulf Stream* (corriente de golfo).

La 7ª una corriente que se dirige al SE. en la primavera desde los estrechos de Davis y de Hudson hasta los bancos de Terranova, con otra que viene del golfo de San Lorenzo y sigue hácia el ESE. y E.

Al explicar los efectos de estas corrientes procuraremos en primer lugar establecer los hechos que prueban la existencia de ellas, y despues emprenderémos el deducir sus causas, segun las descripciones de aquellos sugetos por quienes esta materia ha sido particularmente discutida.

De la corriente de Rennell, ó corriente al traves de la entrada del canal de la Mancha.

Esta corriente, la cual es á veces de una considerable exten-

sion y rapidez, corre á ménudo hácia el NO. y ONO. al traves
de la entrada de dicho canal hasta alguna distancia al oest de las
islas de *Ushant ó Ouessant y Scilly ó* Sorlingas. Como al parecer depende de circunstancias temporarias, su duracion es por
tiempo limitado ; y aunque siempre se debe contar con una
cierta cantidad de mar entrante del norte, junto con la creciente,
al acercarse á las islas Sorlinga sla corriente será casi ó nada perceptible, a ménos que no sea con un viento particular.

Las causas generales de las corrientes que dependen de la
direccion de los vientos son generalmente conocidas por los marinos; y es evidente que una gran continuacion de viento en
una direccion particular producirá (cuando no hay obstáculo)
una corriente, ó causará una acumulacion de agua contra la costa
opuesta, hasta que suceda un retroceso. La duracion por largo
tiempo de los vientos de O. y SO., combinados con una corriente que comunmente se dirige á la parte S. del golfo de Vizcaya, causa una acumulacion de agua en dicho golfo, la cual
busca una salida dirigiéndose al NO. ú ONO. hasta los límites
de 48° 15′ de latitud N. y longitud 1° 27′ 30″ occidental de
Cadiz con corta diferencia, y la existencia de este fenómeno
no debe dudarse en la actualidad. *Mr Kelly*, autor de un tratado de navegacion, publicado hace cerca de un siglo, ha dado
una prueba particular de esto cuando dice que una embarcacion
en c alma durante 48 horas con sus velas aferradas fue conducida
durante este tiempo por la corriente 46 millas hácia el norte (*) ;
y nosotros tenemos muchos ejemplos posteriores de embarcaciones que han sido llevadas por ella hácia el norte, ó sobre las peñas de las Sorlingas. Pero á quien principalmente debemos la explicacion de este asunto es al ingenioso y sabio Santiago Rennell (†), habiendo ílustrado tan bien esta materia, que no admite
la menor controversia, y de cuya memoria publicada en las
Transacciones filosóficas del año de 1793 extractarémos las siguientes observaciones.

,,Al cruzar la parte oriental del Atlántico en 1778 el navío
Hector de la India, su capitan *Williams*, entre los paralelos de
42 y 49° experimentó vientos muy duros del O. ; pero mas

(*) Si se hubiesen hecho observaciones de longitud, problamente se hubiera hallado que la corriente se dirigia tambien hácia el O. Véase mas adelante.

(†) Del nombre de este sugeto esta corriente es ahora gennralmente denominada *Corriente de Rennell.*

particularmente desde el 16 hata el 24 de Enero, durante cuyo tiempo sopló á ratos con una violencia extraordinaria. Varió dos ó mas cuartas tanto al N. como al SO.; pero sopló mas tiempo del N., y se extendió, como se notó despues, desde la costa de Nueva-Escocia hasta la de España."

El dia 30 de Enero, como á unas 60 ó 70 leguas del meridiano de las islas Sorlingas, y entre los paralelos de 49° y 50°, experimentó el efecto de la corriente, la cual llevó al buque al N. del paralelo de su destino muy cerca de medio grado, en el intervalo de dos observaciones de latitud, es decir, en dos dias. El viento despues no permitió que el navío volviese á ganar el paralelo que llevaba, porque aunque la corriente N. era casi despreciable desde el 31 hasta que llegó cerca de las Sorlingas; sin embargo, siendo el viento escaso y flojo no pudo jamas hacerle vencer la tendencia de la corriente. Se debe observar tambien que la direccion de esta era mucho mas al O. que al N.; y habiéndola cruzado el buque en una direccion muy oblicua, estuvo tanto tiempo en ella, que fue llevado, segun parece, cerca de 30 leguas al O., encontrando sonda en 73 brazas en la latitud de las Sorlingas, teniendo que andar despues directamente al E. 150 millas por corredera, hasta llegar á la longitud de dichas islas; en efecto, á las 120 millas en la misma derrota sondó 9 brazas de agua.

La corriente no solamente se hizo sensible por las observaciones de latitud, sino por el escarceo en la superficie del agua, y por la direccion de la sondalesa. En consecuencia de todos el navío fue llevado al N. de las Sorlingas, y de ningun modo pudo hacer derrota sino por entre ellas y el extremo de Inglaterra ó *Land's End*.

Su longitud fue incierta por no tener cronómetro; pero se dedujo que la corriente á veces se extiende hasta 60 leguas al O. de las Sorlingas, y corre desde las proximidades al O. de ella. La extension por donde el Hector la atravesó se supuso ser de 30 leguas.

El diario del Atlas, navío de la India, capitan *Cooper*, nos da unas pruebas mucho mas claras tanto de la existencia de la corriente, como de la razon de su velocidad. Este navío salió de Inglaterra en Enero de 1787, y habiendo andado 55 leguas al O. de *Ushant ó Ouessant*, principiáron á experimentar fuertes temporales del S., los que continuaron por espacio de 4 dias entre el S. y O.¼SO., durante cuyo tiempo el buque se mantuvo á la capa con la proa al NO. El 5.° dia el viento disminuyó, pero era del SO. ; luego siguió un tiempo borrascoso por espacio de otros 9 dias, soplando de todos los rumbos entre el S. y SSO ; pero mas principalmente y con mas violencia del OSO. y SO. ; y habiendo seguido despues su viage al sur, se halló por la estima que estaba solamente 2½ grados de longitud al O. de cabo Finisterre ; pero por los cronómetros mas de 4 grados y medio.

El dia que principiáron los temporales, la diferencia de longitud de la estima y los cronómetros era de 14 minutos, estando estos últimos mas al O. El tercero dia la diferencia no fue mas que 24 minutos, y entónces el buque se hallaba á 25 leguas al SO. de las Sorlingas sondando 70 brazas. En longitud 8 28' este buque habia entrado en la corriente ; y siendo la direccion de esta opuesta á la del buque, facilitó su progreso, y le llevó zafo de la costa SO. de Irlanda.

Despues de esto en el discurso de 51 horas el navío fue llevado dos grados al O. de su estima ; y en las 45 horas siguientes tuvo otro impulso de 23 minutos : de modo que en solo cuatro dias fue arrastrado por la corriente nada ménos que 2º y 23' ; y desde que el temporal principió, 2° 32' de longitud, ó 93 millas náuticas.

Por consiguiente parece que el *Atlas* experimentó una corriente O. desde 24 leguas, con corta diferencia, al OSO. de las Sorlingas, hasta unos 4° de longitud O. del meridiano de cabo Claro, donde notó que su efecto era imperceptible. Se puede por tanto inferir que la corriente se desvanece al NO. en el paralelo de 51° entre la longitud de 14 y 15°, y la costa SO. de Irlanda.

Ninguna corriente norte está indicada en el diario del *Atlas*. Esta hubiera sido remarcable si el tiempo hubiera permitido tener un exacto cuidado en la estima ; pero se debe notar que las observaciones de latitud no fueron hechas con regularidad ; y ademas que la gran distancia de 36 millas solo fue hecha en 20 horas de deriva hácia el NO. estando el navío á la capa.

Se deduce de la naturaleza de esta corriente que su velocidad siempre será proporcionada á la fuerza y direccion del viento, por lo cual será tambien regulada su direccion, y que en el medio de ella conservará su curso primitivo en mayor grado que sus márgenes. La direccion de la misma parece ser al NO.¼O. ; la margen del E. corre mas al N., y la del O. mas al O. ; de modo, que la corriente N. es mas fuerte próximo á la parte occidental de las Sorlingas que mas hácia el O·, esto es, mas próximo á estas islas que mas separado.

De estas observaciones se pueden sacar las siguientes consecuencias.

1ª Que las embarcaciones quo crucen la corriente oblicuamente, haciendo un verdadero rumbo al E.¡SE. ó mas al S., continuarán mas tiempo en ella, y experimentarán mas su influencia que aquellas que naveguen mas directamente al cruzarla. Al atravesarla con vientos flojos el efecto será el mismo; tambien se debe contar con la direccion mas al N. de la márgen E. de la corriente.

2ª Que despues de una continuacion de temporales del O., aun cuando se haga una buena observacion de latitud, seria imprudente navegar hácia el E. durante una noche larga viniendo del Atlántico, porque pudiera una embarcacion permanecer en la corriente tanto tiempo que fuese llevada de un paralelo, en el cual se considerase seguro, al de las peñas de las Sorlingas; se recomienda por tanto que los buques en tales ocasiones deben mantenerse á lo mas en 48° 45', porque en 49° 30' se puede experimentar todo el efecto de la corriente en la peor situacion; pero la corriente que se encuentre en 48° 45' con un viento del S. llevará la embarcacion hácia dentro del Canal. En tiempo de paz, viniendo del Atlántico, todavía será mejor recalar sobre *Oschant* ó *Ouessant*.

3ª Que los buques con destino al O. viniendo del Canal con viento del SO., aunque parezca indiferente el bordo que lleven, deben preferir el de babor, pues de este modo tendrán el beneficio de la corriente.

En un suplemento sobre los efectos de los vientos del O. que elevan el nivel del mar en el canal de la Mancha, escrito en 22 de Junio de 1809, el mayor Rennell se explica en los términos siguientes:

,, En las observaciones sobre la corriente que frecuentemente prevalece al O. de las Sorlingas, que tuve el honor de presentar á la Real Sociedad, hace muchos años, mencioné muy ligeramente (como que tenia conexion con el mismo asunto) el efecto de los vientos fuertes del O. que elevan el nivel del canal de la Mancha, y la salida de las aguas acumuladas por el estrecho de Dover al mar del N., entónces de un nivel mas bajo.

La reciente pérdida en el placer de Goodwin del navío de la India nombrado el Bretaña, su capitan *Mr. Birch*, en mi sentir corrobora este hecho, pues no me queda duda que su naufragio fue ocasionado por una corriente producida por la salida de las aguas, prevaleciendo entónces un fuerte temporal del O.

Las circunstancias bajo las cuales se perdió fueron generalmente estas.

En Enero último navegando desde su fondeadero entre Dower y el cabo Sur (en su viage á Portsmouth,) poco tiempo despues experimentó un violento temporal entre el O. y SO., la cerrazon no le permitió poder ver los fanales, y de consiguiente no le quedó al piloto otro recurso mas que el de la estima y el escandallo; y cuando creyó que el navío habia rebasado enteramente el placer de *Goodwin*, varó en el extremo NE. de la parte mas sur de aquellas arenas; y por la diferencia entre la estima (despues de contar debidamente con las mareas) y la posicion actual dedujo que su varada la debió á la direccion N de la corriente, la cual cogió al buque cuando fue impelido á la parte E. del *Goodwin*.

El hecho del aumento del nivel del mar en el canal durante los vientos fuertes del O. al SO. no puede dudarse, á causa de que la crecida altura de las mareas en los puertos del Sur en tales ocasiones es evidente. A la verdad, la forma de la parte superior del canal, en particular, es tal que recibe y retiene, por cierto tiempo, la parte principal del agua forzada en él, como se puede ver en la carta; y como una parte de esta agua está continuamente saliendo por el estrecho de Dower, producirá una corriente, la que es preciso que desordene mucho las estimas de las embarcaciones que naveguen en el Estrecho, cuando el tiempo cerrado estorba el que se vea la tierra, ó las linternas de los cabos y el placer del norte de *Goodwin*.

En una publicacion reciente de los señores *Laurie y Whittle* intitulada *Direcciones para navegar &c. en el canal de la Mancha*, se observa que en todo este canal (segun personas inteligentes) los vientos fuertes del SO. hacen que la marea creciente corra una hora ó mas de lo que sucede ordinariamente; lo que es lo mismo, que la corriente vence á la menguante una hora larga; sin mencionar cuánto puede acelerar la una y retardar la otra durante el resto del tiempo (*).

Es claro que la direccion de la corriente será afectada por la forma y posicion de las costas opuestas en la entrada del Estrecho; y como estas son materialmente diferentes, es preciso

(*) Se asegura tambien que en la embocadura del canal la extraordinaria elevacion de la marea en tiempo tempestuoso es de 10 pies mas que las vivas ordinarias, siendo estas 20 pies, y en tiempo de tempestades 30.

que lo sea tambien la direccion de la corriente entre la influencia
de cada costa respectivamente. Por ejemplo, en la de Inglaterra
habiendo tomado la corriente la direccion de ella comprendida
entre *Dungeness* y cabo Sur, correrá generalmente al NE. por
aquel lado del estrecho (véase la carta). Pero en la costa de
Francia las circunstancias deben ser muy diferentes; porque la
de *Boulogne* (Boloña) corriendo casi al N. verdadero, dará á
la corriente igual direccion, puesto que no puede dar la vuelta
aguda al NE. de la punta de *Grinez*; sino que debe conservar una gran proporcion á su curso norte, hasta que se incor-
pore con las aguas del mar del Norte; y se debe notar que cuando el navío *Bretaña* fue arrojado al E. de Goodwin seria por
haber entrado en esta misma línea de corriente. Hay otra circunstancia que se debe tener presente, y es, que la costa de
Boulogne, presentando un obstáculo directo á las aguas impe-
lidas por los vientos del O., ocasionarán un nivel mas alto del
mar en aquella parte que en ningun otro, y por consiguiente
una línea mas veloz de la corriente hácia el *Goodwin* (véase la
carta). Por tanto se debe inferir que pasando una embarcacion
el estrecho de Dower ó Calais, por detras de los bancos de
Goodwin durante los vientos fuertes del O. ó SO., será llevada
muchas millas al N. de su estima; y si se ve obligada á depen-
der de ella puede correr gran riesgo en dichos bancos.

Aunque solamente se ha tratado aqui del curso de la corriente (con motivo de simplificar el asunto), no obstante en la
aplicacion de estas observaciones se debe contar con las ma-
réas regulares; pero ignorando su detalle no podemos decir más,
sino que concebimos que la gran masa de la marea viniendo del
canal debe estar sujeta casi á las mismas leyes que la misma
corriente. La maréa opuesta sin duda hará que aquella forme
varias inflexiones ó vueltas, como que se confunde con esta, ó
puede absolutamente suspenderla; y la materia no puede entenderse perfectamente sin una particular atencion á la velocidad
y direccion de las mareas en tiempo templado para que sirva
de fundamento (*).

(*) La edicion de los señores Laurie y Whittle da á las mareas en este
parage una velocidad de 1¼ milla por hora en las vivas, y media milla en las
muertas. El suceso del navío Bretaña acaeció en estas últimas.

Otras observaciones de la corriente de Rennell.

Desde la publicacion de la primera memoria sobre la corriente del canal y del suplemento que inmediatamente se siguió, el Sr. Rennell ha publicado otras observaciones importantes sobre el mismo asunto, las que se leyeron en la Real Sociedad el 13 de Abril de 1815, de las cuales hemos sacado los siguientes extractos.

En el espacio de 21 años que han mediado desde que la Sociedad se dignó aprobar mis observaciones sobre la corriente al O. de las Sorlingas, se han reunido mas hechos relativos á la misma; como asimismo observaciones sobre sus efectos en diferentes parages de su curso, entre cabo Finisterre y las islas Sorlingas, todo con el fin de comprobar el sistema general publicado en 1793, dando acaso con un solo ejemplo una prueba mas clara de la fuerza de la corriente con respecto á su direccion al N. que ninguna de las deducidas anteriormente.

Al presentar el detalle de estos hechos y observaciones principiaré en las inmediaciones del cabo Finisterre, y seguiré con el curso de la corriente á lo largo del golfo de Vizcaya, y desde alli al traves de la embocadura del canal de la Mancha, hasta las Sorlingas y entrada del canal de San Jorge.

Los tres primeros hechos tienen referencia á la corriente que viene de alta mar con direccion hácia la parte sur del golfo de Vizcaya y á lo largo de la costa N. de España, cuya corriente se ha supuesto en el escrito anterior ser ocasionada por los vientos dominantes del O., los cuales impelen el agua cerca de la costa para adentro del golfo y por toda la costa S. de él. El agua de este modo será por consiguiente reemplazada por la contigua que le sigue en la alta mar, y así sucesivamente hasta una cierta distancia. Esta causa se debe seguramente considerar como el orígen de la corriente de las islas Sorlingas.

El primer caso es el del navío de la India *Conde de Cornwallis,* que navegando de Inglaterra, y bien provisto de cronómetros, como lo están la mayor parte de todos los de su clase, el 12 de Marzo de 1791, entre los paralelos de 43 y 44°, y á los 3° 45' de longitud O. del cabo Finisterre (6° 47' 24''' O. de Cádiz) como á unas 53 leguas, experimentó una corriente al E. igual á 26 millas náuticas. Siendo su situacion directamente opuesta á la línea de la costa sur del golfo de Vizcaya, esto es una prueba clara que la corriente (que los marineros la llaman la *entrante* del golfo) fue la causa, la que segun parece se extiende á lo ménos 53 leguas de la costa : y como su velocidad en este parage excede mas de una milla por hora, se puede suponer que su efecto se prolonga á una distancia todavía mayor.

Se debe notar aquí que la misma embarcacion, saliendo de los extremos del canal pocos dias ántes fue llevada 24 millas al O. y 15 hácia el N. en el discurso de 24 horas, es decir, 28 millas en una direccion del NO. ¼ O. Esta se puede suponer ser la misma corriente en su curso desde el golfo hácia las Sorlingas.

El segundo hecho es el de la deriva de una botella que fue arrojada al mar por un buque dinamarqués en la latitud 44° 30′ y longitud 12° O. de Greenwich (5° 42′ 30″ O. de Cádiz) es decir, cerca de 48 millas al NE. del parage donde se hallaba el navío Cornwallis, al tiempo que empezó á sentir la corriente el dia 11 de Marzo : dicha botella fue recogida por un centinela que se hallaba apostado cerca del cabo Ortegal, y suponiendo que la recogió al momento de llegar á tierra. Si este fue realmente el hecho, segun la fecha de la carta que se encontró en la botella, débia de haber andado á razon de media milla por hora, en la direccion con corta diferencia del S. 73° 45′ E. la distancia como unas 64 leguas.

La noticia de este caso fue remitida por el Cónsul frances en la Coruña á la Academia de Ciencias de Paris.

Se puede observar que la deriva de la botella fue mucho mas al sur que al E., cuando al contrario la del Cornwallis fue al E.; es decir, ambas se dirigian hácia cabo Ortegal ó sus inmediaciones, como si el principal curso de la corriente se concentrase en dicho parage.(*)

Con respecto á la velocidad de la corriente, en el presente caso enteramente depende del tiempo en que llegó la botella á tierra. Pudo haber llegado á la costa mucho tiempo ántes de haberla visto, y haber sido arrojada al mar otra vez por la marea ó por las olas. En cuanto á la direccion, que es el punto mas importante, no queda la menor duda.

El tercer hecho es muy simple y perfectamente concluyente. Enfrente de cabo Ortegal, bastante mar afuera, el almirante Knight experimentó la corriente á razon de una milla por hora en direccion de ESE. ; es decir, casi á lo largo de la costa.

(*) Se ha observado que en la embocadura del estrecho de Gibraltar, entre cabo San Vicente y cabo Catin, las corrientes se dirigen en todas direcciones entre el SE. y NE. hácia la entrada del Estrecho, la que se puede considerar como el tubo de un embudo.

Estos tres hechos se dirigen á un solo punto; es decir, á probar que las aguas del Océano Atlántico corren hácia el golfo de Vizcaya por toda la costa N. de España.

Parece extraño que la corriente NO. de las Sorlingas no se equilibre, á lo ménos en muchos casos, con la corriente E. al rededor de cabo Ortegal y la costa de Finisterre: á mi entender no se debe admitir en ambos parages una razon igual, porque la corriente entra en el golfo con una direccion E., pero sale de él con una NO.; de modo, que si una embarcacion fuese llevada 50 millas al NO. de *Ouessant*, ella solo hubiera andado unas 35 al O.; pero en el otro caso hubiera sido llevada todas las 50 al E.; hácia el golfo y cabo Finisterre.

La pérdida de la fragata de S. M. B. el Apolo, con la mayor parte de su convoy, se puede seguramente atribuir al efecto de esta corriente. El capitan *Wallis* me aseguró que despues de haber contado con la corriente lo bastante á su parecer para dar resguardo al cabo Finisterre, sin embargo en la noche estuvo muy á peligro de perderse. Otros muchos han experimentado igual riesgo: de manera que si la costa de este cabo no fuese visible á una distancia considerable, y su mar limpia de piedras y bajos, y ademas situada en mejor clima, los navegantes experimentarian los mismos peligros que en las Sorlingas.

No me ha sido posible obtener prueba alguna relativa al curso de la corriente al rededor del golfo de Vizcaya. Solo habia podido reunir anteriormente algunos datos respecto de la misma de un comadante frances, quien dice que la direccion de la corriente al N. y NO. á lo largo de la costa de Francia era cosa bien sabida; y que contando con ella, muchos se aprovechaban de esta circunstancia para la eleccion del bordo, sobre el cual la corriente ha dado la mayor ventaja con vientos muy flojos.

Es circunstancia muy notable, con respecto á este particular, la de que en las sondas del golfe de Vizcaya al S. del rio *Garonne* no se encuentra fondo fango, siendo todo lo contrario al N. de este rio, donde en todas partes se halla de esta calidad. Esto parece que demuestra que el cieno de los rios *Garonne, Charente, Loire* &c. &c., es llevado todo hácia el N.; ¿y á qué otra causa puede atribuirse sino á la corriente que se dirige al N.? Si el movimiento del mar fuese variable, el cieno se distribuiria sin duda alguna tanto al S. como al N. de la embocadura del Garonne. Las avenidas de los rios en general en este parage, y las situaciones de las barras ó bancos formados por ellas en el mar, se dirigen al N. NO. al parecer al mismo rumbo que la direccion de la corriente. (1)

4.º Continuando la narracion de la corriente á lo largo del golfo de Vizcaya mencionaré aquí lo que el capitan *Juan Payne* (despues almirante) me aseguró : que estando en el navío de S. M. B. el Rusell en un fuerte temporal del SO., y á poca distancia á sotavento del arrecife de piedras llamadas los *Santos*, en la costa de Francia, creyó que era inevitable la pérdida de su navío durante la noche ; pero ¡cuál fue su sorpresa cuando se vió libre del peligro por la corriente, la cual llevó al buque cerca de 70 millas al NO. !

5.º La creciente de las mareas al O. de las Sorlingas no puede atribuirse, segun parece, sino á la prolongacion de esta por una corriente S. Se sabe que la corriente corre 9 horas al N. ; pero la menguante solo 3 en direccion opuesta, ó al S. Esta particularidad no habia llegado á mi noticia cuando se escribió la memoria en 1793.

6.º La prueba mas satisfactoria no solo de la existencia de una corriente al N. al traves de las embocaduras de los canales de la Mancha y de San Jorge, sino tambien de su velocidad (á lo ménos durante ciertos intervalos) es la relacion que se halla en un libro publicado en 1733, intitulado *Joshua Kelly's Treatise of Navegation*, ó tratado de Navegacion por Joshua Kelly, en 2 tomos en 1.º Este caso es mas satisfactorio cuanto que sucedió en una continuacion de 48 horas de calma muerta : de modo que toda incertidumbre respecto á la exactitud de la estima, abatimiento, deriva &c. se tuvo presente ; puesto que las mudanzas de posicion que hubo no pudieron efectuarse sino por el movimiento del mar, ya sea producido por una corriento ó marea ; no debiendo dudarse que fuese por esta última, pues en el intérvalo de tiempo tuvo cuatro flujos y otros tantos

(1) Al mirar la carta de sondas entre España é Irlanda se podria suponer que el mucho fondo y orilla escarpada de toda la cosra N. de España lo habia en parte ocasionado el agua impelida del Atlántico, en las tempestadoe del O., á lo largo de dicha costa, y la cual habia poco á poco llevádose el material de aquella parte y depusitádole en el banco que se extiende desde Bayona hasta el O. de Irlanda. Este banco parece que se ensancha al paso que corre hácia el N. lo mismo que la corriente, y hay ménos agua de lo que debia esperarse en proporcion del fondo á mayor distancia.

reflujos ; de modo que se puede suponer muy bien que se equilibraron uno á otro.

Dice el Sr. Kelly (*) que un comandante práctico en los viages á las Indias Occidentales desde Inglaterra, que al regreso de uno de ellos cerca de la latitud de 48° 30′ franqueado el canal de la Mancha con buena observacion de latitud, al mismo tiempo sobrevino una calma y mar llana, de tal conformidad que aferró las velas, y se mantuvo así durante 48 horas. A las primeras 24, al medio dia, observó otra vez la latitud con tiempo claro, y halló por la misma que habia sido llevado hácia el N. 20 millas, lo que le hizo desconfiar de su primera observacion aunque su segundo piloto estaba conforme con él, porque consideraba que la embarcacion no habia andado, á su parecer, una milla, volvió á rehacer sus cálculos, y los halló conformes á su primer resultado. A las 24 horas siguientes, estando todavía en calma, tuvo otra buena observacion ; y entónces se halló cerca de 26 millas al N. de la última, lo que le hizo confirmar que la del dia anterior fue exacta ; y que esto se debia atribuir á una fuerte corriente al N. en aquel parage, porque cuando se llega á las proximidades de la sonda, y hasta que demore la isla Ouessant al S. haciendo la derrota ESE. (†) apenas se puede conservar la latitud ; y el rumbo general es ENE. ó E.¼NE., esto es cuando uno se halla un poco al S. de la latitud de 49°. Y añade que aquella hubiera sido su derrota, á no haber encontrado la ocasion de descubrir esta fuerte corriente entrante : y si no hubiera tenido conocimiento de la latitud, era preciso que la corriente le hubiese obligado á entrar en el canal de San Jorge ó en del N., como á muchos les ha sucedido, y aun sucede, por carecer de la misma noticia. Despues de su última observacion se entabló el viento, y contando con la entrante (es decir en su primer curso), al dia siguiente vino á parar á las sondas, y al otro dia ya dió vista á cabo Lizard gobernando al E. 5°S. (‡)

Aunque en este caso solo da el conocimiento de la corriente al N. ; sin embargo, con respecto á nuestro objeto principal

(*) Tomo 1.°, pág. 434.
(†) Estas son demoras por la aguja. La variacion magnética en aquel tiempo fue cerca de cuarta y media O., estas serán respectivamente E. 5° S., NE. 5°E., y ENE. 5° N. verdadero.
(‡) Queriendo decir sin duda el rumbo ESE. por la aguja, como ya se ha dicho, ó E. 5°S. verdadero.

cual es el peligro de naufragar en las Sorlingas, ó de ser llevado
dentro del canal de Bristol, es suficiente para convencerse de la
necesidad que hay de fijar la mayor atencion á la derrota cuando
se entre en el canal de la Mancha, despues y durante una continuacion de vientos fuertes del O. ó SO. Pero sin duda alguna hubiera sido mas satisfactorio si se hubiese sabido la direccion
de la corriente, y haber sido esta al NO., como yo ántes suponia: la razon de la velocidad debia ser mas de 1¼ milla por
hora ó cerca de 1½ (siendo la deriva al Norte unas 23 millas
como un promedio en las 24 horas), al paso que la que experimento el navío Atlas, del que ya se ha hablado, fue cerca de una
milla por hora durante cuatro dias consecutivos.

La relacion en la obra del Sr. Kelly, la cual ciertamente es
mas sucinta de lo que debia desearse, es tambien defectuosa por
falta de la distancia andada desde el parage de la última observacion de latitud hasta aquel en que vieron al cabo Lizard. Tuvieron las primeras sondas el dia despues de la observacion, y
al siguiente vieron dicho cabo. Su derrota parece haber sido
regular, con la mira de conservar próximamente el paralelo de
49º 15', al que habia sido llevado por la corriente. No es probable que sondase en mucha profundidad, pues lo mas que podia encontrar en aquel paralelo, y á unas 20 leguas al SO. de
las Sorlingas, serian 70 brazas, no creyendose en sondas cuando
empezó la calma; aunque sin embargo es probable que lo estaba en mucha agua (*): por consiguiente se puede deducir que
su situacion al fin de la calma debia ser en las inmediaciones del
meridiano de cabo Claro ó algo al E. Se debe tener presente
que navegando hácia el canal despues de la calma tuvo todavía
que vencer la misma corriente adversa, y probablemente hasta
30 ó 40 millas ántes de ver el cabo Lizard.

Que su situacion durante el tiempo en que estuvo bajo la influencia de la corriente fuese un grado mas ó ménos hácia el E.,
el hecho se dirige al mismo objeto principal; pues una embarcacion al cruzar la corriente de cualquier modo que este situada
ha de ser llevada fuera de su estima, y por lo tanto puesta en peligro, caso que en seguida suceda un tiempo cerrado que les
estorbe situarse por medio de una observacion de latitud.

La idea que tiene de la márgen E. de la corriente es digna
de notarse, pues tomada en sentido general se acerca á la verdad

(*) Puede ser 30 ó 35 leguas al O. de Ouessant, y en cerca de 100
brazas.

siendo la de que inmediato al paralelo de 49° se acercó al Meridiano de Ouessant. Y con respecto á la direccion de la corriente, que él llama una entrante Norte, ciertamente concluyo que corría hácia este rumbo dentro del canal de San Jorge bordeando la parte O. de *Ouessant y Land's End.* ó cabo Extremo, y el efecto de dicha corriente en su buque fue sin duda tal que confirmó aquella creencia igual con la de aquellos que tuvieron conocimiento del asunto solamente limitada al mero efecto de llevarlos al N. de las Sorlingas y á la embocadura del canal de Bristol.

La noticia contenida en esta relacion no es concluyente para determinar la existencia y fuerza de la corriente. El comandante del navío de la India Occidental dicen que hizo muchos viages á quella parte del globo de ida y vuelta; y aunque por su narracion manifiesta haber sido un hombre observador, sin embargo ignoraba la existencia de ella hasta que ocurrió el caso que se acaba de manifestar. Esto es suficiente para demostrar de un modo convincente que la corriente no existe con toda su fuerza sino en ciertos intervalos, y por lo tanto obra de un modo mas peligroso. Si hubiese prevalecido constantemente como la que se experimenta al rededor del cabo de Buena Esperanza &c., no podia ménos de haberse observado, y en su consecuencia pocas ó ningunas desgracias se hubieran seguido; pero notándose casualmente estos efectos, se consideraron como meras casualidades originadas del viento y del tiempo, como en otras partes del mar, y no de resultas de una causa fija siempre obrando aunque en muy diferentes grados, pues nadie en aquella época habia reunido los datos suficientes con la mira de examinarlos y de compararlos. Algunos á la verdad lo atribuyeron á la entrante del canal de Bristol, sin considerar que si tal causa existia era dificil concebir cómo podia suspenderse y por qué no habia de obrar en todos tiempos.

Antes de ahora parece que nuestros antiguos navegantes habian entrado en el canal de la Mancha por un paralelo mas al S. de lo que lo habian hecho posteriormente, porque aun cuando ellos estuviesen ignorantes de la verdadera causa del estorbo en su derrota, sin embargo muchos creyeron que habia una entrante (como así la llamaban) en el canal de San Jorge; de modo que uno de los efectos de la corriente, es decir, la direccion N. ya les era conocida, aunque no entendieron la causa; y por decontado no podian saber cuando obraba; pero tambien he oido á varios oficiales de Marina hace ya tiempo ,, que

no sabian á que atribuir la causa de decaer tanta distancia al S.
al recalar á la costa viniendo del O." pero jamas que hubiese la
menor sospecha de que la corriente se dirigiese al O.

La idea de una entrante N. en el cabo de San Jorge (la cual
se puede aplicar igualmente á la corriente al O. de las Sorlingas)
se halla claramente manifestada en una obra que publicó el Capitan *Josef Meade* *en* 1757, la cual no llegó á mis manos sino posteriormente. El Capitan Meade hace primero relacion del
caso del buque *Hope* de Liverpool, viniendo de la costa de
Guinea á dicho puerto en Noviembre de 1735 (prefacio página
3ª) donde dice:

„ Habiendo tenido una buena observacion, por la que hallaron franqueado el canal de Irlanda ó de San Jorge, el viento continuó soplando fuerte entre el S y O.; pero mas principalmente del S. No habiendo hecho ninguna otra observacion
de la latitud durante seis dias, en cuyo tiempo llevaron vela
constantemente, esperando por la estima recalar sobre cabo Claro; pero al dia siguiente cayeron sobre las Blasquets (islas y
peñas situadas) en la latitud de 52° 10', ó cerca de 48 millas al
N. y un grado de longitud al O. de cabo Claro."

En otra parte (pág. 10) dice que los buques mercantes de Bristol, que recalan sobre cabo Claro en sus viages de vuelta de las
Indias Occidentales, dirigen su rumbo desde dicho cabo, con
viento largo, á la costa alta cerca de *Padstow*, que es la tierra
que eligen como reconocimiento para ir á la entrada del canal de
Bristol. Que al estimar esta derrota rebajan 4 ó 5 grados
en la demora para compensar la entrante en el canal de San
Jorge.

Este ángulo daria como unas 13 ó 14 millas náuticas; siendo
probable que es lo que hallaron por la práctica ser la velocidad
general de la deriva norte (*).

Continuando, dice, que la seguridad de las embarcaciones,
despues de que encuentran sonda hasta llegar á las Sorlingas depende en hacer la misma rebaja que hacen los mercantes de
Bristol en el otro canal; añadiendo que la experiencia les dicta
que desde el principio de las sondas en latitud de 49° 30' N.

(*) Aunque no pudiesen saber en aquel tiempo la verdadera latitud de
cabo Claro, sin embargo se puede suponer con bastante razon que sabian
la cantidad de la diferencia de latitud entre dicho cabo y la tierra de
Padstow, como que era muy necesaria para su intento, y tan fácil de ob-
tenerla.

hasta llegar á las Sorlingas, en tiempo bonancible, habian encontrado la corriente N. ser de 6 á 8 millas en las 24 horas.

Por lo tanto el hecho de la direccion de la corriente hácia el Norte era indudable, aunque sin ninguna sospecha de la que se dirige al O.

No será fuera de propósito el decir aquí, aunque acaso no tiene relacion con la corriente de que se trata, sino materialmente con la seguridad de la navegacion entre el canal de la Mancha y Dublin, lo que el Capitan *Evans*, muy experimentado en la navegacion del mar de Irlanda, comunicó al autor y es

Que todo navegante en su viage desde cabo Extremo hasta Dublin se encuentra mas ó ménos abatido hácia el E. mientras sube el canal de San Jorge : siendo esta la causa de que tantas embarcaciones sean llevadas á la bahía de Cardigan, donde en tiempo borrascoso y con vientos del O. muchas han perecido ; atribuyéndolo con fundamento á la direccion de una corriente al NE.(*)

Corrientes en la parte oriental del Océano Atlántico entre los paralelos de cabo Finisterre y la costa de Guinea.

Entre los cabos Ortegal y Finisterre y lo mas NO. de las islas Azores la tendencia general ó direccion de las aguas parece ser hácia la parte del S., lo que sin embargo no es una ley tan constante que no varíe al E. y O. y aun al NO., segun el viento las agita á uno ú otro lado.

En las Azores el movimiento general del mar se dice ser al S. y SSO.

En Setiembre y Octubre de 1775 los oficiales del navío de guerra el Liverpool observaron en la latitud de 45° 43 N. y longitud 15° 2' 30'' una corriente que se dirigia al S. de 12 á 15 millas por dia, la que continuó hasta que avistaron la isla de

(*) Por noticias posteriores parece que las aguas en el golfo de Vizcaya corren del NO. y del O., llegando á veces hasta el paralelo de 47°, suponiendo que algunas veces se forma un remolino por la parte exterior de las aguas que el golfo descarga al NO., dando vuelta al O. y siguiendo al S. y SE. miéntras que la parte interior desagua al NO. y ONO... Po cuya razon se puede concluir que cuando el volúmen de agua recibido, y por consiguiente la velocidad es muy grande, el remolino á la izquierda ó al O. es llevado mas al NO., y al contrario cuando es menor.

Cuervo, cuya longitud observada por distancias lunares convi-
no en 12 millas con la establecida para esta isla.   Este mismo
buque en 18 de Octubre, y en la latitud 2° 4', y longitud 10° 8
al O. de la isla de Cuervo, demorando esta con corta diferencia al S. 75° E., distancia 154 leguas estando la mar muy llana
de repente fue agitada con un oleage corto é ir
guna mudanza ó aumento de viento) del mismo m
cede por lo general cuando se encuentra un hilero de
En efecto al dia siguiente se halló que el navio est
llas al S. de la estima.   Esta corriente continuó ha
de Octubre, hallándose entónces el buque en latitud
y longitud 13 30' O. del Cuervo, ó 38° 25 30" O.
deduciendo por consiguiente que la corriente se dirig
O. con la velocidad de 1¼ milla por hora, se debe c
tante en estos resultados, respecto á que este buque te
observaciones diarias y tiempos bonancibles que a
alterar mucho su estima.

No se puede manifestar con mas energía el efect
duce esta corriente, que se dirige al SE., sino es da
de la catástrofe sucedida al navío de la Marina Real
terra el Apolo, su Capitan *J. W. T. Dijon*, el 2 d
1804. El Apolo, con convoy de 69 velas para las
cidentales, salió de la ensenada de Cork el 26 de
viento bonancible, el que arreciando despues, gob
OSO. hasta el 31 del mismo, que el viento cambió
El 1.° de Abril observaron la latitud de 41° 51' N.
estima 6° 11' 30". A las 8 de la noche se llamó el vie
aumentando su fuerza hasta llegar á ser un temporal
mar.   El convoy se mantuvo al SSE., y á las 3½ de
del dia siguiente varó dicho navío sobre la costa d
por latitud de 40° 22' 3½ leguas al N. de cabo Mond
pitan Dijon, y como unos 60 hombres del Apolo, p
intentar coger la tierra; el resto de la tripulacion
dos dias sin alimento agarrados á un fragmento del
dido.   Casi 40 de los mercantes naufragaron al mism
algunos de ellos se fueron á pique con todas sus tripul
la mayor parte perdieron varios hombres.   Este lame
ceso se ha atribuido á la falta de observaciones cronos
á la consiguiente ignorancia de la direccion de la cor
debió ser muy fuerte, la cual por toda la costa de P
rece que se dirige casi en la misma direccion de ella
El 25 de Octubre de 1810 el bergantin Rebuff,

remo... ... lancha cañonera del servicio de Cádiz, la hizo separar... ...ento fuerte de dicho bergantin estando en la latitud de 39° 44' y longitud 3° 20' 33'' O., quedando por consignuiente la referida lancha á la merced de la corriente. En 19 de Noviembre siguiente la balandra de la Marina inglesa Columbina, cruzando á 8 ó 9 millas al O. de la literna de Cádiz vió á esta lancha á sotavento, que 25 dias ántes se habia separado del bergantin por el temporal. La distancia trascurrida por la lancha fue con corta diferencia de 350 millas ó 14 por dia, llevada principalmente por la corriente, habiendo variado el viento durante este tiempo, que casi hizo la deriva negativa, ó si en algun modo positiva, seria contra la direccion de la corriente. Este hecho creemos fue dado al público por primera vez en el *Quarterly Review* de Enero de 1806.

El Capitan *Sir Erasmo Gower*, ahora Almirante, hizo observaciones sobre la direccion de las corrientes hácia el golfo de Vizcaya y estrecho de Gibraltar en 5 viages á la isla de la Madera; y concluye que la direccion mas general es al SE., y la velocidad media cerca de 11 millas por cada 50 leguas.

El Sr. *Roberto Bishop* en 1776 observó que en esta parte del Océano la corriente se dirigia entre el SE. y S.; y despues de hacer algunas correcciones precisas, consideró que su velocidad era de 8 á 10 millas en cada 100, con un mediano navegar. Otros experimentos se han hecho tambien, los cuales dan casi el mismo resultado; y las observaciones del Capitan *Guillermo Bligh* á bordo del navío Director por los meses de Setiembre y Octubre de 1799 corroboran la verdad de estas observaciones, demostrando que aunque en estos meses las corrientes son muy variables, se dirigen por lo comun al S., no obstante que predomina la direccion entre el S. y SE.

El Sr. *Erasmo Gower*, yendo á Tenerife, observó una corriente constante que se dirigia al S. á razon de una milla por hora, igual á 22 millas en la distancia entre la Madera y aquella isla.

El Capitan *Mackintosh*, del navío el Indostan, en 20 viages que ha hecho á esta costa experimentó por repetidas y buenas observaciones que la corriente desde los 39° de latitud hasta las Canarias se dirigia al ESE., hallándola mas fuerte á la entrada del Mediterráneo ó estrecho de Gibraltar; y en uno de sus viages computó su velocidad por medio de cronómetro de 40 millas próximamente por dia; que esta corriente se inclina mas al S. al paso que se aproxima á las Canarias, y chocando en la costa de Marruecos toma distinta direccion en las inmediaciones nes de cabo Bojador; y que desde un punto indeterminado cerca de tierra una parte de la corriente se dirige al N. hácia el estrecho de Gibraltar, y la otra corre al S.

El Sr. *Jaime Erey Jackson* en su apreciable noticia del imperio de Marruecos (*) dice que la costa entre las latitudes de 29° y 82° N. es un pais desierto, interpolado con grandes montañas de arena suelta, las que de tiempo en tiempo son llevadas por el viento en varias formas, é impregnan de tal conformidad el aire por espacio de muchas millas hácia la mar que dan á la atmósfera una apariencia de tiempo nublado ó auturbonado, y los navegantes no teniendo noticia de esta circunstancia no sospechan hallarse próximos á la tierra, hasta que descubren las rompientes de la costa, la cual es tan baja en algunas partes, que una persona puede andar una milla mar afuera sin que le pase el agua de las rodillas; de modo que las embarcaciones varan á una considerable distancia de la playa: añádese á esto que hay una córriente que va del O. hácia esta costa con una fuerza y rapidez increible, la que siendo ignorada del navegante acaso durante la noche, y cuando se cree por su estima libre de la costa de Africa en su navegacion al S., se encuentra con las rompientes del bajo fondo, y ántes que tenga tiempo de libertarse del peligro se halla varado en una costa desierta, en donde no se halla habitacion ni persona humana, sin quedarle otra alternativa que perecer defendiéndose de una cuadrilla de árabes salvages, ó de someterse al cautiverio; porque al instante que un buque encalla, estos árabes errantes desde las montañas de arena perciben los palos, y sin bajar á la playa se van dando noticia de naufragio á sus camaradas, acaso 30 ó 40 millas distante; estos inmediatamente se juntan, armándose con puñales, escopetas y garrotes; algunas veces se pasan dos, tres ó mas dias ántes que aparezcan en la costa, en donde la tripulacion aguarda la alternativa acostumbrada, que es la de entregarse ántes de perecer de hambre, ó arrojarse al mar.

Para reasumir la descripcion de las corrientes citaré los de Mr. de Fleurieu en sus admirables ilustraciones sobre el viage de Esteban Marchand al rededor del mundo; este sabio los cual

(*) Publicada en Lóndres en 4° en 1809: véase tambien la narracion del naufragio y cautiverio de Mr. Brisson en 1757, y la de Roberto Adams en el buque americano Charles Juan Orlom, patron en 1810.

dado muy particularmente de manifestar la direccion de las corrientes en todo el viage, y sus observaciones confirman los hechos ya descritos. En dicha obra Mr. de Fleurieu manifiesta que en un viage que hizo á fines del año 1768 y principios de 69 en la fragata Isis, desde Cádiz hasta Tenerife en derrota directa, y con un viento costante del NE. al ENE. tuvo la proporcion de fijar el efecto de la corriente, la que se dirige hácia el E. todo el tiempo que una embarcacion se mantiene navegando en el espacio de mar comprendido al O. del estrecho de Gibraltar, y á poca distancia de él. Durante los 4 dias empleados en este viage el tiempo claro le permitó hacer observaciones diarias para determinar la longitud del buque por medio de los cronómetros de Fernando Berthoud, cuya marcha habia sido determinada en Cádiz ; y comparando todos los dias el progreso de la embarcacion hácia el O., deducido de las observaciones con el indicado por la estima, dió los siguientes resultados.

Dias.	Direccion y cantidad de la corriente.
1.º . . . al E	11¼ millas.
2.º . . . id	12¾ id.
3.º . . . id	9¼
4.º . . . id	1 minuto.

Y habiendo llegado á la latitud de 31º la corriente dejó de ser perceptible. De lo que resulta que durante los tres primeros dias el movimiento comunicado á la embarcacion hácia el E. por la corriente fue de 33⅓ millas, y por un promedio cerca de 8 millas en 24 horas. Las cantidades que habia sido llevado el buque en el mismo intervalo de tiempo hácia el S. ó N., casi se equilibraron porque fueron 8¾ millas al S. y 6¼ al N.

El buque del Sr. Marchand, nombrado el Solidé, dejó el cabo Espartel el 29 de Dicimbre de 1790 demorándole al S., y avistó el pico de Tenerife el 5 de Enero de 1791 al S. 6º½ E. cerca de 35 leguas. En este intervalo de tiempo se halló que la corriente habia llevado á esta embarcacion 39 millas al S. 77º E. igual á una deriva media de 5,8 millas por dia.

Desde el 5 hasta el 0 de Enero inclusive, en que el buque se hallaba en la latitud de 21º 24′, y longitud 13º8′30″, se encontró que la corriente habia llevado el buque 50¼ millas, con direccion al S. 76º 15′ E.; ó lo que es lo mismo, 12⅔ millas en 24 horas.

Entre la latitud 21º 24', longitud 13º 8' 30" y la isla de Mayo, la embarcacion fue llevada por la corriente en el intervalo de 5 dias 35¼ millas al O. 30º45'S. ó 7,1 millas en 24 horas.

El Solidé salió el 18 de Enero de Puerto Praya en la isla de Santiago, siguiendo su derrota aácia el cabo de Hornos; y aunque no se pudo hacer ninguna observacion de longitud, se halló despues por las de latitud, comparadas con la estima, que en el intervalo desde el 28 hasta el 31 de Enero la embarcacion habia sido llevada hácia el N. 50,' á razon de 16¾ millas en 24.

Si se examina la costa se verá que en el intervalo dicho el buque experimentó una fuerte corriente del S., precisamente cuando se hallaba navegando en la parte del océano en donde las aguas estan mas reducidas entre los dos continentes. Es bien sabido que en las costas del Brasil y de la Guayana, desde el cabo San Roque hasta las Antillas, las aguas tienen un constante movimiento del SE. al NO., declinando mas ó ménos hácia el O., segun la direccion de la costa. (1) Como no se hicieron ningunas observaciones de longitud desde la salida del puerto Praya, no se puede saber si la corriente que se dirigia al N. lo hacia al mismo tiempo al E. ó al O. Se puede presumir que su direccion fue mas bien hácia el último rumbo: 1.º porque es evidente que las aguas entre los trópicos tienen una tendencia general del E. al O., y 2.º porque las observaciones que se hicieron el 6 de Febrero siguiente estando en la latitud de 5º39'S. y 19º 20' 30" de longitud O., indicaron que desde el 18 de Enero hasta el dicho dia 6 de Febrero el progreso de la embarcacion hácia el O. habia sido cerca de 21 leguas del deducido por la estima.

En Junio de 1792 el Solidé volvió al O. y al N. de las Azores, y en el paralelo de 41º 42' á la distancia como de 2º al N. de la isla del Cuervo hubo una corriente en un dia de 9 millas al S. 29º E., y siguiendo desde alli hácia Lisboa parece que experimentó otra en 3 dias de 27 millas al O. 19º S., igual á 9 millas por dia. Pero en los 6 dias siguientes desde la parte del NE. de las Azores hasta cabo San Vicente la

_____

(1) Mas adelante se manifiesta por la derrota del descubridor del mando del Capitan de Navio D. .... siempre en las inmediaciones de estas costas ...... corriente al NO.

corriente corrió 74' al S. 64º 30' E. igual á 12'3 por dia, y entre los cabos de San Vicente y Espartel en 1¼ dia halló una corriente de 30 millas al E. igual á 17¼ minutos por dia, cuya direccion era hácia el estrecho de Gibraltar.

No se ha averiguado todavía hasta donde se extiende al S. en el Océano Atlántico la corriente del E.; pero el siguiente hecho puede contribuir á manifestar sus límites.

El 19 de Octubre de 1815 *el Capitan Coulson*, que lo fue del navío Port-Royal, recogió una botella que halló sobre la punta SE. de la Inagua cerca de la isla de Cuba. Dicha botella contenia la siguiente inscripcion: *Esta botella fue arrojada al mar desde el buque William Manning de Lóndres en la latitud de 35º y longitud 8º 8' 30'' O. el dia 9 de Setiembre de 1810.==Tomas Huskisson.==Esto se ha hecho con intencion de reconocer la corriente: á cualquiera que la recoja se le suplica lo haga saber al público.*

De lo que resulta que durante el intervalo de 5 años la botella fue impelida desde el paralelo de 35º hasta el de 21º, y desde la longitud 8º 8' 30'' hasta la de 66º 47' 30''; pero no sabemos sus verdaderas derrotas ni la duracion de ellas: habiéndose encontrado en una punta de tierra, podia haber sido llevada allí en un corto espacio, ó haber tardado años en atravesar el Océano antes de llegar á la orilla: probablemente pasó al E. y S. de las Canarias, siguiendo toda la costa de Africa, desde donde tomó una direccion al O. Este incidente es digno de imitarse con frecuencia, como que de él pueden sacarse muy importantes deducciones; y seria de desear que los buques de todas naciones que naveguen con conocimiento exacto de su longitud repitan con frecuencia estos experimentos, que cuestan tan poco, y pueden producir tantas ventajas.

Corrientes en la costa de Guinea.

El Mayor Rennell, á quien los navegantes deben estar muy agradecidos por sus escritos apreciables sobre las corrientes &c.[*], ha demostrado (particularmente por los diarios del navío de la India Real Carlota en 1793), que una corriente se dirige hácia el E. por toda la costa de Guinea, la que es una continuacion

[*] Véanse las Transacciones filosóficas, Viages del desgraciado Mr. Mungo Park, y las noticias de la Compañía establecida para explorar el interior de la Africa &c.

de la que corre por la costa ya descrita, separándose de ella,
y siguiendo casi en la direccion de su placer al SE. y al E.; y
en el meridiano de 4° 42′ 30″ O. se dirige al ESE á razon de
25 millas en 24 horas, creciendo su fuerza enfrente del cabo
de Palmas, desde donde toma su direccion al E. á razon de
40 millas por dia. En la altura de cabo de Tres puntas, y desde este hasta el seno de Benin corre desde 30 hasta 15 millas;
desde cuyo punto decreciendo hácia el SE. continúa disminuyendo su fuerza, inclinándose hácia el S. pasado el cabo de
Lopez Gonzalvo, desde donde vuelve al SO. entre los paralelos
de 6° y 8° al S. de la línea.

Cuando prevalece el viento hármatan(*) es natural que in-
terrumpa el curso de la corriente, cuya existencia hace tiempo
que se ha confirmado incontrastablemente. Próximo á cabo Mon-
teo la corriente corre hácia la costa. En la parte O. del de Palmas se dirige á lo largo de ella con tal violencia al SE., que la
embarcacion que no gobierne con esta precaucion será alejada
de la costa. En las inmediaciones del cabo Tres puntas corre
tambien con fuerza hácia el E., y frecuentemente se dirige en
derechura sobre los arrecifes que hay inmediatos á este cabo.
Al E de él la corriente ha llevado á muchos marinos prácticos
que iban con destino á cabo Costa y á Annamaboe á sotavento de dichos puertos, ocasionándoles mucho trabajo en volver-
los á ganar. Cerca del cabo Formoso en los meses de Julio y
Agosto se ha hallado tambien que la corriente corre con fuerza
hácia el E.

Sin embargo de esto se dice que las corrientes son variables
en la costa de Granos, dirigiéndose algunas veces al NO., y por
lo comun entre el N. y el E., cruzando el golfo desde cabo de Palmas hasta el de Lopez Gonzalvo, y que particularmente desde
la costa comprendida entre la latitud de 2° N. y 1° 0′ 2° S. la
corriente por lo general se dirige con fuerza hácia el O., especialmente cuando el sol tiene una grande declinacion N.

(*) Tanto en la costa de Oro como en la de Barlovento reina durante los meses de Diciembre, Enero y Febrero un viento E. que los
naturales llaman hármatan. Este viento empieza á soplar indistintamente
á cualquiera hora del dia, tiempo de la marea, época de la luna, y continúa
algunas veces solo uno ó dos dias, otras 5 ó 6, y se ha conocido durar hasta 15
y 16 dias. Hay generalmente tres ó cuatro retornos de este viento en cada
estacion; y sopla con una fuerza moderada.

En una descripcion de la isla del Principe en el golfo de Guinea, hallada entre los papeles del difunto Gefe de Escuadra D. Josef Varela, se encuentran estas expresions : ,, En la isla del Príncipe y en sus cercanías por lo general corren las aguas para el N., cuya circunstancia debe tenerse presente para recalar sobre ella y dirigirse al fondeadero ; hay tambien corrientes para el S., aunque ménos fuertes y de ménos duracion : los prácticos del pais atribuyen estos fenómenos á las diferentes fases de la luna ; pero nosotros hemos experiementado que no guardan un período fijo y constante." En otra parte dice : ,, En la travesía del cabo de Lopez Gonzalvo á la isla del Príncipe es muy regular dirigirse la corriente al NO."

D. Vicente Tofiño mandando la fragata Lucia salió de Cádiz para Mogador el 27 de Abril de 1785, y el 1.º de Mayo ántes de medio dia llegó á este último puerto ; el 5 del mismo dio la vela de él, y el 8 por la mañana fondeó en Cídiz de regreso : á la ida halló que la corriente habia llevado el buque en 4 dias 21¼ millas al S. 18° 15'E., y á su vuelta 39 millas al S. 49¼°O. : esta variedad de corriente indica que no siempre las aguas se dirigen al segundo cuadrante, y que en ellas hay una variedad cuya causa desconocemos.

El difunto Brigadier de la Armada D. Cosme Churruca salió de Cádiz el 15 de Junio de 1792 para el reconocimiento y situaciones geográficas de las islas Antillas y Costafirme. Estableció su punto de partida á las 3½ de la tarde en latitud 36° 29' 25'', y en longitud 0°6' 40'' O. ; en su diario dice ; ,, Es cosa bien sabida entre nuestros marinos que en el saco de Cádiz (*) hay una corriente perpetua para el E. ; mas como en la inmediacion de la costa deben sentirse necesariamente los efectos de la marea, puede y aun debe modificarse su direccion : desde que establecimos nuestro punto de partida ya iba declinando la fuerza de la vaciante ; pero como en las primeras horas de la noche no pudimos alejarnos de la costa, fue preciso que sufriésemos toda la fuerza de la marea entrante que iba para el N. ; y esta parece la causa de que hubiésemos experimentado una corriente al NE., pues esta que se dirige al Estrecho, combinada con la marea, debia con corta diferencia producir el efecto en dicha direccion. Desde nuestro punto de partida hasta el medio dia del 16 continuó su navegacion con vientos variables

(*) Se llama saco de Cádiz la costa comprendida entre el cabo Santa María y cabo Trafalgar.

hasta el 21, que se fijó por el NNE., deduciendo que en 24 horas desde el 21 al 22 la corriente se habia dirigido al S. 42°E. 9¾ millas; aunque por la incertidumbre de su estima y variedad de viento es de opinion que pudo haberse contraido este error sin corriente alguna, siendo su situacion al medio dia del 22 30° 18' 51" y longitud 8° 59' 21" : su direccion era situar el islote salvage, que en efecto vieron en la tarde del mismo dia 22, y en este punto hace las reflexiones siguientes. ,, El error absoluto de la estima en longitud era de 34'6" ; la suma de todos los contraidos en la latitud debia de ser despues de varias compensaciones de 3'45" para el N. ; luego el desvio total del buque respecto de ella durante la travesía fue 34'6" en longitud para el E. y 3'45" para el S. como si se hubiera experimentado una corriente diaria de 4 millas al S. 82°35' E. La estima de los pilotos seguida con corredera de 48 pies ingleses de nudo á nudo y ampolleta de 30" (*) estaba adelantada al buque 57'25" en longitud, y la suma de sus errores en la latitud era de 8' 39" hácia el S. : segun esta corredera el desvío total del buque en la travesía resultaba de 47,8 millas ó 7 millas diarias al N. 79° 45. E. Se ve pues que la corredera geométrica de 50 y ⅔ pies ingleses indicó mejor la derrota verdadera del buque á la recalada al islote salvage situado por Mr. Verdun, y que si tuvo algun error fue por exceso, y no por defecto, como se opina comunmente. Este exámen no es suficiente para decidirse en favor de la corredera de 50 y ⅔ pies ; pero es por lo ménos una prevencion en su favor, y una prevencion no mal fundada, habiéndose navegado en mares donde no hay corriente conocida, y con todas las precauciones imaginables para que no se atribuya á compensacion de errores la buena recalada de la estima."

Desde la latitud de 27°32'45" N. y 11°55'45" de longitud O. de Cádiz el 2 de Julio tomaron nuevo punto de partida. El 6 por la noche cortaron el trópico de Cáncer por 22°39' de longitud sin haber hallado error sensible en la estima. El 8 tampoco lo notaron ; la briza era fresca, observando que tenia su mayor fuerza cuando el sol estaba en el meridiano así de noche como de dia. Este fenómeno, que sucedió tambien en los dias

(*) Tenia yo mandado á los pilotos que las distancias indicadas por la corredera de 50 y ⅔ pies ingleses las redujesen á las que deberia señalar si no tuviese mas de 48: el objeto era examinar si esta corredera, recomendada por Mr. de Bordá, indicaba mejor las distancias navegadas que por la de 50⅔ pies ingleses.

siguientes, es precisamente contrario al observado mientras estaba el sol por la parte austral de nuestro zenit; y segun la teoría general de los vientos parece que la briza debería refrescar al paso de este astro por el meridiano en todos casos, á excepcion de aquel en que su declinacion fuese igual á la latitud del observador. Convendria pues que todos los navegantes anotasen en sus diarios las épocas y circunstancias de la máxima y mínima fuerza de estos vientos generales, pues tales observaciones, repetidas muchas veces, nos darian acaso conocimientos que no tenemos.

El 10 experimentó una corriente de 1,1 milla por hora al N. 49° 15′ E. contada en 2 dias, teniendo el cuidado de echar la corredera muy á menudo y siempre que se variaba de aparejo. Su derrota continuó al S. 64° O.: del 10 al 12 experimentó igualmente una corriente al N. 31° 40′ E. de cerca de una milla por hora; y desde el medio dia del 12 hasta el del 14 se habia desviado el buque 44¼ millas al NE. Al medio dia del 15, 17 millas al N. 21° O. A las 3 de la tarde de este dia notaron un escarceo y hervidero de mar tan extraordinario que parecia una rompiente; pero no hallaron fondo con 150 brazas. Este fenómeno, que parece una prueba incontestable de la existencia de una corriente contraria á la direccion del viento, justifica las consecuencias producidas por la comparacion de la estima con las observaciones; y otros semejantes á este habrán dado motivo á pensar en bancos y vigías que acaso no existen. El 16 á las 10 de la mañana se hallaban en latitud 13° 56′ y longitud 47° 49′ 29″, en cuyo punto observaron que la mar mudaba de color como si contuviese tierras arrastradas por los rios, ó como si estuviesen en sonda. Estaban 128 leguas al E. de la medianía de la isla de Santa Lucía, 150 al NE. de las bocas del Orinoco, y 20 al N. 46° 50′ E. de la vigía que se representa en la carta francesa de 1786 bajo el nombre de Fonseco, situada en 13° 15′ de latitud y 48° 33′ 45″ O. de Cádiz. Siguió sin alterar su derrota, que era pasar de 5 á 7 leguas de esta supuesta vigía, persuadido que el color de la mar que notaban podia provenir de las arenas y tierras que arrastra el Orinoco, particularmente en aquella estacion de continuas lluvias. Sin embargo al anochecer sondearon, y con 120 brazas no hallaron fondo. Dice Churruca que el color de sonda en el agua del mar se encuentra siempre en la misma latitud y longitud, y que no varian de posicion sus límites; porque ademas de haberse asegurado de ello por varias noticias, el derrotero ingles del año de

1782 (*The compleat pilot-for the Leward Islands*) en la descripcion que hace de la isla Barbada dice tambien que dicho fenómeno se halla de 70 á 80 leguas al E. de la referida isla, y que no se encuentra sonda aunque parece haberla. Al medio dia del 17 encontró que en las 48 horas anteriores se habia desviado el buque de la estima 43 millas para el NE. El dia 18 por la tarde vieron la isla de Tábago demorándoles al S. 55º O. En el recalo á esta isla halló que la estima estaba adelantada al buque 2º13'45", que en este paralelo hacen 43½ leguas, y D. Cosme Churruca hace las reflexiones siguientes. „ Hemos visto la cantidad en longitud que la estima se hallaba adelantada al buque: el progreso en latitud estimado desde el dia 2 que dejamos la isla del Fierro es mayor que el observado en 2º30'43"; pero no habiéndose notado error sensible en latitud ni en longitud hasta el dia 8, resulta que en el intervalo de 10 dias entre los paralelos de 21º 45' y 11º44', y los meridianos occidentales de Cádiz 27º13' y 53º33', fue el buque 2º48'27" al N. y 2º27'45" al E. de la estima, ó 71½ leguas, como si se hubiera experimentado una corriente de 21¼ millas diarias hácia el N. 38º E. Este grande error no puede atribuirse á negligencias de la estima, por las razones que tengo expuestas, ni á su insuficiencia, pues se sabe que una corredera de 50½ pies ingleses entre nudo y nudo no debe medir distancias mayores que las navegadas; por consiguiente es preciso concluir que hemos experimentado una corriente constante y poderosa que nos llevaba al NE.

„ La estima de los pilotos calculada por expresa órden mia, por corredera de 48 pies ingleses, tenia este dia un exceso de 4º33'12" en su longitud, y contando s   los errores contraidos desde el dia 8, resultaba haberse adelantado en diez dias 3º23'45" en longitud y 3º13'23" en latitud; por consiguiente resultaba haberse desviado el buque de ella 71½ leguas al N. 45º20' E., como si la fuerza de la corriente hubiera sido de 27⅞ millas por dia. Se ve pues que es ménos verosímil este error que el hallado con la corredera geométrica; y parece preciso concluir que la de 48 pies ingleses ó 45 franceses recomendada por los Sres. Bordá, Verdum y Pingre (Memorias de la Academia Real de Ciencias de Paris del 1773, pág. 34) no mide las distancias navegadas con mas precision que la otra, si en su uso se tiene el cuidado de destruir con la mano la friccion del carretel,.que es la causa principal de señalarlas cortas.* Mas

(*) Las fragatas Isis y Flora atravesaron este golfo, la primera en Abril de 1769, y la segunda en Febrero de 1771, ambos meses en que

adelante nos hallarémos en estado de juzgar con mas seguridad sobre este artículo, pues no tenemos aun suficientes datos para decidirnos.

,, Es sin duda cierta (dice Churruca) la existencia de una corriente para el O. en la Zona Tórrida: la accion de la luna debe necesariamente producirlas; y lo acredita la experiencia continua de tantos navegantes que han recalado á las costas de la América adelantados á sus estimas. La accion continua de los vientos orientales debe cooperar tambien; y fuera una temeridad oponerse á una opinion tan justamente establecida y tan generalmente adoptada; pero mis observaciones son ciertas, mi estima circunspecta y prolija, no se puede dudar que hemos experimentado las corrientes para el NE. : el hecho es cierto; pues veamos cómo pueden conciliarse unas experiencias que aparecen tan contrarias.

,, Desde el mes de Mayo hasta el de Noviembre las lluvias son continuas y copiosas en el continente de América como en sus islas; por cuya razon crece considerablemente el caudal de los rios y su cantidad de movimiento: el número de estos rios es muy grande, y su accion compuesta debe ser muy considerable en las aguas del Océano; puede por consiguiente ser esta la causa que destruye la corriente equinoccial, y hacerse aun sentir en una direccion contraria; lo cual no aparece inverosímil al ver que el Orinoco aleja sus arenas á distancia de 150 leguas, pues la trasmision del movimiento debe ser mas fácil y llegar mas lejos que la traslacion de unos cuerpos que deben sumergirse por su peso y sufrir una resistencia continua. Por otra parte, como estos meses de grandes lluvias son precisamente los de los huracanes, y la mala estacion en que se navega poco, es consiguiente el haber experimentado pocos las corrientes producidas por los rios; y al contrario, como los meses de la gran navegacion por estos mares son aquellos en que no llueve, ni tienen fuerza considerable los rios de la América para poder

no hay lluvias en las islas y continente de la América. Recalaron una y otra á Martinica adelantadas á sus estimas; pero con un error muy corto, y mucho menor del que debia producir la corriente equinoccial estimada de 3 leguas diarias. Si hubieran usado de la corredera geométrica de $50\frac{2}{3}$ pies ingleses, sus estimas estarian mas atrasadas; pero hubieran indicado mejor la accion de la citada corriente y el camino que habian hecho por sola la impulsion del viento, como lo confiesa el mismo Mr. Fleurieu, (tomo 1, páginas 385 y 386), culpando á los pilotos de su fragata por el uso de una corredera que tenia ménos distancia de la que corresponde entre nudo y nudo.

destruir la corriente equinoccial, es consiguiente que el mayor número de navegantes experimenten las aguas para el O. Si las razones precedentes explicasen de un modo satisfactorio los fenómenos observados, resultará que desde Noviembre hasta Mayo deben experimentarse las corrientes para el O., y para el NE. en los otros meses del año."

Las tablas adjuntas podrán servir de ilustracion á esta materia, por estar hechas con buenos cronómetros, y haber puesto un cuidado extraordinario en la estima : es de desear que los navegantes con iguales medios nos faciliten otras muchas; pues un gran número de ellas podrán prestar auxilios, y decidir con mas acierto un punto tan interesante á la navegacion.

Direccion de la corriente en la derrota que hicieron las corbetas Descubierta y Atre-
vida de la Marina Española desde su salida de Cádiz el 30 de Julio de 1789 hasta
rebasada la linea equinoccial, haciendo uso de la corredera dividida en 50⅔ pies
ingleses y ampolleta de 30 segundos.

1789. Epocas.	Lugares donde se verificó la observacion.		Vientos.	Rumbo de la corriente.	Velocidad diaria.
	Latitud.	Longitud.			
Julio.					
30..	36° 28' 00	0° 12'2 0''	Del NNE. al NE. fresco.	S. 68° 00' O.	26,2
31..:	34 35 45	2 53 47	- - idem. - - idem. - - idem.	N. 21 20 E.	3,45
Augusto.					
1..	32 59 19	4 57 9	Del N. al NNE. - - idem.	S. 50 30 O.	30,5
2..	31 00 54	7 40 37	Idem. - - idem. - - -	S. 47 40 O.	16,8
3..	28 53 30	9 44 0	NE. fresco. - - - -	S. 3 10 E.	10,65
4..	25 48 38	10 45 21	NE. S. y NO. vario. - -	S. 69 00 E.	35,40
5..	23 20 8	11 7 27	Del N. al NO. galeno. - -	S. 24 30 O.	21,20
6..	21 10 40	14 0 45	Del NNO. al NE. frqto.	S. 19 30 E.	19,1
7..	19 4 10	14 10 54	Variables flojos. - - -	S. 15 50 O.	22,60
8..	17 56 57	14 30 19	Del E. al ESE. id. achubascado. - -	N. 11 50 E.	6,15
9..	16 41 20	14 16 00	Idem calmoso. - - -	N. 65 00 E.	12,55
10..	16 2 37	14 6 5	Del NE. al ENE. frco. y S. variable del 2.° y 3.r cuadrante. - -	N. 9 20 O.	19,2
12..	13 2 00	12 39 58	SO. y OSO. fresquito. -	N. 43 00 E.	21,33
15..	10 11 00	9 46 22	OSO. SO. y SE. vario. -	N. 51 45 O.	12,90
16..	10 0 7	10 58 9	SSO. celages. - - -	S. 86 30 O.	73,0
17..	9 42 2	11 40 41	Del OSO. al ONO. vario.	S. 68 15 E.	8,95
18..	8 36 54	11 39 11	SO. y OSO. bonancible.	S. 85 00 E.	36,50
19..	7 29 56	10 14 29	SSO. bonancible. - -	N. 52 30 E.	28,5
20..	7 16 28	9 54 1	SO. fresquito. - -	S. 86 40 E.	24,70
21..	6 23 57	8 22 30	SSO. bonancible. - -	N. 86 40 E.	9,92
22.	5 46 7	9 18 26	S. y SSE. bonancible. -	S. 44 00 O.	20,60
33..	4 38 15	10 25 46	S. bonancible. - - -	N. 75 00 O.	24,4
24..	4 12 15	11 54 49	Idem. - - idem. - -	N. 61 30 O.	49,20
26..	2 49 49	14 55 19	S. SSE. y SE. - - -	N. 88 00 O.	35,1
27..	1 15 4	16 13 49	SE. y ESE. fresco. -	N. 89 15 O.	42,70
28..	0 39 17S.	17 24 30	ESE. fresco. - - -		

70

Las mismas corbetas Descubierta y Atrevida á su vuelta á Europa en 9 de Setiembre de 1794 desde la latitud N. de 36° 16'39" y longitud 18°45'37" O. de Cádiz determinaron la deriva del buque.

1794 Epocas.	Latitudes.	Longitudes.	Vientos.	Rumbo de la corriente.	Velocidad diaria.
Setbre.					
9..	36° 16' 39"	18° 45' 37"	SO. y OSO. fresco. - -		
10..	36 26 36	16 37 22	OSO. y O. variable. -	N. 53° E.	16,75
11..	36 22 00	13 49 37	OSO. N. y. NE. vario.	N. 40 10 E.	26,7
12..	36 33 56	12 1 56	N. y NNE. fresco. - -	N. 5 45 O.	12,3
13..	36 40 43	10 13 38	Del. NE. al N. vario. - -	N. 13 10 E.	11,4
14..	36 47 47	9 4 16	NNE. y N. bonancible.	N. 81 45 E.	9,9
15..	36 53 13	8 9 32	Del NNO. al NE. flojo.	S. 63 00 E.	10,8
16..	36 49 26	7 36 26	SO. O. NO. fresqto. bon.	S. 54 15 E.	10,2
17..	36 8 33	6 2 26	Del 4.º cuadrante fresco.	N. 19 10 O.	9,75
18..	36 58 17	3 35 00	Del NNE. al NO. - - -	N. 20 30 E.	12,8
19..	36 43 7	2 51 00	Del NNE. al NNO. - -	S. 43 50 O.	7,6
20..	36 51 19	1 37 15	N. NO. y SO. bonancible.	N. 49 0 E.	5,05

Las fragatas de S. M. Santa María de la Cabeza y Lucía salieron del puerto de Cádiz el 12 de Abril de 1785, y el 17, á las 6 de la mañana, recalaron á la punta de Naga en Tenerife, en donde hallaron por comparacion con cronómetro que la corriente los habia llevado al E. 1°2'

El 25 de Noviembre de 1790 la fragata del comercio de Cádiz la Rosalía, en la que iban á su bordo los Tenientes de Navío D. Josef de Espinosa y D. Ciriaco de Cevallos con destino á Veracruz, llevando dos buenos cronómetros, á su recalada á cabo Cabron en la isla de Santo Domingo, despues de 23 dias de navegacion, hallaron que la corriente los habia llevado al O. 4, y de consiguiente que la deriva diaria hácia esta parte habia sido de 7 millas.

Direcciones de la corriente en la derrota que se halla en el diario del Capitan de Fragata D. Josef Luyando, que dió la vela de Cádiz en 1.º de Marzo de 1810 en la goleta Retribucion con destino á Nueva-Epsaña, llevando un excelente cronómetro de Peningthou.

1810. Epocas.	Latitud.	Longitud.	Vientos.	Rumbo de la corriente.	Velocidad diaria.
Marzo.					
2..	35° 15' 00"	1° 32' 35"	NO. SO. - - - - -	S. 35° O.	3,6
3..	34 34 0	2 28 0	SO. cargado. - - -	N. 84 50 O.	11,0
6..	36 24 0	3 30 0	Idem duro. - - - -	S. 27 50 O.	11,3
8..	35 55 0	0 33 0	O. fresco. - - - -	S. 86 20 E.	16,4

1810. Epocas.	Latitud.			Longiutd.			Vientos.	Rumbo de la corriente.	Velocidad diaria.
10..	36	25	0	1	33	0	SSO. mar gruesa del O. y E. flojo. - - -	N. 56 20 O. — N. 76 30 O.	12,6 — 21'5
11..	35	23	0	3	22	0	Vario del segundo y tercer cuadrante. - - -	N. 45 30 O.	11,5
12..	34	31	0	4	38	0	Del tercer cuadrante. -	N. 14 00 O.	13,7
13..	34	11	0	6	2	0	O. flojo. - - - - -	S. 82 15 E.	15,15
14..	33	4	0	6	8	0	Idem. - - - . -	S. 7 30 E.	13,1
15..	31	59	0	6	27	0	OSO y SO. flojo. - -	S. 52 15 O.	3,29
16..	30	27	0	6	34	0	SO. fresco. - - - -	N. 36 50 E.	10,0
17..	31	18	0	7	32	0	Idem. - - - -	S. 78 00 E.	9,7
18..	31	50	0	8	14	0	Del cuarto cuadrante. -	S. 70 45 E.	9,1
19..	30	8	0	8	41	0	NO. fresquito. - - -	S. 43 50 E.	15,3
20..	28	29	0	9	38	0	Idem. - - - -		
21..	27	12	0	10	54	0	Nuevo puerto de salida.	S. 68 20 O.	8,1
22..	26	45	0	11	30	0	Calma y O. y NO. bon.	S. 80 50 E.	6,4
23..	25	6	0	13	4	0	NNE. fresco. - - -	E.	10,0
24..	23	23	0	15	8	0	NE. fresco. - - - -	E.	7,8
25..	22	34	0	18	27	30	ENE. Idem. - - -	S. 82 O.	24,7
27..	21	8	0	25	59	0	Idem. - - - -	N. 15 50 O.	13,5
28..	20	47	0	29	27	0	Idem. - - - -	S. 81 40 O.	28,2
29..	20	17	0	33	3	0	Idem. - - - - -	N. 76 40 O.	17,3
30..	20	2	0	36	17	0	Idem. - - - -	N. 82 O.	21,6
31..	19	55	0	39	9	0	Idem. - - - -	S. 47 20 O.	13,3
Abril.								N. 43 00 O	10,95
1..	19	40	0	41	17	0	Idem flojo. - - - -	S. 85 O.	11,6
2..	19	43	0	43	12	0	Idem. - - - -	O.	23,6
3..	19	30	0	44	27	0	Idem. - - - -	S. 66 30 O.	12,55
4..	19	18	0	46	2	0	Idem. - - - -	N. 86 0 O.	20,8
5..	19	3	0	47	40	0	Idem. - - - -	N. 84 40 O	10,5
6..	18	51	0	49	35	0	Idem. - - - -	S. 29 45 E.	11,5
7..	18	54	0	50	50	0	Idem y calma. - - -	S. 56 15 O.	14,4
8..	18	46	0	51	22	0	Calma y bonancible. -	N. 72 00 O	22,8
9..	18	43	0	53	9	0	Idem bonancible. - -	S. 78 O.	24,3
10..	18	55	0	55	9	0	Idem. - - - -		
11..	18	54	0	56	52	0	Idem. - - - - -		

Direccion de las corrientes y variacion de la aguja, comunicadas por el Capitan de Fragata D. Torcuato Piedrola, observadas en la urca francesa llamada Golo, desde el 12 de Mayo hasta 13 de Junio 1819, siendo las longitudes por observaciones cronométricas.

Epocas.	Latitudes observadas.	Longs obs. al O. de Cádiz.	Vientos.	Rumbo de la corriente.	Velocidad diaria.	Variacion de la aguja.
Mayo.			*Sobre la isla Jamaica.*			
12 al 13..	17° 52' 0''	70° 13' 15''	bon. del 1.r cuadte.			NE. 4° 50'
			Fntre Jamaica y Santo Domingo.			
13 á 14..	18 7 16	68 34 15	G. del 2.° y 3.r cuadte.	S.71° E.	16'	5 5
			Sobre la isla de Santo Domingo.			
44 á 15..	18 24 0	67 56 55	bon del 2.° cuadte.	S. 79 E.	26,5	4 46
			De Santo Domingo á la Tortuga.			
15 á 16..	19 52 0	67 5 30	Idem del 3.r cuadte.	N. 4 E.	44,0	4 23
			De Santo Domingo descubriéndose la Inagua.			
16 á 17..	21 5 43	66 26 25	Del 3.° y 4.° cuadte.	O. - - -	3,9	4 8
			De Santo Domingo á los Caicos.			
17 á 18..	21 53 13	66 12 40	Calm. del 2.° cuad.	N. 66 E.	8,0	3 50
			A la vista de los Caicos.			
18 á 19..	22 26 51	66 2 15	Idem. idem.	N. 16 E.	8,0	3 33
19 á 20..	24 54 47	65 32 15	Frco. del ENE. al SE.	N. 16 E.	9,5	3 8
20 á 21..	26 53 48	64 40 9	Del 2.° cuadrante. - -	S. 85 O.	16,5	2 17
21 á 22..	27 30 57	64 45 47	Idem chubascos. - -	S. 68 O.	18,5	1 44
22 á 23..	29 52 44	65 46 30	Idem del 1.r cuadte.	S. 53 O.	5,0	0 50
23 á 24..	31 59 13	65 28 55	2.° cuadrante.	S. 89 O.	10,5	0 20
24 á 25..	33 32 48	62 27 15	Idem frescos. - - -	N. 67 E.	17,0	NO. 0 26
25 á 26..	35 10 57	58 47 15	Idem idem. - - -	S. 83 E.	3,0	2 10
26 á 27..	36 7 15	55 58 15	Idem del 3.r cuadte.	N. 78 O.	26,0	4 6
27 á 28..	36 27 6	54 3 15	Idem idem y del 1.°	N. 19 E.	18,0	6 0
28 á 29..	36 58 49	51 21 56	Del 2.° y 4.°	S. 65 E.	20,0	8 20
29 á 30..	37 35 2	48 29 35	Del 4.° cuadrante.	S. 82 O.	54,0	9 30
30 á 31..	38 39 55	45 52 55	Idem. - -	N. 65 E.	23,0	12 50
31 a 1° Jun.	No hubo	42 3 0	Del 3.r cuadte frco.			
1 á 2..	38 44 27	38 14 15	Del 1.r cuadrante.	S. 31 E.	16,0	17 30
2 á 3..	39 44 12	36 28 51	Del 3.° y 2.° cuadte.	N. 53 E.	32,0	18 31
3 á 4..	No hubo	33 41 33	Del 3.r cuadrante.			20 8
4 á 5..	41 28 0	29 34 15	Del 3.r cuadrante.	E. - -	19,3	20 58
5 á 6..	42 19 1	25 23 0	Del 4.° cuadrante.	S. 77 E.	2,0	21 36
6 á 7..	43 19 19	21 35 45	Del 1.° y 4.° cuadte.	S. 86 O.	6,0	23 18
7 á 8..	45 21 1	17 18 0	Del 4.° cuadrante. -	S. 47 E.	2,0	23 47
8 á 9..	46 28 35	12 39 15	Idem. - - -	S. 53 O.	5,0	24 30
9 á 10..	47 15 8	7 47 39	Idem fresco mar. - -	S. 73 E.	14,0	25 30
10 á 11..	47 50 46	4 46 45	Idem id. chubascos.	S. 69 O.	4,0	25 19
11 á 12..	48 17 15	0 57 45	Del 1.r cuadrante. -	E. - -	11,0	25 28
12 á 13 .	A las 10½ se avistó la linterna de Ouestsan, dando el cronómetro la diferencia de 6' de grado con su situacion.					

De la corriente equinocial desde el ecuador hasta la isla de Trinidad y mar de las Antillas.

La accion del viento general del E. en las regiones ecuatoriales, y la disposicion aparente de las aguas en acumularse hácia el O., lo que generalmente se ha atribuido al movimiento de rotacion de la tierra, se consideran ser las causas de una corriente que se dirige desde el golfo de Guinea hasta el mar de las Antillas, y tambien la que lleva frecuentemente á las embarcaciones á una considerable distancia al O. y ONO. de sus estimas.

Creemos que la márgen E. de esta corriente atraviesa el ecuador entre los meridianos de 8º45' y 13º45' O.; que la del O. se extiende hasta cerca del cabo San Roque en la costa del Brasil, y que desde allí se dirige hasta el mar de las Antillas.

Tampoco se conoce con exactitud su velocidad general; pero probablemente varía con las estaciones. Su direccion cerca de la línea y la costa del Brasil parece ser al ONO. En las aguas de esta última costa su fuerza ha sido estimada de una y una y media milla por hora, pero se aumenta hácia el O.; de modo que en la de la Guayana constantemente corre á razon de 2 y 3 millas.

Los siguientes hechos establecen la existencia de esta corriente, y manifiestan en algun modo su fuerza y direccion hácia la costa del Brasil.

1º En Junio y Julio de 1795 el navío de la India *el Bombay* Castle entre la isla de Palma (una de las Canarias) y la costa del Brasil experimentó una corriente al O. extendiéndose hasta los 6½º, demostrando esto su direccion general.

2º En 20 de Mayo de 1802 el navío de la India *el Cuffnells* perdió el viento general del NE. en los 8½º de latitud N. y longitud 15º42'. En 4 de Junio ganó el general del SE. en 5º N. y longitud 14º42', y se halló que desde el ecuador la corriente corria al O. y al N.¼NO. á razon de 30 á 52 millas diarias, hasta que el 14 avistó la costa del Brasil por la latitud de 8º S.

3º En 23 de Mayo de 1802 el buque nombrado *el Sir Edward Hughes* perdió el viento general del NE. en la latitud de 6º N. y longitud 16º42', y el 25 en la latitud 5º N. y longitud 16º12' O. el viento era del SSE.

4º El 16 de Octubre de 1805 el navío Europa y el convoy que escoltaba perdieron el viento general del NE. en 11º de latitud N. y longitud 21º42', y ganaron el del SE. el dia 26 en latitud 4º N. y longitud 22º42'. El 4 de Noviembre se avistó la costa del Brasil por la latitud 6º S., soplando el viento cerca de tierra del S.¡SE. y del ESE. Pero dos buques del convoy que habian decaido demasiado al O. naufragaron en la mañana del 1.º de Noviembre en las peñas ó cayos bajos en la latitud de 3º52' S. y longitud 27º12'30" O.; y otros muchos casi experimentaron lo misma suerte. Probablemente se pudo evitar este accidente si hubieran tenido un debido conocimiento de los efectos de la corriente, la cual se averiguó despues que próximo á dichas peñas corria hácia el O. á razon de 2½ millas por hora.

5.º El 1.º de Junio de 1793 el navío de la India Oriental el *Rey Jorge* cruzó la línea por 23º42' O., y desde el dia 2 hasta el 5 experimentó una corriente al O. de 1º33. El dia 5 estaba á la vista del cabo San Roque, y dicho navío se mantuvo maniobrando para montar este cabo hasta el 10, que no pudiendo verificarlo, tuvo que ceñir el viento hácia el NE. hasta la latitud de 1º N., con el objeto de volver á ganar los vientos generales en el hemisferio septentrional, siguiendo despues á cruzar el ecuador mas al E., lo que por último efectuó.

6.º En Mayo y Junio de 1807 los trasportes que llevaban municiones de guerra para el ejército de Montevideo cortaron el ecuador demasiado al O., y fueron abatidos por la corriente en esta misma direccion; y no habiendo podido ganar al S. del cabo San Agustin (latitud 8º28' S.) se vieron por dos veces obligados á tomar la vuelta del N. con vientos variables para volver á ganar el E., despues de haber intentado inútilmente grangear la region del viento general del SE.

7.º Es bien sabido que muchas embarcaciones han recalado sobre la isla de Fernando de Noroña en sus viages á la India, habiéndolas llevado la corriente hácia el O., despues que perdieron el viento general del NE., en cuyas inmediaciones las aguas corren con fuerza.

Mr. D'Aprés de Mannevillette en su obra sobre la navegacion á la India ha manifestado que en la costa del Brasil los vientos generales estan sujetos á variaciones periódicas, segun las respectivas estaciones: estos soplan en ella del NE. al ENE. desde Setiembre hasta Marzo, y del SSE. al ESE. desde Marzo hasta Setiembre. En este último período las corrientes corren hácia el N., y al contrario en el primero, impeliendo los vientos el agua hácia el S.

Las observaciones del Sr. D'Après, que aseguran que el viento entre Setiembre y Marzo se inclina á veces tan al N. que llega al NE., concuerdan con las anteriormente hechas por el Sr. Froger; no obstante no tenemos suficientes datos para que podamos determinar esto como un axioma; pero es claro que las variaciones en la direccion del viento es preciso que influyan en la corriente, y produzcan en ella una alteracion material, tanto en su direccion como en su fuerza, y puede haber en todos tiempos un reflujo al S. en la costa.

Cerca del paralelo de 10º N. las corrientes producidas por los vientos generales del NE. y SE. se puede suponer que se unen; y esta corriente, unida y dividida despues por la isla de Trinidad, hace que exista una corriente al N. y otra al S. de dicha isla entrando en el mar de Colon ó de las Antillas.

De las desembocaduras de los rios Marañon, Corentin y otros es preciso que entre en el mar ecuatorial una grande cantidad de agua, especialmente en la estacion lluviosa; pero qué efecto puede tener esta agua en la corriente equinocial, todavía no se sabe. (1) La investigacion sobre esta materia, envuelta con la obscuridad de la ignorancia, se halla aun entre lo que falta por descubrir en la navegacion.

Sobre la corriente entrante en el seno Mexicano.

Desde las bocas de Trinidad y la costa N. de esta isla la corriente corre con mucha rapidez al O., entrando en el mar de Colon ó de las Antillas. Al SE. de las islas Barbada y Granada, y al NE. de Tábago la corriente es muy perceptible. Se dirige al SO. de las dos primeras islas, y al NO. y SO. de la última.

No tenemos suficiente evidencia para probar que la corriente general corre del E. como comunmente se ha creido por toda la extension de las islas Antillas; y sin embargo parece razonable que la accion permanente de los vientos generales puede producir un nivel elevado de las aguas en todo este mar, lo que consiguientemente afectará el del seno Mexicano. La misma causa puede producir tambien una elevacion semejante en los canales de Bahama; y como la causa es de una duracion perpetua, del mismo modo debe serlo el efecto; y habiendo

(1) Véase lo que se ha dicho anteriormente por el Brigadier de la Armada española D. Cosme Churruca.

subido de nivel las aguas en una direccion, es preciso que busquen su salida en otra para conservar el nivel general del Océano.

Esta idea se confirma por lo que acaba de comunicar á la direccion de Hidrografía el Capitan de Fragata de la Marina española D. Torcuato Piedrola. ,,Aunque generalmente (dice este
oficial) se experimenta entre la Costa-firme y las Antillas las
corrientes al 4.° cuadrante, suele haber ocasiones, aunque pocas, que se notan al 1.°; en comprobacion de esto referiré lo
experimentado por mí, que retengo con seguridad, aunque sin
poder dar los elementos por haber perdido todos mis diarios y
apuntes. Por Julio del año de 1795 ó 96 navegando con una
goleta y con briza fresca desde Santa Marta á Jamaica, dirigimos la derrota á la punta de Morante. Y considerando que ciñendo el viento se lograria muy tarde reconocerla, preferí dirigirla á puntos de sotavento, y para ello arribé á las ocho de la
mañana para aumentar el andar. Al medio dia observé la latitud en union con el Piloto D. Miguel Patiño, encontrándonos
por ella que estabamos algunos minutos al N. de su paralelo; y
arribando al O.¼SO. á las dos de la tarde se avistó la dicha
punta de Morante; y aunque entónces calculé la corriente y su
velocidad, solo conservo fue al NE.; siendo advertencia, que
empleé en la travesía de Santa Marta á Jamaica tres dias.

,, Al dejar el paralelo del bajo del convoy la primera campaña
que hicimos en su busca, y estando á sotavento de él 12 leguas
y del meridiano en que lo colocaban las cartas, á las cinco de
la tarde con la goleta Volador y otra particular hicimos derrota
aquella noche, creyendo segun el andar podíamos unirnos en la
tarde siguiente con el bergantin Alerta, que nos esperaba fondeado en el cayo mas S. de los de Pedro. A las ocho de la
mañana del dia siguiente avisaron del tope se descubria un bajo
por la proa, y á poco rato, que era un buque fondeado: en efecto
á las nueve ya distinguiamos desde la cubierta el bergantin Alerta y el cayo de Pedro, hácia el que nos llevaba la corriente con
mucha fuerza; y á pesar de haber tenido que dar varias bordadas para coger el canal, á las 12 ya estabamos fondeados á su
costado: no tengo presente la longitud que observamos aquella
mañana; pero solo me acuerdo nos admiramos de lo que las
corrientes nos habian llevado al N.

,, Igual efecto experimentamos el año siguiente al situar el
veril occidental de la Víbora: estos hechos deben tenerse muy
presentes para no pasar de noche cerca del paralelo del veril S
de dicha Víbora.

,, Tambien se experimenta mucha corriente en las inmediaciones del Bajo nuevo, segun lo notamos con el bergantin Alerta sobre su extremo del N., y lo mismo en la del S., pues en
un viage que hice en años anteriores en la goleta S. Gregorio de
Cartagena á Trinidad, avisté la cabeza S. del referido Bajo á
las 4 de la tarde : á las 5 estaba á 3 millas de él ; pero notando
que la corriente nos abatia con mucha fuerza sobre dicho Bajo,
navegamos al S. con toda vela hasta considerarnos á 9 millas,
desde cuyo punto, con viento del NNE. navegué al E. toda la
noche, y á la mañana siguiente viramos para poderlo avistar, lo
que no conseguimos, pasándolo sin duda por sotavento.

,, En mas de 30 travesias que tengo hechas desde Costa-firme á Puerto-Rico, Santo Domingo, Jamaica y Cuba, unas con
cronómetros y otras sin él, he notado que entre las dos últimas
islas y la costa debe contarse con 16 millas por singladura de
corriente al O., siendo menor en las otras.''

Creemos que es un hecho bien sentado, aunque algo contro-
vertido, que hay por la causa ya dicha una constante corriente entrante por la parte O. del canal de Yucatan en el seno Mexicano ; y que por lo comun hay un reflujo ó vaciante por el
lado E. del mismo canal, como se verá mas claramente explicado en adelante ; pero se debe observar que en el mar de las Antillas se encuentran las corrientes variables, y no corren siempre á sotavento, como comunmente se ha dicho.

Sin intentar argüir sobre esta materia considerarémos al presente el mar de Colon, desde las islas Antillas hasta el canal de
Yucatan, como una gran laguna elevada, cuya elevacion es sos-
tenida por los vientos generales, por la corriente que entra del
SE., y por los grandes desagües de los rios de la Costa-firme.

Sobre la superficie de esta laguna las corrientes son variables,
lo que probablemente se puede atribuir á la influencia de la luna combinada algun tanto con las mareas, especialmente en las
inmediaciones de Cuba, Jamaica y Santo Domingo.

En el libro antiguo ya citado (Navegacion de Kelly, tomo
1.º 1733) hay un extracto de un diario, el cual contiene el
siguiente pasage : ,, Entre el extremo O. de Santo Domingo y
la Jamaica, fuese que al tomar mi punto de partida estaba la luna en plenilunio ó novilunio, hallé que habia andado muchas
mas leguas que en los cuartos. En la luna llena y en la nueva
buscaba la tierra mucho ántes de poderla ver ; y en los cuartos
me hallé sobre ella mucho tiempo ántes de buscarla. Las razones que hubo para esto, como despues encontré, fueron que el

plenilunio y novilunio causaron una fuerte corriente de barlovento, y al contrario en los cuartos. Esto mismo se ha demostrado con egemplos en muchas ocasiones."

En el canal de barlovento de la Jamaica la corriente corre generalmente con el viento hácia sotavento ó al SO.; aunque tanto este parage como en la dicha isla es variable. Algunos han afirmado que cuando una corriente se dirige á sotavento por la parte S. de esta isla, hay frecuentemente otra que corre al E. en la parte N., otras veces no se nota corriente alguna: tambien aseguran que cuando la corriente corre á sotavento en la costa N. las mismas circunstancias se pueden percibir en la del S.; pero entre el paso de la Mona y los Caimanes, al S. de las islas, la tendencia de las corrientes hácia la costa se han notado por lo comun ser hácia el NO.

El viento general que sopla con fuerza y continúa en ciertas estaciones, particularmente en los meses de invierno, impele las olas por una grande extension del mar, y entran en la gran bahía al O. de Cartagena, formada por las costas de esta al E., por la de Mosquitos al O., y por las de Panamá y Veragua al S. Esto puede causar á veces una vaciante; pero no se ha experimentado ninguna corriente constante en este parage.

Sin embargo, entre los muchos documentos originales que posee esta Direccion de Hidrografía, se hallan las siguientes observaciones de varios oficiales de la Armada que pueden dar algunas luces sobre la materia.

En el reconocimiento de la costa entre Portobelo y las bocas de Toro que hizo en 1787 el Alférez de Fragata D. Fabian Abances, observó sobre la costa en el mes de Abril fuertes corrientes al ENE. de mas de 2 millas por hora, en términos que anochecia sobre punta Coclé, y amanecia sobre Chagres, los vientos eran calmas y turbonadas del tercer cuadrante, subió hasta la latitud de 10º N., en donde encontró vientos al N. y NNE., con los que gobernó al O. y ONO. hasta considerarse 10 leguas al O. de dichas bocas de Toro; pero las corrientes lo abatieron al ESE.; de modo que cuando creyó recalar sobre las bocas se hallaron sobre la punta de Miguel de Bordá, no pudiendo hacer observacion alguna durante su salida de Portobelo á causa del mal tiempo.

El 11 de Mayo notó que las aguas salian con violencia por las bocas de Toro, formando á corta distancia de la costa un ángulo de inflexion para el ESE.

El Capitan de Navío D. Pedro Obregon por el mes de Julio

en su navegacion desde el rio Tinto á la Havana experimentó las corrientes al 4.º cuadrante con vientos del NE. ENE. turbonadas y calmas, de tal conformidad que recaló á la sonda de la Tortuga sin poder ver el cabo de San Antonio de la isla de Cuba.

D. Joaquin de Asunsolo y la Azuela por el mes de Julio experimentó sobre el cabo Gracias á Dios corrientes fuertes hácia el SO., despues de haber tenido vientos fuertes del ENE. y ESE. con turbonadas; y desde dicho cabo para el O. observó tambien que la corriente se dirigia á este rumbo: concluyendo que las corrientes desde que hicieron su recalo á la Providencia las experimentaron al O. y SO. con fuerza, siendo advertencia que llegaron á rio Tinto.

El Capitan de Fragata D. Gonzalo Vallejo, estando fondeado en la costa de Mosquitos, y en las proximidades de Barrancas, observó que la corriente se dirigia al N. algo mas de ½ milla por hora.

D. Ignacio Sanjust, mandando la fragata Flora en su viage desde la Havana al golfo de Honduras, estando sobre punta Caballos, observó que la corriente se dirige con mucha fuerza al NE. en el mes de Diciembre; añadiendo que en este golfo las corrientes no tienen curso conocido, que cerca de los Cayos las aguas se dirigen con violencia á embocar por sus canalizos; de modo que si cogen en calma á una embarcacion la llevan á barar sobre los arrecifes. En el canal y entre los cayos y la costa corre el agua al NE. y próximo á esta al E.

Puede conjeturarse el efecto de las aguas del rio de la Magdalena por la distancia á que se extienden para fuera enturbiando la del mar. Se dice que en este parage las corrientes son variables; y en frente de la costa N. de Tierra-firme, por lo general se nota que en una época corren á barlovento y en otra á sotavento con casi la misma velocidad, y á veces ninguna se experimenta. Estas parecen ser influidas por las mismas causas que afectan las corrientes en las islas que estan al N.

En los canales de Bahama se ha experimentado que las corrientes son dudosas, notándose que á veces se dirigen hácia barlovento y otras á sotavento. Estas parecen tambien ser influidas por las causas de las mareas.

En el canal de Yucatan, entre cabo Catoche y cabo S. Antonio, se ha supuesto estar las aguas siempre en estado de reposo, salvo aquel movimiento que se observa en su superficie cuando lo hay en la atmósfera. Algunas veces se experimenta en dicho espacio una corriente entrante en el seno Mexicano, en otras una saliente de él, unas inmediato á cabo Catoche y otras cerca de Cuba, variando con circunstancias que todavía no se han averiguado claramente.

Estas son las observaciones del Capitan de la marina inglesa Jacobo Manderson, quien ha publicado *una investigacion de las causas de la corriente de la Florida;* no obstante que generalmente se cree que hay una entrante NO. en la parte O. de este canal, con probabilidad de extenderse hasta su medianía hácia Cuba, dirigiéndose al sur en el lado opuesto cerca del cabo San Antonio, viniendo de los Colorados.

Con la corriente anterior en su favor el navío ingles Resistencia, su Capitan Adam, en frente del banco de Yucatan ó sonda de Campeche, y con rumbo del N. 72° O., anduvo cerca de 80 leguas en 24 horas del 16 al 17 de Diciembre de 1806; llegó hasta los 24°50′ N. y longitud 84°20′30″; y no dudamos que se encuentren muchos casos semejantes que prueben el mismo efecto. Por la parte de Cuba parece que algunas embarcaciones han sido llevadas hácia el S.; y el Capitan Manderson dice que cuando ha reinado un viento fuerte del E. entre Cuba y la Florida, y hallándose las embarcaciones en frente de la parte S. del cabo San Antonio, á la distancia como de 2 leguas de la costa, aguantándose sobre bordos, han sido llevadas durante una noche y contra una fuerte briza hasta cabo Corrientes, que dista 10 leguas.(*)

Las siguientes noticias son las mejores que hemos podido reunir sobre las corrientes en el mar de las Antillas.(†)

En el canal entre Trinidad y Granada se ha hallado que la corriente se dirige casi al O.; en la parte del S. de dicho canal 5° mas hácia el S., y en la del N. otros 5° hácia el N., su velocidad es de una á una y media milla por hora.

Entre las islas de Granada y San Vicente y Granadillos las corrientes son variables; pero la entrante general parece dirigirse al O.¡NO.

Entre las islas de San Vicente y Santa Lucía la corriente que viene del E. se inclina mas al N.; y mas al medio en la parte del O. se ha notado que corre hácia el NO. Parece que entre estas dos islas la corriente es mas veloz que en las demas.

(*) El Capitan Rowland Bourke manteniéndose una vez á la capa en frente de cabo San Antonio durante la noche se halló él mismo la mañana siguiente en frente de cabo Corrientes.

(*) Véase lo que se dice sobre esta materia en este Derrotero desde la pág. 19 hasta lo 36.

Entre Santa Lucía y la Martinica se ha experimentado que la corriente corre casi al N.; pero muy variable en la parte O. de esta última.

Casi en la misma direccion corre *entre la Martinica y Dominica*; pero al N. de la última se ha notado que se dirige casi al SO. *Al N. de la Guadalupe* corre al O. 5°S., y *entre Monserrate y la Antigua* al NO.

Entre las islas Redonda y Nieves se ha hallado que corre al OSO.

Por fuera de la Barbuda y por las islas del Norte se dirige la corriente próximamente al O.¼NO., y al N. de las islas Vírgenes y de Puerto-rico casi al OSO.

En la distancia de un grado con corta diferencia y en la línea de las islas Caribes, y hasta las Vírgenes, la corriente se dirige en general al ONO. á razon de 1 á 1½ milla por hora (*).

Desde Trinidad al O., y en frente de la parte N. de las islas españolas de Barlovento, la corriente se ha experimentado que corre al O. y SO. hácia el golfo de Maracaibo: desde dicho punto siguen al SO. dirigiéndose hácia Cartagena á razon de 1 á 1½ milla por hora.

Desde Cartagena hácia el *canal de Yucatan* se ha encontrado que corre al NNO., ONO. y NO.¼N. á razon de 1 á 2 millas por hora; y disminuyendo luego á 1½, tambien se ha observado que se dirigen hácia el E.

A la distancia de unas 40 millas *al N. de cabo Catoche* se dirige al NO.¼O., cambiando desde allí su direccion al SSO. en frente de la punta NO. de Yucatan ó punta de Piedras casi á la misma distancia de la Costa; siendo su velocidad un poco ménos de ¼ milla por hora. Entre dicha punta y Veracruz no se experimenta corriente alguna.

Tres grados al NNE. de Veracruz se ha hallado que la corriente se dirige al NE. una milla por hora. Desde este parage al NNE. y N.¼NO., volviendo otra vez al NE. hasta muy próximo del paralelo de 25° 30′ y longitud 85°13′. En este punto se inclina mas al E., y viene á dirigirse al E.¼SE. en la latitud de 26°, mudándose hácia el S. y al SE.¼S. en la misma direccion al rio Misisipí y latitud de 25°30′ N., siguiendo des-

<hr>

(*) A sotavento de las islas Vírgenes se encuentran corrientes vagas, dirigiéndose frecuentemente al SE. Lo mismo se ha observado al O. de la isla de San Cristóbal &c.

de dic̶h̶o parage, aunque con alguna variacion, bácia el extremo O. de Cuba (*).

Por lo que hemos dicho anteriormente se puede concluir que solo hemos adelantado un solo paso sobre el conocimiento de las corrientes en estos mares.

Corriente de la Florida ó del Golfo.

El seno Mexicano es el receptáculo general de las aguas del Missouri, Misisipí y de todos los grandes rios de los territorios occidentales de los Estados-Unidos, y de las partes septentrionales de la América española. Estos rios con otras localidades producen aquella corriente en el estrecho de la Florida, que se llama de la Florida ó del Golfo.

Las causas de esta corriente se considerarán despues. Nuestro intento al presente es explicar su naturaleza, su direccion general &c.

Ya hemos hablado de la corriente que corre en el golfo desde Veracruz hasta el meridiano del Misisipí; y hemos manifestado que comunmente se dirige al SE.¼S. en la misma que tiene el dicho rio Misisipí y latitud 25°30'. Desde dicho punto es variable, y como al SE. su extension y exacta direccion en este punto es desconocida; siendo probable que dirigiéndose hácia el extremo NO. de la isla de Cuba, y chocando en los bancos de Isabela y Calorados una porcion de dicha corriente vuelve al rededor del cabo San Antonio hácia el S., mientras que la gran masa de la misma se dirige por la parte N. de Cuba hácia el E., volviendo al ENE., NE. y N. por el canal nuevo de Bahama, entrando en el Océano Atlántico (†).

Si tomamos, segun la idea del Capitan Manderson, las aguas del Misisipí, como el primer motor ó causa primaria de la corriente, la consecuencia natural será que cuando esta se aproxi-

---

(*) La experiencia refuta la nocion generalmente recibida de que las aguas circulan al rededor del golfo desde Yucatan hasta la Florida.

(†) Cerca de 3½ al N. del cabo San Antonio se ha encontrado que la corriente se dirige á veces al SO. cambiando su direccion hácia la margen N. del banco de Yucatan; pero á la distancia de un grado al E. de dicho punto corre casi al SE. En frente del extremo O. de Cuba á medio grado al NO. de cabo San Antonio se ha experimentado que corre al SO.40. una milla por hora. Pero estas no pueden considerarse como sus direcciones generales.

m á la costa de Cuba y encuentra el bajo fondo, una pequeña parte de ella correrá al SO. á lo largo del banco de Isabela en la direccion de su veril, siendo esta la consecuencia propia del movimiento del fluido. Pero esparciéndose por este parage necesariamente debe ser de poca consideracion. La gran masa de la corriente, dirigiéndose como se ha dicho por medio del canal en el meridiano de la Havana, adquiere la direccion de ENE. y la velocidad de 2 millas y media por hora. En el meridiano de la punta mas S. de la Florida, su velocidad á una tercera parte de distancia de los arrecifes de la Florida, es cerca de 4 millas. Entre las islas de Bemini y cabo Florida su direccion es casi al N.¼NE., y la velocidad un poco mas de 4 millas.

Por la parte N. de la isla de Cuba la corriente es floja y se dirige al E. En la opuesta á lo largo de los arrecifes y cayos de la Florida hay un reflujo ó contracorriente que se dirige al SO., y por esta causa muchas embarcaciones pequeñas y de mediano porte han hecho su navegacion al S. viniendo del N.; pero esta derrota es muy peligrosa, especialmente para los que no tienen práctica. Las mareas corren en estos arrecifes como se ha manifestado en la division anterior de esta obra.

Se ha experimentado que los vientos influyen considerablemente en la direccion de la corriente. Entre Cuba y la Florida los vientos del N. la obligan á correr al S. hácia la costa de dicha isla; pero los vientos del S. causan un efecto contrario. Despues de haberse inclinado al N. los vientos del E. la dirigen al lado de la Florida, y los del O. la hacen aproximar á las islas de Bahama, esparciéndola los vientos del S. del mismo modo que lo hacen los del N.

En el estrecho de la Florida ó canal nuevo de Bahama, en las islas de este gran banco cuando el viento N. llega á ser un temporal, se opone al curso de la corriente: esta potencia contraria hace que se llenen todos los canales y freus entre las islas de los Mártires y los arrecifes, y anegue toda la costa baja, por cuya causa han sido algunas embarcaciones arrojadas sobre los cayos y quedádose en seco. (1) Se supone que las aguas se han elevado á veces á la altura de 30 pies, y haber corrido contra

(*) En el mes de Setiembre de 1769 sucedió una inundacion que cubrió los árboles mas altos del cayo Largo y otros, durante lo cual la embarcacion nombrada *the Lisburyanow*, su patron Juan Lorain, fue llevada sobre un arrecife por el curso NO de la corriente causado por un temporal del NE. El

el ímpetu de los vientos á razon de 7 millas por hora. Durante estos temporales el estrecho de la Florida ó canál de Bahama presenta á la vista la escena mas espantosa.

Ademas del efecto que los diferentes vientos causan en la corriente, está sujeta á otra potencia, que tambien la hace dirigir bácia la costa, ó venir de ella, y es la de la luna, la que segun su posicion causa diferentes efectos, aunque no con igual fuerza como la del viento; pero la disposicion de la corriente se aumenta hasta su mayor grado, si los efectos del viento y de la luna se combinan; porque en este caso el Océano se eleva á su mayor altura, este regula el flujo y reflujo, y los divide en tiempos proporcionados; por consiguiente los dirige y aumenta con la luna al E. y el viento al O., y con luna al O, y viento del E. ; de modo que las costas del O. y E. á veces se anegan con las mareas por el efecto de estas vicisitudes, al paso que en otras no se conocen ó al ménos son imperceptibles.

Los vientos tempestuosos del E., NE. y N. que agitan la corriente del golfo, generalmente empiezan en Setiembre y continúan hasta Marzo, y si en este último tiempo está la luna en plenilunio ó interlunio, comunmente acaban con un huracan.

La corriente desde las latitudes de 26° hasta 28° generalmente corre al N. un poco al E. ; desde los 28° hasta cerca de los 31° parece que corre al N., inclinándose un poco al O. en la direccion de la costa. Desde allí vuelve repentinamente al NE.¼E. ó algo mas al E. hasta la latitud de 35° ó cerca del paralelo del Cabo Hatteras.

En lugar de separarse la corriente de las inmediaciones de la costa de dicho cabo, segun se dijo anteriormente, se sabe que ha llegado hasta el paralelo de 38°, corriendo á razon de 2¼ millas y en este parage haciéndola frente los bancos de San Jorge y Nantucket la obligan á dirigirse al ENE. y E.¼NE., y mas al N. cerca del paralelo de 39¼°, y longitud 57°13' se ha experimentado que corre á razon de 2 millas entre el E.¼NE. y ENE.

Algunos (por informes de los prácticos de la costa de América) han dicho que la márgen N. de la corriente se extiende hasta la latitud de 41° y 20' ó 41° 30' y en el meridiano de la isla de Arena ; pero esta asercion ha sido refutada por otros,

___

buque tocó, y principió á hacer agua ; pero á pesar de esto se dió fondo á una ancla, y al dia siguiente se halló que la embarcacion habia varado en el cayo de *Elliot*, y su ancla estaba entre los árboles.

quienes han afirmado que su margen N. nunca pasó del paralelo de 40º,(*) lo que es ciertamente erróneo.

No obstante se debe considerar que por fuera del canal de
Bahama los vientos del SE., E. y NE., obligan á la corriente
á dirigirse hácia la costa, estrechan su latitud, y por consiguiente aumentan su rapidez. Al contrario los vientos SO., O. y
NO. obligan á la corriente á esparcirse mas en el Océano, y
por lo tanto disminuye su fuerza. Es pues claro que como la
corriente fluctúa en su dirreccion y fuerza arreglada á circunstancias, no se puede dar ninguna regla fija para asegurar sus
límites.

La velocidad media de la corriente en frente del cabo Hatteras ha sido estimada de 50 á 60 millas en 24 horas.

En las regiones septentrionales de la corriente, cuando en
el invierno el frio es mas intenso en tierra (lo que generalmente se experimenta entre Diciembre y Marzo) prevalecen con
frecuencia fuertes y continuos temporales, que por lo comun
vienen entre el N. y O. al traves del curso de la corriente desde el cabo Hatteras hasta pasado el banco de San Jorge, inclinando su direccion hácia el E. ; siendo al mismo tiempo ayudada por el desagüe de las grandes bahías y rios de la costa aumentada por la fuerza del viento y el continuo surtido de corriente que pasa á lo largo de la costa de las Carolinas ; produciendo el todo una corriente tan fuerte al E. que imposibilita
el atracarse á la costa hasta que el viento no toma otra direccion favorable. Reinando el del S. ó el del E. (lo que no es
muy comun en este parage) se ha notado que la corriente es
impelida hácia el veril de sondas, y en algunas partes basta ella
misma, quedando entónces estrechada entre el viento y el placer cerca de la costa, disminuyéndose por consiguiente su latitud y su velocidad aumentada en proporcion.

Esta circunstancia ha sido observada particularmente desde
la inmediacion de la longitud de la isla de *Block*, á lo largo
del veril del banco de Nantucket, desde alli siguiendo mas allá
del banco de San Jorge, y tambien á lo largo de las costas de

(*) El coronel Williams (en su navegacion termométrica en 8.º publicada
en Filadelfia en 1799) dice que los remolinos que causan las revesas de la
marea en la márgen N. de la corriente, han llegado hasta la latitud de 41° 57'
y longitud 58° 44'. Tambien observó grandes cantidades de alga que se
suponian estar en la márgen de la corriente en la latitud 41° 53' y longitud
69° 16'.

la Geórgia y parte de la Carolina meridional. En el primer caso los vientos del S. obligan á la corriente á dirigirse hasta el veril de sondas, y entónces corre de 1½ á 2 millas; y en el último caso el viento del E. la obliga á ir sobre las sondas. Con los vientos del O. y NO. la corriente es regular se extienda algunas leguas mas allá.

Por lo que se ha dicho es claro que los remolinos en las inmediaciones de los veriles ó márgenes de la corriente, es preciso que varíen segun las circunstancias ya explicadas. A lo largo de estos veriles, y mas particularmente por la márgen exterior, hay por lo general una corriente que sigue en direccion contraria, la que se acelera por el viento en proporcion á su fuerza cuando este es en sentido contrario de ella, y retardada ó acaso enteramente detenida cuando sopla en la direccion de la corriente. En el último caso los límites de esta se extenderán.(*) Los remolinos

(*) La corriente en las islas Bahamas parece que tiene una tendencia hácia el E.; y se sospecha que la vaciante que viene de la parte exterior del arrecife de Matanilla se dirige al SE. No se sabe fijamente la direccion regular de las corrientes á lo largo de la línea oriental de las citadas islas; pero con vientos del O. no dudamos que su direccion sea al SE. El navío Europa, de la marina inglesa, volviendo á la Jamaica en 1787 por este canal, y de hacer su crucero en las aguas de la Havana, gobernó al E., estando en el paralelo de 30° N. y con vientos del O., hasta que se consideró en el meridiano de las islas turcas, con lo que intentó pasar al S. de ellas; pero una corriente hácia el E. lo llevó hasta el paralelo del paso de la Mona. Si el efecto de esta corriente fuese frecuente en esta parte del Océano, no hay duda que se podria abreviar la navegacion de los buques que desde Jamaica y otros puntos de Sotavento se dirigen á las Antillas de Barlovento, especialmente en los meses de verano durante las brizas.

El Sr. Poffam, Capitan de la fragata Sibila, de la marina inglesa, ha hecho varias observaciones en las islas del gran banco de Bahama, las que nos han sido comunicadas por el Capitan de Fragata de la marina Española D. Manuel Gonzalez de la Vega, y son como sigue:

Junto al grande Isaac, en el extremo NO. del canal de Providencia, la corriente tiene la velocidad de dos millas por hora con direccion al E.

En las islas Berris la marea se eleva dos pies más, cuando el sol se halla al N., del ecuador que cuando está al S.

En el fondeadero ó pequeño puerto de estas islas la marea corre con fuerza entre las piedras con direccion al NO.

En la isla grande de Huevo y sus inmediaciones las corrientes son muy inciertas, por lo que debe tenerse mucho cuidado en este parage.

En Nassau (Nueva Providencia) y en la entrada del fondeadero de

ó reveses de la corriente en el veril interior son de poca consideracion; pero en el exterior en buen tiempo son fuertes y de una considerable extension.

Indicaciones de la corriente.

Las indicaciones de la corriente son la apariencia y temperatura del agua.

La corriente en sus menores latitudes y curso acostumbrado en mar llana, adonde corre sin interrupcion, se puede conocer estando su superficie llana y de un color azul claro; porque por la parte exterior de la línea, formada por un borboton en su veril ó borde, en algunos parages, el mar aparece semejante al agua hirviendo de color azul; y en otros lugares espumea lo mismo que las aguas de una cascada, aun en tiempo de calmas muertas, y en parages adonde no se encuentra fondo.

En la márgen exterior de la corriente, especialmente en tiempo bonancible, se ven claramente grandes borbotones: y se ha observado que dentro de la corriente el agua no brilla de noche. El alga llamada del Golfo, que se ve de dia, es un indicio de la márgen de la corriente, encontrándose esta por la parte de fuera de dicha márgen en mayor cantidad y abundancia que dentro de ella; pues en este parage se hallan las ramas de esta yerba mas pequeñas y en ménos cantidad (*).

La segunda y mejor indicacion de la corriente es la temperatura de sus aguas, las cuales estan considerablemente mas calientes que las del un lado de ella. Por una obra ingeniosa intitulada Navegacion termométrica, escrita por el coronel Jonatas Williams, y publicada en Filadelfia en 1799, sabemos que el Comodoro Truxton, de la marina Americana, ha averiguado

Cochrane y su canal, las mareas corren 4½ millas, y se elevan 4 pies en las vivas, y en los arrecifes las corrientes tienen mucha fuerza.

(*) El Capitan Burk, navegando en el navío Archibald por Diciembre de 1815, encontró grandes porciones de alga cerca del paralelo de 20º al N. de Puerto-Rico y al E. de Santo Domingo. El cómo fue llevada allí se ignora; solamente debemos conjeturar que se verificó de una vez, al rededor de las islas Bahamas desde la entrada N. del estrecho de la Florida, y desde allí hácia el E. y S. desde la corriente del golfo. Esta circunstancia apoya la suposicion de una corriente al E. como se ha dicho en la nota anterior.

En la travesía que hizo el Archibald á la Havana por el canal de Bahama al E. del meridiano de 63º43', y en la parte N. de Santo Domingo y Cuba, no se vió ninguna alga.

muchas veces la velocidad de la corriente del golfo al N. de cabo Hatteras, y la ha hallado que rara vez es ménos de una milla, y jamas pasa de dos por hora. La temperatura del aire y del agua fuera de la corriente fue generalmente la misma; es decir, la diferencia rara vez excedió de 2 á 3 grados, siendo á veces el aire mas caliente y otras el agua.

Este caballero ha observado que en la corriente el agua es mas caliente que el aire libre, habiéndola hallado hasta 10 grados de diferencia; pero en el momento que se está fuera de ella por la parte interior (es decir, entre dicha y la costa) el agua es mas fria que el aire; y lo es mas al paso que se entra en fondas y se aproxima á la costa (*).

Si los navegantes que no tienen la proporcion de determinar su longitud por medio de observaciones celestes llevasen un buen termómetro, y observasen la temperatura del agua, y la comparasen con la del aire cada dos horas, pudieran de este modo saber cuando entran ó salen de la corriente del golfo. Siempre he acostumbrado (dice el autor) en mis viages comparar la temperatura del aire y del agua diariamente, y muchas veces con frecuencia durante el dia, con lo que inmediatamente descubrí indicios de una corriente siguiendo el mismo rumbo, y despues hallé su velocidad y direccion por medio de las observaciones de latitud y longitud. Es de la mayor consecuencia al hacer las travesías desde Europa y á la inversa, el tener conocimiento de la corriente del golfo; pues manteniéndose en ella cuando se vaya destinado hácia el E. se acorta la derrota; y huyendo de la misma al volver hácia el O. se la acelera visiblemente; en tal con-

---

(*) Por los diarios del Capitan Guillermo Billings, de Filadelfia, parece que en Junio de 1791 el agua en la costa de América estaba en la temperatura de 61°, y en la corriente del golfo en la de 77°. Por los del Sr. Willams se ve que en Noviembre de 1789 estaba el agua en la costa á los 47° y en la corriente á 70°, á saber.

Jonio de 1791	Nobre. de 1789	Diferencia entre	Costa 14°
en la costa·······61	en la costa··········47°	Junio y Noviem-	corrien-
En la corriente···· 77	En la corriente····· 70	bre.·················	te········7
Diferencia de	Diferencia de		
calor en la cor-	calor en la cor-	·-	
riente··········· 16	riente············· 23		

Por tanto la diferencia de calor es mas grande en invierno que en verano Véanse despues las últimas observaciones.

formidad que muchas veces navegando desde Europa á la América, he hablado con buques europeos en frente de los bancos de Terranova, los cuales no conocian la velocidad ni la extension de dicha corriente, recalando al puerto mucho tiempo ántes de lo que esperaban navegando por fuera de su accion; y al contrario alargaban su viage manteniéndose en ella, hallándose señalada en la carta la direccion general de la corriente del golfo, aconsejaria con preferencia á los que desde Europa hacen la travesía del N., que jamas se aproximen á la márgen interior de la misma, sino hasta la distancia de 10 á 15 leguas; y entónces será probable que su navegacion esté ayudada por una contra-corriente, que con frecuencia se halla dentro de ella. Viniendo del S. téngase cuidado de gobernar al NO., si el viento lo permite, al acercarse á la corriente, y continuar aquel rumbo hasta que se esté en ella, lo cual se puede fácilmente conocer por la temperatura del agua, como ya se ha dicho. He tenido siempre por muy conducente cuando se haya llegado á la corriente el atravesarla lo mas pronto posible por temor de las calmas ó vientos contrarios que pueden sobrevenir, por cuyas causas se separan considerablemente de la derrota que se intenta seguir; de la contrario se prolongará mucho el viage, especialmente en la estacion del invierno.

Teniendo la ventaja una embarcacion de saber hasta que distancia de la costa puede llegar, y el cómo distinguir la corriente del golfo del agua entre en la misma y la costa, se puede estar seguro de una corriente favorable á uno ú otro lado, y un buque pequeño podria acortar la travesía desde Halifax á Georgia, cuyo viage lo han contemplado algunos mas largo que á Europa.

Suponiendo que se tenga todo el viage el viento por la proa, en este caso debe tomarse el punto de partida, procurando grangear hasta ponerse en la corriente; inmediatamente que se halle que el agua aumenta de calor como una mitad mas de los grados que se sabe tiene cuando se está en ella, vírese en demanda de la costa; infaliblemente se descubrirá el veril de sondas por la frialdad del agua; luego navéguese para fuera otra vez maniobrando del mismo modo todo el viage; y con esto se verá claramente que se andará la distancia en mucho ménos tiempo que si no hubiese corriente; porque en este caso se tendrá favorable de reves ó contra corriente. En la travesía de vuelta tómese el punto de partida, y navéguese para fuera, hasta que se llegue adonde el agua está mas caliente, que será en medio de la corriente aprovechando su curso.

El siguiente hecho puede servir para ilustrar lo conveniente que es el adoptar dichas direcciones. En Junio de 1798 el buque correo para Charlestown tardó 25 dias en ir; pero volvió en 7. El Capitan atribuyó esto á haber tenido calmas y vientos muy flojos y una corriente al N.: la verdadera causa fue la de que estuvo en medio de ella, adonde generalmente hay calmas ó vientos flojos; siendo tempestuosas solo las márgenes que estan en contacto con las regiones mas frias. Despues de haber llegado á la latitud de cabo Hatteras se halló él mismo en la de cabo Henrique, 37 leguas hácia el N., habiendo llegado por último á su destino. A su vuelta el Capitan gobernó el mismo rumbo, y con los mismos vientos flojos hizo el viage en 7 dias. Si hubiese conocido el uso del termómetro no hubiera tenido necesidad de tardar mucho mas en ir que en volver.

Parece tambien, por la obra anteriormente citada, que el termómetro no solamente es útil para averiguar el curso de la corriente del golfo, sino tambien que es ventajoso para descubrir viniendo de mucho fondo las inmediaciones de las sondas. En Junio de 1791 el Capitan Guillermo Billing, de Filadelfia en la latitud 39º y longitud 49º 43' al traves de los bancos de Terranova halló que el mercurio en el termómetro habia bajado 10º. Cerca del mismo parage el Dr. Franklin en Noviembre de 1776 hizo una observacion semejante, y otra el Señor Williams en Noviembre de 1789, habiendo observado este último que por la coincidencia de estos tres diarios en un intérvalo de tiempo tan grande, y sin ninguna conexion, uno con otro parece que ha establecido el importante hecho que *un navegante puede descubrir su aproximacion hácia objetos de peligro cuando se halle á tal distancia que pueda fácilmente evitarlos, examinando atentamente la temperatura del mar;* estando el agua mas fria en los bancos y bajos que en el Océano abierto. En la margen del gran banco de Terranova se ha experimentado el agua 5 grados mas fria que en medio del Océano hácia el E. En la parte mas alta del banco es todavía 10º mas fria, ó 15º mas que en el Océano hácia el E.

En la costa de la nueva Inglaterra, próximo á cabo Cod.(*)

____

(*) El banco que sale de cabo *Cod* se extiende casi hasta cabo *Sable*, en donde se une con los bancos de Nueva-Escocia, aumentando la sonda gradualmente desde 20, 50, hasta 55 brazas, cuya profundidad está en la latitud de 43º. Al cruzar el banco entre las latitudes 41º, 41' y 43º el fondo es muy remarcable. Fuera de él es arena fina, disminuyendo gradualmente el agua

El agua fuera de las sondas está 8 ó 10 grados mas caliente que en ellas; y en la corriente está todavía 8 grados mas: de modo que viniendo del O. un descenso de 8 grados indicará la salida de la corriente, y una bajada de 5 grados más dará á conocer la sonda.

En la costa desde cabo Henlopen hasta cabo Henrique el agua fuera de las sondas está 5 grados mas caliente que en ellas, y en la corriente todavía lo está 5 grados más, de tal conformidad, que viniendo del E. una bajada de 5 grados, manifestará la salida de la corriente, y un descenso de 5 grados más dará á conocer las sondas.

El Coronel Williams recomienda á los navegantes que lleven tres termómetros, y dice que se pongan en un parage algunos dias ántes de dar la vela para probar su uniformidad. La plancha debe ser de marfil ó metal; porque la madera se hincha en el mar, y como el tubo de cristal no cede, por la misma razon está expuesto á quebrarse; y será mejor la plancha si es de metal de campana. El instrumento debe estar fijo dentro de una caja de metal cuadrada, cuyo extremo, hasta el punto de 30 grados, debe estar en disposicion que no entre el agua, y en tal conformidad que al examinar el grado de calor pueda la esfera mantenerse en el agua: el resto del largo de la caja debe estar abierto de frente con solo dos ó tres barras ó abrazaderas, para evitar cualquier golpe accidental, semejante al termómetro que usan los fabricantes de cerveza. Fíjese uno de estos instrumentos en algun parage de la embarcacion á la sombra y al aire libre, cuidando en lo posible de que esté en un parage seco y abrigado del viento. La parte de atras de uno de los grampones ó candeleros debajo de la batayola, puede servir para este fin si no se encuentra otro parage mejor.

El segundo instrumento debe estar suspendido libremente con cuerda suficiente para que flote en el agua de la estela.

El tercero, que es de respeto, debe estar colocado en un parage seguro, y pronto para suplir la falta de alguno de ellos en caso de accidente. A continuacion se verán todavía mas noticias sobre el uso del termómetro en el mar, dadas en una carta del Sr. Manson al Coronel Williams, Comandante del cuer-

por varias leguas; en medio del banco es arena gorda y cascajo; en la parte interior es fango con pedazos de conchuela, y de pronto se entra en mas agua desde 45, 48, 150, hasta 160 brazas.

pq de Ingenieros en Nueva-York, y autor de la Navegacion termométrica, fecha en Clifton (Iglaterra) 20 de Junio de 1810.

,, Mi viage desde Nueva-York hasta Halifax en el buque correo ingles el Elisa fue tan tempestuoso y desgraciado (habiendo desarbolado del palo de trinquete), que no pudimos hacer ninguna observacion termométrica ; pero cuando navegamos desde Halifax el 27 de Abril principié á hacerlas, y las continué hasta que desgraciadamente se me rompieron los termómetros. Sin embargo del poco tiempo que medió notará vmd. que mis observaciones fueron muy importantes, cuyos resultados le incluyo en esta. Advertirá vmd. con cuánta exactitud el termómetro indicó los bancos ó baj... y la aproximacion á las bancas de nieve. El Capitan se convenció tanto de la utilidad del termómetro, que no tuvo reparo en hacer observaciones regulares, y de insertarlas en su diario. Yo le regalé un ejemplar de la obra de vmd., pues mi deseo es que se haga general un descubrimiento tan útil. Despues de haber escapado milagrosamente de las bancas de nieve, y de varios temporales muy fuertes, llegamos á Falmouth el 22 de Mayo de 1810.''

Extracto del diario del Capitan del buque Correo Elisa desde el 28 de Abril hasta el 4 de Mayo de 1810

Fechas	Hors. man.	Hors. tarde.	Calor de Aire.	Calor de Aga.	Latd. N.		Long. O. de Cadiz.		Observaciones en la navegacion dede Halifaxal SE y E.
1810.			0	0	0 ′		0 ′		
Abril.									
28.	10	....	44	40					
		1	47	41	43	30	56	35	
		4	43	42	...	...	...	...	Banco de Arena.
		8	46	40					
29.	8	....	45	43					
		Medio dia.	49	48	42	27	54	37	
		5	50	62					
		7	48	64					
		10	48	54	...	...	...	...	Bordeando para ganar la margen de la corriente.
30.	9		58	62	...	...	...	...	Navegando en la corte.
		Medio dia.	60	61	42	1	53	4	
		5	58	61					
		9	60	60					
Mayo.									
1.	8	....	60	58					
	11	....	60	46					
		2	64	45	41	53	50	35	
		3	62	46	...	...	...	...	Una banca de nieve demorando al SSE. distancia 7 millas.
		4	58	47	...	...	...	...	Otra banca de nieve de frente de una milla de extension á sotavento.
		5	60	47	...	...	...	...	Banca de nieve demorando al SSO. 7 millas.
		6	57	45					
		8	56	48					
2.	1	....	58	50					
	3	....	60	60					
	8	....	60	62					
	10	....	63	63					
		Medio dia.	64	63	41	25	46	51	
		3	61	64					
		6	62	58					

73

Fechas.	Hors. man	Hors. tarde.	Color de AireAga		Latd. N.		Long. O de Cádiz.		Observaciones en la navegacion desde Halifax al SE. y E
1810. Mayo. 3.			0	0	0 ′		0 ′		
		9	56	56					
		12	50	56	...	... ...	...	No se encontró fondo con 80 brazas de sondaleza.
	4	....	43	43	...	... ...	...	Idem. idem.
	6	....	40	39	...	... ...	...	Una enorme banca de nieve al traves distante cerca de 100 varas.*
	8	....	41	44	...	... ...	...	Se pasaron varias bancas de nieve, la mayor demorando al SO. 7 mil.
	10	....	43	45				
	Medio dia.		44	43	42	1 43	47	No se encontró fondo con 80 brazas.
		4	44	50				
		6	46	60				
4.	M.n e.	12	46	60				
	4		46	52				
	8	....	43	60				
	Medio dia.		54	59	42	54 39	45	
		8	49	60				
		12	48	60				
	6	....	47	59				
	Medio dia.		53	59	43	12 35	26	Se rompieron los termómetros.

* Esta tenia cerca de 159 pies de elevacion y una milla de diámetro. Cuando se descubrió escasamente estaba á la distancia de 100 varas de la embarcacion por la proa. La obscuridad era tan grande que á dicha distancia solo parecia á una nube blanca, cuya elevacion pasaba de nuestros palos.

Observaciones hechas por el Coronel Williams.

El punto importante de comparacion es la diferencia en el calor del agua en diferentes parages, esto es, en la corriente ó cerca de ella en el Océano, fuera de la corriente, en la costa y próximo á las bancas de nieve, y la diferencia, entre el calor del agua y del aire como algunos han imaginado. Esta última es meramente una observacion constante que sirve para computar las mudanzas ordinarias, y con ella guiar el entendimiento.

Desde el 28 de Abril á las 10 de la mañana, hasta el 29 del mismo á las 8 tambien de ella, se observó que la temperatura del mar en los bajos de arena fue de 40° á 43°. A las 5 de la tarde notamos que la influencia cálida de la corriente del golfo fue de 62 á 64. A las 10 de la noche observamos que la temperatura entre la influencia de la corriente en mucha agua, y la costa fue de 54°, lo cual es cerca de un medio entre los dos. Despues navegando para afuera á las 9 de la mañana siguiente dia 30, notamos otra vez la influencia cálida de la corriente.

Cerca de 23 horas despues, es decir, en 1.° de Mayo á las 8 de la mañana, obseavamos que el agua empezaba á enfriase; y 3 horas despues el mercurio bajó 14°, es decir, á los 46.° En este parage no se pudo encontrar fondo, y probablemente habia una banca de nieve obscurecida por la niebla (es menester notar aquí que la frialdad del hielo condensa la atmósfera, y por consiguiente esto probablemente causará una niebla). Despues de haber rebasado de ella como á las 2 de la tarde, el termómetro subió á 54°; pero una hora despues bajó otra vez á los 46°, y se descubrió otra banca de nieve á la distancia de 7 millas. Los navegantes pueden reflexionar sobre esto, y observar que una bajada súbita de 6° en esta parte del Océano debe inducirlos á gobernar hácia el S. y á mantener una constante vigía. Desde el 1.° de Mayo á las 11 de la mañana, hasta la una de la siguiente, observamos las mudanzas graduales al pasar la embarcacion los hielos, entrando otra vez en el agua del Océano en los 50°; pero en el discurso de 2 horas más se encontró el buque otra vez en la influencia cálida de la corriente, y el mercurio subió 10 grados, es decir, á 60°; la embarcacion siguió casi el mismo grado regular de calor durante 17 horas, hasta las 6 de la tarde que el agua principió otra vez á enfriarse bajando hasta 56° á las 12 de la noche. En este parage no se encontró fondo con 80 brazas. El 3 de Mayo á las 4 de la mañana el agua estaba á la temperatura de 43°, y todavía no se encontraba fondo con las 80 brazas; en este caso por la experiencia se puede decir *en este parage y á ménos distancia de 7 millas hay una banca de nieve*, porque á la misma el agua está á los 46°. Cuando fue de dia se presentó á la vista por el traves una enorme banca de nieve de 100 varas de largo, y el calor del agua reducido á 39°. En este instante me ocurre una cuestion, y es, si no se hubiese usado del termómetro de este modo durante la noche, ¿cual hubiera sido la suerte de este buque? La memoria del desgraciado accidente sucedido al Júpiter (1) es la respuesta mas convincente; y se debe establecer como axioma marítimo, que solamente la falta de precaucion ó la ignorancia pueden causar tales accidentes en lo sucesivo.

Á las anteriores observaciones el editor tiene la satisfaccion de añadir las noticias que le comunicó el Sr. Rowland Bourke, Comandante del navío Archibald, de Lóndres, viniendo de la Havana en 1816, en cuyo viage hizo experimentos sobre la temperatura del agua del mar, los cuales corroboraron el principio desenvuelto por el Coronel Williams. Estos experimentos fueron hechos al salir de la corriente del golfo y al acercarse á las sondas de la cola ó extremo del banco de Terranova. Dicho Ca-

---

(1) En la protesta del Capitan del Júpiter, en que da parte del desgraciado acontecimiento de este buque, se nota lo siguiente:

„El 6 de Abril en la latitud de 44° 20' y longitud 42° 43', á las 8 de la mañana nos encontramos entre varios pedazos de hielo rotos, de los cuales á las 11 de la misma nos suponiamos enteramente libres gobernando al O$\frac{1}{4}$NO., O. y ENE. estando el tiempo nublado. A las 2 de la tarde se principiaron á descubrir otra vez varias bancas de nieve, y á las 3 se vió por la proa una gran barrera, la que al parecer no presentaba abertura alguna; entónces viramos por redondo manteniéndonos distantes al S. y E., y continuaron pasando pequeñas bancas de nieve, hasta que á las 5 de la tarde hallamos que el hielo se extendia tanto hácia el N. y S. que no pudimos darle resguardo; por lo que viramos forzando de vela hácia el N. por entre el hielo roto hasta pasar la noche, no teniendo esperanza alguna de poder zafarse de él: nos mantuvimos con las 3 gavias con dos rizos, esperando tener suficiente deriva para resguardarnos de los campos de hielo que habia á sotavento hasta que fuese de dia; pero á eso de las 11 advertimos que nos ibamos aproximando con bastante velocidad á una grande extension de hielo; por lo que fue preciso virar por redondo y gobernar hácia el S. con poca vela ciñendo el viento y sorteando los hielos rotos segun lo exigian las circunstancias, hasta las 12 y media que tocamos en una pequeña banca que pasó por la proa.”

pitan parece que habia leido la primera edicion de la obra del Coronel Williams ; y teniendo casualmente un termómetro á bordo creyó que haria el mismo efecto, probando la temperatura de unos cuantos cubos de agua recien sacados. No se contentó con escribir los resultados particulares, sino que observó una diferencia de 7 grados en la temperatura del agua en muy poco espacio de tiempo al salir de la corriente : en seguida un descenso de varios grados anunció la aproximacion del buque al banco. Ultimamente todos los experimentos convinieron con las observaciones, y probaron la grande utilidad de un instrumento que en este respecto muchos navegantes todavía no conocen.

La variacion que la corriente pueda tener próximo al gran banco de Terranova es asunto que aun está por averiguar ; pero segun noticias comunicadas por un amigo, debemos esperar que en breve se recibirán nuevas luces sobre esta materia.

Corrientes retrógradas.

A cada lado de la corriente del golfo, como ya se ha dicho, hay una contracorriente que se dirige en direccion contraria. En el estrecho de la Florida ó canal de Bahama entre la corriente y la costa se experimenta una rebesa ó remolino que se lleva consigo la corriente hácia el SO. en direccion opuesta á la que tiene la principal, y aun en sus mas altas latitudes un reflujo á cada lado.

Al N. de cabo Cañaveral, á lo largo de la costa S. de los Estados-Unidos, la marea no se aleja de la costa mas que hasta las 10 ó 12 brazas de agua; desde dicha profundidad hasta el veril de sondas se experimenta una corriente que se dirige al S. á razon de una milla por hora, y fuera de dichas sondas la corriente del golfo corre hácia el Norte.

Se ha observado que cuando cabo Henrique (la punta S. de Chesapeake) demora al NO. distancia 160 leguas, la corriente se dirige al S. á razon de 10 ó 12 millas por dia, continuando esta del mismo modo hasta que dicho cabo Henrique demore al ONO. distante 89 ó 90 leguas ; entónces se dirige al NE. á razon de 33 á 34 millas por dia, la cual continúa en la misma direccion hasta la distancia de 30 ó 32 leguas de la costa : desde este punto corre al S. y O. de 10 á 15 millas en 24 horas hasta llegar á unas 12 ó 15 millas de la costa. Esta corriente, á la cual se la considera como la rebesa de la corriente del golfo, se dirige mas ó ménos al SO. segun la figura de la costa.

Se ha observado tambien por otros que en latitudes mas altas entre el *Gulf-stream* y la costa constantemente se dirige una corriente al S. y al O. ; pero más principalmente en las sondas á razon de ⅓ milla por hora ó más segun el viento.

Un Oficial experimentado de la Marina Real, de quien se ha hablado, dice ; „ que en todas las observaciones que hizo durante los cinco años que cruzó en la costa de América, jamas se experimentó (excepto una sola vez) esta corriente E. al S. de la latitud de 36°, prevaleciendo generalmente esta entre las latitudes de 37° y 40°, y desde la longitud de 53°43′ hasta la 62°43′, encontrando muchas veces una fuerte corriente al S. ó SO. cerca de la latitud de 36° ó 37°, y próximo á la longitud dicha. Por lo tanto las embarcaciones que van de Europa con destino á América deben procurar hacer sus travesías, ya sea al S. de la latitud de 37° ó al N. de la de 40°, es decir, cuando se hallen tanto avante al O. de los bancos de Terranova deben lo mas que puedan evitar el ir de bolina hácia el O. entre las latitudes de 37° y 40°.

„En las sondas, á lo largo de las costas de la Georgia, Carolina, Virginia, Nueva-Jersey y Nueva-York, la corriente corre por lo general paralelamente á la costa ; y es en general impelida por el viento, el cual por lo comun prevalece entre el S. y O., produciendo una débil corriente de ⅓ á 1 milla al NE. ; pero cuando reinan los vientos del N. y E. la corriente á lo largo de la costa al SO. correrá frecuentemente 2 millas : por lo que los pilotos de esta costa observan que las corrientes al S. y al SO., aunque raras veces se experimentan, no obstante son siempre mas fuertes que las que se dirigen al N. siendo estas mas frecuentes. Es probable que las mareas tengan alguna influencia en estas corrientes, particularmente cerca de la entrada de las grandes bahías y rios. El flujo en esta costa viene del NE. En los meses de Abril y Mayo he observado, al cruzar la corriente del golfo en la latitud de cabo Enrique, que cuando se está próximo á la parte interior de la corriente el agua empieza á tener un color verde mas obscuro ; y desde este parage hasta el veril de sondas hay una fuerte corriente hácia el E. Cuando se está en sondas el agua toma el color cenagoso, continuando la corriente del mismo modo hasta estar dentro de la influencia de la marea : esta corriente al E. sin duda alguna la causa el desagüe de Chesapeake, producido por las crecientes del deshielo en las montañas, prevaleciendo en algun tanto el mismo desagüe todo el año ; pero sus efectos son mas sensibles en dicho tiempo. Es probable que una corriente semejante prevalezca en frente de la embocadura de Delaware.

„ Al rededor del extremo E. de Long-Island ó Isla larga, y desde alli hácia el E. al rededor de los bajos de Nantucket, al traves del banco de San Jorge, hasta cabo Sable ó de Arenas, hay una fuerte corriente, dirigiéndose la marea creciente al N. y O. en órden á llenar las bahías, rios y rias, y la menguante en direccion contraria. En las mareas que corren al traves del banco de San Jorge hasta entrar en la bahía de Fundy influyen mucho los vientos, particularmente si despues de uno fuerte del S. ó SE. se llamase repentinamente al O. ó NO. (circunstancia que sucede amenudo); las embarcaciones experimentarán entónces que la vaciante las ha llevado al SE. 50 ó 60 millas en 24 horas. La entrante es tambien grande con los vientos del S. ó SE., con la que se debe tener particular cuidado.

„ En la costa de Nueva Escocia las corrientes corren paralelamente á ella; pero son mas frecuentes del E. que del O., especialmente en la primavera: los vientos del S. las impelen hácia la costa entrando el agua y llenando las bahías y rias; los del N. y NO. las obligan á retirarse de la costa.

„ En este parage una marea regular corre á lo largo de la misma viniendo la creciente del ENE."

Concluirémos este discurso con los observaciones sobre la corriente del golfo &c. del Sr. Cárlos Blagden, de la Real sociedad, extractadas de las Transacciones filosóficas.

„ Durante un viage á América en la primavera del año de 1776 acostumbré frecuentemente examinar el calor del agua del mar recien sacada, con motivo de compararle con el del aire; hicimos nuestra derrota bastante al S., y en esta situacion el mayor calor del agua que observé fue de 77½ grados de Fahrenheit; este grado de calor lo noté dos veces, la primera fue el 10 de Abril en la latitud de 21° 10' N., y longitud por nuestra estima 45° 43' O.; y la segunda, el 13 del mismo mes, en la latitud de 22°7' y longitud de 48°42'30"; pero en general el calor del mar cerca del trópico de Cancer á mediados de Abril fue de 76 á 77 grados.

„ Habiéndose señalado para punto de reunion del convoy enfrente de cabo *Fear*, nuestra derrota al acercarnos á la costa de América fue al NO. El 23(*) de Abril el calor del agua del

(*) De la diferencia que hay entre el tiempo civil y astronómico es necesario observar que el primero es el que se debe entender siempre en este escrito.

mar fue de 74 grados, siendo nuestra latitud al medio dia de 28º7' N. Al dia siguiente el calor era solamente 71º, estando entónces en la latitud de 29º 12', por lo que se notó que el calor del agua iba disminuyendo precipitadamente á proporcion que aumentabamos de latitud.

„El 25 nuestra latitud era de 31º 3'; pero sin embargo de que habiamos andado casi 2 grados hácia el N. el calor del mar se aumentó, llegando en la mañana á los 72º y en la tarde á 72¼. Al dia siguiente 26 de Abril, á las 8¼ de la mañana, volví á sumergir el termómetro en el agua del mar, y me causó mucha sorpresa al ver que el mercurio subió á 78 grados, siendo esta subida mayor de lo que jamas habia observado aun entre el trópico. Como la diferencia era demasiado grande para atribuirla á alguna variacion accidental, inmediatamente concebí que era preciso que hubiésemos llegado á la corriente del golfo, cuya agua todavía conservaba gran parte del calor que habia adquirido en la Zona tórrida. Esta idea fue confirmada por la disminucion subsecuente, pronta y regular del calor; el progreso de la embarcacion por espacio de un cuarto de hora le habia minorado 2 grados; á las 8¾, habiéndose metido el termómetro en el agua recien sacada, subió solamente á 76 grados; á las 9 el calor se redujo á 73 grados, y á las 9¼ á casi 71: en todo este tiempo tuvimos viento fresco, y anduvimos 7 millas por hora con rumbo al NO. En este punto el agua empezó á perder el hermoso color azul trasparente del Océano, y á tomar otro verdoso de aceituna, lo que es una indicacion bien conocida de sondas; en efecto, entre 4 y 5 de la tarde sondamos 80 brazas, habiéndose reducido entónces el calor á 69 grados; durante la siguiente noche, y al otro dia al paso que disminuiamos de fondo y nos acercábamos á la costa, la temperatura del mar gradualmente fue bajando hasta llegar á 65 grados, cuya temperatura casi era igual á la del aire libre al mismo tiempo.

„Desgraciadamente el mal tiempo en el dia 26 nos impidió el observar el sol; pero en el 27, sin embargo de que habia cerrazon, calculamos la latitud por dos alturas, y hallamos ser de 33º26' N., siendo la diferencia entre esta y la que observamos el dia 25 de 2º23' mucho mayor de la que se pudo deducir por la estima, lo que nos convenció que la corriente nos habia llevado muchas millas al N.

„El '25 del mismo mes al medio dia la longitud, segun nuestra estima, fue de 67º42'30" O. con bastante exactitud; pero las sondas con la latitud determinará el parage donde se hicieron estas observaciones mejor que por ninguna estima viniendo del O. La singladura de la embarcacion del dia 26 desde las 9 de la mañana hasta las 4 de la tarde fue cerca de 10 leguas con rumbo al NO.¼N.; al instante nos pusimos en facha con motivo de sondar, y encontrando fondo navegamos con muy poca vela toda la noche y hasta el medio dia del 27.

„ Segun estas observaciones se puede concluir que el agua de la corriente del golfo cerca de la latitud de 33° N. y longitud 69·42'30" O. de Cádiz está en el mes de Abril á lo ménos 6 grados mas caliente que la del mar por donde corre; como el calor del agua del mar evidentemente principió á aumentarse en la tarde del 25, y como las observaciones manifestaron nuestra salida de la corriente cuando por primera vez examiné el calor del agua en la mañana del 26, es muy probable que lo que anduvo la embarcacion durante la noche fue casi la extension lateral de la corriente, medida oblicuamente al traves, que como sopló una briza fresca no pudo ser ménos el intervalo de tiempo que medió entre las dos observaciones del calor que de 20 leguas en 15 horas, por lo que resulta que la latitud de la corriente se puede estimar de 20 leguas. El ancho del golfo de la Florida, el cual evidentemente limita á la corriente en su orígen, parece, segun las cartas, que tiene 2 ó 3 millas ménos que esta, no constando con las peñas y bancos de arena que rodean las islas Bahamas, y el placer que se extiende hasta una considerable distancia de la costa de la Florida; y la correspondencia de estas medidas es muy remarcable, puesto que la corriente, segun principios de Hidráulica bien conocidos, es preciso que gradualmente se ensanche al paso que se aleja del canal por donde sale.

„ Si se supiese el calor del seno Mexicano se podrian formar muchos cálculos útiles, comparándole con el de la corriente. El calor medio de Spanishtown y Kingston en Jamaica, parece que no excede de 81 grados (*); el de la costa de Santo Domingo puede estimarse el mismo, segun las observaciones de Mr. Godin (†), pero como la costa del continente que abrazó

(*) Historia de la Jamaica, Lóndres 1774, tomo 3.°, pág. 652 y 653. Las diferentes observaciones del calor puestas en dicha obra no concuerdan entre sí; pero las que se han adoptado aquí estan tomadas de aquellas series que han parecido mas correctas.

[†] Los experimentos del péndulo que Mr. Godin hizo se verificaron en *Petit-Geave*, desde 24 de Agosto hasta el 4 de Setiembre, y

el golfo al O. y S. es probablemente mas caliente, acaso de un grado ó dos, se puede por tanto suponer la temperatura media del clima en todo el golfo de 82 á 83 grados. Hay una gran probabilidad en suponer que el calor del mar á una cierta distancia comparativamente pequeña debajo de su superficie es casi igual á la temperatura media del aire durante todo el año en el mismo parage, y de aqui se puede deducir que el mayor calor del agua cuando sale de la bahía ó golfo para formar la corriente es con corta diferencia de 82° (*), no siendo suficientes las pequeñas variaciones de la temperatura en la superficie para influir materialmente en la de la masa general. En el trópico de Cáncer hallé que el calor fue de 77°; por lo tanto la corriente en todo su curso desde el golfo de la Florida se puede suponer haber estado corriendo constantemente por agua de 4 á 6 grados mas fria que ella misma; sin embargo de esto solamente habia perdido 4° de calor, aunque el agua que la rodeaba adonde la observé estaba 10° mas bajo de la supuesta temperatura original del agua que forma la corriente. De esta pequeña disminucion de calor en una distancia probablemente de 300 millas se puede formar alguna idea de la gran masa de fluido que sale del golfo Mexicano y de la gran velocidad de su movimiento. Repetidas observaciones en la temperatura de esta corriente en todas las partes de ella y en diferentes estaciones del año, comparadas con el calor del agua en los mares adyacentes tanto en el trópico como fuera de él, seria el mejor medio de averiguar su naturaleza

el calor medio durante este tiempo fue de 25° del termómetro de Reaumur. (Véanse las Memorias de la Academia de Ciencias año 1735, pág. 517.) Segun el cálculo de Mr. Deluc (Modificaciones de la atmósfera, tomo 1.°, pag 378), el termómetro de Reaumur corresponde casi á 85° de Farenheit; pero siendo tambien el calor medio en Jamaica durante los meses de Agosto y Setiembre 85°, podemos concluir que el calor medio de todo el año es casi el mismo en las costas del mar de ambas islas.

[*] El cálculo mas bajo de la temperatura media del golfo es preferido en esta occasion á causa del continuo flujo entrante de nueva agua del Océano Atlántico producido por los vientos generales ; cuya agua, no habiendo pasado próxima á tierra alguna, debe ser mucho mas fria que aquella que ha permanecido algun tiempo encerrada en el golfo. Sobre este asunto se deben consultar las observaciones hechas por el Sr. Alejandro Dalrimple, relativas al calor del mar cerca de la costa de Guinea. Véanse las Trans. filosóficas, tomo 68, pág. 394, &c.

y determinar todas las circunstancias materiales de su movimiento, especialmente si se atiende con cuidado al efecto de la corriente en llevar las embarcaciones hácia el N., y al mismo tiempo con las observaciones sobre su calor,"

El 25 de Setiembre de 1777 cuando volvian con enfermos y municiones los trasportes que habian llevado el ejército del General Hawe á la bahía de Chesapeake, experimentaron entre cabo Cárlos y cabo Henlopen un fuerte temporal, el que despues de alguna variacion se fijó por último al NNE., y continuó 5 dias sin intermision. Sopló tan fuerte, que estuvimos constantemente perdiendo de latitud : tambien nos dirigimos hácia el E. para dar resguardo á los bajos peligrosos que se hallan enfrente de cabo Hatteras.

El 28 al medio dia nuestra latitud fue de 36° 40′ N., y el calor del mar se mantuvo todo el dia cerca de 65°. El 29 se observó la latitud de 36° 2′; por consiguiente en el discurso de estas 24 horas fuimos llevados por el viento 38 millas náuticas hácia el S. : la temperatura del mar continuó casi á los 65 grados. Al siguiente dia 30 nuestra latitud al medio dia fue de 35°44′, solo 18 millas mas al S.; aunque tanto en la opinion de los marineros á bordo como en la mia habia soplado el viento tan fuerte en este dia ó acaso mas que en los anteriores; por consiguiente se puede concluir que la corriente habia llevado al buque 20 millas hácia el norte. Para saber si esta era ó no la corriente del golfo consultamos el termómetro. A las 9½ de la noche del mismo dia el calor del agua estaba en 76 grados, lo cual es nada ménos que 11 grados sobre la temperatura del mar ántes de entrar en la corriente.

Entrada mas la noche el viento cesó, y nos aguantamos con proa al NO.¼N. de bolina; y como todavía estaba la mar muy gruesa, y la embarcacion apénas andaba poco mas de dos millas por hora, y el abatimiento era lo ménos de tres cuartas; por consiguiente el rumbo verdadero que nosotros hicimos fue al NNO., el cual por la distancia andada hasta el medio dia siguiente, resultó cerca de 16 millas de deriva hácia el N.; pero como en aquel dia, que era el 1.º de Octubre, nuestra latitud fue de 36° 32′, es decir, 38 millas mas al N. de lo que habíamos estado el dia ántes, la diferencia de 22 millas se debe atribuir á la corriente del golfo. Esto no obstante es solamente una parte del efecto que la corriente hubiera producido en la embarcacion, si hubiesemos continuado en dicha corriente todas las 24 horas, pues aunque estabamos todavía en ella á las 5 de la tarde del 30, segun lo indicaba el calor del agua que pasaba entónces de 75°, y á las 8 de la noche en 74°, á las 7 de la mañana ya habiamos salido enteremente de ella, estando el calor del mar entónces en su primer estado de 65°. Por lo tanto en esta ocasion no cruzamos la corriente, sino que habiendo llegado oblicuamente en contacto con ella por la parte del O., maniobramos á salir otra vez por el mismo lado inmediatamente que el viento aflojó.

Habiéndose hecho estas observaciones 3 grados mas al N. de las que hice anteriormente, se debe observar que el calor de la corriente del golfo fue 2 grados ménos; es verdad que las estaciones del año fueron muy diferentes; pero acaso bajo tales circunstancias que sus efectos casi se equilibraron. En las últimas observaciones la altura meridiana del sol fue menor; pero entónces las precedió un verano cálido, cuando al contrario en las primeras aunque el calor del sol era muy grande, sin embargo hacia poco que habia pasado el invierno. Calculando sobre esta proporcion, podemos sospechar que próximo á los 27 grados de latitud, cuyo punto es en donde inmediatamente la corriente sale del golfo de la Florida, empieza sensiblemente á perder su calor desde 82 grados, que es la temperatura expuesta del seno Mexicano, y que continúa perdiéndolo á razon de cerca de 2 grados de la escala de Fahreneit por cada 3 grados de latitud con alguna variacion probable, á causa de que en diferentes estaciones el mar adyacente y el aire es mas caliente ó mas frio.

Los hechos anteriores me habian movido á obrervar el calor de la corriente del golfo á mi regreso á Inglatera; pero un fuerte temporal que sobrevino dos dias despues de nuestra salida de *Sandy Hook* imposibilitó á todos los que se hallaban á bordo que sabian manejar el termómetro, no pudiendo mantenerse sobre cubierta; no obstante el Capitan del buque, hombre inteligente, á quien habia yo comunicado mis deseos, me aseguró que en el segundo dia del temporal observó el agua notablemente caliente, hallándonos entónces cerca de los 63°43'30" de longitud O. Esto conviene muy bien con la observacion comun de los navegantes, quienes afirman que con frecuencia, experimentan el efecto de la corriente del golfo enfrente de los bajos de Nantucket; mediando una distancia de mas de 1000 millas desde el golfo de la Florida: segun el cálculo que he adoptado ántes de 2 grados de calor de pérdida por cada 3 de latitud, la temperatura de dicha corriente en este parage podrá ser muy cerca de 73 grados, cuya diferencia desde los 59°, que es el grado de calor que observé en el agua del mar tanto ántes como despues del temporal, pudia haberse percibido fácilmente por el Capitan de la embarcacion. Esto sucedió en la estacion de invierno á fines de Deciembre.

Prevalece una opinion entre los marinos, y es que se nota alguna variacion peculiar en el estado de la atmósfera próximo á la corriente del golfo: por lo que yo juzgué, el calor del aire se aumentó considerablemente por ella; pero que este llegase á un grado tal que pudiese producir alguna mudanza material en la atmósfera, creo no puede determinarse sino por medio de nuevas observaciones.

Puede ser que se encuentran otras corrientes que saliendo de parages mas calientes ó mas frios que el mar adyacente dfieran de él en su temperatura tanto que se pueda descubrir por el termómetro. Si hubiese muchas semejantes á estas, este instrmento será tenido por uno de los mas útiles en el mar, y en tanto grado, cuanto es bien sabido que la dificultad de averiguar las corrientes, es uno de los inconvenientes mas grandes en el presente estado de la navegacion.

Cero que las observaciones que se han citado aquí son suficientes para probar que al cruzar la corriente del golfo se pueden sacar ventajas esenciales del uso del termómetro; porque si el Capitan de una embarcacion destinado á cualesquiera de las provincias meridionales de la América septentrional tuviese cuidado á menudo de observar el calor del mar, conoceria con bastante exactitud su entrada en la corriente del golfo por el aumento repentino del calor, y una continuacion de los mismos experimentos le demostrarian con igual exactitud el tiempo que permaneciese en ella; de aqui es, que siempre podrá hacer la competente rebaja por el número de millas que el buque haya sido abatido hácia el N., multiplicando el tiempo por la velocidad de la corriente: aunque esta velocidad ha sido hasta aquí muy imperfectamente conocida por falta de algun método para determinar cuanto tiempo influyó la corriente en las embarcaciones; sin embargo toda incertidumbre en ste respecto debe cesar al instante, pues unos cuantos experimentos sobre el calor de la corriente, comparados con lo que anduvo el buque, y modificados por medio de observaciones de latitud, manifestarán su movimento con bastante precision. De las diferencias en el viento, y acaso otras circunstancias, es probable que pueda haber algunas variaciones en su velocidad, y seria util observar si estas se podrian conocer frecuentemente por una diferencia de su temperatura, pues cuanta mas velocidad tiene la corriente, es probable que pierda ménos calor, y por consiguiente el agua estará mas caliente. Sin embargo en esta observacion siempre se ha de contar con la estacion del año, en parte, porque puede ser que afecte en algun modo la temperatura del agua en el seno Mexicano, pero principalmente á causa de que el calor efectivo de la corriente debe ser mayor ó menor á proporcion que el espacio de mar por donde ha corrido esté mas caliente ó mas frio : en invierno supondria que el calor del agua de la corriente fuese menor que en verano ; y que la diferencia entre ella y el mar adyacente seria mucho mayor ; por tanto concibo que en el rigor del verano, aunque la corriente hubiese perdido muy poco de su primitivo calor, sin embargo el mar en algunas partes pudiera adquirir la misma temperatura, en tal conformidad, que hiciese casi imposible el distinguir por medio del termómetro cuando la embarcacion entra en la corriente.

Ademas de la conveniencia de corregir la derrota de una embarcacion, conociendo el modo de hacer la competente rebaja por ● distancia á que ha sido abatida por la corriente hácia el N. (lo cual es un método de determinar con exactitud su entrada en la corriente del golfo), hay la inestimable ventaja de manifestar el parage del Océano donde esta se halla en la situacion mas crítica ; porque como la corriente se dirige á lo largo de la costa de América á poca distancia de la sonda, el navegante cuando nota este aumento repentino del calor en el mar, conocerá su aproximacion á ella, y de este modo podrá con tiempo tomar las precauciones necesarias para la seguridad de su bajel. Como la direccion de la corriente del golfo cada dia se conoce con mas exactitud por las repetidas observaciones del calor de las latitudes, este modo de determinar la situacion del buque será por consiguiente mas aplicable al uso de los navegantes, resultando de esto la ventaja de que siendo la costa de América desde la embocadura de Delaware hasta la punta mas S. de la Florida notablement baja, é interrumpida con muchos bajos, que se extienden mar afuera, tanto que una embarcacion puede varar en muchos parages en donde no se puede distinguir la costa, aun desde los topes, pueda evitarse de este modo. Por tanto, *Gulf Stream* ó la corriente del golfo, la cual hasta aquí solo ha servido para aumentar la perplejidad de los navegantes, vendrá á ser, si estas observaciones se encuentran exactas en la práctica, los principales medios de evitar los peligros de aquella costa.

Sobre las corrientes que se dirigen desde el N. y NO. hácia los bancos de Terranova.

Es un hecho bien sabido que en la primavera y verano la corriente generalmente corre desde las entradas de la bahía de Hudson y estrecho de Davis hácia el Océano Atlántico y bancos de Terranova.

La principal evidencia de esta corriente nace de la existencia de las bancas ó islas de hielo que se encuentran en la primavera y en los meses de Junio, Julio y Agosto sóbre los mismos bancos. Estas muchas veces son de grande extension y de gran magnitud, estando frecuentemente sumergidas en 40 y 50 brazas de agua. En tiempo de cerrazon son muy peligrosas, pero se pueden muchas veces distinguir á cierta distancia por una claridad en la atmósfera(*) que las cubre, y por el ruido de las rompientes cerca de ellas.

El Sr. Henrique Ellis, en su viage á la bahía de Hudson, dice que encontró masas de hielo en el verano de 1500 á 1800 pies de elevacion sobre el nivel del mar, y observó con sorpresa en 1746 y 47 que las mareas ó corrientes que venian del N. se aceleraban en lugar de retardarse en proporcion á la latitud. Este hecho apoya la suposicion de que el orígen de dicha corriente está en la region polar, y que proviene de los deshielos en el norte.

El Sr. Denis, gobernador del Canadá, asegura que muchas de estas islas y bancas de nieve son de una extension casi increible; que algunas se han visto á 15 ó 18 leguas, sintiéndose tambien su frio á una gran distancia; algunas veces son tantas, que llevadas hácia adelante por el mismo viento las embarcaciones que hacen diligencia para situarse en los bancos con el fin de pescar, han tenido que costearlas uno ó dos dias con briza fresca y á toda vela sin poder llegar á su extremo; de este modo se mantienen en esta misma derrota buscando una abertura, por la cual pueda pasar el buque; si la encuentran, pasan por ella lo mismo que por un estrecho; si no, tienen que seguir navegando hasta haber pasado toda la cordillera para continuar su viage. Estos hielos no se derriten hasta que encuentran el agua caliente hácia el S., ó son impelidos por el viento hácia la costa. Algunos

[*] Y aun se dice que la irradiacion de algunas de estas montañas ó bancas han hecho perceptible su extension circular, y que frecuentemente despiden centellas ó chispas de parte de noche.

pescadores me han asegurado que vieron una de estas bancas encallada en 45 brazas de agua en el gran banco, la cual tenia lo ménos 10 leguas de circunferencia; las embarcaciones no se aproximan á estos hielos, porque estan expuestas á zozobrar al tiempo de su dislocacion.

Por tanto estos hielos desprendidos de las inmensas masas en las regiones septentrionales, prueban que son la causa de una corriente al S. durante aquella parte del año(*). El Sr. Ellis, de quien ya se ha hablado, en su narracion de la expedicion del Dows y California á la bahía de Hudson en 1746, ha dado bastante luz sobre las obscuras noticias de las regiones polares, y dice : ,, El 5 de Julio principiamos á encontrar las bancas de nieve, que son comunes cerca del estrecho de Hudson. Estas montañas ó bancas son de un tamaño prodigioso, y aun no me excederia si dijese que las encontramos de 500 ó 600 varas de grueso ; pero aunque este hecho seria fácil de probarse citando una infinidad de autoridades, sin embargo no contribuiria en lo mas mínimo á resolver la dificultad de concebir de que modo se forman estas disformes montañas, al contrario, mas bien serviria de confusion. No obstante se han hecho varias tentativas para aclarar esta cuestion, entre las cuales citarémos al Capitan Midleton, quien se explica del modo siguiente.

,, A lo largo de toda la costa de la bahía de Bafin, estrecho de Hudson &c., la tierra es muy alta y acantilada, hallándose mas de 100 brazas próximo á ella. Estas costas tienen muchas rias ó brazos de mar, cuyas cavidades estan llenas de hielos y nieve, á causa de un invierno casi perpetuo, aumentándose por espacio de 4, 5 y 7 años, hasta que un género

[*] El 21 de Junio de 1794 en la latitud 45° 18′ sobre la márgen Este y escarpada del gran banco de Terranova á las 9 de la mañana, teniendo una densa niebla, las fragatas inglesas Dédalus y Ceres se vieron de repente envueltas entre algunas bancas de nieve muy elevadas y peligrosas. El tiempo estaba tan cerrado, que á la distancia de 50 varas los objetos no eran visibles. La Dédalus, mandada por sir Cárlos Henrique Knowles, orzó y pasó por junto á la popa de una embarcacion que estaba varada sobre una de estas bancas, y navegó á barlovento de dicha por en medio de una gran cantidad de hielo ambulante y á sotavento de otra banca de nieve. La Ceres, su Capitan Thomas Hamilton, pasó por la misma derrota, y vió el buque varado un cuarto de hora despues de la Dédalus. El rumbo era al E. el viento de SO. con mucha mar, por motivo de haber soplado el viento fuerte del S. la noche anterior.

de inundacion ó avenida, que sucede comunmente en dicho período de tiempo en aquellos parages, las divide y las hace lanzar en los estrechos ó en el Océano, adonde son llevadas por los vientos variables y las corrientes en los meses de Junio, Julio y Agosto. Estas, por varias causas, mas bien se aumentan que disminuyen en tamaño, estando rodeadas por todas partes (ménos por 4 ó 5 rumbos de la aguja) de pequeños hielos por una extension de muchos centenares de leguas, por la tierra cubierta de nieve todo el año, y el tiempo extremadamente frio casi siempre en dichos meses: los pequeños hielos, que casi obstruyen los estrechos y bahías, y cubren muchas leguas en el Océano á lo largo de la costa, tienen de grueso de 4 á 10 brazas, y enfrian el aire en tal conformidad que resulta un continuo aumento á las grandes islas ó bancas, bañándolas el mar, y ademas las constantes nieblas húmedas, que parecidas á una pequeña lluvia, inmediatamente que cae sobre ellas, se hielan. Estan tan sumergidas en el mar, y tan pequeña parte sobre él, que impiden el que el viento las pueda mover con violencia, porque aunque sopla del NO. cerca de nueve meses en el año, y por consecuencia son llevadas hácia un clima mas templado, el movimiento progresivo es tan lento, que es preciso emplear muchos años ántes de haber andado quinientas á seiscientas leguas hácia el S.: segun yo pienso no pueden disolverse ántes de llegar entre los 50° y 40° de latitud, en cuyo punto el calor del sol consumiendo las partes mas superiores se alijeran y disminuyen.

„ Por otro lado el Sr. Egede asegura muy positivamente que el hielo, con el cual el mar está casi cegado, y el que segun él afirma, forma montañas de una asombrosa altura, estando tan metidas debajo del agua como elevadas sobre ella, no son otra cosa que pedazos de las montañas de hielo que se hallan en tierra, las cuales estando próximo á la costa, y desuniéndose caen al mar, y son llevadas de este modo. Es indudable que no habla por conjeturas ó por oidas, sino por su propio conocimiento, y por lo tanto estoy inclinado á creer que la mejor solucion de esta cuestion, cual es el cómo se forman estas montañas de hielo, se puede obtener uniendo á esta las noticias anteriores. Finalmente creo que su orígen es como Mr. Egede lo describe; pero estoy persuadido que la acumulacion de la materia necesaria para llegar á formarse de un tamaño tan disforme, se efectúa del modo que dice el Capitan Middleton; porque no puedo ménos de creer que al tiempo de caer en el mar, es preciso que sean de un volúmen muy grande, acaso de la mitad del tamaño á que llegan despues; y estoy inclinado á admitir la opinion del Sr. Egede de que se desunen y separan de la costa, á causa de la prodigiosa fuerza que tales avenidas es preciso que tengan para arrojar estas montañas al mar. Esta inundacion, á la verdad, me parece que es una asercion sin pruebas, porque los deshielos en estos parages no son repentinos ni violentos, sino al contrario muy lentos y graduados: porque cuando por el dia el sol está en su mayor altura, el hielo y la nieve se derriten; pero en la noche cuando el sol esta bajo vuelven á helarse: de modo que la disolucion ó disminucion de ellas no es sino muy lenta. Conforme á este modo de discurrir hallamos que las factorías meridionales que se hallan en la bahía de Hudson estan molestadas con este género du inundaciones ó avenidas, al paso que las del norte estan libres de ellas, por las causas que ya se han dicho. Estoy mas firmemente persuadido de que esto realmente sucede así, por las observaciones que he hecho sobre la diferencia que hay entre el hielo bajo y las montañas ó bancas, siendo estas últimas ménos sólidas, y de un color mas claro que las primeras."

El Sr. Ellis habia encontrado anteriormente grandes cantidades de hielo bajo en la latitud de 58° 30′ al E. de cabo Farewell ó A Dios, en la Groenlandia, con un tiempo muy obscuro; y á poco rato dice que navegaron por entre abundancia de maderos flotantes de un tamaño regular, circunstancia que llamó particularmente su atencion, á causa de que no se ha averiguado aun con certeza de donde podrán venir estas maderas. Todas las noticias que tenemos de la Groenlandia, costas de Davis y del estrecho de Hudson, aunque varían en muchas cosas, convienen en esta, y es, que ninguna madera del tamaño que se encontró, crece en aquellas partes; y por tanto se ha juzgado que no podia ser de ninguuo de dichos parages. Algunos han querido persuadirse de que es preciso que hayan sido llevadas allí desde la Noruega, y otros que desde la costa oriental de la tierra de Labrador; pero debo confesar que ni una ni otra noticia me parece probable; porque como los vientos del NO. prevalecen mucho en estos parages, impedirian el que viniesen de Noruega; y por otro lado las fuertes corrientes que vienen de los estrechos de Davis y de Hudson, y se dirigen hácia el S., deben estorbar su paso desde la costa de América basta aquellos mares. (*)

(*) Se supone haber venido de la Groenlandia oriental. Véase el viage de Ellis 1748 en 8.°, pág. 126.

Corriente que viene del golfo de San Lorenzo.

El reflujo que viene del rio San Lorenzo corre con mucha fuerza hácia el golfo, y á principios del año cuando se derriten las nieves y los hielos, la vaciante es preciso que sea aumentada considerablemente; por lo tanto se puede presumir que hay en dicha estacion una grande salida de agua del golfo, que se dirige al SE. sobre la cola ó extremo de los bancos de Terranova, la cual probablemente se ha equivocado muchas veces con la corriente del golfo: acaso puede ser que con esta última se una hácia el SE. de tal conformidad, que aumente la tendencia general de las aguas en esta parte del Océano y en aquella direccion.

Sobre las causas generales de las corrientes.

Es bien sabido que por solo la accion del viento puede con facilidad promoverse una corriente, y que cuando prevalecen los vientos fuertes del SO., NO. y del NE. elevan la marea á una altura extraordinaria en las costas del canal de la Mancha, en la oriental de Inglaterra y rio Támesis. El difunto Mr. Smeaton averiguó por medio de un experimento que en un canal de 4 millas de largo el agua se mantenia 4 pulgadas mas alta en un extremo que en el otro meramente por la accion del viento á lo largo del canal. El Báltico sube lo ménos dos pies durante los vientos fuertes del NO., y en el mar Caspio varios pies en uno ú otro extremo miéntras prevalecen los vientos fuertes del N. y del S. Tambien se sabe que una gran masa de agua de 10 millas de ancho y de solo tres pies de profundidad ha sido llevada á un lado por un viento fuerte, manteniéndose de tal conformidad que ha llegado á seis pies de elevacion, al paso que la parte de barlovento se mantiene en seco. Por lo que así como el agua acumulada en un parage donde no puede tener salida, adquiere un nivel mas alto, del mismo modo en donde la tenga, producirá una corriente, y esta se extenderá á una distancia mas ó ménos larga, segun la fuerza con que es producida ó mantenida por el viento.

Estos hechos estan tan bien averiguados, que generalmente se puede suponer que despues de la continuacion de un viento uniforme cualquiera, habrá en el Atlántico cierta especie de corriente en donde el mar de otra manera estaria en un estado de reposo, á no ser agitado por otras causas, porque se supone que adonde los vientos son uniformes y permanentes, producen corrientes igualmente lo mismo. De aqui es que los vientos entre los trópicos, dirigiéndose generalmente al O., empujan el agua del Atlántico en la misma direccion, y causa el flujo de una corriente al mismo lado, á ménos que no encuentre tierras, isas ó bajos que obstruyan su curso, ó haga cambiar su direccion como cuando corre por canales que le hacen tomar la direccion de ellos.

Hay razones para creer que las grandes corrientes entre la zona Torrida se aumentan por la influencia de la luna, la que as hace correr llevándolas tras sí del E. al O.: una prueba de que este planeta influye sobre las corrientes, es que en el Faro ó estrecho de Mesina, entre Sicilia y Calabria, en el Mediterráneo, endonde no hay *flujo ni reflujo*, la corriente se dirije hácia el N. y S. alternativamente durante seis horas, teniendo todas las apariencias de ser gobernada enteramente por la influencia lunar, y se cree que la fuerza de los vientos se mezcla con la atraccion de la luna para formarse las corrientes que se dirijen al O. contra la costa de América y las islas de las Indias Occidentales. Siendo la mayor velocidad de esta masa de agua en el ecuador, allí es rechazada por el continente, *siguiendo* desde dicho punto una direccion al NO. á lo largo de aquella costa, donde se une con la marea creciente, corriendo luego al O. por el mar de las Antillas, y causando una entrante en el seno Mexicano, pero repartiéndose parcialmente en su curso por los diferentes canales y freus entre aquellas islas, como entre Puerto-Rico y Santo Domingo, entre esta y Cuba, y por los canales, bahías é islas de Bahama hasta el golfo de la Florida.

En estas partes de la América aumentando la rapidez de las corrientes los temporales del SE. elevan las aguas á una altura mas extraordinaria que con ningun otro temporal. Los vientos del N. y NE. causan un efecto contrario, y las corrientes y contra corrientes corren con mas ó ménos velocidad segun la fuerza y direccion del viento.(*)

_____

(*) Convulsiones particulares en lo interior de la tierra causan algunas veces un extraordinario desarreglo de la marea, &c.: una ocurrencia reciente de esta naturaleza sucedida en el Mediterráneo, llamada por los italianos un *terremoto de mar*, perturbó enteramente el curso de las mareas en el golfo de Spezzia durante los siete y ocho dias siguientes; pero

Es claro que hay comunmente una corriente continua desde las regiones ecuatoriales hasta el mar de las Antillas; pero hasta qué punto esta corriente puede influir en las aguas de aquel mar todavía es disputable. Se ha dicho y se ha supuesto generalmente que los vientos de los trópicos eran la única causa de la corriente de la Florida, no habiéndose contado con la inmensa salida de aguas de los grandes y numerosos rios que desaguan en el seno Mexicano, los cuales es preciso que sean agentes poderosos en la produccion de esta corriente. Los hechos parece que no prueban el que atribuyamos la causa de ella mas bien á los vientos de los trópicos, que á la elevacion superior de las aguas en las Antillas. Este elevacion generalmente impide una saliente del seno Mexicano al SE.; por lo cual las aguas acumuladas en él, buscan una salida por el NE. del modo que ya se ha dicho.

Las aguas del rio San Lorenzo, y desde los paralelos de Terranova parece, como hemos demostrado, que tienen una tendencia al SE. Las corrientes que vienen del estrecho de Hudson, &c. con direccion al S. y E., pueden probablemente ser mas efectivas de lo que en general se les ha supuesto, siendo los vientos en estas regiones por lo comun del NO., y estos muy fuertes durante una gran parte del año.

Los vientos dominantes del O. en las costas de los Estados-Unidos producen una depresion del agua en frente de ellas, y por consiguiente contribuyen á una tendencia al E. en las aguas del Océano.

La constante entrante en el estrecho de Gibraltar se atribuye á la evaporacion del mar Mediterráneo, la cual parece ser la causa de que las corrientes se dirijan inmediatamente en aquella direccion, y de que se desvien las aguas del O.(*).

Estas circunstancias combinadas es preciso que produzcan sin disputa la corriente de una gran porcion del Atlántico al E.

la menguante y creciente se experimentaron sensiblemente á intervalos de un cuarto de hora, media hora, y una hora durante todo el espacio de tiempo.

(†) Esta fue la opinion del doctor Halley, la que ha sido disputada por aquellos que suponen que el efecto se puede atribuir á la idea que tienen de que una corriente se dirige hácia afuera. La marea creciente en uno ú otro lado del estrecho, ciertamente se dirige hácia afuera; pero la menguante corre hácia adentro con la corriente general. La entrante al E. parece que principia á unas 100 leguas al O. de la embocadura del estrecho.

ESE. y SE., la que sin embargo varía con los vientos, estaciones y circunstancias locales.

Los vientos auxiliares en la costa de Africa son los que hacen continuar y llevar la corriente por aquella costa del modo que ya se ha descrito.

A la duracion de los vientos del O. y corrientes al E. se atribuye el tardar ménos en los viages de la América, septentrional á Europa, que de Europa á dicha América, hecho ya establecido por la experiencia general.

A cualquiera distancia considerable de la costa de América la corriente al E., causada por la accion de los vientos fuertes del O. y NO., rara vez se experimenta al sur de la latitud de 36°; consiguientemente el mar cerca de las Bermudas, y desde allí hácia el S., está libre de su influencia. Las corrientes en este parage, aunque lentas, son producidas en la direccion del viento, particularmente cuando es de una larga duracion. Estas corrientes se encuentran mas fuertes próximo á las islas y piedras de las Bermudas que léjos de ellas, á causa de que el obstáculo que encuentran las aguas en estas islas es la causa que corran proporcionalmente con mas velocidad pasadas sus costas: en récios temporales se ha experimentado allí mismo la velocidad de la corriente de 12 á 18 millas en 24 horas en la direccion del viento; otras veces cuando este no es fijo no se ha encontrado corriente alguna.

La comun ocurrencia de la travesía desde Halifax hasta el canal de la Mancha en diez y seis y diez y ocho dias, se atribuye á la continuacion de los vientos del O., y á tales corrientes las que llevaron á las radas de *Basque*(*) en el espacio de diez y ocho meses el bauprés de la balandra de guerra el pequeño Belt, que se perdió cerca de Halifax. Las corrientes del Atlántico han llevado á las costas de las Hebudes ó Hebrides(†) las producciones de la Jamaica y de Cuba, y de las partes meridionales de la América septentrional; pero no sabemos los rumbos ó derrotas por donde estos artículos hayan podido ser impelidos, ni los espacios de tiempo en que estuvieron flotando: todo esto es conjetural, y suministra materia para futuras investigaciones. Nosotros todavía necesitamos datos, como ya hemos dicho, ó un conocimiento mas extenso de hechos.

Ultimamente el Mayor Rennell es de opinion que aquellas

(*) Costa de Francia en frente de la Rochela.
[†] Isla en la costa occidental de la Escocia.

corrientes transeuntes y contradictorias que se experimentan en medio del Océano las causan los vientos recios, que aunque algunas veces no son sino una columna estrecha de aire no obstante afectan fuertemente la superficie del mar hasta el punto donde se extienden.

Se espera del zelo y buenas ideas de los Comandantes de los buques de la Marina Nacional, Oficiales y demas, que comunicarán á los Departamentos de la República las noticias que adquieran, ó las observaciones que hagan sobre los puntos de que trata esta memoria, para beneficio general, y perfeccion de la navegacion.

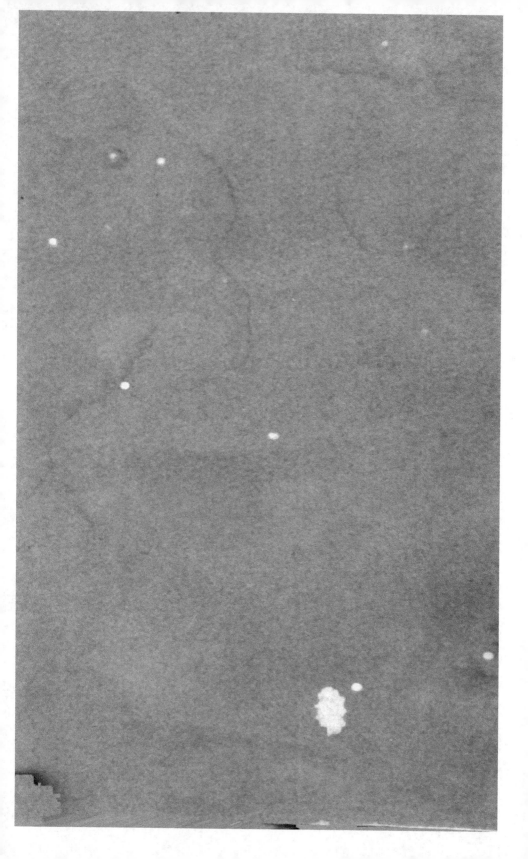